V&R

Hypomnemata

Untersuchungen zur Antike und zu ihrem Nachleben

Herausgegeben von
Albrecht Dihle, Siegmar Döpp, Dorothea Frede,
Hans-Joachim Gehrke, Hugh Lloyd-Jones, Günther Patzig,
Christoph Riedweg, Gisela Striker

Band 163

Vandenhoeck & Ruprecht

Jonas Grethlein

Das Geschichtsbild der Ilias

Eine Untersuchung aus phänomenologischer
und narratologischer Perspektive

Vandenhoeck & Ruprecht

Verantwortlicher Herausgeber:

Hans-Joachim Gehrke

Bibliografische Information Der Deutschen Bibliothek

Die Deutsche Bibliothek verzeichnet diese Publikation in der
Deutschen Nationalbibliografie; detaillierte bibliografische Daten sind
im Internet über <http://dnb.ddb.de> abrufbar.

ISBN 3-525-25262-5

Hypomnemata ISSN 0085-1671

Vorwort

Das vorliegende Buch ist die überarbeitete und gekürzte Fassung meiner Habilitationsschrift, welche die Philosophische Fakultät und die Philologische Fakultät der Universität Freiburg im Sommersemester 2004 angenommen haben.

An erster Stelle sei den Gutachtern herzlichst gedankt: Mein Lehrer Prof. Bernhard Zimmermann hat die Arbeit in allen Phasen tatkräftig unterstützt, wichtige Hinweise gegeben und mich vor manchem Fehler bewahrt. Prof. Hans-Joachim Gehrke hat althistorische Anregungen beigesteuert und immer wieder weiterführende Fragen gestellt. Die »hermeneutische Praxis«, die Prof. Hans-Helmuth Gander pflegt, hat es mir ermöglicht, in intensiven Gesprächen über die philosophischen Grundlagen der Arbeit zu reflektieren.

Außerdem haben Prof. Christian Grethlein, Prof. David Konstan, Prof. Christopher Krebs und PD Matthias Steinhart das Manuskript in unterschiedlichen Phasen gelesen und mit ihrer Kritik zahlreiche Verbesserungen angeregt. Zwei »Nestoren«, Prof. Carl Joachim Classen und Prof. Wolfgang Kullmann, danke ich für ihre Bereitschaft, trotz aller Skepsis unkonventionelle Zugänge zum Epos zu diskutieren. Prof. Monika Fludernik, Prof. Hans-Harald Müller und PD Sandra Pott waren so freundlich, narratologische Thesen mit mir zu erörtern.

Große Teile der Arbeit wurden während eines zweijährigen Forschungsaufenthaltes im Rahmen des Emmy-Noether-Programms der DFG in Cambridge MA geschrieben. Dem Department of the Classics der Harvard University sei für die freundliche Aufnahme gedankt. Diskussionen mit Dr. David Elmer, Renaud Gagné, Prof. Albert Henrichs, Prof. Marianne Hopman, Prof. Christopher Krebs, Prof. Nino Luraghi und Prof. Gregory Nagy haben mir immer wieder neue Horizonte eröffnet. Letzterem sei auch gedankt für eine stimulierende Woche am Center for Hellenic Studies in Washington DC.

Fernerhin bin ich Prof. Deborah Boedeker, Prof. David Konstan und Prof. Kurt Raaflaub für viele anregende Gespräche in Providence dankbar.

Beim Korrekturlesen hat freundlicherweise Anne Schlichtmann geholfen. Dr. Ulrike Blech hat als Lektorin das Entstehen des Buches mit freundlicher Unterstützung und viel Humor begleitet.

Für ihren Beistand in einer schweren Erfahrung danke ich Beate Hannig-Grethlein, Prof. Christian Grethlein, Hannah Grethlein, Dr. Thomas Grethlein, Christian Mittermüller und Vera Schernus. Gewidmet ist das Buch meiner kleinen Schwester Hannah, die mir in vielem ein Vorbild ist.

Inhalt

I.   Einleitung 11

   1.   Fragestellung und Untersuchungsgegenstand 11

   2.   Forschungsgeschichtlicher Überblick 13

   3.   Struktur und Erkenntnisziele der Untersuchung 18

II. Theoretische Überlegungen I: Geschichte, Geschichtlichkeit,
Geschichtsbilder 20

   1.   Geschichte und Geschichtlichkeit 21

   2.   Geschichtlichkeit und Geschichtsbild 23

   3.   Geschichtsbilder: Eine Typologie 32

III. Interpretation I: Das Geschichtsbild der Helden 42

   1.   Exemplarische Sinnbildung 43

      1.1   Diomedes: Lykurgos-Paradigma 43

      1.2   Exempla in der *Ilias* 46

      1.3   Kritik an Exempla 58

      1.4   Zusammenfassung 63

   2.   Traditionale Sinnbildung 63

      2.1   Genealogien in der *Ilias* 65

      2.1.1 Genealogie als Legitimation 65

      2.1.2 Genealogie als Erklärung 71

      2.1.3 Genealogie als Verpflichtung 72

      2.2   Die Genealogie des Glaukos: ein Sonderfall 78

      2.3   Zusammenfassung 84

   3.   Die Rolle des Zufalls: Schicksalskontingenz 85

      3.1   Das Blättergleichnis in 6, 146-149 85

      3.2   Weitere Vergleiche des Menschen mit der Natur .. 87

      3.3   Das Blättergleichnis und die Genealogie 94

      3.4   Das Geschichtsbild des Glaukos und das
historistische Geschichtsbild 97

      3.5   Zusammenfassung 105

   4.   Schicksalskontingenz und exemplarische und traditionale
Sinnbildung 106

      4.1   Zufall und Regularität 108

	4.2	Zufall und Kontinuität	112
	4.3	Zusammenfassung	114
5.		Das heroische Bewußtsein der eigenen Fragilität	115
	5.1	Idomeneus, Hektor, Sarpedon	115
	5.2	Achill	120
	5.2.1	Die Erfahrung von Patroklos' Tod	121
	5.2.2	Achills Kritik am heroischen Ehrsystem	124
	5.2.3	Achills Verhältnis zur traditionalen Sinnbildung	130
	5.2.4	Achill und κλέος ἄφθιτον	135
	5.3	Das Epos als Medium der Überwindung von Schicksalskontingenz	139
	5.3.1	Das Epos als κλέος ἄφθιτον	139
	5.3.2	Das Epos und andere Medien des Ruhms	145
	5.4	Zusammenfassung	151
6.		Zusammenfassung	151

IV. Übergang: Vom Geschichtsbild in der *Ilias* zum Geschichtsbild der *Ilias* 154

1.		Schicksalskontingenz und Krieg	154
	1.1	Die Zäsur des Todes	155
	1.2	»Fehltreffer«	160
	1.3	Die Wechselhaftigkeit des Schicksals	160
2.		Das Verhältnis der Gegenwart des Erzählers zur heroischen Vergangenheit	163

V. Theoretische Überlegungen II: Geschichtlichkeit und Erzählung 180

1.		Historische Erzähltheorie	182
	1.1	White	183
	1.2	Carr	186
	1.3	Ricoeur	188
2.		Narrative Referenz: Die Erzählung als Refiguration geschichtlicher Zeit	192
	2.1	Sequentialität und Spatialität	194
	2.2	Die Dynamik der Rezeption	196
	2.3	Das »Als-ob« der Rezeption	199
3.		Anwendung auf die *Ilias*: »Oral performance« und Darstellung der Vergangenheit	203

VI. Interpretation II: Das Geschichtsbild der *Ilias* 205

1.   Die narrative Struktur und die heroische Erfahrung der Schick-
      salskontingenz 207
      1.1   Proleptische Einblendung einer Erfahrung 208
      1.1.1   Prolepsen durch Erzähler und Götter 210
      1.1.2   Prolepsen durch menschliche Charaktere 223
      1.1.3   Vorwissen der Rezipienten 240
      1.2   Analeptische Einblendung einer Erwartung 240
      1.3   Implizite Spannung zwischen Erfahrung und
               Erwartung 245
      1.3.1   Die Andromacheszene im 22. Buch 245
      1.3.2   Die *Dolonie* 253
      1.4   Zusammenfassung 257

2.   Die narrative Struktur und die Rezeption als Erfahrung von
      Schicksalskontingenz 257
      2.1   Erwartungen über das Ende 260
      2.1.1   Der Tod Achills 262
      2.1.2   Der Fall Trojas 264
      2.2   Retardationen und »Beinahe-Episoden« 269
      2.2.1   Die Anspannung von Erwartungen 269
      2.2.2   Das Duell zwischen Menelaos und Paris im
               3. Buch 272
      2.3   »Dann wäre, wenn nicht…«-Sätze 281
      2.4   Zusammenfassung 283

3.   Die Rezeption als Bewältigung von Kontingenz 283
      3.1   Schicksalskontingenz und Götterapparat 284
      3.2   Das Ende der *Ilias* als Spiegel ihrer Rezeption 287
      3.2.1   Die »closure« der *Ilias* 288
      3.2.2   Achills Mitleid 291
      3.2.3   Achill als Erzähler des Endes der *Ilias* 302
      3.2.4   Mitleid und Kontingenz in der Rezeption 306
      3.3   Zusammenfassung 308

4.   Zusammenfassung 309

VII. Ausblick: Die *Ilias* in der Geschichte 311

1.   Der geschichtliche Hintergrund des Geschichtsbildes der
      Ilias 312

2.   Die Rezeption der Ilias 317
      2.1   Die *Ilias* und traditionale Sinnbildung 318
      2.2   Die *Ilias* und exemplarische Sinnbildung 322

VIII. Zusammenfassung 330

IX. Appendix 334
    1.   Die Exempla in der *Ilias* 334
    2.   Καί in Il. 6, 200 340

X. Bibliographie 343
    1.   Antike Texte 343
    2.   Moderne Lexika, Grammatiken und Wörterbücher 344
    3.   Moderne Literatur 345

XI. Register 374
    1.   Stellen 374
    2.   Griechische Wörter 377
    3.   Personen 377
    4.   Sachen, Begriffe, etc. 380

I. Einleitung

1. Fragestellung und Untersuchungsgegenstand

Seit Wolf und Heyne beschäftigt die »homerische Frage« die Altertumswissenschaften. Die Frage nach der Entstehung und Überlieferung des Epos ist nicht verstummt, sondern sorgt immer noch für Debatten, deren letzte durch die neue Edition der *Ilias* von West entfacht wurde.[1] Noch mehr Aufmerksamkeit zog jüngst die althistorische Variante der *quaestio Homerica* auf sich. Nachdem lange Zeit das Epos als Zeugnis für geistesgeschichtliche Rekonstruktionen archaischen Denkens gedient hatte[2] und dann vor allem auf die in ihm sichtbar werdenden sozialen Strukturen hin untersucht worden war,[3] ist in der deutschsprachigen Forschung der Wert der *Ilias* als Quelle im Droysenschen Sinne ins Zentrum des Interesses gerückt:[4] Kündet die *Ilias* von einem historischen Krieg aus der Bronzezeit und kann sie mit den Ausgrabungen in Hisarlik in Verbindung gebracht werden?[5]

Bis in die Feuilletons der Tageszeitungen hinein wurde diese (keineswegs neue) Frage äußerst kontrovers erörtert – ja, man konnte fast den Eindruck gewinnen, der Trojanische Krieg erfahre eine Neuauflage: Schauplatz war nicht mehr die Ebene des Skamandros, sondern der Seminarraum, und anstelle der panhellenischen Allianz und der Trojaner mit ihren Verbündeten standen sich Professoren aus Tübingen, Basel und Göttingen sowie ihre Kollegen aus Freiburg, Heidelberg und anderen Städten gegenüber.

Ziel der vorliegenden Studie ist es, das Verhältnis der *Ilias* zur Geschichte von einer neuen Perspektive aus zu beleuchten. Weder geht es ihr um die Verortung der *Ilias* in der Geschichte noch soll das Epos als Zeugnis der Geistes-, Sozial- sowie Ereignisgeschichte dienen. Stattdessen wird versucht, die *Ilias* als Ausdruck eines Geschichtsbildes zu lesen. Mit dieser Perspektive kann die Frage, ob der Trojanische Krieg historisch war, aus-

---

[1] Es seien nur die Beiträge von Rengakos 2002; Nagy 2003a; West 2004 genannt, in denen die Oralität der epischen Überlieferung und die alexandrinische Homer-Philologie kontrovers diskutiert werden.

[2] S. beispielsweise Snell [4]1975a; Fränkel [3]1968; Treu 1955.

[3] S. unten S. 164-174.

[4] Cf. Droysen 1977, 70f.

[5] So beispielsweise Latacz 2001. Dagegen s. aus verschiedenen Perspektiven die Beiträge in Ulf (ed.) 2003. Einen Überblick über die Debatte geben Cobet / Gehrke 2002.

geklammert werden; wichtig ist nur, daß die Griechen ihn als vergangenes Ereignis ansahen:[6] Nicht einmal Thukydides, gefeiert als der Vater der kritischen Geschichtsschreibung, bezweifelte seine Historizität.[7]

Das Thema »Geschichtsbild« mag auf den ersten Blick an die Geistesgeschichte erinnern.[8] Auch wenn diese unser Verständnis der Antike entscheidend gefördert hat und durch die »Intellectual History« auf ein neues theoretisches Niveau gehoben wurde, hebt sich der hier vorgestellte Ansatz von dieser Tradition insofern ab, als er die evolutionistischen Annahmen vieler geistesgeschichtlicher Arbeiten nicht teilt. Außerdem wird das Geschichtsbild nicht als eine Idee oder ein theoretisches Konzept behandelt, sondern wird in einer kulturgeschichtliches Perspektive als ein Sinnkonzept verstanden, also als »ein plausibler und verläßlich beglaubigter reflektierter Bedeutungszusammenhang der Erfahrungs- und Lebenswelt«, der dazu dient, »die Welt zu erklären, Orientierungen vorzugeben, Identität zu bilden und Handeln zweckhaft zu machen.«[9]

Hier soll noch nicht ausgeführt werden, was genau unter »Geschichtsbild« zu verstehen ist, aber es sei bereits bemerkt, daß auf zwei Ansätze

---

[6] S. allgemein zum Mythos Strasburger 1972, 16: »Es gilt für das gesamte griechisch-römische Altertum, fast ohne Ausnahme – eine solche scheint am ehesten Eratosthenes gemacht zu haben –, daß der Mythos für im Kern historisch genommen wird und seine wissenschaftliche Überprüfung sich auf Berichtigung oder Verwerfung von Einzelzügen nach dem bereits von Hekataios herausgefundenen Prinzip der Wahrscheinlichkeit beschränkt.« Cf. Brillante 1990, 93-105. Zur Ilias und dem Trojanischen Krieg s. Heubeck 1979, 228f.; Erskine 2001, 3. Gehrke 2003a, 75-78 bezeichnet die Ilias als »intentionale Geschichte«.

[7] S. die Überlegungen zur Größe des Trojanischen Krieges in Thuc. 1, 9-12. S. außerdem 3, 104, 4-6, wo Thukydides den Apollon-Hymnos, den er für homerisch hält, als Beleg für Feiern auf Delos in der Vergangenheit zitiert. Cf. Jung 1991, 38-60. Herodot ist, wenn er das Epos als historische Quelle benutzt, kritischer als Thukydides, cf. Neville 1977. Aber auch er stellt die Historizität des Trojanischen Krieges nicht in Frage.

[8] Die Bedeutung der Vergangenheit für das griechische Denken untersucht aus einer geistesgeschichtlichen Perspektive van Groningen 1953. Diese Studie ist insofern bemerkenswert, als sie die Bedeutung der Vergangenheit in verschiedenen Bereichen, Sprache, Geschichte, Narration etc. beleuchtet. Der Begriffsgeschichte ist Press 1982 verpflichtet, der von einer Analyse der Begriffe ἱστορεῖν, ἱστορία, ἱστορικός, ἵστωρ ausgeht. An dieser Arbeit zeigen sich die Grenzen eines begriffsgeschichtlichen Ansatzes: Beispielsweise spielt Thukydides, der die untersuchten Begriffe nicht gebraucht, bei Press keine Rolle. Zum enttäuschenden Ergebnis dieses Buches s. die Rezension von Winkelmann 1984/85. Gegen die Begriffsgeschichte im allgemeinen ist einzuwenden, daß Vorstellungen sich unabhängig von spezifischen Begrifflichkeiten entwickeln können. Verwiesen sei außerdem auf Boardman 2002, der anhand der materiellen Zeugnisse das Verhältnis der Griechen zu ihrer mythischen Vergangenheit analysiert.

[9] So die Definition von Sinnkonzept, die Rüsen / Hölkeskamp 2003, 3 geben. Sie verwenden Sinn als Grundbegriff einer Kulturwissenschaft, die sich nicht auf »den Gesamtbereich des menschlichen Lebens, insofern dieser nicht als Natur anzusehen ist und damit in den Erkenntnisbereich der Naturwissenschaften fällt« (1), richtet, sondern auf Kultur als »Inbegriff der Deutungs- oder Sinnbildungsleistungen, die Menschen vollziehen müssen, um ihr Leben praktisch (in Wirtschaft, Politik, Gesellschaft und dem Umweltverhältnis) leben zu können.« (2). S. zu diesem Begriff von Kulturwissenschaft Rüsen 2000a und 2000b.

zurückgegriffen wird, die auch im Titel der Arbeit Ausdruck finden: Zum einen wird die Tradition der phänomenologisch-hermeneutischen Philosophie helfen, den Begriff des Geschichtsbildes über die »Geschichtlichkeit« zu bestimmen (II); zum anderen wird die Narratologie uns die Mittel an die Hand geben, um zu sehen, wie sich ein Geschichtsbild in der Form der »Erzählung« manifestiert (V).

Die Untersuchung beschränkt sich auf die *Ilias*, da sie versucht, grundsätzliche theoretische Überlegungen mit der eingehenden Interpretation kleiner Textabschnitte zu verbinden – Theorie und »close reading« schließen sich keineswegs aus, sondern können sich trefflich ergänzen. Dabei wurde der *Ilias* der Vorzug gegenüber anderen Epen wie der *Odyssee* oder den Hymnen gegeben, da der Trojanische Krieg in der Erinnerungskultur der Griechen eine besondere Rolle spielte. Aufgrund der Wirkmächtigkeit der *Ilias* ist aber zu hoffen, daß der hier vorgestellte Ansatz, sofern er sich bewährt, auch neue Perspektiven auf andere Werke eröffnet.

2. Forschungsgeschichtlicher Überblick

Vergangenheitsvorstellungen sind ein fest etabliertes Thema der altertumswissenschaftlichen Forschung. Im Zentrum der meisten Arbeiten steht die Geschichtsschreibung des 5. Jhs. Zuletzt ist aber durch den neuen Simonides-Papyrus (P. Oxy. 3965) die Elegie als nichthistoriographische Gattung der *Memoria* in den Blickpunkt gerückt.[10] Weit verbeitet ist die These, historisches Denken habe sich erst durch die Erfahrung der Perserkriege und die Entstehung der Demokratie entwickeln können.[11] Auch in anderen Studien spielt das Epos keine Rolle.[12]

---

[10] Zum neuen Simonides-Papyrus s. die Beiträge in Boedeker / Sider (ed.) 2001. Bereits Steinmetz 1969 erörtert neben den Epen wie den *Korinthiaka* die *Eunomie* des Tyrtaios und die *Smyrneis* des Mimnermos als Darstellung vergangener Ereignisse (60-77). Bowie 1986; 2001 vertritt die These, daß nicht nur bei Symposien, sondern auch bei öffentlichen Festen Elegien vorgetragen wurden. Diese Elegien hätten vor allem historischen Inhalt gehabt. Aus dem 7. Jh. nennt er die *Smyrneis* vom Mimnermos, die *Politeia* von Tyrtaios und die *Archäologie der Samier* von Simonides, aus dem 5. Jh. Xenophanes und Panyassis. Lasserre 1976 meint, es habe vor Herodot bereits Lokalgeschichten gegeben, Gründungssagen, die Erzählung einzelner herausragender Ereignisse und Biographien. Zu dem Gründungssagen s. a. Gierth 1971; Schmid 1947; Prinz 1979; Dougherty 1993.

[11] Cf. Chatelet 1962, 40-48; Steinmetz 1969; Meier 1980, 422-434; Shrimpton 1997, 96.

[12] Gomme 1954, 1-48 setzt bei der aristotelischen Gegenüberstellung von Historie und Dichtung an und meint, die *Ilias* habe zwar eine historische Grundlage, sei aber vor allem Dichtung. Finley 1965 betont den Gegensatz zwischen den homerischen Mythen und Geschichte. Cf. id. 1975, 14f. Mazzarino 1966 beginnt seine auf drei Bände angelegte Darstellung des historischen Denkens in der Antike mit dem Orphismus, ohne Homer auch nur zu erwähnen. Fornara 1983 betrachtet vor allem die Geschichtsschreibung, wobei er weitgehend Jacobys Entwicklungsmodell

Zugleich wird aber in Arbeiten zur Historiographie immer wieder bemerkt, wie stark die griechischen Geschichtsschreiber Homer verpflichtet sind.[13] Nicht nur stilistisch und formal ist der epische Einfluß auf Herodot und Thukydides unverkennbar, sondern sie folgen Homer auch mit ihrem Thema, der Darstellung eines Krieges, und dem Fokus auf große Taten und gewaltiges Leiden.

Zudem gibt es eine Reihe von Arbeiten, die auch das Geschichtsbild der Epen betrachten. Die meisten von ihnen betonen die Defizienzen der Darstellung der Vergangenheit und interpretieren das Epos als eine Vorstufe des geschichtlichen Denkens, das sich erst mit der Geschichtsschreibung voll ausbildet:[14] Bereits Schadewaldt nennt Homer den »Ahn der griechischen Geschichtsschreibung«. Er meint, das Archaisieren in der *Ilias* sei »der klare Ausdruck eines distanzierenden ›historischen‹ Bewußtseins«. Zugleich betont er aber, daß der Mythos keine geschichtliche Realität sei:

Zwar ist dieses erste große Vergangenheitsbild noch ›mythisch‹, das heißt die Wirklichkeit dieser Welt ist noch nicht ›Realität‹; was geschichtliche Wahrheit sein soll oder nicht, wird noch vorwiegend durch die Kräfte der Bewunderung und des Glaubens an das Vorbild der Helden bestimmt, nicht nach kritischer Ratio und ›Probabilität‹. Aber im ›Mythos‹ fassen wir eben die Urform der ›Geschichte‹. In dieser Form hat Homer, so könnte ich sagen, den Hellenen ein erstes Stück ihrer Vergangenheit in Ordnung gebracht. Er hat sie in der Welt des Zeitlichen ›installiert‹.[15]

In einer wichtigen Arbeit zeigt Strasburger, daß im homerischen Epos mit dem Wahrheitsanspruch, dem Realismus, der Logik, dem aitiologischen Denken, dem Objektivitätsvermögen und der Chronologie wichtige Struktu-

---

folgt. Van Seters 1983 geht zwar von einer sehr breiten Definition von Geschichte aus, wenn er Huizinga folgt (»History is the intellectual form in which a civilization renders account to itself of its past.« Cf. 1-7.), setzt dann allerdings bei den Logographen und Herodot an und grenzt sie scharf vom Epos ab (18-31). Seine Darstellung der griechischen Geschichtsschreibung ist bestimmt von seiner These, daß es für den Pentateuch keine orale Tradition als Vorlage gab. In einer universalgeschichtlich angelegten Arbeit vertritt Brown 1988 die These, daß eine zuverlässige historische Überlieferung (10-12) nur in offenen Gesellschaften (14f.) entstehe. Im klassischen Athen habe sich ein Geschichtsbewußtsein ausgebildet, im homerischen Griechenland, das eine Erbgesellschaft gewesen sei, und im aristokratischen Sparta dagegen nicht (138-155). Brillante 1990, 94f. meint, der Beginn der »historical reflection« gehe mit der Mythenkritik im 6. Jh. einher. Gross 1998, 20f. setzt bei den älteren Logographen an, die sie um 500 datiert.

[13] Cf. Deichgräber 1952, 7-56; Strasburger 1972; id. ³1975, 24-31; Sauge 1992. Zu Hdt. s. bereits Creuzer ²1845, 114-117; Huber 1965; Huxley 1989; Boedeker 2002. Zu Thuk. s. Jung 1991.

[14] Cf. Heuß 1946; Snell 1952; ⁴1975, 139-150; Deichgräber 1952; Starr 1968; Häußler 1976, 21-38; Butterfield 1981, 126-129; Breisach 1983, 5-11; Meister 1990, 13-15. Zuletzt sieht Cobet 2003, 118f. Homer und Hesiod als Folie und »vor-liegende« Tradition für Herodot, den »Held[en] unserer Geschichte, der das Modell einer kulturübergreifenden Ordnung der Zeiten schuf«. Ford 1992 setzt sich anders, als der Titel es erwarten läßt, nicht mit dem Geschichtsbild der *Ilias* auseinander. S. a. Bichler / Sieberer 1996, 117-121.

[15] Schadewaldt 1934, 144-168, Zitate auf 148-150.

ren und Aspekte der Geschichtsschreibung angelegt sind. Zudem, so stellt Strasburger fest, werden in *Ilias* und *Odyssee* bereits verschiedene Zeitstufen unterschieden.[16]

Patzek zieht vor allem archäologische Befunde heran und zeigt, daß die homerischen Epen keine historische Erinnerung, sondern nur Konstruktion seien. Dennoch sieht sie in der *Ilias* den Beginn eines mythisch-historischen Geschichtsdenkens, das sich zugleich im Heroenkult niederschlage. Patzek führt diese neue »Erkenntnis« auf die politischen Entwicklungen im 8. Jh. zurück und bettet sie ein in die Kulturstiftungen dieser Zeit.[17]

Auch Kullmann versucht zu zeigen, daß die homerischen Epen keine genuin geschichtliche Überlieferung, sondern zurückentworfene Geschichte seien.[18] Diese These, verbunden mit der Beobachtung, daß sich in *Ilias* und *Odyssee* zugleich ein historisches Bewußtsein finde, führt er gegen die Anwendung des anthropologischen Modells der »oral tradition/ oral history« auf das frühgriechische Epos ins Feld.[19]

Die Defizienz des epischen Geschichtsbildes steht auch im Zentrum eines Beitrages von Andersen, der von einer Analyse der Paradigmen in ihr ausgeht: »Pattern, not cause is the formative element in the Homeric worldview. That implies the relative importance of spatiality over temporality in Homeric poetry.«[20] Den Grund für die Atemporalität des Epos sieht er in der Oralität der Entstehungszeit:

The absence of written records and the lack of objective chronology make the development of a genuine historical perspective or even what we should call a proper perception of the temporal dimension impossible. Such a culture naturally lends itself to self-understanding in terms of myth and paradigm, seeing the present only through the past and vice versa – not in terms of cause and effect, but in terms of norm and pattern.[21]

In einem weiteren Aufsatz versucht Andersen zu zeigen, daß vergangene Ereignisse von den Helden in Abhängigkeit von der gegenwärtigen Situation immer wieder anders dargestellt werden: »*The present takes*

---

[16] Strasburger 1972, 20-30.
[17] Patzek 1992. Der Begriff der Erkenntnis ibid. 142.
[18] Kullmann 1995. S. a. id. 1999.
[19] Kullmann 1992a, 156-169. Er bezweifelt grundsätzlich den heuristischen Wert des Begriffes »Homöostase« für historische Zusammenhänge, da mit ihm in der Biologie eine geregelte Anpassung in Sprüngen, aber kein allmählicher Wandel bezeichnet werde (160). In einem anderen Aufsatz (1992e) wendet sich Kullmann der Vergangenheit auf der Handlungsebene zu und zeigt, wie unterschiedlich die Helden mit der Vergangenheit umgehen.
[20] Andersen 1987, 10.
[21] Andersen 1987, 11.

precedence over the past.«[22] Diese Beobachtung führt er ebenfalls auf die
Oralität der Entstehungszeit des Epos zurück.

Zu einer ganz anderen Einschätzung kommt Nicolai, der das Geschichtsbild der *Ilias* zusammen mit ihrem Weltbild aus ethischer Perspektive betrachtet. Er betont die Bedeutung der Kausalität:

*Die Art und Weise der Vergeltung, die dabei an den menschlichen (Haupt-) Schuldi-
gen vollzogen wird, deutet darauf hin, daß der Ilias-Dichter, auch wenn er sich weiterhin noch der mythischen Darstellungsweise bedient, doch bereits eine recht genaue Vorstellung von der weltimmanenten Verwirklichung der Gerechtigkeit (d. h.
von einem sichselbststeuernden Geschichtsprozeß) besaß.*[23]

Zentral für die *Ilias* sei die »Störanfälligkeit« des menschlichen Denkens.[24]

Es läßt sich zusammenfassen, daß das epische Geschichtsbild entweder als
eine Vorstufe zur Geschichtsschreibung oder als defiziente Darstellung der
Vergangenheit betrachtet wird.[25] Die geringe und eingeschränkte Aufmerksamkeit, die dem Geschichtsbild der *Ilias* zugekommen ist, läßt sich auf
drei Gründe zurückführen.

Erstens war die auf einer lexikalischen Untersuchung beruhende These
Fränkels, im Epos herrsche »eine fast völlige Indifferenz gegenüber der
Zeit«, lange Zeit *communis opinio*. Wo Zeit keine Rolle spielt, macht es
auch wenig Sinn, ein Geschichtsbild zu analysieren. Fränkels These ist aber
aus verschiedenen Perspektiven gründlich widerlegt worden.[26]

Zweitens war die Untersuchung des antiken Geschichtsbildes lange eingeschränkt durch die Meinung, die Griechen hätten eine zyklische Zeitauffassung gehabt. Auch diese These ist erschüttert worden.[27]

[22] Andersen 1990, 42.

[23] Nicolai 1987, 157.

[24] Nicolai 1987, 158. S. a. id. 1981; 1983.

[25] Eine Ausnahme stellt Flaig 2005, 215-224 dar, der zwar auch von den »Anfängen des
griechischen ›Geschichtsbewußtseins‹« spricht, aber darüber hinaus das Geschichtsbild des Epos
untersucht und es als ästhetisches dem ethischen Geschichtsbild Hesiods gegenüberstellt. Schwer
nachvollziehbar ist aber seine Behauptung, es sei schwierig gewesen, »Ereignisse oder Handlungen in der Vergangenheit herauszuheben und sie mit normativer Kraft auszustatten – was den
Römern mit ihren exempla glückte.« (223).

[26] Fränkel ³1968, 1-22. Die These von der Indifferenz gegenüber der Zeit ist weiterentwickelt
und leicht modifiziert worden von Treu 1955, 123-135 und Accame 1961. Eine Übersicht über die
Einwände aus sprachanalytischer, narratologischer und oralitätstheoretischer Perspektive gibt
Theunissen 2000, 19-42, der zudem zeigt, daß Fränkels These nicht einmal einer lexikalischen
Analyse standhält. S. außerdem Momigliano 1977, 185f.; Rengakos 1995, 11f. mit weiterer Lite-
ratur in Anm. 32 und 33; Bakker 2002, 11-13; 24-28.

[27] Cf. Momigliano 1977, 186-190. S. außerdem den Überblick über die Forschungsgeschichte
bei Cancik 1983. Er zeigt, daß die Gegenüberstellung des unhistorischen, da zyklischen Denkens
der Griechen und des historischen, da linearen Denkens in der jüdisch-christlichen Tradition auf
der Verkürzung stoischer Lehren zu einer antimodernen und antichristlichen Position beruht. S.

Vielleicht noch wichtiger ist drittens der Geschichtsbegriff, mit dem antike Literatur bisher untersucht worden ist. Fast alle Untersuchungen gehen von einem objektivistischen und an der Geschichtswissenschaft orientierten Geschichtsbegriff aus.[28] Zentral für ihn ist die kritische Methode, mit der die Vergangenheit erforscht wird. Dieser Geschichtsbegriff ist aber selbst geschichtlich. Auch wenn er auf die griechische Geschichtsschreibung, besonders die *Historien* des Thukydides, als einen wichtigen Schritt zurückblicken kann, ist er im wesentlichen ein Produkt der Spätaufklärung und der Historischen Schule des 19. Jhs.[29] In der modernen Geschichtstheorie ist der wissenschaftliche Status der Historie wieder umstritten; neben der postmodernen Kritik hat die geschichtstheoretische Erzählforschung darauf aufmerksam gemacht, daß jede Form von Geschichtsschreibung auf die Form der Erzählung angewiesen ist und damit ein nichtszientifisches Element enthält.[30]

Vor allem aber versperrt ein auf wissenschaftliche Historie beschränkter Geschichtsbegriff den Blick darauf, daß sich die menschliche Erfahrung von Geschichte nicht auf kritische Geschichtsschreibung reduzieren läßt. Mit ihm kann nur eine historisch und kulturell eng beschränkte Form der Erfahrung von Geschichte erfaßt werden. Er ist ungeeignet, um der Bedeutung, welche die *Ilias* als Darstellung der Vergangenheit in der Antike hatte, gerecht zu werden. Wenn die *Ilias* überhaupt als Ausdruck eines Geschichtsbildes zur Kenntnis genommen wird, erscheint sie, wie wir gesehen haben, als eine defiziente Vorstufe. Ziel der vorliegenden Arbeit ist es, auf einem geschichtstheoretisch reflektierten Fundament das Geschichtsbild der *Ilias* neu zu erfassen.

---

außerdem allgemein kritisch zur Dichotomie von linearer und zyklischer Zeit Munn 1992, 101; Sutton 1998, 2 mit weiterer Literatur in Anm. 3. Dennoch findet sie sich immer wieder, cf. Crielaard 2002, 266-282 zu Homer; Assmann 2005 allgemein theoretisch.

[28] Als forschungsgeschichtlich besonders wichtiges Beispiel dafür, wie dieses Verständnis von Geschichte mit einer evolutionistischen Betrachtungsweise verbunden wird, läßt sich Jacoby 1956 anführen. Jacoby betont, man könne bei den Griechen von Historiographie nur im weitesten Sinne sprechen, »weil es eine streng unserer ›Geschichte‹ entsprechende, bestimmt auf die Erforschung und Darstellung geschichtlicher Ereignisse der fernen oder näheren Vergangenheit begrenzte, selbständige Wissenschaft im Altertum überhaupt nicht gegeben hat.« (20). Jacoby entwickelt ein Stemma, wie sich die griechische Historiographie von Hekataios ausgehend entwickelt habe. Den Höhepunkt bilde die Zeitgeschichtsschreibung, 36: »Erst mit Thukydides hat die griechische Historiographie τὴν αὑτῆς φύσιν erreicht, indem sie die Gattung erzeugt, die nun dauernd die vornehmste und wichtigste bleibt, ja die eigentlich allein als ›Geschichtsschreibung‹ gilt, die Zeitgeschichte.«

[29] Zum Geschichtsdenken der Spätaufklärung und der Historischen Schule s. unten III 3.4.

[30] Der Ansatz der geschichtstheoretischen Erzählforschung wird im VI. Kapitel für die vorliegende Untersuchung fruchtbar gemacht. S. die theoretischen Überlegungen im V. Kapitel.

3. Struktur und Erkenntnisziele der Untersuchung

Die Untersuchung gliedert sich in zwei Hauptteile, die jeweils eine knappe
theoretische Reflexion und eine ausführliche Interpretation der *Ilias* enthalten. Die erste theoretische Überlegung geht mit der phänomenologischen
und hermeneutischen Tradition der lebensweltlichen Verankerung von
Geschichte nach. Auf der Grundlage des Gedankens der Geschichtlichkeit
wird der Begriff des Geschichtsbildes definiert und typologisch ausdiffe-
renziert (II).

Mit dieser Typologie wird in einer ersten Interpretation der *Ilias*, die von
der Begegnung von Glaukos und Diomedes im 6. Buch ausgeht, das Geschichtsbild der Helden betrachtet (III). Es wird sich ein Geschichtsbild
zeigen, das sich grundlegend vom modernen, durch den Historismus
geprägten Geschichtsdenken unterscheidet. Der Vergleich auf der
Grundlage eines phänomenologischen Geschichtsbegriffes erlaubt es, beide
schärfer zu erfassen: Während seit der zweiten Hälfte des 18. Jhs. der
Gedanke der Entwicklung in den Vordergrund tritt, dominiert der Zufall
den Blick der epischen Heroen auf Vergangenheit und Zukunft.
Kontinuitäten und Regularitäten, beide in der Moderne durch den Gedanken
der Entwicklung in Frage gestellt, dienen ihnen dazu, dem als Bedrohung
empfundenen Zufall seine Kraft zu nehmen.

Das folgende Kapitel leitet vom ersten zum zweiten Hauptteil über; es
zeigt, daß das Geschichtsbild der *Ilias* dem ihrer Helden entspricht (IV).
Eine zweite theoretische Überlegung wendet sich dem Verhältnis von Geschichtlichkeit und Erzählung zu und legt dar, inwiefern in der narrativen
Struktur von Erzählungen geschichtliche Zeit refiguriert wird (V). Dafür
wird bei der historischen Erzähltheorie von Carr und Ricoeur angeknüpft
und versucht, sie durch die Narratologie zu fundieren und umgekehrt die
erzähltechnische Analyse geschichtstheoretisch fruchtbar zu machen.

Auf dieser Grundlage untersucht das zweite Interpretationskapitel die
narrative Form der *Ilias* als Ausdruck ihres Geschichtsbildes (VI). Damit
wird eine neue Erklärung für die narrative Komplexität der *Ilias* gegeben,
die bisher vor allem medientheoretisch oder kompositionstechnisch gedeutet worden ist. Den Abschluß bildet ein kurzer Ausblick auf die *Ilias* in der
Geschichte, der ihren geschichtlichen Hintergrund und ihre Rezeption
behandelt (VII).

Damit hofft die Arbeit, Erkenntnisgewinn auf vier Feldern zu leisten: Die
Untersuchung des epischen Geschichtsbildes ist ein Beitrag zur Kulturge-
schichte des archaischen Griechenlands. Der Blick auf die narrative Struktur der *Ilias* und ihre Rezeption ergibt einen neuen literaturwissenschaftli-
chen Zugang zu ihr. Mit der Definition von »Geschichtsbild« und seiner

Typologie wird ein neuer geschichtstheoretischer Ansatz vorgestellt. Die Überlegungen dazu, wie historische Zeit in der narrativen Struktur refiguriert wird, sind der Versuch, historische Erzähltheorie und Narratologie miteinander zu verbinden.

II. Theoretische Überlegungen I: Geschichte, Geschichtlichkeit, Geschichtsbilder

Im folgenden soll ein Geschichtsbegriff entwickelt werden, der den Blick auf die nichtwissenschaftliche Vorstellung von Geschichte öffnet, die der Ilias zugrundeliegt. Dabei wird bewußt der Terminus Geschichts*bild* und nicht Geschichts*bewußtsein* oder Geschichts*denken* verwendet.[1] Der Begriff Geschichts*bewußtsein* impliziert, daß es verschiedene Grade des Bewußtseins gibt, und legt damit nahe, nichtwissenschaftliche Geschichtserfahrungen nur als Vorstufen zu einer kritischen Geschichtswissenschaft zu sehen. Geschichts*denken* setzt eine explizite Reflexion über Geschichte und folglich einen theoretischen Rahmen voraus, der in einem Epos nicht gegeben ist. Der Begriff Geschichts*bild* vermeidet solche Wertungen und Voraussetzungen und macht es möglich, Formen des Umgangs mit Geschichte in literarischen Gattungen jenseits wissenschaftlicher Geschichtsschreibung zu erfassen.

Was unter dem Begriff Geschichtsbild zu verstehen ist, soll in drei Schritten näher bestimmt werden. Mit Hilfe des Begriffs der Geschichtlichkeit wird der Begriff der Geschichte aus seiner Reduktion auf Geschichtswissenschaft herausgeführt (1); dann wird der Begriff Geschichtsbild als das der Geschichtlichkeit entspringende Verhältnis des Menschen zur Zeit entwickelt (2); ein weiterer Abschnitt stellt schließlich Überlegungen zur Varianz von Geschichtsbildern an und präsentiert eine Typologie, die es ermöglichen soll, das Geschichtsbild der Ilias kategorial zu erfassen und mit anderen Geschichtsbildern zu vergleichen (3).

---

[1] Goetz 1999, 18-25 erörtert die Begriffe Geschichtsbild und Geschichtsbewußtsein. Er geht vom allgemeinen Sprachgebrauch aus, gibt einen Überblick über verschiedene Verwendungen und entwickelt, darauf aufbauend, eine detaillierte Definition. Im folgenden wird der Begriff des Geschichtsbildes dagegen neu auf der Grundlage einer Erörterung der Geschichtlichkeit des Menschen bestimmt. S. a. die Überlegungen von Ricoeur 2004, 79-84 über das Begriffspaar »Erinnerung« und »Bild«.

1. Geschichte und Geschichtlichkeit

In der letzten Zeit haben Ethnologen,[2] Prähistoriker und Archäologen[3] verstärkt Vergangenheitsvorstellungen vor der Geschichtswissenschaft in den Blick genommen. Zudem floriert unter Schlagworten wie *Memoria*, »lieux de memoire« oder kulturellem Gedächtnis eine ganze Industrie von Arbeiten, die sich mit der identitätskonstituierenden Bedeutung von nichthistoriographischer Erinnerung auseinandersetzen.[4] Diesem theoretisch oft nur oberflächlich reflektierten Interesse kann durch die phänomenologisch-hermeneutische Tradition eine solide Fundierung mit klaren Begrifflichkeiten gegeben werden.

Bereits die idealistische Geschichtsphilosophie, Herder und die Historische Schule betonen die geschichtliche Prägung des Menschen.[5] Der Mensch steht in der Geschichte und seine Wirklichkeit läßt sich nur als geschichtlich gewordene verstehen. Darüber hinaus hängt auch seine Erkenntnisfähigkeit von seinem Standpunkt in der Geschichte ab. Der Fokus auf die geschichtliche Prägung des Menschen in der Historischen Schule führt zur Prägung des Begriffes der Geschichtlichkeit. Er wird zwar bereits von Schleiermacher und Hegel gebraucht, systematisch als philosophischer Grundbegriff aber erst von Dilthey und Graf Yorck von Wartenburg entwickelt. Sie stellen die Geschichtlichkeit des Menschen den Absolutheitsansprüchen idealistischer Geschichtsphilosophie entgegen. »Wir sind zuerst

---

[2] Sahlins 1985; 2004 beispielsweise zeigt aus ethnologischer Perspektive, daß es verschiedene Geschichtskonstruktionen gibt, betont ihre pragmatische Dimension und beschreibt eine Dialektik von Geschichte und Kultur. Bereits Schott 1968 zeigt, daß auch schriftlose Völker ein Geschichtsbewußtsein haben, das eng mit der politischen Organisation verknüpft sei. Zur Geschichte in schriftlosen Kulturen s. a. Schuster 1988; zu den Geschichtsbildern in den »margins of Europe« s. Herzfeld 1991; Sutton 1998. Dagegen behauptet Müller 1997, ein Geschichtsbewußtsein bilde sich erst in Auseinandersetzungen mit anderen Gruppen aus und sei deswegen bei Naturvölkern nur sehr bedingt anzutreffen. S. a. id. 1998; 2005. Zwei Fragen sind hier zu stellen: Dem ethnologischen Laien fällt es schwer, sich menschliche Gesellschaften ohne innere wie äußere Auseinandersetzungen vorzustellen. Zudem prägen Konflikte Geschichtskonzeptionen sicherlich. Die oben ausgeführten Theorien legen aber nahe, daß das Verhältnis des Menschen zur Geschichte tiefer wurzelt, nämlich im menschlichen Sein in der Zeit, das die Spannung zwischen Erwartung und Erfahrung hervortreibt.

[3] Prähistoriker wie Bradley 1998 und Holtorf 2000 und auch klassische Archäologen wie Alcock 2002 lesen aus materiellen Relikten Vergangenheitsvorstellungen ab. S. außerdem beispielsweise Edmonds 1999 und den Überblick über die Forschungsgeschichte bei Holtorf 2005.

[4] Aus der überwältigenden Menge an Publikationen seien nur folgende genannt: LeGoff 1986; Nora 1984-1992 (»lieux de memoire«); Assmann / Hölscher (ed.) 1988; Lowenthal 1996; Assmann 1997 (»kulturelles Gedächtnis«); 2005 (Gegenüberstellung von Erneuerungszeit und Rechenschaftszeit auf der Grundlage der Dichotomie linearer und zyklischer Zeit). Auch in Ricoeurs philosophischem Spätwerk (2004) rückt der Begriff der Erinnerung ins Zentrum. Ein wichtiger Vorläufer, auf den sich vor allem Assmann stützt, ist Halbwachs 1925; 1941; 1950.

[5] S. a. III 3.4.

geschichtliche Wesen, ehe wir Betrachter der Geschichte sind, und nur weil wir jene sind, werden wir zu diesen.«[6]

In der phänomenologisch-hermeneutischen Tradition ist die Geschichtlichkeit des Menschen in verschiedener Weise weitergedacht worden. Husserl blendet die Geschichte erst einmal aus, aber in seinen späteren Schriften rückt sie zunehmend ins Blickfeld.[7] Schapp überträgt dann die phänomenologische Methode auf die Geschichte und versucht zu zeigen, daß Menschen immer in »Geschichten« verstrickt seien:[8] Sie hätten keinen ursprünglichen, geschichtsfreien Zugang zu sich und auch die Außenwelt sei ihnen nur in Form von Geschichten zugänglich. Die Geschichte oder vielmehr die Geschichten lägen stets vor der eigenen Subjektivität und der Außenwelt und bedingten diese. Heidegger greift in *Sein und Zeit* auf die Erörterung der Geschichtlichkeit durch Dilthey und Graf Yorck von Wartenburg zurück und behandelt die Geschichtlichkeit, wenn er die Zeitlichkeit des Daseins analysiert.[9]

---

[6] Dilthey [2]1958, 278. Grundlegend für den Begriff »Geschichtlichkeit« ist der Briefwechsel zwischen Dilthey und Graf Yorck von Wartenburg (v. d. Schulenburg (ed.) 1923). S. außerdem den Nachlaß von Graf Yorck von Wartenburg (1956), cf. Kaufmann 1928 sowie die Literatur bei Grosse 1997/98. Die Bedeutung der Geschichtlichkeit für Dilthey ist herausgestellt worden im umfangreichen »Vorbericht« von Misch zu Dilthey [2]1957, vii-cxvii. Eine streng begriffsgeschichtliche Darstellung gibt v. Renthe-Fink 1964. Sie sieht im vereinzelten Gebrauch bei Hegel den ersten Gebrauch und verfolgt den Begriff dann weiter bei Heine, Rosenkranz und Haym. Graf Yorck von Wartenburg und Dilthey haben nach Renthe-Fink den Begriff entweder aus dieser Tradition oder aus englischer und französischer Literatur aufgegriffen. Zugleich sei der Begriff in der protestantischen Theologie gebraucht worden, z. B. bei Kähler. Die Rezeption des Begriffes verzögerte sich durch die späte Edition des Briefwechsels zwischen Graf Yorck von Wartenburg und Dilthey und anderer Schriften. Scholz 1970 macht darauf aufmerksam, daß auch Schleiermacher und sein Schüler Nitzsch den Begriff bereits verwenden, und zwar wie Hegel in einem christologischen Kontext. Einen stärker ideengeschichtlichen Ansatz verfolgt Bauer 1963. S. außerdem die RGG-Artikel »Geschichtlichkeit« von Gadamer 1958 und Gander 2000 sowie die Literatur bei Sampath 1999, 6 Anm. 8.

[7] Auf die begrenzte Bedeutung der Geschichte für Husserls Phänomenologie weist Gander 2001, 151-166 hin. Ricoeur 1949 führt aus, welchen Platz die Geschichte in der Phänomenologie auf der Grundlage der Zeitlichkeit des transzendentalen Bewußtseins haben könne. S. a. Röttgers 1998, 18-23 und Dumas 1999. Der Beitrag Husserls wird aber durch Gadamer 1986b, 411 gewürdigt: »Heute, nachdem die verschiedenen Entwicklungsphasen der husserlschen Phänomenologie überschaubar geworden sind, scheint mir klar, daß Husserl als erster den radikalen Schritt in dieser Richtung tat, indem er die Seinsweise der Subjektivität als absolute Historizität, d. h. als Zeitlichkeit erwies. Heideggers epochemachendes Werk ›Sein und Zeit‹, auf das man sich dafür in der Regel bezieht, hatte eine ganz andere, weit radikalere Intention, nämlich den unangemessenen ontologischen Vorgriff aufzudecken, der das neuzeitliche Verständnis der Subjektivität bzw. des ›Bewußtseins‹ beherrscht, und das auch noch in dessen extremer Zuspitzung zur Phänomenologie der Zeitlichkeit und Geschichtlichkeit.«

[8] Schapp [2]1976.

[9] Heidegger [15]1986, 372-404, zur Auseinandersetzung mit Dilthey und Graf Yorck von Wartenburg 397-404. Der Begriff der Geschichtlichkeit ist auch von Bedeutung für die Existentialphilosophie von Jaspers 1931, 87f., 105-108, 126; 1932, Kap. 4. S. den Überblick bei Bauer 1963, 146-180 zur Nachkriegszeit.

Diese Entwicklungen sollen hier nicht weiter verfolgt werden; wichtig ist aber die Feststellung, daß der Mensch stets in der Geschichte steht und sich irgendwie zu ihr verhält. Mit Gadamer können wir folgendes über Geschichtlichkeit sagen:

Der Begriff der Geschichtlichkeit will nicht etwas über einen Geschehenszusammenhang aussagen, daß es wirklich so war, sondern über die Seinsweise des Menschen, der in der Geschichte steht und in seinem Sein selber von Grund auf nur durch den Begriff der Geschichtlichkeit verstanden werden kann.[10]

Die Auseinandersetzung mit Geschichte setzt demnach nicht erst mit der Geschichtswissenschaft ein, vielmehr hat die Geschichtswissenschaft ihre Wurzel in einem ursprünglicheren Verhältnis des Menschen zur Geschichte. Die Geschichtlichkeit des Menschen ist der philosophische Hintergrund dafür, die Frage nach dem Geschichtsbewußtsein in der antiken Historiographie zur Frage nach den Geschichtsbildern in vorwissenschaftlichen, literarischen Gattungen auszuweiten.

2. Geschichtlichkeit und Geschichtsbild

Als Geschichtsbild soll nicht die konkrete Vorstellung von der Vergangenheit, also die Erinnerung an bestimmte Ereignisse, sondern, tiefer, das Verhältnis zur Geschichtlichkeit verstanden werden. Als Schlüssel erweist sich dabei der Begriff der Erfahrung in der hermeneutischen Tradition. In seiner Untersuchung, was Geschichte sei, setzt Picht bei der Erfahrung von Geschichte an:

Die Auskunft über ein Phänomen läßt sich aber nirgends anders finden als in der Erfahrung, in der uns das Phänomen gegeben ist. Wir wissen zwar nicht, was Geschichte ist, aber eine Erfahrung der Geschichte muß es geben.[11]

Geschichte wird nach Picht in jeder Erfahrung miterfahren:

Aber was heißt ›Erfahrung‹, wenn wir von der Erfahrung der Geschichte sprechen? Wie finden wir den Zugang zu der Erfahrung, aus der sich lernen läßt, was Geschichte ist? Kann überhaupt in einer menschlichen Erfahrung das Phänomen der Geschichte zur Erscheinung kommen, ein Phänomen, das jede mögliche Erfahrung in sich befaßt und über sie hinausgreift? Wenn wirklich jede mögliche Erfahrung als ein geschichtlicher Vorgang ›in‹ der Geschichte ist, so muß diese ihre Geschichtlichkeit an ihr in Erscheinung treten. Jede Erfahrung muß dann neben und in jenem, was wir

---

[10] Gadamer 1986c, 135.
[11] Picht 1958, 7.

als ›Inhalt‹ der Erfahrung festzuhalten pflegen, zugleich auch unausdrücklich eine Erfahrung von Geschichte sein.[12]

Inwiefern in der Erfahrung Geschichtlichkeit zugänglich wird, zeigt ein Blick auf Gadamers Begriff des wirkungsgeschichtlichen Bewußtseins. Gadamer macht die Geschichtlichkeit, die bei Heidegger auf der ontologischen Ebene das Dasein charakterisiert, für die Hermeneutik fruchtbar: Verstehen muß als geschichtlicher Vorgang gefaßt werden.[13] Um die Rolle der Geschichtlichkeit als Prinzip der Hermeneutik zu verstehen, führt Gadamer den Begriff des wirkungsgeschichtlichen Bewußtseins ein.[14] Wenn er seine Struktur »im Blick auf Hegel und in Abhebung von Hegel« untersucht, beschreibt er es als eine Erfahrung.[15] Die Spezifizität des wirkungsgeschichtlichen Bewußtseins als Erfahrung des Du führt Gadamer zum Gespräch als Modell für die Überlieferung. Seine Analyse der Erfahrung in diesem Zusammenhang zeigt uns, inwiefern die Erfahrung der Schlüssel für das Verhältnis des Menschen zur Geschichtlichkeit ist.

In Auseinandersetzung mit Aristoteles untersucht Gadamer den Prozeß der Erfahrung und betont ihren negativen Charakter:

Dieser Prozeß nämlich ist ein wesentlich negativer. Er ist nicht einfach als die bruchlose Herausbildung typischer Allgemeinheiten zu beschreiben. Diese Herausbildung geschieht vielmehr dadurch, daß ständig falsche Verallgemeinerungen durch die Erfahrung widerlegt, für typisch Gehaltenes gleichsam enttypisiert wird. Das prägt sich schon sprachlich darin aus, daß wir in einem doppelten Sinne von Erfahrung sprechen, einmal von den Erfahrungen, die sich unserer Erwartung einordnen und sie bestätigen, sodann aber von der Erfahrung, die man ›macht‹. Diese, die eigentliche Erfahrung, ist immer eine negative. Wenn wir an einem Gegenstand eine Erfahrung machen, so heißt das, daß wir die Dinge bisher nicht richtig gesehen haben und nun besser wissen, wie es damit steht. Die Negativität der Erfahrung hat also einen eigentümlich produktiven Sinn.[16]

---

[12] Picht 1958, 7.

[13] Gadamer 1986a, hier 270-384.

[14] Gadamer 1986c, 142f.: »Wir sind immer schon mitten in der Geschichte darin. Wir sind selber nicht nur ein Glied dieser fortrollenden Kette, um mit Herder zu sprechen, sondern wir sind in jedem Augenblick in der Möglichkeit, uns mit diesem aus der Vergangenheit zu uns Kommenden und Überlieferten zu verstehen. Ich nenne das ›wirkungsgeschichtliches Bewußtsein‹, weil ich damit einerseits sagen will, daß unser Bewußtsein wirkungsgeschichtlich bestimmt ist, d. h. durch ein wirkliches Geschehen bestimmt ist, das unser Bewußtsein nicht frei sein läßt im Sinne eines Gegenübertretens gegenüber der Vergangenheit. Und ich meine andererseits auch, daß es gilt, ein Bewußtsein dieses Bewirktseins immer wieder in uns zu erzeugen – so wie ja alle Vergangenheit, die uns zur Erfahrung kommt, uns nötigt, mit ihr fertig zu werden, in gewisser Weise ihre Wahrheit auf uns zu übernehmen.«

[15] Gadamer 1986a, 346-384, Zitat auf 351f.

[16] Gadamer 1986a, 359.

Die Produktivität der Erfahrung beschreibt Gadamer mit Hegel als dialektisch, als »Umkehrung des Bewußtseins«,[17] und weist auf den geschichtlichen Charakter dieses Prozesses hin:

Jede Erfahrung, die diesen Namen verdient, durchkreuzt eine Erwartung. So enthält das geschichtliche Sein des Menschen als ein Wesensmoment eine grundsätzliche Negation, die in dem wesenhaften Bezug von Erfahrung und Einsicht zutage tritt.[18]

Der Prozeß der Erfahrung ist aber nicht nur dadurch, daß er in der Zeit stattfindet, geschichtlich, sondern in ihm wird dem Menschen mit seiner Endlichkeit seine Geschichtlichkeit bewußt:

Die eigentliche Erfahrung ist diejenige, in der sich der Mensch seiner Endlichkeit bewußt wird [...] Der in der Geschichte Stehende und Handelnde macht vielmehr ständig die Erfahrung, daß nichts wiederkehrt. Anerkennen dessen, was ist, meint hier nicht: Erkennen dessen, was einmal da ist, sondern Einsicht in die Grenzen, innerhalb deren Zukunft für Erwartung und Planung noch offen ist – oder noch grundsätzlicher, daß alle Erwartung und Planung endlicher Wesen eine endliche und begrenzte ist. Eigentliche Erfahrung ist somit Erfahrung der eigenen Geschichtlichkeit.[19]

In jeder Erfahrung wird nach Gadamer über das jeweilige Objekt hinaus die menschliche Endlichkeit und in ihr die Geschichtlichkeit erfahren.[20] Die Negativität der Erfahrung ist bei Gadamer, wie ihre Herleitung von Hegel zeigt, struktureller Natur. Er nimmt aber nur qualitativ negative, also schmerzhafte, Erfahrungen in den Blick.[21]

Es ist zu fragen, ob sich die Geschichtlichkeit des Menschen nur in seiner Endlichkeit und Begrenztheit zeigt. Die Spannung von Erwartung und Erfahrung, die bei Gadamer nicht nur strukturell, sondern auch qualitativ negativ ist, ist in anderer Weise von Koselleck herangezogen worden, um die Zeiterfahrung in der Frühen Neuzeit zu erfassen.[22] Koselleck weist nach, daß sich in der zweiten Hälfte des 18. Jh. die Veränderungen beschleunigten und durch diese Erfahrung Geschichte verzeitlicht wurde. Geschichte sei als Prozeß mit einer eigenen Dynamik greifbar geworden. Diese Entwicklung sei ablesbar an der Prägung der Begriffe Neuzeit und Geschichte als Singularia.[23]

---

[17] Gadamer 1986a, 360.

[18] Gadamer 1986a, 362.

[19] Gadamer 1986a, 363.

[20] Gadamer 1986a, 363.

[21] Gadamer 1986a, 362: »Daß Erfahrung vorzüglich die schmerzliche und unangenehme Erfahrung ist, bedeutet nicht etwa eine besondere Schwarzfärberei, sondern läßt sich aus ihrem Wesen unmittelbar einsehen. Nur durch negative Instanzen gelangt man, wie schon Bacon gewußt hat, zu neuer Erfahrung.«

[22] S. die Sammlung von Aufsätzen in Koselleck 1979.

[23] Dazu s. neben Koselleck 1979 id. 1975, 647-691.

Koselleck zeigt, daß die Beschleunigung zu einem neuen Verhältnis von Erfahrungen und Erwartungen geführt habe. Sei zuvor der Erwartungshorizont durch den Erfahrungsraum gedeckt gewesen, so seien diese nach 1750 durch die rapiden Veränderungen auseinandergetreten.[24] Aufgrund der Umwälzungen, die als Fortschritt verstanden worden seien, habe die Zukunft nicht mehr aus der Vergangenheit extrapoliert werden können, sondern sei zu einem offenen Raum für menschliche Handlungen geworden.[25] Dadurch habe die Geschichte ihre Rolle als *magistra vitae* verloren, stattdessen habe man eine qualitative Differenz zwischen verschiedenen Zeiten festgestellt.[26]

Auch Koselleck beschreibt eine Spannung zwischen Erfahrung und Erwartung. Die von ihm als Folge der Beschleunigung am Ende der Frühen Neuzeit konstatierte Spannung zwischen Erfahrungsraum und Erwartungshorizont unterscheidet sich aber von der, die Gadamer als Ausdruck der negativen Struktur von Erfahrung beschreibt. Während in Gadamers theoretischer Analyse der Blick von der Erfahrung zurück auf die ursprüngliche Erwartung geht und feststellt, daß sie enttäuscht worden ist, richtet sich in Kosellecks Beschreibung der Zeiterfahrung am Ende der Frühen Neuzeit der Blick optimistisch auf die Zukunft, da Erfahrungen dazu geführt haben, daß der Erwartungshorizont in positiver Weise durchbrochen wurde. Die strukturelle Negativität der Erfahrung, die Gadamer als Erfahrung der Endlichkeit bestimmt, wird hier zu einer Erfahrung der Freiheit.

Die von Koselleck aufgezeigte Beziehung von Erfahrung und Erwartung darf nicht vernachlässigt werden; sie ist die Grundlage, auf der sich der neuzeitliche Geschichtsbegriff und schließlich auch die Historische Schule entwickelten. Geschichtlichkeit wird sowohl, wie Gadamer zeigt, als Geschichtsabhängigkeit als auch, wie Koselleck deutlich macht, als Geschichtsmächtigkeit erfahren. Die Geschichtsabhängigkeit zeigt sich nicht nur daran, daß Erwartungen enttäuscht, sondern auch daran, daß Erwartungen auf der Grundlage gemachter Erfahrungen gebildet werden.[27] Umge-

---

[24] Zu den Begriffen Erfahrungsraum und Erwartungshorizont s. Koselleck 1979, 356f. Schinkel 2005 kritisiert, daß Koselleck die Kategorien von Erwartung und Erfahrung nicht immer scharf von konkreten Erwartungen und Erfahrungen unterscheide. Außerdem könnten Erwartungen und Erfahrungen nicht auseinanderdriften, lediglich ihr Inhalt könne verschieden sein. Schinkel plädiert dafür, die »imagination« als Kategorie zwischen Erwartung und Erfahrung einzuführen.

[25] S. besonders Koselleck 1979, 17-37.

[26] S. besonders Koselleck 1979, 38-66. S. a. Lübbe 1977, 14, 269-274. Zur Bedeutung der qualitativen Differenz zwischen Zeiten s. beispielsweise Heidegger 1916, 184: »Erst wo sich überhaupt diese qualitative Andersheit vergangener Zeiten ins Bewußtsein drängt, ist der historische Sinn erwacht.«

[27] Diese Bedingtheit von Erwartungen beschreibt Pichts Begriff der Möglichkeit, 1958, 50: »Wir nennen einen durch das Bestehende begrenzten, aber nach der Zukunft offenen Spielraum: Möglichkeit. Wenn das Beharren die Gegenwart der Vergangenheit ist, so ist die Möglichkeit die Gegenwart der Zukunft. Zugleich aber ist die Möglichkeit stets diese bestimmte; sie ist nur er-

kehrt zeigt sich die Geschichtsmächtigkeit, wenn Erfahrungen zur Erweiterung des Erwartungshorizontes führen, und manifestiert sich in der Möglichkeit, Erfahrungen durch Erwartungen zu übersteigen.[28]

Koselleck hat die Bedeutung von Erfahrung und Erwartung nicht auf den Beginn der Moderne beschränkt, sondern mit ihrer Spannung historische Zeit definiert. Dabei bestimmt er Erfahrung und Erwartung als soziale Kategorien:

Erfahrung ist gegenwärtige Vergangenheit, deren Ereignisse einverleibt worden sind und erinnert werden können. Sowohl rationale Verarbeitung wie unbewußte Verhaltensweisen, die nicht oder nicht mehr im Wissen präsent sein müsen, schließen sich in der Erfahrung zusammen. Ferner ist in der je eigenen Erfahrung, durch Generationen oder Institutionen vermittelt, immer fremde Erfahrung enthalten und aufgehoben. In diesem Sinne wurde ja auch die Historie seit alters her als Kunde von fremder Erfahrung begriffen. Ähnliches läßt sich von der Erwartung sagen: auch sie ist personengebunden und interpersonal zugleich, auch Erwartung vollzieht sich im Heute, ist vergegenwärtigte Zukunft, sie zielt auf das Noch-Nicht, auf das nicht Erfahrene, auf das nur Erschließbare. Hoffnung und Furcht, Wunsch und Wille, die Sorge, aber auch rationale Analyse, rezeptive Schau oder Neugierde gehen in die Erwartung ein, indem sie diese konstituieren.[29]

Im Verhältnis von Erwartung und Erfahrung sieht Koselleck eine »anthropologische Vorgegebenheit«; er vergleicht sie mit Raum und Zeit und spricht von einer »transzendentalen Bestimmung der Geschichte«.[30]

Kosellecks Theorie historischer Zeit ist bei allen kategorialen Unterschieden, die zwischen einer Fundamentalontologie und einem historisch-anthropologischen Ansatz bestehen, der Daseinsanalyse in »Sein und Zeit« verpflichtet.[31] Bei Heidegger

---

möglicht durch die Gegenwart der Vergangenheit. So sind in der Möglichkeit die beiden Aspekte der Gegenwart vereinigt; sie ist die Gegenwärtigkeit der Gegenwart.« S. a. Stierle 1979, 94.

[28] Hölscher 2003, 53-56 betont, daß Geschichte durch Geschichtsbilder geprägt wird.

[29] Koselleck 1979, 354f. Die Spannung zwischen Erwartung und Erfahrung findet sich bereits in den zeittheoretischen Überlegungen Augustins im 11. Buch der *Confessiones*. Zu den Ähnlichkeiten s. Ricoeur 2004, 459. Auch Husserls Analyse der zeitlichen Struktur des intentionalen Lebens beschreibt die Spannung zwischen Erwartung und Erfahrung. Als phänomenologische Analyse blendet sie aber alle transzendierenden Voraussetzungen von Gegebenem aus. Liebsch 1996 versucht zu zeigen, daß sich das innere Zeitbewußtsein aber erst von der geschichtlichen Erfahrung ableitet (57, cf. 44).

[30] Koselleck 1979, 349-375, Zitate auf 352f. Ricoeur 2004, 472 spricht von Existenzialien, »die in den Bereich einer ontologischen Hermeneutik gehören«.

[31] Auf die Beziehung zwischen Kosellecks Theorie zu »Sein und Zeit« weist bereits Carr 1987, 198 hin: »In thus moving from individual to social temporality Koselleck actually goes beyond Heidegger, since the latter remained concerned with the individual; even his concept of historicity dealt primarily with the role of the social part in the life of the individual.« Gegen diese Ausführung ist einzuwenden, daß Heidegger in »Sein und Zeit« nicht beim Individuum, sondern beim Dasein ansetzt: Er entwickelt keine Anthropologie, sondern eine Fundamentalontologie. Außerdem erwähnt Koselleck Heidegger, anders als Carr meint, selbst. Cf. Koselleck 1979, 355 Anm. 4, wo Koselleck den kategorialen Unterschied zu Heidegger selbst feststellt. Eine ausführlichere

gründet die Geschichtlichkeit in der Zeitlichkeit.[32] Auch Koselleck geht es um Zeitlichkeit: »Sie [die Kategorien von Erfahrung und Erwartung] verweisen auf die Zeitlichkeit des Menschen und damit, wenn man so will metahistorisch, auf die Zeitlichkeit der Geschichte.«[33] Auch die Ausrichtung des Menschen auf die Zukunft in der Erwartung und die Bestimmung historischer Zeit durch die Zukunft lassen sich auf Heideggers These zurückführen, die Geschichtlichkeit entspringe der Zukunft, da die Zeitlichkeit des Daseins sich in der Sorge und dem Sein zum Tode zeitige.[34] Kosellecks Bestimmung der historischen Zeit kann als der Versuch gesehen werden, die Analyse der Zeitlichkeit in »Sein und Zeit« von der Ebene der Fundamentalontologie auf die einer historischen Anthropologie zu übertragen.

Kosellecks Theorie der historischen Zeit wird durch Gadamers negativen Erfahrungsbegriff in wesentlicher Weise erweitert. Da sie am Paradigma der Zeiterfahrung am Ende der Frühen Neuzeit entwickelt worden ist, konzentriert sie sich darauf, daß Erfahrungen Erwartungshorizonte durchbrechen. Mit der qualitativ negativen Enttäuschung von Erwartungen nennt Gadamer aber einen wichtigen anderen Modus, in dem Geschichtlichkeit erfahren wird.

Wir können Geschichtlichkeit aber noch über Gadamer und Koselleck hinaus tiefer erfassen, indem wir den Zusammenhang der von ihnen genannten Modi der Erfahrung aufzeigen. Sie wurzeln beide in der Kontingenz, die in der Tradition folgendermaßen definiert wird: »Contingens est, quod nec est impossibile, nec necessarium.« Kontingenz ist logisch-ontologisch das, was möglich, aber nicht notwendig ist.[35]

Auseinandersetzung mit der Bedeutung von Heideggers Fundamentalontologie für eine Historik findet sich in Koselleck 2000. Hier versucht Koselleck zu zeigen, um welche Aspekte das Sein zum Tode ergänzt werden muß, um eine tragfähige Grundlage für eine Historik zu sein.

[32] Heidegger [15]1986, 376.

[33] Koselleck 1979, 354.

[34] Heidegger [15]1986, 386: »Wenn aber Schicksal die ursprüngliche Geschichtlichkeit des Daseins konstituiert, dann hat die Geschichte ihr wesentliches Gewicht weder im Vergangenen, noch im Heute und seinem ›Zusammenhang‹ mit dem Vergangenen, sondern im eigentlichen Geschehen der Existenz, das aus der *Zukunft* des Daseins entspringt. Die Geschichte hat als Seinsweise des Daseins ihre Wurzel so wesenhaft in der Zukunft, daß der Tod als die charakterisierte Möglichkeit des Daseins die vorlaufende Existenz auf ihre *faktische* Geworfenheit zurückwirft und so erst der *Gewesenheit* ihren eigentümlichen Vorrang im Geschichtlichen verleiht. *Das eigentliche Sein zum Tode, das heißt die Endlichkeit der Zeitlichkeit, ist der verborgene Grund der Geschichtlichkeit des Daseins.*« Der Begriff Erwartung, mit dem Koselleck das Verhältnis des Menschen zur Zukunft beschreibt, hat bei Heidegger allerdings eine spezifische Bedeutung. Er stellt dem Vorlaufen als eigentlichem Modus der Zukunft die Erwartung als uneigentlichen Modus gegenüber ([15]1986, 337). Nur in der Wiederholung, die in der vorlaufenden Entschlossenheit gründet, gelangt das Dasein zur eigentlichen Geschichtlichkeit; mit der Frage nach dem »Zusammenhang des Lebens« verliert es sich dagegen in der uneigentlichen Geschichtlichkeit. Zur Bedeutung der Erwartung s. a. Picht 1993, 317.

[35] Der Begriff der Kontingenz wird unterschiedlich gebraucht. Er stammt aus der Übersetzung des Terminus ἐνδεχόμενον aus der aristotelischen Logik mit *contingens* durch Boethius, der wohl Marius Victorinus folgt. Insofern ist Kontingenz ein spezifisch christlicher Begriff, cf. Blumen-

Die Bedeutung der Kontingenz für die Geschichte hat Bubner herausgearbeitet. Er verfolgt die These, daß die Geschichtswissenschaft, da sich die Geschichte theoretischen Zugängen widersetze, in die Nähe der praktischen Philosophie gehöre und umgekehrt die Geschichtlichkeit für die Normenlehre von zentraler Bedeutung sei. Der Schlüssel für seine These ist die Verbindung von Kontingenz und Handlungstheorie, die er aus Aristoteles' Zufallslehre gewinnt.[36]

Bubner zeigt in einem wissenschaftsgeschichtlichen Durchgang, wie in der neuzeitlichen Geschichtsphilosophie und Geschichtstheorie der Zufall in der Geschichte an den Rand gedrängt wurde, als man die Geschichte aus ihrer praktischen Einbettung löste. Die Abtrennung der Geschichte von der Praxis ist nach Bubner nicht nur ein Produkt der Säkularisierung, sondern auch eine Konsequenz des erstarkten historischen Denkens. Die Vergeschichtlichung der Philosophie habe dazu geführt, daß die Philosophie umgekehrt die Geschichte auf ein höheres theoretisches Niveau gehoben habe.[37] Bubner behauptet, daß der theoretische Zugang der Geschichte nicht angemessen sei, da sich Geschichte nicht in Regeln erfassen lasse, sondern gerade das Einzigartige spezifisch geschichtlich sei. Handeln werde erst durch Kontingenz historisch: »Die konstitutive Kontingenz macht aus einem Handeln ein historisch bedeutsames Handeln.«[38]

---

berg 1959, 1793f. Zur Begriffsgeschichte s. Poser 1990 und Deuser 1990 mit weiterer Literatur und nach wie vor Troeltsch 1913. Die vielfältige Verwendung des Begriffs der Kontingenz zeigt sich bereits darin, daß er in der vierten Auflage der RGG in den vier Abschnitten I. Naturwissenschaftlich, II. Religionswissenschaftlich, III. Philosophisch, IV. Systematisch-theologisch diskutiert wird. Zur jüngeren Diskussion s. die Beiträge in Neue Hefte für Philosophie 24/25, 1985: Kontingenz; Makropoulos 1997, 7-32; v. Graevenitz / Marquard (ed.) 1998a. S. a. aus der Perspektive einer christlichen Geschichtsphilosophie Pannenberg 1967, 71f., der in der christlichen Heilsgeschichte den Versuch sieht, die Kontingenz bestehen zu lassen und erst in der »rückgreifenden Eingliederung« einen geschichtlichen Zusammenhang zu denken. Er bezweifelt Heideggers These, nach der die Geschichtlichkeit des Menschen Ursprung jeder Geschichte sei, 38: »Es ist aber zu fragen, ob nicht vielmehr umgekehrt Geschichtlichkeit in der Erfahrung der Wirklichkeit als Geschichte, wie sie in der Verheißungsgeschichte Gottes mit Israel auf die in Jesus Christus vorweggenommene Erfüllung hin erschlossen ist, gründet.«

[36] Im ersten Teil seines Buches (1984) bestimmt Bubner Geschichte durch den Handlungsbegriff und die Kontingenz (11-169), im zweiten zeigt er, wie eine Normenlehre die Geschichtlichkeit menschlichen Handelns miteinbeziehen muß (173-300). Auch in einem wissenschaftstheoretischen Kontext betont Lübbe 1977, 269-291 (s. a. 13f.) die Kontingenz in der Geschichte. Er bezeichnet die Historie als »Kultur der Kontingenzerfahrung« und vertritt die These, daß sich die Geschichtswissenschaft vor allem durch die Bedeutung der Kontingenz in der Geschichte von den theoretischen Wissenschaften unterscheide.

[37] Bubner 1984, 73-81. S. a. Koselleck 1979, 158-175, der zeigt, daß die Historische Schule den Zufall aus theologischen, philosophischen und ästhetischen Gründen eliminierte. Zur Betonung der Freiheit in der Historischen Schule s. beispielsweise Droysen 1977, 397 § 5 und Meinecke 1959, 3-29. In dieser Tradition steht auch Baumgartner [2]1997.

[38] Bubner 1984, 34.

Die Bedeutung der Kontingenz für Geschichte wird deutlich, wenn Bubner zeigt, daß Kontingenz nicht auf Zufall reduziert werden dürfe. Dafür bezieht er sich auf die aristotelische Zufallslehre, in welcher der Zufall in eine Handlungstheorie eingebettet ist. Er definiert Zufall mit Aristoteles folgendermaßen:

Zufall ist also der Schein zweckmäßigen Eintretens, der sich bildet, wo an einem klar bestimmten zweckmäßigen Prozeß ein Phänomen auftritt, das ohne jenen Prozeß nicht hätte auftreten können, für dessen Auftreten der Prozeß selber aber nicht der eigentliche Grund ist, so daß das Auftreten zwar in der Perspektive zweckmäßiger Begründbarkeit wahrgenommen wird, der Grund aber unbestimmbar bleiben muß.[39]

Zufall und Kontingenz seien nicht gleichzusetzen; die Kontingenz, also das Anders-Sein-Können, sei der Bereich, in dem der Zufall eintrete.[40] Sie sei zugleich, wie die Verankerung des Zufalls in der aristotelischen Handlungslehre zeige, der Bereich des Handelns. Damit zeigt Bubner, daß der Kontingenz in der Geschichte eine wesentliche Rolle zukomme, da in ihrem Zentrum menschliches Handeln stehe, und folgert, Geschichte lasse sich in theoretischen Bemühungen, welche die Form von Erklärungen annehme, nicht erfassen; die angemessene Form für die Einzigartigkeit der historischen Ereignisse sei die Erzählung.

Die Kontingenz ist also als das Anders-Sein-Können die Bedingung der Möglichkeit sowohl für Handeln als auch für Zufall. Handeln und Zufall bedingen sich gegenseitig: Wo Handeln ist, läßt sich Zufall nicht ausschließen; erst wo Zufall ist, wird Handeln möglich.

Die beiden Aspekte von Kontingenz, die bei Bubner im Zufall und Handeln angelegt sind, lassen sich prägnant bezeichnen mit dem Begriffspaar »Schicksalszufälligkeit/ Schicksalskontingenz« und »Beliebigkeitszufälligkeit/ Beliebigkeitskontingenz«, das Marquard eingeführt hat:

Entweder nämlich ist das Zufällige ›das, was auch anders sein könnte‹ und durch uns änderbar ist [...]; dieses Zufällige als ›das, was auch anders sein könnte‹ und durch uns änderbar ist, ist eine beliebig wählbare und abwählbare Beliebigkeit: ich möchte es das Beliebigkeitszufällige nennen, das Beliebige. Oder das Zufällige ist ›das, was auch anders sein könnte‹ und gerade nicht durch uns änderbar ist (Schicksalsschläge: also Krankheiten, geboren zu sein und dgl.); dieses Zufällige als ›das, was auch anders sein könnte‹ und gerade nicht – oder nur wenig – durch uns änderbar ist, ist Schicksal: in hohem Grade negationsresistent und nicht oder kaum entrinnbar; ich möchte es das Schicksalszufällige nennen, das Schicksalhafte. Es gibt also – das

---

[39] Bubner 1984, 37.
[40] Bubner 1984, 38: »Die Rede vom Kontingenten verwechselt häufig die Bereichsangabe mit dem Zufall selbst. Kontingent ist streng genommen nicht das, was sich so oder anders verhalten kann, ohne schon eingetreten zu sein, sondern das grundlose Eintreten einer der beliebigen Alternativen.« Hoffmann 2000 greift diesen Aspekt auf und versucht, ihn für eine Geschichtstheorie fruchtbar zu machen, indem er Zufall mit Ereignis und Kontingenz mit Struktur verbindet.

folgt aus dieser Unterscheidung – für die Menschen nicht nur eine Sorte des Zufälligen, sondern deren zwei: es gibt nicht nur das Beliebigkeitszufällige, sondern es gibt auch das Schicksalszufällige.[41]

Makropoulos bestimmt Kontingenz in seiner Analyse der Moderne als Zeit, in der sich ein besonderes Kontingenzbewußtsein entwickelt, ähnlich:

›Kontingenz‹ bezeichnet zunächst logisch-ontologisch den ambivalenten Bereich, in dem sich sowohl Zufälle, als auch Handlungen realisieren. Kontingent ist damit einerseits ›alles Unverfügbare, das sich Planung entzieht, das aber auch erst mit Planung als Unverfügbares erkennbar wird [...] Kontingent ist aber andererseits auch alles, was manipulierbar ist‹ und so allererst Gegenstand des Handelns sein kann.[42]

Aus soziologischer Perspektive weist Makropoulos darauf hin, daß Kontingenz kein »factum brutum« sei, sondern in verschiedenen Gesellschaften unterschiedlich bestimmt werde.[43]

Verknüpfen wir nun diese Überlegungen zur Kontingenz mit dem aus der Lektüre von Gadamer und Koselleck Gewonnenen: Es ist Kontingenz, welche die Spannung zwischen Erwartung und Erfahrung hervortreibt. Die Formen geschichtlicher Erfahrung, die Gadamer und Koselleck beschreiben, wurzeln in den beiden Aspekten der Kontingenz. Gadamers Bestimmung der Erfahrung basiert auf dem Zufall, und zwar einem als negativ empfundenen. Die Kontingenz zeigt sich darin, daß etwas Unerwartetes die eigenen Pläne durchkreuzt. Kosellecks Skizze der Verschiebung von Erfahrungsraum und Erwartungshorizont in der Frühen Neuzeit deckt die Dimension des Handelns auf. Erst die Kontingenz eröffnet die Zukunft als Handlungsraum. Sowohl die Erfahrung der Geschichtsabhängigkeit als auch der Geschichtsmächtigkeit finden im Feld des Anders-Sein-Könnens statt.

Nach der Lektüre von Picht, Gadamer, Koselleck und Bubner läßt sich folgendes festhalten: Als Geschichtsbild wird das Verhältnis des Menschen zu seiner Geschichtlichkeit verstanden. Sie beruht auf Kontingenz, die sich als der Bereich des Anders-Sein-Könnens in der Freiheit des Handelns und der Einschränkung des Handelns durch Zufall äußert. Im menschlichen Bewußtsein schlägt sich Kontingenz in der Spannung zwischen Erwartung und Erfahrung nieder, die abhängig davon, ob die Einschränkung durch den Zufall oder die Freiheit des Handelns ins Zentrum rückt, eher als Ge-

---

[41] Marquard 1986, 128. V. Graevenitz / Marquard 1998, XIV sprechen von »Beliebigkeitskontingenz« und »Schicksalskontingenz«.

[42] Makropoulos 1998, 60. S. a. id. 1997, 14-16. S. a. Haug 1998, 151.

[43] Makropoulos 1997, 16-18. Das Besondere der Kontingenz in der Neuzeit sei, daß sie nicht mehr nur Handlungen, sondern auch Handlungshorizonte erfasse. Zu der von ihm vertretenen These, daß die Moderne eine Epoche besonderer Kontingenzerfahrung sei, während in der Antike Kontingenz weitgehend ausgeblendet worden sei, s. die Kritik unten S. 102-104.

schichtsmächtigkeit oder als Geschichtsabhängigkeit wahrgenommen wird.[44]

3. Geschichtsbilder: Eine Typologie

Bis jetzt war stets die Rede von *dem* Geschichtsbild – ein Blick auf unterschiedliche Zeiten und Kulturen zeigt aber rasch eine große Varianz an Geschichtsbildern. Der Ansatz bei der Spannung zwischen Erwartung und Erfahrung erlaubt es, sowohl die lebensweltliche Verankerung des menschlichen Verhältnisses zur Geschichte in der Geschichtlichkeit als auch seine jeweilige geschichtliche Ausprägung zu erfassen. Erfahrungen und Erwartungen sind eine anthropologische Konstante; die Gestaltung ihres Verhältnisses ist aber historisch variabel. Mit Schicksals- und Beliebigkeitskontingenz haben wir bereits zwei unterschiedliche Aspekte der Geschichtlichkeit erkannt. Lassen sich Geschichtsbilder darüber hinaus kategorisieren?

Für diese Erweiterung hilft uns die von Rüsen entwickelte Matrix des historischen Erzählens, die in modifizierter Form integriert werden soll. Dabei müssen allerdings die Unterschiede zwischen Rüsens funktionalistischem und dem hier vertretenen phänomenologischen Ansatz bedacht werden.

Die Matrix des historischen Erzählens steht im Kontext von Rüsens Historik, die er definiert als »eine Theorie der Geschichtswissenschaft, die die Vernunftbestimmungen des historischen Denkens in den Fundamenten der Geschichtswissenschaft selber aufdeckt«.[45] Rüsen bemüht sich, die Wissenschaftlichkeit der Geschichte aus ihren lebensweltlichen Grundlagen zu gewinnen. Dabei definiert er Geschichtsbewußtsein folgendermaßen:

---

[44] Die Überlegungen zur Spannung zwischen Erwartungen und Erfahrungen beleuchten auch die Stellung des Historikers und sein Verhältnis zu seinen Objekten. Nach Danto 1965, 143 sind »narrative sentences« typisch für den Historiker: »Their most general characteristic is that they refer to at least two time-separated events though they only *describe* (are only *about*) the earliest event to which they refer.« Historiker unterscheiden sich also von den in ihrer Geschichte Stehenden dadurch, daß ihnen die folgenden Erfahrungen bereits bekannt sind und ihr Blick deswegen über die Erwartungen der in der jeweiligen Geschichte Handelnden hinausgeht. Aber auch ihre Rekonstruktionen bewegen sich in der Spannung von Erwartungen und Erfahrungen, insofern als auch sie die Vergangenheit von einem bestimmten Erfahrungsstand aus betrachten, der nur einen Übergangspunkt im Lauf der Zeit darstellt. Zudem können die Ereignisse der Vergangenheit in unterschiedliche Beziehungen zu nachfolgenden Ereignissen gestellt werden. S. dazu auch den Entwurf einer »Neuen Annalistik« von Hölscher 2003, der es als eine zentrale Aufgabe der Geschichtswissenschaft ansieht, in einer »Archäologie« (70) historische Ereignisse in der Geschichte ihrer Deutungen zu erzählen.

[45] Rüsen 1983, 9.

Geschichtsbewußtsein soll als lebensweltliches Phänomen analysiert werden, d. h. als eine Weise des menschlichen Bewußtseins, die mit der menschlichen Lebenspraxis schlechthin gegeben ist. Dies ist dann der Fall, wenn man unter Geschichtsbewußtsein den Inbegriff der mentalen Operationen versteht, mit denen Menschen ihre Erfahrungen vom zeitlichen Wandel ihrer Welt und ihrer selbst so deuten, daß sie ihre Lebenspraxis in der Zeit absichtsvoll orientieren können.[46]

Im folgenden spielt nur Rüsens Bemühung, die Geschichte in der Alltagswelt zu verankern, eine Rolle; sein eigentliches Ziel, das Vernunftpotential der Geschichtswissenschaft aus der lebensweltlichen Grundlage des Geschichtsbewußtseins abzuleiten, kann aufgrund der hier verfolgten Fragestellung ausgeblendet werden.[47]

Anthropologische Grundlage dafür, daß sich ein Geschichtsbewußtsein bildet, ist nach Rüsen der »Intentionalitätsüberschuß des menschlichen Handelns«.[48] Mit seinen Absichten überschreite der Mensch die vorliegende Welt. Wenn man den Intentionalitätsüberschuß zeitlich wende, ergebe sich die »Divergenz zwischen Zeit als Absicht und Zeit als Erfahrung«.[49] Ihre Vermittlung sei das Werk des Geschichtsbewußtseins:

Geschichtsbewußtsein ist die geistige Arbeit des Menschen daran, seine Handlungsabsichten zeiterfahrungskonform zu machen. Er leistet diese Arbeit in der Form einer Deutung von Zeiterfahrungen. Sie werden im Hinblick auf das gedeutet, was jeweils über die gegebenen Umstände und Verhältnisse des Lebens hinaus intendiert ist.[50]

Die den menschlichen Absichten querliegenden Zeiterfahrungen nennt Rüsen »Naturzeit«, als deren Inbegriff er Kontingenz anführt. Die Zeit der

---

[46] Rüsen 1983, 48f.

[47] Die Kritik, die an Rüsens Historik geübt wird, richtet sich vor allem gegen die Bemühung, den Anspruch auf Wahrheit und Objektivität, welcher der Wissenschaft zugrundeliegt, einzulösen. Munz 1985 kritisiert, daß die Spannung zwischen Subjektivität und Objektivität nicht aufgelöst werde. Mit ähnlicher Kritik s. Anchor 1991, der J. Rüsens Begründung von Objektivität und Neutralität der Geschichtsschreibung anzweifelt (354) und die Plausibilität als Wahrheitskriterium für ungeeignet hält (355). S. a. die Kritik am normativen Aspekt von Rüsens Theorie bei Steenblock 1992/93, 375-380. Bubner 1984, 163 Anm. 2 folgt Rüsen in der lebensweltlichen Verankerung der Geschichte, kritisiert aber, daß die Vernunftfrage keine Frage auf der Ebene der Wissenschaft sei. Munz 1985 und Muhlack 1985, 633f. bemängeln außerdem, daß die große Abstraktion und das Fehlen von Beispielen einer Geschichtstheorie nicht angemessen seien. Ankersmit 1988 ordnet Rüsens Ansatz in die deutsche Tradition der Historik ein und beschreibt ihn als Ausgleich zwischen analytischer und hermeneutischer Perspektive. Megill 1994, 51-53 sieht die hermeneutische Tradition und Habermas als zentrale Bezugspunkte. Der Anspruch, daß Geschichtsschreibung gerade als Wissenschaft Sinn stifte, widerspricht Webers Theorie, daß die Wertfreiheit von Wissenschaft als Verzicht auf absolute Werturteile einhergehe mit der Wertbezogenheit der wissenschaftlichen Erkenntnis. Dieser Ansatz wird für die Bestimmung der Geschichtswissenschaft beispielsweise von Oexle 1984; 1990 fruchtbar gemacht.

[48] Rüsen 1983, 49.

[49] Rüsen 1983, 50.

[50] Rüsen 1983, 50f.

menschlichen Absicht bezeichnet er als »humane Zeit«. Mit ihrem Geschichtsbewußtsein transformierten Menschen »Naturzeit« in »humane
Zeit«.[51] Das Geschichtsbewußtsein hebe die erfahrene Kontingenz auf, um
die Zukunft als Handlungsraum zu eröffnen.[52]

Bei Rüsen ist das Erzählen der Vorgang, in dem

*über die (Natur-) Zeiterfahrung Sinn gebildet wird im Hinblick auf eine absichtsvoll
entworfene Zeit menschlicher Selbstgewinnung durch handelnden Eingriff in die
erfahrenen Veränderungen von Mensch und Welt. Erzählen transzendiert auf der
Ebene der Handlungsorientierung Naturzeit in humane Zeit.*[53]

Das historische Erzählen unterscheide sich vom Erzählen im allgemeinen in
drei Hinsichten: Es gehe auf Erinnerungen zurück, es erzeuge eine Kontinuität zwischen Vergangenheit und Gegenwart und stifte Identität.[54]

Die historische Orientierung wird nach Rüsen durch vier Sinnbildungen
geleistet, denen vier Erzählweisen entsprechen: Der Affirmation der bereits
pränarrativen Sinnbildung entspreche das traditionale Erzählen. In ihm
werden »zeitliche Veränderungen von Mensch und Welt mit der
Vorstellung einer Dauer von Weltordnungen und Lebensformen
interpretiert.«[55] Oder: »*Durch traditionales Erzählen wird Zeit als Sinn
verewigt.*«[56]

Einen höheren Abstraktionsgrad erreiche das »exemplarische Erzählen«,
das dem Prinzip der »Regularität« folge. »Es formuliert sich in Geschichten, die zeitliche Veränderungen der Vergangenheit auf regelhafte Vorgänge hin durchsichtig machen.«[57] Da zeitliche Veränderung in überzeitlichen Regeln aufgelöst wird, kann Rüsen sagen: »*Zeit wird durch exemplarisches Erzählen als Sinn verräumlicht* zu einer Reihe von
Anwendungsfällen zeitlos geltender Handlungsregeln.«[58]

Drittens führt Rüsen das »Prinzip der Negation oder Abgrenzung« an:

*Kritisches Erzählen formiert sich in Geschichten, die historische Erfahrungen gegen
Traditionen und (normative) Handlungsregeln richten, so daß diese ihre Kraft zur*

---

[51] Rüsen 1983, 51f.
[52] Rüsen 1983, 52: »Geschichtsbewußtsein ist geleitet von der Absicht, Zeit, die als drohender
Selbstverlust des Menschen im Anderswerden seiner Welt und seiner selbst erfahren wird, zu
gewinnen.«
[53] Rüsen 1982, 523.
[54] Rüsen 1983, 53-57; 1982, 525-536.
[55] Rüsen 1989, 43. Zur Tradition s. a. Picht 1993, 304.
[56] Rüsen 1982, 546; cf. id. 1989, 45.
[57] Rüsen 1982, 547.
[58] Rüsen 1982, 549; cf. id. 1989, 48. Zur stabilisierenden Funktion von Exempla s. Stemmler
2000, 182 am Beispiel des römischen *mos maiorum*.

Handlungsorientierung verlieren und durch andere Orientierungen ersetzt werden müssen.[59]

Hier wird »Zeit als Sinn beurteilbar«.[60] Diese drei Formen des historischen Erzählens zielten darauf ab, »die Unruhe der Zeit, die herausfordernde kontingente Veränderung des Menschen und seiner Welt in eine Zeitvorstellung wegzuarbeiten oder zurückzunehmen, in der Ruhe und Stetigkeit vorherrschen«.[61] Mit dem vierten Prinzip, der »Transformation«, die dem genetischen Erzählen zugrundeliegt, »wird die zeitliche Veränderung selber zum orientierenden Gesichtspunkt der Lebenspraxis und der Identitätsbildung«.[62] Durch die »Verzeitlichung der Zeit als Sinn«[63] ergebe sich eine neue Sicht auf die Zukunft:

Zeit als Veränderung gewinnt eine positive Qualität; sie wird zur tragenden Sinnqualität: Sie wird nicht mehr als Bedrohung historisch weggearbeitet, sondern als Qualität menschlicher Lebensformen hervorgehoben, als Chance der Überbietung erreichter Standards von Lebensqualität, als Eröffnung von Zukunftsperspektiven, die über den Horizont des Bisherigen qualitativ hinausgehen.[64]

Diese Sicht der Zeit manifestiere sich in der Idee der Entwicklung, welche die Geschichtsschreibung der Aufklärung und des Historismus bestimmt habe.[65]

Die vier Erzählweisen beschreiben nach Rüsen die historische Sinnbildung und orientieren menschliches Handeln in der Zeit. Sie schlössen sich nicht aus, sondern implizierten einander.[66] Außerdem könne die Typologie auch dazu dienen, die Entwicklung des historischen Erzählens zu analysieren. Es finde eine Entwicklung von der traditionalen über die exemplarische zur genetischen Sinnbildung statt, wobei das kritische Erzählen ein Medium des Überganges sei.[67]

Als Grundlage seiner Historik hat Rüsen damit ein umfassendes Konzept der lebensweltlichen Verankerung der Geschichte entwickelt. Für die vorliegende Untersuchung sind drei Aspekte wichtig: Auch Rüsen zeigt, daß die Erfahrung von Kontingenz die Grundlage für die Beschäftigung mit Geschichte ist. Dabei verwendet er Kontingenz allerdings nur im Sinne von Schicksalskontingenz.[68] Fernerhin sieht er in der Erzählung das Medium, in

---

[59] Rüsen 1982, 551.
[60] Rüsen 1982, 552; cf. id. 1989, 52.
[61] Rüsen 1989, 42.
[62] Rüsen 1989, 42; cf. 1982, 557.
[63] Rüsen 1989, 55; cf. 1982, 556.
[64] Rüsen 1989, 52.
[65] Rüsen 1982, 557-561.
[66] Rüsen 1982, 564-584.
[67] Rüsen 1982, 584-592.
[68] S. beispielsweise Rüsen 1982, 521.

der sich Menschen mit Kontingenz auseinandersetzen. Schließlich entwickelt er eine Matrix, die den Anspruch erhebt, die geschichtliche Sinnbildung nicht nur in der Geschichtswissenschaft, sondern allgemein zu erfassen. Sie bietet sich als Grundlage dafür an, die Gestaltung der Spannung von Erwartungshorizont und Erfahrungsraum zu konzeptualisieren. Traditionale, exemplarische und genetische Sinnbildung sind Versuche, die Spannung zwischen Erfahrung und Erwartung durch Kontinuität, Regularität und Entwicklung aufzuheben. Folgende Kritik ist aber an seinem Konzept zu üben:

Erstens transformiert nach Rüsen das Geschichtsbewußtsein Naturzeit in humane Zeit. Damit ist gemeint, daß die Erfahrung von Schicksalskontingenz zugunsten der Planbarkeit des Lebens und der Handlungsfähigkeit des Menschen aufgelöst wird. Die Unterscheidung der zwei Zeitformen ist wenig erhellend. Wenn man mit Kant die Zeit als apriorische Bedingung der Möglichkeit des Erkennens ansieht, macht es wenig Sinn, eine dem Menschen unterworfene und eine von ihm unabhängige Zeit zu unterscheiden. Es ist bestenfalls irreführend, den objektiven und den subjektiven Aspekt von Zeit als eigene Formen der Zeit zu proklamieren. Bei Rüsen führt es, wie zu zeigen ist, zu einer Einseitigkeit seines Ansatzes. Die von ihm beschriebene Spannung wird treffender mit dem Begriffspaar Erwartung und Erfahrung bezeichnet.

Eng mit diesen Zeitbegriffen hängt ein zweiter Punkt zusammen. Rüsens Konzentration auf die Funktion des Erzählens, Handlungen in der Zukunft zu ermöglichen, verschleiert, daß bereits in der Erfahrung in der Vergangenheit eine Spannung von Erfahrung und Erwartung vorliegt. Im Blick auf die Vergangenheit wird nicht die vom eigenen Handeln unabhängige Zeit an sich, wie der Begriff der Naturzeit suggeriert, sondern bereits die Spannung zwischen Erwartung und Erfahrung deutlich – vergangene Erwartungen, die auf vorausliegenden Erfahrungen beruhten, haben sich erfüllt oder sind durch neue Erfahrungen enttäuscht worden. Jede Erfahrung impliziert den Bezug auf eine Erwartung.[69] Insofern kommt die Spannung zwischen Erwartung und Erfahrung nicht erst bei der Orientierung in der Gegenwart

---

[69] Luckmann 1986, 122: »Jede Erfahrung ist also in diesem Sinn eine Erfüllung oder eine Enttäuschung – um zwei wesentliche zeitliche Begriffe der lebensweltlichen Wirklichkeit, vom Alltag bis zum Traum, anzuführen.« Liebsch 1996, zeigt, daß Erfahrungen nicht nur Erwartungen implizieren, sondern außerdem Erwartungen retrograd von den Erfahrungen aus überformt werden, und spricht deswegen von Neu-Vergangenheit (32-41), 41: »Die Wirklichkeit, die die Erfahrung am Ende erschließt, wird es sein, von der aus jene Vor-habe nachträglich als *deren* vergangene Zukunft erkennbar werden kann. Hier erklärt nicht ein *vorgängig vergangener* Erfahrungshorizont eine spätere Zukunft als seine eigene Erfüllung; hier wird Erfahrung im Gegenteil retrograd und kontrastiv im Licht einer eingetretenen Zukunft kenntlich, die sich eine mit keinem Vorher schlicht zu identifizierende, hinsichtlich ihrer Vorgängigkeit selbst erst vom Nachher bestimmte Vergangenheit gibt.«

ins Spiel, sondern bereits in der Verarbeitung ihres Verhältnisses in der Vergangenheit. Absichten sind nicht nur auf die Zukunft gerichtet, sondern werden auch als vergangene erfahren.

Drittens ist zu fragen, ob die Beschäftigung mit Geschichte von der Bemühung ausgeht, durch die Auseinandersetzung mit Zeit Handeln in der Gegenwart und Zukunft zu ermöglichen. Da Rüsen die Absicht nur auf die Zukunft bezieht, ist bei ihm die Auseinandersetzung mit Geschichte immer schon auf zukünftiges Handeln bezogen.[70] Baumgartner geht noch einen Schritt weiter und meint, Geschichte gerate immer erst im Zusammenhang mit Handeln in den Blick. Er spricht zwar nicht von Kontingenz, aber die Kontinuität, die nach ihm in der Beschäftigung mit Geschichte hergestellt wird, läßt sich als Überwindung von Schicksalskontingenz verstehen.[71]

In der Tat erfüllt Geschichte, wie die Arbeiten zum kulturellen Gedächtnis zeigen, oft die Funktion, Handeln zu orientieren und Identität zu stiften.[72] Die Spannung zwischen Erwartung und Erfahrung bricht aber, wie wir gesehen haben, nicht erst dann auf, wenn gegenwärtiges oder zukünftiges Handeln orientiert werden muß, sondern ist bereits in jeder Erfahrung enthalten. Die menschliche Beschäftigung mit Geschichte wurzelt nicht darin, daß Handlungsräume eröffnet werden, sondern beginnt damit, daß die erfahrene Spannung zwischen Erwartung und Erfahrung verarbeitet werden muß. Die Orientierung von Handeln ist ein wichtiger Aspekt der Beschäftigung mit Geschichte, aber nicht das auslösende Moment. Gegen den funktionalistischen Ansatz von Rüsen legen die oben ausgeführten phänomenologischen und hermeneutischen Ansätze nahe, daß der Mensch bereits vor jeder Handlung in der Geschichte steht und sich zu ihr verhält. Der Mensch erfährt Geschichte, noch bevor er sein Handeln orientiert, immer schon in der bereits gemachten Erfahrung, die in Spannung zu seinen Erwartungen steht.

Zudem wird die Exzentrizität des Menschen unterschätzt, wenn man behauptet, Geschichte habe ihren Grund in der Ermöglichung von Handlun-

---

[70] Rüsen 1983, 51 greift auf die Webersche Kategorie des Sinns zurück, um zu zeigen, inwiefern das Geschichtsbewußtsein auf gegenwärtiges und zukünftiges Handeln bezogen ist.

[71] Baumgartner [2]1997. Anders als Landgrebe reduziert er Geschichte nicht auf Handlung, betont aber, daß der Mensch erst im Handlungsprozeß auf Geschichte zurückblickt, 212: »Geschichte setzt darum nicht im Ereignis des Handelns ein, sondern erst in der Erinnerung des Handelns und seiner retrospektiven Konstruktion in einem bestimmten unter Sinnvorstellungen in praktischer Absicht entworfenen Zusammenhang. So ergibt sich die paradox anmutende Konsequenz, daß Geschichte und ihre Kontinuität ohne den Bezug auf in einem konkreten Handeln zu realisierende Intentionen sinnvollen menschlichen Lebens nicht gedacht werden kann, und dennoch nicht durch durch den Vollzug des Handelns selbst schon realisiert wird.«

[72] S. die Literatur oben in Anm. 4 dieses Kapitels. Auch Röttgers 1982; 1998 betont die kommunikative Komponente von Geschichte. Er behauptet, daß in Geschichten Zeit und Gemeinschaft zugleich konstituiert würden (1998, 39).

gen (Rüsen) oder werde gar erst in Handlungsprozessen relevant (Baumgartner). Genauso wie der Mensch sich mit einer gewissen Freiheit auf die
Zukunft entwirft, kann er sich in einer gewissen Freiheit auch der Vergangenheit zuwenden.

Daraus folgt eine vierte Überlegung: Heben Menschen in ihrer Beschäftigung mit Geschichte Schicksalskontingenz immer auf? Bei Rüsen ist dies
notwendig, da Schicksalskontingenz menschliches Handeln behindert und
Geschichte stets das Ziel hat, Handlungschancen für Gegenwart und Zukunft zu eröffnen. Alle von Rüsen genannten Weisen des Erzählens heben
Schicksalskontingenz auf. Dies gilt auch für die genetische Sinnbildung, die
den Wandel festhält, mit der Entwicklung aber eine Kontinuität zweiter
Ordnung schafft, in der die Veränderungen eine Richtung haben. Diese
Richtung, die dem Wandel zugeschrieben wird, löst Schicksalskontingenz
auf.

Wenn aber die Diskrepanz zwischen Erwartung und Erfahrung in der Erfahrung selbst bewußt wird und Geschichte bereits vor dem Versuch,
Handlungsmöglichkeiten zu eröffnen, erfahren wird, ist es nicht mehr notwendig, daß jede Auseinandersetzung mit Geschichte Schicksalskontingenz
aufhebt. Auch wenn dies ein zentraler Zug modernen Geschichtsdenkens
ist, das die menschlichen Handlungsmöglichkeiten betont, ist eine Ge-
schichtskonstruktion denkbar, in der Schicksalskontingenz erst einmal
festgestellt wird. Es sei der Verdacht geäußert, daß Rüsens Behauptung,
nach der historisches Erzählen Schicksalskontingenz aufhebt, Teil der von
Bubner aufgedeckten Tendenz des modernen Geschichtsdenkens ist, Zufall
zu verdrängen.

Der fünfte Kritikpunkt am Ansatz von Rüsen ist bereits bei ihm angelegt.
Die dritte Erzählweise, das kritische Erzählen, stellt die anderen Sinnbildungen in Frage. Sie führt dadurch, daß sie die Negation einer Erzählweise
ist, zu einer anderen Form der Sinnbildung. Daß sie keine eigene Sinnbildung, sondern nur der Übergang von einer Sinnbildung zur anderen ist,
zeigt sich darin, daß sie sich nicht einfach in die Entwicklung der Sinnbildungen einordnen läßt. Sie liegt nicht nur zwischen exemplarischer und
genetischer Sinnbildung, sondern tritt auch dann als Kritik am traditionalen
Erzählen auf, wenn die traditionale von der exemplarischen Sinnbildung
abgelöst wird. Sie ist nicht als eigene Sinnbildung zu betrachten, sondern
als Medium des Übergangs.

Die ersten vier Kritikpunkte zeigen, daß Rüsen die lebensweltliche Verankerung der Geschichte anders als der hier entwickelte Ansatz konstruiert.
In den Termini der oben entwickelten Analyse von Geschichtlichkeit ausgedrückt, wird nach Rüsen vom Geschichtsbewußtsein Schicksalskontingenz immer in Beliebigkeitskontingenz umgewandelt. Die durch Zufälle
entstehende Spannung zwischen Erwartung und Erfahrung wird in allen

Sinnbildungen zugunsten der Handlungsfreiheit aufgelöst. Rüsens Ansatz ist funktionalistisch: Geschichte wird durch die Funktion bestimmt, die sie für menschliches Handeln erfüllt.

Es soll keineswegs bestritten werden, daß die Auseinandersetzung mit zeitlichem Wandel in der Vergangenheit eine wichtige Voraussetzung für Handeln in der Gegenwart ist. Geschichte orientiert Handeln und stiftet Identität, aber sie tritt bereits davor in das menschliche Leben ein. Der oben entwickelte phänomenologische Ansatz greift tiefer, da er die Erfahrung von Geschichte in den Blick nimmt, die noch vor der Orientierung von Handeln liegt. Diese Dimension ist bei Rüsen verschüttet, da er Absicht und Erwartung nur auf die Zukunft bezieht. Vor der Funktion von Geschichte steht aber ihre Erfahrung.

Trotz dieses grundlegenden Unterschiedes kann des Rüsensche Modell der historischen Erzählweisen helfen, eine Typologie des Geschichtsbildes zu entwickeln.[73] Die von ihm beschriebene traditionale, exemplarische und genetische Sinnbildung repräsentieren Modi, das Verhältnis zwischen Erwartung und Erfahrung zu gestalten. Sowohl Kontinuität als auch Regularität sowie Entwicklung schließen die Spannung zwischen ihnen. Während sich die kritische Erzählweise als Form des Übergangs entpuppt hat, ist der

---

[73] Der heuristische Wert von Rüsens Typologie wird deutlich, wenn man sie mit dem anthropologischen Ansatz von Gumbrecht 1982 und 1986 vergleicht. Gumbrecht geht von Schützs Begriff der »Lebenswelt« aus, die als Grundbestand sinnkonstituierender Selektionsregeln Grundlage für die historischen Alltagswelten ist. Er bezeichnet die Historiographie als »Faszinationstyp«, als Textgruppe, welche die Grenzen von Lebenswelten überschreitet: »Die Faszination der Historiographie ist fundiert in einem vorreflexiven Bedürfnis, die Grenzen eigener Lebenszeit zu transzendieren.« (1982, 507). Diese Transzendenz beschreibt Gumbrecht, indem er von den historiographie-spezifischen Erwartungen im kommunikativen Alltagswissen ausgeht: Die Geschichtsschreibung überschreite die Grenze des »nunc« und die Grenze der Irreversibilität der Zeit (1982, 484-489, cf. 1986). In einem zweiten Schritt eruiert er aus historiographischen Texten spezifische Dispositionen (1982, 489-501): Historiographie sei gegründet auf der Illusion, über Gegenstände und spezifische Wissensbestände der vergangenen Welt verfügen zu können. Außerdem gehe sie von der Offenheit des Zeithorizontes der Vergangenheit und der Authentizität der Vergangenheit aus. Eine Definition von Geschichtsschreibung dadurch, daß Zeiterfahrung artikuliert wird, lehnt er dagegen ab, da sie Geschichtskompendien ausschlösse (1986, 503-505). Gegen diesen Ansatz läßt sich folgendes einwenden: Erstens ist die Methode fragwürdig. Gumbrecht gewinnt seine anthropologischen Kriterien, indem er von historiographischen Texten ausgeht. Damit setzt er einen Begriff von Geschichtsschreibung voraus, obwohl ein solcher sich erst aus seiner anthropologischen Bestimmung von Geschichte ergeben soll. Die methodische Fragwürdigkeit dieser inhaltlichen Definition von Geschichtsschreibung (1982, 481f.) zeigt sich in der Enge seiner Definition. Gumbrecht erkennt selbst, daß seine Definition von Geschichtsschreibung durch die Illusionen der Verfügbarkeit historischer Wissensbestände und der Offenheit des Zukunftshorizontes erst auf neuzeitliche Historiographie zutrifft (1986, 37f.). Zweitens ist zu fragen, ob Geschichte weniger ein Überschreiten von Lebenswelten ist, als vielmehr durch die Deutung der Zeitlichkeit menschlichen Lebens selbst in einer Lebenswelt angelegt ist. Drittens spielt die Narration keine Rolle in Gumbrechts Bestimmung von Geschichtsschreibung. Die Einsichten der historischen Erzähltheorie werden überhaupt nicht berücksichtigt. Viertens bietet Gumbrechts Theorie keine Möglichkeit, verschiedene Geschichtsbilder miteinander zu vergleichen.

Typologie aber ein weiterer, von Rüsen nicht beachteter Modus hinzuzufügen: Wo die Spannung zwischen Erwartung und Erfahrung festgeschrieben
wird, herrscht der Zufall.

Ziel dieses Kapitels war es, den Geschichtsbegriff aus seiner Verengung auf
wissenschaftliche Geschichtsschreibung herauszuführen und eine methodische Grundlage für die Untersuchung der Vorstellung von Geschichte zu
schaffen, die der *Ilias* zugrundeliegt. Mit der phänomenologisch-hermeneutischen Tradition ist die lebensweltliche Verankerung der Geschichte in der
Geschichtlichkeit des Menschen gezeigt worden. Als Geschichtsbild ist das
Verhältnis des Menschen zu seiner Geschichtlichkeit definiert worden.
Grundlage der Geschichtlichkeit ist die Kontingenz, der Raum des Anders-
Sein-Könnens, der die Spannung zwischen Erwartungen und Erfahrungen
aus sich heraustreibt. Sie kann als Beliebigkeits- und als Schicksalskontingenz wahrgenommen werden; dementsprechend kommt Geschichtlichkeit
als Geschichtsmächtigkeit – zum einen in der Transzendenz der Erfahrungen durch die Erwartungen, zum anderen im Übersteigen der Erwartungen
durch künftige Erfahrungen, oder als Geschichtsabhängigkeit – vor allem in
der Enttäuschung vergangener Erwartungen durch gegenwärtige Erfahrungen, aber auch in der Bildung neuer Erwartungen vor dem Hintergrund der
gemachten Erfahrungen – zu Bewußtsein.
   Geschichtsbilder können über die Dichotomie von Schicksals- und Beliebigkeitskontingenz hinaus kategorisiert werden. Aus Rüsens Matrix des
geschichtlichen Erzählens lassen sich drei Modi, die Spannung zwischen
Erwartungen und Erfahrungen zu gestalten, gewinnen. Die Tradition über-
windet die Spannung von Erfahrung und Erwartung mit dem Gedanken der
Kontinuität, das Exemplum hebt sie durch Regularität auf. Das Modell der
Entwicklung schließlich läßt der Spannung zwischen Erwartung und Erfahrung ihre Dynamik, verstetigt sie aber zu einer Kontinuität zweiter Ordnung. Aufgrund seines funktionalistischen Geschichtsbegriffes sieht Rüsen
nicht, daß die Spannung zwischen Erfahrung und Erwartung auch einfach in
Form des Zufalls festgestellt werden kann, ohne aufgelöst zu werden.
Schicksalskontingenz muß nicht in Beliebigkeitskontingenz überführt werden, wie dies in der traditionalen, exemplarischen und genetischen Sinnbildung geschieht. Geschichtsbilder können also auf vier Modi zurückgreifen,
um die Spannung zwischen Erfahrung und Erwartung zu gestalten: Tradition, Exemplum, Entwicklung, Zufall.
   Dadurch daß diese Definition von der Geschichtlichkeit ausgeht, weicht
sie von dem, was auf der Grundlage des engen modernen Geschichtsbegriffs landläufig unter Geschichtsbild verstanden werden mag, in drei Punkten ab: Erstens sind für sie die historische Substanz und die kritische Methode, mit der die Vergangenheit zu eruieren ist, kein Maßstab. Geschicht-

lichkeit bezeichnet nicht, daß etwas wirklich so gewesen ist, sondern daß und wie der Mensch in der Geschichte steht. Für sie ist, wie besonders bei Heidegger deutlich wird, die Zeitlichkeit zentral.

Zweitens ist das Geschichtsbild nicht auf Ereignisse beschränkt, in die größere Einheiten wie Stämme oder Nationen verwickelt sind. Die Spannung zwischen Erwartung und Erfahrung betrifft auch Individuen.[74]

Sie zeigt sich drittens nicht nur im Blick auf die Vergangenheit, sondern auch auf die Gegenwart und Zukunft. Wie Kosellecks Analyse des Endes der Frühen Neuzeit zeigt, bedingen sich der Rückblick auf die Vergangenheit, die Wahrnehmung der Gegenwart und der Ausblick in die Zukunft.

Handelt es sich also um einen billigen Trick, »Geschichtsbild« so weit zu definieren, daß alles Mögliche, nur keine Geschichte, für die Untersuchung reklamiert werden kann? Eine derartige Kritik geht von einem objektivistisch verkürzten Geschichtsbegriff aus, der in der Geschichtstheorie schon vor einiger Zeit seine Plausibilität verloren hat. Ironischerweise beruht auch ein objektivistischer Geschichtsbegriff auf der lebensweltlichen Grundlage, die er so erfolgreich verdrängt.[75] Das hier vorgestellte Modell bemüht sich dagegen, bei der lebensweltlichen Verankerung der Geschichte anzusetzen und zugleich ihre historische Varianz in Form einer Typologie zu erfassen.

Damit wird aber nicht bestritten, daß es sinnvoll ist, zwischen kritischer Geschichtsschreibung und anderen Formen der *Memoria* zu differenzieren. Bereits Herodot, seit Cicero der *pater historiae*, etabliert mit der ἰστορίη eine Methode, die seine Geschichtsschreibung von anderen Formen der Erinnerung absetzt, und Thukydides setzt sich kritisch mit Dichtung und Rhetorik als Medien der *Memoria* auseinander.[76] Da der Gegenstand dieser Untersuchung aber ein nichthistoriographisches Medium der *Memoria* ist, kann diese Differenzierung ausgeblendet und nur die lebensweltliche Grundlage der Erinnerung in den Blick genommen werden.[77]

---

[74] Von wissenssoziologischer Warte aus verfolgt Luckmann 1986 das Phänomen der Zeit von der subjektiven inneren Zeit des Menschen über die Zeitlichkeit des täglichen Lebens, in der objektivistische Zeitkategorien auf die innere Dauer aufgesetzt sind, bis zu den Sinnkategorien lebensdeutender und lebensplanender Spannweite, die gesellschaftliche Wissensvorräte sind.

[75] Cf. beispielsweise Ricoeur 2004, 442, der den referentiellen Charakter von Geschichtsschreibung betont (cf. 390f. gegen White), aber trotzdem feststellt: »Wir machen Geschichte, und wir schreiben Geschichte, weil wir geschichtlich sind.«

[76] Cf. Grethlein 2004a, wo die These vertreten wird, λογογράφος im Methodenkapitel der *Historien* bezeichne Redner, und vor allem Grethlein 2005b, wo die Grabrede des Perikles als kritische Auseinandersetzung des Thukydides mit der *Memoria* in der Rhetorik interpretiert wird.

[77] Eine Differenzierung könnte beispielsweise bei den drei historiographischen Operationen ansetzen, die Ricoeur 2004, 285f. diskutiert; er unterscheidet eine dokumentarische, eine erklärende/ verstehende und eine repräsentierende Phase.

III. Interpretation I: Das Geschichtsbild der Helden

Als Leitfaden für die Analyse des Geschichtsbildes der Helden in der *Ilias* dient die Begegnung von Glaukos und Diomedes im 6. Buch. In ihr spielt die Vergangenheit eine gewichtige Rolle: Diomedes erzählt, wie Dionysos von Lykurgos verfolgt wurde, Glaukos legt seine Genealogie dar und im Anschluß stellt Diomedes fest, daß ihre Großväter bereits Gastfreunde waren. Die Strukturen des Geschichtsbildes der homerischen Helden lassen sich hier *in nuce* zeigen: Die verschiedenen Modi, mit Kontingenz umzugehen, sind greifbar und können im Zusammenhang studiert werden.

Jeweils einer dieser Modi wird an den Reden von Glaukos und Diomedes vorgestellt und dann außerhalb des 6. Buches weiterverfolgt: Die exemplarische Sinnbildung wird in der Lykurgos-Geschichte aufgezeigt und dann in weiteren Exempeln untersucht (1). Die Diskussion der Genealogien der Helden als Ausdruck traditionaler Sinnbildung dient als Hintergrund für die Analyse der Genealogie des Glaukos (2). Die Besonderheiten von Glaukos' Stammbaum zusammen mit dem Blättergleichnis führen zur Rolle des Zufalls (3). An der Gastfreundschaft zwischen Glaukos und Diomedes wird der Zusammenhang zwischen Tradition, Exemplum und Zufall näher ausgeführt (4). Abschließend wird das Bewußtsein der epischen Helden von ihrer Fragilität erörtert (5).

Dieses *Procedere* hat den Nachteil, daß die Begegnung von Glaukos und Diomedes nicht an einem Stück interpretiert wird. Dem Leser wird abverlangt, immer wieder von der Deutung des 6. Buches zu Streifzügen durch die gesamte *Ilias* aufzubrechen. Dafür werden die Modi, mit Kontingenz umzugehen, nicht nur an einem Abschnitt, sondern in ihrer ganzen Vielfalt erörtert. Das Fallbeispiel und die zusätzlich herangezogenen Belege beleuchten sich gegenseitig und ergeben ein differenziertes Gesamtbild.

1. Exemplarische Sinnbildung[1]

1.1 Diomedes: Lykurgos-Paradigma

Nachdem Aphrodite und Ares sowie Hera und Athene zum Olymp zurückgekehrt sind, geht der Kampf zwischen Trojanern und Griechen zu Beginn des 6. Buches weiter. Zuerst werden einzelne Zweikämpfe geschildert, dann fordert Helenos Aineas und Hektor auf, die sich zurückziehenden Trojaner aufzuhalten. Er überzeugt außerdem Hektor, in die Stadt zu gehen und die Frauen anzuhalten, sich im Tempel der Athena zu versammeln und um ihre Gunst zu bitten. Der Erzähler wendet sich, bevor er Hektors Ankunft in Troja und seine Verrichtungen dort schildert, dem Aufeinandertreffen von Diomedes und Glaukos auf dem Schlachtfeld zu.

Diomedes spricht den ihm offensichtlich unbekannten Gegner an und verbindet die Frage, wer er sei, mit der Frage, ob er einen Menschen oder einen Gott vor sich habe. Seine Rede ist als Ringkomposition angelegt:[2] In den Fragering (6, 123-127; 142f.) ist die Beteuerung eingelassen, er werde nicht gegen einen Gott kämpfen (6, 128f.; 141). Im Zentrum steht die Erzählung, wie Lykurgos Dionysos angriff, der ins Meer fliehen mußte. Sie wird eingeleitet und beendet durch die Feststellung, Lykurgos habe nicht lange gelebt (6, 130f.; 139f.). Dieser Ring um die Erzählung macht explizit, daß Diomedes nicht gegen einen Gott kämpfen will, da die Götter eine solche Hybris bestrafen. Er erzählt also ein vergangenes Ereignis, um mit einer aus ihm abgeleiteten Regel sein gegenwärtiges Handeln zu bestimmen.

Wenn man fragt, in welcher Weise Diomedes sich auf die Vergangenheit bezieht, läßt sich unschwer das exemplarische Erzählen erkennen:

Die exemplarische Sinnbildung folgt der bekannten Devise ›Historia vitae magistra‹: Die Geschichte lehrt an der Fülle der von ihr überlieferten Geschehnisse der Vergangenheit allgemeine Handlungsregeln.[3]

Grundlegend für die exemplarische Sinnbildung ist die Vorstellung der Regularität: Ebenso wie es in der Vergangenheit war, wird es auch jetzt sein. Erwartungshorizont und Erfahrungsraum decken sich. Deswegen kann aus einer vergleichbaren Situation in der Vergangenheit Orientierung für die Gegenwart gewonnen werden. Die Spannung zwischen Erwartung und Erfahrung in einer konkreten Situation wird aufgehoben, indem sich das Handeln und die Erwartung an der Erfahrung aus einer vergleichbaren

---

[1] Zu Exempla s. neben den im II. Kapitel diskutierten Arbeiten von Rüsen auch Stierle 1983; von Moos [2]1996; Brémond / LeGoff 1982; Zerubavel 2003, 48-52.

[2] S. die Analyse der Form bei Gaisser 1969b, 14.

[3] Rüsen 1989, 46.

Situation ausrichten. Dabei ist die Lykurgos-Geschichte ein negatives Paradigma; das vergangene Handeln wird nicht zum Vorbild, sondern dient als Negativ für die Orientierung in der Gegenwart.[4]

Andersen hat anhand der Lykurgos-Geschichte eine wichtige Differenzierung der Funktion von Paradigmen im Epos eingeführt. Neben der Bedeutung, die das Paradigma für Diomedes habe, also der Begründung, warum er gegen Götter nicht kämpfen wolle, dem »Argumentationswert«, habe die Erzählung noch einen »Funktionswert«. So spiegele das Paradigma in weiteren Punkten das Hauptgeschehen, ohne daß dies für die Argumentation des Diomedes relevant oder ihm auch nur bewußt sei. Die Unterscheidung von Funktions- und Argumentationswert macht darauf aufmerksam, daß Paradigmen neben der Funktion auf der Handlungsebene oft auch noch eine Funktion für das übergeordnete Kommunikationssystem Erzähler – Rezipient erfüllen.

Andersens Bestimmung des Funktionswertes der Lykurgosgeschichte ist aber fragwürdig: Er sieht in der Flucht von Dionysos einen Spiegel für die Flucht von Aphrodite und Ares im 5. Buch. Es sei sogar möglich, daß die Flucht des Dionysos um der Parallele willen hinzugedichtet worden sei.[5] Außerdem werde ähnlich, wie Lykurgos sich an Dionysos vergangen habe und dann von Zeus bestraft worden sei, Diomedes von Apollon in seine Schranken gewiesen.

Es ist aber plausibler, den Funktionswert im Kontrast zu sehen, der erhellt, daß Diomedes' Vorsicht, nicht gegen Götter zu kämpfen, in keinem Widerspruch zu seiner Aristie im 5. Buch steht.[6] Die beiden Parallelen, die Andersen aufführt, sind ausgesprochen schwach. Dionysos muß im Meer Zuflucht nehmen. Seine Furcht wird betont. Aphrodite geht dagegen, nachdem sie verletzt worden ist, weg und wird von Iris zu Ares geführt. Dann fährt sie mit dem Wagen zum Olymp. Bei ihr steht nicht die Angst vor Diomedes, sondern der Schmerz im Vordergrund.[7] Es wird nicht gesagt, daß Diomedes ihr nachsetzt, und seine Worte verraten nur das Ziel, sie aus dem Kampfgeschehen zu entfernen (5, 348). Ares schreit nach seiner Verletzung furchtbar auf und verschwindet umgehend in den Olymp. Während Dionysos voller Angst vor dem stärkeren Lykurgos flieht, verdeutlichen die Gleichnisse, welche das Schreien des Ares (5, 859-861) und seine Flucht in den Olymp (5, 864-867) beschreiben, seinen göttlichen Status. Furcht ist auch bei ihm nicht erkennbar, vielmehr erschaudern Trojaner und Griechen bei seinem Schrei (5, 862f.). Angesichts dieser Unter-

---

[4] Aufgrund dieser negativen Paradigmatik ist es schwer nachvollziehbar, daß Diomedes das Exemplum erzählt, da er sich in positiver Weise mit der Stärke des Lykurgos identifiziert, wie Martin 1989, 127f. meint. Ähnliches gilt für Fornaro 1992, 16-19, welche die Schwäche von Dionysos betont und Ironie sieht (19): »Irride ancora il nemico nel paragone con Dioniso.« Diese Interpretation beachtet die expliziten Schlußfolgerungen in Diomedes' Rede zu wenig.

[5] Andersen 1978, 98f. mit Anm. 6.

[6] Einen Widerspruch sehen Leaf[2]1971, I 256; Alden 2000, 130. Diese Interpretation ist mit der göttlichen Legitimierung und der Zurückhaltung des Diomedes nur schwer vereinbar.

[7] 5, 352: [...] ἣ δ᾽ ἀλύουσ᾽ ἀπεβήσετο, τείρετο δ᾽ αἰνῶς.

schiede darf bezweifelt werden, daß die Flucht des Dionysos zu Thetis ins Meer eine Erfindung ist, die eine Parallele des Paradigmas zur Haupthandlung schaffen soll.[8]

Andersens zweite Ähnlichkeit, die »Zweistufung der Götterwelt«, ist wenig signifikant. Während Lykurgos von Zeus dafür bestraft wird, daß er Dionysos verfolgt hat, wird Diomedes von Apollon nicht bestraft; es besteht kein Zusammenhang zu seiner Begegnung mit Aphrodite, Apollon schützt lediglich Aineas.[9] Zudem zeigt Zeus, weit davon entfernt, Diomedes zu bestrafen, wenig Verständnis für die verletzten Götter.[10]

Deutlicher als die Ähnlichkeiten sind die Unterschiede: Der Rückkehr in den Olymp steht die angstvolle Flucht ins Meer gegenüber, und während Lykurgos von Zeus bestraft wird, handelt Diomedes mit der Unterstützung von Athene. Sie fordert ihn auf, Aphrodite anzugreifen (5, 131f.), und hilft ihm gegen Ares (5, 856f.). Daß Diomedes auch in seiner Aristie die Überlegenheit der Götter nicht vergißt, zeigt sich daran, daß er sich sowohl vor Apollon als auch vor Ares zurückzieht (5, 440-444; 596-606).[11]

Der Funktionswert der Lykurgos-Geschichte besteht also darin, Diomedes' Kämpfe gegen Götter im 5. Buch vom frevelhaften θεομαχεῖν abzuheben.[12] Die Einstellung gegenüber den Göttern, die Diomedes aus dem Schicksal des Lykurgos ableitet, steht im Einklang mit seinem Handeln im vorangehenden Buch.

---

[8] S. a. die Ausführungen von Braswell 1971, 21 mit Anm. 2, der es für wahrscheinlich hält, daß die Aufnahme des Hephaistos durch Thetis in 18, 398f. aus 6, 136f. entwickelt wurde. Sowohl in 6, 136 als auch in 18, 398 steht: [...] Θέτις δ᾽ ὑπεδέξατο κόλπωι. Braswell hält es außerdem für möglich, daß diese Wendung nur eine Metapher dafür ist, daß jemand ins Meer geht.

[9] Scodel 1992, 82 und Erbse 1961, 156-189, 162 weisen darauf hin, daß bei Diomedes die Strafe ausbleibe.

[10] Er macht Aphrodite darauf aufmerksam, daß sie nicht zum Krieg bestimmt sei (5, 428-430), und empfängt Ares sehr unfreundlich (5, 888-898). In einer gewissen Spannung zu Athenes Legitimation und zur Reaktion des Zeus stehen allerdings die Worte Diones in 5, 406-415. Sie beurteilt Diomedes' Angriff auf Aphrodite als Frevel und spricht von den Strafen für die, welche mit Göttern kämpfen. Cf. Alden 2000, 124-128 mit weiterer Literatur 126 Anm. 22, die außerdem die Verletzung und den Rückzug des Diomedes als Strafe für seinen Kampf gegen die Götter deutet (150f.). Sie hat sicherlich recht, daß der Befehl eines Gottes nicht vor der Strafe eines anderen schützt. Für ihre Interpretation spricht auch, daß Diomedes von Aphrodites Schützling Paris getroffen wird. Dennoch sind die Parallelen zu schwach: Diomedes' Verletzung bleibt weit hinter der Strafe für Lykurgos zurück. Auch kann die Untreue seiner Frau Aigialea nicht für die *Ilias* vorausgesetzt werden. Sie ist erst später überliefert (s. die Belege bei Alden 2000, 151 Anm. 83), und in Od. 3, 180-182 wird nur Diomedes' glückliche Heimkehr erwähnt.

[11] Cf. Gaisser 1969, 166f.

[12] Der Unterschied wird bereits in den Kontexten der Begegnung deutlich: Diomedes trifft die Götter auf dem Schlachtfeld, wo sie seine Gegner unterstützen; die Verfolgung des Dionysos läßt eher an die Zurückweisung seines Kultes denken. Zu ihrem religionsgeschichtlichen Hintergrund s. Dodds ²1960, xxv-xxviii. Die Lykurgos-Erzählung gleicht Diones Erzählung über Götter, die von Menschen verletzt wurden, insofern als die eine aus menschlicher, die andere aus göttlicher Perspektive von Auseinandersetzungen zwischen Göttern und Menschen berichtet. Diones Exempla sind aber positiv: Sie begründet ihre Aufforderung an Hera, die Schmerzen zu ertragen (5, 382), mit dem auch von Menschen verursachten Leiden von Götter (5, 383f.), für das sie drei Beispiele aus der Vergangenheit nennt (Ares: 5, 385-391; Hera: 5, 392-394; Hades: 5, 395-404).

1.2 Exempla in der *Ilias*

In der *Ilias* gibt es viele Exempla.[13] Ausdruck exemplarischer Sinnbildung
sind nicht nur die Stellen, in denen explizit eine Regularität formuliert wird.
Ein solcher Grad von Abstraktion findet sich in den Äußerungen der epischen Helden nur selten, stellen sie doch keine theoretischen Reflexionen
an, sondern befinden sich in Handlungskontexten. Auch Diomedes abstra-
hiert nicht explizit von Lykurgos' Beispiel die Regel, daß, wer mit Göttern
kämpfe, ins Unglück gestürzt werde, sondern überträgt das Modell des
Lykurgos direkt auf sich.

Eine exemplarische Sinnbildung liegt bereits dann vor, wenn ein Ereignis aus der Vergangenheit als Parallele für die Gegenwart herangezogen
wird, um Orientierung zu stiften. Dabei kann die Parallele wie bei Diomedes explizit oder aber implizit sein. Exempla können sowohl positiv als
auch negativ sein. Die Lykurgos-Geschichte ist ein negatives Exemplum –
ein vergangener Fehler soll nicht wiederholt werden. Positive Exempla
fungieren dagegen als Vorbilder für gegenwärtiges Handeln.

Die hier zu analysierende exemplarische Sinnbildung wird durch die paradigmatischen Analepsen in den Reden der Helden geleistet. Diese erfreuen sich in der Forschung großer Aufmerksamkeit, die sich in einer Vielzahl von Begriffen niederschlägt, denen teilweise unterschiedlich weit gefaßte Gegenstände und unterschiedliche Perspektiven entsprechen: »Rückverweis«, »Digression«, »Paradigma»,
»Wiedererzählung», »mirror stories».[14] Die Forschung hat sich vor allem auf die
Struktur,[15] die mythische Tradition[16] und die Funktion der paradigmatischen Analepsen der Helden konzentriert.[17]

---

[13] Zur Bedeutung der Exempla für die Helden der *Ilias* s. Austin 1966, 305; Patzek 1990, 38.

[14] Cf. die Darstellung der verschiedenen Ansätze bei de Jong 1987, 82f. und Alden 2000, 295f.
Alden führt mit »para-narrative« den wohl weitesten Begriff ein. Sie faßt mit ihm nicht nur die
Geschichten außerhalb, sondern auch innerhalb der Haupterzählung, die eine Episode der Haupthandlung wiederholen, ohne diese voranzubringen. Als »para-narrative« gelten sowohl Geschichten des Erzählers als auch der Helden (13-18). Gegen diesen neuen Begriff ist einzuwenden, daß er
in seiner umfassenden Bedeutung mögliche Differenzierungen unterschlägt, die de Jong mit ihrer
Anwendung der narratologischen Terminologie von Genette und Bal in die Homerforschung
eingeführt hat. Für die hier vorliegende Arbeit ist er beispielsweise deswegen unbrauchbar, da er
nicht unterscheidet, ob die Spiegelung in einem vergangenen oder einem gegenwärtigen Ereignis
besteht. Auch ist die für ihn grundlegende Gegenüberstellung von Haupthandlung und Neben-
handlung alles andere als eindeutig. Schließlich ist zu bemerken, daß die »para-narratives« zwar
dem Publikum Horizonte zum Verständnis der Handlung eröffnen, aber zugleich auch in die
Handlung integriert sind und dort eine Funktion erfüllen. Die Bedeutung dieser Funktion betont
zuletzt Most 1999, 487.

[15] Cf. Gaisser 1969b, welche die Struktur von »digressions« in der *Ilias* und *Odyssee* miteinander vergleicht, um Aufschlüsse über das Verhältnis der beiden Epen zueinander zu erhalten, und
Lohmann 1970, besonders 183-212 über die »paradigmatische Spiegelung«.

[16] Willcock 1964 zeigt, daß mythische »paradeigmata« vom Erzähler modifiziert werden, damit sie der Handlung entsprechen. Für diese Innovation greife der Dichter auf feste Motive zurück

In der Appendix sind alle Erzählungen aufgelistet, die Ausdruck der exemplarischen Sinnbildung sind. Auf der Grundlage dieser Liste werden im folgenden kurz die kommunikative Situation und die Funktion der Exempla untersucht und dann mit der Frage nach ihrer Autorität das Verhältnis von Vergangenheit und Gegenwart näher beleuchtet.

Die meisten Exempla erzählen Menschen anderen Menschen.[18] Aber auch Göttern gegenüber können Menschen Exempla anbringen, wie Diomedes' Gebete an Athene zeigen, in denen er auf ihre Unterstützung für seinen Vater Tydeus verweist.[19] Umgekehrt führt Athene Diomedes gegenüber dessen Vater als Exemplum an.[20] Auch untereinander gebrauchen die Götter Exempla. Beispielsweise begründet Hephaistos, warum er Hera im Streit mit Zeus nicht helfen könne, damit, daß er bei einem früheren Versuch von Zeus den Olymp hinabgeschleudert worden sei.[21]

Es fällt auf, daß fast alle Exempla auf ein Handeln abzielen. Lediglich die Bellerophontesgeschichte[22] und Peleus als Exemplum im 24. Buch[23] ste-

---

und es blieben in der neuen Version unpassende Phrasen älterer Tradition stehen. S. bereits Oehler 1925, 7. Braswell 1971 zeigt, daß mythische Innovationen nicht nur bei »paradeigmata«, sondern auch bei Geschichten vorkommen, die ein vergangenes Ereignis zur Rechtfertigung eines gegenwärtigen Ereignisses erzählen. Lang 1983 geht von der Oralitätsforschung aus und weist darauf hin, daß die Innovation bei Exempla kein einmaliger Vorgang eines einzelnen Dichters, sondern eine kontinuierliche Rekreation sei. Außerdem würden nicht nur die Exempla an die Handlung angeglichen, sondern auch die Handlung an die Exempla (s. vor allem 146).

[17] Oehler 1925, 40-44 ordnet die »mythologischen Exempla« in den homerischen Epen nach ihrer Funktion auf der Handlungsebene und gibt folgende Redengruppen: Trostrede, Mahnrede, Bittrede, Wunschrede, »neutrale Exempla«, Synkrisis und Auxesis. Willcock 1964 sieht als Funktion der »paradeigmata« Exhortation und Trost. Austin 1966 konzentriert sich auf die Funktion der »digressions« auf der Ebene der Narration. Er sieht ihre Funktion in der dramatischen und psychologischen Konzentration. Das Interesse, durch sie zusätzliche Information zu geben, sei gering, sie dienten auch nicht dazu, Zeitintervalle zu füllen, und lenkten die Aufmerksamkeit nicht von der Handlung ab, sondern verdichteten sie vielmehr (s. gegen seine These, die Länge einer Digression hänge vom Kontext ab, Kirk ad 7, 123-160). Létoublon 1983 analysiert die über die Kommunikationssituation hinausgehenden Spiegelungen. Andersen 1987, 1-13 unterscheidet vier Funktionen der »paradigms« auf verschiedenen Ebenen: Erstens hätten die »paradigms« eine argumentative Funktion auf der Ebene der Handlung. Zweitens können sie, wie oben am Lykurgos-Exemplum diskutiert, eine sekundäre Funktion in der Kommunikation zwischen Erzähler und Rezipient haben. Während die primäre Funktion vor allem auf der Ähnlichkeit zwischen »paradigm« und Handlung basiere, bestehe die sekundäre meistens im Kontrast. Drittens gäben die »paradigms« einen Rahmen für das Verständnis der den Rezipienten fremden heroischen Welt. Viertens seien die »paradigms« selbst ein Paradigma für das Epos. Morrison 1992, 119-124 zeigt am Meleager-Exemplum, daß »paradigms« die gleiche proleptische Funktion für den Rezipienten haben können wie explizite Aussagen über die Zukunft. Zu weiteren Interpretationen einzelner Exempla s. die Literatur bei de Jong (ed.) 1999, 510f. und Alden 2000, 294.

[18] 1, 260-273; 4, 308f.; 372-400; 5, 640-642; 6, 130-140; 155-205; 7, 113f.; 132-157; 9, 524-599; 632f.; 11, 670-761; 18, 115-120; 19, 95-136; 20, 187-194; 24, 522-533; 601-619.

[19] 5, 115-120; 10, 284-291.

[20] 5, 800-813.

[21] 1, 590-594; s. a. 5, 382-402; 14, 247-262; 15, 18-33.

[22] 6, 155-205.

hen nicht in direkter Beziehung zu einem Handeln, sondern dienen dazu, ein Gleichnis, das Bild von den Blättern (6, 146-149), bzw. die Parabel von den zwei Fässern (24, 522-533) zu exemplifizieren. An den anderen Exempla der *Ilias* wird aber die Handlungsrelevanz der exemplarischen Sinnbildung deutlich.

Das Exemplum kann sowohl auf die eigene als auch auf eine andere Person bezogen werden. Dementsprechend ändert sich sein Modus. Die meisten von Menschen erzählten Exempla beziehen sich auf den Rezipienten und fordern diesen dazu auf, sich in irgendeiner Weise zu verhalten.[24] Dagegen beziehen sich von den vier Exempla, auf welche sich Götter berufen, zwei, die Erzählungen von Hephaistos und Hypnos über die Strafen des Zeus, auf den jeweiligen Erzähler.[25] Während die auf andere gerichteten Exempla adhortativ sind, haben diese Exempla die Funktion, das eigene Verhalten zu erklären oder zu legitimieren.

Viele Exempla gewinnen dadurch eine besondere Autorität, daß sie der gegenwärtigen Situation ein größeres Beispiel aus der Vergangenheit gegenüberstellen.[26] Die Kühnheit von Tydeus, die Diomedes als Vorbild vorgehalten wird, war um so größer, als er nur von kleiner Gestalt war (5, 801) und gegen den Befehl von Athene kämpfte, während Diomedes trotz ihres Befehls zaudert (5, 802-811). Wenn Nestor im 7. Buch die Griechen dazu anstacheln will, sich dem Duell mit Hektor zu stellen, beschreibt er Ereuthalion, gegen den er anzutreten wagte, als gottgleichen, sehr langen und starken Mann (7, 136; 155).[27] Seine Bedeutung wird unterstrichen durch die Genealogie seiner Waffen (7, 137-150). Zudem steigert Nestor seine eigene Tapferkeit dadurch, daß er seine Jugend erwähnt (7, 153). Am Ende der *Ilias* überredet Achill Priamos mit dem Exemplum von Niobe, etwas zu sich zu nehmen. Während Niobe den Tod aller zwölf Kinder zu beklagen hatte und aß, verweigert sich Priamos, dem noch Kinder verblieben sind, nach dem Tod nur eines Sohnes (24, 601-619).

---

[23] 24, 534-542.

[24] Es gibt zwei Ausnahmen: In 18, 115-120 sagt Achill, er werde den Tod annehmen, da auch Herakles sterben mußte. Wenn Agamemnon rechtfertigt, daß er Achill Briseis weggenommen hat, erzählt er, daß auch Zeus von Ate verblendet wurde.

[25] 1, 590-594; 14, 247-262.

[26] S. a. Lohmann 1970, 78 Anm. 135. S. neben den oben genannten Beispielen: 5, 382-402; 640-642; 7, 113f.; 9, 632f.; 11, 717-721; 18, 115-120.

[27] Seine Rolle als Gefolgsmann dürfte die von ihm ausgehende Gefahr nicht beeinträchtigen, wie Primavesi 2000, 52 meint. Lohmann 1970, 78 Anm. 135 führt aus, daß dem Schluß *a maiore ad minus*, von Ereuthalion auf Hektor, der Schluß *a minore ad maius*, vom jungen Nestor auf die besten der Achaier, gegenübersteht. Durch die Steigerung des Gegners und die Verringerung der eigenen Person im Exemplum wird der Mut Nestors betont und die Feigheit der Griechen ins Licht gestellt. Gegen Primavesis Interpretation läßt sich außerdem einwenden, daß es sich schlecht mit Nestors anderen Reden vertrüge, wenn er hier seine eigene Leistung als gering darstellte. S. unten 49-51.

Ungewöhnlich ist Agamemnons Erzählung von Zeus und Ate im 19. Buch. Um seine Auseinandersetzung mit Achill zu rechtfertigen, sagt Agamemnon, auch Zeus sei von Ate verblendet worden (19, 95-136). Dies ist nicht nur das einzige Exemplum, das als Spiegel für ein vergangenes Ereignis dient, sondern auch das einzige, in dem ein Mensch einen Gott als Folie heranzieht. Da Agamemnon aber nicht eine Exhortation auf das Beispiel des Götervaters gründet, sondern seine Verblendung dadurch legitimiert, daß auch Zeus der Ate erlegen sei, ist nicht davon auszugehen, daß er sich mit diesem Exemplum versteigt. Er vergleicht sich nicht in positiver Weise mit Zeus, sondern gibt seiner Verblendung die stärkste Rechtfertigung, indem er auch den größten Gott als ihr Opfer nennt.[28]

Viele Exempla werden nicht nur *a maiore ad minus* geschlossen, sondern die meisten von Menschen erzählten Beispiele sind auch positiv. Das Handeln in der Vergangenheit erscheint als Vorbild für die Gegenwart. Neben dem Lykurgos-Exemplum ist lediglich das Meleager-Exemplum (9, 524-599) negativ. Phoinix appelliert an Achill, jetzt in die Schlacht zurückzukehren, damit er anders als Meleager, der zu lange wartete, noch Ehrungen bekommt. Aber auch die Einleitung dieser Geschichte enthüllt, daß Exempla gewöhnlicherweise positiv sind, 9, 524-526:

> οὕτω καὶ τῶν πρόσθεν ἐπευθόμεθα κλέα ἀνδρῶν
> ἡρώων, ὅτε κέν τιν᾽ ἐπιζάφελος χόλος ἵκοι·
> δωρητοί τ᾽ ἐπέλοντο παραρρητοί τ᾽ ἐπέεσσιν.

> So haben wir auch von früheren Männern Kunde erfahren,
> Heroen, wann immer ein heftiger Zorn einen ankam:
> Zugänglich waren sie für Gaben und zu bereden mit Worten.[29]

Der einzige Mensch, der seine eigene Vergangenheit als Exemplum für andere erzählt, ist Nestor. Da er einer früheren Generation angehört (1, 250-252), kann er eine besondere Autorität beanspruchen und seine eigene Ver-

---

[28] Diese Argumentation findet sich auch an einer anderen Stelle in der *Ilias*. Phoinix sagt in 9, 497f.: στρεπτοὶ δέ τε καὶ θεοὶ αὐτοί,/ τῶν περ καὶ μέζων ἀρετὴ τιμή τε βίη τε. Andersen 1987, 6f. meint, Agamemnon sei vermessen, wenn er sich mit Zeus vergleiche. Cf. Alden 2000, 37, die allerdings vorsichtiger ist. Damit ist natürlich nicht gesagt, daß diese Erklärung sein Verhalten tatsächlich rechtfertigt, auch wenn Achill sie in 19, 270-275 übernimmt. Alden 2000, 214 Anm. 99 macht auf die Spannung zwischen Agamemnons Eingeständnis seiner Schuld in 9, 119 und seinem Versuch im 19. Buch, sein Verhalten zu rechtfertigen, aufmerksam. Sie führt die Spannung auf die unterschiedlichen Kontexte zurück und meint, Agamemnon räume seine Verantwortung im kleinen Kreis ein, vor der Volksversammlung aber rechtfertige er sich. Einen weiteren Aspekt meint Davidson 1980, 200 zu erkennen: »The fact that Agamemnon admits to his ἄτη by citing this Heracles story ironically establishes him as a parallel to Eurystheus, and Achilles as a parallel to Herakles. Agamemnon's own ultimate inferiority to Achilles is thus indirectly recognized.«

[29] Cf. Kakridis 1949, 13; Lohmann 1970, 270; Morrison 1992b, 120f.

gangenheit als Exemplum entfalten.[30] Nestors Erzählung von seinem Kampf
gegen Ereuthalion ist bereits erwähnt worden. Später stellt Nestor seine
Tapferkeit im Kampf gegen die Pylier dem Rückzug Achills aus der
Schlacht gegenüber (11, 670-761). Nestor erzählt auch das erste Exemplum
der *Ilias*. Es zeigt, warum die meisten Exempla positiv sind und die Vergangenheit als Vorbild dienen kann: Den Menschen der Vergangenheit
kommt an sich exemplarische Bedeutung zu, da sie größer als die gegenwärtigen Menschen sind, 1, 259-274:

ἀλλὰ πίθεσθ᾽· ἄμφω δὲ νεωτέρω ἐστὸν ἐμεῖο.
ἤδη γάρ ποτ᾽ ἐγὼ καὶ ἀρείοσιν ἠέ περ ὑμῖν
ἀνδράσιν ὡμίλησα, καὶ οὔ ποτέ μ᾽ οἵ γ᾽ ἀθέριζον.
οὐ γάρ πω τοίους ἴδον ἀνέρας, οὐδὲ ἴδωμαι,
οἷον Πειρίθοόν τε Δρύαντά τε ποιμένα λαῶν
Καινέα τ᾽ Ἐξάδιόν τε καὶ ἀντίθεον Πολύφημον.
κάρτιστοι δὴ κεῖνοι ἐπιχθονίων τράφον ἀνδρῶν·
κάρτιστοι μὲν ἔσαν καὶ καρτίστοις ἐμάχοντο,
Φηρσὶν ὀρεσκώιοισι, καὶ ἐκπάγλως ἀπόλεσσαν.
καὶ μὲν τοῖσιν ἐγὼ μεθομίλεον ἐκ Πύλου ἐλθών,
τηλόθεν ἐξ ἀπίης γαίης· καλέσαντο γὰρ αὐτοί.
καὶ μαχόμην κατ᾽ ἔμ᾽ αὐτὸν ἐγώ· κείνοισι δ᾽ ἂν οὔ τις
τῶν οἳ νῦν βροτοί εἰσιν ἐπιχθόνιοι μαχέοιτο.
καὶ μέν μεο βουλέων ξύνιεν πείθοντό τε μύθωι.
ἀλλὰ πίθεσθε καὶ ὕμμες, ἐπεὶ πείθεσθαι ἄμεινον.

Aber folgt mir, denn ihr seid beide jünger als ich!
Schon vor Zeiten bin ich mit besseren Männern, als ihr es seid,
Umgegangen, und diese haben mich nie für gering geachtet.
Denn nicht sah ich jemals solche Männer und werde sie nicht sehen,
Wie den Peirithoos und den Dryas, den Hirten der Völker,
Und den Kaineus, den Exadios und den gottgleichen Polyphemos.
Ja, als die Stärksten erwuchsen sie unter den Erdenmenschen,
Die Stärksten waren sie und kämpften mit den Stärksten:

---

[30] Cf. Oehler 1925, 24. Jaeger ²1936, 79 bezeichnet ihn als »Sophrosyne in Person«. Austin
1966, 301 sieht in Nestors Erzählungen einen adhortativen und apologetischen Zweck. S. a.
Falkner 1989, 31, der betont, Nestor erzähle seine Vergangenheit, um sein Selbstwertgefühl zu
erhalten. Dickson 1995 zeigt, daß Nestor, indem er den Übergang des ἔργον zum μῦθος darstelle,
ein Abbild des Dichters der *Ilias* ist. Aufgrund des hohen Alters von Nestor und seiner ausführli-
chen Vorstellung in 1, 247-252 ist immer wieder vermutet worden, daß dem homerischen Dichter
eine *Nestoris* vorlag, oder daß Nestor erst spät in die *Ilias* eingefügt wurde: S. beispielsweise von
der Mühll 1952, 4 aus analytischer Perspektive; Lang 1983, 140f. mit einer narratologischen
Begründung; Heubeck 1979a, 248, der vermutet, Nestor sei eingefügt worden, damit der Dichter
eine besondere Stellung am Hofe der Neleiden erhalte. Gegen die Annahme eines Nestor-Epos
wenden sich beispielsweise Lohmann 1970, 266f.; Willcock 1964, 143; Latacz ad 1, 247b-252.
West 1988, 161f. meint sogar sagen zu können, Nestor sei ein organischer Teil der thessalischen
Ilias im 11. Jh.

Den Kentauren, den bergbewohnenden, und furchtbar haben sie sie ver-
nichtet.
Auch mit denen bin ich umgegangen, aus Pylos kommend,
Weither, von dem fernen Lande: sie riefen mich selber.
Und ich kämpfte, auf mich selbst gestellt. Mit jenen könnte keiner
Von denen, die heute die Sterblichen sind auf Erden, kämpfen!
Und sie hörten auf meinen Rat und folgten der Rede.
Darum folgt auch ihr, da es besser ist, zu folgen.[31]

Nestor begründet seinen Anspruch auf Autorität damit, daß er noch mit den
größeren Menschen der Vergangenheit verkehrt habe (1, 266-273). Ebenso
wie ihre Stärke darin zum Ausdruck kommt, daß sie mit den gewaltigen
Kentauren kämpften (1, 267f.),[32] belegt sein Umgang mit ihnen seine
Größe. Er begnügt sich aber nicht mit dieser allgemeinen Legitimation,
sondern gibt zweitens als spezielle Begründung das Exemplum, daß auch
die Helden der Vergangenheit seinem Rat folgten. Nestors Exemplum läßt
sich als Meta-Exemplum interpretieren: Er versucht nicht nur, durch ein
paralleles Ereignis aus der Vergangenheit Achill und Agamemnon zu einem
bestimmten Handeln anzuhalten, sondern er versucht sie zu überzeugen,
sich überzeugen zu lassen. Das Ziel eines jeden Exemplums, den anderen
durch ein paralleles Ereignis aus der Vergangenheit zu überzeugen, wird
hier zum Gegenstand des Exemplums.
Daß Nestor aus einer größeren Vergangenheit stammt, zeigt sich auch
bei der Beschreibung seines Bechers, die der Erzähler mit den folgenden
Versen beendet, 11, 636f.:

ἄλλος μὲν μογέων ἀποκινήσασκε τραπέζης,
πλεῖον ἐόν, Νέστωρ δ᾽ ὁ γέρων ἀμογητεὶ ἄειρεν.

Jeder andere bewegte ihn mit Mühe vom Tisch,
Wenn er voll war, Nestor aber, der Alte, hob ihn ohne Mühe.

Nestors Greisenalter steht in einem konzessiven und kausalen Verhältnis
dazu, daß er als einziger den Becher ohne Mühe heben kann. Er selbst betont oft, daß er aufgrund seines Alters nicht mehr so stark sei wie in seiner
Jugend. Insofern kann er trotz seines Alters den Becher heben. Zugleich
läßt sich seine Fähigkeit, den Becher zu heben, darauf zurückführen, daß er
aus einer anderen Zeit stammt, in der die Menschen noch stärker waren.[33]

---

[31] West athetiert in seiner Ausgabe den vom größten Teil der Überlieferung nicht gegebenen
Vers 1, 265 (= Hes. sc. 182): Θησέα τ᾽ Αἰγεΐδην ἐπιείκελον ἀθανάτοισιν. S. a. von der
Mühl 1952, 24 Anm. 29. Der Vers fehlt in vielen Handschriften sowie Papyri und ist von den
Scholiasten nicht kommentiert worden.
[32] Dazu, daß mit 1, 268: θηρσὶν ὀρεσκώοισι die Kentauren gemeint sind, s. Kirk ad loc.
[33] Die Größe des Bechers spiegelt nicht nur Nestors hohes Alter, sondern zeigt auch unmittelbar seine prominente Stellung im Heer der Griechen. Die große Menge Wein, die der Becher

Auch Achills Stärke zeigt sich nicht nur darin, daß er allein den Riegel der Tür zu seinem Zelt öffnen und schließen kann, was andere nur zu dritt schaffen (24, 453-456), und nur er seine Pferde zügeln kann (10, 402-404=17, 76-78),[34] sondern auch darin, daß allein er seine Lanze schwingen kann, 16, 141-144=19, 388-391:

> [...] τὸ [i. e. ἔγχος] μὲν οὐ δύνατ᾿ ἄλλος Ἀχαιῶν
> πάλλειν, ἀλλά μιν οἶος ἐπίστατο πῆλαι Ἀχιλλεύς,
> Πηλιάδα μελίην, τὴν πατρὶ φίλωι πόρε Χείρων
> Πηλίου ἐκ κορυφῆς φόνον ἔμμεναι ἡρώεσσιν.

> [...] die [i. e. die Lanze] konnte kein anderer der Achaier
> Schwingen, sondern allein verstand sie zu schwingen Achilleus,
> Die Esche vom Pelion, die seinem Vater gebracht hatte Cheiron
> Von des Pelion Gipfel, Mord zu sein den Helden.

Die Feststellung, daß kein anderer Grieche außer Achill die Lanze heben kann, macht nicht nur die besondere Kraft Achills deutlich; in ihr zeigt sich, da die Lanze vom alten Peleus stammt, ähnlich wie bei Nestors Becher, daß die alten Helden stärker als die der *Ilias* waren.[35] Die Lanze, die früher im Gebrauch war, kann heute nur noch vom größten Helden, Achill, geschwungen werden.

Diese Interpretation von Nestors Becher und Achills Lanze läßt sich dadurch stützen, daß der Erzähler das Verhältnis zwischen den Helden der *Ilias* und seiner Zeit in der gleichen Weise beschreibt, wenn er sagt, Diomedes, Aias, Hektor und Aineas hätten Steine genommen und geworfen, welche die heutigen Menschen nicht mehr heben könnten.[36] Auch hier herrscht die Vorstellung, daß die Kraft, einen Gegenstand zu bewegen, in der Vergangenheit größer war. Das Verhältnis zwischen der Zeit des Er-

---

aufnehmen kann, bringt Ehre zum Ausdruck. So bezeichnet der Anteil am Essen und Trinken an vielen Stellen Ehre für einen Helden, cf. 117f. Agamemnon sagt beispielsweise zum ebenfalls alten Idomeneus in 4, 261-263: εἴ περ γάρ τ᾿ ἄλλοί γε κάρη κομόωντες Ἀχαιοί/ δαιτρὸν πίνωσιν, σὸν δὲ πλεῖον δέπας αἰεί/ ἔστηχ᾿ ὥς περ ἐμοί, πιέειν ὅτε θυμὸς ἀνώγοι. Eine andere Deutung des Bechers gibt Patzek 1992, 197: »Der metaphorische Hintergrund aller Bilder vom Becher des Nestor ist die Trinkfreude des alten Helden und die mit dem Trinken verbundene gelöste Zunge, die Geschwätzigkeit und die Tröstung.« West 1997, 376 vergleicht die Beschreibung von Nestors Becher mit dem Becher des Baal in einem ugaritischen Text.

[34] Daran, daß allein Achill seine Pferde zügeln kann, zeigt sich nicht nur seine besondere Kraft, sondern auch seine göttliche Herkunft: Den sterblichen Menschen, die der göttlichen Pferde nicht Herr werden können, wird Achill als Sohn einer unsterblichen Mutter gegenübergestellt, 10, 402-404=17, 76-78: [...] οἳ δ᾿ ἀλεγεινοί/ ἀνδράσι γε θνητοῖσι δαμήμεναι ἠδ᾿ ὀχέεσθαι,/ ἄλλωι γ᾿ ἢ Ἀχιλῆι, τὸν ἀθανάτη τέκε μήτηρ.

[35] Zum Speer des Peleus s. Lesky 1937, 306f., der den Speer als Zeichen des »einstmals so sagenberühmten Jägers« beschreibt.

[36] 5, 302-304; 12, 381-383; 12, 445-449; 20, 285-287. Von den Steinen, die Diomedes, Aias und Aineas heben, wird sogar gesagt, nicht einmal zwei der heutigen Menschen könnten sie heben.

zählers zur Zeit des Trojanischen Krieges spiegelt das Verhältnis der epischen Helden zu ihrer eigenen Vergangenheit wieder.

Diese Passagen zeigen, daß viele Exempla nicht nur in spezifischer Weise *a maiore ad minus* geschlossen werden, sondern daß die Menschen ihrer Zeit grundsätzlich größer als die der Gegenwart sind. Ihre Größe qualifiziert die Vergangenheit als Archiv für Exempla.

Zwei Beobachtungen sind dieser Analyse hinzuzufügen: Erstens ist zu bemerken, daß die Vergangenheit in der *Ilias* nicht immer größer als die Gegenwart;[37] zweitens soll der Modus betrachtet werden, in dem Exempla Vergangenes auf die Gegenwart beziehen.

Wenn Hektor sich wünscht, Astyanax möge ihn an Ruhm übertreffen, zeigt sich, daß die Entwicklung von einer Generation zur anderen nicht einen Niedergang bedeuten muß, 6, 479f.:

> καί ποτέ τις εἴποι »πατρός γ᾽ ὅδε πολλὸν ἀμείνων«
> ἐκ πολέμου ἀνιόντα [...]

> Und einst mag einer sagen: »Der ist viel besser als der Vater!«
> Wenn er vom Kampf kommt [...]

Wenn Periphetes stirbt, sagt der Erzähler, er habe seinen Vater, Kopreus, in verschiedenen Bereichen übertroffen, 15, 641-643:

> τοῦ γένετ᾽ ἐκ πατρὸς πολὺ χείρονος υἱὸς ἀμείνων
> παντοίας ἀρετάς, ἠμὲν πόδας ἠδὲ μάχεσθαι,
> καὶ νόον ἐν πρώτοισι Μυκηναίων ἐτέτυκτο.

> Von dem war er gezeugt: eines weit schlechteren Vaters besserer Sohn
> In allfachen Tüchtigkeiten, so mit den Füßen wie auch zu kämpfen,
> Und auch an Verstand war er unter den ersten Männern Mykenes.

Nicht nur ein Individuum kann seinen Vater übertreffen, von einer ganzen Generation kann gesagt werden, sie sei besser als die ihrer Väter. Wenn Agamemnon in 4, 370-400 Diomedes das Vorbild seines Vaters vorhält, antwortet dieser nicht. Dafür ergreift sein Diener Sthenelos das Wort und sagt, 4, 404-410:

> Ἀτρείδη, μὴ ψεύδε᾽, ἐπιστάμενος σάφα εἰπεῖν.
> ἡμεῖς τοι πατέρων μέγ᾽ ἀμείνονες εὐχόμεθ᾽ εἶναι·
> ἡμεῖς καὶ Θήβης ἕδος εἵλομεν ἑπταπύλοιο,
> παυρότερον λαὸν ἀγαγόνθ᾽ ὑπὸ τεῖχος ἄρειον,

---

[37] Nur auf die Zahl der Soldaten bezogen ist der Vergleich, den Priamos in der Teichoskopie zwischen den Phrygern, mit denen er gegen die Amazonen kämpfte, und den Griechen zieht, 3, 190: ἀλλ᾽ οὐδ᾽ οἳ τόσοι ἦσαν ὅσοι ἑλίκωπες Ἀχαιοί. Von geringer Bedeutung für die oben verfolgte Fragestellung sind die Vergleiche mit der Vergangenheit, die Paris und Zeus anstellen (3, 442-446; 14, 313-328), um die Einzigartigkeit ihres gegenwärtigen Verlangens zu beschreiben.

πειθόμενοι τεράεσσι θεῶν καὶ Ζηνὸς ἀρωγῆι·
κεῖνοι δὲ σφετέρηισιν ἀτασθαλίηισιν ὄλοντο.
τῶ μή μοι πατέρας ποθ᾽ ὁμοίηι ἔνθεο τιμῆι.

Atreus-Sohn! rede nicht falsch: du weißt es genau zu sagen!
Wir rühmen uns dir, weit besser zu sein als die Väter!
Wir haben auch eingenommen den Sitz des siebentorigen Theben,
Und mit weniger Volk, herangeführt an die stärkere Mauer,
Vertrauend den Zeichen der Götter und des Zeus Beistand.
Jene aber gingen an ihren eigenen Freveltaten zugrunde,
Darum stelle mir niemals die Väter uns gleich an Ehre!

Sthenelos kritisiert, daß Agamemnon Diomedes die Leistungen seines Vaters beim Zug gegen Theben als Exemplum vorhält. Was er und Diomedes
getan haben, sei größer, da sie mit weniger Männern Theben genommen
und anders als die Helden des ersten Thebenzuges im Einklang mit dem
Willen der Götter gehandelt hätten.[38] Im Vergleich der beiden Feldzüge
gegen Theben ist der spätere der größere. Die alten Helden sind von der
jungen Generation übertroffen worden – deswegen kann die vergangene Tat
nicht als Exemplum für die Gegenwart dienen. Hier zeigt sich *ex negativo*,
daß das Exemplum größer sein muß als die gegenwärtige Situation.

Daß zwischen Vergangenheit und Gegenwart ein offener Wettkampf um
κλέος besteht, enthüllen auch Poseidons Gedanken, wenn die Griechen eine
Mauer zur Verteidigung errichten. Er befürchtet, die neue Mauer werde die
alte, die er und Apollon für Laomedon gebaut haben, in den Schatten stellen
(7, 451-453).

Aber in der Regel ist die Vergangenheit der Helden, wie die positiven
Exempla zeigen, größer als die Gegenwart. Anders verhält es sich bei den
Göttern: Von den vier Exempla, die Götter über sich erzählen, sind drei
negativ: In 1, 590-594 sagt Hephaistos, er könne Hera nicht helfen, und
erinnert daran, wie Zeus ihn vom Olymp schleuderte, als er ihr bereits einmal zur Seite stand. Diese Geschichte erzählt er noch einmal in 18, 395-
407. In vergleichbarer Weise zögert Hypnos in 14, 249-262, Hera zu helfen.
Er sei von Zeus in einer ähnlichen Situation beinahe vom Olymp geschleudert worden. In 15, 18-33 weist Zeus Hera zurecht und droht ihr, indem er
sie daran erinnert, wie er sie früher einmal an den Füßen aufgehängt hat.
Das vierte von einem Gott über Götter erzählte Exemplum, die Angriffe
von Menschen auf Götter (5, 382-402), ist zwar positiv, aber nur, da Dione
als beispielhaft darstellt, wie Götter in der Vergangenheit das Leid ertrugen,

---

[38] Nagy 1979, 163f. weist auf die Tradition hin, nach der Athene Tydeus wegen seiner Frevel-
tat die Unsterblichkeit vorenthielt, sie später aber Diomedes gab. Er bemerkt außerdem (§20n3), es
sei impliziert, daß die Leistung der Epigonoi auch die des Trojazuges übertreffe. West 1997, 359
gibt eine Parallele aus dem Adad-nerari-Epos für die Behauptung, eine Generation werde durch
die folgende übertroffen.

das ihnen von Menschen zugefügt wurde. Auch hier ist das vergangene Ereignis ein negatives.

Es lassen sich weitere Stellen anfügen, in denen die Vergangenheit der Götter negativ und voll von Kämpfen ist. In 1, 396-406 erwähnt Achill, daß Zeus von anderen Göttern gefesselt und erst von Thetis befreit worden sei (cf. 1, 503f.). Agamemnon rechtfertigt in 19, 95-136 seine Verblendung damit, daß selbst Zeus in der Vergangenheit Opfer von Ate gewesen sei. In 21, 441-457 erinnert Poseidon Apollon an den Frondienst, den sie bei Laomedon leisten mußten, der ihnen dann den vereinbarten Lohn vorenthielt. Hier soll weder der Zusammenhang dieser Geschichten ausgeführt noch die Frage nach ihrer Quelle gestellt werden. Sie zeigen aber, daß die Vergangenheit der Götter düsterer als ihre Gegenwart ist. Damit ist das Verhältnis der Götter zu ihrer Vergangenheit eine Inversion der Tendenz, daß bei den Menschen die Vergangenheit größer ist als die Gegenwart.[39] Aber sowohl auf der göttlichen als auch der menschlichen Ebene dient die Vergangenheit als Kontrast zur Gegenwart, der Handlungen orientiert.

Betrachten wir nun den zeitlichen Modus der Exempla: Die zeitliche Verbindung der exemplarischen Vergangenheit mit der Gegenwart ist unbestimmt; die Exempla finden in der Zeitstufe des ποτέ statt.[40] Wenn die Menschen als οἱ πρότεροι, πρόσθεν ἄνδρες ἥρωες oder ἄνδρες οἱ τότε bezeichnet werden,[41] erscheint die Vergangenheit des Exemplums als eigene, abgeschlossene, mit der Gegenwart nicht durch eine Entwicklung verbundene Zeit.[42]

Die Distanz zwischen exemplarischer Vergangenheit und Gegenwart läßt sich an Nestor, Meleager und Tydeus zeigen. Wie wir bereits gesehen haben, nimmt Nestor für sich eine besondere Autorität in Anspruch, da er mit den größeren Menschen der Vergangenheit verkehrte, die noch gegen die fabelhaften Kentauren kämpften. Gegenwart und Vergangenheit sind durch eine Kluft voneinander getrennt; nur er ragt wie ein Relikt aus der längst vergangenen Zeit der großen Helden hervor. Dieser Eindruck verwundert, wenn man sich den zeitlichen Abstand zwischen den Heroen der Vergangenheit und der Generation des Trojanischen Krieges verdeutlicht: Die in Nestors Erzählungen entrückten Helden gehören zur Generation der Väter der Kämpfer im Trojanischen Krieg. Diese Verbindung wird aber von

---

[39] Cf. Schadewaldt [3]1966, 119.

[40] Cf. 1, 260; 5, 116; 640; 19, 95. S. a. 5, 394: τότε.

[41] 4, 308; 9, 524f.; 557f. S. a. Tlepolemos' Begründung, warum Sarpedon kein Sohn des Zeus sein könne, 5, 636f.: [...] ἐπεὶ πολλὸν κείνων ἐπιδεύεαι ἀνδρῶν/ οἳ Διὸς ἐξεγένοντο ἐπὶ προτέρων ἀνθρώπων. Ulf 1990, 73 Anm. 49 zeigt, daß πρότερος ein oder zwei frühere Generationen, aber auch Menschen innerhalb einer Generation bezeichnen kann.

[42] Cf. Petzold 1976, 166f.

Nestor nicht expliziert.[43] Die Größe der Vergangenheit und die Ausblendung der zeitlichen Verbindung zur Gegenwart bedingen sich gegenseitig: Dadurch daß die zeitliche Nähe nicht ausgeführt wird, kann Nestors Generation als größer erscheinen; umgekehrt wird von der zeitlichen Nähe abgelenkt, wenn die Kluft zwischen den Generationen betont wird.

Die Distanz zwischen Gegenwart und jüngster Vergangenheit wird auch deutlich, wenn Phoinix das Meleager-Exemplum in 9, 527f. einleitet:

> μέμνημαι τόδε ἔργον ἐγὼ πάλαι, οὔ τι νέον γε,
> ὡς ἦν, ἐν δ᾽ ὑμῖν ἐρέω πάντεσσι φίλοισιν.

> Ich denke da an dieses Ereignis von alters, nicht erst von neulich,
> Wie es war, und will es vor euch allen, den Freunden, berichten.

Meleager gehört als Sohn des Oineus zur Generation vor den Helden des Trojanischen Krieges. Seine Nennung im Schiffskatalog impliziert sogar, daß er die Aitolier in Troja hätte anführen können.[44] Als Exemplum erscheint er aber in weiter Entfernung von der Gegenwart – in der Zeitstufe des πάλαι.

In ähnlicher Weise wird sein Bruder Tydeus, der seinem eigenen Sohn Diomedes als Vorbild vorgehalten wird, von der Gegenwart entfernt, wenn Agamemnon in 4, 372-375 sagt:

> οὐ μὲν Τυδέι γ᾽ ὧδε φίλον πτωσκαζέμεν ἦεν,
> ἀλλὰ πολὺ πρὸ φίλων ἑτάρων δηίοισι μάχεσθαι,
> ὡς φάσαν οἵ μιν ἴδοντο πονεόμενον· οὐ γὰρ ἐγώ γε
> ἤντησ᾽ οὐδὲ ἴδον· περὶ δ᾽ ἄλλων φασὶ γενέσθαι.

> So war es nicht dem Tydeus lieb, sich zu ducken,
> Sondern weit vor den eigenen Gefährten mit den Feinden zu kämpfen.
> So sagen, die ihn bei der Kampfarbeit gesehen. Ich selber traf
> Und sah ihn nie. Allen überlegen, sagen sie, war er!

---

[43] Sie läßt sich aber rekonstruieren: Polypoitis (2, 740-744; 12, 129) ist Sohn von Peirithoos, mit dem verkehrt zu haben Nestor sich in 1, 263 rühmt. Nestor erzählt außerdem, wie er gegen die Moulionen kämpfte, als sie noch Kinder waren (11, 709f.; 750-752), und wie er bei den Leichenfestspielen zu Ehren von Amarynkeus gegen sie im Wagenrennen unterlag (23, 638f.). Die Kinder der Moulionen, Amphimachos und Thalpios, führen die Epeier im Trojanischen Krieg an (2, 620f.). Meges ist der Sohn des Phyleus (2, 628; 5, 72), den Nestor bei den Leichenfestspielen des Amarynkeus im Speerwurf übertraf (23, 637), Podarkes der Sohn des Iphiklos (2, 705-708), den er beim gleichen Anlaß im Lauf besiegte (23, 636). Anders Richardson ad 23, 632-637, der meint, Iphiklos in 2, 705 und 23, 636 seien lediglich Namensvettern. Für eine Identität spricht aber, daß ebenso wie der Iphiklos in Nestors Erzählung auch der Vater des Podarkes in späteren Quellen als besonders schnell beschrieben wird (cf. Hes. fr. 62 M.-W.).

[44] Im Schiffskatalog nennt der Erzähler Thoas als Führer der Aitolier und sagt dann, 2, 641-643: οὐ γὰρ ἔτ᾽ Οἰνῆος μεγαλήτορος υἱέες ἦσαν,/ οὐδ᾽ ἄρ᾽ ἔτ᾽ αὐτὸς ἔην, θάνε δὲ ξανθὸς Μελέαγρος,/ τῶι δ᾽ ἐπὶ πάντ᾽ ἐτέταλτο ἀνασσέμεν Αἰτωλοῖσιν. Diomedes nennt in seiner Genealogie Oineus als Vater seines Vaters (14, 117f.). Weitere Zeugnisse zur zeitlichen Einordnung Meleagers in der Mythographie bei Petzold 1976, 151.

Tydeus gehört zwar auch der Generation vor dem Trojanischen Krieg an, aber dadurch, daß Agamemnon ihn selber nicht gesehen, sondern nur von ihm gehört hat, wird er von der Gegenwart entfernt.

Die Ausblendung der zeitlichen Verbindung zwischen Vergangenheit und Gegenwart zeigt sich auch in chronologischen Ungereimtheiten in der Vergangenheit der epischen Helden. Zwei Beispiele seien genannt: Areithoos und Kaineus. In 7, 132-157 erzählt Nestor, wie er als junger Mann Ereuthalion besiegte, der die Waffen des Areithoos trug. Lykurgos hatte sie Areithoos abgenommen und, als er alt geworden war, seinem Diener Ereuthalion gegeben. Da Nestor zu dieser Zeit der jüngste von allen war (7, 153) und Lykurgos, der noch mit Areithoos kämpfte, älter als Ereuthalion gewesen sein muß, ist Areithoos eine Generation vor Nestor und zwei Generationen vor den Helden des Trojanischen Krieges anzusiedeln. Dem widerspricht, wenn in 7, 8-13 Menesthios Sohn des Areithoos ist, aber nicht als besonders alt bezeichnet wird. Als Sohn des Areithoos müßte er zur Generation Nestors gehören. Bereits Aristarch war sich dieses Widerspruchs bewußt und versuchte ihn zu beseitigen, indem er eine zusätzliche Generation einschob und Menesthios zum Sohn eines Areithoos machte, der Sohn des gleichnamigen Keulenbesitzers war.[45]

In 1, 263f. nennt Nestor neben Peirithoos Kaineus. Während Peirithoos Vater des Troja-Kämpfers Polypoites ist (2, 740-744; 12, 129), ist Kaineus der Großvater des Trojakämpfers Koronos (2, 746). Hier ist jemand in die Zeit Nestors integriert, der noch eine Generation vor ihm liegt. So schwerwiegend solche chronologischen Ungenauigkeiten auch für den Philologen sein mögen, wenn Vergangenheit und Gegenwart durch eine Kluft voneinander getrennt werden, spielen sie keine Rolle – sie zeugen vielmehr davon, daß die Vergangenheit nicht in eine zeitliche Verbindung mit der Gegenwart gestellt wird.

Fassen wir zusammen: Die zeitliche Entfernung des Exemplums geht damit einher, daß es der Gegenwart unmittelbar gegenübergestellt wird. In paradoxer Weise ermöglicht die Distanzierung den unmittelbaren Vergleich mit der Gegenwart. Sprachlich zeigt sich die Gegenüberstellung in der häufigen Verbindung von vergangener und gegenwärtiger Situation durch die Vergleichspartikel ὡς, durch ὧδε, καί in der Bedeutung »auch«, αὖτις und αὖ.[46] Dabei wird die zeitliche Verbindung von Exemplum und Gegen-

---

[45] S. neben dem Scholion A ad 7, 10a¹ außerdem die Scholien T ad 7, 9c; 7, 9d¹ und d². Gegen die Annahme von zwei Areithoos-Figuren s. Hiller von Gaertringen 1895, 633 und Graf 1996, 1045. S. a. Kullmann 1960, 124 Anm. 2; Willcock 1964, 146 (der hier mythische Innovation vermutet) und Alden 2000, 83 Anm. 31.

[46] ὡς: 11, 762; ὡς καί: 18, 120; 19, 134; 24, 534; ὡς ὅτε: 7, 133; 10, 285; ὡς ὅτε [...] ὡς νῦν: 11, 670f.; εἴθ᾽ ὡς [...] ὡς ὁπότ᾽; ὧδε: 4, 308; 372; καί: 1, 274; 590; 5, 394; 7, 113; 9, 632; αὖτις/αὖτε: 5, 117; 15, 31; αὖ: 14, 262.

wart ausgeblendet.[47] Deswegen kann, auch wenn die Vergangenheit zumeist größer als die Gegenwart ist, nicht von einer Dekadenz im eigentlichen Sinne gesprochen werden.[48] Die Vergangenheit ist nicht als Folge einer Entwicklung, sondern durch ihre Distanzierung im Exemplum größer als die Gegenwart.

1.3 Kritik an Exempla

An Sthenelos' oben zitierter Antwort auf Agamemnons Kritik an Diomedes im 5. Buch zeigt sich, daß ein Exemplum in Frage gestellt werden kann. Sthenelos weist, indem er die Freveltaten der Sieben gegen Theben erwähnt, auf einen von Agamemnon ausgeblendeten Aspekt der Geschichte hin. Vor allem zeigt er, daß der Generation von Tydeus für Diomedes keine exemplarische Funktion zukommen könne, da sie von Diomedes und ihm übertroffen worden sei.

Auch an anderen Stellen werden Exempla kritisiert. Die Eroberung von Troja durch Herakles dient in Tlepolemos' Rede als Exemplum für den gegenwärtigen Kampf um Troja (5, 638-642). Sarpedon gibt folgende Antwort, 5, 648-651:

> Τληπόλεμ᾽, ἤτοι κεῖνος ἀπώλεσεν Ἴλιον ἱρήν
> ἀνέρος ἀφραδίῃσιν, ἀγαυοῦ Λαομέδοντος,
> ὅς ῥά μιν εὖ ἔρξαντα κακῶι ἠνίπαπε μύθωι,
> οὐδ᾽ ἀπέδωχ᾽ ἵππους, ὧν εἵνεκα τηλόθεν ἦλθεν.

> Tlepolemos! wahrhaftig, jener hat zerstört die heilige Ilios
> Durch den Unverstand eines Mannes, des erlauchten Laomedon,
> Der ihn, der ihm Gutes tat, mit bösem Wort hart anließ
> Und ihm die Pferde nicht gab, um derentwillen er von weit hergekommen.

Er wendet gegen den exemplarischen Charakter der früheren Eroberung einen Unterschied zwischen Exemplum und Gegenwart ein. Sie seien nicht vergleichbar, da Laomedon Herakles betrogen und ihm seinen Lohn vorenthalten habe. Impliziert ist der Gedanke, daß die herakleische Eroberung Trojas durch dieses Verbrechen zu erklären sei; da eine solche Frevelei aber im gegenwärtigen Krieg keine Entsprechung habe, könne Herakles' Erobe-

---

[47] Cf. Clarke 1981, 238 und Andersen 1987, 3. Gegen dessen Begründung für die Zeitlosigkeit der Paradigmen in der *Ilias* s. unten S. 108-110.

[48] Gegen die Annahme, in der *Ilias* herrsche die Vorstellung einer Dekadenz, s. a. Treu 1955, 28-35.

rung nicht als Exemplum für ihn dienen.[49] Der exemplarische Charakter der Vergangenheit wird hier in Frage gestellt, weil ein Aspekt des vergangenen Ereignisses der gegenwärtigen Situation nicht entspricht.

Umgekehrt weist Diomedes in 5, 815-824 darauf hin, daß Athene ihm zu Unrecht das Beispiel seines Vaters vorhält, um seinen Mut anzuregen. Er halte sich nicht aus Furcht zurück, sondern da Athene ihm aufgetragen habe, nicht gegen Götter außer Aphrodite zu kämpfen. Hier wird das Exemplum angezweifelt, da ein Aspekt der gegenwärtigen Situation von ihm abweicht.

Hypnos schließlich lehnt Heras Bitte, Zeus einzuschläfern, zuerst ab und erinnert an Zeus' Zorn, als er ihn bereits einmal einschläferte, damit Hera Herakles herumirren lassen konnte (14, 243-262). Daraufhin sagt Hera, 14, 264-266:

> Ὕπνε, τίη δὲ σὺ ταῦτα μετὰ φρεσὶ σῆισι μενοινᾶις;
> ἦ φὴις ὡς Τρώεσσιν ἀρηξέμεν εὐρύοπα Ζῆν,
> ὡς Ἡρακλῆος περιχώσατο παιδὸς ἑοῖο;

> Schlaf! aber warum denn nur bedenkst du dies in deinem Sinn?
> Oder meinst du, es helfe so den Troern der weitumblickende Zeus,
> Wie er übermäßig um Herakles zürnte, den eigenen Sohn?

Sie versucht das Exemplum zu entkräften, indem sie einen Unterschied zwischen vergangener und gegenwärtiger Situation aufzeigt.

Etwas anders gelagert ist Achills Erwiderung auf das Meleager-Exemplum.[50] In der Gesandtschaftsszene des 9. Buches – Phoinix, Odysseus und Aias versuchen, Achill dazu zu bewegen, in den Kampf zurückzukehren – erzählt Phoinix die Geschichte von Meleager (9, 524-599): Wäh-

---

[49] Diese Argumentation ist bereits im Scholium bT ad 5, 648-654 erkannt worden: ηὐτέλισε τὴν δύναμιν Ἡρακλέους τὴν ἀδικίαν ἐκείνου αἰτίαν εἶναι λέγων τῆς ἁλώσεως. ἔδει δὲ ἐπαγαγεῖν· σὺ δὲ ἀδίκως πολεμῶν + ἁλώσειν +, οὐχ αἱρήσεις ἡμᾶς δικαίως πολεμοῦντας· ὁ δὲ θυμῶι φερόμενος ἐκομμάτισε τὸν λόγον. Als weitere Interpretation bietet dasselbe Scholion mit Blick auf Sarpedons Ankündigung, er werde ihn jetzt töten, an: ἢ ἠθικὸς ὁ λόγος· ἐκεῖνος μὲν τὴν Ἴλιον εἷλεν, ἐγὼ δὲ σέ. Es ist zu fragen, ob Sarpedon damit wirklich den exemplarischen Charakter der früheren Eroberung in Frage stellt oder nicht sogar gegen seine Intention noch unterstreicht. Schließlich hat auch Paris als Gastfreund Gutes von Menelaos erfahren, es ihm aber schlecht vergolten. Cf. Alden 2000, 160f.

[50] Die umfangreiche Literatur zum Meleager-Exemplum findet sich bei Willcock 1964, 147 Anm. 4 und Alden 2000, 236-248, s. besonders 238 Anm. 148. Zu seiner Struktur s. Gaisser 1969b, 18f. und Lohmann 1970, 254f. Umstritten sind der Ursprung und die ursprüngliche Gestalt der Meleager-Geschichte. Kakridis 1949, 18-42 versucht aus dem Vergleich mit späteren Überlieferungssträngen ein »folk-tale« zu rekonstruieren. Gegen einzelne Aspekte dieser These s. beispielsweise Schadewaldt ³1966, 139f.; Lohmann 1970, 258-261. Auf die Verbindung des Meleager-Exemplums mit Phoinix' autobiographischer Erzählung weist Bannert 1981, 77-79 hin. S. bereits Heubeck 1943, 19f. S. außerdem Scodel 1982, die sogar meint, Phoinix' Autobiographie sei der Versuch, Achill von der Abfahrt abzuhalten; Schein 1984, 111; Alden 2000, 219 mit weiterer Literatur.

rend Kalydon von den Kureten belagert wurde, wurde der tapfere Meleager
vom Zorn ergriffen und zog sich vom Kampf zurück. Die Versuche der
Aitoler, ihn mit Geschenken zur Rückkehr zu bewegen, schlugen fehl. Erst
als die Kureten im Begriff waren, die Stadt in Brand zu setzen, rettete Meleager auf Drängen seiner Frau seine Mitbürger und wehrte die Angreifer
ab. Mit seinem langen Warten hatte er allerdings die ihm zuerst angebotenen Geschenke verspielt. Phoinix appelliert an Achill, in die Schlacht zurückzukehren, solange er noch Geschenke erwarten könne (9, 602-605).
Daraufhin sagt Achill in 9, 607-610:

> Φοῖνιξ, ἄττα γεραιὲ διοτρεφές, οὔ τί με ταύτης
> χρεὼ τιμῆς· φρονέω δὲ τετιμῆσθαι Διὸς αἴσηι,
> ἥ μ᾽ ἕξει παρὰ νηυσὶ κορωνίσιν, εἰς ὅ κ᾽ ἀυτμή
> ἐν στήθεσσι μένηι καί μοι φίλα γούνατ᾽ ὀρώρηι.

> Phoinix, lieber Alter! Zeusgenährter! Nicht braucht es für mich
> Diese Ehre! Ich denke, ich bin geehrt durch des Zeus Bestimmung,
> Die mir dauert bei den geschweiften Schiffen, solange der Atem
> In der Brust mir bleibt und meine Knie sich mir regen.

Achill bezweifelt nicht die Parallelität zwischen Exemplum und gegenwärtiger Situation. Er wendet sich grundlegender gegen die von Phoinix im
Exemplum vorausgesetzte Vorstellung von Ehre und setzt ihr die von Zeus
kommende Ehre entgegen. Er lehnt also nicht das Exemplum, sondern den
argumentativen Rahmen ab, in den es eingebettet ist.

Exempla – das zeigen diese Passagen – können kritisiert werden, indem
die Parallelität von Vergangenheit und Gegenwart in Frage gestellt wird.
Damit wird allerdings nur das spezielle Exemplum, aber nicht die exempla-
rische Sinnbildung an sich hinterfragt. Die Helden bezweifeln nicht die
Möglichkeit einer Regularität, die aus der Vergangenheit Orientierung für
die Gegenwart gewinnen läßt. Auf einer anderen Ebene werden aber die
Grenzen der exemplarischen Sinnbildung im allgemeinen deutlich. Das
Verhältnis des Meleager-Exemplums zur Handlung läßt sich als implizite
Bestimmung dieser Grenzen interpretieren.

Schadewaldt knüpft bei Welcker an und sieht in der Meleager-Geschichte neben der »moralisch-mahnenden« Absicht eine »prophetisch-
warnende«.[51] Meleagers Geschichte diene nicht nur zur Exhortation des
zürnenden Achills, sondern spiegle den weiteren Verlauf der *Ilias*.[52] Ebenso

---

[51] Schadewaldt [3]1966, 141f. Cf. Welcker 1835, vf.

[52] In der Forschung sind weitgehende Entsprechungen zwischen den Gruppen, die Meleager
bitten, und den Versuchen der Griechen, Achill zurückzuholen, gesehen worden. Während Kakridis 1949, 22f. die vorletzte Gruppe der Bittenden, die ἑταῖροι, mit der Gesandtschaft der Griechen identifiziert, hat Lohmann 1970, 258-260 sich bemüht zu zeigen, daß die Alten Agamemnon,
die Priester Odysseus, Oineus, die Schwester und die Mutter Phoinix, Aias den Gefährten und

wie Meleager die verschiedenen Bittenden zurückweist und sich erst, als die
Gegner die Stadt erstürmen, durch seine Frau Kleopatra erweichen läßt, so
weist auch Achill die Gesandtschaft der Griechen zurück, schickt zuerst, als
die Trojaner das erste Schiff anzünden, nur Patroklos in die Schlacht und
kehrt selbst erst nach seinem Tod in den Kampf zurück.

Diese Beobachtung wird schärfer, wenn man die beiden Bedeutungsebe-
nen, die Schadewaldt als »Absichten« zusammenfaßt, voneinander trennt.
Andersen bezeichnet die Exhortation, die Phoinix seiner Analyse zufolge an
Achill adressiert, als primäre Funktion (»Argumentationswert«). Die Spiegelung des weiteren Handlungsverlaufes spiele sich als sekundäre Funktion
zwischen Erzähler und Rezipienten ab (»Funktionswert«).[53] Diese begriffli-
che Differenzierung verhindert, daß man Phoinix ein Wissen unterstellen
muß, das er nicht haben kann, oder daß die Andeutungen auf den Handlungsverlauf in der Interpretation unberücksichtigt bleiben müssen.

Die sekundäre Funktion wird markiert, wenn, wie oben bereits bemerkt
worden ist, Phoinix in seiner Einleitung kein negatives, sondern ein positives Exemplum ankündigt (9, 527f.). Darin ist die Bedeutung des
Exemplums als Antizipation der weiteren Handlung angedeutet: Achill
folgt nicht Phoinix' Mahnung, sondern er kehrt wie Meleager erst im letzten Augenblick in die Schlacht zurück.

Die Handlung entwickelt sich aber nicht so, wie es die sekundäre Funktion des Exemplums erwarten läßt. Zwar lehnt Achill das Anliegen der
Gesandtschaft, er möge sofort in den Kampf zurückkehren, ab. Er kehrt
aber nicht, wie das Exemplum erwarten läßt, auf Patroklos' Bitte zurück.
Dieser bittet Achill im 17. Buch auch gar nicht mehr, selbst zurückzukehren, sondern darum, ihn mit den Myrmidonen in die Schlacht zu schicken.[54]

Kleopatra Patroklos entsprächen. Alden 2000, 244-248 lehnt sich eng daran an, stellt den Alten
aber Nestor und Phoinix nur dem Vater gegenüber und sieht keine Entsprechung für Mutter und
Tochter in der Gesandtschaft. Die Beziehung zwischen Patroklos und Kleopatra ist dadurch
markiert, daß Kleopatra ein Anagramm von Patroklos ist. S. bereits Eustathius 775, 67-776, 1 und
in der modernen Forschung Howald 1924, 411, der meint, Kleopatra habe als Vorlage für
Patroklos gedient. Dagegen zeigt Schadewaldt [3]1966, 139f. überzeugend, daß Patroklos primär ist.
Kakridis 1949, 28-31 hält die Ähnlichkeit der Namen für zufällig. Zu der Forschungsdiskussion s.
Alden 2000, 240 Anm. 152. Schadewaldt [3]1966, 141 zeigt außerdem, daß, ebenso wie die *Ilias* den
Tod des Achill nicht erzählt, aber viele Andeutungen auf ihn enthält, auch Meleagers Tod nicht
ausgeführt wird, aber im Fluch präsent ist. Der Schluß der Erzählung, Meleager habe keine Ge-
schenke erhalten (9, 598f.), spricht aber wohl anders, als Schadewaldt meint, nicht seinen Tod an.
Verhinderte der aus dem Fluch folgende Tod und nicht sein langes Zögern, daß er Geschenke
erhielt, ginge die Pointe des Exemplums verloren. Anders als in der hier vertretenen Deutung
meint Lohmann 1970, 261, daß sich die Spiegelung der Meleager-Geschichte nur bis zum 16.
Buch erstrecke. Alden 2000, 210 weist darauf hin, daß die Meleager-Geschichte bereits das Geschehen im ersten Buch spiegle. Dort erhält Agamemnon, dem Chryses zuerst Lösegeld angeboten
hat, auf Apollons Geheiß keine Geschenke, wenn er seine Tochter schließlich zurückgibt.

[53] Andersen 1987, 4f.
[54] Cf. Alden 2000, 250f.

Zudem erhält Achill anders als Meleager Geschenke; dafür verliert er Patroklos.[55] Insofern steigert Achills Tragik sogar die des Exemplums.

Die Erwartungen, die das Meleager-Exemplum weckt, werden nicht nur vom Handlungsverlauf enttäuscht, sondern treten auch in Spannung zu anderen Prolepsen. Daß Achill Patroklos in die Schlacht sendet, wird in Nestors Vorschlag in 11, 790-803 angedeutet und von Zeus bekräftigt (15, 64f.). Außerdem ist bereits durch Athene und Thetis verbürgt, daß er Ehre und Geschenke erhalten wird (1, 212-214; 525-530).[56]

Die vielschichtige Beziehung des Meleager-Exemplum zur Handlung führt die Grenzen der exemplarischen Sinnbildung vor Augen. Erstens wird deutlich, daß Exempla ihr Ziel verfehlen können; Achill lenkt nicht ein.

Zweitens zeigt sich, wenn das Exemplum in ganz anderer Weise als von Phoinix intendiert bedeutungsvoll wird, die Vieldeutigkeit der Vergangenheit. Die Meleager-Geschichte antizipiert die Handlung in einer Weise, welche die Intention, mit der Phoinix sie erzählt, umkehrt: Die sekundäre Funktion steht der primären diametral entgegen. Zwar wird mit einem Exemplum versucht, eine Beziehung zwischen Vergangenheit und Gegenwart zu fixieren, aber die Vergangenheit ist so vielschichtig, daß, je nachdem welcher Aspekt in den Vordergrund tritt, andere Beziehungen zur Gegenwart und Zukunft konstruiert werden können.

Wenn drittens der Handlungsverlauf auch die durch die sekundäre Funktion gebildeten Erwartungen enttäuscht, zeigt sich die Offenheit der Zukunft. Auch wenn Vergangenheit und Gegenwart parallel zueinander sind, kann sich die Zukunft anders entwickeln, als das Exemplum es nahelegt. Die Zeit entzieht sich dem Versuch der exemplarischen Sinnbildung, ihre Dynamik einzufrieren.

Das exemplarische Erzählen bildet Sinn, indem es Komplexität von Wirklichkeit reduziert. Während die explizite Kritik der Helden zeigt, daß Exempla manipulierbar sind, da sie viele Aspekte ausblenden, macht das Meleager-Paradigma deutlich, daß sich im Exemplum die Vieldeutigkeit der Vergangenheit und die Offenheit der Zukunft nicht beseitigen lassen.

---

[55] Cf. Morrison 1992b, 122. Er stellt aber eine allzu enge Beziehung zwischen Exemplum und Handlung her, wenn er meint, das Publikum werde über den Zeitpunkt der Rückkehr der Myrmidonen getäuscht, da Meleager erst dann eingreife, wenn die Feinde schon in der Stadt seien, während Achill bereits dann in den Kampf zurückkehre, wenn erst ein Schiff brenne (122f.). Cf. unten S. 259.

[56] Cf. Morrison 1992b, 122.

1.4 Zusammenfassung

Exemplarisches Erzählen ist der Versuch, durch den Gedanken der Regularität aus der Vergangenheit Orientierung für die Gegenwart zu gewinnen. Da Erwartungshorizont und Erfahrungsraum konvergieren, können aus vergangenen Erfahrungen Regeln abgeleitet werden, welche die Spannung von Erwartung und Erfahrung in einer konkreten Situation auflösen und Handeln anleiten.

Dieser Typ der Sinnbildung, der »Zeit verräumlicht«, manifestiert sich in den zahlreichen Exempla der *Ilias*. Seine orientierungsstiftende Funktion wird daran deutlich, daß die Helden Exempla vor allem erzählen, um Handeln in der Gegenwart zu begründen. Dafür blenden sie die Verbindung zwischen Gegenwart und Vergangenheit aus, distanzieren die Vergangenheit und stellen sie der Gegenwart unmittelbar gegenüber. Ihre normative Kraft gewinnt die Vergangenheit dadurch, daß sie in der Regel größer ist als die Gegenwart.[57] Aufgrund der Distanzierung der Vergangenheit und der unmittelbaren Gegenüberstellung mit der Gegenwart läßt sich aber nicht von einer Dekadenz sprechen, die den Gedanken der Entwicklung voraussetzt. Die Beobachtung, daß die exemplarische Sinnbildung Zeit stillstellt, wird umgekehrt, wenn wie im Meleager-Exemplum die Dynamik der Zeit die Geltung von Exempla in Frage stellt.

2. Traditionale Sinnbildung

Kehren wir, nachdem wir die exemplarische Sinnbildung durch die *Ilias* verfolgt haben, zurück zum 6. Buch: In seiner Rede fragt Diomedes Glaukos, wer er sei. An der Antwort soll im folgenden ein weiterer Modus, sich der Vergangenheit zuzuwenden und mit Kontingenz umzugehen, aufgezeigt werden. Auf die Frage nach der Identität ist im Epos neben dem Ort der Herkunft eine Angabe der Abstammung zu erwarten. Die homerischen Helden stellen sich selbst vor, indem sie ihre Vorfahren nennen.

Zu Recht ist im Anschluß an Calhoun betont worden, das Epos kenne keine Geburtsaristokratie. Es gibt keine klar umgrenzte Gruppe Adliger. Außerdem muß sich das Individuum sein Ansehen selbst erwerben.[58] Diese

---

[57] Einen interessanten Vergleich zwischen griechischen und römischen Exempla nimmt Stemmler 2000 vor. Er behauptet, daß bei den griechischen Paradigmen die Analogie, bei den römischen dagegen die *auctoritas* im Vordergrund stünde. Walter 2004, 35-38 meint, daß in Rom junge Exempla besondere Geltung beanspruchen konnten; auch hierin könnte ein Unterschied zur Distanzierung der jüngsten Vergangenheit im Epos gesehen werden.

[58] Calhoun 1934. Bourriot 1976 und Roussel 1976 zeigen, daß es bei Homer keine Hinweise auf umfangreiche Familienverbände gebe. Zentrale soziale Einheit im Epos ist der Oikos, s. für

Einsicht darf aber nicht dazu führen, die Bedeutung der Abstammung als gering einzuschätzen.[59] Auch wenn Abstammung sich nicht in der Form einer Geburtsaristokratie institutionalisiert hat, spielt sie in der *Ilias* eine große Rolle, zumal in der Regel die Herkunft mit der Leistung koinzidiert. Ihre Bedeutung wird sinnfällig in der häufigen Verwendung von Patronymika,[60] oder wenn der Eigenname eine Eigenschaft des Vaters aufgreift.[61]

Im folgenden sollen die Genealogien als Ausdruck der traditionalen Sinnbildung interpretiert werden. Dadurch, daß die Stammbäume Wandel in der Kontinuität der Generationen aufheben, erfüllen sie eine legitimative, erklärende und verpflichtende Funktion. In der Tradition »sind Vergangenheit und Zukunft zu einer Dauer von Lebensordnungen verschmolzen, die vom Fluß der Zeit getragen und der Vergänglichkeit enthoben sind.«[62] Ebenso wie die exemplarische Sinnbildung basiert die traditionale darauf, daß Erwartungshorizont und Erfahrungsraum konvergieren. Sie hebt aber die Spannung zwischen konkreten Erwartungen und Erfahrungen nicht durch den Gedanken der Regularität, sondern die Vorstellung einer Dauer auf. Zwischen Vergangenheit und Gegenwart herrscht Kontinuität. Dabei geben Traditionen anders als Exempla nicht direkt Orientierung für Handeln in konkreten Situationen, sondern stiften Identität.

Da die Genealogie des Glaukos mit einer Kritik beginnt und von den anderen Stammbäumen in signifikanter Weise abweicht, wird im folgenden zuerst die gewöhnliche Funktion der Genealogien in der *Ilias* untersucht (2.1). Das Ergebnis bildet die Folie, vor der die Genealogie des Glaukos in ihrer Besonderheit zu analysieren ist (2.2).

---

weitere Literatur Stein-Hölkeskamp 1989, 25 Anm. 38, die betont, daß im Epos kein klar abgegrenzter Adelsstand zu erkennen ist (23f.). Calhouns Einwände gegen das Bestehen eines Adels im homerischen Epos sind von Ulf 1990 aufgegriffen und durch eine Untersuchung der Begriffe τιμή, ἀρετή, ἀγαθός-κακός untermauert worden. Ulf zeigt, daß sowohl die Hochschätzung des Lebensalters als auch die Bewertung des Individuums nach der Leistungsfähigkeit für die Gemeinschaft der Entwicklung eines Geburtsadels entgegenstehen (229-231; zu den Lebensaltern s. 51-83). Dazu, daß Ansprüche durch eigene Leistung legitimiert werden müssen, s. Lacey 1968, 38; Donlan 1980, 15-19.

[59] Van Wees 1992, 73f. und 81-83 betont die Bedeutung der Abstammung im Epos. Er weist darauf hin, daß ihre Bedeutung nur selten explizit genannt wird, da sie als selbstverständlich vorausgesetzt wird. Er sieht sogar ein ideologisches Interesse, wenn statt der Geburt als Autorität die Qualitäten eines Helden genannt werden. Id. 1988, 18 zeigt an Sarpedons Rede in 12, 310-328, daß Güter vererbt werden, und weist außerdem darauf hin, daß die homerischen Helden sich des Erbes in der Regel würdig erweisen (18-23). Ulf 1990, 28f. bemerkt, daß körperliche Vorzüge in der *Ilias* vererbt werden. Letoublon 1983, 34f. weist darauf hin, daß in der *Ilias* mit Ausnahme des Kampfes zwischen Sarpedon und Achill immer derjenige siege, der die wichtigeren Eltern habe.

[60] Zu den Patronymika s. Higbie 1995, 6. S. beispielsweise auch die Anweisung, die Agamemnon seinem Bruder Menelaos in 10, 67-69 gibt: φθέγγεο δ᾿, ἧι κεν ἴηισθα, καὶ ἐγρήγορθαι ἄνωχθι,/ πατρόθεν ἐκ γενεῆς ὀνομάζων ἄνδρα ἕκαστον,/ πάντας κυδαίνων [...]

[61] Cf. S. 76 mit Anm. 102.

[62] Rüsen 1982, 546.

2.1 Genealogien in der *Ilias*

2.1.1 Genealogie als Legitimation[63]

Eine wichtige Funktion der traditionalen Erzählung ist die Legitimation.[64] Ein Geltungsanspruch in der Gegenwart entspringt dem Gedanken der Kontinuität von Vergangenheit und Gegenwart. Oft legen epische Helden ihre Stammbäume dar, um aus der Größe ihrer Familie in der Vergangenheit ihre eigene Bedeutung in der Gegenwart abzuleiten. Als Beispiel wird die Genealogie diskutiert, die Aineas im Streitgespräch mit Achill gibt.

Achill wundert sich, warum Aineas sich so weit hervorwage (20, 178f.), und schmäht ihn, indem er sagt, er werde, selbst wenn er ihn besiege, weder von Priamos noch von den Trojanern besondere Ehren erhalten (20, 180-186).[65] Einen solchen Ausgang ihrer Begegnung hält er aber für ausgeschlossen, da Aineas bereits einmal, nämlich auf dem Ida, vor ihm geflohen sei (20, 186-194). Damals hätten ihn die Götter gerettet, heute aber könne er nicht mit ihrer Hilfe rechnen (20, 194-196). Deswegen solle er sich jetzt zurückziehen, um keinen Schaden zu nehmen (20, 196-198).[66] Aineas' Antwort ist kunstvoll strukturiert. In einer Ringkomposition wendet er sich gegen die verbale Auseinandersetzung und fordert Achill zum Kampf auf (20, 200-212; 20, 244-258). Im Zentrum seiner Rede steht seine

---

[63] Zu den Genealogien in der *Ilias* cf. Lang 1994; zu Genealogien im allgemeinen s. Legendre 1985; Heck / Jahn (ed.) 2000; zur Konstruktion von Kontinuität durch Genealogien s. Lowenthal 1985, 61; zu ihrer legitimativen Funktion s. Zerubavel 2003, 62.

[64] Rüsen 1982, 546.

[65] Die Genealogie des Aineas ist also eingebettet in ein Wortgefecht zwischen Achill und Aineas. Zur Struktur solcher Auseinandersetzungen s. die Untersuchung von Parks 1990, der sich bemüht, die verbalen Auseinandersetzungen soziobiologisch zu fundieren (16-25) und die Aussagen der Kontrahenten in »boasts« über die Vergangenheit und zukunftsorientierte »vows« einteilt. S. a. Fingerle 1939, 130-149; Fenik 1968, 32, 101, 161; Nagy 1979, 222-242; Letoublon 1983 mit einer Liste der verbalen Auseinandersetzungen (31-33); Martin 1989, 68-76 sowie die weitere Literatur bei Alden 2000, 37 Anm. 66. Interessant ist auch Adkins 1969, der zeigt, daß die große Bedeutungsvielfalt der einzelnen Ausdrücke des Drohens, Beschimpfens und des Verärgert-Seins auf der einen Seite, auf der anderen Seite die feinen begrifflichen Nuancierungen dafür, Eindruck auf die Umwelt zu machen, ihren Grund darin haben, daß der homerische Held in anderen Kategorien denkt: Er sei nicht an Einstellungen, sondern an sichtbaren Resultaten orientiert.

[66] Erbse 1967, 19 meint, Achill wolle Aineas in der Tat dazu bewegen zu weichen. Eine solche Interpretation erzeugt aber eine Spannung zur sonstigen Begierde Achills zu kämpfen (s. Edwards ad 20, 180-186). Parks 1990, 120 sieht in Achills Aufforderung zu Recht nicht den Versuch, den Kampf zu vermeiden, sondern eine Beleidigung des Gegners. Er meint, daß auch der Rückzug nach einem Wortgefecht eine Niederlage darstelle (101). Bei Achill ist aber davon auszugehen, daß er durch die Beleidigungen sicherstellen will, daß Aineas ihm nicht entflieht. Die Beleidigungen sollen ihn anstacheln. Das Scholion bT ad 20, 202a spricht von σαρκάσμοι. In den Scholien wird die Schmach betont, welche Aineas' frühere Flucht darstelle, s. Scholion bT ad 20, 200-258 dazu, daß Aineas die Niederlage nicht erwähnt; außerdem Scholion bT ad 20, 242f. und Scholion T ad 20, 246-255. Den beleidigenden Charakter der Rede Achills betont auch Reinhardt 1961, 453.

Genealogie (20, 213-241).[67] Im folgenden wird sowohl am Kontext als auch am Inhalt des Stammbaums gezeigt, daß er eine legitimierende Funktion hat.

Diese Interpretation läßt sich gegen zwei Thesen anführen, die beide auf der Annahme beruhen, die Genealogie hätte keine Funktion in ihrem Kontext. So ist zum einen behauptet worden, Aineas' Stammbaum sei aus einem eigenen Aineasgedicht entnommen.[68] Zum anderen meint eine beachtliche Zahl von Gelehrten, der Stammbaum sei in die *Ilias* integriert, um einem Herrschergeschlecht zu schmeicheln.[69] Die legitimierende Funktion der Genealogie schließt zwar keine dieser Thesen aus, zeigt aber, daß sie als Erklärung nicht notwendig sind. So bemerkt bereits das Scholion bT ad 20, 202a: πιθανῶς δὲ τοῖς λόγοις Ἀπόλλωνος καταχρῆται, ὑπομιμνῄσκων αὐτὸν ὅτι ἀμείνονος γενέσεως τυγχάνει.[70] Zudem gibt es noch weitere Funktionen: Edwards ad 20, 200-258 weist beispielsweise darauf hin, daß die Darstellung des trojanischen Ruhms einen wirkungsvollen Kontrapunkt zum Fall Trojas bilde, der sich im Tod Hektors abzeichne.

Zuerst zum Kontext: Die Parallele des Redenpaares Achill-Aineas zum Gespräch zwischen Aineas und Apollon in Gestalt Lykaons in 20, 79-111[71] macht deutlich, daß Aineas seine Genealogie erzählt, um gegen die Schmähungen Achills seinen eigenen Status zu betonen.[72] Auf Apollons Frage, warum er nicht seinen Versprechungen folgend Achill entgegentrete, erwidert Aineas, er sei ihm bereits auf dem Ida nur mit der Hilfe der Götter entkommen (20, 90-96),[73] Achill stünden stets Götter bei (20, 98f. und 100-102), und er sei auch ansonsten sehr treffsicher und beharrlich (20, 99f.).[74]

---

[67] Zu einer genauen Analyse der Struktur s. Lohmann 1970, 91-93.

[68] S. beispielsweise Heitsch 1965.

[69] Cf. Jacoby 1933, 39-44, der sogar folgert, der Dichter der *Ilias* habe an einem Aineadenhof gelebt; Scheibner 1939, 75, 82f.: »Hofdichtung« (weitere ältere Literatur 4-10); Reinhardt 1961, 450f.; Heitsch 1965, 64; Patzek 1992, 175f.: »Sukzessionslegende«. Diese These ist von van der Ben 1980 und P. Smith 1981, 17-58 entkräftet worden. S. bereits Calhoun 1934, 208 Anm. 45. Zu weiterer Literatur s. Stoevesandt 2004, 192-199.

[70] Zur Funktion der Genealogie, den eigenen Status zu sichern, s. a. Lohmann 1970, 165 und Parks 1990, 124, der in der Genealogie und den eigenen Taten einen gleichwertigen Ausdruck heroischer Identität sieht.

[71] Mit dieser Begegnung können die auch in drei Schritten (Rede des Gottes, Erwiderung des Menschen, Rede des Gottes) verlaufenden Begegnungen zwischen Poseidon in Gestalt von Thoas und Idomeneus in 13, 219-238 und zwischen Apollon und Hektor in 15, 244-252 verglichen werden.

[72] Zur Beziehung der Reden zueinander s. Lohmann 1970, 161-169, der die Zusammenhänge der Aineasrede mit dem übrigen Text als Argument gegen Heitschs These anführt, sie sei auf ein eigenes Aineasgedicht zurückzuführen.

[73] In seinem Vergleich der Erzählung der Begegnung auf dem Ida von Aineas (20, 90-96) und Achill (20, 186-194) bemerkt Eustathius 1202, 64-1203, 10, Achill berichte ausführlicher, da er Aineas beschämen wolle.

[74] In den Versen 20, 100-102 wünscht sich Aineas kein Unentschieden gegen Achill, sondern einen von den Göttern unbeeinflußten Kampf, s. Erbse 1967, 2f.

Daraufhin sagt Apollon, er stamme von einer besseren Göttin als Achill ab und solle sich nicht durch dessen Drohungen einschüchtern lassen (20, 105-109).

Achill greift, wenn er die Flucht des Aineas auf dem Ida anspricht, genau den Punkt auf, den Aineas im Gespräch mit Apollon gegen einen Kampf mit Achill angeführt hat.[75] Ebenso wie Apollon diesen Einwänden damit begegnet war, daß Aineas von einer besseren Mutter abstamme, führt Aineas in der Auseinandersetzung mit Achill seine Herkunft ins Feld.[76] Er beschränkt sich dabei nicht nur auf die Herkunft mütterlicherseits (20, 206-209), sondern stellt ausführlich auch seine väterliche Linie dar, die auf Zeus zurückgeht (20, 213-241).[77]

Aineas zieht also den Glanz seiner Herkunft heran, um sein früheres Unterliegen auszugleichen und sich nach den Schmähungen Achills als ebenbürtiger Gegner zu erweisen.[78]

Die legitimative Funktion der Genealogie zeigt sich auch inhaltlich: Der Stammbaum ist als Antwort auf die Vorwürfe Achills gestaltet; Aineas antwortet auf die spezifischen Beleidigungen Achills mit der Vergangenheit seines Geschlechtes: Das Idagebirge, auf dem, wie Achill davor berichtet hat, Aineas vor ihm geflohen ist (20, 189f.), wird von Aineas positiv besetzt, indem er erzählt, daß Dardanos auf dem Ida Dardanie gegründet habe, das seine Vorfahren vor Troja bewohnten (20, 216-218). Das hohe Gebirge als Wohnort ist zudem Ausdruck der Nähe zu den Göttern.[79] Der Reichtum

---

[75] Auch die göttliche Hilfe, von der Aineas in 20, 94f. (Athene) und 97f. (unbestimmt: einer der Götter) spricht, wird aufgenommen in 191f.: [...] αὐτὰρ ἐγὼ τὴν/ πέρσα μεθορμηθεὶς σὺν Ἀθήνηι καὶ Διὶ πατρί.

[76] Cf. Adkins 1975, 241-247.

[77] S. das Scholion bT ad 20, 213a: ἔοικε λέγειν ὡς τὸ κατὰ μητέρα μὲν γένος τοιοῦτον· εἰ δὲ καὶ τὸ κατὰ πατέρα θέλεις, πολλοῖς ὂν γνώριμον, ἄκουε. Aineas sagt nicht explizit, daß er von einer besseren Mutter abstamme, nennt Thetis und Aphrodite aber mit unterschiedlichem Gewicht: Während er Thetis als καλλιπλόκαμος ἁλοσύδνη bezeichnet (20, 207), steht Aphrodite ohne Epitheton betont am Ende des Verses (20, 209). Das Epitheton ἁλοσύδνη evoziert die wertende Gegenüberstellung durch Apollon in 20, 105-107: [...] καὶ δὲ σέ φασι Διὸς κούρης Ἀφροδίτης/ ἐκγεγάμεν· κεῖνος δὲ χερείονος ἐκ θεοῦ ἐστιν·/ ἢ μὲν γὰρ Διός ἐσθ᾽, ἢ δ᾽ ἐξ ἁλίοιο γέροντος.

[78] Cf. Reinhardt 1961, 452; Higbie 1995, 93. Daß die Genealogie die Funktion erfüllt, den Status eines Helden im Vergleich mit einem anderen zu unterstreichen, zeigt auch die parallele, aber kürzer ausgeführte Begegnung zwischen Achill und Hektor im 20. Buch. Hektor antwortet auf die Drohungen Achills mit den gleichen Worten wie Aineas, 20, 431-433=200-202: Πηλεΐδη, μὴ δή μ᾽ ἐπέεσσί γε νηπύτιον ὥς/ ἔλπεο δειδίξεσθαι, ἐπεὶ σάφα οἶδα καὶ αὐτός/ ἠμὲν κερτομίας ἠδ᾽ αἴσυλα μυθήσασθαι. Während Aineas dann ausführlich die Eltern miteinander vergleicht und seine Herkunft ausbreitet, sagt Hektor kurz, 20, 434: οἶδα δ᾽ ὅτι σὺ μὲν ἐσθλός, ἐγὼ δὲ σέθεν πολὺ χείρων. Beide wenden sich zuerst gegen die Schmähreden und bestimmen dann ihre eigene Qualität. Während Hektor eingesteht, schwächer als Achill zu sein, erzählt Aineas seine Herkunft, um seinen Rang gegen die Beleidigungen Achills zu unterstreichen.

[79] Vom Ida-Gebirge aus beobachtet Zeus das Kriegsgeschehen (8, 397; 11, 182f., 336f; 15, 5f.), von dort donnert er (8, 75) und entsendet Hilfe (15, 255). Vom Ida aus geht er zum Olymp

seiner Vorfahren läßt sich als Antwort auf die Schmähung verstehen, er erwarte von den Troern ein besonders gutes Stück Land, wenn er ihn besiege. So etwas hat Aineas aufgrund seiner Herkunft nicht nötig: Erichthonios[80] hatte Land, auf dem dreitausend Pferde weiden konnten (20, 220-222)![81] Die Schnelligkeit der Pferde (20, 223-229) steht der Schnelligkeit Achills gegenüber, die dieser auch in seiner Schmährede erwähnt hat (20, 189f.).[82] Indem Aineas die Herkunft der Pferde von dem Windgott anspricht, stellt er sie auf eine Stufe mit Achills Pferden, die ebenfalls göttlichen Ursprungs sind.[83]

Achill hat ihn außerdem beleidigt, indem er darauf anspielt, daß Priamos ihm nur wenig Wertschätzung entgegenbringt[84] und er nicht der Königslinie angehört (20, 179-183).[85] Dagegen betont Aineas in seinem Stammbaum die Parallelität seiner und Hektors Herkunft, 20, 240:

αὐτὰρ ἔμ᾽ Ἀγχίσης, Πρίαμος δ᾽ ἔτεχ᾽ Ἕκτορα δῖον.

Mich aber zeugte Anchises, und Priamos den göttlichen Hektor.[86]

---

oder umgekehrt (8, 410; 438f.; 11, 183f.; 15, 79), und dort trifft er sich im 14. Buch mit Hera (14, 283-353). Außerdem wird er Ἴδηϑεν μεδέων genannt (3, 276; 320; 7, 202; 24, 308). *Ex negativo* spielt Aineas auf die Verbindung des Ida zu den Göttern an, wenn er das Dardanie gegenübergestellte Troja (s. den Kontrast zwischen ἐν πεδίωι – ὑπωρείας [...] Ἴδης) πόλις μερόπων ἀνϑρώπων (20, 217) nennt.

[80] Zu seinem Platz in der Genealogie s. Edwards ad 20, 219 mit weiterer Literatur.

[81] Der Fruchtbarkeit des Landes, nach dem Achill Aineas trachten läßt, entspricht die Fruchtbarkeit der Pferde und des Landes, auf dem die Pferde laufen, 20, 184f.; 20, 221f.; 20, 226f.

[82] Aineas bezeichnet Achill im Gespräch mit Apollon als ποδώκης (20, 89). Dies ist ein oft auf Achill angewandtes Epitheton, aber angesichts der Verfolgung auf dem Ida kommt ihm hier eine spezifische Bedeutung zu.

[83] Cf. 16, 149-151; 23, 277f. Heitsch 1965, 88f. weist darauf hin, daß die göttlichen Pferde ein Motiv aus dem Poseidon-Mythos sind, und sieht das Vorbild im Wunderpferd Areion. S. a. Letoublon 1983, 44 Anm. 44.

[84] Eine Spannung zwischen Aineas und Priamos zeigt sich in 13, 459-461: βῆναι ἐπ᾽ Αἰνείαν· τὸν δ᾽ ὕστατον ηὗρεν ὁμίλου/ ἑσταότ᾽· αἰεὶ γὰρ Πριάμωι ἐπεμήνιε δίωι,/ οὕνεκ᾽ ἄρ᾽ ἐσϑλὸν ἐόντα μετ᾽ ἀνδράσιν οὔ τι τίεσκεν. Cf. Edwards ad 20, 200-258. In diesem Verhältnis ist eine Ähnlichkeit zu Achills Auseinandersetzung mit Agamemnon gesehen worden (s. beispielsweise die Parallele in 18, 257, wo von Achill die Rede ist: Ἀγαμέμνονι μῆνιε δίωι.). S. a. Reinhardt 1961, 453; Fenik 1968, 122; Nagy 1979, 265f.

[85] Erbse 1967, 12f. zeigt gegen Heitsch 1965, 81, daß γέρας (20, 182) die Königsherrschaft bezeichnen könne. Lohmann 1970, 162 hält die bereits von Aristarch atethierten Verse 180-186 für interpoliert. Sie fügen sich aber gut in den eristischen Charakter von Achills Rede ein. Außerdem erklären sie, warum Aineas nicht nur wie Apollon auf seine Herkunft mütterlicherseits zu sprechen kommt, sondern seine Herkunft väterlicherseits erwähnt. Eine solche Interpretation liegt bereits dem Scholion bT ad 20, 242f. zugrunde.

[86] Cf. Ameis / Hentze ad 20, 240; Scheibner 1939, 77 und Reinhardt 1961, 454, der auf Ares' Worte in 5, 467f. hinweist: κεῖται ἀνὴρ ὅν τ᾽ ἶσον ἐτίομεν Ἕκτορι δίωι,/ Αἰνείας, υἱὸς μεγαλήτορος Ἀγχίσαο. Die Parallelität der Stammlinien, die Aineas betont, gewinnt eine besondere Berechtigung, wenn Poseidon ein wenig später sagt, 20, 306-308: ἤδη γὰρ Πριάμου γενεὴν ἤχϑηρε Κρονίων·/ νῦν δὲ δὴ Αἰνείαο βίη Τρώεσσιν ἀνάξει/ καὶ παίδων

Der Legitimation dient auch das enge Verhältnis zu den Göttern: Dardanos stammte von Zeus ab (20, 215); die Vorfahren wohnten, wie bereits erwähnt, zuerst auf dem Ida (20, 216-218); der Windgott Boreas zeugte mit den Pferden des Erichthonios Fohlen (20, 223-225); Ganymedes wurde aufgrund seiner Schönheit geraubt, um Zeus als Mundschenk zu dienen (20, 233-235). Die Anbindung des eigenen Geschlechts an die Götter ist ein wichtiger Aspekt von Genealogien: Sie gibt Aineas eine herausragende Stellung.[87]

Der Kontakt seiner Vorfahren mit den Göttern hat in Aineas' Rede eine besondere Bedeutung. Achill sagt, daß die Götter Aineas zwar bei der Verfolgung am Ida gerettet haben, daß sie ihm aber jetzt nicht mehr helfen werden (20, 194f.). Die enge Verbindung von Aineas' Familie mit den Göttern unterstreicht dagegen seinen Anspruch, daß sie ihn auch jetzt unterstützen werden.

Aus dieser Perspektive betrachtet, gewinnt auch die Gnome in 20, 242f. eine neue Bedeutung: Ζεὺς δ᾽ ἀρετὴν ἄνδρεσσιν ὀφέλλει τε μινύθει τε,/ ὅππως κεν ἐθέλησιν, ὃ γὰρ κάρτιστος ἁπάντων. Das Scholion bT bietet zwei Erklärungen an: Erstens werde durch diese Gnome die von Achill angesprochene Flucht des Aineas erklärt.[88] Gegen eine solche Interpretation spricht jedoch folgendes: Der Bezug auf die Flucht ist alles andere als klar, da die Gnome die Genealogie beschließt. Zudem geht, wie das Scholien bT ad 20, 200-258 bemerkt, Aineas auf seine Flucht überhaupt nicht ein, da sie schmachvoll ist. Zweitens interpretieren die Scholien die Gnome als Erklärung, warum Priamos' Linie die Königsherrschaft innehat. Dieser Interpretation liegt die Beobachtung zugrunde, daß Aineas die Gleichwertigkeit der beiden Linien betont, nachdem Achill die Ehre des Aineas angegriffen und sein Verhältnis zu Priamos angesprochen hat.[89] Sie läßt sich aber schwer mit dem Wortlaut vereinen: Zeus gibt und nimmt die ἀρετή. Es ist zu bezweifeln, daß ἀρετή die dynastische Macht bezeichnet. Drittens haben moderne Gelehrte behauptet, Aineas betone hier die Gleichheit seiner Chancen in einem Kampf gegen Achill.[90] Diese Interpretation deutet die allgemeine Bedeutung und den Bezug der Gnome richtig, beachtet aber ihre Stellung nicht ausreichend und verkennt damit ihre Tragweite. Das Wort über Zeus' Macht beschließt die Genealogie, in der Aineas sein Geschlecht auf

---

παῖδες, τοί κεν μετόπισθε γένωνται. Von dieser Prolepse aus gesehen, erhält auch der Hinweis auf die Allmacht des Zeus, mit der Aineas seine Genealogie abschließt, eine weitere Bedeutungsebene.

[87] Cf. Strasburger 1954, 22. Zur Bedeutung eines göttlichen Ursprungs bei den indogermanischen Völkern s. Speyer 1976, 1147.

[88] Scholion bT ad 20, 242f.: τοῦτο δὲ διὰ τὸν ὀνειδισμὸν τῆς φυγῆς. S. a. Ameis / Hentze ad loc.

[89] Scholion bT ad 20, 242f.: ἢ τὴν βασιλικὴν δόξαν. Außerdem: φησὶν οὖν ὅτι νῦν μὲν οὗτοι ἔχουσιν, ἴσως δὲ καὶ ἡμεῖς σχήσομεν.

[90] S. vor allem Scheibner 1939, 77f., der 8, 141f.; 15, 490-493 und 16, 688-690=17, 176-178 als Parallelen gibt, und Parks 1990, 125, der auf Hektor in 20, 435-437 verweist. Cf. Ameis / Hentze ad loc. und Edwards ad loc.

Zeus zurückgeführt hat. Durch diesen Kontext unterstreicht die Gnome, die an sich die Chancengleichheit ausdrückt, die guten Aussichten des Aineas im Kampf gegen Achill.[91]

Die aus der Genealogie abgeleitete Behauptung des Aineas, ein besonderes Verhältnis zu den Göttern zu haben, wird durch den Fortgang der Handlung bestätigt, wenn ihn sogar der den Griechen wohlwollende Poseidon vor dem Tode rettet.[92] Achill stellt schließlich fest, 20, 347f.:

> ἦ ῥα καὶ Αἰνείας φίλος ἀθανάτοισι θεοῖσιν
> ἦεν· ἀτάρ μιν ἔφην μὰψ αὔτως εὐχετάασθαι.

> Ja, auch Aineas war lieb den unsterblichen Göttern!
> Und ich meinte, daß er sich leer, nur drauflos, so rühmte.

An der Funktion von Aineas' Rede als Antwort auf Achills Schmähungen und den inhaltlichen Bezügen seines Stammbaums zu Achills Vorwürfen wird deutlich, daß Genealogien dazu herangezogen werden, Geltungsansprüche in der Gegenwart aus der Vergangenheit abzuleiten. Grundlage für diese Funktion ist die Vorstellung einer Kontinuität über den Wandel der Zeiten hinweg. Die Gegenwart wird als bruchlose Fortsetzung der Vergangenheit gesehen; die Kontinuität hebt die Spannung zwischen Erfahrung und Erwartung auf.

---

[91] Adkins 1975, 242 erkennt auch, daß die Abstammung von Zeus Aineas eine besondere Chance im Kampf mit Achill sichere, berücksichtigt aber die Stellung der Gnome in 20, 242f. zu wenig, wenn er meint, sie relativiere Aineas' Siegesgewißheit. Die verwandtschaftliche Nähe zu dem, der über den Ausgang eines Kampfes entscheidet, ist aber sicherlich keine Relativierung seiner Aussicht auf einen Sieg!

[92] Cf. Nagy 1979, 268f. und Scheibner 1939, 82. S. a. Alden 2000, 171f. Der Zusammenhang zwischen Genealogie und Rettung zeigt sich besonders deutlich an Dardanos: Er steht am Anfang der menschlichen Ahnen von Aineas (20, 216-219); zugleich erwähnt Poseidon, wenn er begründet, weshalb er Aineas rette, die besondere Liebe des Zeus zu Dardanos (20, 304f.). Warum gerade Poseidon Aineas rettet, ist unterschiedlich erklärt worden: Merkelbach 1948, 303-311 und Heitsch 1967, 66 meinen, in der Vorlage eines Aineas-Einzelliedes sei nicht Aineas, sondern Achill gerettet worden. Man fragt sich aber, warum dieser Punkt von dem Dichter, der das Einzellied in die *Ilias* integriert haben soll, nicht geändert wurde, zumal Heitsch von einer intensiven Überarbeitung des Einzelliedes ausgeht. Scheibner 1939, 6f. zeigt, daß eine Rettung durch Apollon sofort zum Götterkampf geführt hätte. Die Götter hätten sich darauf geeinigt, sich aus dem Kampf zurückzuziehen. Hera und Athene seien aber durch Eide gebunden, den Trojanern nicht zu helfen (81 mit Verweis auf Reinhardt 1938, 10). Außerdem stünde ein Eingriff Apollons im Widerspruch zu seinen früheren Bemühungen, Aineas zu einem Zweikampf zu überreden. Poseidon sei außerdem überparteiisch. Reinhardt 1961, 455f. meint, Poseidon sei ein höherer Gott als Apollon und habe wohl eine besondere Beziehung zu den Aineaden gehabt, während Apollon bereits Hektor rette. Erbse 1967, 21 erklärt Poseidons Rolle damit, daß der Tod von Aineas zu einem Konflikt mit Zeus' Vorsehung geführt hätte, Apollon aber schlecht hätte eingreifen können, da er Aineas in den Zweikampf gelockt habe. Poseidon trage als ältester Gott die größte Verantwortung. Edwards ad 20, 292-320 weist u. a. darauf hin, daß Poseidons Rolle in 20, 132-150 vorbereitet werde. Es sei auch auf die Rettung des Aineas durch Aphrodite und Apollon im 5. Buch hingewiesen. Zur Parallele s. Erbse 1961, 168-171, der für die Priorität der Rettung im 20. Buch plädiert.

2.1.2 Genealogie als Erklärung

Man könnte einwenden, daß die Genealogien, da sie zu legitimativen Zwecken herangezogen werden, ein letztlich nichtssagendes rhetorisches Mittel seien. Eine solche Behauptung verkennt aber die Bedeutung von Topoi für die Rekonstruktion von Plausibilitätsstrukturen. Gerade in dem, was so selbstverständlich ist, daß es zu festen sprachlichen Formen geronnen ist, schlagen sich grundlegende Muster der Konstruktion von Wirklichkeit nieder.

Die traditionale Sinnbildung zeigt sich auch nicht nur in einer legitimativen Funktion. In umgekehrter Weise sieht Achill seinen Sieg über Asteropaios im 21. Buch als Ausdruck der Überlegenheit seiner Abstammung. Auf Achills Frage, wer er sei (21, 150f.), nennt Asteropaios Paionie als seine Heimat und den Fluß Axios als den Vater seines Vaters Pelegon (21, 153-160). Nachdem Achill ihn umgebracht und ihm die Rüstung abgenommen hat, greift er diese Genealogie auf und sagt, 21, 184-199:

> κεῖσ᾽ οὕτω· χαλεπόν τοι ἐρισθενέος Κρονίωνος
> παισὶν ἐριζέμεναι, ποταμοῖό περ ἐκγεγαῶτι.
> φῆσθα σὺ μὲν ποταμοῦ γένος ἔμμεναι εὐρὺ ῥέοντος,
> αὐτὰρ ἐγὼ γενεὴν μεγάλου Διὸς εὔχομαι εἶναι.
> τίκτε μ᾽ ἀνὴρ πολλοῖσιν ἀνάσσων Μυρμιδόνεσσιν,
> Πηλεὺς Αἰακίδης· ὃ δ᾽ ἄρ᾽ Αἰακὸς ἐκ Διὸς ἦεν.
> τὼ κρέσσων μὲν Ζεὺς ποταμῶν ἁλιμυρηέντων,
> κρέσσων αὖτε Διὸς γενεὴ ποταμοῖο τέτυκται.
> καὶ γὰρ σοὶ ποταμός γε πάρα μέγας, εἰ δύναταί τι
> χραισμεῖν· ἀλλ᾽ οὐκ ἔστι Διὶ Κρονίωνι μάχεσθαι,
> τῶι οὐδὲ κρείων Ἀχελώιος ἰσοφαρίζει,
> οὐδὲ βαθυρρείταο μέγα σθένος Ὠκεανοῖο,
> ἐξ οὗ περ πάντες ποταμοὶ καὶ πᾶσα θάλασσα
> καὶ πᾶσαι κρῆναι καὶ φρείατα μακρὰ νάουσιν·
> ἀλλὰ καὶ ὃς δέδοικε Διὸς μεγάλοιο κεραυνόν
> δεινήν τε βροντήν, ὅτ᾽ ἀπ᾽ οὐρανόθεν σμαραγήσηι.

So liege! Schwer ist es dir, mit des starkmächtigen Kronion
Söhnen zu kämpfen, selbst dem einem Fluß Entstammten!
Sagtest du doch, du seist vom Geschlecht eines Flusses, eines breitströmenden;
Ich aber rühme mich, von dem Geschlecht des großen Zeus zu sein.
Es zeugte mich der Mann, der unter den vielen Myrmidonen gebietet:
Peleus, der Aiakos-Sohn, Aiakos aber war von Zeus her.
Darum ist stärker Zeus als die Ströme, die meerwärts fließen,
Und stärker wieder ist des Zeus Geschlecht als das eines Flusses.
Auch bei dir ist ja ein Fluß, ein großer – wenn er dir irgend helfen
Könnte! Aber unmöglich ist es, mit Zeus Kronion zu kämpfen,
Dem selbst der gebietende Acheloios sich nicht gleichstellt

Noch des tiefströmenden große Gewalt, des Okeanos,
Aus dem doch alle Ströme und alles Meer
Und alle Quellen und großen Brunnen fließen.
Aber auch dieser fürchtet des Zeus, des großen, Wetterstrahl
Und den furchtbaren Donner, wenn er vom Himmel hernieder kracht.

Man kann diese Worte als verspätete Antwort auf die Genealogie des Asteropaios und als Prahlerei des Achill verstehen.[93] Sie zeigen aber auch, da sie
nach dem Tod des Kontrahenten gesprochen werden, daß die Bedeutung der
Genealogie nicht nur eine heroische *facon de parler*, sondern tief im Bewußtsein der Helden verankert ist. Die traditionale Sinnbildung in Form der
Genealogie wird nicht nur zur Legitimation herangezogen, sondern dient
auch zur Deutung von Erfahrungen.

2.1.3 Genealogie als Verpflichtung

Auf Traditionen kann zurückgegriffen werden, um die eigene Stellung zu
legitimieren oder Ereignisse zu erklären. Umgekehrt kann von anderen die
Tradition als Verpflichtung und Maßstab verwendet werden. Die in der
Legitimation und Erklärung deskriptive Tradition wird dann normativ gewendet und die Vorstellung einer Kontinuität von Vergangenheit und Gegenwart als Forderung formuliert. Dies soll an drei Passagen vorgeführt
werden: Die Verpflichtung durch die Vergangenheit zeigt sich in Nestors
Rede im 7. Buch auf mehreren Ebenen (a). Außerdem ist in sie die exemplarische Sinnbildung eingebettet. An Hektor im 6. Buch läßt sich vorführen, wie die Verpflichtung aus der Vergangenheit in die Gegenwart und von
ihr aus in die Zukunft weitergereicht wird (b). Im Gespräch von Tlepolemos
und Sarpedon im 5. Buch schließlich sind die Verpflichtung und Legitimation durch eine Tradition in einem Argument miteinander verbunden (c).

a) Im 7. Buch fordert Hektor den besten der Griechen zu einem Zweikampf
auf (7, 67-91). Als sich keiner bereit erklärt, meldet sich Menelaos (7, 94-
102). Sein Angebot weist Agamemnon aber zurück, da er Hektor unterlegen
sei (7, 109-115). In dieser für die Griechen peinlichen Lage greift Nestor
ein. Er beginnt seine Rede (7, 124-160),[94] indem er an seinen Besuch bei
Peleus erinnert, als er Achill zur Fahrt nach Troja abholte, 7, 124-131:

ὦ πόποι, ἦ μέγα πένθος Ἀχαιίδα γαῖαν ἱκάνει.
ἦ κε μέγ᾽ οἰμώξειε γέρων ἱππηλάτα Πηλεύς,

---

[93] Parks 1990, 51 bemerkt: »This comment illustrates that Achilles had interpreted Asteropaios's earlier genealogical statements eristically: In his view they implied a boast (on battle
proficiency) that he has now proved hollow.«

[94] Zur Struktur der Rede s. Lohmann 1970, 27f. Zu einer kunstvollen Anspielung auf 7, 125 in
der syrakusanischen Gesandtschaftsepisode bei Hdt. 7, 159 s. Grethlein 2006b.

ἐσθλὸς Μυρμιδόνων βουληφόρος ἠδ᾽ ἀγορητής,
ὅς ποτέ μ᾽ εἰρόμενος μέγ᾽ ἐγήθεεν ᾧ ἐνὶ οἴκωι,
πάντων Ἀργείων ἐρέων γενεήν τε τόκον τε.
τοὺς νῦν εἰ πτώσσοντας ὑφ᾽ Ἕκτορι πάντας ἀκούσαι,
πολλά κεν ἀθανάτοισι φίλας ἀνὰ χεῖρας ἀείραι,
θυμὸν ἀπὸ μελέων δῦναι δόμον Ἄϊδος εἴσω.

Nein doch! wirklich, eine große Trauer kommt über die achaische Erde!
Ja, groß wehklagen würde der greise Rossetreiber Peleus,
Der tüchtige Ratgeber und Redner der Myrmidonen,
Der einst, als er mich fragte, sich sehr freute in seinem Haus,
Von allen Argeiern das Geschlecht zu erfragen und die Geburt.
Wenn er nun hört, wie sich diese alle vor Hektor ducken,
Wird er vielfach zu den Unsterblichen seine Hände aufheben,
Daß ihm der Mut aus den Gliedern tauchen möge in das Haus des Hades.

Der verpflichtende Charakter der Vergangenheit als Tradition tritt auf mehreren Ebenen hervor. Inhaltlich kontrastiert mit der großen Freude des Peleus, als er die Herkunft der nach Troja ziehenden Griechen erfährt,[95] das große Jammern, wenn er erführe, daß sich keiner bereit erklärt, Hektor entgegenzutreten (125: μέγ᾽ οἰμώξειε – 127: μέγ᾽ ἐγήθεεν). Die gegenwärtige Feigheit der Griechen widerspricht ihrer Herkunft. Sie werden ihrer Tradition nicht gerecht.

Die Verpflichtung der Tradition spiegelt sich zweitens auch im Rahmen, den Nestor der Erwähnung der Herkunft gibt. Die Begegnung, von der Nestor erzählt, findet in der Vergangenheit statt. Die Verpflichtung der Gegenwart durch die Tradition wird also selbst in der Vergangenheit formuliert. Sie kann auch durch den, dem sie in den Mund gelegt wird, eine besondere Autorität beanspruchen. Peleus ist ein alter Mann. Das Epitheton ἱππότα bezeichnet Helden einer früheren Generation, ἀγορήτης ist ein Beiwort, das auch Nestor schmückt.[96]

Doch Peleus verleiht der Aussage nicht nur als Held einer früheren Generation eine besondere Bedeutung,[97] sondern gibt ihr in zwei sich wechselseitig beleuchtenden

---

[95] Ameis / Hentze ad 7, 128 bieten als Übersetzung für γενεήν τε τόκον τε »Geschlecht und Abkunft« an; Kirk ad 7, 127f. meint, die beiden Wörter hätten hier die gleiche Bedeutung. S. dagegen das Scholion A ad 7, 128.

[96] Zu ἱππότα s. Kirk ad 2, 336 und ad 7, 124f. sowie Scodel 2002, 2. Kirk zählt 21 Belege für Nestor. Nestor wird in 1, 248 und 4, 293 ἀγορήτης genannt. S. a. die trojanischen Greise in 3, 149-151. Eine zusätzliche Ähnlichkeit zwischen Nestor und Peleus entsteht dadurch, daß in 11, 632-637 Nestors mit goldenen Nägeln versehener Becher beschrieben wird und Nestor in 11, 774f. einen goldenen Becher des Peleus erwähnt. Auch in 11, 772-790 referiert Nestor eine Geschichte von Peleus, nämlich seine Ratschläge an Achill.

[97] So aber Kirk ad 7, 124f. Das Scholion bT ad 7, 125 erörtert dagegen ausführlich, warum Peleus genannt wird. Seine Erklärungen sind aber sehr konstruiert: Gegen den Einwand, Achills Vater sei ungünstig gewählt, führt das Scholion aus, daß, wenn sogar Peleus klage, der als Vater

Punkten Prägnanz. Der Besuch Nestors bei Peleus wird ausführlicher von Phoenix in der Gesandtschaft im 9. Buch erzählt, 9, 438-443: σοὶ δέ μ᾽ ἔπεμπε γέρων ἱππη-λάτα Πηλεύς/ ἤματι τῶι, ὅτε σ᾽ ἐκ Φθίης Ἀγαμέμνωνι πέμπεν/ νήπιον, οὔ πω εἰδόθ᾽ ὁμοιίοο πτολέμοιο/ οὐδ᾽ ἀγορέων, ἵνα τ᾽ ἄνδρες ἀριπρεπέες τελέθουσιν·/ τοὔνεκά με προέηκε διδασκέμεναι τάδε πάντα,/ μύθων τε ῥητῆρ᾽ ἔμεναι πρηκτῆρά τε ἔργων.[98] Diese Darstellung zeigt, in welchem Zusammenhang sich Peleus nach den Vorfahren erkundigt hat. Die Helden, die nach Troja ziehen, sollen seinem Sohn als Beispiel dienen und zu seiner Erziehung beitragen. Ihre Herkunft wird zum Garanten für die Qualität von Achills Erziehung. Dadurch, daß die Tradition bereits von Peleus als Norm gesehen wird, nämlich als Maßstab für die Erziehung seines Sohnes, ist das von Nestor beklagte Zurückbleiben der Griechen hinter ihrer Tradition um so deutlicher.

Außerdem rückt die Erzählung, wenn sie an Peleus' Auftrag, seinen Sohn zu erziehen, anspielt, auch Achill in den Blick und markiert sein Fehlen. Helenos fordert seinen Bruder auf, gegen den »besten der Achaier« zu kämpfen (7, 50f.). Der »beste der Achaier«, Achill, hat sich aber vom Kampf zurückgezogen.[99] Der Scholiast hat nicht zu Unrecht in der Erinnerung an Peleus einen Vergleich der Griechen mit Achill gesehen, der für sie wenig schmeichelhaft ist.[100]

Drittens trägt mit Nestor, der bereits drei Generationen gesehen hat (1, 250-252), die personifizierte Tradition die Geschichte vor. Nestor als Erzähler gibt der Verpflichtung aus der Vergangenheit großes Gewicht. Er verfolgt zudem eine höchst subtile rhetorische Strategie, indem er die explizite Kritik Peleus äußern läßt und einen feinen Unterschied zwischen diesem und sich selbst zieht. Während er Peleus sich den Tod wünschen läßt (7, 129-131), sehnt er selbst eine Verjüngung herbei (7, 132f. und 157). Mit Peleus' Tod käme die Verpflichtung der Tradition zum Verstummen, mit Nestors Verjüngung würde sie erneuert werden.

Außerdem führt er als implizite Kritik und Exhortation der Griechen seinen Kampf mit Ereuthalion als Exemplum an (7, 133-156). Auch damals forderte dieser »alle Besten« (7, 150: πάντας ἀρίστους) und keiner außer

---

von Achill ein Interesse an den Schwierigkeiten der Griechen haben müsse, die Klage der anderen Eltern noch größer sein müsse. Außerdem wird eine Anspielung an die *Litai* gesehen und eine Drohung an die Trojaner, da angesichts des Jammers von Peleus der Einsatz Achills bald kommen werde. Interessanter ist die Interpretation, daß die Erwähnung von Peleus eine Rüge für die Griechen enthalte, da Hektor, als Achill noch kämpfte, nicht zum Zweikampf gefordert habe. Darin sei auch eine Schmeichelei für Achill zu sehen. Dagegen meinen die Scholien b und T ad 131c, die Peleus-Geschichte enthalte einen Vorwurf an Achill.

[98] S. a. in Nestors langer Rede zu Patroklos in 11, 783f.: Πηλεὺς μὲν ὧι παιδὶ γέρων ἐπέ-τελλ᾽ Ἀχιλῆι/ αἰὲν ἀριστεύειν καὶ ὑπείροχον ἔμμεναι ἄλλων.

[99] Cf. 7, 73f. Agamemnon erwähnt Achill, wenn er Menelaos zurückweist, 7, 113f.: καὶ δ᾽ Ἀχιλεὺς τούτωι γε μάχηι ἔνι κυδιανείρηι/ ἔρριγ᾽ ἀντιβολῆσαι, ὅ περ σέο πολλὸν ἀμείνων.

[100] Cf. Scholium bT ad 7, 125. Allerdings begründet der Scholiast die Kritik anders, s. Anm. 97 dieses Kapitels.

Nestor traute sich, den Kampf anzunehmen (7, 151-753). Nestor führt seine Bereitschaft, sich mit Ereuthalion zu duellieren, als Vorbild für die Griechen an, Hektor im Zweikampf gegenüberzutreten.

Hier sind traditionale und exemplarische Sinnbildung miteinander verbunden. Nestor verkörpert zum einen die Tradition, zum anderen wird sein Kampf gegen Ereuthalion zum Exemplum für die Griechen. Es wird deutlich, daß Traditionen und Exempla unterschiedliche Funktionen erfüllen: Während Traditionen dazu dienen, Identitäten zu konstituieren, leiten Exempla Handlungen in der Gegenwart an. Beide Aspekte hängen aber miteinander zusammen. Handeln entspringt einer bestimmten Identität; umgekehrt manifestiert sich eine Identität im Handeln.[101] Aus der Tradition kann ein Ereignis herausgegriffen werden, das aufgrund von Parallelen zum Exemplum für die Gegenwart wird. Die Tradition gibt dem Exemplum eine besondere Autorität; umgekehrt läßt sich durch ein Exemplum aus einer Tradition eine Handlungsanweisung für die Gegenwart ableiten. Die orientierungsstiftende und handlungsleitende Funktion von Traditionen und Exempla erweist sich daran, daß sich nach Nestors Rede sieben Freiwillige für den Zweikampf melden.

b) Andromache bittet im 6. Buch Hektor, sich ihrer zu erbarmen und beim Turm zu bleiben. Hektor weist sie mit der folgenden Begründung zurück, 6, 444-446:

οὐδέ με θυμὸς ἄνωγεν, ἐπεὶ μάθον ἔμμεναι ἐσθλός
αἰεὶ καὶ πρώτοισι μετὰ Τρώεσσι μάχεσθαι,
ἀρνύμενος πατρός τε μέγα κλέος ἠδ᾽ ἐμὸν αὐτοῦ.

Auch heißt es mich nicht mein Mut, da ich lernte, immer ein Edler
Zu sein und unter den vordersten Troern zu kämpfen,
Zu wahren des Vaters großen Ruhm und meinen eigenen.

Er kann ihrer Bitte nicht entsprechen, da er das von seinem Vater ererbte κλέος verteidigen muß. Seine Herkunft verpflichtet ihn also. Umgekehrt gibt er die Verpflichtung an seinen Sohn weiter; er bittet explizit darum, daß die Familientradition in seinem Sohn weiterleben werde, 6, 476-481:

---

[101] Zusätzlich enthält das Exemplum aus Nestors Jugend eine Tradition. Nestor beschreibt ausführlich die Herkunft der Rüstung des Ereuthalion: Er hat sie von Lykurgos erhalten, der sie wiederum Areithoos abgenommen hatte (7, 137-149). Diese »Genealogie« der Besitzer der Rüstung ist nicht aus Freude am Anekdotenhaften erzählt, sondern unterstreicht Ereuthalions Gefährlichkeit und damit den Mut Nestors. In der *Ilias* finden sich noch weitere (kürzere) Genealogien von Gegenständen, die auch die Bedeutung ihres Besitzers untermauern: Eberzahnhelm in 10, 261-271; Panzer des Agamemnon in 11, 19-22; Panzer des Meges in 15, 529-534; Lanze des Achill in 16, 140-144 und 19, 390f.; Rüstung des Achill in 17, 194-197 und 18, 84f.

Ζεῦ ἄλλοί τε θεοί, δότε δὴ καὶ τόνδε γενέσθαι
παῖδ' ἐμόν, ὡς καὶ ἐγώ περ, ἀριπρεπέα Τρώεσσιν
ὧδε βίην τ' ἀγαθόν, καὶ Ἰλίου ἶφι ἀνάσσειν.
καί ποτέ τις εἴποι »πατρός γ' ὅδε ἀμείνων«
ἐκ πολέμου ἀνιόντα, φέροι δ' ἔναρα βροτόεντα
κτείνας δήιον ἄνδρα, χαρείη δὲ φρένα μήτηρ.

Zeus und ihr anderen Götter! Gebt, daß auch dieser,
Mein Sohn, werde wie auch ich: hervorragend unter den Troern
Und so gut an Kraft, und daß er über Ilios mit Macht gebiete.
Und einst mag einer sagen: »Der ist viel besser als der Vater!«
Wenn er vom Kampf kommt. Und er bringe ein blutiges Rüstzeug,
Wenn er erschlug einen feindlichen Mann. Dann freue sich in ihrem Sinn
die Mutter!

Astyanax trägt den Ruhm seines Vaters bereits im Namen,[102] wie der Erzähler in 6, 402f. bemerkt:

τόν ῥ' Ἕκτωρ καλέεσκε Σκαμάνδριον, αὐτὰρ οἱ ἄλλοι
Ἀστυάνακτ'· οἷος γὰρ ἐρύετο Ἴλιον Ἕκτωρ.

Den nannte Hektor Skamandrios, aber die anderen
Astyanax, denn allein beschirmte Ilios Hektor.

An Aineas' Genealogie ist vorgeführt worden, wie das Individuum seinen Anspruch auf Geltung aus seiner Herkunft ableiten kann. Jetzt sehen wir, wie die Tradition von einer Generation an die jeweils kommende als Verpflichtung weitergegeben wird. Es wird deutlich, daß die Kontinuität nicht vorausgesetzt werden kann, sondern das Erbe der Väter erst erworben werden muß.

c) Im Wortgefecht zwischen Sarpedon und Tlepolemos im 5. Buch sind der verpflichtende und der legitimative Charakter der Tradition in einem Gedanken kontaminiert. Tlepolemos bezweifelt die Abstammung von Sarpedon, um diesen zu beleidigen und als Sieger aus dem Wortgefecht hervorzugehen, 5, 635-637:

ψευδόμενοι δέ σέ φασι Διὸς γόνον αἰγιόχοιο
εἶναι, ἐπεὶ πολλὸν κείνων ἐπιδεύεαι ἀνδρῶν
οἳ Διὸς ἐξεγένοντο ἐπὶ προτέρων ἀνθρώπων.

Fälschlich sagen sie, du seist ein Sohn des Zeus, des Aigishalters!
Der du doch weit nachstehst hinter jenen Männern,
Die dem Zeus entstammt sind unter den früheren Menschen.

---

[102] Eine Eigenschaft des Vaters schlägt sich nieder in den Namen Poluidos, Eurysakes und Astyanax. Cf. Higbie 1995, 11.

Die Behauptung, Sarpedon stamme gar nicht von Zeus ab, hat eine besondere Pointe. Wie der Erzähler in der Einleitung der Begegnung bemerkt, ist Tlepolemos der Enkel und Sarpedon der Sohn des Zeus (5, 630f.). Wenn Tlepolemos im Wortgefecht entweder seine göttliche Herkunft rühmen oder Sarpedon aufgrund dessen Herkunft beleidigen will, muß er in Frage stellen, daß Sarpedon Sohn des Zeus ist.[103] Ansonsten richtete sich die Beleidigung durch seinen Vater Herakles gegen ihn selbst und der Preis seines eigenen göttlichen Ursprungs käme umgekehrt Sarpedon unmittelbarer als ihm selbst zugute. Außerdem stellt Tlepolemos dem Sarpedon die Größe seines Vaters Herakles entgegen, 5, 638-642:

ἀλλοῖόν τινά φασι βίην Ἡρακληείην
εἶναι, ἐμὸν πατέρα θρασυμέμνονα θυμολέοντα,
ὅς ποτε δεῦρ᾽ ἐλθὼν ἔνεχ᾽ ἵππων Λαομέδοντος
ἐξ οἵης σὺν νηυσὶ καὶ ἀνδράσι παυροτέροισιν
Ἰλίου ἐξαλάπαξε πόλιν, χήρωσε δ᾽ ἀγυιάς.

Aber welch ein Mann, sagen sie, ist des Herakles Gewalt gewesen:
Mein Vater, der kühn ausdauernde, löwenmutige,
Der einmal hierherkam um der Pferde des Laomedon willen
Mit nur sechs Schiffen und Männern, wenigeren als diese,
Und von Ilios zerstörte die Stadt und ausleerte die Straßen.

Durch den gemeinsamen Ursprung von Sarpedon und Tlepolemos erfüllt der Preis des Herakles eine doppelte Funktion: Zum einen zieht Tlepolemos den Ruhm des Herakles heran, um durch den Vergleich mit ihm anzuzweifeln, daß Sarpedon Zeus' Sohn sein könne. Er dient also der Beleidigung des Gegners. Zum anderen begründet er seine eigene Bedeutung, da Herakles sein Vater ist. Er stellt also die Herkunft seines Gegners in Frage und rühmt zugleich seinen eigenen Vater. Eigener Anspruch und Schmähung des Gegners sind dadurch in einem Gedanken miteinander verknüpft, daß die Tradition sowohl legitimativen als auch verpflichtenden Charakter hat.

Wie bei Nestor im 7. Buch sind traditionale und exemplarische Sinbildung miteinander verbunden. Die Einnahme Trojas durch Herakles ist kein beliebiges Beispiel seiner Tapferkeit, sondern dient als Exemplum für die Einnahme Trojas, die sein Sohn erreichen will. Besonders deutlich wird der exemplarische Charakter, wenn Sarpedon das Exemplum zu entkräften versucht, indem er auf Laomedons Frevel hinweist (5, 648-651).

---

[103] Das Scholion bT ad 5, 635 lautet: ἀλλοτριοῖ αὐτὸν ἐκείνου, ἐφ᾽ ὧι αὐτὸς αὐχεῖ. Es kritisiert außerdem, Tlepolemos rühme gar nicht seine eigenen, sondern nur die Taten seines Vaters. Durch den Tod von Tlepolemos widerlege der Dichter die, die aus ihrer Herkunft eine besondere Geltung beanspruchen. Diese Interpretation geht sicherlich zu weit, richtig erkannt ist aber, daß Tlepolemos Sarpedon die Taten seines Vaters gegenüberstellt.

2.2 Die Genealogie des Glaukos: ein Sonderfall

Die Untersuchung der Genealogie soll nun als Hintergrund für die Frage dienen, inwiefern auch der Stammbaum des Glaukos Ausdruck einer traditionalen Sinnbildung ist. Dafür werden zuerst der Kontext dieser Genealogie skizziert und Gemeinsamkeiten mit den anderen Genealogien in der *Ilias* herausgearbeitet. In einem zweiten Schritt werden die Unterschiede benannt.

Der Kontext, in dem Glaukos seinen Stammbaum gibt, ist die Begegnung auf dem Schlachtfeld. Die Genealogie ist wie bei der Begegnung von Achill und Asteropaios (21, 150-160) eine Antwort auf die Frage des Gegners nach der Identität.[104] Diomedes' Rede enthält wie die Achills Elemente der Schmährede:[105] Er ist sich sicher, daß er seinen Gegner, wenn er kein Gott ist, besiegen wird. Ebenso wie Achill in seiner Begegnung mit Asteropaios im 21. Buch sagt er, 6, 127=21, 151:

> δυστήνων δέ τε παῖδες ἐμῶι μένει ἀντιόωσιν.

> Die Söhne von Unseligen sind es, die meinem Ungestüm begegnen.

Am Ende seiner Rede wiederholt er diese Behauptung, 6, 142f.:

> εἰ δέ τίς ἐσσι βροτῶν, οἳ ἀρούρης καρπὸν ἔδουσιν,
> ἆσσον ἴθ᾽, ὥς κεν θᾶσσον ὀλέθρου πείραθ᾽ ἵκηαι.

> Doch bist du einer der Sterblichen, die die Frucht des Feldes essen :
> Komm näher! daß du schneller gelangst in des Verderbens Schlingen!

In der Bemerkung, er habe ihn noch nie in der Schlacht gesehen (6, 124f.), klingt der Vorwurf der Feigheit an.[106]

---

[104] Cf. Broccia 1963, 85. Sowohl Achill als auch Diomedes verbinden die Frage nach der Identität ihres Gegners mit der Feststellung, sein Hervortreten aus der Schlachtreihe sei mutig. Achill beginnt mit folgender Frage, 21, 150: τίς πόθεν εἰς ἀνδρῶν, ὅ μοι ἔτλης ἀντίος ἐλθεῖν; Diomedes sagt in 6, 123-126: τίς δὲ σὺ ἐσσι, φέριστε, καταθνητῶν ἀνθρώπων;/ οὐ μὲν γάρ ποτ᾽ ὄπωπα μάχηι ἔνι κυδιανείρηι/ τὸ πρίν, ἀτὰρ μὲν νῦν γε πολὺ προβέβηκας ἁπάντων/ σῶι θάρσει, ὅ τ᾽ ἐμὸν δολιχόσκιον ἔγχος ἔμεινας. Avery 1994, 498-502, 500f. meint, die Frage des Diomedes werde dadurch vorbereitet, daß die Griechen angesichts des Erstarkens der Trojaner vermuten, diese würden von einem Gott unterstützt (6, 106-109). In der Frage werde also die Entwicklung der Handlung reflektiert. Außerdem meint Avery, die goldene Rüstung des Glaukos rechtfertige die Vermutung, er sei ein Gott (500f.). Einfacher ist die Erklärung des Scholions T ad 6, 124, daß Glaukos noch nie in der ersten Reihe gekämpft habe. S. a. Eusthatius 628, 53 und die Diskussion der Scholien bei Maftei 1976, 14-18. Scodel 1992, 80 hält es für möglich, daß Diomedes' Frage, ob er ein Gott sei, nur eine rhetorische Strategie ist.

[105] Zu Schmähreden s. die Literatur in Anm. 65 dieses Kapitels.

[106] Cf. Martin 1989, 127 und Higbie 1995, 94. Die Bemerkung von Diomedes kann aber auch nur als Erklärung für die ungewöhnliche Frage angesehen werde, ob sein Gegner ein Gott oder ein Mensch sei (so Avery 1994, 499). Ein Widerspruch zwischen ernsthaftem Interesse, ob sein Gegenüber ein Gott sei, und der Beleidigung seines Gegners, falls er ein Mensch ist, besteht aber

Die Genealogie des Glaukos ist angesichts der Schmähungen in Diomedes' Rede nicht nur als Antwort auf die Frage, wer er sei, sondern auch als Versuch zu sehen, gegen die Beleidigungen, die Diomedes vorbringt, seinen eigenen Rang zu unterstreichen. Auch Aineas führt, wie wir gesehen haben, ohne nach seiner Identität gefragt worden zu sein, als Antwort auf die Schmähungen Achills seine Genealogie aus.[107] Idomeneus und Diomedes nennen, um ihre Bedeutung hervorzuheben, sogar ohne provoziert zu werden, ihre Herkunft (13, 449-453; 14, 113-125).

Weitere Elemente von Glaukos' Antwort haben Parallelen in den anderen Genealogien: Seine Gegenfrage (6, 145) entspricht der Gegenfrage des Asteropaios, 21, 153:

Πηλεΐδη μεγάθυμε, τίη γενέην ἐρεείνεις;

Pelide! hochgemuter! was fragst du nach meinem Geschlecht?[108]

Glaukos und Aineas gebrauchen die gleichen Worte, um die Bekanntheit ihrer Ahnenreihen zu betonen, 6, 150f.= 20, 213f.:

εἰ δ᾽ ἐθέλεις καὶ ταῦτα δαήμεναι, ὄφρ᾽ εὖ εἴδηις
ἡμετέρην γενεήν, πολλοὶ δέ μιν ἄνδρες ἴσασιν.

Doch wenn du auch dies erfahren willst, daß du es gut weißt,
Unser Geschlecht – und es wissen dies viele Männer![109]

Glaukos beendet seine Erzählung damit, daß sein Vater ihn nach Troja schickt (6, 207-210). Auch Idomeneus schließt seine Genealogie mit seiner Ankunft in Troja (13, 453f.).[110]

---

nicht. Martin 1989, 127 weist außerdem noch auf die potentiell negative Konnotation von ϑάρσος (6, 126) hin.

[107] Die beiden Szenen werden bereits vom Scholion bT ad 20, 213b miteinander verglichen. Alden 2000, 174f. weist auf die wörtlichen Parallelen hin. S. außerdem v. Wilamowitz-Moellendorff 1916, 83; Reinhardt 1961, 513; Kirk ad 6, 119; Edwards ad 20, 200-258. Lohmann 1970, 91-93 zeigt, daß beide Reden vom gleichen Ring umrahmt sind (6, 150f.-211; 20, 213f.-241), und bemerkt außerdem, daß sowohl Aineas als auch Glaukos die Generationen in Dreierschritten vorstellten, wobei die ersten beiden Gruppen geographisch voneinander getrennt seien. Außerdem werde bei der zweiten Dreiergruppe jeweils auch die Nebenlinie verfolgt. Heitsch 1965, 64 meint, die Integration der Genealogie sei im 6. Buch besser gelungen als im 20. Buch. Dagegen ist einzuwenden, daß die Genealogien als Ausdruck der traditionalen Sinnbildung eine Funktion haben und deswegen nicht unbedingt externes Material sind. Zu den Unterschieden zwischen beiden Szenen s. Alden 2000, 170 Anm. 41.

[108] Zur Bedeutung des Vokativs am Beginn des νεικός s. Letoublon 1983, 31 Anm. 11.

[109] S. a. Aineas in 20, 203f.: ἴδμεν δ᾽ ἀλλήλων γενεήν, ἴδμεν δὲ τοκῆας,/ πρόκλυτ᾽ ἀκούοντες ἔπεα θνητῶν ἀνθρώπων. Außerdem Idomeneus in 13, 449: ὄφρα ἴδῃ᾽ οἷος Ζηνὸς γόνος ἐνθάδ᾽ ἱκάνω.

[110] S. a. das Ende der Genealogie von Kreton und Ortilochos, die der Erzähler vorstellt, 5, 550-553.

Die Darstellung des Lebens von Bellerophontes weist Parallelen auf zum
Leben von Tydeus in der Genealogie des Diomedes. Beide müssen ihre
Heimat verlassen (6, 158; 170; 14, 119f.) und heiraten in ein anderes Herr-
scherhaus ein (6, 192; 14, 121). Im Anschluß wird bei beiden der Reichtum
beschrieben, wobei jeweils der Landbesitz erwähnt wird (6, 194f.; 14, 121-
124).[111]

Diese Parallelen haben aber ihre Grenzen. Während Asteropaios' Gegenfrage offensichtlich rhetorischer Natur ist, da er im Anschluß an sie ohne
Umschweife seine Herkunft berichtet, enthält die Gegenfrage bei Glaukos
eine Kritik, wie am darauffolgenden Blättergleichnis deutlich wird (6, 146-
149).[112]

Auf den ersten Blick erinnert sie an die Kritik, die Aineas am Wortgefecht übt, das
Achill eröffnet. Am Ende seiner Rede greift Aineas seine Kritik am verbalen Schlag-
abtausch zu Beginn (20, 200-202) auf und führt sie weiter aus (20, 244-258).[113] Drei
Punkte zeigen aber, daß Aineas die traditionale Sinnbildung nicht in Frage stellt.
Erstens richtet sich seine Kritik nicht direkt gegen die Genealogie, sondern das Streiten im allgemeinen. Zweitens ist die Kritik an den Worten in der Begegnung auf dem
Schlachtfeld topisch.[114] Drittens läßt sich sogar zeigen, daß in paradoxer Weise Aineas' Aufforderung, nicht mit Worten zu streiten, sondern zu kämpfen, eine Beleidigung Achills darstellt. Mit der Aufforderung, nicht zu sprechen νηπύτιοι ὥς, greift
Aineas die gegen ihn gerichtete Gnome am Ende von Achills Rede auf, 20, 198: [...]
ρεχϑὲν δέ τε νήπιος ἔγνω.[115] Damit gibt er die Beleidigung, ein νήπιος zu sein,
an Achill zurück, der mit der Schimpfrede begonnen hat. Eine weitere Beleidigung
enthält das Gleichnis der streitenden, alten Weiber: Diese werden auf spezifische
Weise mit Achill verglichen, wenn ihr Zorn beschrieben wird, 20, 252-255: ὥς τε
γυναῖκας,/ αἵ τε χολωσάμεναι ἔριδος πέρι θυμοβόροιο/ νεικέουσ᾽ ἀλλήλ-
ῃσι μέσῃν ἐς ἄγυιαν ἰοῦσαι/ πόλλ᾽ ἐτεά τε καὶ οὐκί, χόλος δέ τε καὶ τὰ
κελεύει; Der Stamm χολ- wird hier zweimal gebraucht. Der Zorn ist nicht nur eine
Wesensart Achills, sondern sein Zorn wird an wichtigen Stellen der *Ilias* mit χόλος

---

[111] Zum Reichtum s. a. in der Genealogie des Aineas 20, 220-229. Die Schönheit des Bellerophontes findet ihre Entsprechung in der Schönheit des Ganymedes, die Aineas in seiner Genealogie erwähnt (6, 156; 20, 233).

[112] Cf. Edwards 1987, 203, der meint, die Gegenfrage des Asteropaios bringe zum Ausdruck,
wie bekannt seine Vorfahren seien.

[113] Zur Analyse der Struktur s. M. W. Edwards ad loc., der den Abschnitt gegen die Atethesen
von Lohmann (20, 242f., 247 und 251-255) verteidigt. Auch Ameis / Hentze ad 20, 255 halten 20,
244-255 für eine Interpolation. Scheibner 1939, 78 sieht in der Wendung gegen Worte das
schlechte Gewissen des Dichters, mit der Genealogie so weit abgeschweift zu sein. Aber die
Genealogie ist, wie oben gezeigt, sinnvoll in die Handlung integriert, und Aineas' Kritik an der
Schmährede hat einen immanenten Sinn, wie im folgenden ausgeführt wird.

[114] Cf. 13, 292-294; 16, 627-631; 20, 367-369. Zur Gegenüberstellung von Worten und Taten
in Wortgefechten s. Parks 1990, 46-48.

[115] S. a. Aineas in 20, 200f.: Πηλείδη, μὴ δή μ᾽ ἐπέεσσί γε νηπύτιον ὥς/ ἔλπεο
δειδίξεσθαι [...]

bezeichnet.[116] Die Erwähnung des χόλος im Gleichnis ist um so auffälliger, als er sowohl bei Achill als auch bei Aineas (s. 13, 459-461) weniger zu offenem Streit als zum beleidigten Rückzug führt. Deswegen scheint es nicht abwegig, daß χόλος eine Parallele zwischen den alten Weibern und Achill erzeugt. Aufgrund dieser Bedeutung des Gleichnisses wird man seiner Atethese, die bereits Aristophanes gefordert hat, skeptisch gegenüberstehen. Aineas gelingt es, in der Ablehnung einer beleidigenden verbalen Auseinandersetzung Achill zu schmähen.[117]

Die Interpretation der Kritik an der Genealogie im Blättergleichnis wird sich als der Schlüssel für Glaukos' Subversion der Genealogie erweisen. Aber zuerst sollen Besonderheiten seines Stammbaums genannt werden, ohne daß die Perspektive durch die Kritik des Blättergleichnisses eingeengt wird.

Während fast alle Helden ihren Stammbaum auf einen Gott zurückführen, ist der göttliche Ursprung bei Glaukos nur impliziert.

In 6, 191 sagt Glaukos, der König von Lykien habe erkannt, daß Bellerophontes von einem Gott abstamme. Bereits die antiken Kritiker haben sich die Frage gestellt, wie diese Feststellung damit zusammengehe, daß Glaukos nichts von einem göttlichen Ursprung sage.[118] Einige moderne Gelehrte sehen eine Anspielung auf eine andere, in der *Ilias* aber nicht belegte Sagentradition, nach der Bellerophontes Sohn des Poseidon gewesen sei (s. Hes. fr. 43a M.-W., 81-83).[119] Aus narratologischer Perspektive ist behauptet worden, daß die Einsicht, Bellerophontes sei göttlicher Herkunft, nur vom lykischen König fokalisiert und von Glaukos bereitwillig wiedergegeben werde.[120] Der göttliche Ursprung wird aber, wenn auch höchst versteckt, nämlich im Patronymikon Αἰολίδης (6, 154), erwähnt.[121] Insofern ist 6, 191 nicht nur eine fokalisierte Aussage. Es ist aber auffällig, daß der göttliche Ursprung nur impliziert ist. Achill (21, 184-199: Zeus), Aineas (20, 200-258: Zeus und Aphrodite), Asteropaios (21, 153-160: Fluß Axios), Idomeneus (13, 446-454: Zeus) und Tlepolemos (5, 633-646: Zeus) führen ihren Stammbaum ausdrücklich auf einen Gott zurück.[122]

---

[116] Dazu, daß χόλος spezifisch für Achill ist, s. Griffin 1986, 43.

[117] Gerade im Grund, den der Scholiast für die Atethese anführt, ist die Bedeutung des Gleichnisses zu suchen, Scholion A ad 20, 252-255: καὶ τὰ λεγόμενα ἀνάξια τῶν προσώπων· καὶ παρὰ βαρβάροις δέ ἐστι τὸ τὰς γυναῖκας προσερχομένας λοιδορεῖσθαι ὡς παρ᾽ Αἰγυπτίοις. Zur etymologischen Herleitung des Namens Aineas von αἰνή und damit vom Stamm αἶνος s. Janko ad 13, 459-461 und Nagy 1979, 274f. mit weiterer Literatur.

[118] Cf. die Diskussion bei Maftei 1976, 40.

[119] Malten 1944, 1-12, 4f. und Gaisser 1969a, 173.

[120] DeJong 1987, 166.

[121] Peppermüller 1962, 6 Anm. 7.

[122] Der Erzähler gibt auch für Kreton und Ortilochos den Flußgott Alpheios als Ahnherren an (5, 543-553).

Es fällt auf, daß Glaukos vor allem seinen Großvater Bellerophontes würdigt.[123] Die Darstellung seines Lebens nimmt den größten Teil der Rede ein
(6, 156-195; 200-201). Sie weicht inhaltlich von der Darstellung der Vorfahren in den anderen Genealogien ab. Ungewöhnlich ist Bellerophontes'
unglückliches Ende. Während die anderen Genealogien die Gunst der Götter gegenüber der eigenen Familie hervorheben, führt Glaukos aus, wie die
Götter Bellerophontes feind wurden und ihn ruinierten. Es wird keine
Schuld des Bellerophontes genannt. Pegasos, der in der mythischen Tradition mit seinem hybriden Versuch verbunden ist, zur Sonne zu fahren,[124]
wird nicht erwähnt. Entweder waren diese Elemente der Sage noch nicht
entwickelt oder sie sind – was angesichts der Vasendarstellungen bereits
aus dem 7. Jh. wahrscheinlicher ist – ausgelassen,[125] um zu zeigen, daß
Bellerophontes grundlos von den Göttern ins Unglück gestürzt wurde.[126]
    Sein Unglück kontrastiert scharf mit dem davor dargestellten Glück[127]
und kommt unerwartet, 6, 200-202:

---

[123] Cf. Gaisser 1969a, 168. Zu einem möglichen lykischen Hintergrund s. Malten 1944;
Peppermüller 1962, 12f.; Heubeck 1979, 131-133. Strömberg 1961, 15 untersucht die Elemente
von Volksmärchen (13f.) und die realen historischen und geographischen Elemente (14f.). Zu den
alttestamentlichen Parallelen, dem Potiphar-Motiv und dem Familienschicksal von Jakobs Nachkommen, s. id. 134; Alden 1996, 262 Anm. 32; 2000, 134 Anm. 33; West 1997, 364-367;
Kullmann 1999, 107, der einen phönizischen Ursprung erwägt. White 1982, 120-122 meint, der
Name Bellerophontes sei auf einen Gott zurückzuführen (Baal), und versucht, durch Parallelen
einen gemeinsamen Ursprung mit der Geschichte von Kain zu postulieren. Auch wenn diese These
spekulativ bleibt, ist die zugrundeliegende Deutung des Bellerophontes als Kulturheld interessant
(126). Zu einer strukturalistischen Interpretation s. Aélion 1984.

[124] Cf. Pind. Isthm. 7, 44-47; s. a. die Andeutung in Ol. 13, 91; Eur. Bellerophontes fr. 306-308
Kannicht; Asklepiades FGrH 12F13; außerdem die bei Alden 2000, 139 Anm. 52 genannten
Quellen und Literatur.

[125] Das Scholion T ad 6, 191a² meint, Pegasos sei Homer noch nicht bekannt gewesen. Cf. das
Scholion A ad 6, 183a und Eusthatius 636, 38 sowie die Diskussion bei Maftei 1976, 38-40. S.
aber zu den Vasen Schmitt 1966, 341-347 und Brommer ³1973, 292-309. Auch Alden 2000, 139
hält es für wahrscheinlich, daß Pegasos bereits zu Homers Zeit bekannt gewesen sei.

[126] Die antiken Kommentatoren bieten verschiedene Erklärungen für das Unglück des Bellerophontes. Asklepiades 12 FgrH F13 sieht den Grund in nicht genannten Vergehen des Bellerophontes. Das Scholion bT ad 6, 200-205 schreibt dagegen: τὰ δὲ ἐκ τῆς τύχης εἰς θεοὺς
ἀναφέρομεν. S. a. Porphyrios ad 6, 200 (95, 9-16). In der modernen Forschung sieht Edwards
1987, 205 den Grund für Bellerophontes' Unglück in seiner Hybris. Gaisser 1969a, 170-174 zeigt
jedoch, daß sein Frevel nicht erwähnt wird, damit er zum Exemplum für die Unberechenbarkeit
der Götter wird. Sie hält es ebenfalls für möglich, daß die Ermordung des Belleron nicht eine
spätere Entwicklung des Mythos gewesen ist, sondern mit der gleichen Intention ausgelassen
wurde. Besonders deutlich sei der Versuch, Bellerophontes als schuldlos darzustellen, dadurch,
daß die Götter an den Stellen erwähnt würden, wo von der mythischen Tradition abgewichen
werde (6, 159; 171; 183; 200). So auch Malten 1944, 3f. zu 6, 183, wo eigentlich Pegasos zu
erwarten sei. S. a. Andersen 1978, 101-105 und de Jong 1989, 162f.

[127] 6, 156f.: τῶι δὲ θεοὶ κάλλός τε καὶ ἠνορέην ἐρατεινήν/ ὤπασαν. 6, 171: αὐτὰρ ὁ
βῆ Λυκίηνδε θεῶν ὑπ' ἀμύμονι πομπῆι. 6, 183: καὶ τὴν μὲν κατέπεφνε θεῶν
τεράεσσι πιθήσας. 6, 191: ἀλλ' ὅτε δὴ γίνωσκε θεοῦ γόνον ἠὺν ἐόντα.

ἀλλ᾽ ὅτε δὴ καὶ κεῖνος ἀπήχθετο πᾶσι θεοῖσιν,
ἤτοι ὃ κὰπ πέδιον τὸ Ἀλήιον οἶος ἀλᾶτο,
ὃν θυμὸν κατέδων, πάτον ἀνθρώπων ἀλεείνων.

Doch als nun auch er verhaßt wurde allen Göttern,
Da irrte er über die Aleische Ebene, einsam,
Sein Leben verzehrend, den Pfad der Menschen vermeidend.

Auch Bellerophontes, zuerst geliebt von den Göttern, ereilt das Unglück.[128] Sein Leid wird in den folgenden Versen begründet durch den Tod seiner Kinder Isander und Laodameia.[129] Es ist bereits ungewöhnlich, daß der Tod eines Vorfahren in einer Genealogie erwähnt wird.[130] Glaukos erzählt aber sogar, daß Ares Isander und Artemis Laodameia umbrachten – der Tod und die Feindschaft der Götter kommen als Auffälligkeiten zusammen. Die Wechselhaftigkeit des Schicksals tritt pointiert hervor, da Isander im Kampf gegen die Solymer stirbt (6, 203f.), die sein Vater noch besiegt hat (6, 184f.).[131]

Die Fragilität menschlichen Lebens, die in Glaukos' Stammbaum hervortritt, stellt die legitimierende Funktion der Genealogie in Frage. Glaukos schließt seine Rede mit folgenden Worten, 6, 206-210:

Ἱππόλοχος δ᾽ ἔμ᾽ ἔτικτε, καὶ ἐκ τοῦ φημι γενέσθαι·
πέμπε δέ μ᾽ ἐς Τροίην, καί μοι μάλα πόλλ᾽ ἐπέτελλεν,
αἰὲν ἀριστεύειν καὶ ὑπείροχον ἔμμεναι ἄλλων,
μηδὲ γένος πατέρων αἰσχυνέμεν, οἳ μέγ᾽ ἄριστοι
ἔν τ᾽ Ἐφύρηι ἐγένοντο καὶ ἐν Λυκίηι εὐρείηι.

Hippolochos aber zeugte mich, und von ihm sage ich, daß ich stamme.
Und er schickte mich nach Troja und trug mir gar vielfach auf,
Immer Bester zu sein und überlegen zu sein den anderen
Und der Väter Geschlecht nicht Schande zu machen, die die weit Besten
Waren in Ephyra wie auch in dem breiten Lykien.

Während andere Helden in ihren Genealogien die illustre Herkunft heranziehen, um den eigenen Anspruch zu legitimieren, nennt Glaukos die Verpflichtung, welche die Tradition an ihn stellt. Damit distanziert er sich davon, aus der Herkunft einen Anspruch abzuleiten. Aus Legitimation wird

---

[128] Zu dieser Interpretation des καί s. Appendix (IX 2).
[129] Strömberg 1961, 11 sieht in der Krankheit eine Art Melancholie, genauer eine Lypothymie in Verbindung mit Misanthropie. S. a. Susanetti 1999, 109.
[130] Eine Ausnahme ist 14, 114, wenn Diomedes sagt: Τυδέος, ὃν Θήβησι χυτὴ κατὰ γαῖα κάλυψεν. Diomedes geht es aber nicht um den Tod seines Vaters, sondern er nennt sein Grab, um zu zeigen, daß sein Vater ein Held war, cf. Alden 2000, 115.
[131] Peppermüller 1962, 9 sieht hier eine Sage mit historischem Kern, s. a. die weitere Literatur in Anm. 16. Maftei 1976, 49 vermutet, daß die Doppelung des Kampfes die Kritik antiker Kommentatoren auf sich gezogen hat.

Verpflichtung, wenn der deskriptive Aspekt der Tradition durch den normativen ersetzt wird. Aber sogar die Verpflichtung, der Herkunft entsprechend zu leben, wird untergraben durch das Ende von Bellerophontes und den gewaltsamen Tod seiner Kinder, an die Glaukos die Mahnung des Hippolochos anschließt. Angesichts der Abhängigkeit der Menschen von der Willkür der Götter, die sogar ihr Liebling Bellerophontes erfahren mußte, wäre es vermessen zu meinen, das eigene Leben frei gestalten zu können. Die Zukunft ist unvorhersehbar, sie ist nicht planbar und entzieht sich menschlicher Verfügung.

Die Abweichung der Genealogie des Glaukos von anderen Stammbäumen im Epos ist erheblich. Bevor sie durch einen Blick auf das Blättergleichnis gedeutet wird, seien kurz die Ergebnisse dieses Kapitels zusammengefaßt.

2.3 Zusammenfassung

Nicht nur die exemplarische, sondern auch die traditionale Sinnbildung, die hier in den Genealogien nachgewiesen worden ist, hebt die Spannung zwischen Erwartungshorizont und Erfahrungsraum auf. Während aber Exempla den zeitlichen Zusammenhang zwischen Vergangenheit und Gegenwart ausblenden und sie durch eine überzeitliche Regel gegenüberstellen, beruhen Traditionen auf der Kontinuität zwischen Vergangenheit und Gegenwart.

Die Genealogien dienen als Legitimation, Erklärung und Verpflichtung; damit unterscheidet sich ihre Funktion von der handlungsorientierenden Funktion der Paradigmen: Während Exempla direkt Handlungen anleiten, richtet sich die traditionale Sinnbildung vor allem auf die Identität, die aber wiederum Grundlage für Handlungen ist. Wir haben auch gesehen, daß Exempla ihre Autorität oft aus Traditionen beziehen und umgekehrt Traditionen in Exempla handlungsleitend werden.

Die Genealogie des Glaukos im 6. Buch ist ein Sonderfall. Im Unterschied zu den anderen Genealogien wird in ihr der Abstand der Götter von den Menschen und die Abhängigkeit der Menschen von ihrer Willkür betont. Dabei treten das Scheitern und die Fragilität des menschlichen Lebens in den Blick. Die Spannung zwischen Erwartung und Erfahrung wird hier nicht durch Kontinuität oder Regularität aufgehoben, sondern erzeugt Unsicherheit.

3. Die Rolle des Zufalls: Schicksalskontingenz

Als Schlüssel für die Besonderheiten der Genealogie des Glaukos soll zuerst das Blättergleichnis diskutiert werden (3.1). Der zweite Abschnitt ist vergleichbaren Bildern in der *Ilias* gewidmet (3.2). Drittens wird auf dieser Grundlage der Zusammenhang zwischen dem Blättergleichnis und der Genealogie erörtert (3.3). In einem vierten Schritt wird das Geschichtsbild, das Glaukos' Rede zugrundeliegt, durch eine Gegenüberstellung mit dem historistischen Geschichtsbild schärfer konturiert (3.4).

3.1 Das Blättergleichnis in 6, 146-149

Glaukos beginnt seine Antwort auf die Frage, wer er sei, mit dem berühmten Blättergleichnis,[132] 6, 145-149:

> Τυδείδη μεγάθυμε, τίη γενεὴν ἐρεείνεις;
> οἵη περ φύλλων γενεή, τοίη δὲ καὶ ἀνδρῶν.
> φύλλα τὰ μέν τ᾽ ἄνεμος χαμάδις χέει, ἄλλα δέ θ᾽ ὕλη
> τηλεθόωσα φύει, ἔαρος δ᾽ ἐπιγίνεται ὥρῃ·
> ὣς ἀνδρῶν γενεὴ ἣ μὲν φύει, ἣ δ᾽ ἀπολήγει.

> Tydeus-Sohn, hochgemuter! was fragst du nach meinem Geschlecht?
> Wie der Blätter Geschlecht, so ist auch das der Männer.
> Die Blätter – da schüttet diese der Wind zu Boden, und andere treibt
> Der knospende Stamm hervor, und es kommt die Zeit des Frühlings.
> So auch der Männer Geschlecht: dies sproßt hervor, das andere schwindet.[133]

Das Entstehen und Vergehen der Blätter im Laufe des Jahres drückt die Entwicklung des menschlichen Lebens aus. Ebenso wie die Blätter abfallen, sterben die Menschen. Die Jahreszeiten verbildlichen die Lebensalter des

---

[132] Zur Forschungsliteratur s. Grethlein 2006c. Dort s. a. vergleichbare Metaphern in der europäischen Literatur. Eine interessante ethnologische Parallele gibt ein südamerikanisches Volk. Sie zeigt, daß die Blattmetapher auch anders als in der *Ilias* akzentuiert sein kann, cf. Munn 1992, 101f.: »This leaf imagery shows how repetition, successiveness, and developmental components may be bound in dense spatiotemporal images that iconically convey time's form within their own form. Thus generational succession appears as incremental repetition uniting the qualitative dimension of ›leafiness‹ with quantity or measure grasped as a process of leaf piling […] Far from ›repetitive‹ and ›nonrepetitive events‹ involving ›logically‹ distinct ›aspects of time‹ only artificially connected […], repetition here is inextricable from the nonrepetitive growth it produces. Nor do these homogeneous units (the leaves) define a static segmentation: When reiterated, the leaf ›reflected in itself‹ changes from a ›delimited meaning‹ unit into ›an indefinite semantic ambience‹ […] of leafy potential for increase, and implication of past increase.«

[133] Zur Bedeutung von γενεή und der Übersetzung von 6, 149 als *appositio partitiva* s. Grethlein 2006c.

Menschen. Das Gleichnis ist damit ein Bild der menschlichen Vergänglichkeit.[134] Zudem entspricht dem Baum im Bild, der über die Jahre hinweg
stehenbleibt, die Gattung der Menschen.

Daß das Werden und Vergehen der Blätter im Rhythmus der Jahreszeiten
sich nicht unbedingt auf das Sterben und Entstehen der Menschen übertragen läßt, zeigt die dem Blättergleichnis ähnliche Formulierung von Hera in
8, 427-430:

> ὦ πόποι, αἰγιόχοιο, Διὸς τέκος, οὐκέτ᾽ ἐγώ γε
> νῶι ἐῶ Διὸς ἄντα βροτῶν ἕνεκα πτολεμίζειν.
> τῶν ἄλλος μὲν ἀποφθίσθω, ἄλλος δὲ βιώτω,
> ὅς κε τύχηι […]

> Nein doch! Kind des Zeus, des Aigishalters! Ich lasse uns beide
> Nicht mehr gegen Zeus um der Sterblichen willen kämpfen!
> Mag hinschwinden der eine von ihnen, der andere leben,
> Wen immer es trifft […]

Hera spricht zwar in spezifischer Weise über die gerade Kämpfenden, aber
ihre Äußerung zeigt, daß menschliches Leben nicht einem festen Rhythmus
unterliegt. Zur gleichen Zeit werden Menschen geboren und andere sterben.
Der Relativsatz in 8, 430 macht darauf aufmerksam, daß der Zeitpunkt des
Todes vom Zufall abhängt – menschliches Leben ist von Kontingenz geprägt.

Auch wenn das Blättergleichnis von einem festen Rhythmus ausgeht,
zeigt sich in ihm die Bedeutung der Kontingenz. Sie findet ihren Ausdruck
im Wind, der die Blätter auf den Boden weht.[135] Winde sind unberechenbar.
Es läßt sich nicht bestimmen, wohin sie gehen, wann sie aufkommen und
wieder aufhören.[136] In anderen homerischen Vergleichen wird ihre Unruhe
beschrieben, und ihre Gewalt zeigt sich in Gleichnissen, in denen sie das

---

[134] Vor dem Hintergrund seines Vergleiches mit der Rezeption des Motivs bei Mimnermos fr.
2W betont Griffith 1975, 81 die optimistische Perspektive bei Glaukos. Mit einem genaueren
Blick auf die Struktur von 6, 146-149 zeigt Broccia 1963, 88 aber, daß sich in der chiastischen
Anordnung eine pessimistische Einstellung bezüglich des menschlichen Lebens ausdrückt: Während bei den Blättern zuerst das Vergehen, dann das Entstehen genannt wird, endet die Übertragung auf den Menschen mit dem Vergehen. S. a. Susanetti 1999, 99. Fornaro 1992, 32 weist mit
Blick auf 2, 467f. und 799-801 darauf hin, daß im Bild der Blätter die große Zahl der Menschen
angelegt sei. Zu weit geht aber Lowry 1995, 193-203, der meint, die Blätter drückten nicht die
Vergänglichkeit, sondern die Fülle der Menschen aus.
[135] Cf. Fornaro 1992, 34. Der Wind zeigt auch, daß es im Blättergleichnis nicht um die ewige
Wiederkehr des Gleichen geht. S. a. Kirk ad 6, 144-151 sowie Theunissen 2000, 306 zu Ibyc. fr.
286.
[136] Die Plötzlichkeit des Windes zeigt sich in 9, 4-6 oder auch in 5, 522-527. Zur Symbolik des
Windes cf. Theunissen 2000, 429. Zum Wind als Medium, das Menschen entführt, s. Nagy 1979,
193-195. S. a. ibid. 321-332 zur Bedeutung des Windes als Metapher in der *Ilias* mit indoeuropäi-
schen Parallelen.

Meer aufwühlen.[137] Ebenso wie die Blätter dem Wind ausgesetzt sind, ist menschliches Leben nur begrenzt selbstbestimmt und unterliegt in hohem Maße der eigenen Verfügungsgewalt entzogenen Einflüssen. Wenn wir auf die im II. Kapitel erörterte Begrifflichkeit von Marquard zurückkommen, können wir sagen, daß im Wind durch »›das, was auch anders sein könnte‹ und *gerade nicht durch uns änderbar ist* (Schicksalsschläge: also Krankheiten, geboren zu sein und dgl.)«[138] die Schicksalskontingenz zum Ausdruck kommt.

Im Tod, der dem Absterben der Blätter entspricht, wird Schicksalskontingenz besonders dringend erfahren. »Der Zufall, der uns am schicksalhaftesten und – falls man ihn nicht als den Trost betrachtet, nicht endlos weiterturnen zu müssen – am härtesten trifft, ist unser Tod.«[139] Die Ursache des Todes liegt, wenn man vom Suizid absieht, außerhalb der menschlichen Verfügungsgewalt. Sein Zeitpunkt ist offen. Schließlich hat der Tod die größtmögliche Wirkung: Er hebt das Leben und damit die Bedingung der Möglichkeit für die Spannung von Erwartung und Erfahrung auf.

3.2 Weitere Vergleiche des Menschen mit der Natur

Bevor diese Interpretation des Blättergleichnisses für die Interpretation der Eigenheiten der Glaukos-Genealogie fruchtbar gemacht wird, soll kurz gezeigt werden, daß auch an anderen Stellen in der *Ilias* Naturvergleiche und -metaphern die Fragilität des Menschen bezeichnen.[140] Dabei werden,

---

[137] Zur Unruhe der Winde s. beispielsweise 13, 334-336; 795-799; 14, 398f. Zum Aufwühlen des Meeres: 4, 422-426; 9, 4-7; 11, 297f.; 305-308; 14, 394f. Cf. Edwards 1991, 32. An einigen Stellen beschreibt die Unruhe der Winde den Ansturm im Krieg. Diese Vergleiche dienen natürlich primär dazu, die Heftigkeit des Angriffes zu verbildlichen. In ihnen kann aber auch aus der Perspektive derjenigen, die angegriffen werden, die im Blättergleichnis zum Tragen kommende Fragilität des menschlichen Lebens mitschwingen. Deutlich wird diese Bedeutung beim Kampf um Kebrion, wenn in 16, 765-771 die Windmetapher verbunden wird mit der Baummetapher: ὡς δ᾿ Εὖρός τε Νότος τ᾿ ἐριδαίνετον ἀλλήλοιιν/ οὔρεος ἐν βήσσηις βαθέην πελεμιζέμεν ὕλην,/ φηγόν τε μελίην τε τανύφλοιόν τε κράνειαν,/ αἵ τε πρὸς ἀλλήλας ἔβαλον τανυήκεας ὄζους/ ἠχῆι θεσπεσίηι, πάταγος δέ τε ἀγνυμενάων,/ ὣς Τρῶες καὶ Ἀχαιοὶ ἐπ᾿ ἀλλήλοισι θορόντες/ δήιουν, οὐδ᾿ ἕτεροι μνώοντ᾿ ὀλοοῖο φόβοιο. Die Angreifer entsprechen im Gleichnis dem Wind und die Angegriffenen den Bäumen. Dabei sind die Griechen und Trojaner beide sowohl Angreifer als auch Angegriffene. Die Reziprozität ist sprachlich markiert: 16, 770: ἐπ᾿ ἀλλήλοισι, das die Wechselseitigkeit des Ansturmes der beiden Kriegsparteien betont, korrespondiert sowohl mit 16, 765: ἀλλήλοιιν im Wettstreit der Winde als auch mit 16, 768: ἐπ᾿ ἀλλήλοισι der aufeinanderfallenden Äste.

[138] Marquard 1986b, 128.

[139] Marquard 1986b, 129. Cf. Haug 1998, 286f., der mit Montaigne den Tod als äußerste Manifestation von Kontingenz beschreibt. S. a. Rüsen 1982, 521.

[140] Zu dieser Bedeutung von Naturmetaphern s. a. Vivante 1970, 184; Schein 1984, 72-76. Besonders interessant sind die folgenden Überlegungen von Schapp ²1976, 129f. zu Vergleichen

um ein umfassenderes Bild von der Semantik der Naturvergleiche zu erhalten, auch Stellen außerhalb der Reden der Helden herangezogen. Dem
Gleichnis in 6, 146-149 sehr ähnlich ist die Erklärung Apollons, warum er
nicht mit Poseidon kämpfen möchte, 21, 462-466:

> Ἐννοσίγαι᾽, οὐκ ἄν με σαόφρονα μυθήσαιο
> ἔμμεναι, εἰ δὴ σοί γε βροτῶν ἕνεκα πτολεμίξω
> δειλῶν, οἳ φύλλοισιν ἐοικότες ἄλλοτε μέν τε
> ζαφλεγέες τελέθουσιν, ἀρούρης καρπὸν ἔδοντες,
> ἄλλοτε δὲ φθινύθουσιν ἀκήριοι [...]

> Erderschütterer! du würdest mich nicht bei gesundem Verstande nennen,
> Wenn ich mit dir der Sterblichen wegen kämpfte,
> Der elenden, die, den Blättern gleichend, einmal
> Sehr feurig sind und die Frucht des Feldes essen,
> Aber dann wieder hinschwinden, entseelt [...]

Auch hier wird die Vergänglichkeit des Menschen durch den Vergleich mit
dem Werden und Vergehen der Blätter ausgemalt.[141] Ebenso wie Glaukos
vergleicht Apollon Menschen mit Blättern, um die Kluft zu den Göttern zu
unterstreichen.[142] Da der Vergleich der Menschen mit Blättern vermutlich
eine traditionelle Gnome ist,[143] hat es wenig Sinn darüber zu spekulieren,
welche Stelle die ursprüngliche ist. Es liegt aber nahe, daß die Vorstellung,

---

von menschlichen Geschichten und Pflanzen, in denen er den Vergleich des Menschen mit Pflanzen umkehrt: »Während eine Geschichte sich schon entfaltet hat, auf ihrem Höhepunkt ist, können
wir darunter schon Knospen der neuen Geschichten entdecken, die zur Entfaltung zu drängen
scheinen, auf Entfaltung warten oder sich vielleicht auch Zeit nehmen zur Entfaltung, so wie der
Ansatz der Knospe wartet, bis der Winter vorübergegangen ist, um sich dann zu seiner Zeit zu
entfalten. Bei diesem Vergleich mit der Pflanzenwelt wollen wir nicht etwas Dunkles durch etwas
Dunkleres erklären. Vielleicht liegt die Sache gerade umgekehrt, daß man das Wachstum der
Pflanzen nur über Geschichten und durch Geschichten aufhellen kann, daß man keinen Satz über
Pflanzen schreiben kann, ohne in die Region der Geschichten zu kommen. Vielleicht sind alle
Ausdrücke wie Knospe, Blüte, Frucht, Blatt und Zweig nur über Geschichten, in der Art von
Geschichten, verständlich oder sinnvoll.«

[141] Beide Stellen werden zusammen von Plut. mor. 104E-F zitiert. Fornaro 1992, 38 macht darauf aufmerksam, daß in beiden Szenen ein zu erwartender Kampf nicht ausgetragen wird. Ebenso
wie Diomedes nicht gegen Glaukos kämpft, tritt Apollon nicht gegen Poseidon an. An anderen
Stellen dient der Vergleich mit Blättern dazu, die große Zahl der Krieger zu verdeutlichen (cf.
Fränkel 1921, 40): 2, 467f.: ἔσταν δ᾽ ἐν λειμῶνι Σκαμανδρίωι ἀνθεμόεντι/ μυρίοι, ὅσσα
τε φύλλα καὶ ἄνθεα γίνεται ὥρηι. 2, 799-801: ἀλλ᾽ οὔ πω τοιόνδε τοσόνδέ τε λαὸν
ὄπωπα·/ λίην γὰρ φύλλοισιν ἐοικότες ἢ ψαμάθοισιν/ ἔρχονται πεδίοιο μαχησόμενοι
προτὶ ἄστυ. Es ist der Überlegung wert, ob auch hier angesichts des Ausdrucks von Vergänglichkeit durch den Vergleich mit Blättern an anderen Stellen und der Situation der Schlacht, in der
viele fallen, die Semantik der Fragilität mitschwingt. So Fornaro 1992, 31 für 2, 467f., die in
Apollons Vergleich eine Synthese der Bilder im 2. und 6. Buch sieht (38).

[142] Cf. Richardson ad 21, 464-466. Mueller 1978, 122 weist darauf hin, daß vor allem Apollon
den Abstand zwischen Menschen und Göttern betont.

[143] Cf. Burgess 2001, 117-126.

die Menschen folgten aufeinander wie die Blätter an einem Baum, auf dem einfachen Vergleich des menschlichen Lebens mit einem Blatt fußt. Dem Gedanken des Entstehens und Vergehens wird einfach der im »vehicle« bereits angelegte Gedanke der Abfolge hinzugefügt.[144]

Der Mensch ist nicht nur durch Similarität mit, sondern auch durch Kontiguität zu Natur definiert. Sowohl hier als auch, wenn Diomedes den Unterschied zwischen Menschen und Göttern betont, wird die natürliche Nahrung erwähnt, 6, 141-143: οὐδ᾽ ἂν ἐγὼ μακάρεσσι θεοῖς ἐθέλοιμι μάχεσθαι./ εἰ δέ τίς ἐσσι βροτῶν, οἳ ἀρούρης καρπὸν ἔδουσιν,/ ἆσσον ἴθ᾽, ὥς κεν θάσσον ὀλέθρου πείραθ᾽ ἵκηαι.[145] Die Menschen gehören durch ihre Nahrung zum Kreislauf der Natur, während die Götter sich von Nektar und Ambrosia ernähren. Daß die unterschiedliche Nahrung Götter und Menschen scheidet, ist explizit in 5, 341f.: οὐ γὰρ σῖτον ἔδουσ᾽, οὐ πίνουσ᾽ αἴθοπα οἶνον·/ τούνεκ᾽ ἀναίμονές εἰσι καὶ ἀθάνατοι καλέονται.

Die Fragilität des Menschen kommt im Vergleich nicht nur mit Blättern, sondern auch mit Pflanzen zum Ausdruck. Junge Menschen werden im Tod mit Schößlingen oder gerade blühenden Pflanzen verglichen.[146] Besonders interessant ist der Vergleich in 17, 53-60:

οἷον δὲ τρέφει ἔρνος ἀνὴρ ἐριθηλὲς ἐλαίης
χώρωι ἐν οἰοπόλωι, ὅθ᾽ ἅλις ἀναβέβροχεν ὕδωρ,
καλὸν τηλεθάον, τὸ δέ τε πνοιαὶ δονέουσιν
παντοίων ἀνέμων, καί τε βρύει ἄνθει λευκῶι,
ἐλθὼν δ᾽ ἐξαπίνης ἄνεμος σὺν λαίλαπι πολλῆι
βόθρου τ᾽ ἐξέστρεψε καὶ ἐξετάνυσσ᾽ ἐπὶ γαίηι,
τοῖον Πανθόου υἱόν, ἐϋμμελίην Εὔφορβον,
Ἀτρεΐδης Μενέλαος ἐπεὶ κτάνε, τεύχεα ἐσύλα.

Und wie ein Mann einen Schößling zieht, einen kräftig sprossenden, von einem Ölbaum,

---

[144] Cf. Edwards 1991, 29. Dagegen sieht Sider 2001, 274 in 21, 464-466 ein Zitat von 6, 146-149. Auch Leaf ad loc. meint, 21, 464-466 sei aus 6, 146-149 entsprungen. Auch West 1971, 58 hält das Bild des Baumes für ursprünglich, wenn er vorschlägt, das Blättergleichnis auf die Vorstellung eines Baumes der Schicksale zurückzuführen. Dagegen ist aber einzuwenden, daß diese Vorstellung trotz aller orientalischen Parallelen in der griechischen Literatur der Archaik nicht überliefert ist. Geht man von den überlieferten Bildern aus, ist es wahrscheinlich, daß sich das komplexe Bild aus dem einfachen entwickelt hat. Lynn-George 1988, 199f. betont den Unterschied zwischen beiden. Glaukos betone nicht nur die Ephemerität, sondern auch die Zyklizität des Lebens.
[145] S. a. 13, 321f.: ἀνδρὶ δέ κ᾽ οὐκ εἴξειε μέγας Τελαμώνιος Αἴας,/ ὃς θνητός τ᾽ εἴη καὶ ἔδοι Δημήτερος ἀκτήν. S. außerdem 21, 76f., wo aber die auch in 13, 321f. implizite Gegenüberstellung mit den Göttern fehlt. S. a. Fränkel 1921, 40 Anm. 4. Interessant ist auch Hes. erg. 143-146, nach dem das bronzene Geschlecht aus Eschen hervorgegangen ist. S. zu weiteren Belegen für diese Vorstellung West ad Hes. erg. 145f. und Speyer 1976, 1162.
[146] Vernant 1982, 55f. weist darauf hin, daß dem frühen Tod eine besondere Bedeutung zukomme, da durch ihn die Häßlichkeit des Alters vermieden und ewige Jugend ermöglicht werde.

> An einem einsamen Ort, wo genug Wasser heraufsprudelt,
> Einen schönen, prangenden, und ihn schütteln die Hauche
> Allfältiger Winde, und er strotzt in weißer Blüte,
> Und plötzlich kommt ein Wind mit vielem Wirbel
> Und dreht ihn heraus aus der Grube und streckt ihn hin auf die Erde:
> So tötete den Sohn des Panthoos, den lanzenguten Euphorbos,
> Der Atreus-Sohn Menelaos und raubte ihm die Waffen.

Das Bild beleuchtet den Tod von Euphorbos in einer Vielzahl von Aspekten:[147] Seiner Jugend entspricht der »kräftig sprossende« Ölbaum.[148] Im Wachstum der Pflanze spiegelt sich nicht nur seine Entwicklung, sondern zudem erinnert die Aufzucht des Ölbaums an die zuvor genannten Eltern, die nun auch des zweiten Sohns beraubt sind.[149] Der schönen Blüte des Baums korrespondiert das Hervorragen des Euphorbos in verschiedenen Sportdisziplinen und sein Erfolg gegen Patroklos.[150] Schließlich fällt Euphorbos auf den Boden, wie auch die Pflanze niedergestreckt wird.[151]

Das Bild drückt allerdings nicht wie das Blättergleichnis die natürliche Vergänglichkeit von Euphorbos aus, sondern die Gewalttätigkeit seines Todes. Die Pflanze wird in voller Blüte niedergerissen. In beiden Bildern ist aber der Wind als Ursache des Sterbens Ausdruck der Schicksalskontingenz. Ebenso wie der junge Ölbaum dem Wind ausgesetzt ist, der ihn zuerst hin- und herwiegt und dann entwurzelt, liegt der Tod außerhalb von Euphorbos' Verfügungsgewalt. Die Plötzlichkeit des Windes (17, 57: ἐλθὼν δ᾽ ἐξαπίνης ἄνεμος σὺν λαίλαπι πολλῆι) erfaßt außerdem die Schnelligkeit, mit der sich sein Schicksal wendet. Gerade triumphierte Euphorbos noch über Patroklos, jetzt stirbt er selbst.

Wenn Thetis darüber klagt, daß Achill sterben müsse, vergleicht sie ihn mit einem jungen Baum, 18, 54-60 (56-60=437-441):

---

[147] Segal 1971b, 20f. zeichnet ein sehr negatives Bild von Euphorbos, der seinem Gegner sogar den Kopf abtrennen will. Er sieht aber auch, wie die Pflanzenmetapher das Pathos seines Todes steigert, und betont den Kontrast zum folgenden Löwengleichnis in 17, 61ff. (21 Anm. 2).

[148] Zur Jugend s. 16, 810f.: καὶ γὰρ δή ποτε φῶτας ἐείκοσι βῆσεν ἀφ᾽ ἵππων,/ πρῶτ᾽ ἐλθὼν σὺν ὄχεσφι, διδασκόμενος πολέμοιο.

[149] Die Pflege seiner Eltern zeigt sich bereits in seinem Namen, »der Gut-Ernährte«. S. zu den Eltern 17, 28; 37 und 40. Besondere Emphase wird seinem Tod gegeben durch die Gegenüberstellung des Blutes und der golden und silbern gebundenen Zöpfe (cf. Edwards ad loc.), 17, 51f.: αἵματί οἱ δεύοντο κόμαι Χαρίτεσσιν ὁμοῖαι/ πλοχμοί θ᾽, οἳ χρυσῶι τε καὶ ἀργύρωι ἐσφήκωντο. S. a. den Kontrast zwischen dem Blut, mit dem Euphorbos' Haare benetzt sind, und dem Emporsprudeln des Wassers im »vehicle« (17, 54). Edwards ad 17, 53-60 weist darauf hin, daß κόμη in 17, 677 auf einen Strauch bezogen wird (θάμνωι ὕπ᾽ ἀμφικόμωι).

[150] Zu seinen herausragenden Leistungen s. 16, 808f.: Πανθοΐδης Εὔφορβος, ὃς ἡλικίην ἐκέκαστο/ ἔγχει θ᾽ ἱπποσύνηι τε πόδεσσί τε καρπαλίμοισιν. Mit dem Glanz der Blüte (17, 56: [...] βρύει ἄνθει λευκῶι) korrespondieren auch die goldenen und silbernen Zöpfe in 17, 52. Inwieweit er Patroklos umbringt oder nur verletzt, ist unklar; Patroklos sagt aber in 16, 849f.: ἀλλά με Μοῖρ᾽ ὀλοὴ καὶ Λητοῦς ἔκτανεν υἱός,/ ἀνδρῶν δ᾽ Εὔφορβος [...]

[151] 17, 58:[...] ἐξετάνυσσ᾽ ἐπὶ γαίηι. 17, 50: δούπησεν δὲ πεσών [...]

ὤι μοι ἐγὼ δειλή, ὤι μοι δυσαριστοτόκεια,
ἥ τ᾽ ἐπεὶ ἂρ τέκον υἱὸν ἀμύμονά τε κρατερόν τε,
ἔξοχον ἡρώων, ὃ δ᾽ ἀνέδραμεν ἔρνεϊ ἶσος,
τὸν μὲν ἐγὼ θρέψασα φυτὸν ὣς γουνῶι ἀλωῆς
νηυσὶν ἔπι προέηκα κορωνίσιν Ἴλιον εἴσω
Τρωσὶ μαχησόμενον· τὸν δ᾽ οὐχ ὑποδέξομαι αὖτις
οἴκαδε νοστήσαντα δόμον Πηλήιον εἴσω.

O mir, ich Arme! o mir Unglücksheldengebärerin!
Da gebar ich einen Sohn, einen untadligen und starken,
Hervorragend unter den Helden, und er schoß auf wie ein Trieb.
Und als ich ihn aufgezogen wie einen jungen Baum an des Gartens
Lehne,
Schickte ich ihn mit den geschweiften Schiffen hinaus nach Ilios,
Um mit den Troern zu kämpfen, und werde ihn nicht wieder empfangen,
Daß er nach Hause zurückkehrt in das Haus des Peleus.

Auch hier wird die Entwicklung eines Menschen mit einer Pflanze und die Pflege der Eltern mit ihrem Aufziehen verglichen. Ähnlich wie bei Euphorbos wird der Vergleich mit einer Pflanze nicht angesichts der natürlichen Vergänglichkeit, sondern bei einer *mors immatura* angebracht.

Dasselbe Bild wird auch von Hekabe gebraucht, wenn sie nach Priamos ihren Sohn anfleht, vor Achill zu weichen (22, 82-89), und sagt, 22, 86f.:

[...] εἴ περ γάρ σε κατακτάνηι, οὔ σ᾽ ἔτ᾽ ἐγώ γε
κλαύσομαι ἐν λεχέεσσι, φίλον θάλος, ὃν τέκον αὐτή.

[...] Denn wenn er dich totschlägt, werde ich dich nicht mehr
An der Bahre beweinen, lieber Sproß! den ich selbst geboren.

Auch im Vergleich von Hektor mit einem Sproß klingt an, daß der Tod vorzeitig kommt.[152] Diese Semantik findet sich außerdem in der Beschreibung vom Tod des Simoeisios, 4, 473-479:[153]

ἔνθ᾽ ἔβαλ᾽ Ἀνθεμίωνος υἱὸν Τελαμώνιος Αἴας,
ἠίθεον θαλερὸν Σιμοείσιον, ὅν ποτε μήτηρ
Ἴδηθεν κατιοῦσα παρ᾽ ὄχθησιν Σιμόεντος
γείνατ᾽, ἐπεί ῥα τοκεῦσιν ἅμ᾽ ἕσπετο μῆλα ἰδέσθαι.
τούνεκά μιν κάλεον Σιμοείσιον· οὐδὲ τοκεῦσιν
θρέπτρα φίλοις ἀπέδωκε, μινυνθάδιος δέ οἱ αἰὼν
ἔπλεθ᾽ ὑπ᾽ Αἴαντος μεγαθύμου δουρὶ δαμέντι.

Da traf den Sohn des Anthemion der Telamonier Aias,
Einen blühenden Jüngling, Simoeisios, den einst die Mutter,

---

[152] In 24, 725 beginnt Andromache ihre Klage mit folgenden Worten: ἄνερ, ἀπ᾽ αἰῶνος νέος ὤλεο [...]
[153] Zu dieser Szene cf. Bakker 2002, 25; Tsagalis 2004, 182-188.

Vom Ida herabgestiegen, gebar an des Simoeis Ufern,
Als sie den Eltern gefolgt war, um nach den Schafen zu schauen.
Darum nannten sie ihn Simoeisios. Und er erstattete seinen Eltern
Nicht den Lohn für die Pflege, denn kurz war sein Leben,
Unter dem Speer des hochgemuten Aias bezwungen.

Das auf Simoeisios bezogene Adjektiv θαλερός bezeichnet die Blüte von
Pflanzen und hier, auf einen Menschen übertragen und ergänzt durch die für
Menschen spezifische Bezeichnung ἠίθεος, die Jugend. Die Pflanzenmeta-
phorik wird unterstrichen durch den Namen des Vaters, Anthemion, der
offensichtlich von ἄνθος abgeleitet ist.[154] Sie hat eine besondere Bedeutung, da erzählt wird, wie Simoeisios an den Ufern des Simoeis, also offensichtlich auf einer Wiese, geboren wird.[155] Die Similarität im Vergleich
Mensch-Pflanze wird überlagert von Kontiguität. Wiederum wird die Pflanzenmetapher bei einer *mors immatura* gebraucht.

Das Sterben wird auch in anderen Naturmetaphern verbildlicht,[156] die aber nur selten
die menschliche Fragilität zum Ausdruck bringen: a) bei fallenden Bäumen, b) bei der
Ernte:

a) Im Fallen eines Baumes kommt der Sturz des Kriegers zum Ausdruck. Oft wird
das Fällen von Bäumen beschrieben, dann ist im Bild bereits der menschliche Verur-
sacher verankert. An den impliziten Vergleich des Simoeisios mit einer Pflanze
schließt sich ein ausgeführter Vergleich des Fallens mit dem Gefällt Werden eines
Baumes an, 4, 482-487: [...] ὃ δ' ἐν κονίηισι χαμαὶ πέσεν αἴγειρος ὥς,/ ἥ ῥά
τ' ἐν εἰαμενῆι ἕλεος μεγάλοιο πεφύκηι/ λείη, ἀτάρ τέ οἱ ὄζοι ἐπ' ἀκρο-
τάτηι πεφύασιν·/ τὴν μέν θ' ἁρματοπηγὸς ἀνὴρ αἴθωνι σιδήρωι/ ἐξέταμ',
ὄφρα ἴτυν κάμψηι περικαλλέι δίφρωι·/ ἥ μέν τ' ἀζομένη κεῖται ποταμοῖο
παρ' ὄχθας.[157] In 11, 155-158 und 13, 178-181 wird das Fällen von Bäumen mit
dem Töten in der Schlacht verglichen, in 5, 559f. das Fallen eines Baumes mit dem
Fallen zweier Krieger.[158] In 13, 389-393=16, 482-486 verbildlicht das Fallen und das
Liegen des Baumes einen fallenden und liegenden Kämpfer, in 11, 492-495 werden
die Toten mit liegenden Baumstämmen verglichen. Das Töten in 8, 277=12, 194=16,
418: πάντας ἐπασσυτέρους πέλασε χθονὶ πουλυβοτείρηι wird mit der gleichen Wendung beschrieben wie das Fällen eines Baumes in 13, 180: [...] τέρενα
χθονὶ φύλλα πελάσσηι. Besonders interessant sind 12, 131-136 und 11, 155-158,
da in ihnen der Wind bzw. der Wind und das Feuer die Bäume bestürmen.[159] In 14,

---

[154] Cf. Schein 1984, 74.

[155] Zu weiteren Beispielen für solche Etymologien und zur Bedeutung von Namen bei Homer
s. Higbie 1995, 3-27. Strasburger 1954, 29 und Schein 1984, 74f. betonen den Kontrast zwischen
dem Frieden in der Beschreibung von Simoeisios' Herkunft und dem Krieg, in dem er sich gerade
befindet.

[156] Zu Naturgleichnissen für den Kampf cf. Stoevesandt 2004, 235-273.

[157] Zur Interpretation s. Fränkel 1921, 36f.; Strasburger 1954, 37.

[158] Zum Pathos dieses Bildes s. Griffin 1980, 105 und deJong 1987, 124.

[159] S. a. 13, 437, wo nach Fränkel 1921, 37 das »Bild nur leichthin gestreift« wird.

414-418 wird das Fallen des Helden mit dem Fallen eines von Zeus' Blitz getroffenen Baumstammes verglichen. Das Gleichnis verdeutlicht zugleich den Schrecken der Trojaner. S. a. die Weiterentwicklung des Bildes vom fallenden Baum in 11, 86-91 und 16, 633-637.[160] Die Baummetaphern sind verschieden interpretiert worden. Man hat in ihnen den Ausdruck einer besonderen Bedeutung des fallenden Kriegers gesehen,[161] aber auch gemeint, das Fallen des Baumes führe die Plötzlichkeit des Todes auf dem Schlachtfeld vor Augen.[162]

b) In den Gleichnissen, welche den Kampf mit dem Abernten eines Feldes vergleichen, entsprechen die Tötenden den Bauern und die Fallenden der Ernte. Auch den Erntebildern liegt wie dem Blättergleichnis der Gedanke der Regelmäßigkeit zugrunde, s. 11, 67-71; 19, 221-224; 20, 495-499. In 5, 499-505 wird zwar das Weißwerden der Tenne mit dem Weißwerden der Griechen durch den Staub verglichen. In diesem Bild kann aber auch die Ähnlichkeit zwischen Ernten und Töten in der Schlacht anklingen. In 8, 306-308 wird das Umkippen des Kopfes beim Fallenden verglichen mit dem Mohnkopf, der durch die Nässe herabgedrückt wird.[163]

Der Vergleich des Menschen mit Schößlingen und gerade blühenden Pflanzen wird, so läßt sich dieser kurze Überblick zusammenfassen, auf junge Menschen angewandt und bezeichnet die Vorzeitigkeit ihres Todes. Während die Pflanzenmetaphern die individuelle *mors immatura* beleuchten, erfaßt das Blättergleichnis das allgemeine Gesetz der menschlichen Vergänglichkeit. Die beiden Bilder treffen sich aber darin, daß sie die Schicksalskontingenz, der menschliches Leben unterliegt, vor Augen führen. Das, was sich der menschlichen Kontrolle entzieht, findet seinen bildlichen Ausdruck im Wind. Der hier bemerkten Ähnlichkeit und Nähe von Pflanzen und Menschen kann hinzugefügt werden, daß der Stamm φθι-, der in der *Ilias* für den Tod und die Sterblichkeit von Menschen gebraucht wird, ursprünglich das Absterben von Pflanzen bezeichnet.[164]

Interessant ist in diesem Kontext die Etymologie des Wortes ἥρως, das wahrscheinlich seinen Ursprung mit dem Namen Hera teilt.[165] Die Annahme einer Verwandtschaft mit lat. »servare« hat ihre Plausibilität durch die Entdeckung der frühgriechisch-mykenischen Form E-ra ohne Digamma verloren.[166] Stattdessen führt

---

[160] Cf. Fränkel 1921, 36.

[161] Mueller 1984, 109.

[162] Strasburger 1954, 37f.

[163] Silk 1974, 5 betont hier den Kontrast zwischen dem Kopf des toten Menschen und der weiter bestehenden Pflanze.

[164] Cf. Nagy 1979, 176, der die Verwendung dieses Stammes, besonders in Verbindung mit Achill und dem im Gegensatz zu ihm unsterblichen Ruhm (κλέος ἄφθιτον), ausführlich analysiert (176-189). S. a. Bakker 2002, 24.

[165] Cf. Chantraine s. v. Hera; Schröder 1956, 69; s. a. Nilsson ³1967, I 350 mit weiterer Literatur in Anm. 2.

[166] Cf. Ventris / Chadwick 1953, 95; van Windekus 1957; Chantraine s. v.; Frisk s. v.; Pötscher 1961, 304.

Schröder Hera auf *ier- zurück und geht von der Bedeutung »Jahresgöttin« aus.[167] Dementsprechend habe ἥρως ursprünglich »Jahresgott« bedeutet. Van Windekus nimmt den gleichen Ursprung an, leitet den Namen aber nicht von der Bedeutung »Jahr«, sondern »einjähriges Tier« ab.[168] So habe ἥρως ursprünglich »Junge« bedeutet. Auch Pötscher unterstützt diese Etymologie, meint aber, daß die Bedeutung »rechte Zeit« zugrundeliege, und daß, da Hera Paradigma der sozialen Ordnung sei, nicht die Reife im vegetativen Sinne, sondern die Reife zur Ehe gemeint sei.[169] Die Ableitung von *ier- ist nicht ohne Widerspruch geblieben.[170] Ist sie aber richtig, liegt die Bedeutung des Jungen, die in den Naturvergleichen für den Tod von Helden zum Ausdruck kommt, auch dem Wort ἥρως zugrunde.[171]

3.3 Das Blättergleichnis und die Genealogie

Kehren wir zurück zur Rede des Glaukos im 6. Buch und untersuchen den Zusammenhang zwischen Blättergleichnis und Genealogie. Im Blättergleichnis von 6, 146-149 ist der Gedanke der Vergänglichkeit des einzelnen eingebettet in das Weiterbestehen der Art, ausgedrückt durch die Abfolge der Blätter. Diese Erweiterung der einfachen Blattmetapher paßt zur Genealogie, die auch den einzelnen in eine Abfolge einreiht. Indem das Blättergleichnis aber die Vergänglichkeit des einzelnen betont, markiert sie genau das, was Stammbäume zu überwinden suchen. Wie wir gesehen haben, heben die Genealogien in der *Ilias* den zeitlichen Wandel durch Kontinuität auf.[172] Das Blättergleichnis untergräbt dagegen, wenn es die Vergänglichkeit des einzelnen in den Vordergrund rückt, den Gedanken der Kontinuität. Es legt somit den Versuch der Genealogie frei, die Vergänglichkeit des einzelnen durch die Permanenz des Geschlechts zu transzendieren.

Mit eben dieser Perspektive lassen sich die Ungewöhnlichkeiten der Genealogie des Glaukos erklären.[173] Die im Vergleich mit den Blättern deut-

---

[167] Schröder 1956, 66f.

[168] Van Windekus 1957.

[169] Pötscher 1961, 306.

[170] Ruijgh 1967, 89 Anm. 75 und Chantraine s. v. sprechen sich für einen vorgriechischen Ursprung aus. Cf. auch Frisk s. v.

[171] Für weitere Literatur s. Nagy 1996a, 48 Anm. 79.

[172] Besonders deutlich wird diese Erhebung des Individuums durch die Kontinuität der Familie, wenn Diomedes sein junges Alter durch seine Ahnenreihe kompensiert. S. die doppelte Verwendung des Stammes γεν- in 14, 111-113: [...] καὶ μή τι κότωι ἀγάσησθε ἕκαστοι,/ οὕνεκα δὴ γενεῆφι νεώτατός εἰμι μεθ᾽ ὑμῖν./ πατρὸς δ᾽ ἐξ ἀγαθοῦ καὶ ἐγὼ γένος εὔχομαι εἶναι. Glaukos geht dagegen von der Frage nach seiner Abstammung zur Vergänglichkeit des einzelnen über.

[173] Das ist bereits in den Scholien erkannt, s. das Scholion ad 6, 200-205: ὥσπερ δὲ ἐν ἀρχῆι διέσυρε τὰ ἀνθρώπινα τὸ φρύαγμα Διομήδους καθαιρῶν (sc. Z 145-9), καὶ νῦν οὐκ ἀπώκνησε τὴν περὶ τὸν πρόγονον μεταβολὴν τῆς τύχης ὁμολογῆσαι. S. a. Porphyrius ad

lich werdende Vergänglichkeit menschlichen Lebens findet ihren Ausdruck darin, daß Glaukos von Isanders und Laodameias Tod berichtet. Die Bestimmung des Menschen durch einen Naturvergleich, der die Kluft zu den Göttern deutlich macht, entspricht dem Abstand der Götter von den Menschen, den wir in der Genealogie des Glaukos festgestellt haben. Die Schicksalskontingenz, bildhaft dadurch ausgedrückt, daß die Blätter vom Wind herabgeweht werden, zeigt sich im Leben des Bellerophontes, der, zuerst von den Göttern begünstigt große Erfolge feiert, aber dann ohne Grund ins Unglück stürzt.

Folgendes kann festgestellt werden: Die Punkte, welche die Genealogie des Glaukos von den anderen Genealogien der *Ilias* abheben, die Vergänglichkeit des Menschen, die Kluft zu den Göttern und die Schicksalskontingenz sind im Blättergleichnis bildhaft formuliert.

Betrachten wir noch kurz Glaukos' Rede als Erwiderung auf die Worte des Diomedes. Mit der Kluft zwischen Menschen und Göttern knüpft Glaukos bei der Rede von Diomedes an, der ihn fragt, ob er ein Mensch oder Gott sei.[174] Glaukos erweitert diese Bestimmung des Menschen, indem er der Gegenüberstellung von Menschen und Göttern die von Menschen und Blättern hinzufügt. Er ergänzt die negative Abgrenzung bei Diomedes »nach oben« durch einen positiven Vergleich »nach unten«.[175] In seinem Vergleich kommt die *differentia specifica* zu den Göttern zum Ausdruck: die Fragilität menschlichen Lebens.

6, 200 (95, 1-6). Zur Spannung zwischen der Form der Genealogie und der Betonung der Fragilität bei Glaukos s. a. Andersen 1978, 101. Gaisser 1969a, 172-174 betont, daß Homer bewußt Änderungen an der mythischen Tradition vorgenommen habe, damit die Genealogie dem Tenor des Blättergleichnisses entspreche, verkennt aber die sonstige Funktion der Genealogie bei Homer, wenn sie meint, Stammbäume höben die Bedeutungslosigkeit des einzelnen hervor (168). Genealogien sind, wie ihre legitimative Verwendung zeigt, der Versuch, die Bedeutungslosigkeit des einzelnen zu überwinden. Griffin 1980, 72 erkennt die Kritik des Blättergleichnisses an der Genealogie, sieht aber nicht, daß die Genealogie bei Glaukos durch ihre inhaltliche Gestaltung ihrer traditionalen Funktion beraubt wird. Ebenfalls ohne zu bemerken, wie sehr die Form der Genealogie von Glaukos abgewandelt wird, hält Susanetti 1999, 101f. Blättergleichnis und Genealogie für komplementär. Lynn-George 1988, 200 und Goldhill 1991, 77f. meinen einen Widerspruch zwischen dem Blättergleichnis und der folgenden Genealogie zu erkennen. Piccaluga 1980, 247-252 (ähnlich Lowry 1995) behauptet sogar, mit seiner Genealogie zeige Glaukos, daß seine Familie sich vom normalen Los der Menschen unterscheide. Ins andere Extrem verfällt Martin 1989, 128f., wenn er meint, Glaukos wolle seinen eigenen Ruhm vergrößern, indem er das Unglück seiner Vorfahren darstelle.

[174] Bereits in 5, 441f. betont Apollon den Unterschied zwischen Menschen und Göttern: οὔ ποτε φῦλον ὁμοῖον/ ἀθανάτων τε θεῶν χαμαὶ ἐρχομένων τ᾽ ἀνθρώπων.

[175] Der Charakter des Menschen als natürlichen Lebewesens wird auch deutlich, wenn Zeus ihn den unsterblichen Pferden Achills gegenüberstellt und als das bejammernswerteste Lebewesen auf der Erde bezeichnet, 17, 443-447: ἆ δειλώ, τί σφῶι δόμεν Πηλῆι ἄνακτι/ θνητῶι, ὑμεῖς δ᾽ ἐστὸν ἀγήρω τ᾽ ἀθανάτω τε;/ ἦ ἵνα δυστήνοισι μετ᾽ ἀνδράσιν ἄλγε᾽ ἔχητον;/ οὐ μὲν γάρ τί πού ἐστιν ὀιζυρώτερον ἀνδρός/ πάντων, ὅσσα τε γαῖαν ἔπι πνείει τε καὶ ἕρπει.

Bevor Glaukos die Frage nach seiner Identität beantwortet, bestimmt er den Standort des Menschen. Für seine Identität ist die Zugehörigkeit zur Gattung Mensch grundlegender als die individuelle Herkunft. Dieser Sprung von der eigenen Abstammung zur *condicio humana* wird erleichtert, wie an anderer Stelle ausführlicher dargestellt,[176] durch den Begriff der γενεή. Dadurch, daß γενεή sowohl »Abstammung« als auch »Gattung, Art« bedeuten kann, kann Glaukos von der Frage nach der Abstammung zur Bestimmung der Gattung übergehen. Dieser Perspektivenwechsel ist bereits in der Rede von Diomedes angelegt, der die Frage, wer sein Gegenüber sei, mit der Frage danach verbindet, ob er einen Menschen oder einen Gott vor sich habe.

Damit weicht Glaukos' Vorstellung vom menschlichen Leben in signifikanter Weise von der des Diomedes ab.[177] Für Diomedes droht dem Menschen nur Gefahr, wenn er sich gegen die Götter erhebt; ansonsten scheint sein Wohlergehen in der eigenen Hand zu liegen. Er rechnet, falls sein Gegenüber ein Mensch ist, mit einem sicheren Sieg; auch in seinem Exemplum ist das Leid des Lykurgos selbstverschuldet. Dagegen ist der Mensch, wenn Glaukos vom unverschuldeten Leid des Bellerophontes und dem Treiben der Blätter im Wind erzählt, der göttlichen Willkür ausgesetzt.

Glaukos kritisiert – so läßt sich zusammenfassen – die traditionale Sinnbildung zuerst explizit im Blättergleichnis, dann implizit, indem er ihre Ausdrucksform, die Genealogie, aufgreift und entsprechend der Kritik umgestaltet. Die traditionale Sinnbildung hebt Wandel durch Kontinuität auf – Geschichte wird damit entzeitlicht. Glaukos stellt dagegen die Zeitlichkeit in den Vordergrund. Sie kommt bereits im Rhythmus des Werdens und Vergehens der Blätter zum Ausdruck. In der Genealogie wird die Vergänglichkeit durch den Tod von Isander und Laodameia in Erinnerung gerufen. Der Wind, der die Blätter auf den Boden wirft, und der Umschlag von Bellerophontes' Glück machen deutlich, wie unsicher das menschliche Leben ist. Die Subversion der Genealogie vor dem Hintergrund des Blättergleichnisses bringt genau das zum Ausdruck, auf dessen Überwindung die traditionale Sinnbildung angelegt ist: die bedrohliche Kraft des zeitlichen Wandels.

---

[176] Grethlein 2006c.

[177] Cf. Scodel 1992, 77-79. Gaisser 1969a, 175 meint, Diomedes' Bild des Menschen sei untragisch, das des Glaukos tragisch. Broccia 1963, 89f. macht darauf aufmerksam, daß die Gedanken zur Vergänglichkeit eine besondere Bedeutung nach der Schlachtbeschreibung in 6, 1-71 haben. Diese Beobachtung läßt sich dadurch erweitern, daß die Fragilität menschlichen Lebens auch im zweiten Teil des 6. Buches, der Begegnung von Andromache und Hektor, thematisiert wird, wenn die beiden über die Zukunft mit dem bevorstehenden Fall von Troja nachdenken. Cf. Susanetti 1999, 112.

3.4 Das Geschichtsbild des Glaukos und das historistische Geschichtsbild

Das Festhalten des Wandels in Glaukos' Rede erinnert an Rüsens genetische Sinnbildung: »Der genetische Typ narrativer Sinnbildung tritt in historiographischen Formen und Topoi auf, die das Moment der zeitlichen Veränderung ins Zentrum der historischen Deutungsarbeit stellen.«[178] Sinn wird nicht mehr wie beim traditionalen und exemplarischen Erzählen durch die Überwindung des Wandels gewonnen.

Die nähere Bestimmung der genetischen Sinnbildung bei Rüsen zeigt aber den tiefen Unterschied zu Glaukos' Ausführungen:

Sie [die Zeit als Veränderung] wird nicht mehr als Bedrohung historisch weggearbeitet, sondern als Qualität menschlicher Lebensformen hervorgehoben, als Chance der Überbietung erreichter Standards von Lebensqualität, als Eröffnung von Zukunftsperspektiven, die über den Horizont des Bisherigen qualitativ hinausgehen.[179]

Die Wandelbarkeit des Glückes erscheint bei Glaukos keineswegs als positive Möglichkeit, sondern als bedrohlich. Offensichtlich läßt sein Blick auf die Vergangenheit den Wandel anders als das traditionale und exemplarische Erzählen stehen und ist trotzdem kein genetisches Erzählen.

Die Differenzen zwischen Rüsens Begriff der genetischen Sinnbildung und dem Geschichtsbild, das Glaukos' Rede zugrundeliegt, sind aus zwei Gründen interessant.

Sie bestätigen die im II. Kapitel in einem theoretischen Horizont gegebene Kritik an Rüsens Ansatz. In Glaukos' Rede werden Wandel und Zufall nicht durch den Gedanken der Kontinuität, Regularität oder Entwicklung aufgehoben. Während Rüsen davon ausgeht, daß Schicksalskontingenz im geschichtlichen Erzählen stets aufgelöst wird, bleibt sie nicht nur bestehen, sondern wird sogar betont.

Außerdem erhellt, da Rüsens Kategorie der genetischen Sinnbildung anhand moderner Geschichtsvorstellungen entwickelt worden ist, ihr Verhältnis zu Glaukos' Rede die Differenzen zwischen seinem Geschichtsbild und modernem Geschichtsdenken. Hier können wir sogar noch weitergehen: Wie die Verbreitung der Pflanzenmetapher in der *Ilias* zeigt, betont nicht nur Glaukos die Unsicherheit menschlichen Lebens, sondern formuliert ein Geschichtsbild, das auch an anderen Stellen der *Ilias* in Erscheinung tritt. Auch wenn es Kapitel V vorbehalten ist, dies ausführlicher zu belegen, sei es bereits jetzt gestattet, vom Geschichtsbild der homerischen Helden zu sprechen.

---

[178] Rüsen 1989, 52.
[179] Rüsen 1989, 52.

Im folgenden soll die Analyse des Geschichtsbildes der homerischen Helden durch einen Vergleich mit dem historistischen Geschichtsdenken vertieft werden.[180]

Warum ziehen wir hier das historistische Geschichtsbild zum Vergleich heran? Wird mit dem Historismus nicht vor allem die Geschichtswissenschaft des 19. Jhs. bezeichnet, während sich die vorliegende Studie auf einen nichthistoriographischen Text konzentriert und ein zentraler Gedanke der Einleitung war, daß die Geschichtswissenschaft nicht der einzige Zugang zur Geschichte ist? Nehmen nicht auch verschiedene Ansätze in der Geschichtswissenschaft für sich in Anspruch, den Historismus überwunden zu haben?[181] Diesen Einwänden ist folgendes entgegenzuhalten: Es hat sich als nicht fruchtbar erwiesen, den Historismus auf die Geschichtswissenschaft zu beschränken; vielmehr prägt er auch andere Wissenschaften und hat sich in der nichtwissenschaftlichen Literatur niedergeschlagen.[182] Demgemäß wird hier nicht das, was ihn als Wissenschaft auszeichnet, als vielmehr der sich auch in nichthistoriographischen Zeugnissen findende Umgang mit Geschichtlichkeit in den Blick genommen. Außerdem ist es voreilig, den Historismus für obsolet zu erklären. Das von ihm hervorgebrachte historische Denken ist nach wie vor ein wichtiger Modus, Wirklichkeit zu konstruieren. Gerade die zu beobachtende Musealisierung und das große Interesse an kollektiver Erinnerung sind getragen von einem Interesse an und Zugang zur Geschichte, die vom Historismus geprägt sind[183] – unabhängig davon, ob sie als Kompensation gesehen werden oder nicht.[184] Versuche, den Historismus zu überwin-

---

[180] Zum Begriff des Historismus s. Oexle 1986 und die Literatur unten in Anm. 183.

[181] Vor allem die Sozialgeschichte ist durch eine kritische Auseinandersetzung mit dem Historismus geprägt. Die Mikrohistorie im 20. Jh. hat den Blick von großen Zusammenhängen abgewandt. Der Gedanke der Entwicklung ist durch die Genozide in der ersten Hälfte des 20. Jhs. (cf. LeGoff 1986, 187-284) und ein zunehmendes Bewußtsein von den Grenzen des Wachstums in der zweiten Hälfte des 20. Jhs. in Frage gestellt worden. Zudem hat zuletzt die Geschichtsphilosophie mit dem Gedanken vom Ende der Geschichte wieder Auftrieb erhalten, cf. Steenblock 1994 und Pöggeler 1995. Hartog 2003 vertritt die These, mit den Ereignissen von 1989 sei die Geschichte in ein neues »régime d'historicité«, eine Zeit des »présentisme«, eingetreten.

[182] Oexle 1996 zeigt, daß der Begriff des Historismus in der historischen Diskussion unter dem Einfluß von Meinecke auf die Geschichtsschreibung des 19. Jh. eingeengt wurde. Er plädiert dafür, dem Historismus wieder die umfassendere kulturwissenschaftliche Dimension zu geben, die er vor Meinecke hatte, und ihn als ein grundlegendes, immer noch aktuelles Problem der Moderne anzusehen. Zum Verhältnis zwischen wissenschaftlicher Geschichtsschreibung und nichtwissenschaftlichen Geschichtsdarstellungen s. beispielsweise Süssmann 2000. S. a. Lampart 2002 zum historischen Roman von Scott, von Arnim, de Vigny und Manzoni.

[183] Lübbe 2000 betont die Bedeutung, welche die Vergangenheit auch in unserem Denken hat. Er geht davon aus, daß die Erfahrung von Beschleunigung, die Koselleck als Grundlage für die Entwicklung des Geschichtsdenkens am Ende des 18. Jhs. herausgearbeitet hat, nach wie vor aktuell ist. Zur Musealisierung s. Preis (ed.) 1990; Zacharias 1990; Huyssen 1995, 13-35. Zur aktuellen Bedeutung des Historismus s. a. Steenblock 1991a; 1991b; Scholtz (ed.) 1997.

[184] Die Kompensationsthese wird in Anlehnung an Ritter 1974, 105ff. ausgeführt bei Marquard 1986, 98-116 und Lübbe 1991, 209-233. Gegen diese These s. Baumgartner ²1997, 262-269. Zu einer anderen Perspektive s. Huyssen 1995. S. a. Jaeger / Rüsen 1992, 24, die darauf hinweisen, daß bereits Droysen den Historismus als Krisenverarbeitungsstrategie gesehen habe.

den, haben sich oft noch nicht aus seinem Horizont herausbewegt.[185] Diese Überlegungen implizieren nicht, daß die gesamte Moderne durch ein einheitliches Geschichtsbild verbunden ist. Geschichtsbilder unterscheiden sich von Individuum zu Individuum – sogar ein Individuum kann in verschiedenen Kontexten verschiedenen Geschichtsbildern folgen. Dennoch bewegen sich die mannigfaltigen Geschichtsbilder einer Kultur innerhalb bestimmter Parameter.[186] Dementsprechend bezeichnet das »historistische Geschichtsbild« hier nicht eine monolithische Entität, sondern dient als heuristische Kategorie für Geschichtskonstruktionen in der Moderne, die besonders deutlich in der geschichtswissenschaftlichen Literatur des 19. Jhs. zum Vorschein kommen (zu Differenzierungen s. unten S. 106-108).

Im Zentrum des historistischen Geschichtsbegriffs steht der Gedanke der Entwicklung.[187] Aus Veränderungen wird Sinn gewonnen, indem in ihnen eine Richtung gesehen wird, die eine Entwicklung bildet. Kontinuität wird also nicht in der Wandellosigkeit, sondern in den Veränderungen selbst gesehen. Man könnte von einer Kontinuität zweiter Ordnung sprechen:

Die Kräfte der Veränderung werden als Faktoren der Kontinuierung gedeutet, die Unruhe der Zeit als Motor ihrer Stetigkeit vorgestellt. Veränderungen werden als prozeßhafte Verläufe vorgestellt, in denen Anderswerden und Gleichbleiben zwei Seiten ein und derselben Sache sind.[188]

Eine Voraussetzung dafür, daß zeitliche Entwicklungen in den Blick rückten, war die schnelle Veränderung der Wirklichkeit am Ende der Frühen Neuzeit. Die neuen Erfahrungen, welche die Erwartungen qualitativ überstiegen, lenkten den Blick auf Entwicklungsprozesse.[189] Zugleich wurden Endzeitvorstellungen abgelöst durch Geschichtsphilosophien, welche die Zukunft als offenen Handlungsraum begreifen ließen.[190] Geschichte wird

---

[185] Dies zeigt Fulda 2000 für Foucault. Zur »modernen Sozialgeschichte« s. Hölscher 2003, 81. Auch wenn Hölscher 2003, 81-85 versucht, seine »Neue Annalistik« vom Historismus abzugrenzen, ist sie doch eher der Versuch, die historistische Idee eines einheitlichen Geschehenszusammenhanges durch den Gedanken der Perspektivierung zu retten, cf. 83: »Jenseits der sich im Laufe der Zeit ablösenden Geschichtsbilder zeichnet sich so ein historischer Gesamtzusammenhang ab, der eine absolute, jedes einzelne Geschichtsbild transzendierende und doch nur im Durchgang durch deren Summe zu gewinnende Gültigkeit besitzt.«

[186] S. beispielsweise Goetz 1999, 16-18. Außerdem cf. Darbo-Peschanski (ed.) 2000, 22 zu verschiedenen »temporalités« innerhalb einer Kultur.

[187] Rüsen 1989, 53.

[188] Rüsen 1982, 556. S. a. id. 1989, 54f.

[189] S. beispielsweise Jaeger / Rüsen 1992, 16: »Erst die Erfahrung allgemeinen und beschleunigten Wandels ermöglichte die Vorstellung von der ›Geschichte an sich‹.« Koselleck 1979, 63-67 zeigt, daß ab der Mitte des 18. Jh. die Beschleunigung, die davor ein Zeichen der Apokalypse war, zu einem geschichtlichen Hoffnungsbegriff wurde.

[190] Cf. Koselleck 1975, 676. Id. 1979, 28-37 zeigt, daß die Endzeiterwartungen von kurzfristiger Prognostik und Geschichtsphilosophie abgelöst wurden. Da die Prognostik aber große Veränderungen ausgeschlossen habe, sei die Zukunft als neue Zeit erst durch die Geschichtsphilosophie eröffnet worden. Zur neuen Konstruktion der Zukunft s. Hölscher 1999.

seitdem als eigenmächtiger Prozeß verstanden. Dies hat sich in der Begriffsgeschichte niedergeschlagen. Aus der Bildung des Kollektivsingulars und der Zusammenfassung von Sachverhalt, Darstellung und Wissenschaft ist der Begriff der Geschichte entstanden, dessen Bedeutung die einzelnen Befunde und Tatsachen übersteigt.[191]

Das Verhältnis von Spätaufklärung und Historismus bei der Entstehung des modernen Geschichtsbildes ist umstritten. Die Auseinandersetzung um das Verhältnis von Spätaufklärung und moderner Geschichtswissenschaft wird nicht zuletzt deswegen so intensiv geführt, weil sie mit dem Selbstverständnis der Diskutanten verbunden ist. In der Beurteilung, wie wichtig Aufklärung und Historismus für das moderne Geschichtsdenken sind, spiegelt sich die Bestimmung des eigenen Fachs wider. Während konservative Historiker in der Tradition des Historismus die Kluft zwischen diesem und der Aufklärungshistorie betonen,[192] heben andere die Bedeutung der Aufklärung für die moderne Geschichtswissenschaft hervor.[193]

Der Gedanke der zeitlichen Entwicklung geht, so läßt sich feststellen, aus dem aufklärerischen Fortschrittsdenken hervor.[194] Zuerst wird die Vernunft metahistorisch in der Natur des Menschen gesehen, aber bereits die schottische Moralphilosophie oder Lessing in der »Erziehung des Menschengeschlechts« historisieren sie.[195] Die Spätaufklärung bildet nicht nur mit den vor allem von Göttingen ausgehenden Ansätzen der Verwissenschaftlichung und Verfachlichung, sondern auch mit der Sicht der Geschichte als eines »sich dynamisierenden und auf Fortschritt angelegten Wandlungsprozesses«[196] eine wichtige Grundlage für den Historismus.

Zugleich wird aber in der Historischen Schule Entwicklung anders verstanden als in der Aufklärung; grundlegend ist Herders Kritik am Begriff des Fortschritts und teleologischen Geschichtskonstruktionen. Entwicklung

---

[191] Zur Entstehung des Kollektivsingulars s. Koselleck 1975, 647-653, zur Zusammenfassung von Sachverhalt, Darstellung und Wissenschaft in einem Begriff ibid. 653-658.

[192] S. zum Beispiel Muhlack 1991. Auch für Nipperdey 1976, 59-73; 1983, 498-533 entsteht die moderne Geschichtswissenschaft mit dem Historismus, in dessen Tradition er sich selbst trotz Kritik an einzelnen Punkten sieht.

[193] Cf. Bödeker (ed.) 1986; Blanke 1991. S. a. id. / D. Fleischer (ed.) 1990. In diesen Arbeiten wird vor allem die Göttinger Geschichtsschreibung der Spätaufklärung gewürdigt. S. a. Reill 1975; 1996, der den Ursprung des historistischen Entwicklungsgedankens im Vitalismus sieht. Iggers 1968 kritisiert den Historismus als Ideologie und sieht in ihm in vielen Punkten ein Zurückfallen hinter die Aufklärung (s. a. Mommsen 1971). Damit akzentuiert auch er, allerdings aufgrund seiner Kritik am Historismus, den Bruch zwischen ihm und der Aufklärung. S. dagegen beispielsweise Jaeger / Rüsen 1992, 10, die im Historismus den Erben und Vollender der Aufklärung sehen.

[194] Cf. Schulin 1994, 334. Wieland 1975, 202 bemerkt, daß erst in der Neuzeit der Entwicklungsbegriff für politisch-soziale Zusammenhänge gebraucht werde.

[195] Rüsen 1994a, 363-365. Cf. Jaeger / Rüsen 1992, 13.

[196] Jaeger / Rüsen 1992, 20.

wird jetzt in organischer Weise aufgefaßt.[197] Dabei wird auch Chladenius'
Betonung der Perspektivität historischer Erkenntnis (der »Sehepunkt«)
verzeitlicht.[198]

Trotz der Kritik an der Aufklärungshistorie bleibt für die Historische
Schule die Geschichtsphilosophie des deutschen Idealismus grundlegend.[199]
In Spannung zur Einsicht in die historische Relativität und zur zunehmenden Verwissenschaftlichung durch die historisch-philologische Methode ist
bis zur Kritik von Max Weber die Idee der Entwicklung mit religiösem
Sinn gefüllt.[200] Eine wichtige Voraussetzung dafür, daß in geschichtlicher
Entwicklung ein immanenter Sinn gesehen wird, ist die Geschichtlichkeit
der jüdisch-christlichen Tradition. Dadurch, daß Geschichte als Heilsgeschichte verstanden wird und die Offenbarung Gottes in der Geschichte
stattfindet, erhält Geschichte eine besondere Dignität.[201] Die deutsche Geschichtsschreibung des 19. Jahrhunderts ist nicht als Ersatzreligion oder
säkulare Heilsgeschichte anzusehen, sondern ihre Geschichtsreligion ist
explizit christlich.[202]

Wie verhält sich das Geschichtsbild der homerischen Helden dazu? Bei
ihnen spielen Entwicklungen keine Rolle. Die Schicksalsschläge in Glau-

---

[197] Cf. Jaeger / Rüsen 1992, 1. Zu Herder ibid. 21 f. und 26. Sie halten als weitere Unterschiede
der Historischen Schule zur Spätaufklärung fest, daß dem Pragmatismus, in dessen Zentrum das
Ursache-Wirkungs-Verhältnis lag, der Idealismus entgegengestellt wurde (cf. Koselleck 1975,
674-676), und daß an die Stelle des Naturrechtsdenkens der »Rekurs auf politische Traditionen als
Grundlage politischer Ordnungen« trat (21 f.). Schulin 1994, 339 sieht in der Historischen Schule
gegenüber aufklärerischen Positionen eine stärkere Betonung zeitlicher Zusammenhänge und der
individuellen Besonderheit von Zeiten.

[198] Cf. Chladenius 1742, 189. S. dazu Koselleck 1975, 696-698.

[199] Cf. Koselleck 1975, 677. Er zeigt auch, wie umgekehrt die *historia sacra* vom neuen Geschichtsverständnis geprägt wurde (684-686).

[200] Cf. Hardtwig 1991, 7. Rüsen 1994a, 366 bemüht sich sogar zu zeigen, daß die
Geschichtsreligion dem Streben nach Wissenschaftlichkeit nichts Äußerliches, sondern trotz der
sich ergebenden Spannungen eng mit ihr verbunden gewesen sei. Gegen Oexle 1996, 168 ist zu
betonen, daß nicht erst Meinecke den Historismus zu einer Geschichtsreligion machte. Der Relativismus, der nach seiner Rekonstruktion im Zentrum der Historismusdebatte vor Meinecke stand,
ist gerade auf die Spannung zwischen methodischem Anspruch auf Wissenschaftlichkeit und
idealistischen Voraussetzungen zurückzuführen. Fleischer 1991 weist einen geschichtsreligiösen
Charakter in der Historiographie der Spätaufklärung nach. S. a. Iggers ²1996, 11 f. Signifikant ist
die christliche Prägung beispielsweise im Titel einer Abhandlung von Gatterer 1767.

[201] Cf. Rüsen 1994a, 351; Koselleck 1975, 651.

[202] Cf. Hardtwig 1991, 1 f. Bei Ranke verbindet der Begriff der Idee Immanenz und Transzendenz miteinander (3-5); Droysen, der sich so um die Empirisierung der Geschichtswissenschaft
bemüht, sieht sie als Rechtfertigung Gottes angesichts des Bösen in der Welt an (5f.); für
Meinecke ist die Unendlichkeit zentral (6). Als Beispiel sei zitiert Droysen 1846, I 5: »Unser
Glaube giebt uns den Trost, daß eine Gotteshand uns trägt, daß sie die Geschicke leitet, große wie
kleine. Und die Wissenschaft der Geschichte hat keine höhere Aufgabe, als diesen Glauben zu
rechtfertigen; darum ist sie Wissenschaft. Sie sieht und findet in jenem wüsten Wellengang eine
Richtung, ein Ziel, einen Plan, sie lehrt uns Gottes Wege begreifen und bewundern; sie lehrt uns in
deren Verständnis erlauschen, was des weiteren zu erhoffen und zu erstreben obliegt.«

kos' Genealogie zeichnen sich dadurch aus, daß sie plötzlich kommen und
nicht vorhersehbar sind; auch das Blättergleichnis betont die Fragilität des
Menschen. Die Willkür der Götter bzw. die Macht des Zufalls verhindern
vielmehr, daß sich die Stetigkeit einer Entwicklung herausbildet. Daraus
ergeben sich weitreichende Konsequenzen für den Blick auf die Vergangenheit und Zukunft.

Durch den Gedanken der Entwicklung, der grundlegend für das historistische Geschichtsdenken ist, werden qualitative Veränderungen greifbar.
Umgekehrt kann man sagen, daß die Wahrnehmung qualitativer Veränderungen den Begriff der Entwicklung hervorbringt. Das genetische Erzählen
des historistischen Geschichtsbildes markiert zwischen Vergangenheit und
Zukunft »eine qualitative Differenz, die sie zugleich mit der Vorstellung
eines kontinuierlichen Übergangs von der einen Qualität zur andern über-
brückt.«[203] Historischen Ereignissen und Zeiten kommt damit eine
Individualität zu. Dagegen sind im Geschichtsbild der homerischen Helden
angesichts der Macht des Zufalls qualitative Veränderungen, die in eine
Entwicklung eingebettet sind, schwer vorstellbar.

Außerdem eröffnet der Gedanke der Entwicklung die Zukunft als Handlungsraum:

*Gegenwartserfahrungen von Veränderungen werden durch diese Art der historischen
Erinnerung als Handlungsmöglichkeiten zur Kontinuierung solcher Selbsttranszen-
dierungen verständlich gemacht: Zukunft wird als Überbietung von Herkunft erwart-
bar.*[204]

Für die homerischen Helden ist die Zukunft weniger die Möglichkeit, neue
Handlungshorizonte zu erschließen, sie ist vielmehr bedroht vom Zufall.

Diese Gegenüberstellung gewinnt an Schärfe, wenn wir sie im Lichte der
theoretischen Diskussion des II. Kapitels sehen. Dabei wird sich die kontingenzgeschichtliche *opinio communis* als unhaltbar erweisen, nach der Kontingenz in der Antike keine Rolle spielte und erst in der Moderne bedeutungsvoll wurde. Rüsen stellt das neuzeitliche Geschichtsbewußtsein archaischen Konzeptionen gegenüber:

*Historisches Denken ist grundsätzlich Kontingenzbewältigung. Kontingenz wird als
zeitlicher Wandel der menschlichen Lebensverhältnisse erfahren, der nicht als Folge
absichtsvollen menschlichen Handelns verstanden werden kann, sondern handlungs-
leitenden Absichten zumeist zuwider läuft. In archaischen Gesellschaften und in
älteren Kulturen wird diese Kontingenzerfahrung durch ein Zeitkonzept und ihm
entsprechende Ausprägungen des Geschichtsbewußtseins bewältigt, in dem sie verschwindet oder ihr zumindest die Spitze der Unvorhersehbarkeit abgebrochen wird:
Sie wird in die Vorstellung einer ewigen Dauer von Weltordnung aufgelöst oder*

---

[203] Rüsen 1982, 555.
[204] Rüsen 1982, 555.

erscheint ihr gegenüber als sekundär. Judentum und Christentum kehren dieses Verhältnis von Dauer und Wandel geradezu um: Die religiöse Gewißheit, daß Gott selbst in und durch Kontingenz handelt, macht es möglich, deren Unruhe der zeitlichen Veränderung als fundamental sinnträchtig anzusehen. Religion wird damit zu einer vorzüglichen Sinnquelle eines historischen Denkens, das Kontingenz nicht zum Verschwinden bringt, sondern austrägt und insofern (im modernen Verständnis) erst recht eigentlich historisch wird.[205]

Die Bedeutung der Kontingenz in der Antike wird ähnlich beurteilt von anderen Gelehrten, die behaupten, das Kontingenzbewußtsein habe sich im Laufe der Geschichte gesteigert. In der Einleitung zum letzten Band der Gruppe »Poetik und Hermeneutik« schreiben von Graevenitz und Marquard:

Als kontingenzgeschichtliche Arbeitshypothese drängt sich auf die These vom zunehmenden Kontingenzbewußtsein. Eine mögliche Formulierung wäre: erst – in der Antike – war alles notwendig und (fast) nichts kontingent; dann – in der christlichen Welt – war Gott notwendig und alles, was nicht Gott ist (die geschaffene Welt), kontingent; schließlich – in der modernen Welt: nach der Schwächung Gottes und der Schwächung des transzendentalen Subjekts – ist nichts mehr notwendig und alles kontingent.[206]

Wetz behauptet in seinem Beitrag über die Kontingenz der Welt:

Im allgemeinen stellten sich die Griechen des Altertums das Weltall als Kosmos vor, was soviel wie ›schönes Schmuckgebilde‹ bedeutet. Das ›so herrlich geschmückte Weltall‹ bildete für sie einen harmonischen Ordnungszusammenhang, in dem kein Platz für das Flüchtige, Zufällige, Wesenlose war.[207]

Makropoulos schließlich versucht die Moderne als eine Zeit zu definieren, in der Kontingenz in historisch einzigartig starker Weise wahrgenommen werde. In ihr seien nicht nur Handlungen, sondern auch Handlungsbereiche kontingent.[208]

Diese Thesen zur Geschichte der Kontingenz lassen sich schwerlich halten, nachdem deutlich geworden ist, welche Rolle der Zufall für die homerischen Helden spielt. Ihre Wahrnehmung von Kontingenz ist, wie wir gesehen haben, besonders stark; in ihren Augen tritt die Fragilität menschlichen Lebens hervor. Zwei Überlegungen, die bereits im II. Kapitel genannt sind, helfen, die Bedeutung von Kontingenz in der Antike, hier vertreten durch das homerische Epos, und der Moderne richtig zu bestimmen: Makropoulos macht darauf aufmerksam, daß Kontingenz gesellschaftlich unterschiedlich wahrgenommen wird. Außerdem ist Bubners Hinweis, daß Kontingenz

---

[205] Rüsen 1994a, 351f.
[206] V. Graevenitz / Marquard 1998b, XII.
[207] Wetz 1998, 82.
[208] Makropoulos 1997, 22.

sowohl Handlung als auch Zufall bedingt, zu beachten. Die daran ange-
lehnte Unterscheidung von Beliebigkeits- und Schicksalskontingenz, die
Marquard vornimmt, ist besonders fruchtbar, um die unterschiedliche
Wahrnehmung von Kontingenz in Antike und Moderne zu erfassen.

Als neue kontingenzgeschichtliche These sei folgendes vorgestellt: Die
Behauptung, Kontingenz sei in der Antike kaum wahrgenommen worden,
wird durch den homerischen Befund widerlegt. Kontingenz wird von den
epischen Helden allerdings anders aufgefaßt als in der Moderne. Die Wahrnehmung der Schicksalskontingenz ist hier viel stärker als im historistischen Geschichtsdenken: Sie ist so dominant, daß die Handlungsfreiheit
bedroht wird. Im Historismus steht dagegen die Beliebigkeitskontingenz im
Mittelpunkt. Da, wie Koselleck gezeigt hat, der Erwartungshorizont durch
neue Erfahrungen durchbrochen und folglich die Zukunft als offener Raum
für menschliches Handeln gesehen wird, spielt der von den epischen Helden
als Belastung empfundene Zufall keine große Rolle. Dem homerischen
Fokus auf die Schicksalskontingenz steht, stark vereinfacht, die vordringli-
che Erfahrung der Beliebigkeitskontingenz im Historismus gegenüber.

Es ist nicht verwunderlich, daß Koselleck in seiner Theorie historischer
Zeit die Handlungsfreiheit betont, die entsteht, wenn Erwartungen durch
Erfahrungen übertroffen werden, und Gadamer in das Zentrum seines Er-
fahrungsbegriffes die Enttäuschung von Erwartungen stellt. Kosellecks
Theorie ist aus einer Untersuchung der Wahrnehmung von Zeit am Ende
der Frühen Neuzeit erwachsen. Der auch als klassischer Philologe ausgebil-
dete Gadamer bezieht sich nicht nur auf Aristoteles, sondern nennt auch
Aischylos als Zeugen seiner Theorie der Erfahrung.[209]

Der verbreiteten These, Kontingenz sei der Antike weitgehend fremd
gewesen, liegt eine Verengung sowohl im Begriff der Kontingenz als auch
im untersuchten Material zugrunde: Kontingenzerfahrung wird auf die für
die Moderne charakteristische Erfahrung von Beliebigkeitskontingenz beschränkt. In diesem Sinne bezieht sich beispielsweise Makropoulos auf
Meiers Arbeiten zu einem »antiken Äquivalent des Fortschrittsgedankens«
und stellt die Unterschiede zur Eröffnung der Zukunft als offenem Handlungsraum in der Moderne fest.[210] Zudem haben die genannten Gelehrten
nur die philosophische Tradition, fast ausschließlich Aristoteles, im Blick,
ein Fokus, der angesichts der grundlegenden Bedeutung von Kontingenz für
menschliches Leben und der Fülle der antiken Literatur erstaunlich beschränkt ist.

Die These, daß im Zentrum des Geschichtsbildes der homerische Helden
die Schicksalskontingenz stehe, mag auf den ersten Blick an die traditio-

[209] Gadamer 1986a, 362f.
[210] Makropoulos 1997, 21.

nelle Geistesgeschichte erinnern, die, wenn auch eher im Blick auf die Lyrik,[211] so doch den griechischen Pessimismus betont. Aber der theoretische Hintergrund, der im II. Kapitel erarbeitet worden ist, ermöglicht es, über diesen Ansatz hinauszugehen.

Erstens macht er die lebensweltliche Verankerung des griechischen Pessimismus deutlich, der auf der Auseinandersetzung mit der zeitlichen Struktur menschlicher Existenz beruht. An die Stelle eines mehr oder weniger reflektierten Evolutionismus ist ein phänomenologischer Ansatz getreten.

Zweitens lassen die theoretischen Überlegungen uns einen Zusammenhang erkennen zwischen der starken Wahrnehmung menschlicher Fragilität und der Modi, Vergangenes zu erinnern. Die starke Wahrnehmung der Unsicherheit menschlichen Lebens läßt sich nicht auf eine pessimistische Grundeinstellung reduzieren, sondern prägt grundlegend den Blick auf die Vergangenheit, der durch Exempel und Traditionen versucht, Zufall aufzuheben. Dies soll im folgenden Abschnitt (III 4) an der Begegnung von Glaukos und Diomedes exemplarisch vorgeführt werden.

Drittens eröffnet das hier zugrundegelegte Modell, das nicht nur von der lebensweltlichen Verankerung von Geschichte ausgeht, sondern auch eine Typologie von Geschichtsbildern bietet, eine komparatistische Perspektive – so konnte gerade das Geschichtsbild der homerischen Helden mit dem des Historismus verglichen werden.

Viertens hat der lebensweltliche Ansatz es möglich gemacht, das Epos für die Debatte zur Geschichte der Kontingenz fruchtbar zu machen.

3.5 Zusammenfassung

In Glaukos' Rede und den Vergleichen des Menschen mit der Natur wird ein Geschichtsbild sichtbar, das wie die genetische Sinnbildung, die das historistische Geschichtsdenken charakterisiert, Wandel nicht aufhebt. Aber während die genetische Sinnbildung Entwicklungen konstruiert und in ihnen einen Sinn erkennt, herrscht bei den homerischen Helden die Unberechenbarkeit des Zufalls.

Dieser Unterschied läßt sich gut mit der im II. Kapitel entwickelten Theorie des Geschichtsbildes erklären. Das Geschichtsbild ist als die Spannung zwischen Erwartung und Erfahrung definiert worden, die in der Kontingenz begründet ist. Die Differenz zwischen dem Geschichtsbild der homerischen Helden und dem historistischen Geschichtsdenken beruht auf der unterschiedlichen Wahrnehmung von Kontingenz. Im Zentrum des historisti-

---

[211] Fränkel [3]1968, 33 meint sogar, die *Ilias* »beruhte auf der Vorstellung der Beständigkeit«!

schen Geschichtsdenkens steht die Beliebigkeitskontingenz, die homerischen Helden nehmen dagegen vor allem die Schicksalskontingenz wahr. Während das Vertrauen in die eigene Handlungsfreiheit in der Moderne die Schicksalskontingenz in den Hintergrund treten läßt, schränkt im homerischen Geschichtsbild die Unberechenbarkeit des Zufalls die Handlungsfreiheit ein und untergräbt die Annahme von Entwicklungsprozessen, die zentral für das historistische Geschichtsdenken sind.

Diese Beobachtung erklärt auch, warum die epischen Helden kein Abstraktum kennen, welches die Vergangenheit oder die Geschichte bezeichnet. Überhaupt gibt es in der Antike keinen Begriff, der die Geschichte als eigenen Prozeß beschreibt.[212] Die Entstehung des modernen Geschichtsbegriffes zeigt, daß Geschichte erst dann als Kollektivsingular greifbar wird, wenn sie als eigener Prozeß mit einem der Entwicklung inhärentem Sinn gesehen wird.

4. Schicksalskontingenz und exemplarische und traditionale Sinnbildung

Im folgenden soll der Zusammenhang zwischen der starken Wahrnehmung von Schicksalskontingenz und den Formen der historischen Sinnbildung betrachtet und am Treffen von Glaukos und Diomedes exemplifiziert werden. Als Folie soll auch hier das historistische Geschichtsbild dienen, dem wir uns zuerst zuwenden.

Der historistische Geschichtsbegriff bildet mit der Vorstellung der Entwicklung Sinn und kritisiert von diesem Standpunkt aus sowohl die traditionale als auch die exemplarische Sinnbildung. Seit der Aufklärung sind Traditionen Gegenstand der Kritik. Der Entwicklungsgedanke stellt zudem die einfache Kontinuität in Frage und ersetzt sie durch dynamische Prozesse, gleichsam Kontinuitäten zweiter Ordnung.

Außerdem machte, wie Koselleck und andere zeigen, die Entstehung des modernen Geschichtsbewußtseins die Heranziehung historischer Exempla problematisch.[213] Aufgrund der Einzigartigkeit historischer Ereignisse und der Autonomie historischer Epochen können vergangene Situationen nicht einfach auf die Gegenwart übertragen werden. Der Gebrauch historischer Exempla setzt die Gleichheit von Gegenwart und Vergangenheit voraus,

---

[212] Cf. Koselleck 1979, 135, der allerdings betont, die Griechen hätten auch ohne den Begriff der Geschichte »den Ereignissen innewohnende Ablaufzeiten herauspräpariert«. S. a. Fornara 1983, 91f.

[213] Koselleck 1979, 38-66. Cf. Lübbe 1977, 14, 269-274; Lowenthal 1985, 364f. Blumenberg ²1986, 116 führt diesen Prozeß auf die »Entzweiung von Lebenszeit und Weltzeit« zurück.

welche der Gedanke der Entwicklung in Frage stellt.[214] Nicht mehr das
einzelne Exemplum kann Orientierung für eine spezifische Situation in der
Gegenwart geben, sondern die Geschichte als Prozeß kann allgemein bilden.[215]

Dieses Bild ist sehr schematisch und vernachlässigt wichtige Formen der
Memoria: Auch in der Moderne wird die Vergangenheit durchaus noch in
Form von Exempla und Traditionen vergegenwärtigt. Ethnologische Arbeiten zu den »margins of Europe« etwa zeigen die Relevanz von scheinbar
vormodernen Elementen für Geschichtsbilder: Sutton beispielsweise arbei-
tet in seiner Studie über die Bewohner von Kalymnos, einer der Dodekanes-
Inseln vor der türkischen Küste, ein analogisches Geschichtsdenkens heraus. Vergangene Ereignisse werden als Folie für ein besseres Verständnis
der Gegenwart herangezogen. Geschichte überhaupt wird in festen Mustern
wahrgenommen. Die politische, religiöse und lokale Ebene werden durch
Isomorphismen miteinander verbunden.[216]

Dabei können wir gleich im akademischen Milieu bleiben: Beispielsweise wurde zu Beginn des Ersten Weltkrieges an der Universität Toronto
der Melierdialog aus den *Historien* des Thukydides vorgetragen, wobei die
Deutschen, Briten und Belgier den Athenern, Spartanern und Meliern zuge-
ordnet waren. Hier wurde der Peloponnesische Krieg zur Folie des Ersten
Weltkrieges.[217]

Ebenso spielen Traditionen vielleicht sogar in zunehmenden Maße eine
Rolle. Lowenthal, der 1985 noch die »Fremdheit der Vergangenheit« in der
Moderne betonte, stellt in das Zentrum seines 1996 erschienen Buches den
Begriff der »heritage«. Die Vergangenheit sei als Erbe gerade in der Ge-
genwart präsent.[218]

---

[214] S. beispielsweise Hegel [5]1971, 31: »Jede Zeit hat so eigenthümliche Umstände, ist ein so
individueller Zustand, daß in ihm aus ihm selbst entschieden werden muß, und allein entschieden
werden kann. Im Gedränge der Weltbegebenheiten hilft nicht ein allgemeiner Grundsatz, nicht das
Erinnern an ähnliche Verhältnisse, denn so etwas, wie eine fahle Erinnerung, hat keine Kraft gegen
die Lebendigkeit und Freiheit der Gegenwart.«

[215] Cf. die Sammlung von Belegen bei Lübbe 1977, 269-274. Er meint, die Aufgabe der
Orientierung sei von den Sozialwissenschaften übernommen worden und die Geschichte diene
jetzt der »Vergegenwärtigung eigener und fremder Identität«.

[216] Sutton 1998, 119-147. Er führt die exemplarische Vergegenwärtigung am Beispiel der
Wahrnehmung des Krieges in Jugoslawien vor (149-171). S. a. Herzfeld 1991, der die Geschichtsbilder in der kretischen Stadt Rhethymnon in der Spannung verschiedener sozialer Interessen
analysiert.

[217] Cf. Crane 1998, 1f. mit weiteren Beispielen einer exemplarischen Rezeption von Thukydides in der Moderne. S. a. die Überlegungen bei Lowenthal 1985, 47; 1996, 141f. sowie die Beispiele für analogisches Geschichtsdenken in der Moderne bei Zerubavel 2003, 48-52.

[218] Lowenthal 1996, 14 sieht die wachsenden Bedeutung des Erbes der Vergangenheit in drei
Dimensionen: »from the elite and grand to the vernacular and everyday; from the remote to the
recent; and from the material to the intangible.« Zum zunehmenden Interesse an der Erinnerung s.
oben S. 107 mit Anm. 183.

Dennoch werden exemplarische und traditionale Sinnbildung nicht nur in der Geschichtswissenschaft in Frage gestellt, sondern haben auch in der nichthistoriographischen *Memoria* an Plausibilität verloren. Für die exemplarische Sinnbildung sei ein Beispiel aus der Kunst gegeben: Koselleck führt zu Beginn seines Buches »Vergangene Zukunft. Zur Semantik geschichtlicher Zeiten« aus, daß Schlegel bemerkte, wie in Altdorfers 1529 entstandenem Bild »Die Perserschlacht« die Perser genauso aussehen wie die Türken, welche im gleichen Jahr Wien belagerten.[219] Während für den »modernen« Schlegel die Differenz zwischen Antike und 16. Jh. offensichtlich war, sah Altdorfer keinen Unterschied und stellte die antike Schlacht im Spiegel der zeitgenössischen Erfahrung dar. Auch uns fällt der »Anachronismus« derartiger Darstellungen sofort auf.

Zweifelsohne läßt sich ein neu erwachtes Interesse an den eigenen Traditionen feststellen. Aber die »heritage«-Besessenheit, die Lowenthal so zeugnisreich dokumentiert, unterscheidet sich vom Traditionalismus vormoderner Gesellschaften: Die Wendung zum Erbe ist jetzt ein bewußter und reflektierter Vorgang. Insofern kann mit wichtigen Relativierungen und Differenzierungen festgestellt werden, daß Exempla und Traditionen in der Moderne zwar nicht verschwunden sind, aber unter dem Einfluß des Historismus an Plausibilität verloren haben.

Dagegen haben wir gesehen, welche Bedeutung die traditionale und exemplarische Sinnbildung für die epischen Helden haben. Dieser Unterschied zum modernen Geschichtsdenken läßt sich durch die andere Wahrnehmung von Kontingenz begründen: Die Schicksalskontingenz, die das Geschichtsbild der homerischen Helden bestimmt, verhindert die Konstruktion sinnvoller Entwicklungen – sie werden stets durch den Zufall in Frage gestellt. Sinn, der Handlungen ermöglicht, muß auf andere Weise geschaffen werden. Die homerischen Helden heben die Gefährdung durch den Zufall mit Exempla und Traditionen auf. Im folgenden soll der Zusammenhang mit der Schicksalskontingenz zuerst für die Exempla (4.1), dann für die Traditionen (4.2) ausgeführt werden.

4.1 Zufall und Regularität

In der Analyse der Exempla hat sich herausgestellt, daß sie Vergangenheit und Gegenwart voneinander abtrennen. Dadurch, daß die Exempla zum einen in weite Ferne gerückt, zum anderen der Gegenwart direkt gegenübergestellt werden, wird die zeitliche Verbindung zwischen Vergangenheit und Gegenwart ausgeblendet. Auch Andersen erkennt, daß bei den Para-

---

[219] Koselleck 1979, 17-19.

digmen die zeitliche Verbindung von Vergangenheit und Gegenwart keine
Rolle spielt:

*But though the paradigmatic episode is situated in the past, the relationship between
past and present is thematic and not in itself temporal and causal. In that sense, the
pattern is inscribed in a ›timeless‹ relation, whether we think of it as ›atemporal‹ (by
identification) or ›omnitemporal‹ (by extension).*[220]

Andersen begründet die Zeitlosigkeit der Paradigmen damit, daß aufgrund
der Oralität kein eigentliches Zeitbewußtsein entwickelt worden sei, daß an
der Stelle der Kausalität die thematische Verbindung stehe:

*Pattern, not cause is the formative element in the Homeric world-view. That implies
the relative importance of spatiality over temporality in Homeric poetry [...] The
absence of written records and the lack of objective chronology make the development of a genuine historical perspective or even what we should call a proper perception of the temporal dimension impossible. Such a culture naturally lends itself to
self-understanding in terms of myth and paradigm, seeing the present only through
the past and vice versa – not in terms of cause and effect, but in terms of norm and
pattern.*[221]

Schließlich bestreitet er sogar die Bedeutung des Wandels: »The mythical
imagination is not conducive to change and progress, but informed with the
idea of recurrent return, in Homer as in modernist literature.«[222]

Wie fragwürdig Andersens Erklärung ist, zeigt die Bedeutung, welche
die Kausalität in der *Ilias* hat.[223] Bereits ein flüchtiger Blick auf die ersten
Verse der *Ilias* enthüllt, wie zentral kausales Denken für sie ist: Der Zorn
Achills wird als Ursache des Leidens und Todes der Griechen bezeichnet
(1, 1-5); als tiefere Ursache, in welcher der Streit zwischen Achill und
Agamemnon und damit Achills Zorn begründet ist, kommt die Διὸς βουλή
(1, 5) hinzu. Schließlich die auf Apollon abzielende Frage in 1, 8:

τίς τάρ σφωε θεῶν ἔριδι ξυνέηκε μάχεσθαι;

Wer von den Göttern brachte sie aneinander, im Streit zu kämpfen?

---

[220] Andersen 1987, 3. Ähnlich urteilt Clarke 1981, 238: »The epic past is extraordinarily fore-
shortened, essentially timeless [...] neither [Homer] nor his characters betray any sense of the
uniqueness of the past or of its meaning for the present.«

[221] Andersen 1987, 10f.

[222] Andersen 1987, 12. S. aber aus ethnologischer Perspektive Hill 1988, 3, daß mit der Einführung der Schrift nicht automatisch eine objektivere Erfassung von Geschichte einhergeht. Lowenthal 1985, 232, 369-371 meint dagegen, daß sich mit der Einführung der Schrift der Charakter der
Tradition verändere und die Vergangenheit als eigene Zeit erkennbar werde.

[223] Cf. Braswell 1971, 24f.: »Behind this lies the tacit assumption in Homer that everything
must have a cause and that the cause is divine or human will [...] Let it suffice here to remark that
the whole Iliad is a long *catena* of causes, so that at any stage of the action we can almost always
find an immediate cause for a given event.«

Mit der These, Homer stehe kausales Denken noch nicht zur Verfügung, unterschlägt Andersen auch die wichtige Verbindung von Recht und Geschichte. Die Helden der *Ilias* verbinden Gegenwart und Vergangenheit oft in kausaler Weise miteinander, um rechtliche Ansprüche zu begründen. In der Kausalität treffen sich Recht und Geschichte.[224] Die Unfähigkeit, kausal zu denken, kann nicht der Grund für die Bedeutung der Exempla in der *Ilias* sein.

Vor allem zeigt die vorangegangene Analyse, daß den homerischen Helden Zeit und Wandel nicht fremd sind. Ganz im Gegenteil: Die Veränderungen werden so stark empfunden, daß gar keine Entwicklungen konstruiert werden können. An ihrer Stelle herrscht die Beliebigkeit des Zufalls. Die Exempla sind nicht Ausdruck der Unfähigkeit, zeitlichen Wandel zu konzeptualisieren, sondern vielmehr die Folge davon, daß er besonders stark empfunden wird. Sie sind der Versuch, die Dynamik des Wandels aufzuhalten; sie blenden seine Bedrohung aus, indem sie ein einzelnes Ereignis zeitlich distanzieren und der Gegenwart unmittelbar gegenüberstellen. Aufgrund der durch den Zufall geschaffenen Unsicherheit kann Orientierung nur durch die Flucht in das entzeitlichte Exemplum gestiftet werden; zugleich ist die Dominanz des Zufalls auch der Grund dafür, daß keine Entwicklungen konstruiert werden, welche eine qualitative Differenz zwischen Vergangenheit und Gegenwart erzeugen und Exempla in Frage stellen können.

Zu Recht spricht Kullmann von einem »tragischen Lebens- und Zeitgefühl« der Menschen der *Ilias*: »Sie empfinden die Vergangenheit im allgemeinen als etwas Lastendes, das ihr Schicksal von vornherein in eine bestimmte Richtung hin festgelegt hat.«[225] Die Bedeutung der Exempla macht jedoch deutlich, daß angesichts der Unsicherheit der Zukunft gerade die Vergangenheit dazu herangezogen wird, Orientierung für die Gegenwart zu schaffen.

So ganz gelingt es aber nicht, durch Exempla die Zeit auszuschalten. Die Analyse der Exempla hat gezeigt, daß in ihrem Gebrauch eine zeitliche Dynamik sichtbar wird. Die oben besprochene Kritik der Helden an Exempla weist auf die Schwierigkeit hin, in der Vergangenheit auf die

---

[224] Der Zusammenhang zwischen Recht und Geschichte in der griechischen Archaik verdient eine eingehende Betrachtung, die hier nicht gegeben werden kann. Im allgemeinen s. die Bemerkungen aus anthropologischer Perspektive von Schott 1968, 185. Assmann 1997, 229-258 vertritt die Auffassung, daß das mesopotamische Geschichtsdenken auf dem Gedanken der konnektiven Gerechtigkeit beruhe, der die Zeit linearisiere. Zur These, daß das israelische Geschichtsbewußtsein zusammen mit dem Recht entstanden sei, s. die Literatur bei Cancik 1976, 67 Anm. 241. Daß die Verbindung von Geschichte und Recht nicht nur archaisch ist, sondern auch bedeutungsvoll für eine Bestimmung kritischer Geschichtsschreibung sein kann, zeigt Ricoeur 2004, 488-515, der einen höchst spannenden Vergleich zwischen »Historiker« und »Richter« anstellt.

[225] Kullmann 1992e, 241f.

Gegenwart passende Exempla zu finden. Zudem zeigt die von Andersen untersuchte Spannung zwischen primärer und sekundärer Funktion von Exempla zum einen den hermeneutischen Überschuß der Vergangenheit, zum anderen die Unvorhersehbarkeit der Zukunft. Hier wird deutlich, daß die Schicksalskontingenz in letzter Konsequenz auch die exemplarische Sinnbildung in Frage stellt.

Das Verhältnis zwischen Schicksalskontingenz und exemplarischer Sinnbildung ist also ambivalent: Auf der einen Seite bieten sich Exempla durch ihren Modus der Zeitenthobenheit als Quelle der Orientierung an, zum anderen sind sie nicht nur der Versuch, Schicksalskontingenz zu bewältigen, sondern werden auch selbst durch diese unterminiert.

Diese Funktion von Exempla läßt sich auch in der Genealogie des Glaukos sehen, die hier als Kritik an der traditionalen Sinnbildung und Ausdruck eines Geschichtsbildes interpretiert worden ist, in dessen Zentrum die Schicksalskontingenz steht. Es fällt auf, daß Glaukos sich auf das Leben eines einzelnen, Bellerophontes, konzentriert. Der Fokus auf Bellerophontes ist der Versuch, durch ein Exemplum Orientierung zu stiften. Die Vorstellung der Tradition wird durch die Betonung der Brüche fraglich. Aus ihr tritt Bellerophontes als Exemplum hervor. Wenn der Wandel die Kontinuität der Tradition in Frage stellt, wird Orientierung noch durch das einzelne Paradigma gestiftet.

Bellerophontes läßt sich zum einen als Exemplum für das im Blättergleichnis entwickelte Bild vom Leben verstehen. Er wird zum Gegenexemplum zu Lykurgos. Während dieser von den Göttern für seine Hybris verurteilt wird, gerät Bellerophontes unschuldig ins Unglück.[226]

Zum anderen dient sein Leben, wie in der Forschung bereits gesehen worden ist, als Exemplum für Diomedes.[227] Bellerophontes' Geschichte knüpft nicht nur bei der von Diomedes ins Spiel gebrachten Kluft zwischen Göttern und Menschen an, sondern bietet sich auch als Paradigma für ihn an. Beide leisten unter dem Schutz der Götter Besonderes. Ebenso wie Bellerophontes die Gunst der Götter ohne Grund verlor, kann Diomedes plötzlich ohne eigenes Verschulden ins Unglück geraten. Verstärkt wird diese paradigmatische Funktion durch die Parallelen zwischen Bellerophontes und Tydeus.[228] Sie legen, da Tydeus Diomedes als Vorbild vor-

---

[226] Cf. Scodel 1992, 77-79.

[227] Cf. Andersen 1978, 103; Alden 2000, 140, der außerdem im Glück des Bellerophontes auch das Glück des Glaukos präfiguriert sieht, der nicht gegen Diomedes kämpfen muß (167f.).

[228] Andersen 1978, 101-105 und Alden 2000, 138 weisen auf folgende Parallelen hin. 1) Beide müssen ins Exil gehen, werden in der Fremde aufgenommen und müssen sich dort bewähren. 2) Sowohl Tydeus als auch Bellerophontes gehen siegreich aus einem Hinterhalt hervor. 3) Der Sieg des Bellerophontes über die Chimäre und der Sieg des Tydeus über den Hinterhalt werden mit dem Halbvers θεῶν τεράεσσι πιθήσας begründet. Alden 2000, 138 weist zusätzlich noch

gehalten wird, eine exemplarische Funktion auch von Bellerophontes für Diomedes nahe.

Die Bellerophontes-Geschichte als Exemplum bringt damit inhaltlich die Beziehung der exemplarischen Sinnbildung zur Schicksalskontingenz zum Ausdruck. Sie steht nicht nur im Rahmen einer Erzählung, in der Schicksalskontingenz hervortritt, sondern in der Form des Exemplums selbst wird Schicksalskontingenz vorgeführt. Zum einen ist die Bellerophontes-Geschichte Ausdruck von Schicksalskontingenz, zum anderen ist sie als Exemplum der Versuch, durch Regularität die Macht des Zufalls einzudämmen.

4.2 Zufall und Kontinuität

Wie steht es mit dem Verhältnis von Schicksalskontingenz und traditionaler Sinnbildung? Die Rede des Glaukos ist als Kritik an der traditionalen Sinnbildung interpretiert worden. Die Schicksalskontingenz unterminiert Versuche, Kontinuitäten zu konstruieren und aus ihnen Orientierung zu gewinnen. Daß umgekehrt die traditionale Sinnbildung der Versuch ist, Schicksalskontingenz aufzuheben, zeigt Diomedes' Antwort, die das traditionale Erzählen wieder einführt (6, 215-231).[229]

Diomedes stellt fest, Glaukos und er seien von alters her Gastfreunde (in Ringkomposition: 6, 215~6, 231). Dies führt er auf die Bewirtung des Bellerophontes durch Oineus zurück (6, 216f.). Ihre Gastfreundschaft geht also auf die Großvätergeneration zurück. Diese Tradition wird bezeugt durch die Gastgeschenke, in denen sich die Gastfreundschaft zwischen Bellerophontes und Oineus materialisiert hat (6, 219f.). Im Symbol, das über den Wandel der Zeiten hinweg besteht, gewinnt der Versuch der traditionalen Sinnbildung, die Unsicherheit der Zeit durch Kontinuität einzuschränken, Gestalt.

Daraufhin beschreibt Diomedes die Auswirkung der Tradition auf die Zukunft: Auch sie werden sich gegenseitig Gastfreunde sein, wenn sie in die Heimat des anderen kommen (6, 224f.). In der Fortführung der Gast-

---

darauf hin, daß beide in der Fremde heiraten und von ihrem Schwiegervater mit Land und Gütern ausgestattet werden (6, 192~14, 121; 6, 193~14, 121-124). S. a. Fornaro 1992, 44-47. Bereits Niese 1882, 129 bemerkt die Parallele der beiden Erzählungen und meint, die Tydeus-Episode sei der Geschichte von Bellerophontes nachgebildet. Dagegen behauptet Strömberg 1961, 7, daß der Hinterhalt in der Bellerophontesgeschichte eine Erfindung nach dem Hinterhalt sei, dem Tydeus ausgesetzt war.

[229] Piccaluga 1980, 252-256 erkennt die Spannung zwischen dem Blättergleichnis und der Gastfreundschaft, geht aber zu weit, wenn sie meint, mit der Gastfreundschaft erlangten Diomedes und Glaukos Unsterblichkeit.

freundschaft zeigt sich die für traditionales Denken signifikante Kontinuität zwischen Vergangenheit, Gegenwart und Zukunft. In der Gegenwart soll die Gastfreundschaft durch einen Tausch der Waffen erneuert werden (6, 230f.). Der Zeichencharakter des Gabentausches wird explizit, wenn Diomedes sagt, so würde ihre Gastfreundschaft auch für die anderen sichtbar (6, 230f.).

Mit dem Gabentausch ist in die Tradition die exemplarische Sinnbildung integriert: Diomedes und Glaukos folgen dem Austausch von Geschenken, den ihre Großväter vorgenommen haben. Damit wird aus der Tradition ein Ereignis herausgegriffen und zum Exemplum für die Gegenwart. Dies läßt sich an zwei Punkten vorführen: Diomedes spricht zuerst von der Bewirtung und dann vom Waffentausch. Durch die Umkehrung – sie tauschen jetzt die Waffen und werden sich erst in Zukunft bewirten – entsteht die gleiche Reihenfolge wie bei Oineus und Bellerophontes, und es wird deutlich, daß ihre Begegnung eine Wiederholung und Erneuerung der Begegnung ihrer Großväter ist.[230] Außerdem gibt ebenso, wie Bellerophontes dem Oineus einen goldenen Becher gab (6, 220), sein Enkel, Glaukos, Oineus' Enkel, Diomedes, jetzt eine goldene Rüstung (6, 235f.).[231]

Während Glaukos in seiner Erzählung auf die exemplarische Sinnbildung zurückgriff, um die Schicksalskontingenz, die traditionales Denken unterminiert, zu unterstreichen, wird sie bei Diomedes zum Ausdruck der Tradition. Sie stellt nicht mehr die Kontinuität der Tradition in Frage, sondern stabilisiert sie. Zwar klingt in der Erwähnung von Tydeus' Ende der Tenor von Glaukos' Rede an, aber der Kontrast ist gewichtiger: Nachdem Glaukos mit dem plötzlichen Unglück seines Großvaters die Wandelhaftigkeit menschlichen Lebens beschworen hat, betont Diomedes mit der traditionalen Gastfreundschaft, die im Exemplum handlungsleitend wird, die Kontinuität.[232] Seine Rede wirkt damit wie eine Antwort auf Diomedes' Ausführungen. Der Schicksalskontingenz wird die Tradition gegenübergestellt.

---

[230] S. a. die prononcierte Verwendung von ἀλλήλοι für das Verhältnis sowohl zwischen Oineus und Bellerophontes als auch zwischen Diomedes und Glaukos, 6, 218: οἳ δὲ καὶ ἀλλήλοισι πόρον ξεινήια καλά. 6, 230: τεύχεα δ᾿ ἀλλήλοις ἐπαμείψομεν [...] 6, 233: χεῖράς τ᾿ ἀλλήλων λαβέτην καὶ πιστώσαντο. Die Ungewöhnlichkeit dieses Tausches wird deutlich, wenn ἀλλήλοι die normale Begegnung auf dem Schlachtfeld beschreibt, 6, 226: ἔγχεα δ᾿ ἀλλήλων ἀλεώμεθα καὶ δι᾿ ὁμίλου. Zum Waffentausch s. beispielsweise S. Fornaro 1992, 57-69.

[231] Dies erkennt bereits das Scholion bT ad 6, 234a: εἰκότως ὁ Γλαῦκος τοῦ προγόνου τὸ φιλότιμον ἀκούσας Βελλεροφόντου χρυσὸν δωρεῖται πρὸς τὸ παρόν.

[232] Auch in 6, 227-229 klingt seine alte Zuversicht an: πολλοὶ μὲν γὰρ ἐμοὶ Τρῶες κλειτοί τ᾿ ἐπίκουροι/ κτείνειν, ὅν κε θεός γε πόρηι καὶ ποσσὶ κιχείω·/ πολλοὶ δ᾿ αὖ σοὶ Ἀχαιοὶ ἐναιρέμεν, ὅν κε δύνηαι.

Die Bemühung der traditionalen Sinnbildung, Schicksalskontingenz aufzuheben, wird sinnfällig, wenn die Tradition dazu führt, daß die Erfahrung
vermieden wird, in der Schicksalskontingenz am schmerzhaftesten ist, der
Tod: Aufgrund ihrer Gastfreundschaft kämpfen Diomedes und Glaukos
nicht gegeneinander.

Aber gerade darin, daß aus dem feindlichen Gegenübertreten in der Schlacht die
Erneuerung einer Gastfreundschaft wird, zeigt sich auch Zufall, allerdings in positiver
Weise. Das Aufeinandertreffen zweier Gastfreunde als Gegner in der Schlacht ist
zufällig. Die Ungewöhnlichkeit der Situation, in der sie die traditionale Gastfreundschaft erneuern, kommt darin zum Ausdruck, daß Glaukos die Erinnerung an sie, den
Becher, zu Hause gelassen hat und auch die Bewirtung – anders als bei den Großvä-
tern – auf die Zukunft projiziert werden muß. Das Schlachtfeld ist eigentlich nicht der
Rahmen, in dem Gastfreundschaften gepflegt werden. Die Ungewöhnlichkeit wird
hervorgehoben durch den Kontrast zu Axylos, der zu Beginn des 6. Buches von
Diomedes umgebracht wird. Er war besonders gastfreundlich, aber das verhinderte
nicht seinen Tod, 6, 15-17: πάντας γὰρ φιλέεσκεν, ὁδῶι ἔπι οἰκία ναίων·/
ἀλλά οἱ οὔ τις τῶν γε τότ᾽ ἤρκεσε λυγρὸν ὄλεθρον/ πρόσθεν ὑπαντιάσας
[...] Edwards sieht im Rüstungstausch ein Echo an das normale Ende eines derartigen
Aufeinandertreffens, bei dem einem der beiden Kontrahenten die Rüstung abgenommen wird.[233] Folgt man dieser Interpretation, so betont das Echo die Ungewöhnlichkeit des tatsächlichen Ausgangs.

Die Schicksalskontingenz zeigt sich außerdem auf einer tieferen Ebene: Indem Glaukos die Geschichte seines Großvaters erzählt, in welcher er den Umschlag des Glücks
ins Unglück beschreibt, erinnert er Diomedes an ihre Gastfreundschaft und kann
ungeschoren aus einer Begegnung hervorgehen, in der er wahrscheinlich unterlegen
wäre. Pointiert ausgedrückt, rettet ihm seine Betonung der Fragilität menschlicher
Existenz das Leben.

4.3 Zusammenfassung

Die Überlegungen zum Verhältnis der Schicksalskontingenz zur exemplarischen und traditionalen Sinnbildung am Beispiel der Begegnung von Glaukos und Diomedes lassen sich folgendermaßen zusammenfassen: Während
die Betonung der Beliebigkeitskontingenz im modernen Geschichtsbild
selber Sinn durch die Vorstellung einer Entwicklung erzeugt und mit ihr
sowohl Traditionen als auch Exempla kritisiert, bildet die Schicksalskontingenz, die im Zentrum des Geschichtsbildes der homerischen Helden steht,
keinen eigenen Sinn und gibt keine Orientierung für Handeln in der Gegenwart. Dafür greifen die Helden auf die traditionale und exemplarische

---

[233] Edwards 1987, 206. Hektor und Aias tauschen nach ihrem Zweikampf nur einzelne Gegenstände, Schwert und Gürtel, aber nicht die ganze Rüstung (7, 299-305).

Sinnbildung zurück, die in einem spannungsvollen Verhältnis zur Schicksalskontingenz stehen. Auf der einen Seite muß Schicksalskontingenz, wenn menschliches Handeln möglich sein soll, durch diese Formen der Sinnbildung aufgehoben werden, auf der anderen Seite stellt der Zufall sie in Frage.

5. Das heroische Bewußtsein der eigenen Fragilität

Nachdem die Bedeutung der Schicksalskontingenz an der Genealogie des Glaukos und den Vergänglichkeitsmetaphern aufgezeigt und ihr Verhältnis zur exemplarischen und traditionalen Sinnbildung beleuchtet worden ist, soll jetzt an weiteren Stellen gezeigt werden, wie die Helden darüber reflektieren, daß sie dem Zufall ausgesetzt sind. In einer anthropologischen Überlegung fragt Burkert:

Ist dem Menschen im Paradoxon des Tötens das Phänomen des Todes aufgegangen? Der eigene Tod liegt ja für den Menschen in nebuloser Ferne; es ist der Tod des anderen, an dem der Schrecken der Todesbegegnung und der freudige Schock des Überlebens zum prägenden Erlebnis wird.[234]

Welches Bewußtsein von ihrer eigenen Fragilität haben die Helden, die selbst ausgezogen sind, um zu töten?

Bei Idomeneus klingt ein Bewußtsein der Bedeutungslosigkeit menschlicher Fähigkeiten im Angesicht des Todes an (13, 275-294). Hektor (6, 488f.) und Sarpedon (12, 312-327) nennen die menschliche Fragilität sogar als Grund für den heroischen Einsatz des Lebens (5.1). Achill schließlich hat das am stärksten ausgeprägte Bewußtsein seiner eigenen Sterblichkeit (5.2). Zuerst dient ihm Schicksalskontingenz als Begründung für seinen Rückzug aus den Reihen der Griechen, später wird sie in besonderer Weise zum Grund für seine Rückkehr in die Schlacht. Die Analyse von Achill wird uns auf eine metapoetische Ebene führen und unsere Aufmerksamkeit auf das Verhältnis des Epos zur Schicksalskontingenz lenken (5.3).

5.1 Idomeneus, Hektor, Sarpedon

Im 13. Buch begegnet Meriones Idomeneus bei den Zelten. Auf die Frage, warum er nicht in der Schlacht sei (13, 249-253), sagt Meriones, er komme, um einen neuen Speer zu holen (13, 256-258). Idomeneus bietet ihm daraufhin einen Speer aus seiner Sammlung an, in deren Größe er einen Be-

---

[234] Burkert 1972a, 61.

weis für seine Tapferkeit sieht (13, 260-265). Meriones erwidert, auch er
habe viele Beutestücke (13, 267-273), und beendet seine Rede mit der Feststellung, Idomeneus kenne seine Tapferkeit, 13, 273:

> [...] σὲ δὲ ἴδμεναι αὐτὸν ὀίω.

> [...] doch du sollst es selber wissen, meine ich!

Idomeneus knüpft an diese Worte an, 13, 275:

> οἶδ᾽ ἀρετὴν οἷός ἐσσι· τί σε χρὴ ταῦτα λέγεσθαι;

> Ich weiß, wie du bist an Tüchtigkeit! was brauchst du das zu sagen?

Die rhetorische Frage, warum dies gesagt werden müsse, dient in erster
Linie dazu zu unterstreichen, wie vertraut ihm Meriones' Tapferkeit sei, hat
aber vielleicht noch eine weitere Bedeutung, die sich aus der folgenden
Überlegung ergibt. Idomeneus schließt einen langen Konditionalsatz an, in
dem er mit einem Hinterhalt die Situation beschreibt, in der sich Tapferkeit
am deutlichsten zeige (13, 276-287). Auch hier zöge sich Meriones keinen
Tadel zu. Es folgt ein zweiter Konditionalsatz, 13, 288-291:

> εἴ περ γάρ κε βλεῖο πονεόμενος ἠὲ τυπείης,
> οὐκ ἂν ἐν αὐχέν᾽ ὄπισθε πέσοι βέλος οὐδ᾽ ἐνὶ νώτωι,
> ἀλλά κεν ἢ στέρνων ἢ νηδύος ἀντιάσειεν
> πρόσσω ἱεμένοιο μετὰ προμάχων ὀαριστύν.

> Und würdest du auch beim Kampf durch Wurf oder Hieb getroffen,
> Nicht fiele dir von hinten das Geschoß in den Hals oder in den Rücken,
> Sondern es würde entweder der Brust oder dem Leib begegnen,
> Während du vorwärts strebtest im Gekose der Vorkämpfer.

Idomeneus spricht nicht nur die Möglichkeit einer Verletzung oder gar des
Todes an, sondern seine Aussage impliziert, daß die Tapferkeit ihn nicht
vor einer Verletzung oder gar dem Tod schützen könne. Sie bewirke lediglich, daß er den Treffer auf der Brust empfange, nicht auf dem Rücken.

Von diesem zweiten Konditionalgefüge aus betrachtet, läßt sich die rhetorische Frage in 13, 275 neu verstehen als die Frage, warum man überhaupt von Tapferkeit spreche, wenn sie den Tod nicht abhalten könne. Implizit klingt also die Bedeutungslosigkeit eines Wertes der heroischen Gesellschaft im Angesicht des Todes an. In den Lobpreis der individuellen
Tapferkeit schleicht sich die grundsätzliche Frage ein, welche Bedeutung
Tapferkeit überhaupt habe.

Diese Frage ist um so radikaler, als nicht irgendeine Fähigkeit, sondern
die im Krieg entscheidende Tugend hinterfragt wird. Dies zeigt sich in der
Spannung zu einer Behauptung, die Agamemnon und Aias in 5, 531f.=15,
563f. machen:

αἰδομένων ἀνδρῶν πλέονες σόοι ἠὲ πέφανται,
φευγόντων δ᾽ οὔτ᾽ ἄρ κλέος ὄρνυται οὔτέ τις ἀλκή.

Da wo Männer sich schämen, werden mehr gerettet als getötet;
Den Fliehenden aber entsteht weder Ruhm noch Rettung.

Agamemnon und Aias setzen voraus, daß Tapferkeit sich auszahlt und
Helden vor dem Tod bewahren kann, während Idomeneus' Überlegung
impliziert, daß sie keinen Unterschied macht. Auf subtile Weise unterminiert Kontingenz das heroische Ethos.

Auch Hektor stellt fest, daß die menschlichen Fähigkeiten vor dem Tod
ihre Bedeutung verlieren. Er nennt die allgemeine Sterblichkeit als Grund
dafür, warum Andromache ihn in den Krieg ziehen lassen solle, 6, 488f.:

μοῖραν δ᾽ οὔ τινά φημι πεφυγμένον ἔμμεναι ἀνδρῶν,
οὐ κακόν, οὐδὲ μὲν ἐσθλόν, ἐπὴν τὰ πρῶτα γένηται.

Aber dem Schicksal, sage ich, ist keiner entronnen von den Männern,
Nicht gering noch edel, nachdem er einmal geboren.

Dieser Gedanke findet sich ausführlicher in einer viel interpretierten Rede
im 12. Buch, in der Sarpedon Glaukos auffordert, mutig zu kämpfen (12,
310-328).[235] Er gibt eine zweifache Begründung: Zum einen sichert ihr
heldenhafter Einsatz ihnen Ehre und soziale Vorrechte, Land und einen
besonderen Platz beim Essen (12, 310-321).

Die Bedeutung von Essen und Land als soziale Auszeichnung ist auch an anderen
Stellen sichtbar. Zum Essen: In ähnlicher Weise wie Sarpedon stellt Hektor in 8, 161-
163 eine Verbindung zwischen heroischem Einsatz und der Ehre beim Essen her,
wenn er Diomedes schmäht: Τυδεΐδη, περὶ μέν σε τίον Δαναοὶ ταχύπωλοι/
ἕδρηι τε κρέασίν τε ἰδὲ πλείοις δεπάεσσιν/ νῦν δέ σ᾽ ἀτιμήσουσι· γυ-
ναικὸς ἄρ᾽ ἀντὶ τέτυξο. In 23, 810 nennt Achill nach dem Schwert als Preis für
den Sieger im Kampf in Rüstung bei den Leichenfestspielen ein Mahl als Lohn für
beide. Wenn Odysseus seine Rede vor Achill im 9. Buch damit beginnt, daß er keinen Mangel an Essen leide, impliziert dies, daß Achill ausreichend geehrt wird (9,
225-227). Die Verpflichtung zu heroischem Einsatz aufgrund der Bewirtung kann ein
personales Element annehmen. In 4, 341-348 fordert Agamemnon Odysseus, in 17,
248-255 Menelaos die griechischen Helden zum Einsatz auf, indem sie auf die Mahlzeiten hinweisen, die sie bei ihnen genossen haben (s. a. Hektor in 17, 225f.). Auch
wenn Hera in 8, 229-234 die Griechen aufrüttelt, indem sie sie an ihre Prahlereien

---

[235] Seine Rede wird gespiegelt im vorangehenden Gleichnis, in dem der Erzähler ihn mit einem
Löwen vergleicht: Ebenso wie der Löwe entweder Erfolg hat oder getroffen wird, so sagt Sarpedon, daß sie entweder selbst Erfolg haben oder anderen einen Erfolg gewähren: 12, 305f.: ἀλλ᾽ ὅ
γ᾽ ἄρ᾽ ἢ ἥρπαξε μετάλμενος, ἠὲ καὶ αὐτός/ ἔβλητ᾽ ἐν πρώτοισι θοῆς ἀπὸ χειρὸς
ἄκοντι. 12, 328: ἴομεν, ἠέ τωι εὖχος ὀρέξομεν, ἠέ τις ἡμῖν. Außerdem zieht der Löwe
aus, um seinen Hunger zu stillen (12, 299f.). Sarpedon sagt, daß sie die Bewirtungen ihrem Einsatz
im Kampf verdanken (12, 310f.; 319f.).

erinnert, mag, wenn sie das Essen und Trinken erwähnt, die Verpflichtung durch
diese Ehre anklingen (s. a. Apollon, der in der Gestalt Lykaons Aineas seine Prahlereien vorhält und dabei den Genuß von Wein erwähnt (20, 83-85)).

Zum Land: In 20, 184-186 fragt Achill Aineas, ob er ihm entgegentrete, da er erwarte,
mit einem Stück Land belohnt zu werden, wenn er ihn töte. In Phoinix' Erzählung
wird Meleager Land als Belohnung für eine Rückkehr in die Schlacht angeboten (9,
578-580). In 6, 194f. berichtet Glaukos, daß Bellerophontes dadurch geehrt wurde,
daß er ein Stück Land erhielt. In 15, 662-664 feuert Nestor die Griechen nicht nur mit
der Erinnerung an ihre Kinder, Frauen und Eltern an, sondern auch mit ihrem Besitz.[236]

Zum anderen müssen sie ohnehin sterben (12, 322-327).[237] Die beiden
Gründe werden in der Forschung unterschiedlich aufeinander bezogen:
Clauss behauptet, der Wert der Ehre werde dadurch gesteigert, daß Menschen keine Unsterblichkeit erlangen könnten.[238] In dieser Interpretation ist
die Sterblichkeit nur der Gegensatz zur Unsterblichkeit. Auf der anderen
Seite wird als das Ziel des Kampfes in Sarpedons Rede gerade die Unsterblichkeit durch Ruhm gesehen.[239]

Beide Interpretationen erfassen jeweils einen wichtigen Aspekt; eine genaue Lektüre des Textes legt nahe, daß Sarpedon als Grund für den heroischen Einsatz die sozialen Ehren gibt und als Hintergrund dafür die Fragilität menschlichen Lebens benennt. Die Ausführung zur Sterblichkeit ist in
zwei Sätze gegliedert, 12, 322-327:

> ὦ πέπον, εἰ μὲν γὰρ πόλεμον περὶ τόνδε φυγόντε
> αἰεὶ δὴ μέλλοιμεν ἀγήρω τ' ἀθανάτω τε
> ἔσσεσθ', οὔτέ κεν αὐτὸς ἐνὶ πρώτοισι μαχοίμην
> οὔτέ κε σὲ στέλλοιμι μάχην ἐς κυδιάνειραν·
> νῦν δ' ἔμπης γὰρ κῆρες ἐφεστᾶσιν θανάτοιο
> μυρίαι, ἃς οὐκ ἔστι φυγεῖν βροτὸν οὐδ' ὑπαλύξαι.

> Ja, Lieber! Wenn wir, aus diesem Krieg entronnen,
> Für immer ohne Alter sein würden und unsterblich,
> Dann würde ich selbst nicht unter den Ersten kämpfen
> Und auch dich nicht zur Schlacht, der männerehrenden, rufen.
> Jetzt aber, da gleichwohl vor uns stehen die Göttinnen des Todes,
> Zehntausende, denen kein Sterblicher entfliehen kann oder entrinnen.

---

[236] Zum Begriff des τέμενος s. die Literatur bei Edwards ad 18, 550f.; Ulf 1990, 182f.;
Raaflaub 1991, 225 Anm. 65.

[237] Zu Sarpedons Einstellung als Heroismus s. Mueller 1978, 106.

[238] Clauss 1975, 21-23.

[239] So Vernant 1979, 1367f. und 1982, 53; Schein 1984, 70. Auch Redfield 1975, 101; Lynn-
George 1988, 156f. und Goldhill 1991, 79 gehen davon aus, daß unsterblicher Ruhm nur durch das
Risiko des Todes erlangt werden könne.

Die Sätze sind dadurch verbunden, daß sie beide durch ein paralleles γάρ begründenden Charakter haben. Der erste führt als potentialer Konditionalsatz *via negationis* die Sterblichkeit als Voraussetzung für den heroischen Kampf vor Augen. Der zweite Satz ist eine Steigerung des ersten und formuliert die Sterblichkeit positiv. Er greift das φεύγειν des ersten Satzes auf und steigert es, indem er ὑπαλύξαι hinzufügt (12, 322-327). Dem Potentialis mit futurischem Inhalt wird der präsentische Realis gegenübergestellt, unterstrichen durch das νῦν in 12, 326, das außerdem mit dem αἰεί kontrastiert und auf die konkrete Gefahr des Todes verweist.

Der zweite Satz ist auch eine Verallgemeinerung: Während Sarpedon im ersten Satz die Unsterblichkeit im Dual für Glaukos und sich in Anspruch nimmt, spricht er im zweiten allgemein über den Menschen (12, 327: βροτὸν). Dem konkreten Krieg als dem, vor dem geflohen werden kann (12, 322: πόλεμον [...] τόνδε), stehen jetzt κῆρες [...] θανάτοιο μυρίαι (12, 326f.) gegenüber. Der Ausdruck »unzählige Todesgöttinnen« bezeichnet nicht nur die Vergänglichkeit, sondern führt die Unsicherheit menschlichen Lebens vor Augen, da die Keren den Zeitpunkt des Todes bestimmen.[240] Der Tod kann jederzeit in unterschiedlicher Gestalt kommen. Dies ist eine allgemeine Aussage über den Menschen.

Die Motivation, das Risiko des Krieges auf sich zu nehmen, liegt also in den Ehren; die menschliche Fragilität ist aber nicht nur der Kontrast zur nichterreichbaren Unsterblichkeit, sondern der Grund, nach Ehre zu streben. Wenn ohnehin alles unsicher ist, kann man auch ein Risiko auf sich nehmen.[241] Trotz der Gefahr des Todes, in der die Merkmale heroischer Distinktion ihre Bedeutung verlieren, ist es gerade die menschliche Fragilität, welche die Helden das Risiko des Kampfes eingehen läßt.[242]

Die Schicksalskontingenz ist aber nicht der unmittelbare Grund für den heroischen Einsatz – erst Achill nimmt, wie wir noch sehen werden, Schicksalskontingenz auf sich, um sie durch unsterblichen Ruhm zu überwinden. Die Unsterblichkeit des Ruhms wird nicht explizit als Begründung für den heroischen Wagemut genannt: Zwar läßt Sarpedon den anonymen Lykier die Könige als οὐ [...] ἀκληεῖς (12, 318) bezeichnen und nennt selbst den Kampf κυδιάνειρα (12, 325), aber die Ehren, von denen er

---

[240] Griffin ad 9, 411: »κήρ, like μοῖρα, is in Homer not predetermination of the events of a life but the fixing of the time of death.«

[241] Redfield 1975, 101 schreibt: »To die for something, he says, is better than to die for nothing – and that is, after all, the alternative.« In Sarpedons Rede zeigt sich auch, wie die Schicksalskontingenz eine Verbindung zwischen den Helden schafft: Wenn Sarpedon sagt, als Unsterblicher würde er nicht kämpfen und auch Glaukos nicht dazu auffordern, spricht er von beiden im Singular als getrennten Personen (12, 324f.). Dagegen formuliert er seine Aufforderung zu kämpfen, die aus der jeden Menschen betreffenden Sterblichkeit folgt, im Plural (12, 328) und spricht von »uns«.

[242] Cf. Marg 1976, 19.

spricht, das Essen und Trinken sowie die Landgüter, kommen nur den Lebenden zugute. In 12, 312 wird gesagt, das Volk sähe sie wie Götter an, aber Unsterblichkeit wird nicht erwähnt. Vielmehr ist der Vorgang des »Ansehens« an die Präsenz der Helden gebunden.[243]

5. 2 Achill

Das Bewußtsein der menschlichen Fragilität erreicht bei Achill eine neue Stufe. Er weiß vom Beginn der Handlung an, daß er jung sterben wird.[244] Das Wissen um seinen Tod wird im Verlauf der Handlung immer konkreter.[245] Das heroische Bewußtsein der eigenen Fragilität wird beim »besten der Achaier« zur Gewißheit des nahen Todes; Kontingenz schlägt in Notwendigkeit um.

Achills früher Tod wird zum ersten Mal in 1, 352 angesprochen (cf. Thetis in 1, 416 und 505).[246] In 9, 410-416 geht Achill von einer Wahl zwischen zwei Schicksalen aus. Aus 17, 404-409 geht hervor, daß Achill weiß, Troja werde ohne ihn fallen (cf. Apollon in 16, 709). Nach Patroklos' Tod werden die Angaben konkreter: In 18, 95f. kündigt Thetis an, Achill werde nach Hektor sterben. Achill selbst spricht seinen Tod in Troja in 18, 329-332 und 19, 328-330 an. In 19, 408-423 sagen ihm seine Pferde den Tod vorher und er antwortet, er sei sich dessen bewußt. In 21, 277f. weiß Achill, er werde durch die Pfeile Apollons sterben. Schließlich verkündet ihm Hektor im Sterben, er werde von der Hand des Paris und des Apollon an den Skaischen Toren sterben (22, 359f.). In 24, 131f. klagt Thetis, der Tod ihres Sohnes stehe unmittelbar bevor.[247]

---

[243] Cf. Scodel 2002, 194.

[244] West 1997, 341 sieht in Achills Bewußtsein der eigenen Sterblichkeit eine Parallele zu Gilgamesch. Slatkin 1991 versucht zu zeigen, daß sich im Hintergrund von Achills Tod in der *Ilias* der Mythos verberge, daß Thetis Zeus oder Poseidon einen Sohn gebären werde, der größer als sein Vater sein werde. Durch die Intervention von Themis sei aber der frühe Tod von Achill bestimmt worden, der damit den Bestand der alten Ordnung garantiere (103): »The *Iliad* reminds us of Thetis's mythology, through allusions to her power and through emphasis on the reciprocity of *achos* that she and Achilles share – his Iliadic and hers meta-Iliadic – in order to assert the meaning of human life in relation to the entire cosmic structure: in order to show that cosmic equilibrium is bought at the cost of human mortality. The alternative would mean perpetual evolution, perpetual violent succession, perpetual disorder.«

[245] S. beispielsweise Schadewaldt [4]1965, 260; Marg 1976, 17; Griffin 1980, 95; Zanker 1994, 78.

[246] Pope 1985, 8 Anm. 14 meint jedoch, daß hier nicht der frühe Tod Achills, sondern nur der Kontrast seiner Sterblichkeit zur Unsterblichkeit seiner Mutter zum Ausdruck komme.

[247] S. a. 18, 115f.; 19, 334-337; 21, 108-113; 23, 80f. (Geist des Patroklos); 150f.; 244-248; 24, 85f.; 540. Cf. Edwards ad 18, 95f. Cf. Griffin 1980, 163; 1995, 6. Mueller 1978, 120 und Wilson 1974, 389 stellen Achills Gewißheit des nahen Todes dem allgemeinen Wissen anderer Helden um ihre Sterblichkeit gegenüber.

Hervorgehoben wird Achills Wissen um den eigenen Tod durch den Kontrast von Hektor,[248] markiert durch die sprachliche Parallele in den folgenden Reaktionen der Helden, wenn sie auf ihren baldigen Tod hingewiesen werden: Hektor in 16, 859-861: Πατρόκλεις, τί νύ μοι μαντεύεαι αἰπὺν ὄλεϑρον;/ τίς δ᾽ οἶδ᾽, εἴ κ᾽ Ἀχιλεύς, Θέτιδος πάις ἠυκόμοιο,/ φϑήῃ ἐμῶι ὑπὸ δουρὶ τυπεὶς ἀπὸ ϑυμὸν ὀλέσσαι; Achill in 19, 420-422: Ξάνϑε, τί μοι ϑάνατον μαντεύεαι; οὐδέ τί σε χρή./ εὖ νυ τοι οἶδα καὶ αὐτός, ὅ μοι μόρος ἐνϑάδ᾽ ὀλέσϑαι,/ νόσφι φίλου πατρὸς καὶ Μητέρος [...]

Zuerst soll kurz gezeigt werden, wie Achill durch den Tod von Patroklos in besonders eindringlicher Weise Schicksalskontingenz erfährt (5.2.1). Es folgt eine Analyse, wie Achills Wissen um seine Sterblichkeit die Handlung der *Ilias* bestimmt. Dafür werden Achills Kritik am heroischen Ehrsystem im 9. Buch (5.2.2) und sein Verhältnis zur traditionalen Sinnbildung im 21. Buch betrachtet (5.2.3). Schließlich wird gezeigt, welche Bedeutung Schicksalskontingenz für Achills Rückkehr in die Schlacht hat (5.2.4).

5.2.1 Die Erfahrung von Patroklos' Tod
Patroklos' Tod konfrontiert Achill nicht nur unmittelbar mit der menschlichen Vergänglichkeit, sondern er begegnet Schicksalskontingenz dadurch in besonderer Weise, daß Patroklos aufgrund der Erfüllung seines eigenen Wunsches stirbt (Thetis in 18, 73-77). Achill antizipiert mit dem Tod seines Freundes sogar seinen eigenen Tod.[249] Dies zeigt eine Reihe von Punkten: Achill sagt über Patroklos in 18, 81f.:

Πάτροκλος, τὸν ἐγὼ περὶ πάντων τῖον ἑταίρων,
ἶσον ἐμῆι κεφαλῆι [...]

Patroklos, den ich vor allen Gefährten wert hielt
Gleich wie mein eigenes Haupt [...]

Patroklos trägt, wenn er in seinen letzten Kampf zieht, Achills Rüstung. Er fällt so, wie Achill sterben wird, durch Apollon und einen Sohn des Priamos.[250] Nach Achills Tod sollte Patroklos dessen Sohn aufziehen, also an seine Stelle treten (19, 329-333). Die Klage, in der Thetis und die Nereiden nach Patroklos' Tod das Schicksal Achills reflektieren, hat die Form einer

---

[248] Cf. Schadewaldt [4]1965, 260. Achills Bewußtsein um die eigene Sterblichkeit ist auch vor dem Hintergrund seines Alters bemerkenswert. Marquard 1986b, 130f. stellt fest, daß für junge Menschen die Beliebigkeitskontingenz, für alte Menschen die Schicksalskontingenz im Vordergrund stehe.

[249] Cf. Mueller 1978, 119f. Dazu, daß Patroklos ein zweiter Achill ist, cf. v. Scheliha 1943, 264 und Schoeck 1961, 16.

[250] So v. Scheliha 1943, 264. Sie meint, daß außerdem der Kampf um Patroklos' Leichnam und die Trauer der Rosse der Darstellung von Achills Tod entlehnt seien.

Totenklage.[251] Der Erzähler beschreibt die Tatsache, daß Patroklos nicht mehr aus der Schlacht zurückkehrt, mit den gleichen Worten wie das Ausbleiben der Heimkehr Achills, 18, 237f.:

> τόν ῥ᾽ ἤτοι μὲν ἔπεμπε σὺν ἵπποισιν καὶ ὄχεσφιν
> ἐς πόλεμον, οὐδ᾽ αὖτις ἐδέξατο νοστήσαντα.[252]

> Ja, den hatte er ausgeschickt mit Pferden und Wagen
> In den Kampf, doch nicht wieder empfing er ihn als Heimgekehrten.

Achill versucht auch, seinen eigenen Zustand dem seines toten Freundes anzugleichen. In seiner Trauer verunreinigt er sich zuerst selbst[253] und schneidet sich dann von den Grundlagen des Lebens ab: er fastet, schläft kaum und enthält sich des Geschlechtsverkehrs.[254] Ebenso wie Patroklos erhält er Ambrosia und Nektar.[255]

Schließlich führt Achill sogar seinen eigenen Tod bewußt herbei. Die Konfrontation mit der eigenen Sterblichkeit durch den Tod des nächsten nimmt bei Achill die Form der Kausalität an. Er zieht aus, um Patroklos zu rächen, im Wissen, daß auf Hektors Tod sein eigener folgt.[256]

Achills Erfahrung von Schicksalskontingenz durch Patroklos' Tod und das Wissen um sein eigenes Ende schlagen sich sprachlich in der Satzein-

---

[251] Dies zeigt Kakridis 1949, 65-73, der daraus die Schlußfolgerung zieht, Homer stütze sich auf älteres episches Material. S. a. Schadewaldt ⁴1965, 250 und 252.

[252] Thetis in 18, 59f.=18, 440f.: [...] τὸν δ᾽ οὐχ ὑποδέξομαι αὖτις/ οἴκαδε νοστήσαντα δόμον Πηλήιον εἴσω. Achill in 18, 89f.: τὸν οὐχ ὑποδέξεαι αὖτις/ οἴκαδε νοστήσαντ᾽ [...] 18, 330-332: [...] ἐπεὶ οὐδ᾽ ἐμὲ νοστήσαντα/ δέξεται ἐν μεγάροισι γέρων ἱππηλάτα Πηλεύς/ οὐδὲ Θέτις μήτηρ [...] Zwar bezeichnet νοστεῖν auch an anderen Stellen die Rückkehr aus der Schlacht (10, 247; 13, 38; 17, 207; 22, 444; 24, 705) und in 17, 207f. wird sogar zusammen mit δέχεσθαι gebraucht: [...] ὅ τοι οὔ τι μάχης ἐκ νοστήσαντι/ δέξεται Ἀνδρομάχη κλυτὰ τεύχεα Πηλείωνος. Die Parallelität von 18, 237f. zu den Aussagen darüber, daß Achill nicht zurückkehren werde, ist aber so groß, daß ein Bezug gerechtfertigt ist: Nur hier wird δέχεσθαι mit dem Partizip von νοστεῖν im Akkusativ verbunden. In 17, 207f. nimmt Andromache dagegen die Waffen entgegen. Hinzu kommt, daß ebenso wie in 18, 238 auch in 18, 59; 89 und 440 αὖτις steht. Außerdem macht die Häufigkeit, mit der die Formulierung auf Achill angewandt wird, und ihre Nähe zur Aussage des Erzählers über Patroklos es wahrscheinlich, daß sie als ihr Hintergrund mitgehört wird.

[253] Cf. 18, 23f.

[254] Cf. Grethlein 2005b. Whitman 1958, 202f. führt aus, daß Achill wie tot ist. Monsacré 1984 versucht zu zeigen, daß Trauer und Leid als Ausdruck von Männlichkeit fester Bestandteil des heroischen Kodexes sind.

[255] Patroklos werden Ambrosia und Nektar in 19, 38f. von Thetis eingeflößt, damit seine Haut vor Verfall geschützt wird; Achill werden sie von Athene aufgrund seines Fastens gegeben (19, 352-354). Cf. Mackie 1999, 492.

[256] In 18, 96 sagt Thetis ihrem Sohn seinen Tod nach Hektors Tod voraus. Daraufhin wünscht sich Achill in 18, 98-100, daß er selbst sofort sterben möge, und sagt in 18, 101, er werde nicht mehr in seine Heimat zurückkehren. Cf. Griffin 1995, 19. V. Scheliha 1943, 268 betont, daß Achills Größe in der bewußten Entscheidung für den Tod liege, und interpretiert seinen Tod als Opfertod für Patroklos.

leitung νῦν δέ nieder. Sie unterstreicht eine Zäsur zwischen der Gegenwart und der Vergangenheit, teilweise stellt sie einer vergangenen Erwartung die sie enttäuschende Erfahrung gegenüber. Kein anderer Held beginnt seine Sätze so oft mit νῦν δέ wie Achill.[257] Er bezeichnet mit ihr die Zäsur, die Patroklos' Tod darstellt,[258] und den Wandel seines Verhaltens aufgrund seines Todes.[259] Aber auch Bemerkungen über sein eigenes nahes Ende leitet er mit νῦν δέ ein.[260]

Achill ist sich aber nicht nur bewußt, wie sehr er selbst dem Zufall ausgesetzt ist, am Ende der *Ilias* erkennt er in dieser Situation die *condicio humana*, die er in der Parabel von den zwei Fässern beschreibt. Um den Wechsel von Glück und Unglück im Leben von Peleus (24, 534-542) und Priamos (24, 543-548) zu erklären, erzählt Achill, daß Zeus zwei Fässer habe, von denen das eine mit Gutem, das andere mit Schlechtem gefüllt sei. Zeus bestimme das Los der Menschen, indem er ihnen entweder aus beiden oder nur aus dem mit Schlechtem gefüllten Faß zuteile (24, 525-533).

Hier wird die Frage ausgeblendet, welche Bedeutung es hat, daß Achill diese Parabel am Ende der *Ilias* in seiner Begegnung mit Priamos erzählt – darauf werden wir später zurückkommen.[261] Wichtig ist erst einmal, daß Achill nicht nur um seine eigene Fragilität weiß, sondern ein Modell für alle Menschen gibt, das die Erfahrung der Schicksalskontingenz festhält und deutet. In ihrer Abstraktion gleicht die Parabel von den Fässern dem Blättergleichnis, das Glaukos im 6. Buch erzählt. Zwei kleine Unterschiede seien genannt: In der Fässer-Parabel ist mit Zeus ein explizit religiöses Element enthalten, das im Blättergleichnis selbst keine Rolle spielt, aber in Glaukos' Genealogie vorkommt. Außerdem klingt im Blättergleichnis zwar auch die Unsicherheit des menschlichen Lebens an, aber das Schwergewicht liegt auf der Vergänglich-

---

[257] Achill gebraucht die Wendung 26 mal (Belege in den folgenden drei Anmerkungen). Auch bei anderen Personen dient die Einleitung νῦν δέ zum Ausdruck plötzlicher Veränderungen. Lykaon verwendet in seiner Rede vor Achill zweimal νῦν δέ (21, 80 und 92f.) und einmal νῦν αὖ (21, 82). Die Erfahrung von Schicksalskontingenz ist in seinem Fall offensichtlich, s. S. 161f. S. a. Briseis' Klage über Patroklos' Tod in 19, 287-290; Hektors Einsicht in seinen unmittelbar bevorstehenden Tod in 22, 103-105; 22, 300f.; Hekabes Klage über den toten Hektor in 22, 435f. und 24, 757f. Besonders eindrücklich ist die Klage der Andromache, in der νῦν δέ zweimal auf den Tod Hektors (22, 482f.; 507-509) und einmal auf das Schicksal des Astyanax (22, 505) bezogen wird. Νῦν δέ drückt aber nicht nur die Erfahrung von Schicksalskontingenz beim Tod von Menschen aus. Hektor beklagt in 18, 288-292 den Verlust der Reichtümer Trojas durch den Krieg. In 20, 306-308 beschreibt Poseidon den Wechsel der Herrschaft von der Linie des Priamos auf die des Aineas.

[258] 18, 333; 19, 319. In 19, 203f. nennt Achill die von Hektor getöteten Griechen, unter denen auch Patroklos ist, wie die Parallele von 19, 203 δεδαιγμένοι und 19, 211 δεδαιγμένος nahelegt.

[259] 18, 114 (Rache); 18, 121 (Ruhm); 18, 23 (Bewaffnung); 19, 67 (Ende des Zorns); 21, 100-105. Er gebraucht νῦν δέ außerdem in 9, 344; 356; 16, 73; 207; 19, 275; 20, 454; 22, 18; 391; 23, 158; 24, 601; 614. An drei Stellen (16, 60 bereits, als er Patroklos in die Schlacht schickt; 18, 112; 19, 65) sagt Achill: ἀλλὰ τὰ μὲν προτετύχθαι ἐάσομεν.

[260] 18, 101; 21, 281; 23, 150. In 18, 88 ist sein eigener Tod in Thetis' Trauer impliziert.

[261] S. unten S. 289f.

keit, während die Parabel von den Fässern allgemeiner das Glück und Unglück im Leben behandelt.

5.2.2 Achills Kritik am heroischen Ehrsystem

Achills Wissen um seinen Tod bestimmt auch seine Kritik am heroischen Ehrsystem. Wenden wir uns dem 9. Buch zu. In der berühmten Gesandtschaftsepisode versuchen Phoinix, Odysseus und Aias den grollenden Achill zur Rückkehr in die Reihen der Griechen zu bewegen. Agamemnon, so richtet Odysseus ihm aus, biete ihm reichliche Geschenke: neben der unberührten Briseis sieben lesbische Frauen, die Achill selbst gefangen hatte, ein gewaltiges Arsenal an Wertgegenständen sowie, wenn Troja eingenommen sei, weitere Güter und Frauen. Zudem dürfe sich Achill eine von Agamemnons Töchtern zur Frau nehmen und erhalte sieben Städte (9, 262-299). Unbeeindruckt lehnt Achill das Angebot ab und stellt in einer langen Rede (9, 308-429) das heroische System der Verteilung von Ehre in Frage.[262]

Zwei große Forschungskontroversen haben sich an Achills Antwort im 9. Buch entzündet. Parry hat die These aufgestellt, Achill mißbrauche die epische Sprache, da er seine Gedanken in ihr nicht ausdrücken könne.[263] Sie beruht aber auf einer fragwürdigen Vorstellung von Sprache im allgemeinen und epischer Sprache im besonderen und einer verzerrten Sicht der heroischen Ethik.[264]

Außerdem haben zahlreiche Forscher einen Widerspruch zwischen der Ablehnung der Gesandtschaft im 9. Buch und Achills Äußerungen in anderen Büchern der *Ilias* gesehen. In 11, 608-610 ist es Achills Ziel, daß die Griechen ihn in einer Supplikation anflehen. Im 16. Buch wird die Gesandtschaft nicht erwähnt und Achill (16, 50f.) widerspricht Patroklos' Vermutung, daß er aufgrund einer Weissagung seiner Mutter nicht in die Schlacht zurückkehre (16, 36-38). Außerdem meint er in 16, 71-73, er hätte eingelenkt, wenn Agamemnon ihm gegenüber freundlich gewesen wäre (cf. Hainsworth ad 11, 609, der daraus folgert, die Gesandtschaft sei ein spätes Element der *Ilias*). Die Widersprüche entpuppen sich aber bei genauerem Hinsehen als

---

[262] Cf. McFarland 1955/1956, 196f.; Wilson 1996, 19 (sowie ad 9, 307-429 und 401-416). Zu Achills Ablehnung der Geschenke s. den Überblick über die Forschungsgeschichte bei Wilson 2002, 1-4.

[263] Parry 1956.

[264] Cf. Reeve 1973; Clauss 1975, 13-17 und Friedrich / Redfield 1978, 266-268. Lynn-George 1988, 93-101 kritisiert aus strukturalistischer Perspektive das romantische Sprachverständnis von Parry. Martin 1989, 146-205 versucht, die Besonderheit von Achills Sprache zu erfassen durch ein neues Verständnis der Formelsprache. Messing 1981, 888-900 kritisiert sowohl Parry als auch die Kritik, die Friedrich / Redfield an ihr üben. Unterstützt wird Parrys These von Schein 1984, 105 Anm. 25. Gegen Reeves Kritik s. a. Goldhill 1991, 81 Anm. 49. Nimis 1985/1986 analysiert Achills Rede mit Chomskys Sprachtheorie.

schwach: So ist etwa die Bitte der Griechen im 9. Buch keine Supplikation.[265] Auch müssen die Kontexte der jeweiligen Angaben in Betracht gezogen werden.[266]

Achill weist die Ehren, die ihm Agamemnon geben will, zurück und führt den Wert des Lebens gegen das Risiko im Kampf an.[267] In ähnlicher Weise wie Sarpedon reflektiert er über das Risiko in der Schlacht. Beide setzen die Auszeichnungen, die ihnen als Lohn winken, mit ihrer Sterblichkeit in Verbindung. Während Sarpedon aber in den Ehren einen Grund sieht, sich dem Risiko des Kampfes zu stellen, entscheidet sich Achill dafür, dem Kampf fernzubleiben, da die sozialen Auszeichnungen für ihn bedeutungslos geworden sind.[268]

Dieser Kluft in der Bewertung der Ehren entspricht die unterschiedliche Einschätzung des Lebens. Sarpedon betont, wenn er von den unzähligen Keren spricht, die auf den Menschen warten, die allgemeine Unsicherheit menschlichen Lebens. Achill dagegen geht davon aus, daß er, wenn er nicht weiter kämpfe und nach Hause zurückkehre, lange leben werde. Seine Mutter habe ihm geweissagt, er werde entweder unvergänglichen Ruhm erhalten, wenn er wieder kämpfe und auf seine Rückkehr verzichte, oder ihm sei, wenn er auf den Ruhm verzichte, ein langes Leben beschieden (9,

---

[265] Cf. Schadewaldt [3]1966, 81; Alden 2000, 182-199. Mueller 1978, 118 bestreitet, daß zwischen dem 9. und dem 16. Buch ein Widerspruch bestehe.

[266] Willcock 1978 weist gegen Spekulationen über Interpolationen und frühe oder späte Elemente der *Ilias* darauf hin, daß der Widerspruch zwischen den Darstellungen von Achills Schicksal in den Situationen begründet sei (16f.). Achills unterschiedliche Darstellungen entsprächen dem jeweiligen Kontext. Die Wahl zwischen zwei Schicksalen im 9. Buch sei Rhetorik, und im 16. Buch sei hinter Patroklos' Frage ein Versuch zur Provokation Hektors verborgen. Willcock meint, daß Widersprüche in der *Ilias* nur in Reden auftauchten, die aber als Mittel der Charakterisierung zu interpretieren seien (17). Zur Vorhersage der beiden Schicksale im 9. Buch bemerkt Griffin ad 9, 410-416: »Prophetic utterances are especially liable to be mentioned at one moment and ignored or denied at another.« Er sieht auch nicht unbedingt einen Widerspruch zwischen Achills Ablehnung im 9. Buch und seiner Haltung in 16, 71-73 und 11, 608-610 (25).

[267] Beide Aspekte, die sozialen Ehren und die Sterblichkeit, erscheinen bereits zusammen in 9, 318-320: ἴση μοῖρα μένοντι, καὶ εἰ μάλα τις πολεμίζοι,/ ἐν δὲ ἰῆι τιμῆι ἠμὲν κακὸς ἠδὲ καὶ ἐσθλός·/ κάτθαν' ὁμῶς ὅ τ' ἀεργὸς ἀνὴρ ὅ τε πολλὰ ἐοργώς. Auf den ersten Blick bezeichnet μοῖρα in 9, 318 den Anteil an der Beute. Die zweite Bedeutung des Wortes, »Todeslos«, wird aber evoziert, wenn in 9, 320 die allgemeine Sterblichkeit angesprochen wird. Die Einebnung unterschiedlicher Leistungen durch die Verteilung der Ehren wird eingebettet in die Gleichheit des Todes für alle. S. a. Clauss 1975, 18 Anm. 7. Der Vers 9, 320 ist athetiert worden mit der Begründung, er sei von einem Interpolator eingefügt worden, der μοῖρα in 9, 318 als »Todeslos« verstanden habe. Gegen diese Athetese s. Griffin ad 9, 318-320.

[268] Die Ähnlichkeiten zwischen Achill und Sarpedon betont Mueller 1978, 116. Clauss 1975 bestreitet sogar, daß es Unterschiede zwischen den Ansichten beider gebe. Auch Vernant 1982, 51f. (ähnlich Goldhill 1991, 79f.) meint, Achill und Sarpedon strebten nach der gleichen Ehre. S. aber Taplin 1992, 71, der zeigt, daß Achill die Gleichsetzung von materiellen Gütern mit τιμή zurückweist.

410-416).[269] Der allgemeinen Unsicherheit des Lebens in Sarpedons Rede steht bei Achill seine sichere Länge im Frieden und der unausweichliche Tod im Krieg gegenüber.

Achills Drohung, nach Phthie zurückzukehren, entspringt aber nicht, wie es scheinen mag, einer Abwendung von heroischer Ehre, sondern der Enttäuschung über die Mechanismen der sozialen Anerkennung. Anders als Sarpedon macht Achill die Erfahrung, daß sein Einsatz nicht belohnt wird.[270] Wenn Agamemnon ihm aufgrund seiner königlichen Autorität sein Ehrengeschenk, Briseis, wegnimmt, muß er feststellen, daß die Ehren nicht den Leistungen entsprechen[271] und stellt in seinem Groll das ganze heroische System der Verteilung von Ehre in Frage. Sein Protest dagegen, daß er nicht die ihm gebührende Ehre erhalte, setzt aber die Ehre als Wert voraus. Diese stellt er sogar anderen Werten wie der φιλότης, an welche die Griechen appellieren, voran, wenn er nicht in den Kampf zurückkehrt.[272]

Sowohl Achills Fixierung auf seine Ehre als auch die aus ihr folgende Ablehnung der sozialen Mechanismen der Anerkennung zeigen sich, wenn er die angebotenen Geschenke zurückweist.[273] Die Geschenke erscheinen ihm als unzureichender Ersatz für den Angriff auf seine Ehre. Da er durch den Raub der Briseis erfahren hat, daß diese Mechanismen kein wirklicher Ausdruck von Ehre sind, kann seine Ehre nicht in diesem System wieder-

---

[269] Als Parallele für zwei alternative Schicksalsläufe s. Euchenor, dem sein Vater, der Seher Polyides, geweissagt hat, daß er an einer furchtbaren Krankheit zu Hause oder im Kampf gegen die Trojaner sterben werde (13, 666-670). Strasburger 1954, 75f. vermutet, daß die beiden Schicksalsläufe von Euchenor aus denen Achills herausentwickelt worden seien, und weist darauf hin, daß beide von Paris getötet werden.

[270] Dazu, daß die Wegnahme von Briseis nicht nur ein materieller Verlust für Achill ist, s. Vernant 1982, 48.

[271] Cf. Vernant 1982, 48 und Edwards 1987, 235f. zu der Diskrepanz, die Achill zwischen der Macht des Königs und seiner Leistung als des »besten der Achaier« sieht. Edwards 1991, 235 meint, daß Achill die Geschenke deswegen ablehne, da sie seine Subordination unter Agamemnon sanktionierten. Clauss 1975, 23-25 sieht in Achills Ablehnung des Angebots den Unwillen des homerischen Helden, seinen eigenen Wert kalkulieren zu lassen.

[272] Vernant 1982, 46 zeigt, daß die große Bedeutung, die Achill seiner Ehre gibt, ihn an den Rand der Gemeinschaft der Griechen führt, wenn er die Gesandtschaft im 9. Buch ablehnt. S. a. Goldhill 1991, 85. Neben Parry und anderen, die einen Mißbrauch der heroischen Sprache diagnostizieren, meint auch Held 1987, 250, daß Achill das heroische Ethos, nach dem er erzogen worden sei, zurückweist. Daß Achill jedoch, indem er seine Ehre in den Vordergrund stellt, im heroischen Kodex bleibt, betont Redfield 1975, 105. S. a. Stein-Hölkeskamp 1989, 30f. Motto / Clark 1969, 111 gehen allerdings zu weit in ihrer These, daß Achill die heroische Ethik in vollkommener Form vertrete. Sie beachten nicht, daß Achill, wenn er materielle Güter als Wiederherstellung seiner Ehre ablehnt, einen Aspekt der heroischen Wertesystems zurückweist.

[273] Whitman 1958, 190 und Schein 1984, 105 betonen, wie ungewöhnlich die Ablehnung der Geschenke sei. Die Gesandtschaft bestehe aus Achills Freunden und das Angebot sei die Erfüllung der Worte Athenes im 1. Buch. Zur zentralen Bedeutung materieller Güter als Ausdruck von Ehre im Epos s. Donlan 1982, 4; Stein-Hölkeskamp 1989, 44.

hergestellt werden. Nachdem er in einer Klimax materielle Güter als unzureichend bezeichnet hat (9, 378-386),[274] sagt er in 9, 386f.:

οὐδέ κεν ὥς ἔτι θυμὸν ἐμὸν πείσει᾽ Ἀγαμέμνων,
πρίν γ᾽ ἀπὸ πᾶσαν ἐμοὶ δόμεναι θυμαλγέα λώβην.

Auch so würde er nicht mehr meinen Mut bereden, Agamemnon,
Bis er mir nicht die ganze hat abgebüßt, die herzkränkende Beschimpfung!

Λώβη bezeichnet meistens die Schmach, kann aber auch den Frevel bezeichnen, welcher die Schmach hervorruft.[275] Die Bedeutung »Frevel« mag hier anklingen, da es Objekt eines aktiven Verbes ist, aber das sonst für χόλος gebrauchte Epitheton θυμαλγείς[276] legt nahe, daß die Schmach gemeint ist. Die Verbindung von λώβη mit ἀποδιδόναι ist spannungsvoll. So bezeichnet ἀποδιδόναι zumeist das Zurückgeben von materiellen Gütern.[277] Die λώβη ist aber kein materielles Gut. Fernerhin markiert das Präfix ἀπο-, daß die Kompensation in der gleichen Währung wie die Verletzung erfolgen muß. Die Forderung läßt sich entweder so interpretieren, daß Achill fordert, die Schmach müsse ungeschehen gemacht werden, oder daß Agamemnon eine vergleichbare Schmach erleiden müsse.[278] Die Wiedergutmachung kann aber auf keinen Fall allein in materiellen Gütern erfolgen.[279] In dieser Spannung spiegelt sich das Mißverhältnis zwischen der Schmach, die Agamemnon Achill angetan hat, und dem Angebot einer materiellen Kompensation.

Daß Achill immer noch nach Ehre strebt, zeigt sich auch in 9, 607-610, wenn er zu Phoenix' Aufforderung, anders als Meleager jetzt zurückzukommen, um Geschenke zu erhalten, sagt:

Φοίνιξ, ἄττα γεραιὲ διοτρεφές, οὔ τί με ταύτης
χρεὼ τιμῆς· φρονέω δὲ τετιμῆσθαι Διὸς αἴσηι,

---

[274] Cf. Schmid 1964, 8-10.

[275] In 7, 97f.; 18, 180 und 19, 208 bezeichnet es die Schmach, in 3, 42 Paris als Gegenstand der Schmach. In 11, 142 bedeutet es offensichtlich Frevel: νῦν μὲν δὴ τοῦ πατρὸς ἀεικέα τείσετε λώβην. S. a. 13, 622f. In 1, 232 und 2, 242 sagen Achill bzw. Thersites: ἦ γὰρ ἄν, Ἀτρείδη, νῦν ὕστατα λωβήσαιο.

[276] Cf. 4, 513; 9, 260; 565.

[277] S. beispielsweise 3, 285 (κτήματα); 7, 84 (νέκυν); 4, 478; 17, 302 (θρέπτρα).

[278] Cf. Hainsworth ad 9, 387. Die Unmöglichkeit seines Verlangens betonen Reeve 1973, 195 und Schein 1980, 130 und 1984, 109. Dagegen meint Taplin 1992, 72f., daß durch 9, 379-382 eine Versöhnung zwischen Agamemnon und Achill nicht ausgeschlossen sei, wie die Begegnung von Achill und Priamos im 24. Buch zeige (s. für diesen Vergleich auch Griffin ad 9, 387). Er verweist außerdem auf 16, 72f. (72 Anm. 38): [...] εἴ μοι κρείων Ἀγαμέμνων/ ἤπια εἰδείη [...] Ähnlich meint Whitman 1958, 192f., daß Achill die Geschenke ablehne, da Agamemnon sich nicht entschuldigt habe.

[279] Cf. Hainsworth ad 9, 387; Bassett 1938, 195-199; Lloyd-Jones 1971, 11; Taplin 1992, 71.

ἤ μ᾿ ἕξει παρὰ νηυσὶ κορωνίσιν, εἰς ὅ κ᾿ αὐτμή
ἐν στήθεσσι μένηι καί μοι φίλα γούνατ᾿ ὀρώρηι.

Phoinix, lieber Alter! Zeusgenährter! Nicht braucht es für mich
Diese Ehre! Ich denke, ich bin geehrt durch des Zeus Bestimmung,
Die mir dauert bei den geschweiften Schiffen, solange der Atem
In der Brust mir bleibt und meine Knie sich mir regen.[280]

Allerdings strebt Achill aufgrund seiner Erfahrungen nach einer anderen
Ehre als durch die Gemeinschaft verteilte materielle Güter. In diesem Punkt
weicht er vom Ehrverständnis der anderen Helden ab, das Sarpedon expliziert. Der Besitz materieller Güter hat für ihn zwar nach wie vor einen
Wert, ist aber kein verläßlicher Ausdruck mehr von Ehre.[281]

Die Desillusionierung über die Verteilung sozialer Auszeichnungen läßt
Achill darin keinen Sinn erkennen, in den Kampf zurückzukehren. Ebenso
wie Sarpedon in den Ehren für den tapferen Helden die Motivation dafür
sieht, die Gefahren des Kampfes auf sich zu nehmen, so gibt es für Achill,
nachdem er erfahren hat, daß die Ehren nicht den Leistungen entsprechen,
keinen Grund mehr zu kämpfen. Sein Blick auf die Risiken des Krieges ist
nicht mehr abgefedert durch das System sozialer Anerkennung.

Der Rezipient weiß allerdings, daß Achill in den Kampf ziehen wird.[282]
Den Lauf der Handlung rufen zahlreiche Prolepsen ins Gedächtnis. Zuletzt
hat Zeus in 8, 470-477 eine Vorhersage gegeben:

ἠοῦς δὴ καὶ μᾶλλον ὑπερμενέα Κρονίωνα
ὄψεαι, αἴ κ᾿ ἐθέληισθα, βοῶπι πότνια Ἥρη,

---

[280] Auch Nestor sagt vor der Gesandtschaft, daß Achill von Zeus geehrt werde (9, 109-111;
116-118). Vor dem Hintergrund dieser Feststellungen gewinnen Agamemnons Worte in 1, 173-
175, Achill könne ruhig gehen, die Götter, besonders Zeus, ehrten vor allem ihn, Agamemnon,
eine ironische Dimension.

[281] Daß materielle Güter nach wie vor einen Wert für Achill haben, zeigen die folgenden zwei
Stellen: In 9, 364-367 erwähnt Achill seine Güter in Phthie und seine vor der Ankunft in Troja
erworbenen Reichtümer, und in 9, 398-400 verbindet er seine Hochzeit mit dem Genuß der von
Peleus ererbten Güter. Da sich Achills Interesse an Gütern sogar bei der Zurückweisung von
Agamemnons Geschenken zeigt, ist kein Widerspruch zu sehen, wenn Achill in 16, 84-86
Patroklos auffordert, ihm Ehre und Geschenke zu erringen. Cf. Bannert 1981, 90. S. a. Achills
Rechtfertigung für die Auslieferung der Leiche Hektors mit Priamos' Geschenken in 24, 592-594.
S. a. Clauss 1975, 26-28.

[282] Schadewaldt [3]1966, 136 sieht in Achills Überlegungen einen notwendigen Durchgangs-
punkt in seinem heroischen Leben: »Auf dem Schicksalswege des Achilleus ist I weiter die Stelle,
wo er, so scheint es (bes. 398ff.), seinen Heldenauftrag vergessen und der allzu menschlichen
Lockung eines langen gesegneten Erdenglückes daheim auf der eigenen Scholle folgen könnte: wo
Daseinsglück die Heldengröße gefährdet und bedroht. So weit muß einmal im Laufe des Gedichts
das Pendel zurückgenommen werden, um später so weit nach der anderen Seite auszuschwingen.«
Redfield 1975, 104f. und Vernant 1982, 46 meinen, daß Achill bei der Gegenüberstellung von
kurzem und langem Leben keine wirkliche Entscheidung zu treffen habe. Dagegen hält Whitman
1958, 188 die Situation für offen.

ὀλλύντ᾽ Ἀργείων πουλὺν στρατὸν αἰχμητάων.
οὐ γὰρ πρὶν πολέμου ἀποπαύσεται ὄβριμος Ἕκτωρ,
πρὶν ὄρθαι παρὰ ναῦφι ποδώκεα Πηλεΐωνα
ἤματι τῶι, ὅτ᾽ ἂν οἱ μὲν ἐπὶ πρύμνηισι μάχωνται
στείνει ἐν αἰνοτάτωι περὶ Πατρόκλοιο θανόντος·
ὣς γὰρ θέσφατόν ἐστι [...]

Morgen wirst du sogar noch stärker den übermächtigen Kronion
Sehen, wenn du willst, Kuhäugige! Herrin Here!
Wie er vernichtet das viele Heer der Argeier, der Lanzenkämpfer.
Denn nicht eher wird ablassen vom Kampf der gewaltige Hektor,
Ehe sich bei den Schiffen erhebt der fußschnelle Peleus-Sohn,
An dem Tag, wo sie bei den hinteren Schiffen kämpfen
In schrecklichster Enge um Patroklos, den toten.
Denn so ist es bestimmt [...][283]

Bereits im Laufe des Gesprächs mit den Gesandten des griechischen Herres gibt Achill seinen Plan, am nächsten Morgen nach Phthie aufzubrechen, auf. Nach der Rede von Phoinix möchte er erst am nächsten Morgen entscheiden, ob er fahre oder bleibe (9, 618f.). Als Antwort auf Aias' Rede schließlich kündigt er an, sich nicht um den Kampf zu kümmern, bevor die Trojaner die Schiffe erreichten (9, 650-655).[284] Die negative Formulierung impliziert, daß er dann in den Kampf eingreifen werde.

Achills Bewußtsein der eigenen Fragilität – so läßt sich dieser Blick auf das 9. Buch zusammenfassen – ist dadurch geschärft, daß für ihn, forciert durch seinen sicheren Tod, die soziale Anerkennung ihren Wert als Kompensation für das Risiko im Krieg verloren hat. Es wird sich aber zeigen (s. unter 5.2.4), daß bereits im 9. Buch ein anderer, ebenfalls mit der menschlichen Fragilität zusammenhängender Grund genannt wird, der Achill in den Krieg zurückkehren läßt, im Wissen, daß er seinem Tod entgegengeht.

---

[283] Mueller 1978, 117 weist auf die Ironie hin, die in den drei Tagen liegt, in denen Achill Phthie zu erreichen meint (9, 362f.). Zu diesem Zeitpunkt werde Achill Hektor gegenüberstehen. Er vergleicht die Illusionen Achills mit denen Hektors, der in 8, 532-538 meint, Diomedes besiegen zu können. Nicht zu vergessen ist außerdem, daß Achill bereits in 1, 169-171 ankündigt, nach Phthie zurückzukehren, aber trotzdem vor Troja bleibt. Auch Griffin 1995, 26 vergleicht die schnellen Änderungen von Achills Plänen mit seinem Verhalten im 1. Buch.

[284] 9, 650-655: οὐ γὰρ πρὶν πολέμοιο μεδήσομαι αἱματόεντος,/ πρὶν γ᾽ υἱὸν Πριάμοιο δαΐφρονος, Ἕκτορα δῖον,/ Μυρμιδόνων ἐπί τε κλισίας καὶ νῆας ἱκέσθαι/ κτείνοντ᾽ Ἀργείους, κατά τε σμῦξαι πυρὶ νῆας·/ ἀμφὶ δέ τοι τῆμῆι κλισίηι καὶ νηὶ μελαίνηι/ Ἕκτορα καὶ μεμαῶτα μάχης σχήσεσθαι ὀΐω. Diese Ankündigung evoziert Zeus' Vorhersage in 8, 470-477. Die Satzstruktur von 8, 473f. und 9, 650f. ist gleich: οὐ γὰρ πρὶν [...]/ πρὶν [...] Beide beziehen sich auf Hektor (8, 473; 9, 651-655). Bezeichnender Unterschied ist, daß Zeus den Tod des Patroklos (8, 476), Achill dagegen nur den Tod unbestimmter Achaier erwähnt (9, 653). In dieser Differenz, hervorgehoben durch die sonstige Ähnlichkeit, wird die Begrenztheit Achills deutlich.

5.2.3 Achills Verhältnis zur traditionalen Sinnbildung

Es ist bereits ausgeführt worden, daß die Schicksalskontingenz die traditionale Sinnbildung in Frage stellt. Achills Einsicht in die *condicio humana* äußert sich in einem spannungsvollen Verhältnis zur Bedeutung der Abstammung, auf welche die homerischen Helden immer wieder Traditionen aufbauen. Im 21. Buch begegnet Lykaon Achill. Die Rolle des Zufalls in ihrer Begegnung wird an anderer Stelle behandelt.[285] Hier interessiert uns nur Achills Antwort auf die Klage um die Kurzlebigkeit, die Lykaon mit seiner Genealogie verbindet, 21, 106-113:

> ἀλλὰ φίλος θάνε καὶ σύ· τίη ὀλοφύρεαι οὕτως;
> κάτθανε καὶ Πάτροκλος, ὅ περ σέο πολλὸν ἀμείνων.
> οὐχ ὁράαις, οἷος καὶ ἐγὼ καλός τε μέγας τε;
> πατρὸς δ᾿ εἰμ᾿ ἀγαθοῖο, θεὰ δέ με γείνατο μήτηρ,
> ἀλλ᾿ ἔπι τοι καὶ ἐμοὶ θάνατος καὶ μοῖρα κραταιή·
> ἔσσεται ἠ᾿ ἠὼς ἢ δείελη ἢ μέσον ἦμαρ,
> ὁππότε τις καὶ ἐμεῖο ἄρηι ἐκ θυμὸν ἕληται,
> ἠ᾿ ὅ γε δουρὶ βαλὼν ἢ ἀπὸ νευρῆφιν ὀιστῶι.

> Aber, Freund! stirb auch du! Warum denn jammerst du so?
> Es starb auch Patroklos, der doch weit besser war als du.
> Siehst du nicht, wie auch ich schön bin und groß?
> Von einem edlen Vater bin ich, und eine Göttin gebar mich als Mutter.
> Aber auch auf mir liegt dir der Tod und das übermächtige Schicksal.
> Sein wird ein Morgen oder ein Abend oder ein Mittag,
> Wo einer auch mir im Ares wird das Leben nehmen,
> Sei es, daß er mit dem Speer mich trifft oder mit dem Pfeil von der Sehne!

Achill begründet die Unentrinnbarkeit des Todes *a maiore ad minus* und führt Patroklos als Beispiel für Lykaon an.[286] Indem er Patroklos als Bezug

---

[285] S. unten S. 161f.

[286] In dieser Aszendenz ist auch der Grund dafür zu sehen, warum, wie Lohmann 1970, 107 bemerkt, Achill anders als Lykaon zuerst den Präzedenzfall und dann die eigene Abkunft darstellt. Lohmann 1970, 106f. weist zu Recht darauf hin, daß Lykaon ein »Spiegelbild« für Achill sei. Beide sterben jung (21, 84f.: [...] μινυνθάδιον δέ με μήτηρ/ γείνατο Λαοθόη [...]~1, 352: μῆτερ, ἐπεί μ᾿ ἔτεκές γε μινυνθάδιόν περ ἐόντα.) und wissen um ihren Tod, Lykaon um den unmittelbar bevorstehenden, Achill um den in näherer Zukunft drohenden. Die Parallelen sind auch in ihrer Begegnung sprachlich markiert: Achill nennt parallel zu Lykaon seine Herkunft und sagt in 21, 109: [...] θεὰ δέ με γείνατο μήτηρ. Lykaon sagt in 21, 82f.: νῦν αὖ με τεῆις ἐν χερσὶν ἔθηκεν/ μοῖρ᾿ ὀλοή. Achill sagt in 21, 110: ἀλλ᾿ ἔπι τοι καὶ ἐμοὶ θάνατος καὶ μοῖρα κραταιή. S. a. die parallele Angabe ihres Schicksales durch εἶναι im Futur in 21, 92 und 111. Es ist bemerkt worden, es sei ungewöhnlich, daß Achill in 21, 113 als Todesursache neben einem Pfeil auch einen Speer angebe: ἠ᾿ ὅ γε δουρὶ βαλὼν ἢ ἀπὸ νευρῆφιν ὀιστῶι. In 21, 277f. sagt er, er werde Apollons schnellen Geschossen erliegen (cf. Richardson ad 21, 113). Man kann 21, 113 nicht nur als *variatio* verstehen, sondern auch als Parallele zu Lykaons Worten

wählt, beleuchtet seine allgemeine Wendung gegen die Klage über den Tod auch seine spezielle Motivation, nämlich die Rache für Patroklos.[287] Konsolatorischer Topos und Achills Motivation, Lykaon umzubringen, verschmelzen miteinander.

In 21, 110-113 bezieht Achill auch sich selbst ein: Auch er muß sterben. An anderer Stelle wählt er als größeres Beispiel für seinen eigenen Tod Herakles (18, 115-121).[288] Im Angesicht des Todes spielt die Herkunft ebensowenig eine Rolle wie die Fähigkeiten, auch nicht bei ihm selbst. Hier zeigt sich, wie die traditionale Sinnbildung durch die Fragilität menschlichen Lebens in Frage gestellt wird. Diese Begrenzung der Aussagekraft der Genealogie setzt am gleichen Punkt an wie Glaukos' Subversion der Genealogie. Achill nimmt die Vergänglichkeit des einzelnen in den Blick und stellt mit ihr die Kontinuität, in welche die Genealogie die Begrenztheit des Individuums aufheben soll, in Frage.

Achill weist außerdem die der exemplarischen Sinnbildung zugrundeliegende Regularität zurück. Lykaon setzt auf die Wiederholung der Vergangenheit, wenn er mit Blick darauf, daß Achill ihn bei ihrem ersten Aufeinandertreffen (21, 77: ἤματι τῶι) gefangen nahm, meint, Achill solle ihn auch jetzt gefangennehmen und verkaufen (21, 80: νῦν δ᾽).[289] Achill antwortet darauf, 21, 100-105:

πρὶν μὲν γὰρ Πάτροκλον ἐπισπεῖν αἴσιμον ἦμαρ,
τόφρα τί μοι πεφιδέσθαι ἐνὶ φρεσὶ φίλτερον ἦεν
Τρώων, καὶ πολλοὺς ζωοὺς ἕλον ἠδ᾽ ἐπέρασσα·
νῦν δ᾽ οὐκ ἔσθ᾽ ὅς τις θάνατον φύγοι, ὅν κε θεός γε
Ἰλίου προπάροιθεν ἐμῆις ἐν χερσὶ βάλησιν
καὶ πάντων Τρώων, πέρι δ᾽ αὖ Πριάμοιό γε παίδων.

Ja, bevor Patroklos dem Schicksalstag gefolgt ist,
Solange war mir lieber im Sinn, auch einmal zu schonen
Die Troer, und viele habe ich lebend gefangen und verkauft.
Jetzt aber *ist* der nicht, der dem Tod entrinnt, wen immer
Ein Gott vor Ilios in meine Hände wirft,
Von allen Troern, und zumal von des Priamos Söhnen!

---

in 21, 91: [...] ἐπεὶ βάλες ὀξέι δουρί. Dann entsteht eine Parallele zwischen Polydoros' Tod in der Vergangenheit und Achills Tod in der Zukunft.

[287] Eine andere Erklärung gibt das Scholium bT ad 21, 100-102: Früher sei Achill schonender mit den Feinden umgegangen, da ihn Patroklos dazu angehalten habe; deswegen klagten auch die Kriegsgefangenen um Patroklos (19, 282-302). Goldhill 1991, 88 meint, daß, wenn Achill Lykaon als φίλος adressiere und ihn trotzdem umbringe, daran erinnert werde, daß er auch Patroklos in die Schlacht geschickt habe, wo dieser gestorben sei.

[288] 18, 115-121. Dazu, daß Achill für sich ein größeres Beispiel heranzieht, s. Scholion A ad 18, 117c.

[289] S. aber auch die ebenfalls durch νῦν eingeleitete düstere Ahnung in 21, 82.

Achill greift die Gegenüberstellung von Vergangenheit und Gegenwart auf (21, 100-103: πρὶν μὲν [...] τόφρα [...] νῦν δ᾽[...]) – anders als Lykaon weist er die Parallele aber zurück. Er sieht in Patroklos' Tod einen Einschnitt, der Vergangenheit und Gegenwart voneinander trennt und die Wiederholung der Vergangenheit in der Gegenwart verhindert.[290]

Darin, daß die Erfahrung von Schicksalskontingenz durch Patroklos' Tod bei Achill zur Einsicht in die Grenzen der traditionalen Sinnbildung führt und ihn sich gegen die Regularität der exemplarischen Sinnbildung wenden läßt, zeigt sich beispielhaft, daß die Unberechenbarkeit des Zufalls Kontinuitäten und Regelmäßigkeiten unterbricht. Dabei hängen Erfahrung und Handeln eng miteinander zusammen. Achill begründet mit der allgemeinen Vergänglichkeit, die ihm Patroklos' Tod vor Augen geführt hat, sein erbarmungsloses Morden. Bei ihm ist das Töten Konsequenz seiner Einsicht in die Sterblichkeit. Damit wird Burkerts anthropologische Überlegung, nach der dem Menschen der Tod im Töten bewußt wird, umgekehrt.

Achills Verhältnis zur traditionalen Sinnbildung ist aber ambivalent. Während er Lykaon auf ihre Grenzen im Angesicht des Todes hinweist, begründet er, nachdem er Asteropaios besiegt hat, seinen Sieg mit seiner genealogischen Überlegenheit (21, 184-199).[291] Ebenso wie Zeus einem Flußgott überlegen sei, übertreffe er als Zeusabkömmling den Nachfahren eines Flusses. Sein Sieg über Asteropaios und die Schmähung seiner Herkunft haben eine besondere Bedeutung, wenn man sich den weiteren Verlauf des 21. Buches anschaut. Wenn Achill gegen den Flußgott Skamander unterliegt, werden ihm selbst die Grenzen seiner eigenen Genealogie vorgeführt.

In 21, 130-132 erregt Achill bereits den Zorn des Skamander (21, 136-138), wenn er sagt:

> οὐδ᾽ ὕμιν ποταμός περ ἐύρροος ἀργυροδίνης
> ἀρκέσει, ὧι δὴ δηθὰ πολεῖς ἱερεύετε ταύρους,
> ζωοὺς δ᾽ ἐν δίνηισι καθίετε μώνυχας ἵππους.

> Und euch wird auch der Fluß, der gutströmende, silberwirbelnde,
> Nicht beistehen, dem ihr schon lange viele Stiere opfert
> Und lebend in die Wirbel hinabschickt einhufige Pferde.[292]

---

[290] Cf. Lohmann 1970, 106: »Der Umstand, auf den Lykaon seine ganze Hoffnung setzt, der Hinweis auf ›damals‹ erweist sich als Bumerang.« Auch seine Abstammung von Priamos wird von Achill als besonderer Grund angeführt, um ihn zu töten. S. das Scholion T ad 21, 105b: ὁ μὲν ὡς ἐπὶ τῆι εὐγενείαι προὐβάλετο, ὁ δὲ διὰ τοῦτο φονεύειν αὐτόν φησιν.

[291] S. oben S. 71f.

[292] Interessant sind die Interpretationen der antiken Kommentatoren. Aristarch wollte nach Scholion A ad 21, 130-135a[1] und a[2] die Verse 21, 130-135 athetieren, da sie eine Erklärung für den Ärger des Flußgottes gäben, der bereits in 21, 146f. begründet sei. Sie seien deswegen nicht haltbar, da sich Skamander ansonsten bei Hera und Hephaistos über Blasphemie beschwert hätte.

Diese Behauptung läßt sich vergleichen mit der gegen Aineas gerichteten Drohung, dieses Mal würden die Götter ihm nicht helfen (20, 195). Sie gewinnt aber dadurch eine andere Nuance, daß Achill die Verpflichtung des Flußgottes durch die Opfer ausdrücklich erwähnt.[293] Insofern klingt die Unterstellung an, der Flußgott könne ihn nicht aufhalten, wenn er den Trojanern zur Hilfe komme.[294] Es ist impliziert, daß Achill dem Flußgott überlegen ist.

Nachdem Achill neben Asteropaios noch eine Reihe weiterer Feinden getötet hat (21, 209f.), greift Skamander aber ein, und fordert ihn dazu auf, seine Wasser nicht mehr weiter mit Leichen zu verstopfen, sondern seinem Treiben in der Ebene nachzugehen (21, 214-221).[295] Achill gesteht ihm dies zu, will aber zuerst die Trojaner weiter verfolgen (21, 223f.). Er springt sogar erneut in den Fluß hinein (21, 233f.).[296] Daraufhin greift ihn Skamander an.[297] Er bringt Achill in so arge Bedrängnis, daß dieser zuerst nur durch Athene und Poseidon gerettet werden kann. Als Skamander schließlich seinen Bruder Simoeisios zur Hilfe ruft, veranlaßt Hera Hephaistos dazu, das Wasser mit Feuer zu bekämpfen.[298]

Das Scholion T ad 136a sieht Skamanders Zorn nicht in der Blasphemie, sondern darin begründet, daß sein Flußbett mit Leichen überfüllt werde. Das Scholion bT ad 21, 120 meint, der Flußgott werde noch nicht dadurch erzürnt, daß die Leichen im Fluß angehäuft werden, sondern erst dadurch, daß Achill die auf dem Land getöteten in den Fluß ziehe. Dagegen erklärt das Scholion bT ad 21, 136b seinen Zorn mit Achills Blasphemie. Auch das Scholion T ad 21, 192 erkennt eine Beleidigung Skamanders.

[293] Zur Verpflichtung der Götter durch Opfer in der *Ilias* s. beispielsweise Chryses' Appell an Apollon in 1, 39-40 oder aus göttlicher Perspektive Zeus' Begründung dafür, warum er den Trojanern gewogen sei, in 4, 48f. S. außerdem Agamemnon in 8, 238-241; Nestor in 15, 372-376; Poseidon in 20, 298f.; Zeus in 22, 170-172; Apollon in 24, 33f. (cf. 66-70).

[294] Nach Asteropaios' Tod zweifelt Achill, daß Skamander ihm hätte helfen können (21, 192f.). Hier ist allerdings keine Blasphemie zu sehen, da der Flußgott Zeus als Ahnherren gegenübergestellt wird.

[295] In 21, 120f. zieht Achill sogar den toten Lykaon ins Wasser. Skamanders Auftritt wird bereits in 20, 7-12 vorbereitet, wenn die Flußgötter ausdrücklich in der Aufstellung für die Theomachie erwähnt werden. In 20, 40 wird Skamander als einer der Götter auf Seiten der Trojaner genannt, in 20, 73f. steht er schließlich Hephaistos gegenüber. Damit ist auch die Rettung Achills durch diesen bereits vorbereitet. Sie leitet die Rückkehr von Achills Kämpfen zur Götterschlacht ein, in die sie eingebettet sind. Cf. Scheibner 1939, 100 und Reinhardt 1961, 423f. Thornton 1984, 155f. macht auf die topographische Semantik aufmerksam: Während Achill von Skamander angegriffen werde, fänden Hektor (14, 433ff.) und Priamos (24, 692f.) bei ihm Rettung.

[296] S. bereits 21, 18. Zu diesem Widerspruch zwischen seiner Antwort auf Skamanders Ermahnung und seinem Tun s. die Scholien T ad 21, 223a¹ und b ad 21, 223a².

[297] Der zweikampfartige Charakter ihrer Auseinandersetzung wird dadurch deutlich, daß ihre Handlungen im Wechsel beschrieben werden. S. a. beispielsweise 21, 241, wo Skamanders Angriff sprachlich an einen Schlag mit einem Schwert erinnert: ὤθει δ' ἐν σάκεϊ πίπτων ῥόος.

[298] Mackie 1999, 496-498 sieht im Brennen des Flusses einen Beleg für seine These, Skamander erscheine als Fluß der Unterwelt. Er vergleicht 21, 358 πυρὶ φλεγέθοντι mit Od. 10, 513 Πυριφλεγέθων. Seine anderen Belege sind aber, da Vergleichsmöglichkeiten fehlen, wie er selbst eingesteht, recht vage. Das Feuer hat auf der Metaphernebene aber auf jeden Fall eine besondere

Erst danach läßt Skamander ab. Nach der Rückkehr in den Kampf wird Achill oft als einem δαίμων oder einem Gott gleich beschrieben,[299] aber, nachdem er den Nachkommen eines Flußgottes getötet und dessen Herkunft als minderwertig geschmäht hat, zeigt sich, daß er als Mensch selbst einem kleinen Flußgott nicht gewachsen ist.[300] Der Erzähler sagt in 21, 264:

> [...] θεοὶ δέ τε φέρτεροι ἀνδρῶν.

> [...] denn Götter sind stärker als Menschen.

Auch in der Rettung durch die Götter wird der Abstand zu den Göttern betont. Selbst Hera begründet ihre Anweisung an Hephaistos, von Skamander abzulassen, in 21, 379f. folgendermaßen:

> Ἥφαιστε, σχέο, τέκνον ἀγακλεές· οὐ γὰρ ἔοικεν
> ἀθάνατον θεὸν ὧδε βροτῶν ἕνεκα στυφελίζειν.

> Hephaistos! halte ein, Kind, Hochberühmter! Denn nicht gebührt sichs,
> Einen unsterblichen Gott um der Sterblichen willen so zu mißhandeln!

In seinem Kampf gegen Skamander übernimmt sich Achill also.[301] Zwar ist er durch seine Abstammung dem menschlichen Nachkommen eines Flußgottes überlegen, aber in seiner Niederlage gegen einen Flußgott zeigen sich die Grenzen der traditionalen Sinnbildung auch für ihn.[302]

Eine Wiederholung zeigt, daß auch Achill der Wechselhaftigkeit des Schicksals unterliegt. Hat er zuerst Lykaon gegenüber den Fluß metapho-

---

Bedeutung für Achill, der seit seinem Wiedereintritt in die Schlacht mit ihm verglichen wird (s. Moulton 1977, 108-111). Bereits im Gleichnis von 21, 12-16 wird Achill dem Wasser als Feuer gegenübergestellt.

[299] 20, 46; 359; 447; 493; 21, 18; 227; 315; 22, 132. Moulton 1977, 112 bemerkt, daß die Vergleiche mit einem δαίμων mit dem Ende des 22. Buches enden. S. aber 23, 80. Zur Ähnlichkeit Achills mit den Göttern nach Patroklos' Tod s. Grethlein 2005b, der zeigt, daß ihr eine bestialische Seite Achills gegenübersteht.

[300] Die Kluft, die zwischen Achill, dem größten Helden, und dem Flußgott Skamander besteht, zeigt sich auch in ihren Anrufen an die Götter. Parallel zu Achills Anruf an Zeus (21, 273-283) steht Skamanders Rede zu Apollon (21, 229-232). Beide beklagen sich bei einem Gott, daß er einer Verpflichtung nicht nachkomme. Achill sagt Thetis eine Lüge nach, da er nicht vor den Toren Trojas, sondern im Fluß sterbe; Skamander moniert, Apollon versage Zeus' Befehl, in den Kampf einzugreifen, den Gehorsam. Während Skamander als Gott aber Achill allein ohne die Hilfe Apollons bekämpft, erreicht Achill mit seinem Appell, daß die Götter ihm helfen. Während dann Skamander selber seinen Bruder Simoeisios dazu auffordert, ihm zu helfen, bewirkt nicht Achill selbst, sondern Hera den Einsatz von Hephaistos. Beide, Hera und Skamander, beginnen ihre Appelle mit einer Verwandtschaftsbezeichnung des Angesprochenen, 21, 308: φίλε κασίγνητε, 21, 331: ἐμὸν τέκος.

[301] In Grethlein 2005b wird ausgeführt, inwiefern Achill in seinem Morden am Fluß Grenzen überschreitet.

[302] Daß die Menschen dem Wasser ausgesetzt sind, zeigt sich in Gleichnissen, s. 15, 624-629 (cf. 15, 381-384) und 19, 377f. für das Meer und 5, 597-600 für einen Fluß, vor dem ein Mensch, der ἀπάλαμνος genannt wird, umkehrt. Cf. Fränkel 1921, 25.

risch als Grab beschrieben, kündigt jetzt Skamander an, ihn als Grab aufzu-
nehmen (21, 318-323). Das Schicksal, das Achill anderen bereitet hat, steht
ihm jetzt selbst bevor. An seine Begegnung mit Lykaon, in der er für sich
selbst ausführte, daß Größe, Schönheit und Abstammung im Angesicht des
Todes keine Bedeutung haben, erinnert Skamanders' Behauptung, daß ihm
seine Kraft, sein Aussehen und seine Waffen nicht helfen würden (21, 316-
318). Ihm steht sogar ein noch schlimmeres Schicksal bevor, da er, wie er
beklagt, nicht nur, im Fluß begraben, dem Vergessen anheimzufallen, sondern wie ein Hirtenjunge zu ertrinken droht, 21, 281-283:

> νῦν δέ με λευγαλέωι θανάτωι εἵμαρτο ἁλῶναι,
> ἐρχθέντ᾽ ἐν μεγάλωι ποταμῶι, ὡς παῖδα συφορβόν,
> ὅν ῥά τ᾽ ἔναυλος ἀποέρσηι χειμῶνι περῶντα.

> Jetzt aber war mir bestimmt, in elendigem Tod gefangen zu werden,
> Eingeschlossen in dem großen Fluß, wie ein Knabe, der Schweine hütet,
> Den ein Gießbach fortreißt, den er durchquert im Winterregen.

In diesem Vergleich zeigt sich noch einmal Achills Ambivalenz gegenüber
der traditionalen Sinnbildung. Betont er Lykaon gegenüber die Gleichheit
des Todes für alle, so nimmt er hier implizit für sich einen heldenhaften
Tod in Anspruch, der ihn von einem Schweinehirten unterscheidet.[303]

Fassen wir zusammen: Achill begegnet seiner Fragilität viel unmittelbarer als die anderen Helden. Das Wissen um die eigene Vergänglichkeit ist
bei ihm von einem allgemeinen Bewußtsein der Schicksalskontingenz zu
einem sicheren Wissen um den baldigen Tod gesteigert. Sein Blick auf die
eigene Fragilität im Krieg wird anders als bei Sarpedon nicht durch die
sozialen Ehrmechanismen aufgefangen. Zudem erkennt er die Grenzen der
traditionalen Sinnbildung, bleibt aber auch selbst in ihr verhaftet.

5.2.4 Achill und κλέος ἄφθιτον

Dennoch kehrt Achill in die Schlacht zurück. Mehr noch: Die Schicksalskontingenz wird für ihn in viel entscheidenderer Weise zum Grund für den
heroischen Einsatz als für Sarpedon. So kehrt er zurück, um Patroklos zu
rächen. Die Erfahrung von Schicksalskontingenz, die Patroklos' Tod für ihn
darstellt, wird der Anlaß, sich dem Zufall in seiner schärfsten Form auszu-
setzen. Zudem wird der heroische Einsatz für Achill zur Möglichkeit,

---

[303] Das Scholion bT ad 21, 282 stellt fest, daß Achill die Unehrenhaftigkeit des Todes beklage,
und verbindet die Stelle mit Achills Rede gegenüber Lykaon. Es sieht aber offensichtlich keine
Spannung zwischen Achills dortiger Behauptung, daß alle in gleicher Weise sterben müßten, und
seiner jetzigen Klage, daß er als Held unehrenhaft sterben müsse, sondern zwischen seiner Größe
und Schönheit und dem drohenden schmählichen Tod: πρὸς τὸ ἀγεννὲς καὶ εὐτελὲς τοῦ
θανάτου. καὶ διὰ τῆς ἡλικίας καὶ διὰ τοῦ ἐπιτηδεύματος ταπεινοῖ τὸ πρόσωπον·
παιδὶ δὲ συφορβῶι ἑαυτὸν εἰκάζει ὁ λέγων »ἐγὼ καλός τε μέγας τε« (Φ 108).

Schicksalskontingenz zu überwinden. Als Lohn für seinen Einsatz erhält er κλέος ἄφθιτον. Die Unvergänglichkeit, die »der beste der Achaier« mit seinem frühen Tod erlangt, hebt die Macht des Zufalls auf und ermöglicht ein Leben jenseits von Kontingenz.

Dieser Grund, der ihm auf andere Weise als die von ihm zurückgewiesenen Mechanismen sozialer Anerkennung Ehre verschafft, ist bereits in seiner Begründung, warum er sich vom Kampf abwendet, im 9. Buch genannt.[304] Achill stellt der Möglichkeit, materielle Güter wiederzuerwerben, die Irreversibilität des Todes gegenüber.[305] Deswegen ziehe er das Leben nicht nur den Geschenken vor, die ihm Agamemnon geboten habe, sondern materiellen Gütern schlechthin. In der Vorhersage von Thetis, die Achill wiedergibt, steht das lange Leben aber nicht den materiellen Gütern gegenüber, 9, 412-416:[306]

> εἰ μέν κ᾽ αὖθι μένων Τρώων πόλιν ἀμφιμάχωμαι,
> ὤλετο μέν μοι νόστος, ἀτὰρ κλέος ἄφθιτον ἔσται·
> εἰ δέ κεν οἴκαδ᾽ +ἵκωμαι φίλην+ ἐς πατρίδα γαῖαν,
> ὤλετό μοι κλέος ἐσθλόν, ἐπὶ δηρὸν δέ μοι αἰών
> ἔσσεται, οὐδέ κέ μ᾽ ὦκα τέλος θανάτοιο κιχείη.

Wenn ich hierbleibe und kämpfe um die Stadt der Troer,
Ist mir verloren die Heimkehr, doch wird unvergänglich der Ruhm sein.
Wenn ich aber nach Hause gelange ins eigene väterliche Land,
Ist mir verloren der gute Ruhm, doch wird mir lange das Leben
Dauern und mich nicht schnell das Ziel des Todes erreichen.

---

[304] Zanker 1994, 81-84 meint, Achill vertrete die Ansicht, daß nichts den Tod aufwiegen könne. Er betont zu Recht die Radikalität, mit der Achill die Mechanismen der Ehrverteilung kritisiert. In der Tat zieht Achill in 9, 410-416 das lange ruhmlose Leben dem mit Ruhm verbundenen kurzen vor. Zanker übersieht aber zwei Punkte: Erstens weicht, wie oben ausgeführt, Achill seine Absage auf und kündigt schließlich an, er wolle bleiben, bis die Trojaner zu den Schiffen kommen. Zweitens stellt Achill in 9, 401-409 nur materielle Güter dem langen Leben gegenüber, aber er sagt nicht explizit, daß das lange Leben den unsterblichen Ruhm aufwiegen könne. Daß Achill nicht von Todesfurcht getrieben wird, wie Zankers Analyse nahelegt, betont Lloyd-Jones 1971, 19f.

[305] 9, 406-409: ληιστοὶ μὲν γάρ τε βόες καὶ ἴφια μῆλα,/ κτητοὶ δὲ τρίποδές τε καὶ ἵππων ξανθὰ κάρηνα·/ ἀνδρὸς δὲ ψυχὴ πάλιν ἐλθεῖν οὔτε λειστή/ οὔθ᾽ ἑλετή, ἐπεὶ ἄρ κεν ἀμείψεται ἕρκος ὀδόντων. Martin 1989, 219 weist darauf hin, daß mit ληιστοί und κτητοί die Wörter ἀλήιος (9, 125=267) und ἀκτήμων (9, 126=268) aufgegriffen werden. Lynn-George 1988, 120 schreibt: »The language in which the king took pride in the prizes won by the horses offered to Achilles is reformulated as Achilles questions the ultimate possibilities of possession. Where Agamemnon insists throughout upon wealth, Achilles reads only death, the irredeemable loss of an irreplacable life.« Die Irreversibilität des Todes kommt auch zum Ausdruck, wenn der Erzähler in 13, 659 Pylaimenes' Trauer über den Tod seines Sohnes Harpalion erklärt: ποινὴ δ᾽ οὔ τις παιδὸς ἐγίνετο τεθνηῶτος.

[306] West 1997, 372f. gibt eine sumerische Parallele, in der allerdings dem Ruhm nicht langes, sondern ewiges Leben gegenübergestellt wird.

In den beiden Konditionalsätzen wird, unterstrichen durch das parallele ὤλετο im jeweils ersten Glied der Apodosis, das lange Leben dem unvergänglichen Ruhm gegenübergestellt. Nicht Ersetzbarkeit und Unersetzlichkeit, sondern zeitliche Beschränktheit und Ewigkeit kontrastieren miteinander. Der Ausdruck τέλος θανάτοιο (9, 411 und 416) markiert, daß jedes Leben ein Ende hat. Auch wenn Achill nach Phthie zurückkehrt, muß er sterben. Im Krieg ist der Mensch dem Zufall in besonderem Maße ausgeliefert, aber Schicksalskontingenz beherrscht menschliches Leben grundsätzlich. Ihr entgeht Achill auch in Phthie nicht.[307]

Mit dem κλέος ἄφθιτον deuten Thetis' Worte eine Möglichkeit an, Vergänglichkeit und Schicksalskontingenz zu überwinden. Bei der Diskussion von Naturvergleichen als Ausdruck der Schicksalskontingenz wurde bemerkt, daß φθίειν die Vergänglichkeit von Menschen nach dem Muster von Pflanzen bezeichnet.[308] Ihre Negation im Ruhm zeigt die Überwindung der Vergänglichkeit. Während materielle Güter wiederbeschafft werden können, das Leben unersetzbar ist und beide aber vergänglich sind, ist der Ruhm unvergänglich. Die raubbaren Güter sind nur auf den ersten Blick dem Leben gegenübergestellt, ihr eigentlicher Kontrast liegt im unsterblichen Ruhm. In Achills eigener Rede ist also implizit bereits eine Möglichkeit angelegt, eine andere Ehre als die durch Agamemnon zugeteilte zu erlangen. Er zieht im 9. Buch zwar die Heimkehr dem Ruhm vor, aber explizit stellt er das lange Leben nur den materiellen Gütern gegenüber und erwägt den unvergänglichen Ruhm nicht.

Später kommt Achill auf die Alternative in Thetis' Weissagung zurück, akzeptiert seinen frühen Tod und weist auf den Ruhm hin, den er sich erwerben will, 18, 115-121:

> [...] κῆρα δ᾽ ἐγὼ τότε δέξομαι, ὁππότε κεν δή
> Ζεὺς ἐθέληι τελέσαι ἠδ᾽ ἀθάνατοι θεοὶ ἄλλοι.
> οὐδὲ γὰρ οὐδὲ βίη Ἡρακλῆος φύγε κῆρα,
> ὅς περ φίλτατος ἔσκε Διὶ Κρονίωνι ἄνακτι,
> ἀλλά ἑ μοῖρ᾽ ἐδάμασσε καὶ ἀργαλέος χόλος Ἥρης·
> ὣς καὶ ἐγών, εἰ δή μοι ὁμοίη μοῖρα τέτυκται,
> κείσομ᾽ ἐπεί κε θάνω. νῦν δὲ κλέος ἐσθλὸν ἀροίμην.

> [...] Den Tod aber werde ich dann hinnehmen, wann immer
> Zeus ihn vollenden will und die anderen unsterblichen Götter.
> Denn auch nicht die Gewalt des Herakles ist dem Tod entronnen,
> Der doch der Liebste war dem Zeus Kronion, dem Herrn,

---

[307] Dessen ist sich gerade Achill bewußt, s. 9, 320: κάτθαν᾽ ὁμῶς ὅ τ᾽ ἀεργὸς ἀνὴρ ὅ τε πολλὰ ἐοργώς. Nagy 1979, 185 und MacCary 1982, 203 stellen eine etymologische Verbindung zwischen Phthie und φθίω/φθίνω her.

[308] Cf. S. 93.

> Sondern das Schicksal bezwang ihn und der leidige Zorn der Here.
> So will auch ich, wenn mir ein gleiches Schicksal bereitet ist,
> Liegen, wenn ich denn sterbe. Doch jetzt will ich guten Ruhm gewinnen.[309]

Die Unvergänglichkeit dessen, was Achill gewinnt, und sein früher Tod sind in den folgenden Versen einander pointiert gegenübergestellt, 24, 85-88:

> κλαῖε μόρον οὗ παιδὸς ἀμύμονος, ὅς οἱ ἔμελλεν
> φθείσεσθ᾽ ἐν Τροίηι ἐριβώλακι, τηλόθι πάτρης.
> ἀγχοῦ δ᾽ ἱσταμένη προσέφη πόδας ὠκέα Ἶρις·
> »ὄρσο, Θέτι· καλέει ἄφθιτα μήδεα εἰδώς.«

> Sie beweinte das Schicksal ihres untadligen Sohns, der ihr umkommen sollte
> In der starkscholligen Troja, fern der Heimat.
> Und es trat dicht heran und sagte zu ihr die fußschnelle Iris:
> »Erhebe dich Thetis! Zeus ruft dich, der unvergängliche Gedanken weiß!«

Der Stamm φθι- wird hier zweimal gebraucht, einmal für Achills Schicksal (φθείσεσθ᾽), zum anderen in Negation als Attribut für die Pläne des Zeus (ἄφθιτα). Mit dem letzteren kann die Unvergänglichkeit der Beschlüsse des Zeus bezeichnet werden, es kann aber auch die Pläne des Zeus für Achill inhaltlich charakterisieren und sich auf den unvergänglichen Ruhm beziehen, den er ihm zugedacht hat. Dann kommt durch die doppelte Verwendung von φθίειν zum Ausdruck, daß Achills Ruhm seinen Tod aufhebt.

Es ist der Tod des Patroklos, der Achill dazu veranlaßt, in den Kampf zurückzukehren. Aber im κλέος ἄφθιτον zeigt sich für ihn auch ein neuer Grund, die Unsicherheit des Kampfes auf sich zu nehmen, nachdem die Mechanismen der Belohnung durch materielle Güter ihren Wert für ihn

---

[309] Rutherford 1982, 154 Anm. 49 behauptet dagegen, daß für Achill Ruhm nichts mehr bedeute. Kim 2000, 123 Anm. 145 vertritt die These, der Ruhm sei nur ein Nebenprodukt von Achills Rückkehr. Sale 1963, besonders 95 Anm. 4 meint, Achill kehre nicht um des Ruhmes, sondern um der Rache an Hektor willen in den Kampf zurück. Diese beiden Gründe schließen sich aber nicht aus. Patroklos' Tod und der Wille, ihn zu rächen, sind sicherlich *causa efficiens* für Achills Rückkehr. Wie der oben zitierte Vers 18, 121 zeigt, nennt Achill aber selbst auch den Ruhm als Ziel seiner Rückkehr – er ist nicht nur eine unbeabsichtigte Folge. Zudem verweist die Verbindung von Tod und Ruhm in 18, 115-121 zurück auf die Disposition im 9. Buch (Taplin 1992, 197 sieht in 18, 121 »an unmistakable allusion for well-tuned ears« auf Achills lange Rede im 9. Buch.). S. außerdem 22, 206f., wo Achill sagt: οὐδ᾽ ἔα ἱέμεναι ἐπὶ Ἕκτορι πικρὰ βέλεμνα,/ μή τις κῦδος ἄροιτο βαλών, ὁ δὲ δεύτερος ἔλθοι. Cf. Goldhill 1991, 91 Anm. 69. S. a. Achills Prahlen nach Hektors Tod, 22, 393f.: ἠρόμεθα μέγα κῦδος· ἐπέφνομεν Ἕκτορα δῖον,/ ὧι Τρῶες κατὰ ἄστυ θεῶι ὡς ηὐχετόωντο. Vernant 1982, 50f. hebt hervor, daß es Achill nicht um allgemeine, sondern um unsterbliche Ehre gehe.

verloren haben. Im unvergänglichen Ruhm werden die beiden von Sarpedon genannten Gründe dafür, das Risiko des Kampfes auf sich zu nehmen,
zu einem neuen verschmolzen: Die Ehre besteht nicht mehr in vergängli-
chen Gütern, sondern im Ruhm, der die Sterblichkeit überwinden läßt.
Schicksalskontingenz ist nicht mehr wie für Sarpedon der Hintergrund für
den heroischen Einsatz, sondern ihre Überwindung sein Grund.

5. 3 Das Epos als Medium der Überwindung von Schicksalskontingenz

5.3.1 Das Epos als κλέος ἄφθιτον

Was ist aber das κλέος ἄφθιτον, das es Achill ermöglicht, seine Sterblichkeit zu überwinden?[310] Oft wird κλέος als das Ziel der Helden im
Kampf genannt.[311] Obgleich 9, 413 der einzige Beleg für κλέος ἄφθιτον in
der *Ilias* ist,[312] wird auch an anderen Stellen die Unvergänglichkeit oder
zumindest Langlebigkeit des Ruhmes erwähnt.

In 2, 324f. gibt Odysseus Kalchas' Worte wieder: ἡμῖν μὲν τόδ᾽ ἔφηνε τέρας
μέγα μητίετα Ζεύς,/ ὄψιμον ὀψιτέλεστον, ὅο κλέος οὔ ποτ᾽ ὀλεῖται. In 7,
87-91 beschreibt Hektor den Grabstein des von ihm getöteten Feindes: καί ποτέ τις
εἴπησι καὶ ὀψιγόνων ἀνθρώπων,/ νηὶ πολυκλήιδι πλέων ἐπὶ οἴνοπα πόν-
τον·/ ἀνδρὸς μὲν τόδε σῆμα πάλαι κατατεθνηῶτος,/ ὅν ποτ᾽ ἀριστεύοντα
κατέκτανε φαίδιμος Ἕκτωρ./ ὥς ποτέ τις ἐρέει, τὸ δ᾽ ἐμὸν κλέος οὔ ποτ᾽
ὀλεῖται. In 22, 304f. sagt Hektor im Angesicht des Todes: μὴ μὰν ἀσπουδεί γε
καὶ ἀκλείως ἀπολοίμην,/ ἀλλὰ μέγα ῥέξας τι καὶ ἐσσομένοισι πυθέσ-

---

[310] Redfield 1975, 31-35 grenzt κλέος von κῦδος und τιμή ab. Während κῦδος einer Person,
die noch lebe, innewohne, und τιμή eine Bewertung im Verhältnis zu anderen sei, beschreibe
κλέος den absoluten Wert, der auch über den Tod hinaus Bestand habe. S. a. Ulf 1990, 41-44 und
die Literatur bei Griffin ad 9, 412f. Die Verwandschaft zwischen κλέος ἄφθιτον und sravah [...]
aksitam in der Rig-veda 1, 9, 7 deutet auf einen gemeinsamen indogermanischen Ursprung. Cf.
Schmitt 1967, 62-70; Nagy 1974, 231-240; id. 1979, 187f. S. a. die Literatur bei Segal 1983, 22
Anm. 1 und Goldhill 1991, 72 Anm. 12 zur Bedeutung von κλέος in der indo-europäischen Tradition. Zu nachhomerischen Belegen für κλέος ἄφθιτον s. die Liste bei Schmitt 1967, 62f. Gegen
die indogermanische Parallele macht Floyd 1980 darauf aufmerksam, daß ἄφθιτος die Unvergänglichkeit, also die Ewigkeit, bezeichnet, sravah in Rig-veda 1, 9, 7 dagegen nur die Dauer eines
Lebens. S. a. die Antwort von Nagy 1981 sowie Volk 2002.

[311] S. 4, 197=207; 5, 3; 172; 273; 532=15, 564; 6, 446; 7, 91; 9, 413; 415; 10, 212; 11, 227; 17,
16; 131; 143; 232; 18, 121; 22, 514. Auch die folgenden Belege von εὐκλεής und ἀκλεής zeigen,
daß κλέος Ziel des Kampfes ist: 7, 100; 8, 285; 10, 281; 12, 318; 17, 415; 22, 11; 110; 304. In 5,
532=15, 564 wird gesagt, daß die Fliehenden kein κλέος erlangen. In 4, 196=4, 207 wird das
κλέος des Siegers dem πένθος des Verlierers gegenübergestellt. Hektors Worte in 22, 108-110
zeigen aber, daß auch der Unterliegende κλέος gewinnen kann.

[312] Martin 1989, 183 bemerkt: »And the single attestation of the phrase, in this case, can actually be the best proof that *kleos aphthiton* is *not* an accident of composition. Instead, the phrase is
used just once, at the most important moment in the most important speech of the *Iliad* and I
believe it is used knowingly, as an heirloom from the poet's word-hoard.«

ϑαι.[313] S. a. Agamemnon in seiner Täuschungsrede in 2, 119-122: αἰσχρὸν γὰρ τόδε γ᾽ ἐστὶ καὶ ἐσσομένοισι πυϑέσϑαι,/ μὰψ οὕτω τοιόνδε τοσόνδέ τε λαὸν Ἀχαιῶν/ ἄπρηκτον πόλεμον πολεμίζειν ἠδὲ μάχεσϑαι/ ἀνδράσι παυροτέροισι, τέλος δ᾽ οὔ πώ τι πέφανται.

Seiner zeitlichen Ausdehnung in die Zukunft entspricht die räumliche Verbreitung.

In 7, 451 sagt Poseidon zu Zeus: τοῦ δ᾽ ἤτοι κλέος ἔσται ὅσον τ᾽ ἐπικίδναται ἠώς (s. a. Zeus' Antwort 7, 458). In 8, 192f. sagt Hektor: ἀσπίδα Νεστορέην, τῆς νῦν κλέος οὐρανὸν ἵκει/ πᾶσαν χρυσείην ἔμεναι.[314] In 10, 212 sagt Nestor: [...] μέγα κέν οἱ ὑπουράνιον κλέος εἴη/ πάντας ἐπ᾽ ἀνϑρώπους [...] Die räumliche Ausdehnung des Ruhms ist auch impliziert, wenn Agamemnon zu Teuker sagt, er solle ein Licht für die Griechen und seinen Vater sein (8, 281-284), und hinzufügt, 8, 285: τὸν καὶ τηλόϑ᾽ ἐόντα εὐκλείης ἐπίβησον. In 17, 16 und 22, 514 dagegen ist das κλέος auf die Trojaner eingeschränkt.[315]

Wie 2, 484-487 zeigen, bezeichnet das κλέος den menschlichen Bericht, der dem göttlichen Wissen gegenübergestellt wird:

> ἔσπετε νῦν μοι, Μοῦσαι Ὀλύμπια δώματ᾽ ἔχουσαι –
> ὑμεῖς γὰρ ϑεαί ἐστε, πάρεστέ τε, ἴστέ τε πάντα,
> ἡμεῖς δὲ κλέος οἶον ἀκούομεν, οὐδέ τι ἴδμεν –
> οἵ τινες ἡγεμόνες Δαναῶν καὶ κοίρανοι ἦσαν.

> Sagt mir nun, Musen! die ihr die olympischen Häuser habt –
> Denn ihr seid Göttinnen und seid zugegen bei allem und wißt alles,
> Wir aber hören nur die Kunde und wissen gar nichts –:
> Welches die Führer der Danaer und die Gebieter waren.

Besonders interessant ist der folgende Beleg für κλέος, der zwar nichts über seine zeitliche Erstreckung sagt, aber aufschlußreich für die Medialität des Ruhmes ist: Wenn Odysseus, Phoinix und Aias zu Achill gehen, treffen sie ihn beim Singen, 9, 185-191:

> Μυρμιδόνων δ᾽ ἐπί τε κλισίας καὶ νῆας ἱκέσϑην,
> τὸν δ᾽ ηὗρον φρένα τερπόμενον φόρμιγγι λιγείηι,
> καλῆι δαιδαλέηι, ἐπὶ δ᾽ ἀργύρεον ζυγὸν ἦεν,
> τὴν ἄρετ᾽ ἐξ ἐνάρων πόλιν Ἠετίωνος ὀλέσσας.
> τῆι ὅ γε ϑυμὸν ἔτερπεν, ἄειδε δ᾽ ἄρα κλέα ἀνδρῶν·
> Πάτροκλος δέ οἱ οἶος ἐναντίος ἦστο σιωπῆι,
> δέγμενος Αἰακίδην, ὁπότε λήξειεν ἀείδων.

---

[313] Zu Hektors Sorge um seinen Ruf s. Martin 1989, 136-138.

[314] Zur Wendung κλέος οὐρανὸν ἵκει s. Segal 1983, 29 mit Anm. 22.

[315] Auch im Alten Testament wird die geographische Ausbreitung des Ruhmes hervorgehoben, s. beispielsweise Ps. 48, 11.

Und sie gelangten zu den Lagerhütten und Schiffen der Myrmidonen
Und fanden ihn, wie er seinen Sinn erfreute mit der hellstimmigen Leier,
Der schönen, kunstreichen, und ein silberner Steg war auf ihr.
Die hatte er genommen aus der Beute, als er die Stadt des Eëtion zer-
störte.
Mit dieser erfreute er seinen Mut und sang die Rühme der Männer.
Patroklos aber saß ihm gegenüber, allein, in Schweigen,
Und wartete, wann der Aiakide aufhörte mit Singen.

Achills Gesang gewinnt dadurch an Signifikanz, daß in der *Ilias* das Singen viel seltener erwähnt wird als in der *Odyssee*:[316] Die griechischen Knaben singen einen Paian nach dem Essen (1, 472-474), Achill fordert die Griechen nach der Ermordung Hektors dazu auf, einen Paian zu singen (22, 391f.) und in der Schildbeschreibung wird ein Linos bei der Traubenlese beschrieben (18, 567-572). Ansonsten singen die Musen (1, 603f.) und bestrafen Thamyris aufgrund seiner Anmaßung mit dem Verlust des Gesangs (2, 594-602). Achill ist aber der einzige Held, der in der *Ilias* allein singt.

Dies dient nicht nur seiner Charakterisierung,[317] sondern betont, da die musische Beschäftigung dem Kämpfen entgegengesetzt ist,[318] Achills Rückzug aus der Schlacht, zumal die Herkunft der Leier an eine Eroberung erinnert, an der er noch beteiligt war.[319] Vor allem aber zeigt Achills Gesang, daß κλέος im Medium des Gesangs weitergegeben wird.[320] Wie Nagy ausführt, bezeichnet κλέος nicht den Ruhm allgemein, sondern den Ruhm im Gesang.[321] Auch die *Ilias* ist als Heldengesang κλέος.[322]

---

[316] Cf. Frontisi-Ducroux 1986, 11.

[317] Cf. Rosner 1976, 317; Griffin ad 9, 186ff. Das Besondere an Achills musischer Beschäftigung erhellt ein Blick auf die vergleichbare Szene 2, 771-779, wenn das Lager der Myrmidonen beschrieben wird: Während Achill grollt, üben sich die Myrmidonen im Diskuswurf und Bogenschießen. Cf. Vernant 1982, 55.

[318] Das Spielen auf der Leier wird dem Kampf in 3, 54f. gegenübergestellt. S. a. 15, 508, wo dem Kampf der Tanz gegenübergestellt wird, und 24, 260-264, wo Priamos seine verbliebenen Söhne als Tänzer beschimpft. Cf. Hainsworth ad 9, 189. Cf. Zarker 1965/1966, 114. S. aber auch Steinhart 1992, 510 für Belege, in denen Exzellenz im Tanz und Kampf konvergiert.

[319] In 9, 188 wird gesagt, Achill habe die Leier bei der Zerstörung von Eetions Stadt geraubt. Durch diesen Hintergrund erinnert das Musikinstrument, das seine Entfernung von der Schlacht markiert, zugleich an sein heroisches Tun (cf. Frontisi-Ducroux 1986, 11f.).

[320] Cf. Wilson ad 9, 189.

[321] Nagy 1974, 248. Er zeigt die Verbindung von κλέω/κλείω, κλέομαι mit Gesang auf (246-249). Nach seiner Untersuchung bezeichnet κλέος/klewos ursprünglich ein »hieratic art of song which ensured unfailing streams of water, light, vegetal sap, and so on.« (254). Das Wort ἄφθιτος/aksitam habe ursprünglich die Unversiegbarkeit des Stroms ausgesagt, sei dann aber auch metaphorisch verstanden worden. Vivante 1970, 124f. hält »hearsay« für die Grundbedeutung von κλέος.

[322] Der Zusammenhang von κλέος und Epos ist explizit in Od. 1, 337; 8, 73f.; Hes. Theog. 99-101; H. hymn. 32, 18.

Es liegt nahe, in Achills Gesang eine metapoetische Dimension zu sehen
– der Sänger, das Thema und die Beschreibung der Leier machen den Gesang zu einem Spiegel für die *Ilias*.[323] Achill ist nicht irgendein Held, sondern der Hauptheld der *Ilias* und sein Zorn, wie das Prooemium zeigt, ihr
Sujet, 1, 1:

> Μῆνιν ἄειδε, θεά, Πηληϊάδεω Ἀχιλῆος.

> Den Zorn singe, Göttin, des Peleus-Sohns Achilleus.

Die κλέα ἀνδρῶν, die er besingt, sind zugleich, wie das Streben der Helden nach κλέος zeigt, der Gegenstand des Epos.[324] Das Thema von Achills
Gesang wird nicht weiter spezifiziert, aber die Herkunft der Leier erinnert
an die Eroberung einer Stadt, also an das Thema der *Ilias*.[325] Zudem wird
mit τέρψις, die Achill empfindet, die Reaktion der Rezipienten auf einen
epischen Vortrag bezeichnet.[326]

Diese Interpretation läßt sich weiter ausführen: Während er singt, ist
Achill nicht allein, 9, 190f.:

> Πάτροκλος δέ οἱ οἶος ἐναντίος ἧστο σιωπῆι,
> δέγμενος Αἰακίδην, ὁπότε λήξειεν ἀείδων.

---

[323] Cf. Nagy 1979, 102f.; Bakker 2002, 26f. zur metapoetischen Deutung. Gegen die Kritik,
eine solche Interpretation sei für einen antiken Rezipienten unwahrscheinlich und entspringe allzu
subtilen philologischen Bemühungen (so Griffin ad 9, 412f.), ist einzuwenden, daß gerade ein
antikes Publikum die Erwähnung Achills als Sänger von κλέα ἀνδρῶν an den Vortrag ihres
Barden erinnert haben muß, der (wenn auch ohne Leier) sinnlich wahrnehmbar wie Achill vor
ihnen stand und κλέα ἀνδρῶν besang.

[324] Bedeutungsvoll ist Achills Gesang auch dadurch, daß Phoinix im gleichen Buch das Beispiel Meleagers mit den Worten einführt, 9, 524-526: οὕτω καὶ τῶν πρόσθεν ἐπευθόμεθα
κλέα ἀνδρῶν/ ἡρώων, ὅτε κέν τιν᾽ ἐπιζάφελος χόλος ἵκοι·/ δωρητοί τ᾽ ἐπέλοντο
παρ‹α›ρρητοί τ᾽ ἐπέεσσιν. Ein Bezug der beiden Stellen aufeinander wird dadurch nahegelegt,
daß sie die einzigen Belege für κλέα ἀνδρῶν in der *Ilias* sind. Phoinix vermag mit seinem
Exemplum nicht Achill dazu überreden, in die Schlacht zurückzukehren. 9, 186-191 zeigen aber,
daß auch Achill die κλέα ἀνδρῶν nicht fremd sind. Es ist jedoch signifikant, daß Achill selber
singt. Er erscheint nicht als Rezipient, sondern als Produzent von κλέα ἀνδρῶν. Bei ihm fallen
das Vollbringen großer Taten und ihre Weitergabe zusammen. Gerade dadurch, daß Achill dem
Exemplum der κλέα ἀνδρῶν nicht folgt, erringt er selbst κλέος.

[325] Muellner 1996, 138 Anm. 11 sieht die Autoreflexivität in noch spezifischerer Weise in der
Herkunft der Leier markiert, auf der Achill spielt (9, 188): »Since the sack of Eetion's city repre-
sents the true narrative point of departure for the *Iliad* (as is apparent when Achilles retells the
events of the first book to his mother, 1.366) as well as the origin of the scarce sources of prestige
– Chryseis and Briseis – which are the engine of dispute within it, the lyre may be a metaphoric
acronym of the epic song being sung on it by Achilles: his own.« Dazu, daß der Fall Thebens den
Untergang Trojas antizipiert, s. Zarker 1965.

[326] Cf. S. 307 mit Anm. 259. Außerdem spricht Achill, als er seine Rückkehr erwägt, von der
τέρψις über die Güter seines Vaters, 9, 398-400: ἔνθα δέ μοι μάλα πολλὸν ἐπέσσυτο θυμὸς
ἀγήνωρ/ γήμαντα μνηστὴν ἄλοχον, εἰκυῖαν ἄκοιτιν,/ κτήμασι τέρπεσθαι τὰ γέρων
ἐκτήσατο Πηλεύς. Die Freude über den Ruhm im Lied, der durch einen frühen Tod erkauft wird,
ersetzt die Freude über irdische Güter in einem langen Leben.

> Patroklos aber saß ihm gegenüber, allein, in Schweigen,
> Und wartete, wann der Aiakide aufhörte mit Singen.

Ebenso wie Achill später, um Patroklos zu rächen, in die Schlacht zurückkehrt, singt er hier für Patroklos. Insofern ist der Inhalt der *Ilias* auf die
Form ihrer medialen Weitergabe projiziert. Man hat darüber hinaus ein
Abbild einer epischen Vorführung gesehen: Patroklos stelle das Publikum
dar und in seinem Verhältnis zu Achill sei das ideale Verhältnis zwischen
Barden und Publikum skizziert.[327] Die Verse können aber auch anders verstanden werden: Wenn man annimmt, daß Patroklos den Gesang von Achill
fortsetzt (δέχεσθαι), sobald dieser aufhört, ist in der Szene bereits die
Vorführung von Barden angedeutet, die sich im Gesang abwechseln. Man
könnte hier sogar einen Spiegel der oralen Tradition sehen.[328]

Nach dieser Interpretation ist das κλέος ἄφθιτον der Heldengesang der
Ilias selbst. Es lassen sich weitere Stellen anführen, die als metapoetische
Reflexion auf die Unvergänglichkeit des epischen Ruhms gedeutet werden
können. In 2, 324f. spricht Kalchas vom unvergänglichen Ruhm des Zeichens, das ihnen Zeus in Aulis gab:

> ἡμῖν μὲν τόδ᾽ ἔφηνε τέρας μέγα μητίετα Ζεύς,
> ὄψιμον ὀψιτέλεστον, ὅο κλέος οὔ ποτ᾽ ὀλεῖται.

> Uns hat dieses als großes Wunderzeichen gewiesen der ratsinnende Zeus,
> Ein spätes, spät sich erfüllendes, dessen Ruhm niemals vergehen wird.[329]

Das Zeichen kündigt – in der Deutung von Kalchas – an, daß Troja nach
langem Warten erobert werden würde. Es liegt nahe, den unvergänglichen
Ruhm nicht nur auf das Vorzeichen selbst, sondern auch auf das von ihm
angezeigte Ereignis zu beziehen. Diese metonymische Interpretation ist um
so plausibler, als das Zeichen bereits als Zeichen auf einen Gesamtzusammenhang verweist. Dann bezeichnet das κλέος nicht nur die epische Tradition im allgemeinen, sondern auch die *Ilias* im besonderen, welche genau
die Verzögerung der Einnahme Trojas schildert.

Eine metapoetische Ebene läßt sich auch in zwei Stellen erkennen, in
denen κλέος zwar nicht genannt wird, aber doch die Langlebigkeit des
epischen Ruhmes hervortritt. In 6, 357f. nennt Helena den Gesang als Medium des Ruhmes ihrer und Paris' Verblendung für die Nachwelt:

---

[327] Frontisi-Ducroux 1986, 12f.
[328] S. a. Buchan 2004, 108.
[329] Cf. Kullmann 1995, 61. In 11, 21f. wird vom κλέος des Zuges nach Troja gesprochen: πεύ-
θετο γὰρ Κύπρονδε μέγα κλέος, οὕνεκ᾽ Ἀχαιοί/ ἐς Τροίην νήεσσιν ἀναπλεύσεσθαι
ἔμελλον. Hier bezeichnet κλέος aber nicht den Ruhm für die Nachwelt, sondern die Kunde unter
den Zeitgenossen. S. a. 13, 364: ὅς ῥα νέον πολέμοιο μετὰ κλέος εἰληλούθει.

οἷσιν ἔπι Ζεὺς θῆκε κακὸν μόρον, ὡς καὶ ὀπίσσω
ἀνθρώποισι πελώμεθ᾽ ἀοίδιμοι ἐσσομένοισιν.

Denen Zeus hat auferlegt ein schlimmes Schicksal, daß wir auch künftig
Zum Gesange werden den späteren Menschen![330]

Auch wenn in diesen Versen nicht von Unvergänglichkeit, sondern nur von
der Nachwelt gesprochen wird, sind sie insofern deutlicher als die bereits
interpretierten Passagen, als mit dem Gesang das Medium des Epos als
Mittel der Weitergabe explizit genannt wird.

Im Streit mit Agamemnon legt Achill zu Beginn der *Ilias* einen feierli-
chen Eid ab, er werde sich vom Kampf zurückziehen, 1, 233-241:

ἀλλ᾽ ἔκ τοι ἐρέω, καὶ ἐπὶ μέγαν ὅρκον ὀμοῦμαι -
ναὶ μὰ τόδε σκῆπτρον· τὸ μὲν οὔ ποτε φύλλα καὶ ὄζους
φύσει, ἐπεὶ δὴ πρῶτα τομὴν ἐν ὄρεσσι λέλοιπεν,
οὐδ᾽ ἀναθηλήσει· περὶ γάρ ῥά ἑ χάλκος ἔλεψεν
φύλλά τε καὶ φλοιόν· νῦν αὖτέ μιν υἷες Ἀχαιῶν
ἐν παλάμηις φορέουσι δικασπόλοι, οἵ τε θέμιστας
πρὸς Διὸς εἰρύαται· ὁ δέ τοι μέγας ἔσσεται ὅρκος -
ἦ ποτ᾽ Ἀχιλλῆος ποθὴ ἵξεται υἷας Ἀχαιῶν
σύμπαντας· τότε δ᾽ οὔ τι δυνήσεαι ἀχνύμενός περ
χραισμεῖν, εὖτ᾽ ἂν πολλοὶ ὑφ᾽ Ἕκτορος ἀνδροφόνοιο
θνήισκοντες πίπτωσι· σὺ δ᾽ ἔνδοθι θυμὸν ἀμύξεις
χωόμενος, ὅ τ᾽ ἄριστον Ἀχαιῶν οὐδὲν ἔτισας.

Aber ich sage dir heraus und schwöre darauf den großen Eid:
Wahrlich! bei diesem Stab, der nie mehr Blätter und Äste
Treibt, nachdem er einmal verließ den Stumpf in den Bergen,
Und nicht mehr aufsprossen wird, denn rings abgeschabt hat das Erz ihm
Blätter und Rinde; nun tragen ihn die Söhne der Achaier
In den Händen, die rechtspflegenden, welche die Satzungen
Wahren von Zeus her – und das wird dir ein großer Eid sein:
Wahrlich! einst wird nach Achilleus eine Sehnsucht kommen den Söhnen
der Achaier
Allen insgesamt, und dann wirst du ihnen, so bekümmert du bist,
Nicht helfen können, wenn viele unter Hektor, dem männermordenden,
Sterbend fallen; du aber wirst im Innern den Mut zerfleischen
Im Zorn, daß du den Besten der Achaier für nichts geehrt hast.

Das dem Naturkreislauf entzogene Szepter, bei dem Achill schwört, drückt
die Unwandelbarkeit seines Entschlusses aus: Ebenso wie der zum Szepter
gemachte Ast nicht mehr wachsen wird, wird Achill den Griechen nicht zur
Hilfe kommen.

---

[330] Cf. Nagy 1974, 252 dazu, daß der Gesang hier Ruhm bedeutet (s. a. Od. 8, 580). West 1997,
368 gibt sumerische und altbabylonische Parallelen.

Folgende Beobachtungen ermöglichen eine metapoetische Interpretation des Eides als Ausdruck der epischen Tradition:[331] Achill spricht, wenn er schwört, die Griechen würden furchtbar leiden und er werde nicht helfen, mit seiner μῆνις das Thema der *Ilias* an.

Außerdem stellt er die Unverbrüchlichkeit des Eides ebenso wie die Unvergänglichkeit des κλέος in 9, 413, die sich auf das Epos beziehen läßt, dem natürlichen Prozeß des Vergehens und Entstehens gegenüber. Die Aufhebung der natürlichen Vergänglichkeit durch die Negation von φθίειν im Falle des Ruhmes ist beim Eid im Bild des Szepters ausgeführt: Der Stab ist dadurch unvergänglich, daß er dem Kreislauf der Natur entrissen und Gegenstand der Zivilisation geworden ist.

Was aber bezeichnet die Unvergänglichkeit des Szepters? Auch wenn Achill davon ausgeht, daß sein Entschluß unumkehrbar ist, wissen die Rezipienten, daß er schließlich in den Kampf zurückkehren wird. Unvergänglich wird Achills Zorn aber als Gegenstand der epischen Tradition. Demzufolge bezeichnet die Unwandelbarkeit des Eides, mit dem Achill auf der Handlungsebene seinen Zorn, das Sujet der *Ilias*, festlegt, die Unvergänglichkeit des Ruhms, den das Epos stiftet.

In den hier diskutierten Stellen klingt in der *Ilias* selbst ihre Funktion als κλέος ἄφθιτον an. Diese Autoreflexion macht deutlich, daß das Epos das Medium ist, das die Taten Achills, aber auch der anderen Helden unsterblich macht.[332] Dadurch daß sie im Epos erinnert werden, überwinden sie ihre Sterblichkeit und entfliehen dem Zufall.

5.3.2 Das Epos und andere Medien des Ruhms

Die Unvergänglichkeit des Epos läßt sich der Vergänglichkeit anderer Medien gegenüberstellen, welche an heroische Taten erinnern.[333] In 7, 87-91

---

[331] Lynn-George 1988, 48 zeigt die Ähnlichkeit zwischen Szepter und Achill: »Standing at the edge, on the borders of society and solitude, the hero speaks of a staff from the far-off mountains and a staff possessed by the community of the Achaians.« Die Abwendung Achills von der Gemeinschaft spiegelt sich in der Entfernung des Astes aus dem Wald. Aufgrund dieser Ähnlichkeit läßt sich darin, daß der Ast als Szepter abgestorben ist und keine Blätter mehr tragen wird, ein Verweis auf Achills Tod sehen.

[332] Cf. Nagy 1974, 250-255; 1979, 102; Vernant 1979, 1367; 1982, 54; Rubino 1979, 15-17, der darauf aufmerksam macht, daß ebenso wie die von Achill abgelehnten Ehren der Ruhm von Menschen gemacht sei; Goldhill 1991, 71, der außerdem Achills Gesang mit Helenas Weben vergleicht (83 Anm. 55) und betont, daß κλέος in der *Ilias* problematisiert werde, da es Prozeß und Objekt des Austauschs sei (cf. Lynn-George 1988, 122). Besonders interessant ist, daß sowohl Helenas Weben als auch Achills Gesang an Stellen stehen, an denen der Fortgang der Handlung in Frage gestellt wird, im 3. Buch durch den Zweikampf, im 9. Buch durch Achills Überlegung, nach Hause zurückzukehren. Die Autoreflexion markiert also Stellen, an denen die Handlung aus der Tradition auszubrechen droht. S. dazu S. 278-280.

[333] Vernant 1982, 65 stellt das Grabmal neben das Epos als weiteres Medium der Erinnerung, vergleicht sie aber nicht miteinander. Zur Bedeutung des Grabes s. Griffin 1980, 46 mit Belegen in

sagt Hektor, daß sein Ruhm durch das Grabmal des ihm unterlegenen Gegners unvergänglich sein werde. Auch Agamemnon stellt sich vor, daß das
Grabmal von Menelaos einmal Trojaner dazu anregen werde, über den Zug
der Griechen nach Troja nachzudenken. Außerdem rufen die Grabmäler
von Aipytes, Aisyetes, Myrine und Ilos die Vergangenheit in Erinnerung.[334]
Das Wendezeichen des Wagenrennens im 23. Buch und die Mauer um das
Lager der Griechen zeigen aber, wie eingeschränkt die Erinnerung durch
materielle Relikte ist.

Nestor beschreibt vor dem Pferderennen bei den Leichenfestspielen des
Achill einen auffälligen Punkt in der Landschaft, ein »landmark«,[335] das
jetzt als Wendezeichen dient, 23, 326-333:

σῆμα δέ τοι ἐρέω μάλ' ἀριφραδές, οὐδέ σε λήσει·
ἕστηκε ξύλον αὖον ὅσον τ' ὄργυι' ὑπὲρ αἴης,
ἢ δρυὸς ἢ πεύκης· τὸ μὲν οὐ καταπύθεται ὄμβρωι·
λᾶε δὲ τοῦ ἑκάτερθεν ἐρηρέδαται δύο λευκώ
ἐν ξυνοχῆισιν ὁδοῦ, λεῖος δ' ἱππόδρομος ἀμφίς·
ἤ τεο σῆμα βροτοῖο πάλαι κατατεθνηῶτος
ἢ τό γε νύσσα τέτυκτο ἐπὶ προτέρων ἀνθρώπων·
καὶ νῦν τέρματ' ἔθηκε ποδάρκης δῖος Ἀχιλλεύς.

Das Mal aber nenne ich dir ganz deutlich, und es wird dir nicht entgehen.
Da steht ein trockenes Holz, eine Klafter hoch über der Erde,
Von einer Eiche oder Fichte; das ist nicht verfault vom Regen.
Und Steine sind auf beiden Seiten davon eingerammt, zwei weiße,
Wo der Weg sich vereinigt, und eben ist die Bahn ringsum:
Entweder das Grabmal eines Mannes, der vor Zeiten gestorben,
Oder als Wendesäule errichtet bei den früheren Menschen;
Und jetzt hat es als Ziel bestimmt der fußstarke göttliche Achilleus.

Die Signifikanz der Steine ist unsicher – entweder waren sie Grabsteine
oder sie dienten bereits früheren Menschen als Wendezeichen. Damit wird
die Unvergänglichkeit des durch Gräber konservierten Ruhmes in Frage
gestellt.[336]

Anm. 118. Für eine interessante Interpretation der *Ilias* als »Monument« und den Vergleich mit
anderen Formen der Erinnerung an Kriege s. Tatum 2003. Interessant in diesem Kontext ist auch
Ricoeur 2004, 561-567, der die Geschichtsschreibung als Schriftäquivalent zur Grabstätte diskutiert.

[334] S. unten S. 173.

[335] Zum Begriff des »landmark« s. S. 173.

[336] Die Unsicherheit Nestors läßt sich nicht nur semiotisch, sondern auch hermeneutisch verstehen, insofern als sie darauf aufmerksam macht, daß Verstehen immer vom Standort des Betrach-
ters abhängt. Wenn Nestor vermutet, der Stein könne in der Vergangenheit ein Wendezeichen bei
einem Pferderennen gewesen sein, deutet er den Stein im Horizont seiner gegenwärtigen Signifikanz.

Die Semiose des gegenständlichen Zeichens, das der Stein ist, wird durch die sprachliche Darstellung gespiegelt. Ebenso wie der Stein als Signifikant sowohl auf ein Grab als auch ein Wendezeichen als Signifikat verweisen kann, hat das Wort σῆμα als Signifikat in 23, 326 das Zeichen und in 23, 331 das Grab.[337] Die doppelte Signifikation im sekundären Zeichensystem reflektiert die Offenheit auf der Ebene des primären Zeichensystems. Dies ist dadurch besonders interessant, daß bei σῆμα an die Stelle des Signifikats »Zeichen« das Signifikat »Grab« tritt: Die Offenheit der Signifikation wird also am Signifikat »Zeichen« selbst vorgeführt.

Wie Lynn-George und Dickson ausführen, ist die das κλέος bedrohende Dynamik des Zeichens betont, weil Nestor, der doch mit der Vergangenheit vertraut ist wie kein anderer Held, die Steine nicht klar deuten kann.[338] Dem lassen sich zwei Beobachtungen hinzufügen: Die Vieldeutigkeit des Zeichens wird noch dadurch gesteigert, daß es in der gegenwärtigen Situation den Griechen als σῆμα ἀριφραδές für das Wagenrennen dient. Die Sichtbarkeit und Eindeutigkeit in der Gegenwart wird der Unsicherheit über die frühere Signifikanz gegenübergestellt und unterstreicht sie. Außerdem darf der Kontext nicht vergessen werden. Nestor äußert seine Unsicherheit, ob die Steine ein Grab markierten, im Rahmen der Leichenfestspiele, die am Grab von Patroklos durchgeführt werden.[339] Die unsichere Signifikanz der Steine steht in Spannung zum Kontext, welcher der Erinnerung an einen Verstorbenen dient.

Beide Aspekte können zusammengeführt werden, wenn Achill in 23, 238-242 sagt:

> [...] αὐτὰρ ἔπειτα
> ὀστέα Πατρόκλοιο Μενοιτιάδαο λέγωμεν
> εὖ διαγινώσκοντες. ἀριφραδέα δὲ τέτυκται·
> ἐν μέσσηι γὰρ ἔκειτο πυρῆι, τοὶ δ᾽ ἄλλοι ἄνευθεν
> ἐσχατιῆι καίοντ᾽ ἐπιμὶξ ἵπποι τε καὶ ἄνδρες.

> [...] Dann aber
> Laßt uns die Gebeine des Patroklos, des Menoitios-Sohnes, sammeln,
> Sie gut unterscheidend, doch klar erkennbar sind sie:

---

[337] Zur Bedeutung von σῆμα und seiner engen Verbindung mit Gräbern s. Niemeyer 1996, 12-18.

[338] Lynn-George 1988, 266; Dickson 1995, 218f. Dickson nennt außerdem die Unsicherheit darüber, ob die Hölzer aus Eiche oder Fichte seien (216).

[339] Nagy 1990, 210f. schreibt, daß ein Grabstein als Wendezeichen für das Wagenrennen bei den Leichenfestspielen für Patroklos besonders geeignet sei, da sowohl das Grab als auch die Leichenfestspiele dem Ruhm dienten, und weist mit Sinos 1980, 48f. auf die Etymologie des Namens Patroklos hin. Sinos 1980, 48 Anm. 6 macht außerdem darauf aufmerksam, daß die Wendepunkte bei panhellenischen Spielen mit den Gräbern von Heroen identifiziert wurden.

> Denn in der Mitte des Scheiterhaufens lag er, die anderen sind abseits
> Am Rande verbrannt, vermischt die Pferde und die Männer.

Jetzt sind Patroklos' Knochen noch eindeutig erkennbar. Auch die gegenwärtige Signifikanz der Steine als Wendezeichen ist eindeutig. Sowohl die Knochen als auch die Steine werden als ἀριφραδέα bezeichnet. Wir haben aber gesehen, daß die Signifikanz der Steine in der Vergangenheit – ob sie Grabsteine waren oder nicht – unsicher ist. Wenn wir den zeitlichen Faktor auf die jetzt eindeutig identifizierbaren Knochen von Patroklos übertragen, drängt sich die Frage auf, ob sein Grabmal wirklich unvergänglichen Ruhm stiften kann. Dadurch wird aber nicht, wie behauptet wird,[340] die Zuverlässigkeit des κλέος in Frage gestellt – κλέος wird gar nicht explizit erwähnt – sondern nur die Zuverlässigkeit des σῆμα, dauerhaften Ruhm zu sichern.

Poetologisch interessant ist außerdem das Schicksal der Mauer, welche die Griechen auf Nestors Rat bauen.[341] Die Mauer wird als Schutz für die Schiffe und die Griechen gebaut. Sie läßt sich insofern mit Gräbern verbinden, als sie an einem Massengrab für die Gefallenen errichtet wird.[342] Vor allem aber stiftet die Mauer, wie Poseidons Reaktion zeigt, gleich einem Grab κλέος. Poseidon sieht durch die Mauer der Griechen das κλέος der Mauer gefährdet, die er für Laomedon baute (7, 446-453). Als Medium des Ruhms gleicht die Mauer nicht nur den Gräbern, sondern auch dem Epos.

Aber sie hat trotz oder vielmehr gerade wegen ihrer Größe keinen Bestand. Zeus gesteht Poseidon zu, die Mauer zu zerstören, wenn die Achaier in ihre Heimat zurückgekehrt sind (7, 459-463). In einer externen Prolepse schließlich wird ausführlich erzählt, wie sie von den Göttern nach dem Krieg zerstört werden wird (12, 3-33). Wenn Apollon bereits während der Schlacht einen Teil der Mauer einreißt wie ein Kind eine Sandburg (15,

---

[340] S. neben Dickson 1995, 218 die von ihm in Anm. 8 gegebene Literatur.

[341] Die Mauer ist von Analytikern sowohl aus textimmanenten Gründen als auch durch den Vergleich mit der Mauer, welche die Griechen nach Thukydides zu Beginn des Krieges errichtet haben, als Interpolation verworfen worden. Gegen diese Einwände, die Page 1959, 315-324 mit besonderer Vehemenz vorgetragen hat, s. Tsagarakis 1969, 129-135 und West 1969. Zuletzt überlegt Maitland 1999, ob in der *Ilias* nicht von zwei verschiedenen Mauern der Griechen die Rede sei. Die Spannungen zwischen den verschiedenen Beschreibungen sind aber keine Widersprüche, welche die Annahme von zwei verschiedenen Mauern erfordert. Sie lassen sich durch die dichterische Freiheit erklären, die Anpassungen an den jeweiligen Kontext vornimmt. Zwei weitere Interpretationen der Mauer seien noch erwähnt: DeJong 1987, 88f. deutet die Prolepse als Ausdruck der Bedeutung der Mauer, die, da sie gerade erst gebaut worden sei, nicht wie bei anderen Gegenständen durch ihre Vergangenheit gezeigt werden könne. Die oben gegebene Interpretation knüpft an bei Taplin 1992, 140, der die Vergänglichkeit der Mauer der Unvergänglichkeit des Epos gegenüberstellt. S. zu den Stellen, an denen die Mauer in der *Ilias* erwähnt wird, auch Thornton 1984, 157-160.

[342] S. die Worte Nestors in 7, 332-340 (dazu, daß 7, 334f. eine Interpolation sind, s. West 1969, 259f.) und 7, 434-439.

361-366), wird deutlich, wie unbeständig sie angesichts der Macht der Götter ist.[343]

Daß die Mauer als ein anderes Medium der Erinnerung neben dem Epos steht, zeigt nicht nur das κλέος, das sie stiftet, sondern wird dadurch nahegelegt, wenn ihre Dauer mit der Handlung der *Ilias* beschrieben wird, 12, 10-12:

> ὄφρα μὲν Ἕκτωρ ζωὸς ἔην καὶ μήνι᾽ Ἀχιλλεύς
> καὶ Πριάμοιο ἄνακτος ἀπόρθητος πόλις ἔπλεν,
> τόφρα δὲ καὶ μέγα τεῖχος Ἀχαιῶν ἔμπεδον ἦεν.

> Zwar solange Hektor am Leben war und Achilleus zürnte
> Und unzerstört war die Stadt des Priamos, des Herrschers,
> Solange war auch die große Mauer der Achaier beständig.

Hier liegt zum einen eine Anspielung an das Prooemium vor, in dem die μῆνις des Achill als Thema der *Ilias* gegeben wird. Zugleich steht der Tod Hektors am Ende der Handlung der *Ilias* und Troja bleibt in ihr unerobert. Dadurch, daß die Existenz der Mauer, die auch ein Träger von κλέος ist, mit der zeitlichen Erstreckung der Handlung der *Ilias* gleichgesetzt wird, wird sie in einen Vergleich mit ihr gebracht. Während die Mauer aber nur solange Bestand hat, wie die Ereignisse der *Ilias* andauern, kündet die *Ilias* noch heute von ihr. Damit ist die Mauer vom Medium zum Gegenstand des κλέος geworden.

Die poetologische Interpretation der Mauer läßt sich vertiefen, da die Mauer dem Sujet der *Ilias* gegenübergestellt wird. Sie erscheint als Ersatz für Achill. Ihr Bau wird erst nötig, wenn die Trojaner so weit vordringen, wie sie es nicht konnten, als Achill noch kämpfte. So sagt Achill in 9, 348-355 über Agamemnon:

> ἦ μὲν δὴ μάλα πολλὰ πονήσατο νόσφιν ἐμεῖο·
> καὶ δὴ τεῖχος ἔδειμε, καὶ ἤλασε τάφρον ἐπ᾽ αὐτῶι
> εὐρεῖαν μεγάλην, ἐν δὲ σκόλοπας κατέπηξεν·
> ἀλλ᾽ οὐδ᾽ ὣς δύναται σθένος Ἕκτορος ἀνδροφόνοιο
> ἴσχειν. ὄφρα δ᾽ ἐγὼ μετ᾽ Ἀχαιοῖσιν πολέμιζον,
> οὐκ ἐθέλεσκε μάχην ἀπὸ τείχεος ὀρνύμεν Ἕκτωρ,
> ἀλλ᾽ ὅσον ἐς Σκαιάς τε πύλας καὶ φηγὸν ἵκανεν·
> ἔνθά ποτ᾽ οἶον ἔμιμνε, μόγις δέ με᾽ ἔκφυγεν ὁρμήν.

---

[343] Scodel 1982, 34 sieht einen Widerspruch zwischen dem Gleichnis, das die Zerstörung der Mauer beschreibt, und der Prolepse, gemäß der die Mauer erst nach dem Krieg zerstört werden wird. Aber wie spätere Erwähnungen der Mauer zeigen, ist sie nicht vollständig zerstört (cf. 15, 384, 395; 18, 215). Der Erzähler sagt auch nicht explizit, daß die Mauer zur Gänze zerstört wird, lediglich das Gleichnis der Sandburg suggeriert eine vollständige Vernichtung. Darin kann eine Prolepse auf die spätere Zerstörung durch die Götter gesehen werden. Zu dem Gleichnis s. a. Porter 1972/1973, 16.

> Ja, sehr viel hat er sich schon gemüht, während ich fern war,
> Und hat da eine Mauer gebaut und an ihr einen Graben gezogen,
> Einen breiten, großen, und innen Pfähle eingerammt.
> Aber auch so vermag er die Stärke Hektors, des männermordenden,
> Nicht aufzuhalten! Doch solange ich unter den Achaiern kämpfte,
> Wollte er nie die Schlacht vorantragen von der Mauer, Hektor,
> Sondern nur zum Skäischen Tor und der Eiche kam er,
> Wo er einmal mir allein sich stellte, und kaum entrann er meinem Angriff.[344]

Während aber die Mauer vom Wasser hinweggeschwemmt wird und nicht mehr als Zeugnis vergangener Größe dienen kann, erlangt Achill dadurch, daß er zum epischen Sujet wird, Unvergänglichkeit. Diese Gegenüberstellung wird dadurch untermauert, daß auch Achill beinahe in den Fluten Skamanders ertrinkt.[345] Aber er wird gerettet und besiegt Hektor, wodurch er den unvergänglichen Ruhm des Epos gewinnt.

Die *Ilias* enthält also eine eigene Hermeneutik, die sowohl sich selbst als auch andere Medien als Träger von κλέος reflektiert. Greift man auf Droysens Unterscheidung von Überrest, Quellen und Monument zurück,[346] so läßt sich ihre Autoreflexion folgendermaßen zusammenfassen: Während Überreste und Monumente polysemisch und vergänglich sind, ist das Epos als Quelle Träger unvergänglichen Ruhms. Dadurch, daß die Helden im Epos besungen werden, überwinden sie ihre Vergänglichkeit; in der Tradition des Epos entfliehen sie der Schicksalskontingenz.

---

[344] In 5, 787-791 sagt Hera in Gestalt von Stentor: αἰδώς, Ἀργεῖοι, κάκ᾽ ἐλέγχεα, εἶδος ἀγητοί./ ὄφρα μὲν ἐς πόλεμον πωλέσκετο δῖος Ἀχιλλεύς,/ οὐδέποτε Τρῶες πρὸ πυλάων Δαρδανιάων/ οἴχνεσκον· κείνου γὰρ ἐδείδισαν ὄβριμον ἔγχος·/ νῦν δὲ ἑκὰς πόλιος κοίλης ἐπὶ νηυσὶ μάχονται. Umgekehrt liegt der Vergleich von Achill mit einer Befestigung zugrunde, wenn Nestor in 1, 282-284 sagt: [...] αὐτὰρ ἐγώ γε/ λίσσομ᾽ Ἀχιλλῆι μεθέμεν χόλον, ὃς μέγα πᾶσιν/ ἕρκος Ἀχαιοῖσιν πέλεται πολέμοιο κακοῖο. Zum Vergleich von Männern mit Befestigungen in der *Ilias* s. Scully 1990, 58f.

[345] Skamander stellt in höhnischer Weise den drohenden Tod in seinen Wassern der normalen Bestattung gegenüber, 21, 320-323: [...] οὐδέ οἱ ὀστέ᾽ ἐπιστήσονται Ἀχαιοί/ ἀλλέξαι· τόσσην οἱ ἄσιν καθύπερθε καλύψω./ αὐτοῦ οἱ καὶ σῆμα τετεύξεται, οὐδέ τί μιν χρεώ/ ἔσται τυμβοχοῆς, ὅτε μιν θάπτωσιν Ἀχαιοί. S. zur Parallele zwischen der Überflutung der Mauer und Skamanders Angriff auf Achill Nagy 1979, 160 §16 Anm. 1, der folgendes vermutet: »Note in particular that the area by the Hellespont is explicitly smoothed over by the flooding rivers (XII 30-32). I suspect that this volunteered detail is consciously offered as a variant of the tradition that tells how the Achaeans had made a funeral mound for the dead Achilles by the Hellespont (xxiv 80-84).«

[346] Droysen 1977, 70f.

5.4 Zusammenfassung

Die *condicio heroica* ist nicht nur eine gesteigerte Form der *condicio humana*, die Helden sind, wie ein Blick auf Idomeneus, Hektor und Sarpedon gezeigt hat, sich ihrer Fragilität auch bewußt. Besonders ausgeprägt ist dieses Bewußtsein bei Achill, bei dem Schicksalskontingenz sogar zur Notwendigkeit des vorzeitigen Todes gesteigert ist. Zugleich konnte an Achill vorgeführt werden, daß die Helden ihre Vergänglichkeit und die Macht der Kontingenz überwinden, indem sie Teil der epischen Tradition werden. In paradoxer Weise ist für diese Überwindung der Schicksalskontingenz die unmittelbare Begegnung mit ihr notwendig. Erst dadurch, daß der Held sich im Kampf dem Zufall in seiner schärfsten Form ausliefert, gewinnt er den Ruhm, der ihn ihm enthebt.[347] Die bedingungslose Annahme der Schicksalskontingenz ermöglicht ihre Überwindung.

Der Zusammenhang zwischen der Akzeptanz der eigenen Fragilität in ihrer extremsten Form und ihrer Überwindung ist explizit, wenn Achill von der kurzen Dauer seines Lebens einen Anspruch auf τιμή ableitet, 1, 352-354:

> μῆτερ, ἐπεί μ᾽ ἔτεκές γε μινυνθάδιόν περ ἐόντα,
> τιμήν πέρ μοι ὄφελλεν Ὀλύμπιος ἐγγυαλίξαι
> Ζεὺς ὑψιβρεμέτης· νῦν δ᾽ οὐδέ με τυτθὸν ἔτισεν.

> Mutter! da du mich geboren hast nur für ein kurzes Leben,
> So sollte Ehre mir doch der Olympier verbürgen,
> Zeus, der hochdonnernde! Jetzt aber ehrt er mich auch nicht ein wenig!

6. Zusammenfassung

Im III. Kapitel ist auf der Grundlage des im II. Kapitel entwickelten Modells das Geschichtsbild der Helden untersucht worden. Dabei erwies sich der Vergleich mit dem modernen Geschichtsbild als besonders fruchtbar. Als wichtige Modi des Umgangs der Helden mit der Vergangenheit konnten die exemplarische und die traditionale Sinnbildung herausgearbeitet werden, die exemplarische Sinnbildung in den zahlreichen Paradigmen, die traditionale Sinnbildung in den Genealogien. Die Exempla bilden mit dem Gedanken der Regularität, die Genealogien mit der Vorstellung der Konti-

---

[347] Cf. Schein 1984, 71: »The human situation in the *Iliad* might well be called tragic, because the very activity – killing – that confers honor and glory necessarily involves the death not only of other warriors who live and die by the same values as their conquerors, but eventually, in most cases, also of the conquerors themselves. Thus, the same action is creative or fruitful and at the same time both destructive and self-destructive.«

nuität Sinn. Dabei erfüllen sie unterschiedliche Funktionen: Während Exempla Orientierung in konkreten Situationen geben, konstituieren Traditionen Identität. Sie sind aber an vielen Stellen eng miteinander verbunden: Die Tradition gibt einem Exemplum besondere Kraft; umgekehrt gewinnt sie besondere Prägnanz für die Gegenwart durch ein Exemplum.

Dagegen fehlt in der *Ilias* der Entwicklungsgedanke, welcher der genetischen Sinnbildung zugrundeliegt. Auch wenn die Genealogien Kontinuitäten stiften, erfassen sie nicht die Dynamik von Entwicklungen, die Kontinuitäten zweiter Ordnung bilden.[348] Da das Konzept der Entwicklung im Zentrum des historistischen Geschichtsdenkens steht, zeigt sich hier der wesentliche Unterschied zwischen ihm und dem Geschichtsbild der homerischen Helden. In ihnen wird Kontingenz, die, wie die Einleitung gezeigt hat, die Grundlage für die Geschichtlichkeit des Menschen ist, unterschiedlich wahrgenommen. Während sich das historistische Geschichtsdenken auf die Beliebigkeitskontingenz konzentriert, steht bei den Helden die Schicksalskontingenz im Vordergrund. Das Verhältnis von Erwartung und Erfahrung wird unterschiedlich konstruiert: Im modernen Geschichtsdenken übersteigen Erfahrungen den Erwartungshorizont, bei den epischen Helden steht dagegen innerhalb des sich mit dem Erwartungshorizont deckenden Erfahrungsraums die Enttäuschung von Erwartungen im Vordergrund.

Diese Erkenntnis stellt zwei Thesen zur Kontingenz in Frage: Die sich in theoretischer Abstraktion an Rüsen geübte Kritik, daß geschichtliches Erzählen nicht notwendigerweise Schicksalskontingenz aufhebt,[349] hat sich als stichhaltig erwiesen. Außerdem ist die verbreitete These zurückzuweisen, Kontingenz sei der Antike fremd gewesen und habe erst in der Neuzeit an Bedeutung gewonnen. Sie beruht nicht nur auf einem einseitigen Kontingenzbegriff, der nur die Beliebigkeitskontingenz in den Blick nimmt, sondern auch auf einer allzu beschränkten Auswahl antiker Texte.

Die unterschiedliche Wahrnehmung von Kontingenz erklärt auch die Bedeutung der Modi der Sinnbildung. Während im modernen Geschichtsbild der Gedanke der Entwicklung sowohl Sinn erzeugt als auch Traditionen und Exempla in Frage stellt, stellt die Schicksalskontingenz Entwicklungen in Frage und stiftet keinen Sinn. Erst die exemplarische und traditionale Sinnbildung bringen dadurch Sinn hervor, daß sie den Zufall aufheben; sie werden aber zugleich von ihm in Frage gestellt. Damit läßt sich zeigen, daß die zahlreichen Exempla nicht, wie behauptet wird, Aus-

---

[348] Die Genealogien sind auch meist nicht zusammenhängend, sondern nennen zumeist bis zu drei zurückliegende Generationen und den Ahnherren. Eine Ausnahme bilden die langen Genealogien von Glaukos und Aineas, die sechs bzw. acht Generationen umfassen. Die Beschränkung auf die unmittelbar vorausliegenden Generationen und den Ahnherren entspricht dem Bild, das wir von Genealogien in archaischer und klassischer Zeit haben. Cf. S. 320f.

[349] Cf. S. 38.

druck davon sind, daß der Wandel im homerischen Denken keine Rolle spielt – ihre Bedeutung beruht vielmehr darauf, daß der Wandel besonders stark empfunden wird.

IV. Übergang: Vom Geschichtsbild in der *Ilias* zum Geschichtsbild der *Ilias*

Der erste interpretative Teil (III) hat das Geschichtsbild der homerischen Helden untersucht. Dieses Kapitel soll nun zur zweiten theoretischen Reflexion (V) und dem zweiten interpretativen Teil (VI) überleiten: Die Beobachtung, daß die *Ilias* im Bewußtsein der antiken Griechen ein vergangenes Ereignis beschrieb, läßt auch nach dem Geschichtsbild *der Ilias* fragen.

In diesem Kapitel wird nahegelegt, daß das Geschichtsbild der Helden dem der *Ilias* entspricht. Dabei wird zum einen gezeigt, daß die bedrohliche Kraft des Zufalls, die das Geschichtsbild der Helden bestimmt, bereits im Rahmen der Handlung angelegt ist und vom Erzähler auf mannigfaltige Weise betont wird (1). Zum anderen wird nachgewiesen, daß das Verhältnis der Helden zu ihrer Vergangenheit das Verhältnis des Erzählers zur Handlung spiegelt (2).

1. Schicksalskontingenz und Krieg

Wir haben gesehen, daß die Helden, ganz besonders Achill, ein ausgeprägtes Bewußtsein davon haben, wie sehr sie der Schicksalskontingenz ausgeliefert sind. Sie wird besonders deutlich am Tod erfahren. Der Tod entzieht sich menschlicher Verfügungsgewalt, läßt sich zeitlich nicht bestimmen und hebt das Leben auf. In ihm findet die Fragilität menschlichen Lebens ihren stärksten Ausdruck.

Der Rahmen der *Ilias* ist der Krieg.[1] Er ist die *condicio heroica*. Odysseus sagt in 14, 84-87:

οὐλόμεν', αἴθ᾽ ὤφελλες ἀεικελίου στρατοῦ ἄλλου
σημαίνειν, μηδ᾽ ἄμμιν ἀνασσέμεν, οἷσιν ἄρα Ζεύς

---

[1] Zur *Ilias* als Gedicht über den Krieg s. Harrison 1960, 9: »War is the basic reality of the *Iliad* [...] In short, in a real sense, war in the *Iliad* is *la condition humaine*.« Er weist darauf hin, daß die Helden dem Krieg in der *Ilias* nicht entfliehen können, und er auch, wenn man vom Ruhm absieht, nicht gerechtfertigt ist durch ein Ziel wie bei den Propheten des Alten Testamentes und in der Aineis (11f.). S. a. Havelock 1972, 19-78; Schein 1984, 67-88; Hellmann 2000, 11-13; Tatum 2003. Gegen die These von Weil 1956, die *Ilias* sei ein Gedicht gegen den Krieg, s. Schein 1984, 82-84.

ἐκ νεότητος ἔδωκε καὶ ἐς γῆρας τολυπεύειν
ἀργαλέους πολέμους, ὄφρα φθιόμεσθα ἕκαστος.

Verderblicher! Wenn du doch einen anderen, elendigen Haufen
Anführtest, statt über uns zu herrschen, denen Zeus
Von der Jugend gegeben hat bis ins Alter, abzuwickeln
Schmerzliche Kämpfe, bis wir hinschwinden ein jeder.[2]

Im Krieg ist der Tod besonders greifbar.[3] In keiner anderen Situation ist menschliches Leben so gefährdet. Der Krieg rückt in den Blickpunkt, wie sehr der Mensch dem Zufall ausgesetzt ist. Dies soll kurz an der Beschreibung des Todes kleiner Helden (1.1), den »Fehltreffern« (1.2) und einigen Szenen vorgeführt werden, in denen die Wechselhaftigkeit des Schicksals besonders deutlich wird (1.3).

1.1 Die Zäsur des Todes

Welchen Einschnitt der Tod bedeutet, macht der homerische Erzähler in den kurzen Vorstellungen von gerade sterbenden Helden deutlich, wenn er dem Tod das Leben der Helden gegenüberstellt.[4] Besonders deutlich wird die Zäsur bei der *mors immatura* – wenn ein junger Mensch vor seiner Zeit dem Leben entrissen wird. Beim Tod von Hippothoos weist der Erzähler beispielsweise darauf hin, daß er seinen Eltern die θρέπτρα nicht wiedererstatten konnte (17, 301-303). Besonders tragisch ist der Tod des jungen Bräutigams Iphidamas, 11, 241-247:

ὡς ὃ μὲν αὖθι πεσὼν κοιμήσατο χάλκεον ὕπνον
οἰκτρός, ἀπὸ μνηστῆς ἀλόχου ἀστοῖσιν ἀρήγων
κουριδίης, ἧς οὔ τι χάριν ἴδε· πολλὰ δ' ἔδωκεν·
πρῶθ' ἑκατὸν βοῦς δῶκεν, ἔπειτα δὲ χείλι' ὑπέστη,
αἶγας ὁμοῦ καὶ ὄις, τά οἱ ἄσπετα ποιμαίνοντο.
δὴ τότε γ' Ἀτρείδης Ἀγαμέμνων ἐξενάριξεν,
βῆ δὲ φέρων ἀν' ὅμιλον Ἀχαιῶν τεύχεα καλά.

So fiel dieser dort und schlief den ehernen Schlaf, der Arme,
Fern der vermählten Gattin, den Stadtleuten Hilfe bringend,
Der ehelichen, von der er noch keinen Dank sah, und gab doch vieles:

---

[2] Kullmann 1992, 36f. meint, hier werde der im Kyprienprooemium genannte Plan des Zeus angesprochen, die Menschheit zu dezimieren. Cf. Scodel 1982, 47f. S. a. unten S. 261 Anm. 130.

[3] Zur Rolle des Todes in der *Ilias* cf. Griffin 1980. S. a. Strasburger 1954, 126-129; Marg 1976, 15, der betont, in der *Ilias* trete der Tod dadurch hervor, daß der Kampf selbst nur kurz beschrieben werde, es wenige Verwundungen gebe und nur selten Gefangene gemacht würden. Cf. Griffin 1980, 94f.; Schein 1984, 84. Zu »death scenes« s. a. Morrison 1999.

[4] Zu diesen Nachrufen cf. Griffin 1976. S. außerdem Tsagalis 2004, 179-192; Stoevesandt 2004, 120-156.

> Erstlich gab er hundert Rinder, und dann versprach er tausend
> Ziegen zugleich und Schafe, die ihm weideten unermeßlich.
> Damals nun zog ihm die Rüstung ab der Atreus-Sohn Agamemnon
> Und ging und trug durch die Menge der Achaier die schönen Waffen.

Die Angabe, daß er noch nicht den »Gegenwert« für seine kostspielige Brautwerbung erhalten hat, macht deutlich, wie sehr ihn der Tod aus seinen Lebensvollzügen herausreißt. Der noch unerfüllten Ehe als Ort der Fortpflanzung steht Iphidamas' Tod gegenüber. Statt im Tausch der Heirat das ihm zustehende zu erhalten, wird er selbst Objekt eines anderen Tauschs, wenn Agamemnon ihm seine Waffen abnimmt.[5]

Griffin zeigt, wie derartige Beschreibungen des Lebens das Pathos des Todes erhöhen.[6] Ein Typ dieser Beschreibungen ist hier von besonderem Interesse. Bei einigen Helden sagt der homerische Erzähler, sie seien trotz einer Fähigkeit, ihrer Beliebtheit, ehrenhaften Stellung oder ihres Reichtums gestorben.[7] Den Tod des Skamandrios beispielsweise leitet er folgendermaßen ein, 5, 49-57:

> υἱὸν δὲ Στροφίοιο Σκαμάνδριον αἵμονα θήρης
> Ἀτρεΐδης Μενέλαος ἕλ᾽ ἔγχει ὀξυόεντι,
> ἐσθλὸν θηρητῆρα· δίδαξε γὰρ Ἄρτεμις αὐτὴ
> βάλλειν ἄγρια πάντα, τά τε τρέφει οὔρεσιν ὕλη·
> ἀλλ᾽ οὔ οἱ τότε γε χραῖσμ᾽ Ἄρτεμις ἰοχέαιρα,
> οὐδὲ ἑκηβολίαι, ᾗσιν τὸ πρίν γ᾽ ἐκέκαστο,
> ἀλλά μιν Ἀτρεΐδης δουρικλειτὸς Μενέλαος
> πρόσθε ἔθεν φεύγοντα μετάφρενον οὔτασε δουρί.

> Doch des Strophios Son, Skamandrios, den jagderfahrenen,
> Erlegte der Atreus-Sohn Menelaos mit der spitzen Lanze,
> Den guten Jäger, denn gelehrt hatte ihn Artemis selber,
> Alles Wild zu treffen, das der Wald ernährt in den Bergen.
> Damals aber nützte ihm Artemis nichts, die pfeilschüttende,
> Noch seine Treffkunst, in der er vorher war ausgezeichnet,
> Sondern der Atreus-Sohn, der speerberühmte Menelaos,
> Stieß ihn, wie er vor ihm floh, mit dem Speer in den Rücken.

Das konzessive Verhältnis zwischen Skamandrios' Fähigkeit als Jäger und seinem Tod ist sprachlich durch das zweifache ἀλλά markiert (5, 53 und 55) – der große Jäger wird selbst zum Opfer. Dabei gibt der Erzähler einen besonderen Grund für die Gegenüberstellung von Tod und Fähigkeiten der

---

[5] Zur Tragik des Todes junger Bräutigame s. Griffin 1976, 180f.

[6] Griffin 1976. S. a. Marg 1976, 11: »Wirksam ist immer der Kontrast zwischen dem einsamen Tod und dem früheren Leben […] Durch diesen Kontrast Tod-Leben leuchtet das geliebte Leben auf, und die ganze Schwere des Todes wird fühlbar.«

[7] Cf. Stoevesandt 2004, 141f., welche die interessante Beobachtung macht, daß sich dieser Topos nur bei den Trojanern und ihren Verbündeten findet.

Sterbenden. Die Kompetenz wird als besondere Zuneigung eines Gottes, hier der Artemis, verstanden, die den Tod aber auch nicht aufhalten kann.[8] An mehreren Stellen wird von den Göttern explizit gesagt, sie könnten die Menschen nicht vor dem Tode retten, auch nicht ihre Kinder und Schützlinge.[9]

Axylos muß trotz seiner Beliebtheit sterben, 6, 12-17:

> Ἄξυλον δ᾿ ἄρ᾿ ἔπεφνε βοὴν ἀγαθὸς Διομήδης
> Τευθρανίδην, ὃς ἔναιεν ἐυκτιμένηι ἐν Ἀρίσβηι,
> ἀφνειὸς βιότοιο, φίλος δ᾿ ἦν ἀνθρώποισιν·
> πάντας γὰρ φιλέεσκεν, ὁδῶι ἔπι οἰκία ναίων·
> ἀλλά οἱ οὔ τις τῶν γε τότ᾿ ἤρκεσε λυγρὸν ὄλεθρον
> πρόσθεν ὑπαντιάσας […]

> Den Axylos aber erschlug der gute Rufer Diomedes,
> Den Teuthras-Sohn: er wohnte in der gutgebauten Arisbe,
> Reich an Lebensgut, und lieb war er den Menschen,
> Denn alle bewirtete er freundlich, da er am Weg die Häuser bewohnte.
> Aber keiner von denen wehrte ihm damals ab das traurige Verderben
> Und trat vor ihn zum Schutz […][10]

Die Bedeutungslosigkeit des Reichtums im Angesicht des Todes ist in seiner Todesbeschreibung nur implizit. Sie ist explizit bei der Beschreibung von Amphimachos durch ein ἀλλά, 2, 872-875:

> ὃς καὶ χρυσὸν ἔχων πόλεμονδ᾿ ἴεν ἠύτε κούρη,
> νήπιος, οὐδέ τί οἱ τό γ᾿ ἐπήρκεσε λυγρὸν ὄλεθρον,
> ἀλλ᾿ ἐδάμη ὑπὸ χερσὶ ποδώκεος Αἰακίδαο
> ἐν ποταμῶι, χρυσὸν δ᾿ Ἀχιλεὺς ἐκόμισσε δαΐφρων.

> Der auch Gold tragend in den Krieg ging wie eine Jungfrau,
> Der Kindische! und nicht half ihm gegen das traurige Verderben,
> Sondern bezwungen wurde er unter den Händen des fußschnellen Aiakiden

---

[8] S. das Scholion T ad 5, 53a¹: δείκνυται τὸ ἀπαράβατον τοῦ μοιριδίου καὶ διὰ τούτου. Cf. Scholion b ad 5, 53a². Daß eine besondere Fähigkeit Zeichen der Zuneigung eines Gottes ist, klingt auch in der Beschreibung des Todes von Phereklos in 5, 59-64 an. S. Anm. 16 dieses Kapitels. Cf. Strasburger 1954, 33.

[9] Daß alle Menschen dem Tod unterworfen sind und hier selbst die Götter nicht helfen können, zeigen die folgenden Aussagen über Göttersöhne (eine Liste von ihnen findet sich in Scholion bT ad 16, 449): 15, 139-141 (Hera über Askalaphos); 16, 445-449 (Hera über Sarpedon); 22, 179-181 (Athene über Hektor).

[10] Wie vergeblich es ist zu berücksichtigen, daß die Vergeblichkeit einer Fähigkeit im Angesicht des Todes topisch ist, zeigt die Interpretation von Ulf 1990, 205: »Niemand im Demos scheint also Axylos trotz seiner Freigebigkeit so verpflichtet zu sein, daß er für ihn Kopf und Kragen riskierte.« Der topische Hintergrund legt nahe, daß Axylos' Gastfreundschaft nicht erwähnt wird, da ihm keiner beistehen wollte, sondern da ihm keiner beistehen *konnte*. Auch Beliebtheit schützt nicht vor dem Tod.

Im Fluß, und das Gold trug Achilleus davon, der kampfgesinnte.[11]

Ebenfalls im Schiffskatalog wird Ennomos vorgestellt, den seine Kompetenz, Vogelzeichen zu deuten, nicht rettete, 2, 859-861:

ἀλλ᾽ οὐκ οἰωνοῖσιν ἐρύσατο κῆρα μέλαιναν,
ἀλλ᾽ ἐδάμη ὑπὸ χερσὶ ποδώκεος Αἰακίδαο
ἐν ποταμῶι, ὅθι περ Τρῶας κεράιξε καὶ ἄλλους.

Doch nicht wurde er von den Vögeln gerettet vor der schwarzen Todesgöttin,
Sondern wurde bezwungen unter den Händen des fußschnellen Aiakiden
Im Fluß, wo er auch die anderen Troer mordete.[12]

Angesichts der häufigen konzessiven Verknüpfung von Fähigkeiten, Beliebtheit und Reichtum mit dem Tod liegt es nahe, auch bei anderen Todesbeschreibungen, wenn eine explizite Gegenüberstellung fehlt, davon auszugehen, daß die Bedeutungslosigkeit der im sonstigen Leben wichtigen Qualitäten und Güter anklingt.[13] Wenn Oresbios und andere Boiotier (5, 705-710), Euchenor (13, 663-672), Ilion (14, 489-491), Bathykleis (16, 594-596) und Podes (17, 575-577) sterben, wird ihr Reichtum erwähnt. Bei Podes wird außerdem erwähnt, daß er von Hektor in besonderer Ehre gehalten wurde, 17, 575-577:

ἔσκε δ᾽ ἐνὶ Τρώεσσι Ποδῆς, υἱὸς Ἠετίωνος,
ἀφνειός τ᾽ ἀγαθός τε, μάλιστα δέ μιν τίεν Ἕκτωρ
δήμου, ἐπεί οἱ ἑταῖρος ἔην φίλος εἰλαπιναστής.

War da unter den Troern Podes, der Sohn des Eëtion,
Reich wie auch tüchtig, und am meisten ehrte ihn Hektor
Im Volk, denn ihm war er ein lieber Gefährte und Tischgenosse.

Ilioneus verdankte seinen Reichtum dem Hermes, 14, 489-491:

[...] ὁ δ᾽ οὔτασεν Ἰλιονῆα,
υἱὸν Φόρβαντος πολυμήλου, τόν ῥα μάλιστα
Ἑρμείας Τρώων ἐφίλει καὶ κτῆσιν ὄπασσεν.

---

[11] S. außerdem Amphios, der durch Aias getötet wird, 5, 612-614: καὶ βάλεν Ἄμφιον, Σελάγου υἱόν, ὅς ῥ᾽ ἐνὶ Παισῶι/ ναῖε πολυκτήμων πολυλήιος· ἀλλά ἑ μοῖρα/ ἦγ᾽ ἐπικουρήσοντα μετὰ Πρίαμόν τε καὶ υἷας.

[12] Weniger direkt ist die Gegenüberstellung von Weissagung und Tod bei Adrestos und Amphios, die trotz der Warnung ihres Vaters, des Sehers Merops, in den Krieg gezogen sind (2, 831-834=11, 329-332). Ähnlich Abas und Poluidos, Söhne des Traumdeuters Eurydamas (5, 148f.).

[13] So auch Strasburger 1954, 32-36 (dagegen skeptisch Fenik 1968, 16), die meint, die Fallenden werden beschrieben, um die Größe der Sieger zu unterstreichen. In der Charakterisierung der Unterliegenden zeigt sich aber auch die Bedeutungslosigkeit heroischer Distinktionsmerkmale angesichts des Todes.

> [...] Doch der traf den Ilioneus,
> Den Sohn des Phorbas, des schafereichen, den Hermes am meisten
> Unter den Troern geliebt und ihm Besitz verliehen hatte.

Deikoos, der von Agamemnon getötet wird, wurde von den Troern wie ein Kind des Priamos geehrt (5, 534-536). Imbrios, Opfer von Teukros, wurde von Priamos wie ein eigenes Kind behandelt (13, 172-176).[14] Laogonos war Priester des Zeus und hatte als solcher einen besonderen Kontakt zum höchsten Gott; außerdem wurde er vom Volk wie ein Gott verehrt (16, 603-606). Trotzdem stirbt er von Meriones' Hand. Wenn Periphetes stirbt, sagt der Erzähler, er sei besser als sein Vater gewesen, ein guter Kämpfer, schnell und auch von gutem Verstand (15, 639-643).[15] Bei Polydoros' Tod hebt er neben der besonderen Liebe des Vaters, welche die Tragik seines Todes unterstreicht, seine Schnelligkeit hervor (20, 408-412). Interessant ist auch die Beschreibung des Todes von Kreton und Ortilochos in 5, 539-553. Der Erzähler nennt neben ihrer Jugend (5, 550) den Reichtum des Vaters (5, 544), die Abstammung von einem Flußgott (5, 545-549) und ihre kriegerischen Fähigkeiten (5, 549).[16]

Wenn Nestor erzählt, wie er Mulios tötete, erwähnt er die Heilkünste von dessen Frau (11, 739-743). Zwar werden diese auch hier nicht explizit seinem Tod gegenübergestellt, aber die Erwähnung der pharmakologischen Kompetenz im Zusammenhang mit einem Tod deutet die Vergeblichkeit menschlicher Bemühungen an, dem Tod zu entgehen.

Indem der homerische Erzähler im Augenblick des Todes Fähigkeiten, Nähe zu den Göttern, Ehre, Herkunft und Reichtum der Sterbenden nennt, unterstreicht er nicht nur die Zäsur des Todes, sondern zeigt auch, daß in seinem Angesicht die Distinktionsmerkmale, die heroisches Leben ausmachen, ihre Bedeutung verlieren.

---

[14] Zu dem verwandten Motiv, daß ein fremdes Kind wie ein eigenes aufgezogen oder ein Fremder wie ein eigenes Kind behandelt wird, s. Fenik 1968, 18. Umgekehrt haben Aias und Teuker Lykophron wie den eigenen Vater geehrt (15, 430-439).

[15] Cf. Strasburger 1954, 35.

[16] Eine besondere Wendung des Motivs liegt bei Phereklos vor, 5, 59-64: Μηριόνης δὲ Φέρεκλον ἐνήρατο, Τέκτονος υἱόν/ Ἁρμονίδεω, ὃς χερσίν ἐπίστατο δαίδαλα πάντα/ τεύχειν, ἔξοχα γάρ μιν ἐφίλατο Παλλὰς Ἀθήνη·/ ὃς καὶ Ἀλεξάνδρωι τεκτήνατο νῆας ἐίσας/ ἀρχεκάκους, αἳ πᾶσι κακὸν Τρώεσσι γένοντο/ οἷ τ' αὐτῶι, ἐπεὶ οὔ τι ϑεῶν ἐκ ϑέσφατα εἴδη. Wie Fenik 1968, 18 erkennt, stirbt er nicht trotz, sondern *aufgrund* seiner Fähigkeit. Dazu, daß sich das Relativpronomen in 5, 60 auf Phereklos, nicht, wie Aristarch meint (s. Scholion), auf den Vater bezieht, s. neben Ameis / Hentze ad loc. Strasburger 1954, 33 Anm. 2.

1.2 »Fehltreffer«

Der Tod ebnet nicht nur alle Unterschiede ein, sondern ist auch zufällig. Dies kommt in den »Fehltreffern« zum Ausdruck.[17] In zahlreichen Szenen verfehlen ein Pfeil oder Speer die anvisierte Person und treffen dafür eine andere.[18] In 4, 488-494 beispielsweise verfehlt Antiphos Aias und trifft dafür Leukos:

> τοῖον ἄρ᾽ Ἀνθεμίδην Σιμοείσιον ἐξενάριξεν
> Αἴας διογενής. τοῦ δ᾽ Ἄντιφος αἰολοθώρηξ
> Πριαμίδης καθ᾽ ὅμιλον ἀκόντισεν ὀξέι δουρί·
> τοῦ μὲν ἅμαρθ᾽, ὃ δὲ Λεῦκον, Ὀδυσσέος ἐσθλὸν ἑταῖρον,
> βεβλήκει βουβῶνα, νέκυν ἑτέρωσ᾽ ἐρύοντα·
> ἤριπε δ᾽ ἀμφ᾽ αὐτῶι, νεκρὸς δέ οἱ ἔκπεσε χειρός.
> τοῦ δ᾽ Ὀδυσεὺς μάλα θυμὸν ἀποκταμένοιο χολώθη.

So streckte nieder den Anthemion-Sohn Simoeisios
Aias, der zeusentsproßte. Doch Antiphos im funkelnden Panzer,
Der Priamos-Sohn, warf nach ihm in der Menge den scharfen Speer.
Den verfehlte er, doch Leukos, des Odysseus tüchtigen Gefährten,
Traf er in die Scham, als er den Toten heranzog.
Und er stürzte auf ihn, und aus der Hand fiel ihm der Tote.
Doch um den Erschlagenen zürnte Odysseus heftig im Mute.

Immer wieder sterben in der *Ilias* kleine Helden durch Geschosse, die ihr eigentliches Ziel verfehlen.[19] Das Leben des einzelnen ist also auch dann besonders gefährdet, wenn gar kein direkter Angriff auf ihn unternommen wird. Die »Fehltreffer« bringen die Macht des Zufalls zum Ausdruck.

1.3 Die Wechselhaftigkeit des Schicksals

In einigen Szenen wird besonders deutlich, wie sehr die Helden im Kampf dem Zufall ausgesetzt sind: In 6, 37-65 unterliegt Adrastos Menelaos. Wenn dieser sich auf seine Bitte dazu entschließt, ihn gefangenzunehmen, scheint sein Leben sicher. Dann kommt jedoch Agamemnon und bringt ihn um. Nachdem er zuerst trotz seiner Niederlage gerettet zu sein scheint, muß er schließlich doch sterben.

---

[17] Cf. Lossau 1991, der von »Ersatztötungen« spricht; Stoevesandt 2004, 161-166.
[18] Cf. Bannert 1988, 29-40.
[19] S. außerdem: 8, 118-123; 300-308; 309-315; 13, 183-187; 403-412; 516-520; 14, 459-468; 15, 429-435; 520-524; 17, 304-311; 608-619. Sowohl Lossau 1991, 8f. als auch Stoevesandt 2004, 161f. rechnen diesem Topos weitere Szenen zu, bei denen allerdings nicht immer deutlich wird, daß ein Angriff sein Ziel verfehlt.

Noch tragischer ist der Fall von Peisander und Hippolochos, die unabsichtlich ihren eigenen Tod herbeiführen. Sie nennen in 11, 122-147 ihren Vater und beschreiben seinen Reichtum in der Hoffnung, daß Agamemnon sie nicht töten, sondern einlösen werde (11, 131-135). Dieser bringt sie aber gerade wegen ihres Vaters um, der dafür plädiert hat, Odysseus und Menelaos, die als Gesandte nach Troja gekommen waren, zu töten (11, 138-142). Mit ihrer Bemühung, dem Tod zu entgehen, verwirken Peisander und Hippolochos also ihr Leben.

Im Krieg liegen Erfolg und Niederlage nah beieinander. In 4, 517-531 erringt Peiros zwar zuerst einen Sieg über Dioreas, wird aber gleich darauf von Thoas getötet. Diese Unbeständigkeit des Erfolges wird von Nestor reflektiert, der in 8, 141-144 zu Diomedes sagt:

> νῦν μὲν γὰρ τούτωι Κρονίδης Ζεὺς κῦδος ὀπάζει
> σήμερον· ὕστερον αὖτε καὶ ἡμῖν, αἴ κ᾽ ἐθέλησιν,
> δώσει. ἀνὴρ δέ κεν οὔ τι Διὸς νόον εἰρύσσαιτο
> οὐδὲ μάλ᾽ ἴφθιμος, ἐπεὶ ἦ πολὺ φέρτερός ἐστιν.

Jetzt verleiht diesem da Zeus, der Kronide, Prangen,
Heute: später wieder wird er auch uns, wenn er will, es geben.
Ein Mann aber könnte nicht den Sinn des Zeus aufhalten,
Auch kein sehr starker, da er wahrhaftig viel stärker ist.

Als letztes Beispiel sei der Tod Lykaons angeführt, der Schicksalskontingenz auf verschiedenen Ebenen zeigt. Lykaon und Achill treffen zum zweiten Mal aufeinander. Nach der ersten Begegnung ist Lykaon von Achill in die Sklaverei verkauft worden. Es gelingt ihm zurückzukommen. Aber nach elf Tagen voller Freude und Feiern (21, 45) fällt er wieder in die Hände Achills. Er versucht, durch eine Supplikation sein Leben zu retten; er erinnert Achill daran, daß er bereits einmal von ihm gefangen worden sei und ihm jetzt das dreifache Lösegeld einbrächte (21, 76-84).[20] Doch ahnt er, daß Achill seine Supplikation zurückweisen werde, und bettet seine Genealogie in eine Klage um seine Kurzlebigkeit ein (21, 84-89). Daran schließt er als Präzedenzfall den Tod seines Bruders Polydoros an (21, 89-91). Trotz seiner Skepsis erneuert er seine Bitte um Rettung (21, 92-95). Achill läßt sich nicht erweichen, weist in einer parallel gebauten Rede Lykaons Bitte zurück und bringt ihn um.[21]

---

[20] Zur Stärke seines Anspruchs s. Goldhill 1991, 88f., der Achills Ablehnung jeglicher Verbindung die Begegnung von Glaukos und Diomedes im 6. Buch gegenüberstellt.
[21] Die Parallelität zeigt Lohmann 1970, 105-108. Zur Lykaonszene s. außerdem Scheibner 1939, 92-95.

Erstens ist es ein Zufall, daß Achill Lykaon innerhalb kurzer Zeit zwei-mal begegnet.[22] Die erste Begegnung wird zweimal ausführlich vom Erzäh-ler (21, 35-48) und von Lykaon (21, 76-82) erzählt und kurz von Achill (21, 57-59) angesprochen. Die doppelte Wiedergabe beleuchtet nicht nur die spezifische Sicht Lykaons auf die erste Begegnung,[23] sondern spiegelt strukturell die Wiederholung der Begegnung.[24] In der wiederholten Darstel-lung wird die Wiederholung des Ereignisses für den Rezipienten sinnfällig. Narratologisch gewendet, wird der »discourse« zum Spiegel der »story«.

Zweitens zeigt sich die Schicksalskontingenz darin, daß Lykaon Achill in die Hände fällt, nachdem er gerade noch seine Wiederkehr elf Tage lang gefeiert hat (21, 45). Auf das Glück der Rückkehr folgt sofort das Unglück, Achill erneut zu begegnen. Lykaon ist ein Beispiel für die Wechselhaftig-keit des menschlichen Schicksals.

Drittens wird Schicksalskontingenz darin deutlich, daß Lykaon von Achill zuerst nur gefangengenommen und verkauft, jetzt aber getötet wird. Zwar versucht er aus dem Ausgang der ersten Begegnung abzuleiten, daß Achill ihn auch jetzt verschonen solle, aber Achill lehnt seine Supplikation ab. Wir haben bereits gesehen, wie die Erfahrung von Schicksalskontingenz Achill hier eine Regularität ablehnen läßt.[25]

Der Kontrast zwischen den beiden Begegnungen unterstreicht auch, daß der Tod die stärkste Kontingenzerfahrung ist. Wenn Lykaon seine Flucht vor dem Tod bei der ersten Begegnung dem sicheren Tod jetzt gegenüber-stellt,[26] betont er die Irreversibilität des Todes. In die Sklaverei verkauft, konnte Lykaon zurückkehren, aber aus dem Hades führt kein Weg zurück.

---

[22] Betont wird die Wiederholung durch αὖτις (21, 46; 56; 84) und αὖ (21, 82). S. a 21, 35f.: [...] Λυκάονι, τόν ῥά ποτ᾽ αὐτός/ ἦγε λαβὼν ἐκ πατρὸς ἀλωῆς οὐκ ἐθέλοντα~21, 47f.: [...] ὅς μιν ἔμελλεν/ πέμψειν εἰς Ἀίδαο καὶ οὐκ ἐθέλοντα νέεσθαι.

[23] Neu in Lykaons Bericht gegenüber der Schilderung durch den Erzähler (21, 34-48) ist, daß er bei Achill gegessen hat (21, 76). Außerdem nennt er eine Hekatombe als den genauen Preis, den er Achill einbrachte (21, 79). Beide Details dienen dazu, Achill dazu zu bewegen, ihn zu verscho-nen.

[24] Die Doppelung der Beschreibung der ersten Begegnung ist markiert durch wörtliche Wieder-holungen: 78: ἐπέρασσας~40: ἐπέρασσεν (in Achills Rede 58: πεπερημένος), 78: ἄγων~41: ἄγων, 82f.: [...] νῦν αὖ με τεῆις ἐν χερσὶν ἔθηκεν/ μοῖρ᾽ ὀλοή. μέλλω που ἀπεχθέσ-θαι Διὶ πατρί~46-48: [...] δυωδεκάτηι δέ μιν αὖτις/ χέρσιν Ἀχιλλῆος θεὸς ἔμβαλεν, ὅς μιν ἔμελλεν/ πέμψειν εἰς Ἀίδαο [...], 92: κακὸν ἔσσεαι~39: κακὸν ἤλυθε δῖος Ἀχιλλεύς. Der Erzähler bezeichnet außerdem in 21, 77 den Garten, in dem Lykaon von Achill aufgegriffen wurde, als εὐκτίμενος, Lykaon beschreibt Lemnos in 21, 40 mit dem gleichen Epitheton.

[25] S. oben S. 131f.

[26] 21, 58f.: [...] οὐδέ μιν ἔσχεν/ πόντος ἁλὸς πολιῆς, ὃ πολὺς ἀέκοντας ἐρύκει, 21, 62f.: ἢ ἄρ᾽ ὁμῶς καὶ κεῖθεν ἐλεύσεται, ἤ μιν ἐρύξει/ γῆ φυσίζοος, ἥ τε κατὰ κρα-τερόν περ ἐρύκει. Auch die Bezeichnung von Lykaons Tod mit εἰς Ἀίδαο [...] νέεσθαι läßt den bevorstehenden Tod von Lykaon vor der Folie seiner glücklichen Heimkehr nach der ersten Begegnung erscheinen. Dazu, daß man aus dem Hades nicht mehr zurückkehrt, s. den Ausspruch

Es läßt sich zusammenfassen, daß die Situation der *Ilias*, der Krieg, die Bedrohung menschlichen Lebens durch den Zufall besonders deutlich macht. Durch die kurzen Beschreibungen des Lebens der Sterbenden unterstreicht der homerische Erzähler die Zäsur des Todes. Er führt außerdem die Bedeutungslosigkeit von Fähigkeiten und Besitz im Angesicht des Todes vor Augen. Schließlich wird der Zufall in einzelnen Motiven wie den Fehltreffern und Szenen wie der Begegnung von Achill und Lykaon besonders sichtbar. Die *condicio heroica* ist eine gesteigerte Form der *condicio humana*. Die zentrale Bedeutung, welche die Schicksalskontingenz für die Heroen hat, ist bereits im Rahmen der Handlung angelegt.

2. Das Verhältnis der Gegenwart des Erzählers zur heroischen Vergangenheit

Im III. Kapitel ist herausgearbeitet worden, daß die Vergangenheit der Heroen von ihrer Gegenwart distanziert ist. Selbst was in der Vätergeneration stattfand, liegt bereits in weiter Ferne. Auch wenn Traditionen eine Kontinuität zwischen Vergangenheit und Gegenwart erzeugen, liegt die Entwicklung von der Vergangenheit in die Gegenwart außerhalb des Blickfeldes. Dementsprechend werden auch keine qualitativen Unterschiede zwischen den Zeiten festgestellt. Die Vergangenheit erscheint lediglich als größer und kann daher paradigmatische Bedeutung für die Gegenwart haben. Im folgenden soll demonstriert werden, daß das Verhältnis des Erzählers und seines Publikums zur heroischen Vergangenheit dem der Helden zu ihrer Vergangenheit entspricht. Insofern als die Vergangenheit auf der Handlungsebene sich zur heroischen Vergangenheit wie ein Plusquamperfekt zum Praeteritum verhält, liegt ein *mise-en-abyme* vor.[27]

Die Distanz der epischen Handlung zur Gegenwart zeigt sich bereits daran, daß mit der Bezeichnung der homerischen Helden als ἡμιθέων γένος ἀνδρῶν (12, 23) die Zeit des Epos als eigene, von der Gegenwart getrennte Epoche erscheint.[28] Die heroische Vergangenheit wird in der *Ilias*

---

von Patroklos' Schatten in 23, 75f.: [...] οὐ γὰρ ἔτ᾽ αὖτις/ νίσομαι ἐξ Ἀίδαο, ἐπήν με πυρὸς λελάχητε.

[27] Beim *mise-en-abyme* spiegelt ein Teil eines Werkes einen Aspekt des Gesamtwerkes wider. S. die grundlegende Arbeit von Dällenbach 1977 sowie die Aufsätze von Bal 1978; Ron 1987.

[28] Zur distanzierenden Funktion der Bezeichnung der Heroen als ἡμιθέων γένος ἀνδρῶν s. Schadewaldt [3]1966, 118 Anm. 1; Nagy 1979, 159-161; Scodel 1982, 34-36; Kullmann 1992, 16f. Diese Bezeichnung erinnert, wie in der Forschung immer wieder betont wird, an das vierte Weltalter in Hes. erg. 156-173. Daraus folgt aber nicht, daß sie den hesiodeischen Mythos von der Abfolge der Weltalter impliziert. Vielmehr ist mit West ad Hes. erg. 106-201 festzustellen, daß Hesiod in eine aus vermutlich mesopotamischen Quellen stammende Vorstellung der Abfolge von Weltaltern das griechische Konzept der heroischen Zeit integrierte. Es bestehen aber auch Unter-

durch keinerlei Entwicklung mit der Gegenwart verbunden. An vier Stellen wird aber gesagt, daß Diomedes, Aias, Hektor und Aineas Steine heben, die keiner der »Heutigen« (Aias) oder nicht einmal zwei der »Heutigen« heben könnten.[29]

Zwei Punkte sind bemerkenswert: Epische Vergangenheit und Gegenwart werden, wie wir es bei den Exempla der epischen Helden gesehen haben, einander unmittelbar gegenübergestellt. Außerdem ist auch hier die Vergangenheit größer. In ganz ähnlicher Weise zeigt sich auf der Ebene der Handlung die Kluft zwischen Vergangenheit und Gegenwart der Helden darin, daß Peleus' Speer so schwer ist, daß allein Achill ihn schwingen kann, und nur Nestor imstande ist, seinen Becher zu heben, wenn er gefüllt ist.[30]

In der Homerforschung wird auch an anderen Stellen eine »epic distance« konstatiert, die durch Archaisierungen hergestellt werde.[31] Ihre Analyse soll das Verhältnis zwischen der Gegenwart des Erzählers und seines Publikums zur heroischen Vergangenheit weiter beleuchten.

Die Untersuchung der »epic distance« setzt den Vergleich mit der Realgeschichte voraus. Mit welcher Zeit ist aber die *Ilias* zu vergleichen? Ihre Datierung ist höchst umstritten. Nachdem lange Zeit eine schriftliche Fixierung in der zweiten Hälfte des 8. Jhs. angenommen wurde, sind zuletzt verstärkt Gründe für das frühe 7. Jh. ins Feld geführt worden.[32] Für die hier

---

schiede zwischen der heroischen Welt der *Ilias* und dem vierten Zeitalter bei Hesiod. Das Weiterleben einiger Helden auf einer Insel der Seligen (Hes. erg. 167-173) hat keine Entsprechung bei Homer. Während die Helden bei Homer nur stärker sind als die Menschen der Gegenwart, sind die Angehörigen des vierten Zeitalters bei Hesiod auch gerechter (Hes. erg. 158). Ebensowenig sind, wenn man mit West ad Hes. erg. 106-201 die bronzene Generation mit den nur noch Nestor bekannten Vorfahren gleichsetzt, die Helden der *Ilias* stärker und gerechter als diese. Der von Nagy 1979, 162f. angeführte Vergleich der beiden Thebenzüge ist darin eine Ausnahme, daß in ihm die gegenwärtige Generation größer ist. Das Bild eines größeren heroischen Zeitalters findet sich auch in den Goldenen Männern in den *Ehoiai*.
[29] 5, 302-304; 12, 381-383; 445-449; 20, 285-287.
[30] S. oben S. 51f.
[31] S. beispielsweise Heubeck 1974, 173; Redfield 1975, 36f.; Nicolai 1981, 94; Morris 1986, 89; Raaflaub 1991, 213 mit Anm. 31. S. a. die Literatur bei Stein-Hölkeskamp 1989, 17 Anm. 7. Crielaard 2002, 281 dagegen wendet gegen das Modell der Archaisierung ein, Vergangenheit und Gegenwart seien sowohl im Epos als auch für den griechischen Adel nicht scharf voneinander getrennt gewesen, sondern durch Kontinuität miteinander verbunden.
[32] In die zweite Hälfte des 8. Jh. wird die *Ilias* beispielsweise von Janko 1982, 228-231; Kirk 1985, 1-10 und Latacz 1985, 74-85 datiert. Powell 1991, 187-220 geht sogar von der ersten Hälfte des 8. Jh. aus. S. weiterhin die Literaturangaben bei West 1995, 203 Anm. 2 und Burgess 2001, 49 Anm. 8. Für das (frühe) 7. Jh. als Entstehungszeit der *Ilias* s. beispielsweise Burkert 1976; Crielaard 1995b, 274; West 1995; Kullmann 1999, 110 sowie die Literatur bei Raaflaub 1998, 188 Anm. 71 und bei Hellmann 2000, 180 Anm. 27. Cairns 2001, 1 Anm. 1 gibt eine Liste von Gelehrten, welche die Komposition der *Ilias* erst ins 6. Jh. verlagern, und zeigt die Schwächen dieses Ansatzes (2f.). Inwiefern von einzelnen Textstellen aus ein *terminus post vel ante quem* festgestellt

verfolgte Fragestellung ist der genaue Zeitpunkt, zu dem die *Ilias* in fester Form vorlag, nicht von besonderer Bedeutung, und auch die Rolle der Schrift für die Fixierung ihres Textes kann hier ausgeblendet werden; wichtig ist der Zeitraum, in dem sie entstand. Dieser Fokus berücksichtigt, daß die Epen in einer oralen Tradition geformt worden,[33] während Versuche, einen präzisen Zeitpunkt für die Entstehung festzulegen, diesen Hintergrund ausblenden und nur die schriftliche Fixierung ins Auge fassen.

Hinzu kommt, daß die archäologische Überlieferung, mit der die Welt der *Ilias* verglichen werden soll, keine allzu genauen Datierungen zuläßt – Morris beispielsweise geht von einer Unschärfe von 25 Jahren aus.[34] In Einklang mit den meisten Datierungsversuchen soll hier das späte 8. und frühe 7. Jh. als der Zeitraum angesehen werden, in dem die *Ilias* in entscheidender Weise geprägt wurde. Mit ihm müssen wir die Welt der *Ilias* vergleichen, wenn ihr Verhältnis zur Gegenwart des Erzählers bestimmt werden soll.

Vier methodische Vorüberlegungen seien genannt. Erstens muß in Rechnung gestellt werden, daß die homerische Erzählung als Fiktion kein ungebrochenes Abbild der historischen Wirklichkeit ist. Fiktion wird zwar dadurch konstituiert, daß sie Strukturen und Elemente der Wirklichkeit integriert, sie gewinnt ihren fiktiven Charakter aber gerade dadurch, daß diese in neue Beziehungen gestellt werden. Zu beachten ist vor allem, daß die *Ilias* als Heldenepos nur bestimmte Bereiche der Wirklichkeit zeigt. Außerdem ist Fiktion selbst Teil der Wirklichkeit; gerade die Kraft der *Ilias*, Wirklichkeit zu prägen, ist offensichtlich.[35] Die Parallele eines archäologischen Fundes aus der Entstehungszeit der Epen mit der homerischen Welt kann nicht nur zeigen, daß das Epos die zeitgenössische Realität spiegelt. Es muß mit der Möglichkeit gerechnet werden, daß das Epos auch als Vorbild und Vorlage diente.[36] Große Teile der homerischen Realienforschung kommen zu problematischen Ergebnissen, da sie den fiktiven Charakter des Epos nicht ausreichend berücksichtigen.

Zweitens ist die Gefahr des Zirkelschlusses zu nennen. Die Epen sind als Quelle für die Rekonstruktion sowohl der mykenischen Zeit als auch der *dark ages* und der frühen Archaik herangezogen worden.[37] Wenn Bezüge und Ähnlichkeiten der epi-

---

werden kann, bleibt – trotz allen darauf verwandten Scharfsinns – angesichts der Offenheit der Überlieferung schleierhaft.

[33] Ein sehr komplexes Entstehungsmodell entwickelt beispielsweise Nagy: Für ihn ist nicht der Text, sondern die »performance« die entscheidende Kategorie der Überlieferung des Epos bis in die alexandrinische Zeit, die er in fünf »Homeric Ages« einteilt, cf. Nagy 1996a, 41f.; 2003, 2. Aber auch er geht von einer weitgehenden Fixierung des Epos zwischen 750 und 550 v. Chr. aus (1996, 105f.).

[34] Morris 1998, 69.

[35] Die wechselseitigen Beziehungen zwischen Epos und archäologischen Zeugnissen betont Morris 1997, 559.

[36] Skeptisch hierzu ist Crielaard 2002, 244-246.

[37] Cf. van Wees 1992, 1.

schen Welt zu einer Zeit festgestellt werden, muß darauf geachtet werden, daß diese nicht aus dem Epos selbst extrapoliert worden sind.

Drittens muß der Charakter der archäologischen Überlieferung in Rechnung gestellt werden. Archäologische Zeugnisse gewähren *qua natura* nur in bestimmte Aspekte einer Zeit Einblick[38] und gewinnen eine größere Aussagekraft oft erst in Verbindung mit der schriftlichen Überlieferung. Zudem sind sie besonders für die *dark ages* so spärlich und regional so unterschiedlich, daß sie nur ein sehr eingeschränktes Bild vermitteln.[39] Wie die immer wieder überraschenden Neufunde zeigen, sind *argumenta ex silentio* problematisch.

Viertens darf der orientalische Einfluß nicht vergessen werden.[40] Viele Elemente und Strukturen, die nicht der griechischen Welt am Ende des 8. Jh. angehören, lassen sich leichter durch zeitgenössische östliche als durch mykenische Vorbilder erklären.

Die Interpretation der *Ilias* als Spiegel der mykenischen Welt ist durch verschiedene Entwicklungen der Homerforschung widerlegt worden.[41] Die Erkenntnis, daß die *Ilias* auf oraler Tradition beruht, und anthropologische Parallelen dazu,[42] die archäologische Erforschung der Bronzezeit und der *dark ages*[43] sowie die Einblicke in die mykenische Kultur durch die

---

[38] Zum beschränkten Aussagewert archäologischer Zeugnisse s. beispielsweise Boehringer 2001, 16-24, der ihre Grenzen für die Religionsgeschichte betont. Morris 1998, 4-6 (cf. 68) macht darauf aufmerksam, daß auch die materiellen Gegenstände, die auf uns kommen, eine symbolische Bedeutung haben und durch Entscheidungen in der Zeit, aus der sie stammen, gefiltert sind.

[39] Zu den starken regionalen Differenzen der Funde aus den *dark ages* s. Whitley 1991.

[40] S. beispielsweise Burkert 1984; 1991; Morris 1992; West 1997. Morris 2000, 102-105 wendet sich kritisch gegen das »billard-ball-modell«, mit dem in den genannten Arbeiten der östliche Einfluß auf Griechenland gesehen wird.

[41] Zur Verlagerung des Fokus von der Bronzezeit auf die Eisenzeit s. a. Morris 1997, 535-539. Aus der älteren Literatur, die eine Entsprechung der epischen Welt mit der mykenischen betont, seien hier nur Lorimer 1950 und Luce 1995 genannt. S. außerdem die Literatur bei Höckmann 1980, 318 Anm. 1908; Heubeck 1974, 167-171; Sherratt 1990, 808; Raaflaub 1997, 625 Anm. 9. Abweichend von der Mehrheit der Forschung versucht Deger-Jalkotzy 1991a, 53-66; 1991b, 146-149 (s. außerdem die dort in 137 Anm. 67 angegebenen Arbeiten) zu zeigen, daß es starke Korrespondenzen zwischen der Periode unmittelbar nach dem Zusammenbruch der mykenischen Kultur (SH III C) und der homerischen Welt gebe. Viele der von ihr genannten Elemente sind aber nicht auf SH III C beschränkt und von geringer Signifikanz. Hier gilt, was Gray 1954, 7 über die Verwendung von Metallen bei Homer geschrieben hat: »With good will, it is possible to force the Homeric evidence into conformity with almost any period.«

[42] Anthropologen haben die These aufgestellt, daß sich in oralen Kulturen abgesehen von Bruchstücken wirkliche Überlieferungen nur über wenige Generationen halte. Die Überlieferung werde im Prozeß der Homöostase an die jeweilige Gegenwart angeglichen (cf. Vansina 1985). Auch Kullmann 1999, 103, der die generelle Geltung der Homöostase für die homerischen Epen in Frage stellt, meint, daß bei den »secondary features« die Homöostase zu beobachten ist (cf. 101).

[43] Cf. Raaflaub 1991, 207-209; Bennet 1997, 512f., der zeigt, daß es trotzdem wahrscheinlich ist, daß es bereits epische Dichtung in mykenischer Zeit gab (523-531). Auch Kirk 1960 hält einen mykenischen Ursprung der epischen Tradition für wahrscheinlich, zeigt aber, daß dieser weniger in einzelnen Elementen als im Hintergrund der Epen zu erkennen sei.

Entzifferung von Linear B[44] zeigen, wie unwahrscheinlich es ist, daß die *Ilias* Bezüge zur mykenischen Zeit enthält. Forschungsgeschichtlich besonders wichtig ist Finleys 1950 zuerst erschienenes Buch »The World of Odysseus«. Finley vertritt die Auffassung, daß zwischen mykenischer und archaischer Zeit keine Kontinuität bestanden habe, und entwickelt die These, daß die homerischen Epen eine kohärente Welt darstellen, die mit der griechischen Welt in den *dark ages* im 10. und 9. Jh. zu identifizieren sei.

Während sich seine Skepsis gegenüber der Spiegelung der mykenischen Zeit im Epos weitgehend durchgesetzt hat, ist der neue Bezug auf die *dark ages* angegriffen worden.[45] Eine Reihe von Gelehrten meint, die Epen ließen sich keiner Zeit eindeutig zuordnen, sie seien ein Amalgam verschiedener Schichten. Andere erkennen in den homerischen Epen ein Bild ihrer Entstehungszeit, also der zweiten Hälfte des 8. oder sogar des 7. Jh.;[46] zuletzt hat Raaflaub dafür plädiert, in ihr ein Bild der unmittelbaren Vergangenheit Homers zu sehen.[47]

Erlauben wir uns einen genaueren Blick auf einzelne Aspekte des Epos: Auch wenn die homerische Welt vor allem die Welt um die Wende des späten 8. und frühen 7. Jh. reflektiert, ist für einzelne Elemente ein mykenischer Ursprung festgestellt worden.[48] Eine Reihe epischer Wörter läßt sich in den Linear-B Tafeln belegen, darunter auch wichtige Begriffe wie ἄναξ oder τέμενος. Mykenische Elemente in der Gesellschaftsordnung der Epen sind aber, auch wenn Bezeichnungen und Titel sich auf die mykenische Zeit zurückführen lassen, bereits aufgrund der oralen Überlieferung unwahr-

---

[44] Cf. Heubeck 1979a zu den Auswirkungen der Entzifferung von Linear B. S. a. Finley 1957; West 1988, 156-159; Ruijgh 1995 und die Literatur bei Powell 1991, 207 und Raaflaub 1998, 178 Anm. 42.

[45] S. beispielsweise Morris 1986, 94-104; Raaflaub 1991. Dagegen datiert Ruijgh 1995 die *Ilias* aufgrund seiner dialektologischen Untersuchung ins 9. Jh. S. dagegen Haug 2002.

[46] Die Amalgam-These wird vertreten von Snodgrass 1974, 114-125; 1971, 388-394. S. a. Kirk 1962, 179-210; Long 1970, 137 Anm. 58; Geddes 1984 und die Literatur bei Raaflaub 1991, 210 Anm. 17 und 18 und Crielaard 1995b, 206 Anm. 14. Gegen die Amalgam-These s. Morris 1986, 104-115; 1997, 558f.; Raaflaub 1991, 211-215; 1998, 174; Hellmann 2000, 178. S. außerdem van Wees 1992 und die Literatur bei Raaflaub 1997, 627 Anm. 16. Raaflaub bestreitet nicht, daß die homerische Gesellschaft ein Amalgam ist, meint aber, daß dieses Amalgam nicht künstlich, sondern ein Reflex der historischen Entwicklung sei. Ähnlich geht auch Ulf 1990, 261 davon aus, daß in den verschiedenen Formen der gesellschaftlichen Organisation nicht verschiedene Zeiten miteinander verschmolzen sind, sondern die Veränderungen um die Wende vom 8. zum 7. Jh. reflektiert werden. Daß das Epos seine Entstehungszeit wiederspiegle, meinen auch Lesky ³1971, 74f.; van Wees 1992. S. zuletzt auch Crielaard 2002, der die Zeitlosigkeit des homerischen Epos für den griechischen Adel betont.

[47] Raaflaub 1998, 181: »The social background of heroic epic needed to be ›modern‹ enough to be understandable but archaic enough to be believable.« Cf. id. 1991; 1997.

[48] Cf. für die folgende Diskussion beispielsweise die Liste mykenischer Elemente bei Kirk 1960, 191f.

scheinlich.[49] Zudem gewähren die archäologischen Zeugnisse zwar nur
einen geringen und in seiner Interpretation umstrittenen Einblick in die
gesellschaftlichen Strukturen in der Bronzezeit und der frühen Archaik,
aber die Ausgrabung mykenischer Paläste und die Analyse von Linear-B-
Inschriften machen doch deutlich, daß die schwache Stellung des βασιλεύς
im Epos nicht der Bedeutung des ἄναξ in mykenischer Zeit gleicht.[50] Seine
Stellung als *primus inter pares* und die ersten Ansätze zu einer Institutiona-
lisierung zeigen vielmehr ein ähnliches Bild der Gesellschaft wie die frühgriechische Lyrik.

Auch zwischen der Landwirtschaft und dem Handwerk im Epos und unserer Rekonstruktion der mykenischen Welt bestehen große Unterschiede.[51]
Zudem gleicht, wie Latacz zeigt, die Kampftechnik weitgehend der archaischen Hoplitenphalanx. Elemente, die sich in ihr nicht finden, lassen sich
einfacher erklären durch die dichterische Freiheit, der es darum geht, individuelle Leistungen zu verherrlichen, als durch Bezug auf die mykenische
Kampfkultur.[52] Die soziopolitische und ökonomische Verfassung der
homerischen Welt, so läßt sich feststellen, entspricht weitgehend der Entstehungszeit der Epen.[53]

Die geographisch-politischen Vorstellungen, die sich vor allem im
Schiffskatalog niedergeschlagen haben, sind oft als Erinnerung an die mykenische Zeit interpretiert worden.[54] In der Tat entsenden die mykenischen
Zentren Mykene, Pylos, Argos und Tiryns große Kontingente. Aber ansonsten entspricht das Bild der griechischen Welt vor allem der Entstehungszeit der *Ilias*.[55]

Auch das weitgehende Fehlen der Schrift ist als Ausdruck einer alten,
noch nicht literaten Kultur verstanden worden, entweder als Beweis dafür,

---

[49] Cf. Ulf 1990, 232-238; Raaflaub 1998, 178-181.

[50] Cf. die Literatur bei Raaflaub 1998, 171 Anm. 15.

[51] Heubeck 1979a, 236-242.

[52] Grundlegend für die Erforschung der homerischen Kampftechnik ist Latacz 1977. Nachdem
seine Arbeit, abgesehen von der Rezension durch Leimbach 1980, zuerst auf allgemeinen Zu-
spruch stieß, ist zuletzt Kritik laut geworden. Cf. Singor 1991, 17-62; 1995 und vor allem Hellmann 2000, der zeigt, daß weniger Realismus als die Betonung der Autonomie des Individuums
die Kampfdarstellungen im Epos geprägt hat. Er sieht deswegen in den homerischen Kampfdarstellungen den Versuch, das durch die Veränderungen im 8. Jh. in Frage gestellte heroische Ideal
zu verteidigen. Umgekehrt versucht Crielaard 2002, 259-262 in den Auseinandersetzungen um die
Lelantische Ebene Züge des heroischen Kampfes zu erkennen.

[53] Zu diesem Ergebnis kommen sowohl Morris 1986, der von anthropologischen Parallelen
ausgeht, als auch Crielaard 1995b, der beim archäologischen Befund ansetzt. S. a. Raaflaub 1998,
169f.

[54] Cf. Allen 1921; Burr 1944; Page 1959, 118-177; Hope Simpson / Lazenby 1970. S. außerdem die Literatur bei Kullmann 1993, 130 Anm. 2.

[55] Cf. Kullmann 1993 und B. Eder 2003. S. bereits Niese 1873. Giovannini 1969 behauptet,
daß der Schiffskatalog die Itinerare delphischer Gesandter widerspiegle. S. aber auch die Kritik bei
Kirk 1985, 184f. und Kullmann 1995, 63.

daß das Epos vor der Literarisierung entstanden sei, oder als bewußter Archaismus.[56] Wie Heubeck aber zeigt, gibt es im heroischen Kampfgeschehen kaum Situationen, in denen die Schrift eine Rolle spielen könnte.[57] Zumal es eine Stelle gibt, in welcher Schrift erwähnt wird,[58] ist es nicht erforderlich, hier einen Archaismus zu sehen.

Am signifikantesten sind die Korrespondenzen zwischen materiellen Gegenständen in der *Ilias* und der mykenischen Kultur. Hier muß allerdings der methodische Vorbehalt ausgesprochen werden, daß unsere Erkenntnis durch den Charakter unserer Quellen bestimmt ist: Archäologische Zeugnisse bieten sich vor allem für den Vergleich mit materiellen Gegenständen an.

Besonders bekannt ist der Eberzahnhelm, den Meriones Odysseus in der Dolonie gibt (10, 261-271). Er entspricht der Rekonstruktion mykenischer Helme, die aus späterer Zeit nicht mehr belegt sind.[59] Auch der Nestorbecher (11, 632-637) weist, obschon kein seiner Beschreibung genau entsprechendes Gefäß gefunden worden ist, große Ähnlichkeiten mit mykenischen Gefäßen auf.[60]

Schwieriger ist die Beschreibung der Schilde in der *Ilias*. Sowohl ἀσπίς als auch σάκος werden mit Epitheta versehen, die auf einen kleinen runden oder einen langen Schild schließen lassen.[61] Die kleinen runden Schilde gleichen den Funden aus den *dark ages* und der Archaik. Wenn die Vorstellung eines langen Schildes nicht als phantastischer Ausdruck der Stärke der Helden interpretiert wird, entspricht er der Darstellung mykenischer Langschilde. Vermutlich liegt in der *Ilias* eine Erinnerung an diese Schilde vor, ohne daß sie in einer scharfen Begrifflichkeit wiedergegeben wird.[62]

---

[56] Zur Auffassung, die Schriftlosigkeit der Epen spiegle die Illiteralität ihrer Entstehungszeit wider, s. die Literatur bei Heubeck 1979b, 136 Anm. 717-721. Das weitgehende Fehlen der Schrift wird von Crielaard 1995b, 273 und Raaflaub 1998, 175 als Archaismus gedeutet. Crielaard hält es aber auch für möglich, daß das Schreiben noch keine große Rolle spielte.

[57] Heubeck 1979b, 126f.

[58] Für die Zeichen auf den Losen im 7. Buch vor dem Zweikampf gegen Hektor ist die Voraussetzung der Schrift unwahrscheinlich, für den Brief des Proitos in 6, 168-170 ist sie aber nach der Interpretation von Heubeck 1979b, 128-146 nur schwer zu bestreiten. Anders Powell 1991, 199f.

[59] Cf. Borchhardt 1972, 79-81; 1977b, 73 mit weiterer Literatur. Chadwick 1976, 183 und Dickinson 1986, 22 machen darauf aufmerksam, daß die Beschreibung des Eberzahnhelms linguistisch späte Formen enthalte, also nicht auf eine alte Tradition zurückgeführt werden könne.

[60] Cf. Marinatos 1954, der den Nestorbecher für ein Kultgefäß hält. S. a. Collinge 1957, 55-59 und Bruns 1970, 25 und 42f. mit weiterer Literatur. S. außerdem die Literatur bei ead. 43 Anm. 388, Hainsworth zu 11, 632-635 und Boardman 2002, 92 Anm. 31. Dickinson 1986, 22 ist gegenüber der mykenischen Herkunft des Nestorbechers skeptisch.

[61] Cf. Borchhardt 1977a, 44-52 mit den Belegen.

[62] S. die Charakteristika mykenischer Schilde bei Borchhardt 1977a, 47f. Van Wees 1992, 17-21 meint, es gäbe in der *Ilias* nicht zwei verschiedene Schildformen, sondern nur einen großen runden Schild (s. a. Raaflaub 1998, 175f.).

Hier wird der poetische Charakter der *Ilias* deutlich, die kein einfacher Spiegel der Wirklichkeit ist.

Auch die Verwendung von Streitwägen als Transportmittel und das weitgehende Fehlen des Reitens sind mit der mykenischen Kultur in Verbindung gebracht worden:[63] Der homerische Erzähler sei mit dem Zweck der Wagen in der mykenischen Zeit nicht mehr vertraut gewesen und habe sie deswegen nur als Transportmittel beschrieben.[64] Archäologische Funde und Abbildungen zeigen aber, daß die Fahrtradition in nachmykenischer Zeit ihren Höhepunkt hatte und erst im späten 8. Jh. der Wagenkämpfer vom Reiterkrieger abgelöst wurde.[65] In den Streitwagen ist also nicht unbedingt ein mykenisches Element zu sehen, sie lassen sich auch als Teil der unmittelbaren Vergangenheit der homerischen Dichtung deuten. Damit bieten sie sich als Argument für Raaflaubs Theorie an, nach der die homerische Welt die Zeit unmittelbar vor der Entstehung des Epos spiegle.

Schwierig ist die Deutung der Beinschienen, die für das späte 13. und das frühe 12. Jh. und dann erst wieder für das späte 7. Jh. belegt sind. Aus der spärlichen Überlieferung läßt sich nicht zwingend ableiten, daß die Beinschienen der homerischen Helden eine »epic distance« erzeugten – eine Kontinuität von mykenischer Zeit in die Archaik kann nicht ausgeschlossen werden.[66] Bei den verschiedenen Gürtelformen, die dem Schutz des Unterleibes dienen, legen die archäologischen Befunde keine mykenische Herkunft, sondern einen Bezug zur zeitgenössischen Bewaffnung nahe.[67] Auch die Speerformen der mykenischen Zeit haben sich bis in die geometrische Zeit erhalten.[68]

Das φάσγανον ἀργυρόηλον, das sogar Kirk aufgrund der Belege in Linear-B-Tafeln und des ihm bekannten archäologischen Befundes für eine

---

[63] Dazu, daß die Wagen in der *Ilias* überwiegend als Fortbewegungsmittel genutzt werden und eine Verwendung als Kampfstand nur anklingt, s. Wiesner 1968, 27f. und Höckmann 1980, 316f. Odysseus und Diomedes reiten gestohlene Pferde in 10, 499f.; 513; 529. Das Reiten wird außerdem in einem Gleichnis in 15, 679-684 erwähnt, s. das Scholion bT ad 15, 679b: ἔστι δὲ ἀναχρονισμός· οὐ χρῶνται γὰρ οἱ Ἕλληνες κέλησιν. S. a. Od. 5, 371. Cf. Janko ad 15, 679-684 mit weiterer Literatur.

[64] So beispielsweise Sherratt 1990, 818 und Crouwel 1981. S. a. Latacz 1977, 215-223, der, obwohl er auch von einer Verwendung der Streitwagen im 8. Jh. ausgeht, meint, die Streitwagen seien ein Reflex der mykenischen Kultur. Auch Heubeck 1979a, 243-245 behauptet, die Streitwagen seien eine mykenische Reminiszenz (s. a. id. 1970, 63f.). Angesichts der Möglichkeit von Tradition in einer oralen Kultur ist es aber einfacher, in den Streitwagen nur eine Erinnerung an die unmittelbare Vergangenheit zu sehen. Dazu, daß die Streitwagen in mykenischer Zeit als Kampfmittel eingesetzt wurden, s. Latacz 1977, 217f. mit Anm. 113.

[65] Wiesner 1968, 136. Cf. Dickinson 1986, 29 mit Anm. 27.

[66] Cf. Catling 1977b, 160f. Anders Bowra 1961, 97-110, der meint, daß die Beinschienen bei Homer aus der mykenischen Kultur stammten.

[67] So Brandenburg 1977, 142f.

[68] Cf. Höckmann 1980, 305-312.

mykenische Reminiszenz hält, läßt sich mittlerweile für das späte 8. Jahrhundert belegen und muß deswegen nicht eine »epic distance« evozieren.[69] Es sei aber auf die Möglichkeit verwiesen, daß es nach epischem Vorbild angefertigt wurde. Dann läge in der *Ilias* eine Reminszenz an den mykenischen Gegenstand vor.

Besonders aufschlußreich für unsere Frage nach dem Verhältnis von Vergangenheit und Gegenwart ist die Beobachtung, daß die homerischen Helden fast ausschließlich Bronzewaffen verwenden.[70] Eisen kommt aber in der *Ilias* vor, als wertvolles Gut und als Material für Äxte, Messer und landwirtschaftliche Geräte.[71] Wenn die homerischen Helden mit Bronzewaffen kämpfen, zeigt sich also kein konsequentes historisches Bewußtsein davon, daß Eisen erst später im Umlauf war. Deutlich wird das Fehlen eines solchen Bewußtseins daran, daß nach Nestors Erzählung Areithoos mit einer eisernen Keule kämpfte (7, 141; 143f.). Die Keule ist eine besonders alte Waffe – Areithoos gehört der Generation noch vor Nestor an.[72] Die historische Dimension des Eisens spielt hier keine Rolle, das Eisen bezeichnet nur die Härte der Keule.

Hinzu kommt, daß auch aus nachmykenischer Zeit Bronzewaffen gefunden wurden.[73] Die Verwendung der Metalle in der *Ilias* läßt sich, wie Gray zeigt, keiner historischen Epoche, auch nicht einer Zeit des Übergangs zuordnen.[74] Während in der *Ilias* nicht-militärische Geräte eisern sind, legt der archäologische Befund es nahe, daß zuerst Waffen aus Eisen hergestellt wurden. Außerdem gehörten Pfeilspitzen und Messer, die in der *Ilias* an einigen Stellen als eisern beschrieben werden, nicht zu den ersten Waffen, die aus Eisen gefertigt wurden.

Die Verwendung der Metalle in der *Ilias* mahnt also zur Vorsicht bei der Behauptung, Homers Welt sei kohärent und lasse sich eindeutig einer Zeit zuordnen. Der Rahmen der Fiktion ist kein ungebrochener Spiegel; die

---

[69] Kirk 1960, 191 und 198. S. zu einem mit Silberbeschlägen verzierten Eisenschwert aus Salamis (Zypern) Foltiny 1980, 268f. (Tafel XXIIIe).

[70] Nur in 4, 123 wird eine Pfeilspitze eisern genannt, in 7, 141 und 144 die Keule des Areithoos. Ansonsten erscheinen alle Waffen mit Ausnahme der goldenen und silbernen sowie der Schilde aus Zinn in 18, 613 und 21, 592 als bronzen. S. die Tafel bei Gray 1954, 5.

[71] Eisen wird als wertvolles Gut in 6, 48=10, 379=11, 133; 7, 473; 23, 261 und 850 genannt. Es ist das Material einer Axt in 4, 485 (in einem Gleichnis), eines Messers in 18, 34 und 23, 30 sowie von landwirtschaftlichen Geräten in 23, 834.

[72] Zum Alter der Keule s. Buchholz 1980, 324f. Lykurg tötet Areithoos und nimmt ihm die Keule ab. Als er alt wird (7, 148), übergibt er sie seinem Diener Ereuthalion, der vom jungen Nestor getötet wird. Da Ereuthalion die Rüstung erst vom alternden Lykurg erhält und Nestor noch jung ist (7, 153), als er gegen ihn kämpft, liegt Areithoos' Generation vor Nestors Zeit.

[73] S. beispielsweise Snodgrass 1964, 96-98 (nr. 23, 43) und 103, der u. a. ein bronzenes Schwert aus geometrischer Zeit in Vrokastro erwähnt. S. a. Catling 1977a, 118, der vermutet, daß es auch in den *dark ages* eine Bronzeblechverarbeitung gab.

[74] Cf. Gray 1954, 12. S. a. zur Gewinnung und Bearbeitung der Metalle Forben 1967, 35.

poetische Freiheit der epischen Tradition darf nicht unterschätzt werden. Wie die genannten Schwierigkeiten zeigen, dürfte für die Bronzewaffen im Epos weniger ein historisches Bewußtsein als der Glanz der Bronze verantwortlich sein, der sie als besonders edel erscheinen läßt.[75]

Dieser kurze Überblick zeigt, wie schwierig es ist, mykenische Elemente in der *Ilias* festzumachen. Viele der als mykenisch gedeuteten Elemente lassen sich in der Entstehungszeit der *Ilias* nachweisen und scheinbare Archaismen wie Bronzewaffen und das Verhältnis zur Schrift können auch anders erklärt werden. Welche Schlußfolgerungen lassen sich daraus für das Geschichtsbild des homerischen Erzählers ziehen? Wie konstruiert er das Verhältnis der Vergangenheit seines Sujets zu seiner Gegenwart? Denn einer Differenz zwischen den Zeiten ist er sich bewußt, wie der viermalige Vergleich der Kraft der Helden mit der der heutigen Menschen zeigt.

Zwei Schlußfolgerungen seien ausgeführt, die erste dazu, wie die Vergangenheit gegenwärtig war; die zweite zum Verhältnis von Vergangenheit und Gegenwart: Erstens läßt sich feststellen, daß die Distanz der Vergangenheit sich vor allem in Gegenständen manifestiert, die den Barden und ihrem Publikum selbst als Überrest vergangener Zeiten bekannt gewesen sein können.[76] Es ist wahrscheinlich, daß den Barden und ihrem Publikum mykenische Gegenstände vor Augen schwebten, wenn sie an den Eberzahnhelm des Meriones oder den Nestorbecher dachten. Dagegen fällt auf, daß die sozialen, politischen und wirtschaftlichen Strukturen der Entstehungszeit des Epos, soweit sie für uns rekonstruierbar ist, gleichen.

Gegen diese Feststellung läßt sich ein bereits angesprochener methodischer Einwand erheben. Ist die These, daß im homerischen Epos die Zeitendifferenz vor allem durch die dem Dichter greifbaren Überreste aus mykenischer Zeit markiert wird, nicht durch den Rahmen unserer Erkenntnis bedingt? Können wir nicht nur für die Gegenstände, die auch uns noch erhalten sind, eine »epic distance« feststellen?

Folgende Überlegungen helfen, diesen Einwand zu entkräften: Die sozialen, politischen und wirtschaftlichen Verhältnisse der Entstehungszeit stimmen, soweit wir sie aus archäologischen Zeugnissen und den frühgriechischen Lyrikern rekonstruieren können, weitgehend mit dem Bild der

---

[75] Cf. Giovannini 1989, 30f. Eine andere Erklärung für die Dominanz der Bronze im Epos gibt West ad Hes. erg. 150: »This is probably due more to the conservation of the formulaic language (especially in regard to warfare) than to deliberate avoidance of anachronism.«

[76] Diese Erinnerung ist aber zu unterscheiden von dem antiquarischen Sammeln alter Gegenstände in der Moderne, das Lowenthal 1985, xxiv folgendermaßen beschreibt: »The rage to preserve is in part a reaction to anxieties generated by modernist amnesia. We preserve because the pace of change and development has attenuated a legacy integral to our identity and well-being. But we also preserve, I suggest, because we are no longer intimate enough with that legacy to rework it creatively.” Dagegen sind die alten Gegenstände in der *Ilias* noch im Gebrauch.

Ilias überein. Daß die Griechen wenig von ihrer Vergangenheit wußten, machen nicht nur die bereits angesprochenen anthropologischen Beobachtungen zu Traditionen in oralen Kulturen, sondern auch Boardmans archäologischer Analyse wahrscheinlich. Er zeigt, daß die Griechen epische Helden und Szenen fast genauso darstellten wie ihre Gegenwart.[77]

Darüber hinaus läßt sich textimmanent und archäologisch ein Interesse der homerischen Zeit an materiellen Zeugnissen der Vergangenheit nachweisen. Zuerst zur *Ilias*: Hervorstechende Merkmale des Raumes, die der Orientierung dienen, zeigen, daß materielle Objekte als Zeugnis einer vergangenen Zeit wahrgenommen wurden.[78] In solchen »landmarks« tritt neben die räumliche Orientierung die zeitliche Dimension. Bereits erörtert worden ist das Wendezeichen des Wagenrennens, das Nestor in 23, 326-333 beschreibt. Es sei entweder das Grabmal eines schon lange verstorbenen Mannes oder ein früheres Wendezeichen.[79] Mit diesem »landmark« wird die Landschaft zum Träger einer Geschichte.

Die Wahrnehmung der zeitlichen Dimension des Raumes wird besonders an Grabmälern deutlich. In der *Ilias* werden das Grab des Aipytos, der Grabhügel des Aisyietes (als Aussichtspunkt), das Grabmal des Myrine und an mehreren Stellen das Grab des Ilos genannt.[80] Daß die Gräber die Vergangenheit in Erinnerung rufen, ist explizit, wenn Hektor in 7, 87-91 sagt, das Grabmal des von ihm getöteten Gegners werde in Zukunft seinen Ruhm verbreiten. In 4, 176-181 stellt sich Agamemnon vor, wie, wenn Menelaos jetzt stürbe, sein Grabmal einmal einen Trojaner zu einer Reflexion über den Zug der Griechen anregen werde.

Nicht nur Monumente, sondern auch Überreste werden als Zeugnis vergangener Zeiten interpretiert. In 21, 405 beschreibt der Erzähler einen Stein, den Athene auf Ares wirft:

τόν ῥ᾽ ἄνδρες πρότεροι θέσαν ἔμμεναι οὖρον ἀρούρης·

Den frühere Männer gesetzt hatten, eine Grenze des Ackers zu sein.

Besonders interessant sind die Mauern in der *Ilias*. Die proleptische Erzählung, wie die Mauer, welche die Griechen auf den Ratschlag von Nestor hin anlegen, zerstört werden wird, ist bereits in der Antike als Versuch des Erzählers interpretiert worden, zu erklären, warum in der Gegenwart keine

---

[77] Boardman 2002, 183.

[78] Zum Begriff des »landmark« s. Brodersen 1995, 49-53 mit weiterer Literatur. Zur topographischen Semantik der *Ilias* s. Thornton 1984, 150-163.

[79] Zur Interpretation dieser Stelle s. S. 146-148.

[80] Aipytes: 2, 604; Aisyietes: 2, 793; Myrine: 2, 813f.; Ilos: 10, 413-416; 11, 166-168; 369-372; 24, 349-351. Cf. Thornton 1984, 153f. S. außerdem Crielaard 1995b, 271-273 zur Bedeutung, welche die Gräber als Orte der Beratung haben. Hadzisteliou Price 1973, 139f. gibt eine Liste von griechischen Städten, in denen Gräber als Versammlungspunkte dienten.

Spuren der (von ihm nur fingierten) Mauer mehr zu sehen seien.[81] Nach dieser Interpretation verrät die Prolepse das Interesse des Erzählers und seines Publikums an materiellen Überresten als Zeugnissen der Vergangenheit.

Allerdings läßt sich diese Deutung nicht nachweisen, sie bleibt spekulativ. Die Erzählung, daß die Mauer zerstört werden wird, bedarf einer solchen Erklärung nicht, sie ist auch als Ausdruck der Vergänglichkeit des von Menschen Geschaffenen und als Demonstration der Macht sowie des Neides der Götter plausibel. Aber auch wenn man einer weitergehenden Interpretation der Prolepse skeptisch gegenübersteht, zeigt Poseidons Klage, daß Mauern nicht nur als Zeugnis der Vergangenheit, sondern als Zeichen der vergangenen Größe interpretiert wurden, 7, 451-453:

> τοῦ δ᾽ ἤτοι κλέος ἔσται, ὅσον τ᾽ ἐπικίδναται ἠώς,
> τοῦ δ᾽ ἐπιλήσονται, τὸ ἐγὼ καὶ Φοῖβος Ἀπόλλων
> ἥρωι Λαομέδοντι πολίσσαμεν ἀθλήσαντε.

> Von der wird, wahrlich! der Ruhm sein, soweit die Morgenröte sich verbreitet,
> Die aber werden sie vergessen, mit der ich und Phoibos Apollon
> Dem Heros Laomedon die Stadt befestigt unter schwerer Arbeit!

Daß Mauern auch mit bestimmten Ereignissen verbunden wurden, zeigt die Mauer des Herakles, über die der Erzähler folgendes sagt, 20, 144-148:

> ὣς ἄρα φωνήσας ἡγήσατο Κυανοχαίτης
> τεῖχος ἐς ἀμφίχυτον Ἡρακλῆος θείοιο
> ὑψηλόν, τό ῥά οἱ Τρῶες καὶ Παλλὰς Ἀθήνη
> ποίεον, ὄφρα τὸ κῆτος ὑπεκπροφυγὼν ἀλέαιτο,
> ὁππότε μιν σεύαιτο ἀπ᾽ ἠιόνος πεδίονδε.

> So sprach er und ging voran, der Schwarzmähnige,
> Zu dem Wall, dem rings aufgeschütteten, des göttlichen Herakles,
> Dem hohen, den ihm die Troer und Pallas Athene
> Errichteten, daß er dem Meeres-Ungeheuer entginge, vor ihm fliehend,
> Wann immer es ihn vom Strand zur Ebene jagte.

Diese Beobachtungen zur Bedeutung von materiellen Objekten als Zeugnis der Vergangenheit in der *Ilias* können archäologisch gestützt werden. Im 8. Jh. läßt sich ein Interesse an den Monumenten und Überresten der Vergangenheit feststellen.[82] Wir haben die ersten verläßlichen Spuren für Heroen-

---

[81] Aristot. fr. 162 R (=Strabo 13, 598): ὁ πλάσας ποιητὴς ἠφάνισεν. Scholion bT ad 12, 3: ἐπεὶ δὲ αὐτὸς ἀνήγειρε τὸ τεῖχος, διὰ τοῦτο καὶ ἠφάνισεν αὐτό, τὸν ἔλεγχον συναφανίζων. S. a. das Scholion ad 7, 445. Zur distanzierenden Funktion dieser Prolepse s. Reinhardt 1961, 406.

[82] S. allgemein Coldstream 1977, 341-357; Boardman 2002.

kulte, zudem nimmt der bereits im 10. Jh. nachweisbare Grabkult enorm zu.[83] Die große Ähnlichkeit von Gräbern[84] mit der Darstellung der Bestattungen in der *Ilias* ist als Versuch gedeutet worden, die heroischen Bestattungen zu imitieren.[85] In Gräbern und Votivdepositen der geometrischen Zeit sind Gemmen aus mykenischer Zeit und andere alte Gegenstände gefunden worden,[86] im Grab am Westtor von Eretria eine einzelne Lanzenspitze aus Bronze, die als altes Szepter gedeutet worden ist.[87] Die zyklopenhaften Mauern der Terrasse des argivischen Heraions sind als Imitation von Mauern aus mykenischer Zeit interpretiert worden.[88] Der archäologische Befund zeigt das gleiche Interesse an Monumenten und Überresten, das wir auch in der *Ilias* feststellen können.[89] Insofern ist die Annahme plausibel, daß die Vergangenheit vor allem über materielle Gegenstände erinnert wurde.

---

[83] Antonaccio 1993; 1995 zeigt die Unterschiede von Heroenkulten, die nicht an Gräber gebunden waren und über einen langen Zeitraum hinweg bestanden, und Grabkulten, die bereits für das 10. Jh. belegt sind, aber meistens nur von kurzer Dauer (bis zu drei Generationen) waren. Zur umfangreichen Literatur zum Heroenkult in der griechischen Archaik s. Mazarakis Ainian 1999, 10 Anm. 1; Hall 1999, 49 Anm. 2; Boehringer 2001, 13-15. An archaischen Kulten für epische Helden seien folgende genannt: das Agamemnoneion bei Mykene (cf. Cook 1953; Antonaccio 1995, 147-152); das Achilleion bei Sparta (cf. Dickins 1906/7; Stibbe 2002); das Heiligtum für Menelaos und Helena in Therapne (cf. Catling 1976/1977, 34 dazu, daß es bereits im 8. Jh. gegründet wurde, s. außerdem Antonaccio 1995, 155-160 und die Literatur bei Mazarakis Ainian 1999, 11 Anm 11). Vermutlich erst später wurden Alexandra und Agamemnon bei Sklavochoroi und Odysseus in Polis Bay, Ithaka kultisch verehrt (cf. Antonaccio 1995, 181f. und 152-155).

[84] S. beispielsweise die Gräber am Westtor von Eretria, in Salamis auf Zypern und das Grab von Eleutherna, cf. Coldstream 1977, 349-352; Stampolidis 1995; Mazarakis Ainian 1999, 33f. Crielaard 1995b, 269f. macht aber zurecht darauf aufmerksam, daß es nach den Funden von Lefkandi denkbar ist, daß die homerischen Begräbnisse nach den Bestattungen von Adligen in den *dark ages* gezeichnet sind.

[85] S. beispielsweise Farnell 1921; Coldstream 1976; West 1978, 370; 1988, 151. Dagegen wendet Snodgrass 1982b ein, daß die mykenischen Gräber aufgrund der verschiedenen Bestattungsformen nicht mit den Gräbern der homerischen Helden hätten identifiziert werden können. Hadzisteliou-Price 1973 und van Wees 1992, 8 weisen zudem darauf hin, daß bereits im Epos der Heroenkult vorausgesetzt wird. Außerdem läßt sich Grabkult bereits im 10. Jh. nachweisen, cf. Antonaccio 1995, 247 und Mazarakis Ainian 1999, 14. Auch wenn wir die lange Entwicklung der homerischen Epen in oraler Tradition in Rechnung stellen (Mazarakis Ainian 1999, 33), können Grab- und Heroenkulte nicht auf eine Folge des Epos reduziert werden. Ihre Unabhängigkeit betont Crielaard 1995b, 266-273. De Polignac 1995, 138f. und Burgess 2001, 2 sehen auch keinen kausalen Zusammenhang, betonen aber das parallele Interesse an der Vergangenheit.

[86] Zu den Gemmen s. Boardman 1970, 107. Zu den alten Funden in den Gräbern bei Eleusis s. Overbeck 1980, 89f. S. außerdem Boardman 2002, 71f. zu alten Gegenständen in den Gräbern von Lefkandi.

[87] Cf. Bérard 1970, 30 ; 1972. S. a. de Polignac 1995, 133. Die Deutung der Speerspitze als Szepter ist aber nicht unumstritten, s. die Literatur bei Stein-Hölkeskamp 1989, 19 Anm. 18.

[88] So Wright 1982, der den Tempel in die Zeit zwischen 650 und 625 (188-191) und die Terrasse in das späte 8. Jh. (191f.) datiert. S. a. de Polignac 1994, 13 mit Anm. 31.

[89] Zu weiteren Beispielen s. Crielaard 2002, 248.

Zweitens kann diese Form der Erinnerung genauer bestimmt werden: Bei
der Darstellung materieller Gegenstände ist kein historisches Bewußtsein in
unserem Sinne erkennbar. Auch wenn die homerischen Helden mit bronze-
nen Waffen kämpfen, gibt es in ihrer Welt bereits Eisen. Die Differenz
zwischen Vergangenheit und Gegenwart ist nicht durchgängig, sondern nur
punktuell.

Wie wenig die Verwendung einzelner altertümlicher Gegenstände mit
der Erkenntnis einer grundsätzlichen Differenz zwischen Gegenwart und
Vergangenheit verbunden ist, wie sie modernes Geschichtsdenken prägt,
zeigt die ausführliche Beschreibung dieser Gegenstände; wenden wir uns
dem Eberzahnhelm zu, 10, 261-270:

> [...] ἀμφὶ δέ οἱ κυνέην κεφαλῆφιν ἔθηκεν
> ῥινοῦ ποιητήν, πολέσιν δ᾽ ἔντοσθεν ἱμᾶσιν
> ἐντέτατο στερεῶς, ἔκτοσθε δὲ λευκοὶ ὀδόντες
> ἀργιόδοντος ὑὸς θαμέες ἔχον ἔνθα καὶ ἔνθα
> εὖ καὶ ἐπισταμένως, μέσσῃ δ᾽ ἐνὶ πῖλος ἀρήρει·
> τήν ῥά ποτ᾽ ἐξ Ἐλεῶνος Ἀμύντορος Ὀρμενίδαο
> ἐξέλετ᾽ Αὐτόλυκος πυκινὸν δόμον ἀντετορήσας,
> Σκάνδειαν δ᾽ ἄρα δῶκε Κυθηρίῳ Ἀμφιδάμαντι·
> Ἀμφιδάμας δὲ Μόλωι δῶκε ξεινήιον εἶναι,
> αὐτὰρ ὃ Μηριόνηι δῶκεν ὧι παιδὶ φορῆναι.

> [...] und auf das Haupt setzte er ihm die Kappe,
> Aus Leder gefertigt, und mit vielen Riemen war sie innen
> Hart durchspannt, außen aber umgaben sie schimmernde Zähne
> Eines weißzahnigen Schweins dicht auf beiden Seiten,
> Gut und kundig, und in der Mitte war Filz eingefügt.
> Die hatte einst aus Eleon Autolykos sich ausgewählt, als er eindrang
> In das feste Haus des Amyntor, des Ormeniden.
> Und er gab sie dem Kytherer Amphidamas nach Skandeia,
> Und Amphidamas gab sie dem Molos als Gastgeschenk,
> Doch dieser gab sie dem Meriones, seinem Sohn, um sie zu tragen.

Auf die eingehende Beschreibung des Helmes folgt seine Herkunft. Der in
der Gegenwart des Dichters altertümliche Helm erscheint nicht als normal
in seinem historischen Kontext, sondern ihm wird aufgrund seiner Ungewöhnlichkeit eine ausführliche Beschreibung gewidmet. Der Horizont für
diese Beschreibung ist nicht sein historischer Kontext, sondern die Zeit des
Erzählers. Noch auffälliger ist die für das moderne Geschichtsdenken un-
historische Geltung der Perspektive des Erzählers, wenn der Helm durch
seine Genealogie als alt bereits für die homerischen Helden beschrieben
wird. Das Alter aus der Perspektive des Erzählers wird in die Vergangenheit zurückprojiziert, als ob es dem Helm unabhängig von seinem historischen Kontext zukommt.

Ähnliches läßt sich für den Nestorbecher feststellen, 11, 632-637:

πὰρ δὲ δέπας περικαλλές, ὃ οἴκοθεν ἦγ’ ὁ γεραιός,
χρυσείοις ἥλοισι πεπαρμένον· οὔατα δ’ αὐτοῦ
τέσσερ’ ἔσαν, δοιαὶ δὲ πελειάδες ἀμφὶς ἕκαστον
χρύσειαι νεμέθοντο, δύω δ’ ὑπὸ πυθμένες ἦσαν.
ἄλλος μὲν μογέων ἀποκινήσασκε τραπέζης
πλεῖον ἐόν, Νέστωρ δ’ ὁ γέρων ἀμογητεὶ ἄειρεν.

Und dazu den überaus schönen Becher, den von Hause mitgebracht der Alte,
Mit goldenen Nägeln beschlagen, und Ohren hatte er
Vier, und zwei Tauben pickten auf beiden Seiten
Eines jeden, goldene, und zwei Standbeine waren darunter.
Jeder andere bewegte ihn mit Mühe vom Tisch,
Wenn er voll war, Nestor aber, der Alte, hob ihn ohne Mühe.

Auch der Becher wird genau beschrieben. Sein Alter verrät sich daran, daß allein der greise Nestor ihn, wenn er gefüllt ist, heben kann. Wie wir oben bereits gesehen haben, liegt der Beschreibung die Idee zugrunde, daß vergangene Generationen stärker waren als die gegenwärtige.[90] Auch wenn der Nestor-Becher nicht direkt einem Fund entspricht, hat er doch starke Ähnlichkeiten mit mykenischen Gefäßen. Ebenso wie der Eberzahnhelm ist ein für den Barden und ihr Publikum alter Gegenstand bereits auf der selbst in der Vergangenheit liegenden Handlungsebene alt.

Als weiterer Beleg dafür, daß für den Erzähler altertümliche Gegenstände auch im Epos alt sind, läßt sich der Panzer des Meges (15, 529-534) anführen, der, da er aus Platten zusammengefügt ist, als mykenische Reminiszenz angesehen wird.[91] Meges erhielt ihn von seinem Vater Phyleus, dem er wiederum von seinem Gastfreund Euphetes gegeben worden war.

Die Dominanz der Perspektive des Erzählers, die altertümliche Gegenstände nicht nur besonders ausführlich beschreiben, sondern ihnen bereits in ihrem natürlichen historischen Kontext ein hohes Alter zukommen läßt, widerspricht dem modernen Geschichtsdenken, das Gegenstände in ihrer Zeit kontextualisiert. Die altertümlichen Gegenstände in der *Ilias* sind nicht nur geringer an Zahl als allgemein angenommen, sie werden auch nicht von einem in modernem Sinn historischen Bewußtsein getragen. Sie erzeugen nur schlaglichtartig eine Distanz zwischen Gegenwart des Erzählers und epischer Vergangenheit. Dem entspricht die Beobachtung von Boardman, daß die Griechen die heroische Vergangenheit genauso wie ihre Gegenwart darstellten.[92]

---

[90] Cf. S. 50-53.
[91] Cf. Janko ad 15, 530-534.
[92] Boardman 2002, 158-160.

Der Unterschied zwischen epischer Vergangenheit und Gegenwart des Dichters ist, wie die Kluft zwischen der Kraft vergangener und heutiger Menschen zeigt, weniger qualitativ als quantitativ.[93] Die glänzenden Bronzewaffen, einzelne altertümliche Gegenstände und die Vergleiche der Stärke der vergangenen Menschen mit der gegenwärtigen ergeben das Bild einer Vergangenheit, die größer, aber nicht grundsätzlich anders als die Gegenwart ist.

Diese Beobachtungen mahnen zur Zurückhaltung mit dem Begriff der Archaisierung: Sofern er nicht nur einzelne altertümliche Gegenstände bezeichnet, sondern das Bewußtsein der Individualität historischer Zeiten impliziert, projiziert er ein modernes Geschichtsverständnis in die Antike zurück und verfehlt das homerische Geschichtsbild.

In IV 1 ist gezeigt worden, daß der Zufall, der das Geschichtsbild der homerischen Helden prägt, in der *Ilias* als Darstellung eines Krieges eine besondere Rolle spielt. Jetzt ist deutlich geworden, daß auch das Verhältnis der Gegenwart des Erzählers zur Vergangenheit des Epos dem der homerischen Helden zu ihrer Vergangenheit gleicht.[94] Auch sie stehen einer größeren Vergangenheit gegenüber, die von ihrer Gegenwart getrennt und nicht durch eine Entwicklung verbunden ist.

Diese Entsprechung läßt sich so deuten, daß die epische Tradition das Verhältnis ihrer Helden zur Vergangenheit nach ihrem eigenen geschaffen hat. Die Diskrepanz, die oben zwischen dem historistischen Geschichtsdenken und dem Geschichtsbild der homerischen Helden herausgearbeitet wurde, beschreibt also auch das Verhältnis zwischen dem historistischen Geschichtsdenken und der homerischen Darstellung der Vergangenheit.

Sowohl die Helden als auch der Erzähler sehen die Vergangenheit als verschieden von der Gegenwart an. Die Unterschiede sind aber nur punktuell und vor allem quantitativer Natur. Die Vorstellung eines qualitativen Unterschiedes zwischen Vergangenheit und Gegenwart, die grundlegend für modernes Geschichtsdenken ist, fehlt in der *Ilias*.

Dieser Unterschied läßt sich erklären durch die unterschiedliche Wahrnehmung von Kontingenz. Die Vorstellung der Individualität einer jeden Zeit im historistischen Geschichtsdenken entspringt dem Gedanken der Entwicklung, der einhergeht mit der Betonung der Beliebigkeitskontingenz. Erst er läßt die spezifischen Unterschiede zwischen Zeiten und Ereignissen sehen. Die Konstruktion von Entwicklungen wird im Epos aber durch den Zufall behindert – anders als im neuzeitlichen Geschichtsdenken entsteht

---

[93] Cf. Patzek 2003, 70: »Vergangenheit heißt in den homerischen Epen stets *mythische Steigerung und Vergrößerung der eigenen geschichtlichen Gegenwart* des jeweiligen Dichters.«
[94] Cf. Vivante 1970, 8f.

folglich nicht die Vorstellung, daß Zeiten sich qualitativ voneinander unterscheiden.

V. Theoretische Überlegungen II:
Geschichtlichkeit und Erzählung

Das IV. Kapitel hat gezeigt, daß das Geschichtsbild der *Ilias* dem ihrer Helden entspricht. Eine eingehende Untersuchung des Geschichtsbildes der *Ilias* bedarf aber anderer Mittel als die Analyse des Geschichtsbildes der Helden, da beide in unterschiedlichen Rahmen stehen: Das Geschichtsbild der Helden ist rekonstruiert worden anhand der Modi, mit denen die Helden sich in konkreten Situationen der Vergangenheit zuwenden. Der lebensweltliche Kontext der Beschäftigung mit Geschichte ist hier immer greifbar und artikuliert sich in der traditionalen und exemplarischen Sinnbildung, die dazu dienen, Identität zu stiften und Handlungsperspektiven zu eröffnen.

Auch die *Ilias* ist in einem lebensweltlichen Kontext verankert, sie wurde von Rhapsoden in einem bestimmten soziokulturellen Rahmen vorgetragen. Aber bereits die orale Tradition und später die schriftliche Fixierung machen deutlich, daß der Bezug zur Vergangenheit im Epos einer konkreten Situation viel mehr enthoben ist als die Rückgriffe der Helden auf ihre Vergangenheit. Deswegen sind sowohl die exemplarische als auch die traditionale Sinnbildung textimmanent nur in Ansätzen, voll und ganz erst in der Rezeption der *Ilias* zu erfassen.

Der unterschiedlich ausgeprägten Kontextbezogenheit entsprechen auch verschiedene Formen: Die auf Vergangenes gerichteten Erzählungen der Helden sind viel kürzer und von erheblich geringerer narrativer Komplexität als die Darstellung der Vergangenheit in der *Ilias*.

Aufgrund dieser Unterschiede wird sich die Untersuchung vor allem der narrativen Form der *Ilias* als Ausdruck ihres Geschichtsbildes zuwenden. Es soll die These verfolgt werden, daß sich das Geschichtsbild, in dessen Zentrum die Schicksalskontingenz steht, in die Form der Narration eingeschrieben hat, oder, umgekehrt und etwas gewagter formuliert, daß dieses Geschichtsbild die narrative Form der *Ilias* hervorgebracht hat. Als Grundlage für die Arbeit am Text versucht dieses Kapitel zu zeigen, wie Erzählungen die geschichtliche Zeiterfahrung refigurieren. Dabei werden zuerst eine Reihe von historischen Erzähltheorien diskutiert (1) und dann ein dem ersten theoretischen Kapitel entsprechender eigener Ansatz formuliert (2). Abschließend wird kurz erörtert, inwiefern dieser Ansatz auf die *Ilias* anwendbar ist (3).

Zuerst aber ein paar Bemerkungen zum Begriff der Narratologie: Im folgenden wird von zwei verschiedenen Ansätzen die Rede sein, die beide »Narratologie« genannt werden, aber an sich wenig miteinander zu tun haben und deswegen hier auch begrifflich voneinander geschieden werden sollen. Das was hier als »historische Erzähltheorie« bezeichnet wird, ist eine geschichtstheoretische Strömung, die gegen die nomologischen Erklärungsmodelle positivistischer Provenienz ausgeführt hat, daß Geschichtswissenschaft auf die Form der Erzählung angewiesen ist, und diese Position zuletzt auch gegen Kritik aus dem postmodernen Lager verteidigt hat.[1] Auf der anderen Seite steht die auch hier so genannte Narratologie in der Literaturwissenschaft, die, ausgehend vom Strukturalismus, Erzählstrukturen analysiert.[2]

Damit ist das Spektrum dessen, was heute als Narratologie bezeichnet wird, bei weitem noch nicht erfaßt. In den letzten zwei Dekaden hat das Paradigma der Narrativität eine Blüte erlebt.[3] Zum einen haben neben der Geschichtstheorie andere Disziplinen wie die Psychologie[4] oder die Philosophie[5] eigene »Narratologien« hervorgebracht. Zum anderen ist innerhalb der Literaturwissenschaft versucht worden, andere Wissenschaften für die Narratologie fruchtbar zu machen; so hat man beispielsweise den

---

[1] Derartige Ansätze werden von Philosophen, Historikern und Literaturwissenschaftlern recht unterschiedlicher Provenienz verfolgt, hier nur eine kleine Auswahl (zu White, Carr und Ricoeur s. unten): Gallie 1964 rückt den Begriff der »followability« ins Zentrum seiner Deutung der geschichtlichen Narration und schreibt der Erklärung nur eine dienende Funktion innerhalb der Erzählung zu. Noch auf der Grundlage der analytischen Philosophie entwickelt Danto 1965 eine Geschichtstheorie, die von einer Analyse des narrativen Satzes ausgeht. Mink 1966; 1967/1968 wendet gegen nomologische Geschichtstheorien ein, daß nicht wissenschaftliches Erkennen, sondern synoptisches Urteilen das Wesen von Geschichtsschreibung ausmache. Mit der grundlegenden Bedeutung von Erzählung für Geschichtsschreibung setzen sich beispielsweise Barthes 1967 und Veyne 1971 auseinander. Baumgartner [2]1997 hebt die Bedeutung der Narration hervor als Medium, das Kontinuität stiftet. Bubner 1984 hält die Erzählung für eine der Rolle des Zufalls in der Geschichte angemessenere Form der Darstellung als die Erklärung. S. a. Ankersmit 1994; 2001. Carroll 1990, 134 vermutet, daß eine narrativistische Geschichtstheorie bereits von Nietzsche antizipiert worden ist. Einen Überblick über die erzähltheoretische Debatte in der angloamerikanischen Forschung gibt Scholz-Williams 1989, zur französischen Tradition s. Süssmann 2000, 23 Anm. 18.

[2] Es ist unmöglich, hier einen repräsentativen Überblick zu geben; als wichtige Werke seien lediglich die folgenden genannt: Todorov 1969; Genette 1972; Bal 1977; Chatman 1978; Stanzel 1979; Prince 1982.

[3] Cf. die Überblicke bei Hermann 1999; Fludernik 2000; Nünning 2003, 249-251. Einen ersten Einblick in die Vielfalt der jüngsten Entwicklungen gewähren Nünning / Nünning (ed.) 2002a; 2002b.

[4] Cf. Straub (ed.) 1998; Brockmeier / Carbaugh (ed.) 2001; Echterhoff 2002.

[5] Cf. Ryan 1991; Dolezel 1998.

Versuch unternommen, die Narratologie neu auf einem kognitionswissen-schaftlichen Fundament zu begründen.[6]

Das Verhältnis dieser einzelnen Strömungen zueinander und damit der Charakter der Narratologie sind umstritten. Der inflationäre Gebrauch des Begriffes Narratologie für Ansätze unterschiedlicher Fächer, deren Gegenstand sich als Narration analysieren lassen kann, bedroht die Eigenständigkeit der Narratologie als Disziplin.[7] Der hier vorgelegte Ansatz folgt dem Plädoyer von Kindt und Müller, Narratologie als die technische Analyse von Erzählstrukturen zu verstehen, welche als heuristisches Mittel für Interpretationen dient.[8] Damit ist zweierlei sichergestellt: Zum einen behält die Narratologie ihr scharfes Profil und nicht jede Anwendung von narratologischem Instrumentarium wird zu einer eigenen Narratologie hypostasiert. Zum anderen wird die Analyse von Textstrukturen nicht als in sich selbst ruhender Zweck mißverstanden, sondern ist Vehikel für Interpretationen unterschiedlichster Provenienz.

In diesem Sinne soll hier ein Ansatz der historischen Erzähltheorie durch narratologische Analysen unterlegt und umgekehrt die technische Analyse für eine geschichtstheoretische Deutung fruchtbar gemacht werden.

1. Historische Erzähltheorie

Für die Frage, inwiefern die Form einer Erzählung Ausdruck geschichtlicher Zeiterfahrung sein kann, kann bei der historischen Erzähltheorie angesetzt werden, die das Verhältnis von Geschichte und Erzählung erörtert. In zwei Aspekten sollen ihre Grenzen überschritten werden: Die vorliegende Studie setzt beim vorwissenschaftlichen Geschichtsbild an, während die historische Erzähltheorie den Status von Geschichte als Wissenschaft untersucht. Damit können die wissenschaftstheoretischen Folgen der Narrativität von Geschichte, die im Zentrum der geschichtstheoretischen Diskussion stehen, ausgeblendet werden.

Außerdem besteht zwar mittlerweile ein breiter Konsens darüber, daß die Form der Erzählung essentiell für Geschichte ist, aber inwiefern Geschichte auf Erzählung angewiesen ist, bleibt zumeist unbestimmt. Die Verbindung von Erzählung und Geschichte soll auf der Grundlage der in der Einleitung gegebenen Definition von historischer Zeit, also über den Begriff der Ge-

---

[6] S. die verschiedenen Ansätze von Fludernik 1996; Jahn 1997; J. Eder 2003; Herman (ed.) 2003.

[7] Für eine konservative Kritik s. beispielsweise Meister 2003.

[8] Kindt / Müller 2003. S. aber auch die hermeneutischen Überlegungen bei Grethlein 2004b, ob Analyse und Interpretation sich überhaupt scharf voneinander trennen lassen.

schichtlichkeit, und mit den Mitteln der Narratologie näher beleuchtet werden.[9]

Als Vorbereitung dieses Ansatzes seien kurz die Ideen von drei Theoretikern vorgestellt: White wird erwähnt, da sein Werk im Zentrum der Debatte steht und in der kritischen Auseinandersetzung mit ihm wichtige Einsichten gewonnen werden können (1.1). Carr ist für den phänomenologischen Zugang wichtig, da er die narrative Struktur der Erfahrung aufzeigt (1.2). Ricoeurs »Zeit und Erzählung« ist nicht nur die tiefste und umfassendste Studie der historischen Erzähltheorie, sondern auch mit der Verbindung von Geschichte und Narration über die Zeit der Ausgangspunkt für den hier zu entwickelnden Ansatz (1.3).

1.1 White

In seinem Buch »Metahistory« untersucht White das europäische Geschichtsbewußtsein im 19. Jh., indem er sowohl historische als auch geschichtsphilosophische Arbeiten betrachtet.[10] Als Grundlage für diese Analyse entwickelt er in der Einleitung eine Theorie, wie aus einem »chronicle« eine »story« wird. Dabei geht White von der These aus, daß Geschichtsschreibung als »ars« den Gesetzen der Rhetorik unterliege. Sie repräsentiere nicht direkt historische Fakten, sondern konstituiere ihre Darstellung durch drei Modi der Erklärung, »emplotment«, »formal argument« und »ideological implication«.[11]

Für jeden Modus der Erklärung gibt White vier Alternativen an, die den gleichen erkenntnistheoretischen Wert haben und zwischen denen deswegen nach ästhetischen und moralischen Kriterien gewählt werden muß: Für die Kategorie des »emplotment« greift White auf Fryes Typologie von »romance«, »tragedy«, »comedy« und »satire« zurück. Als Möglichkeiten der expliziten Erklärung nennt er »formist«, »organicist«, »mechanist« und »contextualist«. Die ideologische Dimension der Geschichtsschreibung teilt White in Anschluß an Mannheim in »anarchism«, »conservatism«, »radicalism« und »liberalism« ein. Die einzelnen Modi tauchen in der Geschichtsschreibung in unterschiedlicher Mischung auf. Ihnen liegen die Tropen zugrunde, die das Feld menschlicher Erfahrung präfigurieren und Konzepte zur Erfassung der Objekte an die Hand geben. Den jeweils vier Alternativen der Modi der Erklärung entspre-

---

[9] Als Überblick zu kulturgeschichtlichen Ansätzen in der Narratologie s. Nünning 2000 und Erll / Roggendorf 2002. S. außerdem die Überlegungen von Bal 1999 und Halttunen 1999.

[10] White 1973.

[11] White bestreitet also nicht grundsätzlich eine referentielle Funktion der Geschichtsschreibung, schränkt aber den traditionellen erkenntnistheoretischen Anspruch der Geschichtswissenschaft dadurch ein, daß die allegorische Referenz der Form der Darstellung in keinem Verhältnis zu den historischen Fakten stehe.

chen vier Tropen, »metaphor«, »metonymy«, »synecdoche« und »irony«. Sie bilden
nach White die Tiefenstruktur menschlicher Erfahrung und der Geschichtsschreibung.

Mit seiner rhetorischen Wendung hat White nicht nur die Narrativität der
Geschichtsschreibung in den Vordergrund gerückt sowie ihren wissenschaftlichen Charakter in Frage gestellt, sondern auch ein formales Schema
geschaffen, um Geschichtserzählungen zu kategorisieren und die Entwicklung von Geschichtsbildern zu beschreiben. Er hat seinen Ansatz in zahlreichen Aufsätzen, die in drei Sammelbänden versammelt sind, weiterentwickelt und gegen Kritik verteidigt.[12] Die einzelnen Beiträge gehen zwar von
der Grundlage der »Metahistory« aus, stehen aber als Teil recht verschiedener Debatten in einem mitunter spannungsvollen Verhältnis zueinander.
Whites Arbeiten wurden von den meisten Historikern scharf zurückgewiesen oder völlig ignoriert, in der Geschichtsphilosophie und zuletzt in der
Literaturwissenschaft dagegen haben sie breite Kontroversen ausgelöst.[13]
   Ohne einen Überblick über die umfangreiche Diskussion zu geben, seien
nur vier Kritikpunkte angesprochen: Erstens widerspricht der erkenntnis-
theoretische Relativismus, nach dem die Darstellung eines historischen
Faktums seinen Gegenstand nicht repräsentiert, sondern die Wahl der Trope
und der Modi der Erklärung beliebig ist, dem Objektivitätsanspruch der
Geschichtswissenschaft.[14] Der Relativismus der Tropologie ist eine Folge
davon, daß White in seiner Konzentration auf die Darstellung mit der Forschung einen wichtigen Aspekt historiographischer Praxis ausblendet.[15] Wie
problematisch dieser Punkt ist, zeigt sich daran, daß White zwar grundsätzlich davon ausgeht, daß Form der Darstellung und dargestelltes Ereignis in
keiner Beziehung zueinander stehen, an einigen Stellen aber eingesteht, daß
manchen Ereignissen nicht jede Form der Darstellung entspricht.[16] Die
Diskussion des erkenntnistheoretischen Relativismus von Whites Tropolo-

---

[12] S. die Sammelbände White 1978; 1987; 1999. Zur Entwicklung von Whites Denken s. beispielsweise Kansteiner 1993. Als Auswahl aus der umfangreichen Literatur zu White seien neben
den im folgenden zitierten Artikeln die zwei Sonderhefte Storia della Storiografia 24, 1993
(Hayden White's Metahistory Twenty Years After. I. Interpreting Tropology) und 25, 1994
(Hayden White's Metahistory Twenty Years After. II. Metahistory and the Practice of History)
und Vann (ed.) 1998b genannt. S. außerdem die Literatur bei Lorenz 1998, 310 Anm. 3.
   [13] Zur schwachen Rezeption von White in der Geschichtswissenschaft s. Kansteiner 1993, 286-
289. Zu den wenigen Beispielen gehören Mellard 1987; Kellner 1989. S. außerdem Kansteiner
1993, 288 Anm. 53 und Stone 1997, 268 Anm. 45. Zur Rezeption in den Literaturwissenschaften
s. Kansteiner 1993, 289.
   [14] Cf. die Literatur bei Kansteiner 1993, 287 Anm. 44-47.
   [15] Cf. Lorenz 1998, 327; Momigliano 1981.
   [16] In eine ähnliche Richtung weisen auch Überlegungen von White 1999 im zweiten und
vierten Aufsatz (»Historical Emplotments and the Problem of the Truth in Historical
Representation«, 27-42 und: »The Modernist Event«, 66-86), ob eine Darstellung der Shoa oder
der Moderne im allgemeinen nicht auf antinarrative Formen zurückgreifen solle.

gie kulminiert in der Frage, wie die Shoa darzustellen sei.[17] Läßt sich ihre Geschichte als Satire schreiben?

Auch wenn White eine kognitive Leistung der Geschichtsschreibung ganz bestreitet, bleibt er in den Voraussetzungen des von ihm zurückgewiesenen Positivismus verstrickt, indem er die Repräsentanz von Wirklichkeit nach einer empiristischen Abbildtheorie bestimmt. Da aber mit dieser sowohl der Gegenstand als auch die Methodik der Geschichtswissenschaft verfehlt werden, kann daraus, daß die Geschichtsschreibung nach ihr keine Wirklichkeit repräsentiert, nicht gefolgert werden, sie sei *nur* fiktiv.[18] Besonders deutlich wird dieses wissenschaftstheoretische Defizit in der unreflektierten Verwendung der Begriffe »fact«, »event« und »data«, die White der Geschichtsschreibung als objektiv gegenüberstellt.[19]

Sein Wissenschaftsbegriff wird auch von anderer Seite in Frage gestellt. Die Vorstellung von Wissenschaft, der White die Geschichtsschreibung als »ars« gegenüberstellt, ist nach Ansätzen wie der Paradigmentheorie von Kuhn selbst für die Naturwissenschaften höchst umstritten.[20] Auch die ästhetischen und moralischen Kriterien, an denen sich die Geschichtsschreibung nach dem Wegfall ihrer erkenntnistheoretischen Dimension orientieren soll, sind in Frage gestellt worden.[21]

Eng verbunden mit Einwänden gegen Whites Relativismus ist zweitens die Kritik an Whites Bild von Sprache. Der Tropologie liegt nicht nur die Dichotomie wissenschaftliche Objektivität – Ästhetik der Kunst zugrunde, sondern auch die von figuraler und metaphorischer Sprache. Diese können aber nicht mit der für eine solche Gegenüberstellung notwendigen Klarheit getrennt werden.[22]

Drittens sind der Formalismus und die Ahistorizität der Tropologie zu kritisieren. In »Metahistory« ist der Status der Tropen unbestimmt; er changiert zwischen »ideal-typical structure« und »deep structure of the historical imagination« (5). Ob der Status der Tropen dadurch, daß sie in »Tropics of Discourse« mit Freuds Traumtheorie und Piagets Entwicklungskonzept verbunden werden, eine Klärung erfährt, ist fraglich.[23] Besonders auffällig ist in einer Theorie der Geschichtsschreibung die Ahistorizität der Tropen.[24]

---

[17] S. dazu neben White 1987, 58-82 die in Anm. 16 dieses Kapitels genannten Aufsätze sowie die Beiträge in Friedlander (ed.) 1992 und Stone 1997. S. a. Ricoeur 2004, 392-402.

[18] Cf. Carroll 1990, 147-152 sowie Lorenz 1998, der am »positivism of fact« und »covering-law model« sowohl für White als auch für Ankersmit zeigt, daß ihre Theorien als Negation des Positivismus dessen Grundlagen selbst noch enthalten.

[19] Cf. Vann 1998a, 153-155.

[20] Cf. Kansteiner 1993, 288.

[21] Cf. die Literatur bei Kansteiner 1993, 288 Anm. 50.

[22] Cf. Kansteiner 1993, 288; Lorenz 1998, 327f.

[23] Cf. Vann 1998a, 150-153.

[24] Cf. Kansteiner 1993, 288f. mit Literatur in 289 Anm. 54 und 55; Rüsen 1990, 155.

Viertens sei bemerkt, daß abgesehen von ihrem Status die Definitionen der Tropen und der einzelnen Formen der Erklärungsmodi und ihre Verbindung so ungenau sind, daß sie von nur geringer heuristischer Bedeutung sind.[25]

Mit diesen Punkten ist natürlich keine vollständige Kritik von Whites Theorie gegeben;[26] es mag aber deutlich geworden sein, warum die vorliegende Untersuchung sich nicht an die Tropologie anschließt, sondern die Bedeutung von Narration für Geschichte auf einem anderen Weg zu begründen versucht. Sie wird sogar zu einem entgegengesetzten Standpunkt kommen, wenn sie die These vertritt, daß die Form der Darstellung insofern eine referentielle Funktion hat, als sie die zeitliche Struktur der Erfahrung refiguriert.

1.2 Carr

Einen Schritt weiter führt uns der Ansatz von Carr. Während die historische Erzähltheorie vor allem eine wissenschaftstheoretische Forschungsrichtung ist, die sich mit dem Status von Geschichtsschreibung als Wissenschaft auseinandersetzt, richtet sich unser Blick auf einen Text, der vor der Geschichtswissenschaft entstanden ist, und zielt auf ein vorwissenschaftliches Geschichtsbild ab. Carr verläßt den wissenschaftstheoretischen Rahmen der erzähltheoretischen Debatte, wenn er die narrative Struktur der vorwissenschaftlichen Geschichtserfahrung aufzuzeigen versucht.[27]

Ausgehend von Husserls Analyse der inneren Zeitstruktur des Bewußtseins zeigt er, daß sowohl elementare Erfahrungen als auch elementare Handlungen nicht einfach zeitliche Sequenzen, sondern bereits Konfigurationen sind, die mit Anfang, Mitte und Ende eine narrative Struktur haben. Diese Beobachtung überträgt er auf größere Zusammenhänge von Erfahrungen und Handlungen und stellt die These auf, Lebensgeschichten hätten

---

[25] Cf. Carroll 1990, 156-158 und Kansteiner 1993, 288. Carroll 1990, 155 bezweifelt zudem, daß alle historischen Darstellungen sich einem »plot«-Typ zuweisen lassen.

[26] Eine weitere grundsätzliche Kritik stellt fest, daß auch Whites Arbeiten der Tropologie unterliegen, aber trotzdem einen Wahrheitsanspruch erheben, cf. Carroll 2000, 400f.

[27] Carr 1986, 3: »We have what the phenomenologists call a *non-thematic* or *pre-thematic* awareness of the historical past which functions as background for our present experience, or our experience of the present.« An anderer Stelle spricht er der Erzählung eine grundlegende Bedeutung für Geschichte nicht nur auf epistemologischer, sondern auch auf ontologischer Ebene zu (Carr 1991, 214). Interessant ist in diesem Zusammenhang auch der Ansatz von Röttgers 1998, der vom Begriff des Textes ausgeht, 46: »Ich meine nicht nur, daß die historischen Tatsachen nur über den Text zu erschliessen wären, in Wirklichkeit aber ›hinter‹ ihm lägen, sondern ich behaupte: die Tatsachen sind im Text und nirgendwo sonst. Es gibt keinen anderen onto-logischen Ort, an dem sich die historischen Tatsachen aufhielten, um darauf zu warten, daß ein Text käme und sie repräsentiert.« Zu diesem Textbegriff s. bereits id. 1982, 24-88.

eine narrative Struktur. Die Narrativität von Geschichte schließlich begründet er, indem er vom Individuum zur Gemeinschaft übergeht und versucht, die soziale Dimension der Geschichte und ihre narrative Struktur aufzuzeigen. Auch die wissenschaftliche Darstellung von Geschichte baue auf der narrativen Struktur der Erfahrung auf. Damit sei die These, nach der die Form der Erzählung der Geschichte äußerlich sei, widerlegt.

Gegen Carrs Ansatz wendet Carroll mit Recht ein, aus der narrativen Struktur der Erfahrung folge nicht, daß die Darstellung von Historikern den Ereignissen nicht aufoktroyiert sei:

So even if Carr can argue that narrative is a real element in the experience of these agents, he will not have shown that the narratives historians tell about these agents are not artificial impositions. For the narratives that the historians tell need not, as a matter of principle, reflect or otherwise correspond to the narratives that operate in the lives of historical agents.[28]

In der Tat zeichnet sich Geschichte dadurch aus, daß die Perspektive geschichtlich Handelnder überschritten wird. Unbeeinträchtigt von diesem Einwand ist aber die Einsicht, daß Erfahrungen in narrativer Form stattfinden und damit die gleiche Struktur wie Geschichtserzählungen haben.

Für das hier verfolgte Interesse wiegt schwerer, daß Carr die Erzählung nur durch die Struktur von Anfang, Mitte und Ende definiert. Damit ist sie recht unbestimmt. Außerdem ist fragwürdig, ob sich aus Husserls Analyse des inneren Zeitbewußtseins historische Erfahrung ableiten läßt.[29] Um den Zusammenhang von Geschichte und Narration aufzuweisen, müssen wir sowohl die Narration genauer spezifizieren als auch die historische Erfahrung anders fassen.

Wenn Carr auch nicht begründen kann, inwiefern die Narration Ausdruck der geschichtlichen Erfahrung ist, so ist sein Ansatz doch in zweierlei Hinsicht für unseren Gedankengang von Bedeutung: Er führt die erzähltheoretische Debatte in einen phänomenologischen Horizont und zeigt, daß bereits unsere alltägliche Erfahrung narrativ strukturiert ist. Außerdem weist sein Ansatz bei der Zeitstruktur des Bewußtseins, bei den Husserlschen Begriffen Protention und Retention, den Weg, daß die Zeit das Phänomen ist, das der Narration ihre zentrale Bedeutung für Geschichte gibt.

[28] Carroll 1988, 305.
[29] Cf. Liebsch 1996, 19-45.

1.3 Ricoeur

Die Frage nach der Verbindung von Zeit und Narration ist von Ricoeur in einem monumentalen Entwurf, den drei Bänden von »Zeit und Erzählung«, bearbeitet worden, dem wir uns jetzt zuwenden wollen.[30] Zwar geht Ricoeur, wenn er von Geschichte spricht, von moderner Geschichtsschreibung aus und räumt der Erfahrung nur eine pränarrative Struktur ein,[31] aber seine Untersuchung der Zeit eröffnet der Frage nach dem Zusammenhang von Geschichte und Erzählung einen neuen Horizont. Obgleich »Zeit und Erzählung« von Historikern fast überhaupt nicht und auch von Geschichtsphilosophen nur am Rande rezipiert wurde, bietet es sich als Hinführung zur hier angestrebten Verbindung von historischer Erzähltheorie und Narratologie an.[32]

Ricoeur stellt in »Zeit und Erzählung« die Frage nach dem Wesen der Zeit, deren Hauptaporie er in der Spannung zwischen phänomenologischer oder erlebter und kosmologischer oder kosmischer Zeit sieht. Dabei geht er von zwei Texten aus, von der Erörterung der Zeit im 11. Buch von Augustins *Confessiones* und von Aristoteles' *Poetik*. Der Dissonanz, die für Augustin das Rätsel der Zeit ist, stellt er die Konsonanz der Fabelkomposition

---

[30] Besonders interessant für die Verortung von »Zeit und Erzählung« im Schaffen von Ricoeur ist Zbinden 1997. Er meint, »Zeit und Erzählung« liege das Schema »Krise – Rettung« zugrunde, das bereits in den Aufsätzen »Husserl und der Sinn der Geschichte« (1949), »Das Christentum und der Sinn der Geschichte« (1951) und »Ist ›die Krise‹ ein spezifisch modernes Phänomen« (1986) zu finden sei. Einen aufschlußreichen Einblick in die Entstehung des gewaltigen Gedankengangs von »Zeit und Erzählung« bietet auch der Aufsatz Ricoeur 1980. Ausgangspunkt ist hier nicht die Spannung zwischen kosmischer und erlebter Zeit, sondern die dreistufige Analyse der Zeit in »Sein und Zeit«. Ricoeur versucht den engen Zusammenhang von Zeitlichkeit und Narrativität nachzuweisen, indem er zeigt, daß sowohl die Ebene der Zeit als auch der Geschichtlichkeit in der Narration zu finden sind. Aber bereits auf der Ebene der Geschichtlichkeit, besonders durch das Sein-zum-Tode, führt der Blick von der Narration aus zu einer Modifikation von Heideggers Ansatz. Das Verhältnis von Narrativität und Zeitlichkeit schließlich läßt Ricoeur in einer Frage offen. Weiterentwickelt findet sich diese Auseinandersetzung mit Heidegger in Ricoeur 1988-1991, III 96-157; 2004, 542-604. Man mag vermuten, daß es Heideggers Wendung gegen die vulgäre Zeit war, die Ricoeur zum konfigurativen Aspekt von Zeit geführt hat.

[31] Carr richtet seine Theorie gegen Ricoeurs Ansatz. Der Unterschied zwischen Carrs und Ricoeurs Bewertung der narrativen Struktur von Erfahrung ist aber nicht grundsätzlich, sondern eher graduell. Schließlich ist auch nach Ricoeur auf der Ebene der Mimesis I »die Fabelkomposition in einem Vorverständnis der Welt des Handelns verwurzelt: ihrer Sinnstrukturen, ihrer symbolischen Ressourcen und ihres zeitlichen Charakters.« (1988-1991, I 90). S. a. Ricoeur 1991, 20-33, seine Entgegnung auf Carr im gleichen Band in »Discussion: Ricoeur on Narrative« (160-187) und in seinem Spätwerk die Überlegungen zur Repräsentation (2004, 290-292; 350-360). Interessant ist auch der Vergleich von Carr 1997, aus welchen Gründen White und Ricoeur Erfahrung und Narration voneinander trennen. Während White unter dem Einfluß von Barthes und Foucault die narrative Struktur für unnatürlich und artifiziell halte, habe die Narration bei Ricoeur eine ganz andere Dignität, da sie die Humanisierung der Zeit erlaube.

[32] Polti 1997 gibt als Grund für die geringe Rezeption von Ricoeur u. a. die Schnelligkeit seiner Publikationstätigkeit und den abschließenden Charakter seiner Werke an. Cf. Stone 1997, 268f.

in der aristotelischen *Poetik* gegenüber. Ricoeur versucht also, die Frage, was Zeit sei, über die Erzählung zu beantworten. Da er die Erzählungen in historische und fiktive unterteilt, bringt er damit die Phänomenologie der Zeit, die Narratologie und die Geschichtstheorie miteinander ins Gespräch.[33]

Ricoeur zeigt, daß es keine reine Phänomenologie der Zeit geben könne – je weiter sie mit Husserl und Heidegger fortschreite, um so größer würden die Aporien: Die kosmologische Zeit lasse sich nicht von der phänomenologischen Zeit und umgekehrt die phänomenologische Zeit nicht von der kosmologischen Zeit aus denken. Stattdessen stellt Ricoeur die These auf, daß die Erzählung eine poetische Replik auf die Aporien der Phänomenologie der Zeit sei. Zwischen phänomenologischer und kosmologischer Zeit vermittle als dritte die historische Zeit, die durch die Erzählung konstituiert werde.[34] Sie refiguriere die Zeit und werde damit zum Ausdruck menschlicher Zeiterfahrung.

Wie entsteht aber die historische Zeit? Grundlegend ist hier Ricoeurs Einteilung der Narration in historische und fiktive Erzählungen. Er behauptet, historische Zeit entstehe aus der Überkreuzung von historischer und fiktiver Erzählung.[35] Die historische Erzählung enthalte fiktive Elemente, in der fiktiven Erzählung wiederum fänden sich Elemente der historischen Erzählung.[36] Durch die Fiktionalisierung der historischen Erzählung komme es zu einer »*Wiedereinschreibung* der phänomenologischen in die kosmische Zeit«.[37] Diese Verbindung der erlebten Zeit mit der »objektiven« oder in der Begrifflichkeit von Heidegger »vulgären« Zeit schlage sich im Kalender, der Generationenfolge und vor allem in der Spur nieder, die sowohl Zeichen als auch Wirkung sei, und durch die der Historiker sich die Geschichte erschließe.[38] Umgekehrt antworte die fiktive Erzählung, da sie von Elementen der historischen Erzählung durchdrungen, aber von den Zwängen der kosmologischen Zeit befreit sei, mit Phantasievariationen auf die Aporien der phänomenologischen Zeit. Als Beispiel für die Phantasievariationen untersucht Ricoeur die Auseinandersetzung mit der Zeit in

---

[33] Ricoeur spricht selbst von Gesprächspartnern (1988-1991, I 130).

[34] Ricoeur 1988-1991, III 159: »Meine These ist nun, daß die besondere Weise, in der die Geschichte auf die Aporien der Phänomenologie antwortet, in der Ausarbeitung einer *dritten* Zeit – der eigentlich historischen Zeit – besteht, die zwischen der erlebten und der kosmischen Zeit vermittelt.«

[35] Während Ricoeur im ersten Band von einer »überkreuzten Referenz« von Fiktion und Geschichte spricht, ist im dritten Band nur noch von Überkreuzung die Rede, da an die Stelle der epistemologischen Kategorie der Referenz die hermeneutische Kategorie der Refiguration tritt, cf. Ricoeur 1988-1991, I 122-129 und III 9-12.

[36] Ricoeur 1988-1991, III 222-311.

[37] Ricoeur 1988-1991, III 201.

[38] Ricoeur 1988-1991, III 165-200.

Wolfs »Mrs. Dalloway«, Manns »Zauberberg« und Prousts »À la recherche du temps perdu«.[39] Er kommt zu folgender Feststellung:

Abschließend können wir sagen, daß die Überkreuzung von Geschichte und Fiktion in der Refiguration der Zeit letzten Endes auf dieser gegenseitigen Grenzübertretung beruht, in der das quasi-historische Moment der Fiktion den Platz mit dem quasi-fiktiven Moment der Geschichte tauscht. Aus dieser Überkreuzung, aus dieser gegenseitigen Übertretung, aus diesem Plätzetausch entspringt das, was man die menschliche Zeit nennen darf, in der sich – vor dem Hintergrund der Aporien der Phänomenologie der Zeit – die Repräsentanz der Vergangenheit durch die Geschichte mit den Phantasievariationen der Fiktion verbindet.[40]

Die Poetik der Erzählung ist aber, wie Ricoeur in seinen Schlußfolgerungen feststellt, keine einfache Lösung des Problems der Zeit: »Die Replik der Narrativität auf die Aporien der Zeit besteht weniger darin, die Aporien aufzulösen, als darin, sie arbeiten zu lassen und produktiv zu machen.«[41]

Mit dieser hier nur in den gröbsten Zügen wiedergegebenen Untersuchung hat Ricoeur den Zusammenhang von Zeit und Erzählung neu bestimmt, nämlich durch die These,

daß zwischen dem Erzählen einer Geschichte und dem zeitlichen Charakter der menschlichen Erfahrung eine Korrelation besteht, die nicht rein zufällig ist, sondern eine Form der Notwendigkeit darstellt, die an keine bestimmte Kultur gebunden ist. Mit anderen Worten: daß die Zeit in dem Maße zur menschlichen wird, in dem sie sich nach einem Modus des Narrativen gestaltet, und daß die Erzählung ihren vollen Sinn erlangt, wenn sie eine Bedingung der zeitlichen Existenz wird.[42]

Der hier vertretene Ansatz folgt Ricoeurs These, daß die Erzählung die menschliche Zeiterfahrung refiguriere, verändert allerdings die Ausgangspunkte und die Perspektive. Zum einen wird die Frage nach der Zeit abgewandelt. Ricoeur geht es darum, das Wesen der Zeit zu bestimmen, das er

---

[39] Ricoeur 1988-1991, III 201-221.

[40] Ricoeur 1988-1991, III 311.

[41] Ricoeur 1988-1991, III 417. Er hält drei Aporien der Zeitlichkeit fest, auf welche die Poetik der Erzählung mit abnehmender Adäquatheit antwortet: Als Antwortversuch auf die Aporie des Verhältnisses von kosmologischer und phänomenologischer Zeit diene die »narrative Identität«. Die Aporie, ob die Zeit als ein Ganzes zu denken sei, beantworte notdürftig die »Totalisierung als die Frucht einer *unvollkommenen* Vermittlung zwischen Erwartungshorizont, Übernahme des Überlieferten und Inzidenz einer unzeitgemäßen Gegenwart.« (Ricoeur 1988-1991, III 401). Als letzte Aporie bleibe schließlich die Frage, »ob die Unvorstellbarkeit der Zeit noch eine Parallele auf seiten der Narrativität findet […] *In der Art, wie sich die Narrativität auf ihre Grenzen zubewegt, liegt das Geheimnis ihrer Replik auf die Unerforschlichkeit der Zeit.*« (Ricoeur 1988-1991, III 431).

[42] Ricoeur 1988-1991, I 87. Carr 1986, 177-185 (s. a. 66-68) äußert Zweifel, ob die Erzählung kulturenübergreifend oder nicht auf bestimmte Kulturen beschränkt ist. Wie Carroll 1988, 306 aber betont, steht diese Skepsis im Widerspruch zu seinem Versuch, in der Erfahrung an sich eine narrative Struktur aufzuzeigen, und ist durch kein Beispiel einer Kultur ohne Narrationen belegt.

in der Spannung zwischen phänomenologischer und kosmologischer Zeit sieht. Hier soll dagegen nach der geschichtlichen Zeit gefragt werden, die wir im II. Kapitel als Spannung zwischen Erwartung und Erfahrung bestimmt haben.

Zum anderen soll mit Hilfe der Narratologie die narrative Struktur von Erzählungen genauer in den Blick genommen werden. Bei Ricoeur bleibt die Erzählung, wenn die historische Narration im Rahmen der überkreuzten Referenz mit Fiktionserzählungen Zeitlichkeit durch das Wiedereinschreiben der erlebten in die kosmische Zeit erfaßt, recht unbestimmt. Kalender, Generationenfolge und Spur als Formen, in denen sich historische Zeit konstituiert, berühren die Narrativität von Erzählungen nicht. Auch Ricoeurs Analyse der Phantasievariationen in der Fiktionserzählung gibt wenig Aufschluß über die Bedeutung der Narration für die Zeiterfahrung, da »Mrs. Dalloway«, »Zauberberg« und »À la recherche du temps perdu« als explizite Reflexionen auf die Aporien der phänomenologischen Zeit interpretiert werden.[43] Wenn schließlich die narrative Identität als Lösung der Spannung zwischen erlebter und kosmischer Zeit genannt wird, wird sogar der Rahmen der Zeitphilosophie in Richtung Ethik überschritten.[44]

Nehmen wir diese beiden Punkte zusammen, so können wir in Anlehnung an und Abhebung von Ricoeur als Frage festhalten, wie in der narrativen Struktur geschichtliche Zeiterfahrung refiguriert wird.

Interessant ist hier eine recht freie und kongeniale Interpretation von Ricoeur durch White.[45] White interpretiert Ricoeur dahingehend, daß Erzählungen als Referenten

---

[43] Es erstaunt, daß Ricoeur die Überkreuzung von Historie und Fiktion sich nur auf der Ebene der »Mimesis III«, in der Rezeption, vollziehen läßt, 1988-1991, III 295. Bereits auf der Ebene der »Mimesis II«, also bei der narrativen Konfiguration, bezieht sich aber auch die Fiktionserzählung auf Wirklichkeit. Wie beispielsweise Iser 1994 ausführt, wird fiktive Literatur konstituiert durch den Bezug auf andere Texte und die Realität. Iser 1991, 24-51 nennt Selektion, Kombination und Selbstanzeige als Akte des Fingierens, die das Reale mit dem Imaginären vermitteln.

[44] Zur Verbindung von Ethik und Literatur durch den Begriff der narrativen Identität s. Ricoeur 1988-1991, III 400. Zbinden 1997, 195f. weist auf die Grenzen von Ricoeurs Begriff der narrativen Identität hin. Während er bei Habermas in einer soziokulturellen Lebenswelt verankert sei, könne er bei Ricoeur nicht erkennen, inwiefern er zur Analyse und Darstellung von sozialen und kulturellen Strukturen und Prozessen beitrage. Bei ihm klingt auch die Frage an, ob der Rahmen von Ricoeurs Analyse mit dem Begriff der narrativen Identität nicht unnötig gedehnt werde, 196f.: »Man kann hier jedoch der Überzeugung sein, daß es nicht die Aufgabe einer disziplinenübergreifenden Metatheorie über das Verhältnis von Zeiterfahrung und Narrativität sein muß, auf einer Theorieebene mittlerer Reichweite zur historischen Analyse gesellschaftlicher Prozesse anzuleiten oder die Werkzeuge zur empirischen Erforschung der Zeitlogiken in sozialen Systemen bereitzustellen.« Liebsch 1996 kritisiert den Begriff der narrativen Identität, wählt aber auch einen ethischen Rahmen, wenn er das responsive Affiziert-Werden des Überlebenden ins Zentrum seiner Geschichtstheorie stellt (375).

[45] White 1987, 169-184. Ricoeur 1991, 185 kommentiert die Interpretation folgendermaßen: »I thank Hayden White for his reading, which I find creative. While not completely recognizing myself in it, I acknowledge its receipt.«

auf einer zweiten Ebene, Ricoeurs Ebene der metaphorischen Referenz, die Zeitlichkeit haben. Fiktionale und historische Erzählungen seien nur dadurch unterschieden, daß letztere als ersten Referenten wirkliche Ereignisse hätten. Alle Narrationen seien aber durch ihr »emplotment« »wahre Allegorien« der Zeitlichkeit. Bereits die Begriffe »emplotment« und »Allegorie« zeugen von der Überformung des Ricoeurschen Ansatzes durch Whites Tropologie. Ricoeur sieht bei dieser Interpretation die Unterscheidung von Fiktion und Historie in Gefahr.[46] Ein grundlegender Unterschied besteht weiterhin darin, daß Ricoeur nicht von einer allegorischen Darstellung der Zeit in der Narration ausgeht, sondern zeigt, wie menschliche Zeit durch die überkreuzte Refiguration von Fiktion und Historie konstituiert wird. Bei ihm gibt es also weniger eine gemeinsame Referenz von Fiktion und Historie als eine Refiguration von Zeit, die erst, wenn man beide Modi des Erzählens zusammennimmt, entsteht.[47] Whites Interpretation ist aber auch nicht eine beliebige Umdeutung von Ricoeurs Ansatz, sondern kann sich auf Anhaltspunkte im Werk von Ricoeur stützen. Der Gedanke der Referenz spielt im ersten Band von Zeit und Erzählung noch eine Rolle, bevor er im dritten Band in der Kategorie der Refiguration aufgehoben wird,[48] s. beispielsweise: »*Worin* jedoch überkreuzen sich die Spuren- und die Metaphernreferenz, wenn nicht in der *Zeitlichkeit* der menschlichen Handlung? Ist das, was die Geschichtsschreibung und die literarische Fiktion *gemeinsam* neugestalten oder refigurieren, indem sie *darin* ihre Referenzmodi zur Überkreuzung bringen, nicht die menschliche Zeit?«[49]

2. Narrative Referenz:
Die Erzählung als Refiguration geschichtlicher Zeit

Geschichtliche Zeit ist im Kapitel II definiert worden als die Spannung zwischen Erwartung und Erfahrung, der die Kontingenz zugrundeliegt. Diese Spannung bestimmt das menschliche Sein in der Zeit und liegt Geschichtsbildern zugrunde. Sie zeigt sich in Erzählungen auf zwei Ebenen.

Zum einen handeln Erzählungen von Charakteren, die in der Zeit sind. Auch wenn die Erzählzeit unterschiedliche Maße annehmen und sehr kurz

---

[46] Ricoeur 1991, 185; s. a. id. 2004, 392-402.

[47] Cf. Polti 1997, 238f.: »Ricoeur sucht die ›überkreuzte Referenz‹ bzw. ›überkreuzte Refiguration‹ von Geschichtsschreibung und Fiktionserzählung, durch die die genuin ›menschliche Zeit‹ konstituiert werden soll, analytisch zu beschreiben. White geht davon aus, daß Ricoeur mit dem figurativen Verweis auf die Zeitlichkeit seine *symbolische* Weise des Sprechens meint. Narrative Texte tragen ihm zufolge zu einer Refiguration der Zeiterfahrung bei, insofern sie *Allegorien der Zeitlichkeit* sind.«

[48] Cf. Anm. 35 dieses Kapitels.

[49] Ricoeur 1988-1991, I 129. Noch deutlicher ist Ricoeur 1980, ein Aufsatz, den White auch zitiert. Als erste These nennt Ricoeur dort, 169: »Indeed, I take temporality to be that structure of existence that reaches language in narrativity and narrativity to be the language structure that has temporality as its ultimate referent. Their relationship is therefore reciprocal.« Auch hier finden sich Anzeichen für eine Entwicklung in Ricoeurs Denken, die sich vom Referenzmodell entfernt.

und auch die Charaktere recht verschieden beschaffen sein können, stellen fast alle Erzählungen einen zeitlichen Verlauf dar, in dem Charaktere Erwartungen haben und Erfahrungen machen. Insofern spielt die Spannung zwischen Erwartung und Erfahrung auf der Ebene der Handlung eine Rolle.[50]

Zum anderen zeigt Jauß, daß die Rezeption von Literatur Erfahrungscharakter hat – er spricht von ästhetischer Erfahrung.[51] Der Erfahrungscharakter der Rezeption zeigt sich auch in ihrer zeitlichen Struktur. Die Erzählung selbst vollzieht sich in der Zeit;[52] sie wird als Abfolge von Zeichen wahrgenommen. Auch die Rezipienten stellen Erwartungen über den Handlungsverlauf an und machen Erfahrungen. Aufgrund der sequentiellen Form von Erzählungen zeigt sich die Spannung von Erwartung und Erfahrung sowohl auf der Ebene der Handlung als auch auf der Ebene der Rezeption.

Auch für Kermode sind Erfahrung und Zeit wichtige Größen.[53] Ausgehend von der sinnstiftenden Funktion von »concord fictions«, zeigt Kermode, daß die Bedeutung des Endes von literarischer Fiktion der Bedeutung entspreche, die das Ende im wirklichen Leben habe. Damit weist auch er auf die sinnstiftende Funktion von Narrationen angesichts der zeitlichen Situation des Menschen hin. Der hier vertretene Ansatz bei der Spannung zwischen Erwartung und Erfahrung hat aber folgende Vorteile: Erstens ist er weiter als der Fokus auf das Ende. Das Ende ist nur ein, wenn auch wohl besonders signifikanter Punkt, an dem sich die Spannung zwischen Erwartung und Erfahrung zeigt. Der Ansatz bei der Spannung zwischen Erwartung und Erfahrung erfaßt das hinter dem Ende liegende Phänomen und ermöglicht den Anschluß an

---

[50] Bei der Erfahrung setzt die Narratologie an, die Fludernik 1996 entwickelt. Mit ihr wird ein neuer Zugang zur Narrativität auf kognitionswissenschaftlicher Grundlage geboten. Fludernik wendet sich von der Definition von Narrativität durch Handlung ab und konzentriert sich auf die Darstellung des Bewußtseins in Erzählungen, die sie als Ausdruck von Erfahrung bestimmt. Dadurch kann sie ihre Narratologie auf die Analyse von mündlicher Kommunikation gründen und für Texte öffnen, die den Rahmen der analytischen Narratologie überschreiten. Auf der anderen Seite schließt sie aber auch Texte wie die Geschichtsschreibung, welche die traditionelle Narratologie untersucht, aus. Fludernik definiert nicht nur Erzählung als Darstellung von Erfahrung, sondern gibt auch ein an kognitiven Prozessen orientiertes Modell ihrer Konstruktion und Rezeption. Im folgenden wird dennoch nicht bei der »natural narratology«, sondern bei traditionellen Modellen angeknüpft. Es geht darum zu zeigen, wie sich die zeitliche Struktur menschlicher Erfahrung in den »plot« einschreibt, während Fludernik die Bedeutung der Erfahrung unabhängig vom »plot« interessiert.

[51] Cf. Jauß 1982. Er betrachtet auch die Zeitstruktur der ästhetischen Erfahrung, betont aber andere Aspekte, 39f.: »Auf der rezeptiven Seite unterscheidet sich ästhetische Erfahrung von anderen lebensweltlichen Funktionen durch die ihr eigentümliche Zeitlichkeit: sie läßt ›neu sehen‹ und bereitet mit dieser entdeckenden Funktion den Genuß erfüllter Gegenwart; sie führt in andere Welten der Phantasie und hebt damit den Zwang der Zeit in der Zeit auf; sie greift vor auf zukünftige Erfahrung und öffnet damit den Spielraum möglichen Handelns; sie läßt Vergangenes oder Verdrängtes wiedererkennen und bewahrt so die verlorene Zeit.«

[52] Zu Erzählzeit und erzählter Zeit s. Müller 1968, 247-268. Zu den beiden Zeitebenen s. a. Sternberg 1990, 902; 1992, 519.

[53] Kermode 1967.

die geschichtliche Zeit. Zweitens ist der hier verfolgte Ansatz explizit rezeptionsorientiert, während Kermode zwischen einer autor- und rezeptionsorientierten Perspektive schwankt. Drittens widerspricht die Beziehung zwischen Narration und Wirklichkeit bei Kermode dem hier vertretenen phänomenologischen Ansatz: »The novel, then, provides a reduction of the world different from that of the treatise. It has to lie. Words, thoughts, patterns of word and thought, are enemies of truth, if you identify that with what may be had by phenomenological reductions […] As soon as it speaks, begins to be a novel, it imposes causality and concordance, development, character, a past which matters and a future within certain broad limits determined by the project of the author rather than that of the characters.«[54] Demgegenüber basiert der hier vertretene Ansatz auf Carrs These, daß Wirklichkeit stets in narrativer Form wahrgenommen wird.

Dieser Ansatz soll im folgenden in drei Schritten ausgeführt werden: Die Sequentialität von Erzählungen wird präzisiert, indem wir auf die Theorie der Spatialität und die Dichotomie »fabula-sjuzet« rekurrieren (2.1). In einer Kritik an Lowes narratologischem Ansatz wird gezeigt, wie die Spannung zwischen den beiden Ebenen der Erfahrung der Rezeption ihre Dynamik gibt (2.2). Schließlich wird auf Isers literarische Anthropologie zurückgegriffen, um den kategorialen Unterschied zwischen Erwartung und Erfahrung auf der Ebene der Handlung und der Rezeption zu bestimmen (2.3).

2.1 Sequentialität und Spatialität

Der sequentielle Charakter von Erzählungen ist von den Vertretern der »spatial form« einer kritischen Betrachtung unterzogen worden. Ausgehend von Lessings Analyse von spatialer Kunst und sequentieller Erzählung, behauptet Frank, daß moderne Lyrik sich einem sequentiellen Verständnis oft entziehe.[55] Viele moderne Gedichte ließen sich nicht gemäß der Folge ihrer Wörter verstehen, sondern erschlössen sich nur in einem die zeitliche Sequenz übersteigendem Gesamteindruck.[56] Dafür prägt Frank den Begriff der »spatial form«. Am Beispiel von Flaubert, Joyce, Proust und Barnes

---

[54] Kermode 1967, 140.
[55] Frank 1963.
[56] Frank 1963, 13: »Aesthetic form in modern poetry, then, is based on a space-logic that demands a complete reorientation in the reader's attitude towards language. Since the primary reference of any word-group is to something inside the poem itself, language in modern poetry is really reflexive. The meaning-relationship is completed only by the simultaneous perception in space of word-groups that have no comprehensible relation to each other when read consecutively in time. Instead of the instinctive and immediate reference of words and word-groups to the objects or events they symbolize and the construction of meaning from the sequence of these references, modern poetry asks its readers to suspend the process of individual reference temporarily until the entire pattern of internal references can be apprehended as a unity.«

demonstriert er, daß die »spatial form« auch grundlegend für das Verständnis moderner Romane sei, die weniger eine Abfolge von Ereignissen als einen Gesamteindruck geben.

Dieser Ansatz hat zum einen Widerspruch hervorgerufen, zum anderen zahlreiche Arbeiten über moderne Romane inspiriert. Spatialität ist als Kennzeichen moderner Literatur herausgearbeitet worden.[57] Darüber hinaus ist versucht worden zu zeigen, daß Spatialität auch in anderen Epochen vorkomme, ja sogar, daß sie in unterschiedlichen Maßen in jeder Literatur vorliege. Die Theorie der »spatial form« hat das Verdienst, auf nichtsequentielle Aspekte aufmerksam zu machen, die vor allem in modernen und postmodernen Erzählungen in den Vordergrund treten. Aber sie kann nicht in Frage stellen, daß sowohl die Handlung als auch die Rezeption von Erzählungen sich in der Zeit vollzieht.

Schließlich hat Frank versucht, auch Anachronien als Ausdruck der Spatialität zu verbuchen.[58] Aber damit verliert der Begriff der Spatialität die Schärfe, mit der er Entzeitlichung bezeichnet. Prolepsen und Analepsen durchbrechen zwar die chronologische Abfolge, aber entzeitlichen die Erzählung nicht, sondern stellen Sprünge in die Vergangenheit oder Zukunft dar. Die klassische Dichotomie von »fabula–sjuzet« kann, auch wenn sie nicht unproblematisch ist, helfen, die Sequentialität von Erzählungen zu präzisieren. Sie zeigt zudem nicht nur, wie Erzählungen zeitlich, sondern auch wie sie perspektivisch gestaltet sind.

Schklowsky und Tomaschewsky stellen dem »sjuzet«, der künstlerischen Darstellung in der Erzählung, die »fabula«, das Rohmaterial in natürlicher Anordnung, also in der zeitlichen und kausalen Abfolge der Ereignisse, gegenüber.[59] Die »fabula« ist natürlich nur eine Konstruktion, und es ist fraglich, ob sich nichtliterarische Wirklichkeit und ihre literarische Aufbereitung in einer solchen Weise trennen lassen:[60] Oben ist mit Carr die These

---

[57] Mickelsen 1981 beispielsweise teilt spatiale Literatur in Portraits, Darstellungen einer Gesellschaft oder eines Themas ein. Vidan 1981 meint, Spatialität entstehe entweder durch ein Netzwerk wiederkehrender Motive oder durch die Abwandlung der zeitlichen Chronologie.

[58] Frank 1981, 240f.

[59] Cf. Lemon / Reis (ed.) 1965. Die Gegenüberstellung von »fabula« und »sjuzet« ist oft rezipiert worden. Dabei sind nicht nur andere Begriffe gewählt, sondern auch andere Konzepte entworfen worden. Unabhängig von den russischen Formalisten unterschied Forster »story« und »plot«, wobei bei ihm Kausalitäten erst auf der Ebene des »plot« zu finden sind. Zu weiteren Unterschieden zwischen den Konzepten der russischen Formalisten und Forster s. Sternberg 1978, 10-13. Einen Überblick über die verschiedenen begrifflichen und inhaltlichen Versionen der »fabula-sjuzet«-Dichotomie, die manchmal zu einem dreigliedrigen System ergänzt wird, gibt Fludernik 1993, 62.

[60] Cf. Chatman 1978, 37, der »story« und »discourse« voneinander trennt: »Story, in my technical sense of the word, exists only at an abstract level; any manifestation already entails the selection and arrangement performed by the discourse as actualized by a given medium. There is no privileged manifestation.« S. a. Todorov 1980, 6. Culler 1979/1980 zeigt die Bedeutung der

vertreten worden, daß es keine Fakten außerhalb von Erzählungen gebe, sondern die Wahrnehmung von Wirklichkeit immer schon eine narrative Konstruktion sei. Die Kategorie der »fabula« hat aber insofern einen hohen heuristischen Wert, als sie markiert, daß die Ereignisse im »sjuzet« in verschiedener Weise präsentiert werden können, und erlaubt, die Form dieser Darstellung zu analysieren.[61]

Genette beispielsweise bestimmt die Entwicklung des »sjuzet« aus der »fabula« durch drei Kategorien: »tense«, die zeitliche Gestaltung in Reihenfolge, Dauer und Frequenz; »mode«, die Selektion der Information und die perspektivische Darbietung durch Fokalisation; »voix«, die Perspektive des Erzählers.[62] Die Handlung von Erzählungen ist also nicht einfach sequentiell, sondern wird zeitlich gestaltet und stets aus einer Perspektive erzählt und von einem Fokus aus gesehen. Wenn man »mode« und »voix« vereinfachend zu einer Kategorie zusammenfaßt, lassen sich Zeit und Perspektive als die beiden Kategorien festhalten, durch die ein »sjuzet« gestaltet wird.

2.2 Die Dynamik der Rezeption

Inwiefern darin die Dynamik der Rezeption begründet ist, zeigt die Auseinandersetzung mit Lowes narratologischem Ansatz. Erstaunlicherweise ohne die Arbeiten zur spatialen Form zu zitieren, entwickelt Lowe ein ähnliches Modell in seiner Theorie des »plot« als Spiels, das die Dynamik der Rezeption erhellt. Er geht von der Einteilung in »story«, »narrative« und »text« aus.[63] Als »story« bezeichnet er die »fabula« der russischen Formalisten, also die von der Form der Darstellung abstrahierte Folge der Ereignisse einer Geschichte. »Narrative« ist die Form der Darstellung, also das »sjuzet«. »Text« bezeichnet schließlich den Text, der dem Leser vorliegt.

»fabula« als Voraussetzung für die Kategorie des »point of view«, betont aber die Schwierigkeit, zu entscheiden, welche Bedeutung ein Ereignis vor seiner Signifikation durch eine Narration hat. Hinter diesem Problem liegt die Frage nach dem Verhältnis von Wirklichkeit und Narration. Besonders radikal ist die Kritik von B. H. Smith 1981 an der »fabula-sjuzet«-Dichotomie. S. a. die Erwiderung von Chatman im gleichen Band (258-265).

[61] Hierauf stützt Gutenberg 2000, 80 ihren Begriff des plots: »*Jeder Erzähltext* – abgesehen vielleicht von wenig komplexen Populärgattungen wie dem Märchen, wo *story* und Plot zusammenfallen können – *weist eine spezifische syntagmatische Konfigurierung sowie eine spezifische Art der Informationsvergabe und Perspektivierung von Ereignissen und Handlungen auf, die von einer angenommenen Linearität der Chronologie und Neutralität der Vermittlung abweichen. Damit besitzt jeder narrative Text einen Plot.*«

[62] Genette 1972. Eine ähnliche Analyse gibt beispielsweise Todorov 1980, der »time of the narrative«, »aspects of the narrative« und »mode of the narrative« als die Modi des »discourse« angibt.

[63] Lowe 2000, 17-20.

Lowe behauptet nun, daß »narrative« und »story« nicht Abstraktionen des Literaturwissenschaftlers seien, sondern den Leseprozeß selbst erfaßten. Neben der Erfahrung der Geschichte in der Zeit, die dem sequentiellen Gang des Geschehens und damit der Perspektive der Handelnden folge, gebe es eine zeitlose, »holographische« Wahrnehmung der Geschichte. Sie teilt er auf in die Wahrnehmung von »non-sequential facts«, zu denen er auch Anachronien zählt, und »coded *rules* about the universe of the story, from which we can ourselves deduce further conclusions about missing elements of the global model«.[64] Dieses Modell beschreibt nach Lowe die Dynamik der Rezeption von Narrationen:

First, the tension between our twin internal models of the story is the source of the dynamic and affective element in plot. What we, as readers, want is for our temporal and atemporal models of the story to coincide; and all the while we read, we are actively on the lookout for ways in which they will ultimately converge. Secondly, by controlling the flow of information about the story, the narrative text can to a large extent control the way those models, and thus the disparities between them, are constructed in the act of reading.[65]

Neben diese Analyse der Rezeption stellt Lowe als Modell für die Narration das Spiel. Er definiert das Spiel durch die zeitliche und räumliche Gestaltung, die Charaktere und ihre Handlungsmöglichkeiten sowie die Regeln, die ihr Handeln bestimmen. Lowes Spielbegriff hat einen hohen heuristischen Wert, um die Ähnlichkeit von Literatur und Alltagswirklichkeit zu erfassen.[66] Er paßt allerdings schlecht zu seinem Modell der Rezeption: Wo finden sich eine sequentielle und eine holographische Perspektive im Spiel? Hier zeigen sich die Grenzen des Spielmodells. Es hat keinen Platz für den Erzähler und die perspektivische sowie zeitliche Gestaltung, auf welche die Unterscheidung von »fabula« und »sjuzet« aufmerksam macht.

Schwerer als die heuristischen Grenzen des Spielmodells wiegt die Inkonsistenz von Lowes Modell der Rezeption. Die Herleitung der ho-

---

[64] Lowe 2000, 25.

[65] Lowe 2000, 24. Auch Ricoeur 1980, 178 geht von einer zweifachen Struktur der Erzählung aus: »Every narrative combines two dimensions in various proportions, one chronological and the other nonchronological.« Die nichtchronologische, konfigurative Dimension bezeichnet er als »thought« der Erzählung und fügt hinzu, 179: »But it would be a complete mistake to consider ›thought‹ as a-chronological.« S. a. Morson 1994, 43, der die Dimension der Perspektive hinzufügt: »Readers of literary narrative have a double experience: they both identify with characters and contemplate structure. Alternating between internal and external views, they not only project themselves into the character's horizon but also view the character's entire world as a completed aesthetic artifact. One perspective gives them process, the other product; one an open future, the other a future that has long since been determined.«

[66] Das Spiel ist als Modell für die Welt der Narration bereits von Pavel 1986 entwickelt worden. S. a. die Verwendung des Spielbegriffs bei Iser 1991, auf die im folgenden zurückgegriffen wird, um den Rahmen der Rezeption zu bestimmen.

lographischen und sequentiellen Perspektive aus »fabula« und »sjuzet« ist
fragwürdig: Die Annahme eines Rezeptionsmodus, welcher dem sequentiellen Ablauf der Handlung folgt, vernachlässigt die perspektivische
Gestaltung der Handlung. Es gibt keine einfache Sequenz, sondern die
Handlung ist immer perspektivisch aufbereitet. Außerdem ist das »narrative«, auch wenn es von der chronologischen Reihenfolge abweicht, nicht
zeitlos. Es ist überhaupt fraglich, ob Lowes holographische Perspektive
zeitlos ist. Dies enthüllen die Zeitadverbien, mit denen er sie beschreibt:

> *At the beginning of Odyssey V, for instance, our picture of the story as a timeless
> whole already includes the fairly certain details that Odysseus starts out from Troy
> with his full complement of crewmates, and finally kills the suitors, reclaims Pene-
> lope, and lives happily ever after in Ithaca.*[67]

Der Gesamteindruck einer Handlung ist zeitlich. Antizipationen des Endes
werden als Enthüllungen über das Ende wahrgenommen. Zeitlos sind nur
die narrativen Regeln.

Trotzdem ist Lowes Modell von holographischer und sequentieller Perspektive ein interessanter Versuch, die nichtchronologischen Aspekte des
»sjuzet« zu berücksichtigen und aus ihnen die Dynamik der Rezeption
abzuleiten. Diese Dynamik ist aber nicht, wie Lowe meint, in einer zeitlo-
sen und einer zeitlichen Perspektive begründet, sondern – und hier kehren
wir zum Ausgangspunkt der Betrachtung zurück – in der Spannung zwischen Erwartung und Erfahrung. Der Rezipient stellt auf der Grundlage
seines Wissens Erwartungen über den Verlauf der Handlung an, die erfüllt
oder enttäuscht werden. Diese Spannung wird dadurch verschärft, daß auch
die Charaktere, auf die sich die Erfahrungen der Rezipienten richten, Erfahrungen machen.[68] Die Erwartungen der Rezipienten entsprechen der ho-
lographischen Perspektive bei Lowe mit dem Unterschied, daß das Bild von
der Gesamthandlung, welches die Erwartungen entwerfen, nicht zeitlos ist.
Die Erwartungen der Charaktere bilden bei Lowe, um den Aspekt der Perspektive verkürzt, die sequentielle Wahrnehmung.

Dadurch, daß die Rezeption die Struktur der Erwartungen und Erfahrungen auf der Ebene der Handlung dupliziert, entsteht eine Spannung zwischen den beiden Ebenen. Die Erwartungen und Erfahrungen der Rezipienten können die der Charaktere übersteigen, ihnen gleich sein, aber auch
hinter ihnen zurückbleiben. Diese Spannung wird durch die Gestaltung von
Zeit und Perspektive gesteuert. Sie bestimmt sowohl den Blick der Rezi-

---

[67] Lowe 2000, 23.
[68] Ricoeur 1980, 174: »Following a story, correlatively, is understanding the successive actions, thoughts, and feelings in question insofar as they present a certain directedness. By this I
mean that we are pushed ahead by this development and that we reply to its impetus with expectations concerning the outcome and the completion of the entire process.«

pienten auf die Erwartungen und Erfahrungen der Charaktere als auch ihre eigenen Erwartungen und Erfahrungen. Mit der Analyse von Zeit und Perspektive läßt sich also die Dynamik der Rezeption erfassen, die darin begründet ist, daß die lebensweltliche Spannung von Erwartung und Erfahrung in doppelter Form refiguriert wird.

Dieser Ansatz läßt sich verbinden mit den drei »master strategies«, durch die Sternberg Narrativität definiert.[69] Auch er geht von der doppelten Zeitstruktur der Handlung und der Rezeption aus und bestimmt Narrativität als »play of suspense/ curiosity/ surprise between represented and communicative time«.[70] Diesen drei Temporalitäten entsprechen »recognition, retrospection, prospection«.[71] Der hier vorgeschlagene Ansatz bei Erwartung und Erfahrung zeigt die lebensweltliche Grundlage für Sternbergs Definition von Narrativität: In der Spannung wird die zukünftige Erfahrung erwartet, die Neugierde richtet die Erwartung auf eine vergangene Erfahrung, die offen ist, und die Überraschung stellt sich ein, wenn eine Erwartung enttäuscht wird. Folgen wir Sternberg, so ist es nicht ein Nebenaspekt, daß Erzählungen die zeitliche Struktur menschlicher Erfahrung refigurieren, sondern das Narrativität definierende Moment.

2.3 Das »Als-ob« der Rezeption

Die Refiguration der zeitlichen Struktur menschlicher Erfahrung in der Erzählung ist aber erst vollständig erfaßt, wenn wir uns vor Augen halten, daß die Erfahrung der Rezipienten sich kategorial von der Erfahrung der Charaktere unterscheidet. Um diesen Unterschied auszuleuchten, sei auf die Bestimmung des Verhältnisses zwischen Wirklichkeit und Fiktion in Isers literarischer Anthropologie zurückgegriffen.[72]

Iser zeigt, daß Wirklichkeit durch drei Akte in die Fiktion eingeht. In der Selektion werden Elemente aus der Wirklichkeit als Material herausgegriffen, in der Kombination werden diese Elemente neu zusammengesetzt und im »Als ob« wird die Fiktionalität des Textes enthüllt.[73] Das Fingieren vollzieht sich im Zusammenwirken des Fiktiven und des Imaginären. Das Fiktive stellt das Imaginäre unter Formzwang, umgekehrt erlaubt das Imaginäre dem Fiktiven eine Bestimmung.[74]

---

[69] Sternberg 1992, besonders 508-538.
[70] Sternberg 1992, 529. Er konzentriert sich aber vor allem auf die Rezeption.
[71] Sternberg 1992, 531.
[72] S. neben Iser 1991 in komprimierter Form id. 1989, 262-284. Fluck 2000 gibt einen interessanten Überblick über die Entwicklung von Isers Denken, versucht die Betonung der Negativität bei ihm als Reaktion auf die Kriegserfahrung zurückzuführen und zeigt die engen Zusammenhänge zwischen den rezeptionsästhetischen und anthropologischen Arbeiten.
[73] Iser 1991, 24-51.
[74] Iser 1991, 377-411.

Wenn das Fiktive sich auf das Imaginäre richtet, entsteht eine Doppelungsstruktur: In der Selektion werden die Bezugsrealitäten der einzelnen Elemente durchgestrichen, sie sind aber als durchgestrichene im Text noch präsent.[75] Im Akt der Kombination, der die einzelnen Teile des Textes in Relation zueinander stellt, werden die Grenzen der einzelnen Elemente überschritten. Das ursprüngliche Bezeichnen bleibt aber als Spiegel für die anderen Elemente erhalten.[76] Im »Als-ob« wird der Text irrealisiert, allerdings um »Nicht-Vorhandenes als eine Wirklichkeit ›sehen‹ zu können.«[77]

Auf der Grundlage dieser Doppelstruktur der Fiktion stellt Iser fest, daß Literatur weniger den Charakter von Repräsentanz als von Performanz oder Inszenierung habe. Er beschreibt das Verhältnis von Wirklichkeit und Text als Spiel:

Eine solche Inszenierung kann daher nur Spiel sein, das sich zunächst aus dem grenzüberschreitenden Fingieren ergibt; dieses läßt im Text Referenzwelten sowie andere Texte wiederkehren, die selbst dann, wenn sie wie bloße Abbilder wirken, stets eine Wiederkehr mit Differenz sind. Folglich entsteht ein Hin und Her zwischen dem, was in den Text eingegangen ist, und der Referenzrealität, aus der es herausgebrochen wurde. Ähnliches gilt für das vom Fiktiven zur Gegenwendigkeit entfaltete Imaginäre, das sich als Durchstreichen und Hervorbringen, Entgrenzen und Kombinieren sowie als Irrealisieren und Vorstellen entwickelt, wodurch die Referenzrealitäten des Textes in das daraus entspringende Hin und Her hineingezogen werden.[78]

In der Doppelungsstruktur der literarischen Fiktion sieht Iser den Ausdruck der anthropologischen Bestimmtheit des Menschen, die er mit Plessner als exzentrisch bestimmt: Der Mensch ist sich, hat sich aber selbst nicht. Anders als beim Rollenspiel in der Sozialanthropologie besteht in der literarischen Fiktion aber eine Simultanpräsenz beider Welten.[79]

Das Spiel als Modell für das Verhältnis zwischen Bezugsrealität und Welt des Textes läßt sich auf die Rezeption von Literatur übertragen. Iser bezeichnet sogar explizit das Lesen von literarischen Texten als Spielen.[80] Das Modell des Spielens erlaubt es, den Erfahrungscharakter der Rezipienten zu konzeptualisieren und der Erfahrung der Charaktere gegenüberzustellen. Durch den Prozeß der Irrealisierung ihrer eigenen Wirklichkeit machen die Rezipienten Erfahrungen, im Erscheinen der fiktiven Textwelt

---

[75] Iser 1991, 394-396.
[76] Iser 1991, 396f.
[77] Iser 1991, 397.
[78] Iser 1991, 406.
[79] Iser 1991, 145-157. Bereits Jauß 1982, 33f. vergleicht die ästhetische Erfahrung mit der Rollendistanz.
[80] Iser 1991, 468-480.

ist aber zugleich ihre Unwirklichkeit präsent. Die Erfahrung wird im Modus des »Als-ob« gemacht.[81]

Die Erfahrung der Rezeption läßt sich also schärfer erfassen, wenn wir sie vor dem Hintergrund der Iserschen Anthropologie der Fiktion sehen – die »Anthropologie der Erzählung« in die Anthropologie der Fiktion einbetten. Der Rahmen der Fiktion ermöglicht, daß die Spannung zwischen Erwartung und Erfahrung nicht nur abstrakt reflektiert, sondern erfahren wird – allerdings nicht unmittelbar, sondern durch »ein von lebensweltlicher Pragmatik entlastetes Widerspiel«.[82] Umgekehrt füllt das Spiel mit der Erwartung und Erfahrung, das die narrative Struktur auslöst, die Iorische Anthropologie des Fiktiven inhaltlich. Sie geht über den Formalismus der Negativität bei Iser hinaus[83] und zeigt, daß in der literarischen Fiktion die zeitliche Struktur menschlicher Erfahrung inszeniert wird.[84]

Fassen wir zusammen: Unser Ausgangspunkt war die These, daß die narrative Struktur von Erzählungen geschichtliche Zeit refiguriert. Die Spannung zwischen Erwartung und Erfahrung, die geschichtliche Zeit ausmacht, liegt in Erzählungen auf zwei Ebenen vor: Zum einen machen die Charaktere Erfahrungen; zum anderen vollzieht sich die Rezeption als Erfahrung im

[81] Iser 1991, 44f.: »Die Vorstellbarkeit dessen, was durch das Als-ob ausgelöst wird, bedeutet also, daß unsere Vermögen in den Dienst dieser Irrealität treten, um im Vorgang einer wie immer ablaufenden Irrealisierung diese zur Wirklichkeit zu machen. Wenn wir uns durch das Fiktive selbst zu irrealisieren vermögen, um der Irrealität der Textwelt die Möglichkeit ihres Erscheinens zu sichern, dann wird – zumindest strukturell – unsere Reaktion auf die Textwelt den Charakter des Ereignisses besitzen. Denn dieses entspringt aus der Verletzung gezogener Grenzen und entzieht sich der Referentialisierbarkeit, weshalb es sich auch nicht auf die Gegebenheit von Bedeutungen zurückbringen läßt. Durch diese Ereignishaftigkeit übersetzt sich das Imaginäre in eine Erfahrung.«

[82] Iser 1991, 404. Die ästhetische Erfahrung hebt schließlich die alltägliche Spannung von Erwartung und Erfahrung für die Zeit der Rezeption auf.

[83] An Isers literarischer Anthropologie ist kritisiert worden, daß ihr Modus der Negativität zu unbestimmt sei und dem Prozeß der Rezeption nicht gerecht werde. Schwab 2000 beispielsweise kritisiert, daß der Transfer zwischen Text und Leser einer politischen und psychologischen Ausarbeitung bedürfe, daß der Begriff des Unbewußten zu unbestimmt und das »Andere« im Leseprozeß keine Leerstelle sei, sondern inhaltlich gefüllt werden müsse. S. a. Fluck 2000, 200, der darauf aufmerksam macht, daß mit Isers literarischer Anthropologie keine Kultur- oder Literaturgeschichte geschrieben werden könne, da Literatur bei Iser immer in der Negativität verharre.

[84] Zu der hier vorgestellten Deutung der Erfahrung im Modus des »Als-ob« paßt die folgende Interpretation von Schwab 2000, 85: »Ultimately, the blank space in Iser's work pursues nothing less than the transcendence of history and, I would add, by extension, mortality.« Iser würde aber wahrscheinlich den Begriff der Transzendenz durch den des Spiels oder der Performanz ersetzen. Als Ausgangspunkt im Werke Isers könnten aber die Überlegungen zum Ende dienen, Iser 1989, 282; 1996. Dazu s. Riquelme 2000, 59: »Imaginative activity and death bring life to apparently antithetical completions that are, in fact, linked. They are connected because art responds to and even arises from our shared human experience of limits, with death as the ultimate form of unavoidable limitation that we all face.« Ähnliche Reflexionen finden sich, allerdings vor anderem theoretischen Hintergrund, bei Steiner 1989, 209f.

Rahmen des fiktiven »Als-ob«. Darin, daß die Rezipienten Erfahrungen über Erfahrungen machen, ist die Dynamik des Rezeptionsprozesses begründet.

Sowohl die Art der Erfahrungen der Rezipienten als auch ihr Verhältnis zu den Erfahrungen der Charaktere hängt davon ab, wie Zeit und Perspektive gestaltet sind. Eine technische Analyse der narrativen Struktur kann uns also zeigen, wie geschichtliche Zeit refiguriert wird. Insofern gelingt es, die historische Erzähltheorie über den Begriff der Geschichtlichkeit und die von ihr abgeleitete Definition geschichtlicher Zeit mit den Mitteln der Narratologie zu begründen und umgekehrt die technische Analyse durch die Überlegungen zum Verhältnis von Geschichte und Erzählung fruchtbar zu interpretieren.

Läßt sich sagen, daß die narrative Struktur von Erzählungen das Abbild eines Geschichtsbildes ist? Nein, Ansätze der *Mimesis* greifen hier zu kurz. Zeit und Perspektive in Erzählungen werden in künstlerischer Freiheit gestaltet, die nicht an die Konstruktion des Verhältnisses von Erwartung und Erfahrung im Alltag gebunden ist. Aber dennoch kann der narrativen Struktur von Erzählungen eine referentielle Funktion zugesprochen werden. Hier handelt es sich allerdings nicht um eine deskriptive Referenz.

Ricoeur hat in seinem Buch zur lebendigen Metapher, um der referentiellen Funktion von fiktiver Literatur, die nichtdeskriptiv ist, gerecht zu werden, den Begriff der »metaphorischen Referenz« eingeführt. Ebenso wie eine Metapher auf dem Scheitern der wörtlichen Aussage metaphorischen Sinn bildet, entsteht in der Fiktion auf der Grundlage der Auslöschung der deskriptiven Referenz eine Referenz auf unser »In-der-Welt-Sein«.[85] Demgemäß wird hier die narrative Struktur als Ausdruck einer Erfahrung interpretiert, der sich nicht in deskriptiver Sprache vollzieht. Das Modell der Metapher hat durch das Durchstreichen des wörtlichen Sinnes einen geringen heuristischen Wert, um die Referenz der narrativen Struktur zu bezeichnen. Aber da in der narrativen Struktur Zeit refiguriert wird, können wir von einer narrativen Referenz auf die zeitliche Struktur der Erfahrung sprechen.

Diese Überlegungen eröffnen auch einen neuen Blick darauf, daß Erzählen offensichtlich eine anthropologische Konstante ist. Die Doppelung der lebensweltlichen Spannung von Erwartung und Erfahrung und der Modus des »Als-ob« machen Erzählungen zu einer besonders reizvollen Form der Auseinandersetzung mit der zeitlichen Struktur menschlichen Lebens. Dem Erzählenden bieten sie die Möglichkeit, die Spannung von Erwartung und Erfahrung zu refigurieren, den Rezipienten lassen sie Erfahrungen

---

[85] Cf. Ricoeur 1986, 209-251.

zugleich aus der Distanz betrachten und selber im Modus des Spiel machen.[86]

3. Anwendung auf die *Ilias*: »Oral performance« und Darstellung der Vergangenheit

Zwei möglichen Einwänden gegen eine Anwendung des hier entwickelten Ansatzes sei kurz begegnet: Das Modell stützt sich auf Theorien, die für schriftliche Texte entwickelt wurden. Die im folgenden Kapitel gegebene Interpretation ist auch die Lektüre eines geschriebenen Textes, aber die Epen sind in einer oralen Tradition entstanden und zuerst als mündliche Dichtung tradiert und vorgeführt worden.[87] Schränkt das die Aussagekraft unserer Interpretation ein? Hat sie nur Geltung für das Epos in seiner schriftlich fixierten Form? Das würde den Radius unserer Reflexionen erheblich einschränken, da bis in die klassische Zeit hinein die Epen vor allem in mündlicher Aufführung rezipiert wurden.

Narratologische Ansätze können aber auch auf mündliche Dichtung angewandt werden. So müssen wir gar nicht zur »natural narratology« greifen, die vom im Alltag gesprochenen Wort ausgeht;[88] mit den Kategorien von Zeit und Perspektive läßt sich auch eine »oral performance« untersuchen. Es sei sogar die Vermutung gestattet, daß der Erfahrungscharakter der Rezeption, welcher für den hier vertretenen Ansatz so wichtig ist, im mündlichen Vortrag noch stärker ist als in der Lektüre. So werden beispielsweise vom Barden rezitierte Reden auch als Rede wahrgenommen.

Zweitens ist der Charakter des »Als-ob« der Rezeption für die *Ilias* genauer zu bestimmen. Für die Griechen erzählte, wie in der Einleitung be-

---

[86] Echterhoff 2002, 268 schreibt über Erzählen aus psychologischer Perspektive: »Als Hauptfunktion und zugleich psychologisch zentrales Merkmal des Narrativen ist also bislang die Stiftung eines Zusammenhangs zwischen einzelnen, aufeinander folgenden Ereignissen festzuhalten. Ein Ereignis tritt also nicht unverbunden nach einem vorhergehenden auf, wenn beide ihren Platz im Rahmen einer narrativen Struktur erhalten. In Anlehnung an eine systemtheoretische und konstruktivistische Terminologie stellt sich Narrativität somit als Form der Kontingenzreduktion dar: Ein zeitlich späteres, sequentiell nachgeordnetes Ereignis hat nicht mehr denselben Grad an Wahrscheinlichkeit wie andere mögliche Ereignisse, wenn es als Teil einer bestimmten Narration vorgesehen ist.« Die oben ausgeführten Überlegungen zeigen, daß fiktives Erzählen weniger eine Reduktion von Kontingenz als ihre Refiguration ist (die auch die Form einer Reduktion annehmen kann).

[87] Aus der umfangreichen Literatur sei nur folgendes genannt: die grundlegenden Aufsätze von Parry 1971, die von den homerischen Epitheta ausgehen; Lord 1960, der das Verhältnis von »performance« und »composition« beleuchtet; Janko 1982 vor allem zur epischen Sprache; Foley (ed.) 1986; 1991 zu oralen Traditionen im allgemeinen; Nagy 1996a und b; 2003; 2004 mit einem komplexen Entstehungsmodell für die *Ilias*.

[88] Cf. Fludernik 1996.

merkt, die *Ilias* ein vergangenes Ereignis.[89] Dies stellt allerdings den Spielcharakter der Rezeption nicht in Frage – unabhängig von seiner Referenz wird, was erzählt wird, ja nicht unmittelbar erfahren, sondern durch den Erzähler vermittelt. Das »Als-ob« gewinnt in der epischen Vorführung jedoch dadurch eine besondere Dignität, daß es in der Vergangenheit Geschehenes zum Gegenstand hat.

---

[89] Rösler 1980 vertritt die These, die Griechen hätten die Fiktionalität erst später »erfunden«.

VI. Interpretation II: Das Geschichtsbild der *Ilias*

Im IV. Kapitel ist gezeigt worden, daß das Geschichtsbild der *Ilias* dem ihrer Helden entspricht. Der Handlungsrahmen der *Ilias* betont Schicksalskontingenz und das Verhältnis der Helden zu ihrer Vergangenheit spiegelt das Verhältnis des Erzählers zur Handlung der *Ilias*. Nun soll auf der Grundlage der Reflexionen im V. Kapitel, nach denen die narrative Struktur von Erzählungen geschichtliche Zeit refiguriert, gezeigt werden, daß sich das Geschichtsbild der *Ilias* in ihre narrative Form eingeschrieben hat und daß dadurch die Rezipienten Kontingenz bewältigten.

Aufgrund ihrer narrativen Komplexität ist die *Ilias* ein besonders interessanter Untersuchungsgegenstand für diesen Ansatz. Drei Punkte fallen auf: das dichte Netz von Analepsen und Prolepsen,[1] das die Erzählung durchzieht, die Kürze der Haupthandlung, die nur 51 Tage umfaßt, und die Existenz einer Götterhandlung parallel zur Menschenhandlung.[2] In Lataczs Analyse der Struktur der *Ilias* wird der Zusammenhang zwischen den drei Punkten, die sich als Gestaltung von Zeit, Perspektive und Handlungsebene zusammenfassen lassen, deutlich:

Die Inszenierung der Strukturformel vollzieht sich im Zusammenspiel zwischen der Projektion eines als bekannt vorausgesetzten zeitlich weit ausgedehnten statischen Erzählungshintergrunds, der Troja-Geschichte, und der Entfaltung einer – in Perspektive und Detailliertheit wohl neuen – zeitlich engbegrenzten dynamischen Vordergrund-Erzählung, der Achilleus-Geschichte. Erzählungshintergrund und Vordergrund-Erzählung werden miteinander vermittelt durch (1) eine über das Ganze gelegte Ebene der Zeitlosigkeit, die sich als Anteil nehmende Präsenz der ›ewigseienden/unsterblichen Götter‹ darstellt, (2) eine sich durch das Ganze hindurchziehende Schicht von Rückwendungen und Vorausdeutungen (externe Analepsen und Prolepsen), sowohl von Erzähler- als auch von Figuren-Seite.[3]

---

[1] Sternberg 1990 macht darauf aufmerksam, daß Anachronien nicht, wie es bei Genette scheint, die normale Form von Erzählungen sind.

[2] Cf. Latacz 2000, 153, der außerdem erwähnt, daß vier Tage mit 13 342 Versen mehr als 22 Gesänge einnehmen. S. a. Bakhtin 1981, 31 über das Epos im allgemeinen.

[3] Latacz 2000, 151. Besonders deutlich wird die Verbindung der Hintergrunds- und Vordergrundshandlung dadurch, daß am Anfang der *Ilias* mit dem Schiffskatalog und der Teichoskopie der Beginn des Erzählhintergrundes und am Ende mit dem Untergang Trojas sein Abschluß evoziert werden. Cf. Bergren 1979/1980; Richardson 1990, 49, 106f.; Latacz 2000, 155. S. a. Aristot. poet. 1459a35-37 zum Katalog und die Scholien zur Teichoskopie.

Auch wenn uns kaum Text aus dem epischen Zyklus überliefert ist, lassen
uns die Kommentare in der *Poetik* des Aristoteles vermuten, daß seine
Erzählungen zumindest in stärkerem Maße linear waren und der Chronologie folgten.[4] Die *Ilias* und *Odyssee* hoben sich, so scheint es, durch ihre
narrative Komplexität von den anderen frühgriechischen Epen ab. Erstaunlich selten wird in der Forschung vermerkt, wie ungewöhnlich es ist, daß
am Anfang der griechischen Literatur die erzählte Zeit und die Perspektive
so komplex gestaltet sind und zwei Handlungsebenen nebeneinander
existieren.

Die Forschung hat die narrative Komplexität vor allem aus zwei Perspektiven betrachtet: Sie ist kompositionstechnisch analysiert und etwa als
Folge der Integration der Achillgeschichte in die Trojasage erklärt worden.[5]
Medientheoretisch ist umstritten, ob die komplexe Erzählung eine Folge der
oralen Tradition oder aber der Verschriftlichung ist.[6]

In diesem Kapitel, dem zweiten interpretativen Hauptteil, soll ein neuer
Zugang zur narrativen Form der *Ilias* eröffnet und gezeigt werden, daß sie
nicht nur die zeitliche Struktur menschlicher Erfahrung refiguriert, sondern
Ausdruck ihres Geschichtsbildes ist, in dessen Zentrum die Schicksalskontingenz steht.[7] Die Entfaltung dieser These kann sich auf die Ergebnisse der
erzähltechnischen Analyse der *Ilias* stützen. Der Befund der Narratologie
soll durch die historische Erzähltheorie erklärt werden. Umgekehrt wird die

---

[4] Aristot. poet. 1451a22-30 und 1459a30-1459b7. Cf. Kullmann 1992e, 221; Else 1957, 585f.
S. a. Hor. poet. 146-152. Brink ad Hor. poet. 148 gibt weitere Kommentare aus der antiken Literatur. Heath 1989, 48-55 interpretiert die ἐπεισόδια in der *Poetik* des Aristoteles als Digressio-
nen. Schadewaldt [3]1966, 158 Anm. 3 spricht von einer »am Faden des Hauptgeschehens aufge-
reihten Folge gerundeter Einzelbilder« bei den Epen des Zyklus. S. a. Schmid / Stählin 1929, 207-
213; Bethe [2]1929, 287f.; Hogan 1973 und Young 1983, 162-167; Grundsätzlich zu den
Unterschieden zwischen *Ilias* und *Odyssee* und dem epischen Zyklus s. Griffin 1977 und den
Kommentar von Nagy 1979, 7 §14 Anm. 4. S. aber auch Cairns 2001, 34, der darauf aufmerksam
macht, daß unser Bild von den Gedichten des epischen Zyklus durch die bruchstückhafte Überlieferung geprägt ist.
[5] Cf. Lang 1995.
[6] In der medientheoretischen Debatte stehen sich vor allem angloamerikanische Oralisten und
zumeist deutschsprachige Unitarier und Neoanalytiker gegenüber. Eine oralistische Position
beziehen e. g. Notopoulos 1951; Thornton 1984, 68; Morrison 1992b, 109-111; Nagy 2003b, 7-19.
Minchin 2001 verbindet den oralistischen Ansatz mit kognitionswissenschaftlichen Erkenntnissen.
S. dagegen dafür, daß die Anachronien Folge der Verschriftlichung sind: Gordesiani 1986; Lohmann 1988, 77; Tsagarakis 1992; Schwabl 1992; Reichel 1994, 369-382; 1998.
[7] Bereits Schadewaldt [3]1966, 159 betont, allerdings in einem unverkennbar romantischen
Gedankenduktus, daß die »Vorbereitung« im Epos nicht nur ein technisches Mittel sei: »Die
homerische Erzählform der ›Vorbereitung‹, so viel Weitblick und Können sie verrät, ist kein
bloßer Kunstgriff. Sie zeugt zu ihrem Teil vom Wesen des Menschen und der Welt, so wie Homer
es als Grieche innerlich erfuhr, und durchformt von da her die *Ilias* mit der Kraft eines lebendigen
organischen Gesetzes.«

These der historischen Erzähltheorie erhärtet durch die technische Analyse der Narration.

Es gilt also zu zeigen, inwiefern die Erfahrung von Schicksalskontingenz, die im Zentrum des Geschichtsbildes der Helden steht, durch die perspektivische und zeitliche Gestaltung des »sjuzet« zum Ausdruck kommt. Gemäß den Übelegungen im V. Kapitel sind zwei Ebenen zu untersuchen: Erstens wird gefragt, inwiefern die narrative Gestaltung der *Ilias* dem Rezipienten einen Blick auf die Schicksalskontingenz auf der Handlungsebene eröffnet (1). Zweitens soll überlegt werden, inwiefern die Erfahrung der Rezeption selbst eine Kontingenzerfahrung ist (2). Anschließend wird anhand einer Interpretation des Endes der *Ilias* als Spiegel der Rezeption gezeigt, daß die *Ilias* ihren Rezipienten half, Kontingenz zu distanzieren und zu bewältigen (3).

Ein Punkt soll noch angesprochen werden: Das folgende Kapitel wird die Gesamtkomposition der *Ilias* in den Blick nehmen und auch Fernbeziehungen analysieren. Die *Ilias* ist aber in mündlichen »performances« entstanden und lange Zeit in diesem Rahmen rezipiert worden. Nur selten wird das gesamte Gedicht rezitiert worden sein und wenn, dann sicherlich mit Pausen. Zumeist werden sich die Vorführungen aber auf einzelne Episoden beschränkt haben. Wird dadurch die Geltung der hier vorgenommenen Interpretation für die mündlichen Vorführungen eingeschränkt? Diese Frage können wir verneinen. Die hier gegebene Interpretation geht natürlich von dem uns überlieferten Text aus, aber die an ihm greifbaren Phänomene sind auch bei der Rezitation einzelner Episoden zu erwarten. So war jede »performance« eingebettet in den größeren Kontext der epischen Tradition und konnte auf andere Handlungsstränge vor- und zurückverweisen, ohne daß diese eigens thematisiert werden mußten.[8] Durch dieses »Archiv« der epischen Traditon, von dem uns nur Rudimente überliefert sind, dürfte die Spannung zwischen Erwartungen und Erfahrungen noch vielfältiger gewesen sein, als wir es auf der Grundlage des überlieferten Textes der *Ilias* rekonstruieren können.

1. Die narrative Struktur und die heroische Erfahrung der Schicksalskontingenz

In der *Ilias* zeigt sich die Spannung zwischen Erwartungen und Erfahrungen der Helden nicht nur, wenn im Verlauf der Handlung eine Erwartung

---

[8] Hierzu s. Nagy 1996a, 82; 1999, xiv-xvii, der an die Stelle einer Theorie der Intertextualität ein »evolutionary model for the textualization of Homer« stellt. Zur epischen Tradition s. beispielsweise Dowden 2004.

erfüllt oder enttäuscht wird. Sie tritt dadurch viel pointierter hervor, daß Erwartungen und Erfahrungen durch Perspektivierung und Anachronien einander unmittelbar gegenübergestellt werden.

Sowohl die Erzählperspektive als auch besonders die Anachronien der *Ilias* sind Gegenstand vieler formaler Untersuchungen.[9] Für unser Interesse an ihnen als Refiguration geschichtlicher Zeit ist es nicht notwendig, eine neue Klassifizierung zu entwickeln, sondern es kann auf das Modell Genettes zurückgegriffen werden.[10]

Die Spannung zwischen Erwartung und Erfahrung kann sowohl durch eine Analepse als auch durch eine Prolepse verdeutlicht werden: Wenn die Erfahrung gemacht wird, kann die entsprechende Erwartung per Rückblick eingeblendet werden. Umgekehrt kann einer Erwartung im Vorgriff die Erfahrung gegenübergestellt werden. Für den ersten Fall ist keine Verschiebung der Fokalisation notwendig. Der Charakter, der eine Erfahrung macht, kann selbst seine Erwartung fokalisieren. Sie kann aber auch vom Erzähler oder einem anderen Charakter fokalisiert werden. Wird allerdings die Erwartung durch eine zukünftige Erfahrung beleuchtet, muß die Fokalisation vom Charakter, der die Erwartung hat, auf jemanden mit Wissen von der Zukunft übergehen.

In der *Ilias* ist der zweite Fall, die proleptische Einblendung einer Erfahrung, wesentlich häufiger als der erste. Er verschafft einen intensiveren Einblick in das Verhältnis von Erwartung und Erfahrung, da er der bloßen Erwartung des Charakters das Wissen um die noch zukünftige Erfahrung gegenüberstellt. Dadurch entsteht eine Diskrepanz zwischen dem Wissen der Charaktere und der Rezipienten. Diese Diskrepanz ist aufgelöst, wenn die Erfahrung bereits gemacht ist. Im folgenden soll zuerst ausführlich der bedeutendere Fall der proleptischen Einblendung einer Erfahrung betrachtet werden (1.1), dann kurz der analeptische Blick auf die Erwartung (1.2). Drittens werden Passagen untersucht, in denen die Spannung zwischen Erwartungen und Erfahrungen der Charaktere implizit erzeugt wird (1.3).

1.1 Proleptische Einblendung einer Erfahrung

Die Prolepsen in der *Ilias* sind Gegenstand zahlreicher Untersuchungen. Sie sind kompositionstechnisch, rezeptionsästhetisch, entwicklungsgeschichtlich und interpretatorisch gedeutet worden.

---

[9] Die Untersuchungen haben unterschiedliche Foki und Begrifflichkeiten. Zur Perspektive s. neben deJong 1987 auch Richardson 1990; Rabel 1997. Zu den Anachronien s. den Überblick, den deJong 1987, 82f. und Reichel 1994, 12-33 geben

[10] Cf. Genette 1972.

Die Bedeutung der Prolepsen für den Bauplan der *Ilias* ist vor allem von Schadewaldt erhellt worden.[11] Gegen die traditionelle Homeranalyse zeigt er, wie kunstvoll die Handlung der *Ilias* trotz ihrer Länge durch zahlreiche Verklammerungen zusammengefügt ist. Zudem beleuchet Schadewaldt auch, inwiefern die Prolepsen die Rezeption lenken.[12]

Unterschiedlich werden die Prolepsen aus medientheoretischer Perspektive gedeutet. Während einige Gelehrte meinen, daß sie gerade Kennzeichen einer oralen Dichtung seien, ist von anderer Seite behauptet worden, daß Prolepsen von dem Ausmaß, wie wir sie in der *Ilias* finden, in oraler Dichtung unmöglich seien und eine schriftliche Komposition voraussetzten.[13]

Interpretatorisch ist die tragische Ironie betont worden, welche die Diskrepanz zwischen dem Wissen der Helden und den Rezipienten erzeugt.[14] Dabei wird immer wieder behauptet, die Antizipationen der Handlung der *Ilias* verhinderten, daß sich Spannung entwickle. In der Tat unterscheidet sich die *Ilias* von den meisten modernen Romanen dadurch, daß sowohl der Ausgang der Gesamthandlung als auch das Ergebnis vieler Handlungsstränge dem Rezipienten am Anfang bekannt gemacht werden. Besonders von Duckworth ist aber gezeigt worden, daß durch die Prolepsen eine andere Form der Spannung entsteht: Nicht auf die Enthüllung eines überraschenden Endes, sondern auf die Weise, wie sich das bekannte Ziel einstellt, richtet sich die Aufmerksamkeit der Rezipienten.[15] Diese Spannung wird dadurch verstärkt, daß zahlreiche Prolepsen nur Andeutungen geben und erst im Laufe der Entwicklung an Prägnanz gewinnen.[16]

---

[11] Schadewaldt [3]1966. S. außerdem Reichel 1994, 19-30 zur weiteren Entwicklung dieser Forschungsrichtung.

[12] Die Bedeutung der Prolepsen für die Rezeption ist bereits in den Scholien erkannt. Sie erklären die Antizipationen oft damit, daß sie das Leid der Griechen für die Zuhörer erträglich machten. Außerdem fesselten sie den Zuschauer, besonders dann, wenn sie nur Andeutungen gäben. Cf. Duckworth 1931; Schadewaldt [3]1966, 15 Anm. 1; weitere Literatur bei Reichel 1994, 17 Anm. 9. Zur modernen Debatte, welche Bedeutung und welchen literarischen Wert die Prolepsen in der *Ilias* haben, s. Reichel 1994, 14-17. S. allgemein zu Prolepsen und ihrer Bedeutung für die Rezipienten Morson 1994, 42-81.

[13] S. Anm. 6 dieses Kapitels.

[14] Cf. Hellwig 1964, 21. Sie macht außerdem auf die Bedeutung der Prolepsen für die Charakterisierung der Helden aufmerksam (54). Die tragische Ironie widerlegt die Behauptung, die Bakhtin 1981, 32 in seiner Gegenüberstellung von Epos und Roman macht, nämlich daß nur der Roman mit der Diskrepanz zwischen dem Wissen des Erzählers und dem der Charaktere spiele.

[15] Duckworth 1933, 1 sieht darin einen grundlegenden Unterschied zwischen antiker und moderner Literatur. Cf. Richardson 1990, 133f.; Scodel 2004, 52. Dazu, daß Rezipienten auch dann Spannung empfinden, wenn ihnen der Ausgang einer Geschichte bereits bekannt ist, s. Gerrig 1989 und die bei Schmitz 1994, 10 Anm. 33 gegebene Literatur.

[16] Cf. Schadewaldt [3]1966, 54f.

Im folgenden soll als neuer Ansatz gezeigt werden, inwiefern die Prolepsen in der Erzählung dadurch Ausdruck des Geschichtsbildes der *Ilias* sind, daß sie Einblick in die Schicksalskontingenz auf der Ebene der Handlung geben.

Wie wichtig die Konfrontation von Erwartungen der Helden mit den Erfahrungen ist, zeigt sich bereits daran, daß die Prolepsen nicht nur vom Erzähler gegeben werden, sondern die Götter eine eigene Ebene bilden, die extradiegetisch Einblick in die Zukunft gibt und intradiegetisch verantwortlich für die Handlung ist.[17] Sowohl die direkten Reden der Götter als auch von ihnen fokalisierte Abschnitte sowie Aussagen des Erzählers über sie gewähren den Rezipienten Einblick in das zukünftige Geschehen. Den Charakteren dagegen sind die Entscheidungen der Götter nur in sehr gebrochener Form zugänglich. Dadurch, daß die Götter auch die Handlung lenken, werden die Prolepsen in Handlung überführt; mit ihnen ist die Spannung zwischen Erwartung und Erfahrung institutionalisiert.

Besonders deutlich wird die doppelte Rolle der Götter als Entscheidungsinstanz für die Handlung und als Vermittler von Prolepsen für die Rezipienten und die daraus resultierende Diskrepanz zwischen Charakteren und Rezipienten, wenn der Erzähler im Anschluß an die Gebete der Charaktere die Antwort der Götter verrät.[18] Der Erwartung der Charaktere steht dann in einem auf der Ebene der Handlung die Entscheidung der Götter und auf der Ebene der Rezeption die Antizipation der Erfahrung gegenüber.

In wenigen Fällen kann die Spannung zwischen Erwartung und Erfahrung auch durch eine Prolepse eines Helden deutlich werden. Damit diese aber verläßlich ist, muß sie durch die Autorität des Erzählers oder der Götter gestützt sein. Im folgenden sollen zuerst Prolepsen durch den Erzähler und die Götter (1.1.1) und dann die Prolepsen durch Charaktere (1.1.2) vorgestellt werden. Abschließend wird die Möglichkeit angesprochen, daß die Rezipienten auf der Grundlage ihres Vorwissens Erwartungen der Charaktere als nichtig erkennen (1.1.3).

1.1.1 Prolepsen durch Erzähler und Götter

In III 3.1 wurde festgestellt, daß Schicksalskontingenz am stärksten durch den Tod bewußt wird. Der Tod hebt, ohne selber erwartet zu werden, nicht nur alle Erwartungen, sondern überhaupt die Möglichkeit der Erwartung auf. Die Gegenüberstellung von Erwartungen der Charaktere und Prolepsen

---

[17] Zur Unterscheidung von extradiegetisch und intradiegetisch s. Genette 1972, 238-241. Die Begriffe werden vor allem verwendet, um den Status des Erzählers zu erfassen. Im folgenden werden sie gebraucht, um die Handlungsebene von der übergeordneten Ebene Erzähler – Rezipienten zu unterscheiden.

[18] S. die negativen Prolepsen in 2, 419f.; 3, 302; 12, 173f.; positive Antworten dagegen in 6, 311; 10, 295; 16, 527. S. a. die Untersuchung von Morrison 1991.

der Erfahrungen für die Rezipienten ist am extremsten, wenn sie die Enttäuschung von Erwartungen durch den Tod bezeichnet. Als Beispiele sollen
kurz der Tod von Patroklos (a) und Hektor (b) erörtert werden. Als Beispiel, in dem die Erfahrung nicht der Tod ist, wird die Täuschung des Agamemnon im 2. Buch besprochen (c). Schließlich wird die Bezeichnung von
Helden als νήπιοι als Formel des homerischen Geschichtsbildes gedeutet
(d).

a) Ein dichtes Netz von Kommentaren des Erzählers, von Vorhersagen und
von Gedanken des Zeus kündigt dem Rezipienten Patroklos' Tod an.[19]
Bereits im 8. Buch sagt Zeus den Tod des Patroklos vorher, 8, 473-476:

> οὐ γὰρ πρὶν πολέμου ἀποπαύσεται ὄβριμος Ἕκτωρ,
> πρὶν ὄρθαι παρὰ ναῦφι ποδώκεα Πηλείωνα
> ἤματι τῶι, ὅτ᾽ ἂν οἳ μὲν ἐπὶ πρύμνηισι μάχωνται
> στείνει ἐν αἰνοτάτωι περὶ Πατρόκλοιο θανόντος.

> Denn nicht eher wird ablassen vom Kampf der gewaltige Hektor,
> Ehe sich bei den Schiffen erhebt der fußschnelle Peleus-Sohn,
> An dem Tag, wo sie bei den hinteren Schiffen kämpfen
> In schrecklichster Enge um Patroklos, den toten.[20]

Mit dem Tod wird für den Rezipienten eine Erfahrung von Patroklos antizipiert, die in dessen Erwartungshorizont nicht enthalten ist und zudem seine
Erwartungen aufhebt.

Einen weiten Bogen spannt der Erzähler, indem er bereits im 11. Buch,
wenn Achill Patroklos zu Nestor schickt, das kommende Unheil ankündigt
– von dem die Helden nichts ahnen, 11, 602-604:

> αἶψα δ᾽ ἑταῖρον ἑὸν Πατροκλῆα προσέειπεν,
> φθεγξάμενος παρὰ νηός· ὃ δὲ κλισίηθεν ἀκούσας
> ἔκμολεν ἶσος Ἄρηι· κακοῦ δ᾽ ἄρα οἱ πέλεν ἀρχή.

> Und schnell sprach er zu seinem Gefährten Patroklos,
> Vom Schiff aus rufend, und der hörte es in der Lagerhütte
> Und kam heraus, dem Ares gleich: das war für ihn des Unheils Anfang.[21]

---

[19] Cf. Rutherford 1982, 157.

[20] Aristarch athetiert 8, 475f., da ἤματι τῶι nicht den folgenden Tag bezeichnen könne und
Patroklos nicht bei den Schiffen sterben werde. Cf. Kirk ad 8, 475f. und Schadewaldt [3]1966, 110
Anm. 3, der von einem »Ungenauigkeitsprinzip« spricht. Das Scholion bT ad 8, 470-476 notiert
den Effekt der Prolepse auf den Zuschauer und bemerkt wie zahlreiche andere Scholien, daß der
Ausblick auf die Zukunft das gegenwärtige Leid der Griechen erträglich mache.

[21] Interessant ist das Scholium bT ad 11, 604, das den Effekt der Prolepse auf den Zuhörer beschreibt, und ihre Kürze und Anspielungshaftigkeit betont: ἀναπτεροῖ τὸν ἀκροατὴν ἡ ἀ-
ναφώνησις ἐπειγόμενον μαθεῖν, τί τὸ κακὸν ἦν. προσοχὴν δὲ ἐργάζεται διὰ

Im 15. Buch kündigt Zeus im Gespräch mit Hera an, daß Achill Patroklos ins Feld schicken werde, wo ihn Hektor töten werde, 15, 64-66:

> [...] ὃ δ᾽ ἀνστήσει ὃν ἑταῖρον
> Πάτροκλον· τὸν δὲ κτενεῖ ἔγχει φαίδιμος Ἕκτωρ
> Ἰλίου προπάροιθε [...]

> [...] Doch der wird aufstehen lassen seinen Gefährten
> Patroklos, und den wird töten mit der Lanze der strahlende Hektor
> Vor Ilios [...][22]

Im 16. Buch fordert Patrokos Achill auf, ihm seine Waffen zu geben und zu erlauben, die Myrmidonen ins Feld zu führen. Er schließt seine Rede mit der Erwartung ab, daß sie mit Leichtigkeit die Trojaner vertreiben können. Wenn der Erzähler ihn als νήπιος bezeichnet und seinen Tod ankündigt, richtet sich das nicht gegen diese explizit geäußerte Erwartung – schließlich wird es Patroklos gelingen, die Trojaner zurückzutreiben. Es erfaßt vielmehr die zugrundeliegende Annahme, er werde aus dem Kampf wieder zurückkehren. Sie ist im folgenden Satz impliziert, 16, 46f.:

> ὣς φάτο λισσόμενος, μέγα νήπιος· ἦ γὰρ ἔμελλεν
> οἷ αὐτῶι θάνατόν τε κακὸν καὶ κῆρα λιτέσθαι.

> So sprach er flehend, der groß Kindische. Ja, und er sollte
> Sich selbst den Tod, den schlimmen, und die Todesgöttin erflehen.

Der Erzähler wiederholt sein Urteil noch einmal, wenn Patroklos gegen die Weisung Achills nach Troja vordringt, 16, 684-687:

> Πάτροκλος δ᾽ ἵπποισι καὶ Αὐτομέδοντι κελεύσας
> Τρῶας καὶ Λυκίους μετεκίαθε, καὶ μέγ᾽ ἀάσθη,
> νήπιος· εἰ δὲ ἔπος Πηληιάδαο φύλαξεν,
> ἦ τ᾽ ἂν ὑπέκφυγε κῆρα κακὴν μέλανος θανάτοιο.

> Patroklos aber rief den Pferden zu und dem Automedon
> Und ging den Troern und Lykiern nach und wurde groß verblendet.
> Der Kindische! Denn hätte er das Wort des Peliden bewahrt,
> Ja, er wäre entronnen der Göttin, der schlimmen, des schwarzen Todes.

βραχείας ἐνδείξεως· εἰ γὰρ πλέον ἐπεξειργάσατο, διέφθειρεν ἂν τὸν ἑξῆς λόγον καὶ ἀπήμβλυνε τὴν ποίησιν.

[22] Die Verse 15, 56-77 werden von Aristophanes und Aristarch athetiert, die Verse 15, 64-77 von Zenodot. Cf. Janko ad 15, 56-77. Das Scholium bT ad 15, 56 beschreibt den Effekt auf den Zuschauer, indem es wie viele andere Scholien ausführt, die Antizipation der Zukunft mache es möglich, daß die Zuhörer das Leid der Griechen ertrügen: πρὸς δὲ τούτοις παραμυθεῖται τὸν ἀκροατήν, τὴν ἅλωσιν Τροίας σκιαγραφῶν αὐτῶι· τίς γὰρ ἂν ἠνέσχετο ἐμπιπραμένων τῶν Ἑλληνικῶν νεῶν καὶ Αἴαντος φεύγοντος εἰ μὴ ἀπέκειτο ταῖς ψυχαῖς τῶν ἐντυγχανόντων ὅτι οἱ ταῦτα πράξαντες κρατηθήσονται. Das Scholium T ad 15, 64c betont, daß die Prolepse nur einen Teil verrate.

Die Begründung, warum Patroklos als νήπιος bezeichnet wird, wird hier in der Form eines irrealen Konditionalsatzes gegeben: Das Versagen der Erwartung ist in der Protasis enthalten, die negative Erfahrung in der Apodosis.

In 16, 233-248 betet Achill zu Zeus, er solle Patroklos Erfolg im Kampf gegen die Troer geben und ihn wohlbehalten zurückkommen lassen. Der Erzähler gibt gleich im Anschluß an das Gebet eine Vorausschau, 16, 249-252:

> ὣς ἔφατ᾽ εὐχόμενος, τοῦ δ᾽ ἔκλυε μητίετα Ζεύς·
> τῶι δ᾽ ἕτερον μὲν ἔδωκε πατήρ, ἕτερον δ᾽ ἀνένευσεν·
> νηῶν μέν οἱ ἀπώσασθαι πόλεμόν τε μάχην τε
> δῶκε, σόον δ᾽ ἀνένευσε μάχης ἐξ ἀπονέεσθαι.

> So sprach er und betete, und ihn hörte der ratsinnende Zeus.
> Und das eine gab ihm der Vater, das andere aber versagte er.
> Von den Schiffen gab er ihm wegzustoßen den Kampf und die Schlacht,
> Heil aber versagte er ihm aus der Schlacht zurückzukehren.

Im weiteren Verlauf des Kampfes überlegt Zeus, wann Patroklos sterben solle, 16, 644-652:

> ὣς ἄρα τοὶ περὶ νεκρὸν ὁμίλεον. οὐδέ ποτε Ζεύς
> τρέψεν ἀπὸ κρατερῆς ὑσμίνης ὄσσε φαεινώ,
> ἀλλὰ κατ᾽ αὐτοὺς αἰὲν ὅρα, καὶ φράζετο θυμῶι
> πολλὰ μάλ᾽ ἀμφὶ φόνωι Πατρόκλου μερμηρίζων,
> ἢ᾽ ἤδη καὶ κεῖνον ἐνὶ κρατερῆι ὑσμίνηι
> αὐτοῦ ἐπ᾽ ἀντιθέωι Σαρπηδόνι φαίδιμος Ἕκτωρ
> χαλκῶι δηιώσι ἀπό τ᾽ ὤμων τεύχε᾽ ἕληται,
> ἦ ἔτι καὶ πλεόνεσσιν ὀφέλλειεν πόνον αἰπύν.
> ὧδε δέ οἱ φρονέοντι δοάσσατο κέρδιον εἶναι.

> So waren diese dicht um den Leichnam. Und niemals wandte Zeus
> Ab von der starken Schlacht die leuchtenden Augen,
> Sondern immer sah er herab auf die Männer und bedachte im Mute
> Sehr vieles um des Patroklos Tod, hin und her überlegend,
> Ob bereits auch ihn in der starken Schlacht
> Dort über dem gottgleichen Sarpedon der strahlende Hektor
> Mit dem Erz sollte töten und von den Schultern die Waffen nehmen,
> Oder ob er noch Weiteren mehren sollte die Kampfnot, die steile.
> Und so schien es ihm, als er sich bedachte, besser zu sein.

Der Erzähler schließlich kündigt den Tod mit besonderem Nachdruck an, indem er sich direkt an Patroklos wendet, 16, 692f:

> ἔνθα τίνα πρῶτον, τίνα δ᾽ ὕστατον ἐξενάριξας,
> Πατρόκλεις, ὅτε δή σε θεοὶ θάνατόνδ᾽ ἐκάλεσσαν;

Wen hast du da als ersten und wen als letzten erschlagen,
Patroklos! als dich die Götter nun zum Tode riefen?

16, 787:

ἔνϑ᾿ ἄρα τοι, Πάτροκλε, φάνη βιότοιο τελευτή.

Da nun erschien dir, Patroklos! das Ende des Lebens.[23]

Die Kommentare des Erzählers und die Vorhersagen sowie Überlegungen
des Zeus stellen wiederholt dem Geschehen das zukünftige Ende gegenüber. Dadurch können die Rezipienten die Erwartungen und aus ihnen folgenden Entscheidungen der Helden vor dem Hintergrund ihres zukünftigen
Erfolges sehen.

b) Ein ähnlich dichtes Netz von Prolepsen kündigt an, daß Achill Hektor
töten werde. Auch wenn Hektor im 6. Buch den Untergang Trojas vorhersagt (6, 448-465), weiß er selbst nicht, daß er von Achill umgebracht werden wird.[24] Anders als Patroklos gewinnt er aber unmittelbar vor seinem
Tod Einsicht darin, daß seine Erwartungen verfehlt waren. Neben den Göttern und dem Erzähler sagen auch Menschen seinen Tod vorher. Nur einige
der Vorhersagen können hier vorgestellt werden.[25]

Besonders eindrucksvoll sind die Worte des Zeus in 17, 201-208. Sie
schaffen einen scharfen Kontrast zur Handlung, in der Hektor sich gerade
der Rüstung Achills bemächtigt und sie angezogen hat. Dabei gibt Zeus
nicht nur eine Prolepse, sondern kommentiert auch Hektors Ahnungslosigkeit, 17, 201-203:

ἆ δείλ᾿, οὐδέ τί τοι ϑάνατος καταϑύμιός ἐστιν,
ὅς δή τοι σχεδὸν εἶσι· σὺ δ᾿ ἄμβροτα τεύχεα δύνεις
ἀνδρὸς ἀριστῆος, τόν τε τρομέουσι καὶ ἄλλοι.

Ah, Elender! und gar nicht liegt dir der Tod auf der Seele,
Der dir schon nahe ist, und du tauchst in die unsterblichen Waffen
Des besten Mannes, vor dem auch andere zittern!

Hektor weiß nicht nur nichts von seinem Tod, auch seine Erwartungen in
der Schlacht trügen ihn. Dies markiert der Erzähler in ähnlicher Weise wie
die Ahnungslosigkeit von Patroklos, wenn im 18. Buch die Trojaner seinen

---

[23] Das Scholium bT ad 16, 787 betont den Nachdruck, der in der Apostrophe liegt.
[24] S. beispielsweise 16, 859-861: Πατρόκλεις, τί νύ μοι μαντεύεαι αἰπὺν ὄλεϑρον;/
τίς δ᾿ οἶδ᾿, εἴ κ᾿ Ἀχιλεύς, Θέτιδος πάις ἠυκόμοιο,/ φϑήηι ἐμῶι ὑπὸ δουρὶ τυπεὶς
ἀπὸ ϑυμὸν ὀλέσσαι; 20, 435-437: ἀλλ᾿ ἤτοι μὲν ταῦτα ϑεῶν ἐν γούνασι κεῖται,/ αἴ κέ
σε χειρότερός περ ἐὼν ἀπὸ ϑυμὸν ἕλωμαι/ δουρὶ βαλών, ἐπεὶ ἦ καὶ ἐμὸν βέλος ὀξὺ
πάροιϑεν. Zum Vergleich mit Patroklos s. beispielsweise R. Rutherford 1982, 157.
[25] S. die Liste bei Reichel 1994, 182-191.

Entschluß, nicht Polydamas' Rat zu folgen, sondern im Feld bei den Schiffen zu bleiben, bejubeln, 18, 310-313:

> ὣς Ἕκτωρ ἀγόρευ᾽, ἐπὶ δὲ Τρῶες κελάδησαν,
> νήπιοι, ἐκ γάρ σφεων φρένας εἵλετο Παλλὰς Ἀθήνη·
> Ἕκτορι μὲν γὰρ ἐπῄνησαν κακὰ μητιόωντι,
> Πουλυδάμαντι δ᾽ ἄρ᾽ οὔ τις, ὃς ἐσθλὴν φράζετο βουλήν.

> So redete Hektor, und die Troer lärmten ihm zu,
> Die Kindischen! Denn benommen hatte ihnen die Sinne Pallas Athene:
> Denn dem Hektor stimmten sie zu, der Schlechtes riet,
> Dem Polydamas aber keiner, der guten Rat bedachte.

Zuletzt bewegt Athene Hektor dadurch, daß sie die Gestalt von Deiphoboos annimmt, sich Achill zu stellen, und führt ihn damit in den Tod (22, 226-247).[26]

An Hektors Tod läßt sich zeigen, daß nicht nur Erwartungen über eigene Erfahrungen, sondern auch über das Leben anderer enttäuscht werden können. Besonders drastisch ist die Diskrepanz zwischen Erwartung und Erfahrung in der Andromacheszene am Ende des 22. Buches dargestellt.[27] Nachdem der Erzähler beschrieben hat, wie Achill Hektors Leichnam schändet (22, 395-404), und wie Priamos und Hekabe klagen (22, 405-436), richtet er seinen Blick auf Andromache, die am Webstuhl sitzt und ihren Dienerinnen aufträgt, Wasser zu erhitzen, damit Hektor nach seiner Rückkehr aus der Schlacht baden könne. Auch hier drückt der Erzähler die Spannung zwischen Erwartung und Erfahrung dadurch aus, daß er sie als νηπίη bezeichnet, 22, 445f.:

> νηπίη, οὐδ᾽ ἐνόησεν, ὅ μιν μάλα τῆλε λοετρῶν
> χέρσ᾽ ὕπ᾽ Ἀχιλλῆος δάμασε γλαυκῶπις Ἀθήνη.

> Die Kindische! und sie dachte nicht, daß ihn, weit weg vom Bade,
> Durch die Hände des Achilleus bezwungen hatte die helläugige Athene.[28]

Die Ahnungslosigkeit von Andromache gewinnt eine besondere Prägnanz durch ihre Perspektive. Dadurch, daß sich ihre Erwartung auf einen anderen Menschen richtet, wird es möglich, daß das Ereignis, das ihre Erwartung enttäuscht, nicht in der Zukunft liegt, sondern schon geschehen ist. Bereits zu dem Zeitpunkt, da sie erwartet, Hektor durch ein Bad erfreuen zu kön-

---

[26] Mueller 1978, 109 und 113 meint, Hektors Verblendung kulminiere in dieser Täuschung.

[27] Zu dieser Szene s. vor allem Schadewaldt [4]1965, 207-233; Segal 1971, der die Formelhaftigkeit der Sprache untersucht, um zu zeigen, welche Signifikanz Abweichungen von ihr haben; Grethlein 2006b. S. außerdem Lohmann 1988, 59-69 zum Vergleich mit der Helena-Szene im 3. und der Andromache-Szene im 6. Buch. S. a. die weitere Literatur bei Reichel 1994, 272 Anm. 1.

[28] Griffin 1980, 110 macht darauf aufmerksam, daß in diesen Versen das Motiv des »far away from home« anklingt.

nen, ist dies gar nicht mehr möglich! Die Nichtigkeit von Andromaches
Erwartung ist besonders drastisch, weil sie nicht durch eine zeitliche, sondern eine räumliche Entfernung verursacht ist. Darüber hinaus ist ihre Erwartung nicht nur auf der extra-, sondern auch auf der intradiegetischen
Ebene widerlegt. Daß bereits die anderen Trojaner von Hektors Tod wissen,
vertieft die Spannung zwischen ihrer Erwartung und der Wirklichkeit, zumal sie als Ehefrau Hektor besonders nahe steht.

c) In den bisherigen Beispielen wurde nur gezeigt, wie der Tod Erwartungen aufhebt. In der *Ilias* durchkreuzen aber auch andere, weniger schwer
wiegende Erfahrungen Erwartungen. Wenden wir uns dem 2. Buch zu. Dort
überlegt Zeus, wie er Achill ehren und viele Griechen ins Verderben schicken könne, und beschließt, Agamemnon zu verblenden. Er sendet Hypnos
aus, der in Gestalt von Nestor Agamemnon sagt, er könne jetzt Troja einnehmen. Der Erzähler betont die Täuschung, indem er den Plan des Zeus
dem Traum gegenüberstellt, 2, 35-40:

> ὣς ἄρα φωνήσας ἀπεβήσετο, τὸν δ᾽ ἔλιπ᾽ αὐτοῦ
> τὰ φρονέοντ᾽ ἀνὰ θυμόν, ἅ ῥ᾽ οὐ τελέεσθαι ἔμελλον·
> φῆ γὰρ ὅ γ᾽ αἱρήσειν Πριάμου πόλιν ἤματι κείνωι,
> νήπιος, οὐδὲ τὰ εἴδη, ἅ ῥα Ζεὺς μήδετο ἔργα·
> θήσειν γὰρ ἔτ᾽ ἔμελλεν ἐπ᾽ ἄλγεά τε στοναχάς τε
> Τρωσί τε καὶ Δαναοῖσι διὰ κρατερὰς ὑσμίνας.

> So sprach er und ging hinweg und ließ ihn dort,
> Das bedenkend im Mute, was nicht vollendet werden sollte.
> Denn er meinte, er werde nehmen des Priamos Stadt an jenem Tag,
> Der Kindische! und wußte das nicht, was Zeus im Sinn trug für Dinge.
> Denn auferlegen sollte er noch Schmerzen und Stöhnen
> Den Troern und Danaern in starken Schlachten.

Agamemnons Erwartung wird in 2, 37 expliziert, ihre Enttäuschung in 2,
38-40. In 2, 412-418 schließlich gibt, wenn Agamemnon Zeus um Erfolg
bittet, der Kommentar des Erzählers einen Ausblick darauf, daß seine Bitte
nicht erfüllt werden wird, 2, 419f.:

> ὣς ἔφατ᾽· οὐδ᾽ ἄρα πώ οἱ ἐπεκράαινε Κρονίων,
> ἀλλ᾽ ὅ γε δέκτο μὲν ἱρά, πόνον δ᾽ ἀμέγαρτον ὄφελλεν.

> So sprach er. Aber noch nicht gewährte es ihm Kronion,
> Sondern nahm die Opfer an, aber mehrte ihm unendliche Drangsal.

Die Täuschung Agamemnons wird dadurch hervorgehoben, daß er selbst
versucht, das Heer der Griechen zu täuschen.[29] Um das Heer auf die Probe

---

[29] Zu dieser Szene s. McGlew 1989; Schmidt 2002 mit weiterer Literatur (20); Cook 2003.

zu stellen, sagt Agamemnon, er sei von Zeus verblendet worden (2, 111f.),
da er ihn mit seinem Versprechen, er werde Troja erobern, getäuscht habe.
Deswegen sollen sie jetzt nach Griechenland zurückkehren. Agamemnons
eigener Versuch zu täuschen macht nicht nur besonders deutlich, daß er
selbst Opfer einer Täuschung ist, sondern im Rahmen seines eigenen Ver-
suchs zu täuschen sagt er auch die Wahrheit über seine eigene Täuschung.[30]

Die Rezipienten erhalten durch die Götterhandlung und Prolepsen des
Erzählers einen Einblick in den weiteren Verlauf der Handlung, der nicht
nur Agamemnon, sondern auch den anderen Charakteren verschlossen ist,
und zeigt, daß seine Erwartung sich nicht erfüllen wird. Agamemnon wird
an diesem Tag Troja nicht erobern, sondern die Griechen werden erst einmal von den Trojanern zurückgeschlagen werden. In dieser Diskrepanz tritt
die für das Geschichtsbild der Charaktere grundlegende Schicksalskontingenz hervor. Die Täuschung des Agamemnon stellt insofern einen besonderen Fall dar, da die Götter nicht nur den Rezipienten Einblick in das Scheitern der Erwartung geben und die enttäuschende Erfahrung herbeiführen,
sondern selbst erst die falsche Erwartung auf der Handlungsebene erzeugen.

d) Die Nichtigkeit der Erwartungen ist bei Patroklos, dem trojanischen
Heer, Andromache und Agamemnon durch die Bezeichnung der Helden als
νήπιοι zum Ausdruck gekommen. Daß ein νήπιος dadurch definiert ist,
daß er falsche Erwartungen hat, zeigt eine Gnome, die Menelaos und Achill
verwenden, 17, 32=20, 198:

> […] ῥεχθὲν δέ τε νήπιος ἔγνω.
>
> […] Geschehenes erkennt auch ein Tor.

Die proleptische Funktion von νήπιος ist in der Forschung bereits ausreichend untersucht worden und muß nicht mehr ausgeführt werden.[31] Sie
kann aber neu als Ausdruck des homerischen Geschichtsbildes gedeutet
werden. In der Bezeichnung eines Helden als νήπιος gewinnt die Gegenüberstellung von Erwartung auf der intradiegetischen Ebene und Antizipation der Erfahrung auf der extradiegetischen Ebene eine feste Form. Sie

---

[30] Cf. Kirk ad 2, 110-141. Die Ironie wird dadurch gesteigert, daß Agamemnon seine Worte
über die Verblendung des Zeus in 9, 17-28 wiederholt – dieses Mal allerdings nicht zum Schein,
sondern wirklich mit dem Anliegen zurückzukehren (9, 20-25=2, 113-118; 9, 26-28=2, 139-141).
Zur Ironie der Wiederholung cf. Lohmann 1970, 216f. S. a. Lynn-George 1988, 85, der die Unterschiede zwischen beiden Szenen betont.

[31] S. den Überblick bei deJong 1987, 86, die selber folgende Interpretation gibt: »In my opin-
ion, with νήπιος the NF1 refers to the limitations of the human race, its restricted knowledge of
the true nature of things or course of events, its inability to determine its own fate.« S. außerdem
Richardson 1990, 161f.; Ulf 1990, 54f.; Dickson 1995, 142; Bakker 1997, 35f. Edmunds 1990
leitet νήπιος als Negation von ἤπιος ab und gibt »out of touch« und »disconnected« als Grundbedeutung an.

verknüpft beide in einer Weise, die den Blick auf Schicksalskontingenz freilegt. Um die Verbreitung dieser Konstruktion zu zeigen und ihren Charakter als Ausdruck des homerischen Geschichtsbildes noch schärfer bestimmen zu können, seien kurz weitere Belege angeführt.

Im Schiffskatalog sagt der Erzähler über Amphimachos, 2, 872-875:

> ὃς καὶ χρυσὸν ἔχων πόλεμόνδ᾿ ἴεν ἠύτε κούρη,
> νήπιος, οὐδέ τί οἱ τό γ᾿ ἐπήρκεσε λυγρὸν ὄλεθρον,
> ἀλλ᾿ ἐδάμη ὑπὸ χερσὶ ποδώκεος Αἰακίδαο
> ἐν ποταμῶι, χρυσὸν δ᾿ Ἀχιλεὺς ἐκόμισσε δαίφρων.

> Der auch Gold tragend in den Krieg ging wie eine Jungfrau,
> Der Kindische! und nicht half ihm das gegen das traurige Verderben,
> Sondern bezwungen wurde er unter den Händen des fußschnellen Aiakiden
> Im Fluß, und das Gold trug Achilleus davon, der kampfgesinnte.

Hier wird keine Erwartung explizit genannt. Trotzdem bezieht sich νήπιος über die allgemeine menschliche Beschränktheit hinaus auf die Nichtigkeit einer spezifischen Erwartung. Sie ist in 2, 873 impliziert; in der Negation klingt Amphimachos' Glaube an, das Gold[32] könne ihn schützen. Materielle Werte vermögen aber – so der in IV 1.1 untersuchte Topos – im Angesicht des Todes nichts.

Eindrücklich ist die Konfrontation der Erwartung mit der Zukunft durch νήπιος-Attributionen im 12. Buch. Die Griechen sind geflohen, und die Trojaner setzen zum Sturm auf die Mauer an. Ihre Erwartung wird ausdrücklich beschrieben, 12, 106f.:

> [...] οὐδ᾿ ἔτ᾿ ἔφαντο
> σχήσεσθ᾿, ἀλλ᾿ ἐν νηυσὶ μελαίνηισιν πεσέεσθαι.

> [...] und meinten, nicht mehr
> Würden sie standhalten, sondern in die schwarzen Schiffe fallen.

Im folgenden lenkt der Erzähler die Aufmerksamkeit auf Asios, der gegen den Rat von Polydamas seinen Wagen mitnimmt, 12, 110-117:

> ἀλλ᾿ οὐχ Ὑρτακίδης ἔθελ᾿ Ἄσιος ὄρχαμος ἀνδρῶν
> αὖθι λιπεῖν ἵππους τε καὶ ἡνίοχον θεράποντα,
> ἀλλὰ σὺν αὐτοῖσιν πέλασεν νήεσσι θοῆισιν,
> νήπιος, οὐδ᾿ ἄρ᾿ ἔμελλε κακὰς ὑπὸ κῆρας ἀλύξας

---

[32] Das Scholion A ad 2, 872 meint, es handle sich um Schmuck und erwähnt Simonides fr. 60, in dem nicht Amphimachos, sondern Nastes eine goldene Rüstung trägt. Das Scholion b ad 2, 872 vergleicht dagegen die Stelle mit den goldenen Rüstungen von Euphorbos und Glaukos und stellt fest, diese seien nicht Opfer des Spottes gewesen, da ihre Ausrüstung nicht so weibisch gewesen sei. Wie Kirk ad loc. bemerkt, macht der Zusatz ἠύτε κούρη es wahrscheinlich, daß Goldschmuck und nicht die Rüstung gemeint ist.

ἵπποισιν καὶ ὄχεσφιν ἀγαλλόμενος παρὰ Νῆων
ἂψ ἀπονοστήσειν προτὶ Ἴλιον ἠνεμόεσσαν.
πρόσθεν γάρ μιν μοῖρα δυσώνυμος ἀμφεκάλυψεν
ἔγχει Ἰδομενῆος ἀγαυοῦ Δευκαλίδαο.

Doch nicht wollte der Hyrtakos-Sohn Asios, der Herr der Männer,
Dort lassen die Pferde und den Zügelhalter, den Gefährten,
Sondern mit ihnen näherte er sich den schnellen Schiffen.
Der Kindische! und sollte nicht, den bösen Todesgöttinnen entronnen,
Mit den Pferden und dem Wagen prunkend von den Schiffen
Wieder zurückkehren nach Ilios, der winddurchwehten,
Denn vorher umhüllte ihn das Verhängnis, das nicht zu nennende,
Unter der Lanze des erlauchten Idomeneus, des Deukalion-Sohns.

Hier kann die Bezeichnung von Asios als νήπιος vor dem Hintergrund der
in 12, 106f. genannten Erwartung verstanden werden. Außerdem bezeichnet
es die Enttäuschung der in der negativen Erfahrung in 12, 113-115 impliziten Erwartung, er werde mit den Pferden schnell nach Troja zurückkehren
können.[33]

Wenige Zeilen später wird die in 12, 106f. beschriebene Erwartung der
Trojaner wiederholt, diesmal mit einer Prolepse durch νήπιοι, die durch
den unerwarteten Widerstand der Griechen erklärt wird, 12, 125-127:

[...] ἔφαντο γὰρ οὐκέτ᾽ Ἀχαιούς
σχήσεσθ᾽, ἀλλ᾽ ἐν νηυσὶ μελαίνῃσιν πεσέεσθαι,
νήπιοι· ἐν δὲ πύλῃσι δύ᾽ ἀνέρας ηὗρον ἀρίστους.

[...] denn sie meinten, nicht mehr würden
Standhalten die Achaier, sondern in die schwarzen Schiffe fallen.
Die Kindischen! In den Toren fanden sie die zwei besten Männer.

Auch in den folgenden Belegen wird die Erwartung expliziert und der negativen Erfahrung, die auf die Bezeichnung eines Charakters als νήπιος
folgt, gegenübergestellt: Im 17. Buch treibt Hektor die Trojaner und ihre
Bundesgenossen an, Aias den Leichnam des Patroklos zu entreißen (17,
220-232). Ihrer Hoffnung, dabei erfolgreich zu sein, wird der Tod zahlreicher von ihnen gegenübergestellt, 17, 233-236:

ὣς ἔφατ᾽, οἳ δ᾽ ἰθὺς Δαναῶν βρίσαντες ἔβησαν,
δούρατ᾽ ἀνασχόμενοι· μάλα δέ σφισιν ἔλπετο θυμὸς
νεκρὸν ὑπ᾽ Αἴαντος ἐρύειν Τελαμωνιάδαο,
νήπιοι· ἦ τε πολέσσιν ἐπ᾽ αὐτῷ θυμὸν ἀπηύρα.

So sprach er. Und gerade gegen die Danaer gingen sie wuchtig vor,
Die Speere emporgehalten, und sehr hoffte ihnen der Mut,

---

[33] In 13, 383-401 wird dann der Tod des Asios beschrieben.

> Den Leichnam unter Aias hinwegzuziehen, dem Telamon-Sohn,
> Die Kindischen! wahrhaftig, vielen raubte er über ihm das Leben.

Wenn Hektor Aineas dazu auffordert, sich gemeinsam der Pferde Achills zu
bemächtigen, schließen sich Chromios und Aretos an, 17, 494-498:

> τοῖσι δ᾽ ἅμα Χρομίος τε καὶ Ἄρητος θεοειδής
> ἤισαν ἀμφότεροι· μάλα δέ σφισιν ἔλπετο θυμός
> αὐτώ τε κτενέειν ἐλάαν τ᾽ ἐριαύχενας ἵππους·
> νήπιοι, οὐδ᾽ ἄρ᾽ ἔμελλον ἀναιμωτεί γε νέεσθαι
> αὖτις ἀπ᾽ Αὐτομέδοντος […]

> Und mit ihnen gingen Chromios und Aretos, der gottgleiche,
> Die beiden, und sehr hoffte ihnen der Mut,
> Sie selbst zu töten und fortzutreiben die starknackigen Pferde.
> Die Kindischen! und nicht sollten sie unblutig zurückgehen
> Wieder von Automedon […]

Im weiteren Kampfgeschehen stirbt Aretos durch den Speer von Automedon (17, 516-524).

Im 20. Buch trifft Achill auf Tros, der sich durch eine Supplikation zu
retten hofft, 20, 463-468:

> Τρῶα δ᾽ Ἀλαστορίδην – ὃ μὲν ἀντίος ἤλυθε γούνων,
> εἴ πώς ἕο πεφίδοιτο λαβὼν καὶ ζωὸν ἀφείη
> μηδὲ κατακτείνειεν, ὁμηλικίην ἐλεήσας,
> νήπιος, οὐδὲ τὸ εἴδη, ὃ οὐ πείσεσθαι ἔμελλεν.
> οὐ γάρ τι γλυκύθυμος ἀνὴρ ἦν οὐδ᾽ ἀγανόφρων,
> ἀλλὰ μάλ᾽ ἐμμεμαώς […]

> Tros aber, den Alastor-Sohn – der kam ihm entgegen zu seinen Knien,
> Ob er ihn wohl ergriffe und verschonte und lebend entließe
> Und ihn nicht tötete, sich des Altersgenossen erbarmend,
> Der Kindische! und wußte das nicht, daß er nicht zu bereden wäre.
> Denn nicht von süßem Mute war der Mann noch sanft gesonnen,
> Sondern sehr ungestüm […]

Eine besondere Stelle findet sich ebenfalls im 20. Buch. Als Achill gegen
Aineas kämpft, erschrickt er beim Aufprall von Aineas' Lanze auf seinem
Schild, 20, 259-268:

> ἦ ῥα, καὶ ἐν δεινῶι σάκει ἔλασ᾽ ὄβριμον ἔγχος
> σμερδαλέωι· μέγα δ᾽ ἀμφὶ σάκος μύκε δουρὸς ἀκωκῆι.
> Πηλείδης δὲ σάκος μὲν ἀπὸ ἕο χειρὶ παχείηι
> ἔσχετο ταρβήσας· φάτο γὰρ δολιχόσκιον ἔγχος
> ῥέα διελεύσεσθαι μεγαλήτορος Αἰνείαο,
> νήπιος, οὐδ᾽ ἐνόησε κατὰ φρένα καὶ κατὰ θυμόν
> ὡς οὐ ῥηίδι᾽ ἐστὶ θεῶν ἐρικυδέα δῶρα

ἀνδράσι γε θνητοῖσι δαμήμεναι οὐδ᾽ ὑποείκειν.
οὐδὲ τότ᾽ Αἰνείαο δαίφρονος ὄβριμον ἔγχος
ῥῆξε σάκος· χρυσὸς γὰρ ἐρύκακε, δῶρα θεοῖο.

Sprach es und trieb in den furchtbaren Schild die gewaltige Lanze,
Den schrecklichen, und groß brüllte der Schild um des Speeres Spitze.
Der Pelide aber hielt den Schild von sich weg mit der Hand, der starken,
In Schrecken, denn er meinte, die langschattende Lanze
Werde leicht hindurchdringen des großherzigen Aineas –
Der Kindische! Und er bedachte nicht im Sinn und in dem Mute,
Daß nicht leicht der Götter hochberühmte Gaben
Von sterblichen Männern bezwungen werden oder ihnen weichen.
Auch damals durchbrach nicht des kampfgesinnten Aineas gewaltige
Lanze
Den Schild, denn das Gold hielt sie zurück, die Gaben des Gottes.

Auf den ersten Blick mutet die Bezeichnung Achills als νήπιος in dieser
Situation seltsam an. Schließlich verkennt Achill nicht, wie viele andere
Helden, die als νήπιοι bezeichnet werden, eine unmittelbar drohende Gefahr. Aber auch er täuscht sich in einer Erwartung. Innerhalb dieser gemeinsamen Struktur, der Enttäuschung einer Erwartung, stellt diese Passage
allerdings eine Inversion dar: Während ansonsten der Tod eine zuversichtli-
che Erwartung aufhebt, steht hier Achills Erwartung, die Lanze werde den
Schild durchbrechen und ihn treffen, die Erfahrung gegenüber, daß der
Schild die Lanze abwehrt. Die Bezeichnung als νήπιος setzt nicht eine
positive Erwartung mit einer negativen Erfahrung in Verbindung, sondern
umgekehrt eine negative Erwartung mit einer positiven Erfahrung. In dieser
Inversion manifestiert sich eine bereits angesprochene Besonderheit
Achills: Er ist sich nicht nur der allgemeinen Unausweichlichkeit des Todes
bewußt, sondern weiß von der Nähe seines eigenen Todes.[34]
    In den bisher diskutierten Stellen werden die Helden vom Erzähler als
νήπιοι bezeichnet. In zwei Fällen nennen Götter Menschen νήπιοι, um
ihre Erwartungen als verfehlt zu charakterisieren. Im 5. Buch tröstet Dione
ihre Tochter Aphrodite, die von Diomedes verletzt worden ist. Dabei sagt
sie, 5, 405-409:

σοὶ δ᾽ ἐπὶ τοῦτον ἀνῆκε θεὰ γλαυκῶπις Ἀθήνη·
νήπιος, οὐδὲ τὸ οἶδε κατὰ φρένα Τυδέος υἱός,
ὅττι μάλ᾽ οὐ δηναιός, ὃς ἀθανάτοισι μάχηται,
οὐδέ τί μιν παῖδες ποτὶ γούνασι παππάζουσιν
ἐλθόντ᾽ ἐκ πολέμοιο καὶ αἰνῆς δηιοτῆτος.

Aber auf dich hat jenen gereizt die Göttin, die helläugige Athene.
Der Kindische! und wußte das nicht in seinem Sinn, der Sohn des Tydeus,

---

> Daß der nicht lange lebt, der mit Unsterblichen kämpft,
> Und ihm nicht bei den Knien Kinder »Väterchen« rufen,
> Kehrt er heim aus dem Krieg und der schrecklichen Feindseligkeit.

Diese Stelle ist insofern interessant, als sie als Prolepse auf eine Strafe für Diomedes verstanden worden ist.[35] Diomedes stirbt aber in der *Ilias* nicht und es ist kein Zusammenhang zwischen seinem Kampf gegen Aphrodite und seiner späteren Verletzung zu erkennen. Zudem tritt er Aphrodite auf Befehl Athenes entgegen, und auch Zeus' Reaktion auf ihre Verletzung enthält keine Verurteilung seiner Tat. Außerdem wendet sich Diomedes selbst im 6. Buch ausdrücklich gegen *Theomachoi*.[36] Auch wenn Diones Worte sich nicht erfüllen, können sie aufgrund der sonstigen Verwendung von νήπιος leicht für eine geschehensgewisse Prolepse genommen werden; zudem haben sie auch dadurch eine gewisse Autorität, daß Dione eine Göttin ist und ihre Worte eine allgemeine Sentenz enthalten. Eine νήπιος-Prolepse durch eine Göttin, die aber geschehensungewiß ist, erzeugt Ambiguität.

Im 20. Buch läßt sich Aineas von Apollon überreden, gegen Achill anzutreten. Im Kampf droht Aineas zu sterben. Poseidon interveniert gegen diese Entwicklung der Handlung, 20, 293-296:

> ὦ πόποι, ἦ μοι ἄχος μεγαλήτορος Αἰνείαο,
> ὃς τάχα Πηλείωνι δαμεὶς Ἄϊδόσδε κάτεισιν,
> πειθόμενος μύθοισιν Ἀπόλλωνος ἑκάτοιο,
> νήπιος, οὐδέ τί οἱ χραισμήσει λυγρὸν ὄλεθρον.

> Nein doch! wahrhaftig, ein Kummer ist mir um den großherzigen Aineas,
> Der bald von dem Peleus-Sohn bezwungen in das Haus des Hades
> Hinabgehen wird, beredet von den Worten Apollons, des Ferntreffers,
> Der Kindische! und der hilft ihm nicht gegen das traurige Verderben!

Die falsche Erwartung des Aineas besteht, wie 20, 295 zeigt, darin, daß er meint, Apollon vertrauen zu können. Allerdings wird er in letzter Sekunde gerettet, so daß seine Erwartung nicht enttäuscht wird. Widerlegt die Bezeichnung von Aineas als νήπιος die hier vorgestellte Interpretation der νήπιος–Passagen als Ausdruck des homerischen Geschichtsbildes? Dadurch, daß die Götter Aineas retten, wird seine Erwartung nicht getäuscht. Er kann aber insofern als νήπιος bezeichnet werden, als er selbst die Erfüllung seiner Erwartung nicht in der Hand hat. Das νήπιος bezeichnet hier also nicht die Tatsache, sondern die in der *condicio humana* angelegte Möglichkeit, daß eine Erwartung enttäuscht wird.

---

[35] Cf. S. 44.
[36] Cf. S. 44f.

Fassen wir zusammen: Der proleptische Gebrauch von νήπιος läßt sich als Formel des homerischen Geschichtsbildes verstehen. Sie stellt den Erwartungen von Charakteren ihre zukünftigen negativen Erfahrungen gegenüber. Die Erwartungen werden manchmal explizit genannt, bevor der Held als νήπιος bezeichnet wird. Sie sind aber stets in der Erfahrung impliziert, die der Erzähler an das νήπιος anschließt; die Negativität der Erfahrung verweist auf die enttäuschte Erwartung.[37] In dieser sprachlichen Implikation der Erwartung in der Erfahrung durch Verneinung zeigt sich die negative Struktur der Erfahrung, die Gadamer als die eigentliche Form der Erfahrung beschreibt.[38]

Es fällt außerdem auf, daß die negative Erfahrung, die an die Bezeichnung als νήπιος angeschlossen wird, in den meisten Fällen der Tod ist. Dies entspricht der bereits gemachten Beobachtung, daß der Tod die Erfahrung ist, in der Schicksalskontingenz am schärfsten bewußt wird.[39]

1.1.2 Prolepsen durch menschliche Charaktere

An Andromache im 22. Buch hat sich gezeigt, daß eine Erwartung nicht nur durch eine Prolepse der Erfahrung vom Erzähler oder den Göttern als nichtig charakterisiert, sondern auch der Erfahrung auf der intradiegetischen Ebene gegenübergestellt werden kann. Dies ist dann möglich, wenn sich die Erwartung auf etwas richtet, das räumlich entfernt ist. Wie bereits das Scholion bT ad 17, 401f. bemerkt, liegt eine ähnliche Situation vor, als Patroklos gefallen ist, Achill aber davon noch nicht weiß. Während Andromaches Erwartung, Hektor werde zurückkehren, nur implizit ist, wird Achills Erwartung, daß Patroklos zurückkommen werde, expliziert, 17, 401-407:

> [...] οὐδ᾽ ἄρα πώ τι
> εἴδεε Πάτροκλον τεθνηότα δῖος Ἀχιλλεύς.
> πολλὸν γάρ ῥ᾽ ἀπάνευθε νεῶν μάρναντο θοάων,
> τείχει ὕπο Τρώων· τό μιν οὔ ποτε ἔλπετο θυμῶι
> τεθνάμεν, ἀλλὰ ζωὸν ἐνιχριμφθέντα πύληισιν
> ἂψ ἀπονοστήσειν, ἐπεὶ οὐδὲ τὸ ἔλπετο πάμπαν,
> ἐκπέρσειν πτολίεθρον ἄνευ ἔθεν, οὐδὲ σὺν αὐτῶι.

> [...] Und noch wußte nichts davon,
> Daß Patroklos tot war, der göttliche Achilleus.
> Denn sie kämpften weit entfernt von den schnellen Schiffen

---

[37] Dabei wird oft μέλλειν gebraucht. Zur Bedeutung von Erwartungen im Gebrauch von μέλλειν s. Bakker 1997.

[38] Cf. S. 24f.

[39] Cf. S. 87.

Unter der Mauer der Troer. Das erwartete er niemals im Mute,
Daß er tot sei, sondern daß er lebend, wenn er dicht an die Tore gedrungen,
Wieder zurückkehren werde. Denn auch das erwartete er durchaus nicht,
Daß er die Stadt zerstören werde ohne ihn, noch auch mit ihm.

Weitere Beispiele lassen sich anführen: In 17, 377-380 denken Thrasymedes und Antilochos aufgrund der räumlichen Entfernung, Patroklos kämpfe noch. In 3, 236-242 äußert sich Helena unsicher über das Schicksal von Kastor und Pollux in Sparta; hier fügt der Erzähler hinzu, sie seien schon gestorben (3, 243f.).

Die Erwartung eines Helden kann der Erfahrung anderer nur dann gegenüberstehen, wenn er vom Ereignis, auf das sich seine Erwartungen richten, räumlich entfernt ist. Die Diskrepanz beruht aber nicht auf der Einsicht in die Zukunft – insofern handelt es sich hier auch nicht um Prolepsen. Da alle Menschen der Spannung von Erwartung und Erfahrung unterliegen, kann an sich die Erwartung eines Helden für den Rezipienten nicht durch die Voraussicht eines anderen Helden als falsch bezeichnet werden. Aussagen der Charaktere über die Zukunft sind in der Regel »geschehensungewiß«.[40]

Dennoch können auch Äußerungen von Helden eine geschehensgewisse Prolepse für den Rezipienten sein. Dafür müssen sie allerdings durch eine Autorität verbürgt sein. Diese Autorität kann auf zwei verschiedenen Ebenen liegen. Die Erwartung eines Charakters kann einer (den Charakteren verschlossenen, aber den Rezipienten zugänglichen) Prolepse durch den Erzähler oder die Götter entsprechen und durch sie Autorität erhalten. Dann ist die Prolepse auf der extradiegetischen Ebene verbürgt, auf der intradiegetischen Ebene aber geschehensungewiß. Als Beispiel hierfür wird der Ratschlag des Polydamas im 18. Buch kurz diskutiert (a).

Die Erwartung eines Helden kann aber auch bereits auf der Ebene der Handlung Autorität erhalten, wenn sie den Charakteren von den Göttern gegeben wird. Während die Rezipienten aber freien Zugang zur Götterhandlung haben, ist der Kontakt der Helden mit den Göttern beschränkt. Sie begegnen den Göttern selten direkt und sind auf Zeichen verschiedener Art

---

[40] Reichel 1994, 70-79 führt in seiner Klassifikation der Fernbeziehungen die Kategorie der »Geschehensgewißheit« ein. Als geschehensungewisse Vorverweise nennt er Schwur, Versprechen, Absichtserklärung, Drohung, Erwartung, Hoffnung, Befürchtung, Befehl, Verbot, Bitte, Wunsch, Vorschlag, Warnung und Gebet (71-73). Damit erfaßt er die verschiedenen Modi, in denen Menschen in der *Ilias* Erwartungen über die Zukunft anstellen, die durch Erfahrungen erfüllt oder enttäuscht werden. Wenn er Erwartung als eine Form des geschehensungewissen Vorverweises nennt, ist dieser Begriff enger als der hier verwandte, der als Gegenbegriff zur Erfahrung jegliches Verhältnis zur Zukunft beschreibt.

angewiesen, um sich ihren Willen und ihre Pläne zu erschließen.[41] Dement-sprechend ist die Aussagekraft und Autorität solcher Prolepsen oft schwach. Gerade an den Versuchen der Charaktere, sich aus Zeichen die Zukunft zu erschließen, wird deutlich, wie sehr sie der Spannung zwischen Erwartung und Erfahrung ausgesetzt sind.

Bei der Prophezeiung des Helenos im 7. Buch ist, wie ausgeführt wird, das Wissen über die Zukunft sowohl auf extra- als auch auf intradiegeti-scher Ebene unsicher (b). Die Zeichendeutung des Polydamas im 12. Buch dient als Beispiel dafür, daß ein Zeichen für die Rezipienten eine höhere Geschehensgewißheit als für die Charaktere hat (c). Außerdem wird die Möglichkeit der Mißinterpretation von Zeichen und der Täuschung durch die Götter erörtert (d). Schließlich wird die Machtlosigkeit der Mantik an-gesichts des Todes gezeigt (e).

a) Im 18. Buch rät Polydamas den Trojanern, sich in die Stadt zurückzu-ziehen, da Achill wieder in den Kampf eintreten werde.[42] Hektor dagegen plädiert dafür, die Nacht auf dem Feld zu verbringen und von dort aus am nächsten Tag den Kampf fortzusetzen. Er setzt sich durch. Polydamas ist bereits davor als besonnener Ratgeber in Erscheinung getreten.

In 12, 61-79 rät er, die Schiffe ohne Wagen zu bestürmen. Hektor folgt diesem Vor-schlag und die Trojaner haben Erfolg. *Ex negativo* zeigt sich die Qualität des Rates an Asios, der seinen Wagen mitnimmt und schließlich fällt. Zwar stirbt er, nachdem er vom Wagen abgestiegen ist (12, 385f.), aber sein Tod wird trotzdem in eine Verbin-dung damit gebracht, daß er Polydamas' Rat nicht folgt,[43] wenn der Erzähler sagt, 12, 110-115: ἀλλ᾽ οὐχ Ὑρτακίδης ἔθελ᾽ Ἄσιος ὄρχαμος ἀνδρῶν/ αὖθι λιπεῖν ἵππους τε καὶ ἡνίοχον θεράποντα,/ ἀλλὰ σὺν αὐτοῖσιν πέλασεν νήεσσι θοῇσιν,/ νήπιος, οὐδ᾽ ἄρ᾽ ἔμελλε κακὰς ὑπὸ κῆρας ἀλύξαι/ ἵπποισιν καὶ ὄχεσφιν ἀγαλλόμενος παρὰ νηῶν/ ἂψ ἀπονοστήσειν προτὶ Ἴλιον ἠνεμόεσσαν. In 12, 211-229 rät Polydamas zum Rückzug, nachdem ein Adler eine Schlange hat fallen lassen. Obwohl er seine Worte mit denen eines Sehers vergleicht (12, 228f.), widerspricht ihm Hektor, indem er an die Worte des Zeus erinnert, die ihm Iris überbrachte (11, 200-209). In 13, 726-747 schließlich hält Polydamas Hektor dazu an, einen Rat einzuberufen, der entscheiden soll, ob die Trojaner weiter angreifen oder, wie ihm besser scheint, sich zurückziehen. Dabei stellt er Hektors Tapferkeit im Krieg seine eigene Vernunft im Rat gegenüber (13, 726-734). Eine gewisse Bestätigung erhält sein Vorschlag bereits an dieser Stelle durch das Vogelzeichen in 13, 821-823.

---

[41] Zur Mantik bei Homer s. die Literatur bei Macleod ad 24, 222.

[42] Zur Gegenüberstellung von Hektor und Polydamas s. Redfield 1975, 143-147; Bannert 1988, 71-81, der den Zusammenhang der Helenos-Hektor-Szenen mit den Polydamas-Hektor-Szenen zeigt; Taplin 1992, 157 mit weiterer Literatur in Anm. 11.

[43] Anders Scodel 2004, 51. S. aber auch Reichel 1994, 77f.

Dadurch gewinnen seine Erwartungen allerdings noch keine Geschehensgewißheit. Unmittelbar vor seiner Rede charakterisiert der Erzähler ihn
jedoch folgendermaßen, 18, 250:

> [...] ὃ γὰρ οἶος ὅρα πρόσσω καὶ ὀπίσσω.

> [...] denn dieser blickte allein voraus wie auch zurück.

Daß seine Annahmen über die Zukunft verläßlicher sind und damit sein
Ratschlag besser als der Hektors, wird explizit, wenn der Erzähler den Bei-
fall der Trojaner für Hektor kommentiert, 18, 310-313:

> ὣς Ἕκτωρ ἀγόρευ᾽, ἐπὶ δὲ Τρῶες κελάδησαν,
> νήπιοι, ἐκ γάρ σφεων φρένας εἵλετο Παλλὰς Ἀθήνη·
> Ἕκτορι μὲν γὰρ ἐπῄνησαν κακὰ μητιόωντι,
> Πουλυδάμαντι δ᾽ ἄρ᾽ οὔ τις, ὃς ἐσθλὴν φράζετο βουλήν.

> So redete Hektor, und die Troer lärmten ihm zu,
> Die Kindischen! Denn benommen hatte ihnen die Sinne Pallas Athene:
> Denn dem Hektor stimmten sie zu, der Schlechtes riet,
> Dem Polydamas aber keiner, der guten Rat bedachte.

Da diese Kommentare des Erzählers lediglich den Rezipienten zugänglich
sind, haben Polydamas' Erwartungen nur auf der extradiegetischen Ebene
einen sicher proleptischen Charakter.

b) Im 7. Buch treffen Athene und Apollon aufeinander und beschließen, den
Kampf für kurze Zeit zu einem Stillstand zu bringen, indem sie Hektor die
Griechen auffordern lassen, ihm einen der ihren zu einem Zweikampf ent-
gegenzustellen.[44] Helenos, der in 6, 76 als οἰωνοπόλων ὄχ᾽ ἄριστος
eingeführt wird, hört dieses Gespräch und erzählt Hektor davon (7, 47-53).[45]
Er beendet seine Rede mit folgenden Worten, 7, 52f.:

> οὐ γάρ πώ τοι μοῖρα θανεῖν καὶ πότμον ἐπισπεῖν·
> ὣς γὰρ ἐγὼν ὄπ᾽ ἄκουσα θεῶν αἰειγενετάων.

---

[44] Dieser Zweikampf ist vor allem im Vergleich mit dem Zweikampf zwischen Menelaos und
Paris im 3. Buch interpretiert worden: Bergold 1977, 183-193; Kirk 1978; Duban 1981, der zusätzlich einen Vergleich mit dem Kampf zwischen Achill und Hektor im 22. Buch anstellt. S.
außerdem Reichel 1994, 241, der in Anm. 9 weitere Literatur gibt.

[45] Ansonsten wird nur Kalchas in 1, 69 als οἰωνοπόλων ὄχ᾽ ἄριστος bezeichnet. Die Weise,
wie Helenos von dem Plan der Götter erfährt, ist nicht ganz klar. Aus 7, 44f. geht nicht unbedingt
hervor, daß er Zeuge des Gesprächs wird: τῶν δ᾽ Ἕλενος, Πριάμοιο φίλος παῖς, σύνθετο
θυμῷ/ βουλήν, ἥ ῥα θεοῖσιν ἐφήνδανε μητιόωσιν. Cf. Kirk ad loc. Das Scholion A ad 7,
44 gibt folgende Interpretation: ὅτι μαντικῶς συνῆκεν οὐκ ἀκούσας αὐτῶν τῆς φωνῆς. In
7, 53 sagt Helenos aber selbst: ὣς γὰρ ἐγὼν ὄπ᾽ ἄκουσα θεῶν αἰειγενετάων. Dieser Vers muß
vom Scholion A ad loc. gemäß der Interpretation von 7, 44f. athetiert werden. Eustathius 664, 1f.
vergleicht den Vorgang mit dem Daimonion des Sokrates.

Noch ist dir nicht bestimmt, zu sterben und dem Schicksal zu folgen!
Denn so vernahm ich die Stimme der Götter, der für immer geborenen.

Interessant ist, daß in der Unterredung der Götter, so wie sie vom Erzähler
wiedergegeben wird, keineswegs gesagt wird, Hektor werde in dem Zweikampf nicht sterben.[46] Auch wenn Helenos mit der Autorität des Sehers
spricht, bleibt eine gewisse Ambivalenz, wie sicher seine Vorhersage ist.

Hektor interpretiert die Weisung seines Bruders aber offensichtlich sogar
so, daß er siegen werde. Er tritt vor die Trojaner und Griechen mit einer vor
Selbstsicherheit strotzenden Rede (7, 67-91). An die Forderung zum Duell
(7, 67-75) schließt er als Bedingung an, daß die Leiche des unterliegenden
Duellanten ausgeliefert werde, und formuliert dies sowohl für den Fall, daß
er selbst verliert, als auch für den Fall, daß sein Gegner stirbt. Seine Zuversicht zu gewinnen kommt darin zum Ausdruck, daß er der Möglichkeit,
selber zu sterben, nur vier Verse widmet (7, 77-80), aber in elf Versen auf
die Möglichkeit eingeht, daß sein Gegner umkommt (7, 81-91).

Die Diskrepanz ist umso deutlicher, als die jeweils ersten Verse mit großer Parallelität in der Protasis den Tod und in der Apodosis die Bestattung
behandeln (7, 77-80; 7, 81-86).[47] In 7, 87-91 führt Hektor dann aber die
Möglichkeit seines Sieges weiter aus, indem er eine Erwartung über seinen
Ruhm anschließt:

> καί ποτέ τις εἴπῃσι καὶ ὀψιγόνων ἀνθρώπων,
> νηὶ πολυκλήιδι πλέων ἐπὶ οἴνοπα πόντον·
> »ἀνδρὸς μὲν τόδε σῆμα πάλαι κατατεθνηῶτος,
> ὅν ποτ᾽ ἀριστεύοντα κατέκτανε φαίδιμος Ἕκτωρ.«
> ὣς ποτέ τις ἐρέει, τὸ δ᾽ ἐμὸν κλέος οὔ ποτ᾽ ὀλεῖται.

> Und einst wird einer sprechen noch von den spätgeborenen Menschen,
> Fahrend im Schiff, dem vielrudrigen, über das weinfarbene Meer:
> »Das ist das Mal eines Mannes, der vor Zeiten gestorben,
> Den einst, als er sich hervortat, erschlug der strahlende Hektor.«
> So wird einst einer sprechen, und dieser mein Ruhm wird nie vergehen.

Diese Überlegung hat nicht nur keine Entsprechung im Fall, daß er selbst
unterliegt, sie ist um so auffälliger, als sie eine Inversion der gewöhnlichen
Vorstellung von Grab und Ruhm darstellt: An sich dient das Grab dem

---

[46] Cf. das Scholion bT ad 7, 53b.

[47] Zur Parallelität von 7, 77-80 und 7, 81-85 s. Kirk ad 7, 77-85. Der einzige signifikante
Unterschied in den jeweils ersten Versen ist die zweimalige Erwähnung Apollons im Falle seines
Sieges, 7, 81-83: εἰ δέ κ᾽ ἐγὼ τὸν ἕλω, δώῃ δέ μοι εὖχος Ἀπόλλων,/ τεύχεα συλήσας
οἴσω προτὶ Ἴλιον ἱρήν/ καὶ κρεμόω ποτὶ νηὸν Ἀπόλλωνος ἑκάτοιο. Wenn Hektor
Apollon nennt, zeigt sich die Sicherheit, die Helenos' Vorhersage, die sich auf Apollon und
Athene stützt, ihm gegeben hat. Sie klingt auch in 7, 101f. an, wenn Menelaos über den Ausgang
des Duells sagt: [...] αὐτὰρ ὕπερθεν/ νίκης πείρατ᾽ ἔχονται ἐν ἀθανάτοισι θεοῖσιν.

Ruhm des Gefallenen, hier aber kündet es vor allem den Ruhm dessen, der den Bestatteten getötet hat.[48]

Die Wirkung von Hektors Zuversicht zeigt sich an der Reaktion der Griechen, von denen sich zuerst keiner für das Duell meldet (7, 92f.). Menelaos' Angebot anzutreten wird von Agamemnon als aussichtslos zurückgewiesen; erst als Nestor all seine Eloquenz aufbietet (7, 124-160), melden sich sieben Freiwillige, von denen Aias durch Los für das Duell bestimmt wird.

Die Analyse von Nestors Rede hat gezeigt, daß sein Zweikampf mit Ereuthalion als Exemplum für die Griechen dient.[49] Die in diesem Exemplum implizite Erwartung, daß einer der Griechen ebenso, wie Nestor Ereuthalion überwand, Hektor besiegt, steht aber in Spannung zu den Erwartungen, die Hektor und auch die Rezipienten über den Ausgang des Duells haben. Auch wenn die Rezipienten nicht Hektors Siegesgewißheit folgen, legen Helenos' Worte zumindest die Annahme nahe, er werde nicht unterliegen.

Die gleiche Spannung zwischen der Erwartung und der durch Helenos gegebenen Antizipation der Erfahrung wird erzeugt, wenn Aias in 7, 191f. sagt:

> [...] χαίρω δὲ καὶ αὐτός
> θυμῶι, ἐπεὶ δοκέω νικήσεμεν Ἕκτορα δῖον.

> [...] Und ich freue mich auch selber
> In dem Mut, denn ich denke, besiegen werde ich den göttlichen Hektor.

Wie unsicher die Prolepse des Helenos auf der Handlungsebene ist, zeigt sich, wenn der Erzähler Hektors Reaktion auf Aias' Anblick beschreibt, 7, 216-218:

> Ἕκτορί τ᾽ αὐτῶι θυμὸς ἐνὶ στήθεσσι πάτασσεν·
> ἀλλ᾽ οὔ πως ἔτι εἶχεν ὑποτρέσαι οὐδ᾽ ἀναδῦναι
> ἂψ λαῶν ἐς ὅμιλον, ἐπεὶ προκαλέσσατο χάρμηι.

> Und Hektor selbst schlug das Herz in der Brust.
> Doch er konnte nicht mehr fliehen noch zurück in die Menge
> Tauchen der Männer, da er zum Kampf herausgefordert.[50]

---

[48] Vergleichen läßt sich mit dieser Stelle die von Hektor imaginierte anonyme Äußerung in 6, 460f.: Ἕκτορος ἥδε γυνή, ὃς ἀριστεύεσκε μάχεσθαι/ Τρώων ἱπποδάμων, ὅτε Ἴλιον ἀμφεμάχοντο. Duban 1981, 104 bemerkt, wie Hektor hier in die Klage über das Schicksal seiner Frau seinen eigenen Ruhm einflicht. Kirk ad 7, 300-302 weist darauf hin, daß imaginierte Kommentare eines *Anonymus* eine Eigenart von Hektors Reden sind.

[49] Cf. S. 48; 72-75.

[50] Dafür ist es möglich, daß der Rezipient durch die folgenden Worte von Aias an das Gespräch zwischen Apollon und Athene erinnert wird, 7, 226f.: Ἕκτορ, νῦν μὲν δὴ σάφα

Wir können sehen, daß die Prophezeiung des Helenos Einblick in die Zukunft gibt. Sie ist aber ausgesprochen vage und konkurriert mit anderen Erwartungen auf der Handlungsebene. Diese Unsicherheit betrifft auch die Rezipienten, die nicht mehr als die Charaktere wissen.

Das Ergebnis, ein Unentschieden[51] – der Kampf zwischen Hektor und Aias wird vorzeitig abgebrochen – enttäuscht nicht nur Aias' Erwartung, sondern auch, was Hektor aufgrund der Vorhersage seines Bruders erwartete.

An Hektors Rede nach dem Duell wird deutlich, daß seine Erwartung sich nicht erfüllt hat. Seine Worte darüber, wie die Griechen und die Trojaner Aias und ihn feiern werden (7, 293-298), korrespondieren mit seiner Forderung in 7, 77-86, dem Unterliegenden eine Bestattung zukommen zu lassen. Einmal spricht er vor, einmal nach dem Duell über die Zeit nach dem Kampf. An beiden Stellen wird zudem bestimmt, was die jeweiligen Landsleute machen.[52] Formal gleichen sich beide Passagen durch ihre Zweigliedrigkeit, in der das Schicksal beider Kämpfer bedacht wird. Noch größer wird die Ähnlichkeit dadurch, daß Hektor auch in der Rede nach dem Zweikampf die imaginierte Äußerung eines *Anonymus* wiedergibt.

Der durch die inhaltliche und formale Ähnlichkeit nahegelegte Vergleich der beiden Passagen macht deutlich, daß Hektors Erwartungen enttäuscht worden sind. Hektor kann die doppelte Struktur seiner Rede vor dem Zweikampf nur aufgreifen, da keine der beiden dort genannten Optionen eingetreten ist. Vor allem ist Hektors Darstellung jetzt ausgewogener als vor dem Zweikampf. Während dort 4 Verse zur Möglichkeit, daß der Grieche gewinnt, 11 Versen zum eigenen Sieg gegenüberstehen, beschreibt er jetzt die Freude der Griechen in 2, die der Trojaner in 3 parallelen Versen.

Die Enttäuschung seiner Erwartungen wird noch deutlicher, wenn die imaginierten Worte eines *Anonymus* in 7, 89f. den imaginierten Worten eines Trojaners oder Griechen in 7, 301f. gegenübergestellt werden, 7, 299-302:

εἴσεαι οἰόθεν οἶος,/ οἷοι καὶ Δαναοῖσιν ἀριστῆες μετέασιν. In 7, 39f. hat Apollon gesagt: ἤν τινά που Δαναῶν προκαλέσσεται οἰόθεν οἶος/ ἀντίβιον μαχέσασθαι ἐν αἰνῆι δηιοτῆτι. Dies sind die beiden einzigen Belege von οἰόθεν in der *Ilias*, das in beiden Fällen in gleicher metrischer Position mit οἶος verbunden ist.

[51] Die Möglichkeit eines Unentschieden ist bereits im Gebet eines anonymen Griechen zu Zeus genannt worden, 7, 204f.: εἰ δὲ καὶ Ἕκτορά περ φιλέεις καὶ κήδεαι αὐτοῦ/ ἴσην ἀμφοτέροισι βίην καὶ κῦδος ὄπασσον. Diese Verse klingen in 7, 280f. an, wenn Idaios vor dem Anbruch der Nacht fordert, den Zweikampf abzubrechen: ἀμφοτέρω γὰρ σφῶι φιλεῖ νεφεληγερέτα Ζεύς,/ ἄμφω δ᾽ αἰχμητά· τό γε δὴ καὶ ἴδμεν ἅπαντες.

[52] 7, 80: Τρῶες καὶ Τρώων ἄλοχοι ~ 7, 297: Τρῶας [...] καὶ Τρωιάδας ἑλκεσιπέπλους, 7, 85: κάρη κομόωντες Ἀχαιοί~7, 295: σούς τε μάλιστα ἔτας καὶ ἑταίρους, οἵ τοι ἔασιν. Auch die Örtlichkeiten entsprechen sich, 7, 78: κοίλας ἐπὶ νῆας~7, 294: παρὰ νηυσὶν, 7, 82: προτὶ Ἴλιον ἱρήν~7, 296: κατὰ ἄστυ μέγα Πριάμοιο ἄνακτος.

δῶρα δ᾽ ἄγ᾽ ἀλλήλοισι περικλυτὰ δώομεν ἄμφω,
ὄφρα τις ὧδ᾽ εἴπησιν Ἀχαιῶν τε Τρώων τε·
»ἠμὲν ἐμαρνάσθην ἔριδος πέρι θυμοβόροιο,
ἠδ᾽ αὖτ᾽ ἐν φιλότητι διέτμαγεν ἀρθμήσαντε.«

Doch auf! wir wollen einander ringsberühmte Gaben geben beide,
Daß manch einer so spricht der Achaier und der Troer:
»Sie haben gekämpft in dem Streit, dem mutverzehrenden,
Sie haben sich wieder getrennt, in Freundschaft vereinigt!«

In beiden Reden äußert Hektor eine Erwartung darüber, wie der Zweikampf von der Öffentlichkeit wahrgenommen wird. Seinem alleinigen Ruhm in der ersten Rede steht jetzt der gemeinsame Kampf, ausgedrückt in Dualen, gegenüber.[53] Das Medium der Erinnerung hat sich verändert, an die Stelle des Grabes sind die ausgetauschten Waffen getreten.[54] Die Reziprozität des Gabentauschs spiegelt den unentschiedenen Ausgang des Zweikampfes wider.

Damit geht eine aufschlußreiche Veränderung der Perspektive einher: Vor dem Zweikampf legt Hektor die Äußerung einem τις […] ὀψιγόνων ἀνθρώπων in den Mund. Der zeitliche Abstand der imaginierten Äußerung zur Gegenwart erscheint durch dreifaches ποτε als besonders groß (7, 87; 90; 91), und Hektor meint, sein Ruhm werde nie vergehen (7, 91). Diese weite zeitliche Perspektive ist in 7, 300-302 nicht mehr vorhanden: ohne zeitliche Bestimmung gibt Hektor die Äußerung eines Griechen oder Trojaners wieder.

Ein Blick auf die unmittelbar folgende Beschreibung der Reaktionen der Zuschauer durch den Erzähler (7, 306-312) macht deutlich, daß selbst Hektors Darstellung, welche die Enttäuschung seiner Erwartungen so deutlich verrät, seine Erfahrung nur in verzerrter Form wiedergibt.[55] Seine Worte stehen in Spannung zum Verlauf des Zweikampfs, in dem Aias Vorteile hatte.[56] Der Erzähler stellt die Freude der Trojaner der Freude der Griechen gegenüber. Die Trojaner freuen sich darüber, daß Hektor überlebt hat (7, 307-310). Der Kontrast zu den Erwartungen von Hektor wird beson-

---

[53] 7, 301: ἐμαρνάσθην, 7, 302: ἀρθμήσαντε.

[54] Interessant ist die Gegenüberstellung mit dem Waffentausch zwischen Diomedes und Glaukos, die Martin 1989, 137 vornimmt: »If Diomedes has fabricated a past, Hector fictionalizes a future, and then, just as Diomedes had, makes the fiction affect the present.« Während Diomedes den Waffentausch als Erneuerung der traditionellen Gastfreundschaft sieht und als vergangenes Exemplum den Austausch von Gastgeschenken zwischen Oineus und Bellerophontes nennt, blickt Hektor auf die Wirkung des Waffentauschs in der Zukunft.

[55] Kirk ad 7, 294-298: »Yet the passage gains a certain piquancy from Hektor's loving description of his own reception, as the dignified man and women of Troy are set against the anonymous and repetitive ἔτας καὶ ἑταίρους of 295 – to whom the addition of οἵ τοι ἔασιν, ›those that you have‹, lends an almost dismissive ring.«

[56] Cf. bereits das Scholion bT ad 7, 312b. S. a. Kirk ad 7, 311f.

ders deutlich in der Formulierung ἀελπτέοντες σόον εἶναι. Während Hektor von einem Sieg ausging, haben seine Landsleute im Verlauf des Zweikampfes sogar befürchtet, er werde sterben. Über die Griechen sagt der Erzähler dagegen, 7, 311f.:

Αἴαντ' αὖθ' ἑτέρωθεν ἐυκνήμιδες Ἀχαιοί
εἰς Ἀγαμέμνονα δῖον ἄγον, κεχαρηότα νίκηι.

Den Aias wieder führten drüben die gutgeschienten Achaier
Zu dem göttlichen Agamemnon, froh seines Sieges.

DeJong hält es für wahrscheinlich, daß νίκηι nicht vom Erzähler, sondern von Aias fokalisiert wird.[57] Diese Interpretation läßt sich durch zwei Beobachtungen stützen, die allerdings beide nicht zwingend sind. Die parallele Beschreibung der Reaktion der Trojaner endet mit der Fokalisation der Trojaner, die explizit ist: ἀελπτέοντες σόον εἶναι. Ihr stünde dann die Fokalisation von Aias gegenüber. Außerdem greift die Wendung eine frühere Äußerung von Aias auf, 7, 191: [...] χαίρω δὲ καὶ αὐτός/ θυμῶι ἐπεὶ δοκέω νικησέμεν Ἕκτορα δῖον. Die Ähnlichkeit zu diesen Worten von Aias legt es zumindest nahe, auch 7, 312 κεχαρηότα νίκηι als durch ihn fokalisiert zu verstehen.[58]

Auch wenn der Erzähler nicht selbst von einem Sieg des Aias spricht, so macht doch seine Darstellung der Wahrnehmung beider Parteien deutlich, daß Aias überlegen war. Der Freude der Trojaner, daß ihr Mann überlebt hat, steht Aias' Freude über einen Sieg gegenüber. Von dieser Reaktion weicht Hektors Darstellung ab; aber trotz der Verzerrung verrät sie die Entäuschung seiner Erwartung.

Der Zweikampf von Hektor und Aias zeigt, daß durch den Kontakt mit den Göttern bereits auf der intradiegetischen Ebene Einsicht in die Zukunft erlangt werden kann. Ein näherer Blick auf die Szene hat aber enthüllt, wie schwach diese Einsicht sowohl für die Charaktere als auch für die Rezipienten ist. Die Vorhersage von Helenos, Hektor werde nicht sterben, erfüllt sich. Zugleich ist sie aber so vage, daß Hektor Erwartungen anstellen kann, die enttäuscht werden: Er tötet seinen Gegner nicht, sondern muß sich

---

[57] Als Aussage des Erzählers versteht es dagegen das Scholion bT ad 7, 312, das darauf hinweist, daß Hektor verletzt worden ist, gefallen ist und den Kampf abgebrochen hat. Auch Kirk ad 7, 311f. geht von einer Fokalisation durch den Erzähler aus und verweist auf Aias' Überlegenheit. Er hält es aber für möglich, daß gar kein wirklicher Sieg vorliege, da Aias den Abbruch des Kampfes angenommen habe. Das Partizip κεχαρηότα kann sich nicht nur auf Aias, sondern auch auf Agamemnon beziehen. Ἀγαμέμνονα steht sogar näher an dem Partizip. Es ist aber dennoch plausibler, es auf Αἴαντα zu beziehen: Da Aias selbst gekämpft hat, ist es am wahrscheinlichsten, daß der Erzähler seine Freude ausführt. Dann umrahmen Bezugswort und Partizip den Satz.

[58] Ebenso kann die Freude der Trojaner an die frühere Freude Hektors erinnern, 7, 307f.: [...] τοὶ δ' ἐχάρησαν/ ὡς εἶδον ζωόν τε καὶ ἀρτεμέα προσιόντα, 7, 54: [...] Ἕκτωρ δ' αὖτ' ἐχάρη μέγα μῦθον ἀκούσας. Dann entsteht ein Kontrast zwischen der Freude der Trojaner darüber, daß Hektor überlebt hat, und der freudigen Erwartung eines Sieges, welche die Vorhersage des Helenos bei Hektor auslöste.

glücklich schätzen, mit dem Leben davonzukommen. Auch durch göttlich sanktionierte Prolepsen entkommen die Helden nicht der Spannung zwischen Erwartung und Erfahrung.[59] Ein Bewußtsein davon zeigt sich, wenn Hektor beim Anblick von Aias Angst bekommt und sich am liebsten vom Duell zurückzöge.

c) Die Weisung des Helenos ist sowohl auf der intradiegetischen als auch der extradiegetischen Ebene unsicher. Wenn im 12. Buch Polydamas mit Hektor über die Deutung eines Vogelzeichens streitet, hat die Prolepse eines Charakters, obgleich er sich auf die Götter beruft, auf der Handlungsebene eine geringere Autorität als für die Rezipienten.

In 12, 200-209 fliegt ein Adler mit einer Schlange in den Krallen und läßt sie mitten auf dem Schlachtfeld fallen. Polydamas deutet dieses Vorzeichen als Gleichnis dafür, daß die Trojaner, wenn sie weiter angreifen werden, große Verluste hinnehmen müssen. Hektor hingegen lehnt diese Deutung ab und läßt die Trojaner weiter vordringen. Seine Entscheidung, das Zeichen zu ignorieren, ist durchaus verständlich.[60] Er selbst erinnert an die Weissagung des Zeus (11, 200-209), der ihm versprach, daß er bis zum Abend zu den Schiffen vordringen werde (12, 235f.). Nicht vernachlässigt werden darf auch der Stand der Schlacht: Die Trojaner dringen mit großem Erfolg vor. Warum sollten sie sich da plötzlich zurückziehen?[61] Schließlich führt der Erzähler im Anschluß an Hektors Entscheidung, weiter zu kämpfen, sogar aus, daß Zeus die Trojaner stärkt und die Griechen schwächt.[62]

DeJong macht darauf aufmerksam, daß der Erzähler weder sagt, der Adler mit der Schlange sei ein Zeichen von Zeus, noch die Interpretation von Polydamas autorisiert und fragt sogar, »whether the bird-scene as described

---

[59] DeJong 1987, 153 weist darauf hin, daß die Diskrepanz zwischen Göttern und Menschen in der unterschiedlichen Fokalisation der sprachlich ähnlichen Verse 7, 29-32 und 7, 290-292 deutlich wird: In 7, 29-32 sagt Apollon: νῦν μὲν παύσωμεν πόλεμον καὶ δηιοτῆτα/ σήμερον· ὕστερον αὖτε μαχήσοντ᾽, εἰς ὅ κε τέκμωρ/ Ἰλίου εὕρωσιν, ἐπεὶ ὣς φίλον ἔπλετο θυμῷ/ ὑμῖν ἀθανάτηισι, διαπραθέειν τόδε ἄστυ. Hektor sagt in 7, 290-292: νῦν μὲν παυσώμεσθα μάχης καὶ δηιοτῆτος/ σήμερον· ὕστερον αὖτε μαχησόμεθ᾽, εἰς ὅ κε δαίμων/ ἄμμε διακρίνηι, δώηι δ᾽ ἑτέροισί γε νίκην. Während Apollon vom Ausgang des Krieges weiß, ist er für Hektor offen.

[60] S. a. Taplin 1992, 157 Anm. 12.

[61] Daß pragmatische Überlegungen bei der Interpretation von Zeichen eine Rolle spielen, zeigt die Diskussion zwischen Nestor und Diomedes im 8. Buch, ob sie sich nach dem Donnern und einem Blitz, der mit viel Feuer vor Diomedes' Pferden einschlägt, zurückziehen sollen (8, 133-166). Nestor bekommt Angst und fordert Diomedes zur Umkehr auf (8, 139-144). Dieser wendet ein, Hektor könne sich dann rühmen, er sei vor ihm geflohen (8, 146-150). Erst als Nestor sagt, daß eine solche Behauptung den Troern und den Frauen, deren Männer Diomedes getötet habe, nicht einleuchten werde (8, 152-156), kehren die beiden um und folgen damit dem Zeichen.

[62] 12, 252-255: [...] ἐπὶ δὲ Ζεὺς τερπικέραυνος/ ὦρσεν ἀπ᾽ Ἰδαίων ὀρέων ἀνέμοιο θύελλαν,/ ἥ ῥ᾽ ἰθὺς νηῶν κονίην φέρεν· αὐτὰρ Ἀχαιῶν/ θέλγε νόον, Τρωσὶν δὲ καὶ Ἕκτορι κῦδος ὄπαζεν.

by the NF1 in M 200-9 really is an omen or whether it is only Polydamas'
interpretation which makes us believe it is one.«[63] Diese Skepsis geht aber
zu weit. Für ein adäquates Verständnis des Zeichens ist es hilfreich, von der
Geschehensgewißheit für die Helden die Geschehensgewißheit auf der
extradiegetischen Ebene zu unterscheiden. Zwar ist Hektors Ablehnung auf
der intradiegetischen Ebene nachvollziehbar, aber für den Rezipienten ist –
dies machen fünf Punkte deutlich – der proleptische Charakter des Zeichens
deutlich.

Erstens ist der Zweifel, ob es sich hier um ein Zeichen handle, unbe-
gründet. Es widerspräche den narrativen Regeln der *Ilias*, ein vermeintli-
ches Zeichen so ausführlich zu schildern. Alle Vogelzeichen sind in der
Ilias von Bedeutung. Auf der Ebene der Handlung zeigt sich an der Reaktion der Trojaner, daß Polydamas' Interpretation des Vorfalls als Zeichen
nicht idiosynkratisch ist, 12, 208f.:

> Τρῶες δ᾽ ἐρρίγησαν, ὅπως ἴδον αἰόλον ὄφιν
> κείμενον ἐν μέσσοισι, Διὸς τέρας αἰγιόχοιο.

> Die Troer aber erschauderten, als sie die sich ringelnde Schlange sahen,
> Die in ihrer Mitte lag, das Zeichen des Zeus, des Aigishalters.

Vielleicht ist die Signifikanz dieses Zeichens noch größer: Nur an einer weiteren
Stelle wird in der *Ilias* ein Kampf zwischen einer Schlange und Vögeln erzählt. Im 2.
Buch erinnert Odysseus die Griechen an das Vorzeichen in Aulis (2, 301-329).[64] Dort
kam eine Schlange unter dem Altar, wo die Griechen opferten, hervorgeschossen,
kletterte auf eine Platane und verschlang zuerst die acht kleinen Sperlinge, dann die
Mutter. Dieser Vorfall wurde von Kalchas als Zeichen dafür gedeutet, daß die Griechen Troja im zehnten Jahr nehmen würden. Die beiden Zeichen sind unterschiedlich
und lassen sich nicht in ein kohärentes Schema pressen. Den neun Sperlingen steht
der eine Adler gegenüber. Aber dennoch scheint es möglich, daß das Zeichen im 12.
Buch an die Erzählung im 2. Buch erinnert. In beiden Gleichnissen steht die Schlange
für die Griechen, die Vögel für die Trojaner. Wenn diese Verbindung gezogen wird,
ist der mantische Charakter des Vogelflugs im 12. Buch noch deutlicher.

Zweitens fügt sich Polydamas' Interpretation des Zeichens in das Bild von
der Gesamthandlung, das die Vorhersagen des Zeus geschaffen haben.
Durch das Wissen, daß Zeus den Trojanern vorläufig Überlegenheit ge-
währt, um Achill Ehre zu verschaffen, die Griechen dann aber nach der
Rückkehr von Achill siegen werden, wird sogar die Spannung zwischen
Polydamas' Interpretation des Zeichens und Zeus' Unterstützung für die
Trojaner in 12, 252-255 aufgelöst.[65]

---

[63] DeJong 1987, 215.
[64] Zum Vorzeichen von Aulis cf. Aumüller 2003.
[65] Schadewaldt ³1966, 105: »Die Bedeutung der Stelle beruht darauf, daß sich in den beiden
göttlichen Zeichen wie in den Meinungen der beiden Männer, von denen jeder in seinem Sinne

Drittens ist anzuzweifeln, ob die Dignität des Zeichens vom Erzähler überhaupt nicht markiert wird. Selbst wenn man deJongs Interpretation folgt, Διὸς τέρας αἰγιόχοιο sei von den Trojanern fokalisiert,[66] bleibt noch die Formulierung von 12, 200:

> ὄρνις γάρ σφιν ἐπῆλθε περησέμεναι μεμαῶσιν.
>
> Denn es kam ihnen ein Vogel, als sie hinüber wollten.

Mit dem Dativ σφιν sowie dem Partizip, das die spezifische Situation bezeichnet, stellt der Erzähler einen Zusammenhang zwischen dem Vordringen der Trojaner und dem Flug des Vogels her.

Viertens ist zu bemerken, daß die Unterschiede, die deJong zwischen der Darstellung des Zeichens durch den Erzähler und Polydamas' Interpretation feststellt,[67] der Hermeneutik der Zeichendeutung geschuldet sind: Es ist natürlich, daß Polydamas, der das Zeichen für die Trojaner interpretiert, die Perspektive des Adlers, der die Trojaner repräsentiert, in den Vordergrund stellt. Dadurch kann er die Deutung des Zeichens mit ὡς ἡμεῖς anschließen (12, 223). Jede Deutung eines Zeichens ist perspektivisch und beinhaltet eine Übertragung. Polydamas' Deutung tut dem Zeichen dabei keine Gewalt an, sondern beruht auf einer recht engen Entsprechung.

Fünftens deutet die Unangemessenheit von Hektors Antwort darauf hin, daß Polydamas mit seiner Interpretation des Zeichens recht hat. Seine Ablehnung des Zeichens trägt, auch wenn sie mit einer Weissagung des Zeus begründet wird, schon fast blasphemische Züge, 12, 237-240:

> τύνη δ' οἰωνοῖσι τανυπτερύγεσσι κελεύεις
> πείθεσθαι· τῶν οὔ τι μετατρέπομ' οὐδ' ἀλεγίζω,
> εἴτ' ἐπὶ δεξί' ἴωσι πρὸς ἠῶ τ' ἠέλιόν τε
> εἴτ' ἐπ' ἀριστερὰ τοί γε ποτὶ ζόφον ἠερόεντα.
>
> Und du verlangst, daß man den flügelstreckenden Vögeln
> Gehorcht. An die kehre ich mich nicht noch kümmert es mich,
> Ob sie zur rechten hingehen nach dem Morgen und zur Sonne
> Oder auch zur linken nach dem dunstigen Dunkel hin.

12, 243:

> εἷς οἰωνὸς ἄριστος, ἀμύνεσθαι περὶ πάτρης.

---

recht hat, der Haupt- und der Teilplan des Zeus dicht nebeneinander in das Geschehen hinein kundtat.«

[66] DeJong 1987, 215.

[67] DeJong 1987, 214f.

Ein Vogel ist der beste: sich wehren um die väterliche Erde![68]

Da eine explizite Bestätigung der Deutung des Zeichens durch den Erzähler fehlt, hat der Rezipient zwar keine volle Sicherheit über seine proleptische Kraft, aber die angeführten Punkte zeigen, daß die Geschehensgewißheit auf der extradiegetischen Ebene größer ist als auf der Handlungsebene. Der Rezipient kann das Zeichen auf den Plan des Zeus beziehen, nach dem die Griechen zwar zuerst im Kampf gegen die Trojaner den kürzeren ziehen, nach der Rückkehr Achills aber siegen werden.

d) Die im 12. Buch sichtbar werdende Spannung zwischen einem Vorzeichen und der unmittelbar folgenden Handlung zeigt sich auch an dem Donner, mit dem Zeus das Gebet von Nestor in 15, 372-376 erhört.[69] Hier gibt der Erzähler dem Rezipienten Sicherheit über die Prolepse, 15, 377f.:

> ὣς ἔφατ᾽ εὐχόμενος, μέγα δ᾽ ἔκτυπε μητίετα Ζεύς,
> ἀράων ἀιὼν Νηληιάδαο γέροντος.

> So sprach er und betete, und groß dröhnte der ratsinnende Zeus,
> Die Gebete hörend des Neleus-Sohns, des Alten.

Auf das Zeichen folgt jedoch erst einmal ein weiterer Ansturm der Trojaner; die Wende in der Schlacht vollzieht sich später, wenn Patroklos in die Schlacht zurückkehrt. Während der Rezipient das Zeichen als Vorverweis auf den Plan des Zeus verstehen kann, ist dies auf der Ebene der Handlung nicht klar. Auch hier besteht eine Diskrepanz zwischen der proleptischen Kraft auf intra- und extradiegetischer Ebene.

Die Unsicherheit des Zeichens wird dadurch besonders deutlich, daß, wie die folgenden zwei Verse zeigen, das Donnern die Bemühungen der Trojaner verstärkt, 15, 379f.:

> Τρῶες δ᾽ ὡς ἐπύθοντο Διὸς κτύπον αἰγιόχοιο,
> μᾶλλον ἐπ᾽ Ἀργείοισι θόρον, μνήσαντο δὲ χάρμης.

> Die Troer aber, als sie vernahmen das Dröhnen des Zeus, des Aigishalters,
> Sprangen stärker ein auf die Argeier und gedachten des Kampfes.

---

[68] Auch Schadewaldt [2]1970, I 32f. sieht hier neben der patriotischen Großartigkeit eine Blasphemie. Gegen eine solche Interpretation s. beispielsweise Taplin 1992, 157. Vorsichtig ist auch Erbse 1978, 6f. Problematisch wird Hektors Ablehnung des Vorzeichens dadurch, daß sie sehr allgemein formuliert ist und sich auf alle Zeichen beziehen läßt. Lohmann 1970, 119 mit Anm. 44 hält es für notwendig, Vers 12, 243 als Interpolation zu streichen.

[69] Reichel 1994, 173 mit Anm. 16 interpretiert auch die Zeichen in 13, 821-823 und in 17, 648-650 als »Technik des Iliasdichters [...], innerhalb einer Handlungsbewegung bereits auf die folgende gegenläufige Bewegung vorauszudeuten.«

Während Zeus donnert, um zu zeigen, daß er Nestors Gebet erhört hat, meinen die Trojaner, das Donnern gelte ihnen – Zeichen können mißinterpretiert werden.[70] In paradoxer Weise trägt die Mißdeutung der Trojaner aber dazu bei, daß sich der Plan des Zeus, der im Donnern zum Ausdruck kommt, erfüllt. Dadurch, daß sie mit verstärkter Kraft zu den Schiffen vordringen, naht der Zeitpunkt, zu dem Patroklos von Achill entsandt wird und die Schlacht sich wendet.

Zeichen können aber nicht nur mißverstanden werden. Die Götter können die Menschen auch mit Absicht in die Irre führen. Im zweiten Buch beispielsweise wird Agamemnon, wie bereits erwähnt, von Zeus getäuscht, wenn dieser ihm im Traum Nestor erscheinen läßt und ihm verheißt, er könne am kommenden Tag Troja einnehmen.[71]

Die Möglichkeit, daß die Götter Menschen täuschen, wird aber auch an anderen Zeichen im 2. Buch deutlich: Nachdem die Probe des Heeres scheitert und die Griechen nur im letzten Augenblick davon abgehalten werden können, Troja fluchtartig zu verlassen, halten Odysseus und Nestor Reden und erinnern an Zeichen, die den Griechen den Sieg versprachen.

Odysseus erinnert an das Vorzeichen am Altar von Aulis, das Kalchas so interpretiert hat, daß die Griechen Troja nach zehn Jahren einnehmen werden. Er leitet seine Darstellung ein mit den Worten, 2, 299f.:

> τλῆτε φίλοι, καὶ μείνατ᾽ ἐπὶ χρόνον, ὄφρα δαῶμεν
> ἢ ἐτεὸν Κάλχας μαντεύεται ἦε καὶ οὐκί.

> Haltet aus, Freunde! und wartet noch eine Zeit, daß wir erfahren,
> Ob Kalchas recht den Spruch getan hat oder auch nicht.

Er beendet seine Erzählung vom Vorzeichen in Aulis folgendermaßen, 2, 330-332:

> κεῖνος τὼς ἀγόρευε· τὰ δὴ νῦν πάντα τελεῖται·
> ἀλλ᾽ ἄγε μίμνετε πάντες, ἐυκνήμιδες Ἀχαιοί,
> αὐτοῦ, εἰς ὅ κεν ἄστυ μέγα Πριάμοιο ἕλωμεν.

> So redete jener, und das wird jetzt alles vollendet werden.
> Aber auf! harrt alle aus, ihr gutgeschienten Achaier,
> Hier am Ort, bis wir die große Stadt des Priamos genommen.

Wie bereits das Scholium T ad 2, 332 bemerkt, hat sich der Akzent der Darstellung verschoben. Während Odysseus es am Anfang offen läßt, ob

---

[70] S. das Scholion T ad 15, 379: τὸ ὥς ἀντὶ τοῦ ἐπεί. πρὸς αὐτῶν δὲ οὗτοι τίθενται τὸ ἀγαθόν. Cf. Schadewaldt [3]1966, 92, cf. 42; Stockinger 1959, 41-43; Reinhardt 1961, 305-307. Die Reaktion der Trojaner auf das Zeichen hat in der älteren Forschung zu Interpolationstheorien geführt, s. beispielsweise Ameis / Hentze ad 15, 380 und die Literatur bei Stockinger 1959, 42.

[71] Cf. S. 216f.

sich Kalchas' Wahrsagung erfüllt, ist am Ende seiner Rede die Eroberung Trojas nur eine Frage der Zeit.

Bevor Nestor an die Blitze zur Rechten erinnert, welche die Griechen bei ihrer Ausfahrt begleiteten, fordert er Agamemnon auf, die Griechen, die gehen wollen, ziehen zu lassen, und sagt, 2, 346-349:

> τούσδε δ᾽ ἔα φθινύθειν, ἕνα καὶ δύο, τοί κεν Ἀχαιῶν
> νόσφιν βουλεύωσ᾽ - ἄνυσις δ᾽ οὐκ ἔσσεται αὐτῶν -
> πρὶν Ἄργοσδ᾽ ἰέναι, πρὶν καὶ Διὸς αἰγιόχοιο
> γνώμεναι εἴτε ψεῦδος ὑπόσχεσις εἴτε καὶ οὐκί.

> Die laß zugrunde gehen, die ein oder zwei, die da gesondert
> Von den Achaiern beschließen – Erfüllung wird ihnen nicht werden! –
> Eher nach Argos zu gehen, ehe wir noch von Zeus, dem Aigishalter,
> Erkennen, ob Täuschung sein Versprechen war oder auch nicht.

Im folgenden geht er aber davon aus, daß das Zeichen verläßlich ist (2, 350-356).

Obwohl Odysseus und Nestor behaupten, daß das Zeichen sich entprechend der Deutung des Kalchas erfüllen wird, klingt bei beiden zuerst auch Unsicherheit an. Aus der Perspektive der Rezipienten ist das Zeichen geschehensgewiß – sie wissen, daß Troja fallen wird. Auf der Ebene der Handlung ist es aber nicht lediglich rhetorischer Schmuck, wenn sowohl Odysseus als auch Nestor die Möglichkeit nennen, daß die Zeichen falsch interpretiert wurden oder trügerisch waren.[72]

Vielmehr ist die Sicherheit, mit der sich Odysseus und Nestor über die Zeichen äußern, im Kontext ihrer Reden zu sehen. Nachdem das Heer, zermürbt durch den langen Krieg, bereit war, Troja auf schmachvolle Weise zu verlassen, muß es wieder motiviert werden, den Kampf fortzusetzen. Diese Funktion erfüllt die Erinnerung an die günstigen Zeichen zu Beginn der Expedition. Die Sicherheit, mit der Odysseus und Nestor am Ende ihrer Reden von den Vorzeichen sprechen, ist dem performativen Kontext der Reden geschuldet; der Anklang von Ungewißheit, ob sich die Zeichen gemäß ihrer Interpretation erfüllen werden, spiegelt wohl eher die menschliche Perspektive wider.

e) Besonders deutlich werden die Grenzen der Möglichkeit, durch göttliche Zeichen die Zukunft zu erkennen, an dem Punkt, an dem die Schicksalskontingenz am schärfsten empfunden wird, am Tod, 5, 148-151:

---

[72] Kirk ad 2, 348-350 merkt beispielsweise zu Nestors Rede an: »Nestor's emphatic declaration that Zeus has given his approval shows the ›falsehood‹ idea in 349 to be ironical.« Nach der hier gegebenen Interpretation ist 2, 349 aber keineswegs ironisch; vielmehr wird deutlich, daß Zeichen täuschen können.

> [...] ὃ δ᾽ Ἄβαντα μετώιχετο καὶ Πολύιδον,
> υἱέας Εὐρυδάμαντος ὀνειροπόλοιο γέροντος·
> τοῖς οὐκ ἐρχομένοις ὁ γέρων ἐκρίνατ᾽ ὀνείρους,
> ἀλλά σφεας κρατερὸς Διομήδης ἐξενάριξεν.

> [...] er drang auf Abas ein und Polyidos,
> Die Söhne des Eurydamas, des greisen Traumdeuters.
> Denen, als sie auszogen, hatte nicht der Greis die Träume gedeutet,
> Sondern sie tötete der starke Diomedes.

Obwohl Eurydamas über mantische Fähigkeiten verfügt, konnte er seinen Söhnen den Tod nicht vorhersagen.

Die Machtlosigkeit der Mantik angesichts des Todes betont der Erzähler am Beispiel von Chromis, 2, 858-861:

> Μυσῶν δὲ Χρόμις ἦρχε καὶ Ἔννομος οἰωνιστής·
> ἀλλ᾽ οὐκ οἰωνοῖσιν ἐρύσατο κῆρα μέλαιναν,
> ἀλλ᾽ ἐδάμη ὑπὸ χερσὶ ποδώκεος Αἰακίδαο
> ἐν ποταμῶι, ὅτι περ Τρῶας κεράιζε καὶ ἄλλους.

> Und die Myser führte Chromis und Ennomos, der Vogelschauer.
> Doch nicht wurde er von den Vögeln gerettet vor der schwarzen Todesgöttin,
> Sondern wurde bezwungen unter den Händen des fußschnellen Aiakiden
> Im Fluß, wo er auch die anderen Troer mordete.[73]

Der Tod hebt die Spannung von Erwartung und Erfahrung nicht nur insofern auf, als er die finale Erfahrung ist und die Möglichkeit von Erwartungen aufhebt, er scheint in der *Ilias* außerdem für einen kurzen Moment einen Einblick in die Zukunft zu gewähren. Im Sterben sagt Patroklos Hektor seinen Tod vorher, 16, 852-854:

> οὔ θην οὐδ᾽ αὐτὸς δηρὸν βέε᾽, ἀλλά τοι ἤδη
> ἄγχι παρέστηκεν θάνατος καὶ μοῖρα κραταιή,
> χερσὶ δαμέντ᾽ Ἀχιλῆος ἀμύμονος Αἰακίδαο.

> Gewiß wirst du auch selbst nicht mehr lange leben, sondern
> Schon nahe steht bei dir der Tod und das gewaltige Schicksal,
> Von des Achilleus Händen bezwungen, des untadligen Aiakiden.

---

[73] Selbst wenn der Tod vorhergesehen wird, läßt er sich nicht abwenden: In 2, 831-834=11, 328-332 wird erzählt, daß der Seher Merops den Tod seiner Söhne vorhersah, sie aber trotzdem in den Krieg zogen. In 13, 663-668 wird erzählt, daß Polyides vorhersagte, sein Sohn Euchenor werde entweder an einer schweren Krankheit zu Hause sterben oder im Kampf gegen die Trojaner fallen. Weiterhin sterben in der *Ilias* folgende Söhne von Priestern: Phegeus, der Sohn von Dares, einem Priester des Hephaistos, der den zweiten Sohn, Idaios, rettet (5, 9-26); Hypsenor, Sohn des Skamander-Priesters Dolopion (5, 76-83); Laogonos, Sohn des Zeus-Priesters Onetors (16, 603-605).

In ähnlicher Weise prophezeit der sterbende Hektor Achill seinen Tod, 22, 358-360:

φράζεο νῦν, μή τοί τι θεῶν μήνιμα γένωμαι
ἤματι τῶι, ὅτε κέν σε Πάρις καὶ Φοῖβος Ἀπόλλων
ἐσθλὸν ἐόντ᾽ ὀλέσωσιν ἐνὶ Σκαιῆισι πύληισιν.

Bedenke jetzt, daß ich dir nicht ein Zorn der Götter werde
An dem Tag, wenn Paris dich und Phoibos Apollon,
So stark du bist, vernichten werden an den Skäischen Toren!

Prophetische Kraft erlangen in der *Ilias* aber nur Patroklos und Hektor und auch sie sagen nur den Tod desjenigen vorher, der sie umbringt.[74] Dennoch bieten diese beiden Stellen Aufschluß über den Tod: Mit ihm als letzter Erfahrung wird die Spannung zwischen Erwartung und Erfahrung im Rückblick auf das Leben aufgehoben. In der prophetischen Kraft der Sterbenden wird diese Aufhebung der Spannung zwischen Erwartung und Erfahrung von der Vergangenheit auf die Zukunft projiziert.

Zusammenfassend läßt sich feststellen, daß auch Prolepsen auf der intradiegetischen Ebene Einblick in die Zukunft geben, allerdings in einer Weise, welche die Spannung zwischen Erwartung und Erfahrung nicht aufhebt. Die Helden gewinnen diesen Einblick durch den Kontakt mit den Göttern, sei es in direkter Begegnung oder wenn die Götter *incognito* auftreten, durch Zeichen oder in Träumen. Selbst die auf diesem Weg gewonnenen Annahmen, welche eine Erfahrung antizipieren, durch die eine Erwartung anderer enttäuscht werden wird, sind vage, sowohl was den genauen Vorgang als auch den Zeitpunkt der Erfüllung betrifft, und bleiben bis zu einem gewissen Grad unsicher, soweit sie auf der Interpretation von Zeichen beruhen.[75]

Oft haben die Prolepsen auf der extradiegetischen Ebene eine größere Geschehensgewißheit als für die Helden, wenn sie durch Aussagen des Erzählers oder der Götter gestützt werden. Gerade in den Versuchen, durch den Kontakt mit den Göttern Einblick in die Zukunft zu erhalten und damit der Unsicherheit der Erwartungen zu entkommen, zeigt sich also die Struktur menschlicher Erfahrung.[76]

---

[74] Dazu, daß Sterbende mantische Kräfte haben, s. die späteren Belege bei Janko ad 16, 852-854. Das Scholium b ad 16, 854 gibt folgende Erklärung: θείας γάρ ἐστι μέρος φύσεως, καὶ θειοτέρα γίνεται χωρισθεῖσα τῆς ὕλης τοῦ σώματος καὶ πρὸς τὸ οἰκεῖον ἀναδραμοῦσα. S. a. das Scholion AT ad 16, 854.

[75] Cf. Pucci 2000, der betont, daß die Vorhersagen und Pläne der Götter nicht immer mit dem Handlungsverlauf übereinstimmen.

[76] Cf. Gould 1985, 22f.; Burkert 1977, 290.

1.1.3 Vorwissen der Rezipienten

Bisher ist gezeigt worden, daß die Diskrepanz zwischen Erwartung und
Erfahrung durch Prolepsen auf der extradiegetischen und intradiegetischen
Ebene bewußt gemacht wird. Eine weitere, allerdings schwer zu erfassende
Quelle für Wissen, das mit den Erwartungen der Protagonisten kontrastie-
ren kann, ist zu nennen. Die Epen bildeten eine lange Tradition, sie wurden
immer wieder erzählt. Von daher ist von einer gewissen Vertrautheit der
Rezipienten mit der Handlung auszugehen.[77] Auch ihr Vorwissen kann die
Nichtigkeit der Erwartungen der Charaktere enthüllen.

Zwei Aspekte müssen hier beachtet werden. Es ist schwierig abzuschät-
zen, wie innovativ die einzelnen Darbietungen waren, also wie breit die
Tradition war. Je enger die Tradition ist, um so exakter kann das Vorwissen
der Rezipienten sein. Fernerhin können zwar aus dem überlieferten Text
gewisse Erfordernisse an das Vorwissen der Rezipienten erschlossen werden, der genaue Grad der Bekanntheit der Tradition kann aber nicht mehr
rekonstruiert werden.[78] Vor allem muß damit gerechnet werden, daß die
Vertrautheit mit der epischen Tradition unterschiedlich groß war.[79] Wir
können aber davon ausgehen, daß dem Publikum die Geschichte des Trojanischen Krieges in ihren Grundzügen bekannt war.[80]

Das antike Publikum verfolgte also von Anfang an die Erwartungen der
Helden mit dem Wissen um das Ende. Beispielsweise steht die Möglichkeit,
daß die Griechen im 2. Buch von Troja fliehen, im Widerspruch zur Rahmenhandlung des Trojanischen Krieges. Insofern mag hier der Erwartung
des Heeres, nach Griechenland zurückzukehren, das Vorwissen der Rezipienten gegenübergestanden haben.

1.2 Analeptische Einblendung einer Erwartung

Die Diskrepanz zwischen Erwartung und Erfahrung wird nicht nur durch
Prolepsen, sondern auch durch Analepsen deutlich gemacht. Im folgenden
seien kurz einige Beispiele genannt.

Im 10. Buch fragt Hektor, wer im Schutze der Nacht in das Lager der
Griechen schleichen wolle, um deren Pläne zu erfahren. Er verspricht als

---

[77] Scodel 2002, 90-123 analysiert die Voraussetzungen an das Wissen der Rezipienten, welche
die *Ilias* impliziert.

[78] Scodel 1997 weist mit Recht darauf hin, wie wichtig es ist, zwischen narrativer und wirklicher Audienz zu unterscheiden. Oft wird ein Effekt dadurch erreicht, daß die narrative Audienz
mehr weiß als die wirkliche. Insofern kann nicht automatisch aus jeder Andeutung und jeder
vorenthaltenen Information geschlossen werden, daß der Hintergrund dem Publikum bekannt war.

[79] Cf. Scodel 1997, 209-211. S. a. ead. 2002, 1-41.

[80] Cf. Latacz 2000, 151; Stoevesandt 2000, 134 Anm. 3.

Belohnung die besten Pferde der Griechen. Als Freiwilliger meldet sich Dolon. Er wird von Diomedes und Odysseus aufgegriffen, die den Auftrag haben, die Trojaner auszuspähen.[81] Dolon selbst sagt, nachdem Odysseus und Diomedes ihn gefangengenommen haben, im Rückblick, 10, 391-393:

> πολλῆισίν μ᾽ ἄτηισι πάρεκ νόον ἤγαγεν Ἕκτωρ,
> ὅς μοι Πηλείωνος ἀγαοῦ μώνυχας ἵππους
> δωσέμεναι κατένευσε καὶ ἄρματα ποικίλα χαλκῶι.

> Mit vielen Betörungen hat mich Hektor, wider Vernunft, verleitet,
> Der mir des erlauchten Peleus-Sohnes einhufige Pferde
> Zu geben versprach und den erzverzierten Wagen.

Die Enttäuschung der Erwartung wird dadurch unterstrichen, daß die Verse 10, 395-399, in denen Dolon Hektors Befehl darstellt, diesem mit geringen Abweichung wörtlich entsprechen (10, 308-312).

Im 7. Buch bauen die Griechen auf Rat von Nestor (7, 337-343) eine Mauer (7, 435-441), die ihnen Schutz vor den Angriffen der Trojaner gewähren soll. In Prolepsen wird ausgeführt, daß die Mauer zerstört werden wird, nachdem die Griechen von Troja abgezogen sind (7, 459-463; 12, 3-23). Sie wird aber bereits beim Angriff der Trojaner beschädigt. Die spätere, vollständige Zerstörung klingt an, wenn beschrieben wird, daß Apollon die Mauer einreißt wie ein Kind eine Sandburg (15, 355-366). Nachdem die Trojaner die Mauer überwunden haben, stellt Nestor die Erwartung der Erfahrung gegenüber, 14, 55-58:

> τεῖχος μὲν γὰρ δὴ κατερήριπεν, ὧι ἐπέπιθμεν
> ἄρρηκτον νηῶν τε καὶ αὐτῶν εἶλαρ ἔσεσθαι,
> οἳ δ᾽ ἐπὶ νηυσὶ θοῆισι μάχην ἀλίαστον ἔχουσιν
> νωλεμές [...]

> Denn schon ist die Mauer eingestürzt, auf die wir vertrauten,
> Eine unbrechbare Schutzwehr sei sie den Schiffen und uns selber.
> Sie aber haben unausweichlichen Kampf bei den schnellen Schiffen,
> Unablässig [...]

Ähnlich sagt Agamemnon in 14, 65-69:

> Νέστορ, ἐπεὶ δὴ νηυσὶν ἔπι πρυμνῆισι μάχονται,
> τεῖχος δ᾽ οὐκ ἔχραισμε τετυγμένον, οὐδέ τι τάφρος,
> ἧι ἔπι πόλλ᾽ ἔπαθον Δαναοί, ἔλποντο δὲ θυμῶι
> ἄρρηκτον νηῶν τε καὶ αὐτῶν εἶλαρ ἔσεσθαι,
> οὕτω που Διὶ μέλλει ὑπερμενέι φίλον εἶναι.

> Nestor! da sie nun bei den hinteren Schiffen kämpfen
> Und die Mauer nicht genützt hat, die gebaute, und nicht der Graben,

---

[81] S. die ausführlichere Interpretation unten VI 1.3.2.

Um die vieles erduldeten die Danaer, und sie hofften im Mute,
Eine unbrechbare Schutzwehr sei sie den Schiffen und uns selber –
So muß dem Zeus, dem übermächtigen, das wohl lieb sein.

Bei der Untersuchung der Prolepsen ist gezeigt worden, wie im 12. Buch die Erwartungen von Hektor als verfehlt und die Ansichten von Polydamas als richtig markiert werden. Wenn Hektor vor den Toren Trojas Achill erwartet, wird auch ihm klar, daß seine Erwartungen falsch waren. Er bezieht sich sogar ausdrücklich auf die warnenden Worte von Polydamas, 22, 99-103:

ὤι μοι ἐγών, εἰ μέν κε πύλας καὶ τείχεα δύω,
Πουλυδάμας μοι πρῶτος ἐλεγχείην ἀναθήσει,
ὅς μ᾽ ἐκέλευεν Τρωσὶ ποτὶ πτόλιν ἡγήσασθαι
νύχθ᾽ ὕπο τήνδ᾽ ὀλοήν, ὅτε τ᾽ ὤρετο δῖος Ἀχιλλεύς·
ἀλλ᾽ ἐγὼ οὐ πιθόμην· ἦ τ᾽ ἂν πολὺ κέρδιον ἦεν.

Oh mir, ich! Wenn ich in Tore und Mauern tauche,
Wird Polydamas mich als erster mit Schimpf beladen,
Er, der mich mahnte, die Troer zur Stadt zu führen
In dieser verderblichen Nacht, als sich erhob der göttliche Achilleus.
Aber ich bin nicht gefolgt – freilich, es wäre viel besser gewesen!

An Hektor läßt sich auch zeigen, daß *ex post* nicht nur die eigenen Erwartungen der Erfahrung gegenübergestellt werden können, sondern auch die anderer Helden. In 22, 331-336 sagt Achill zu dem sterbenden Hektor:

Ἕκτορ, ἀτάρ που ἔφης Πατροκλῆ᾽ ἐξεναρίζων
σῶς ἔσσεσθ᾽, ἐμὲ δ᾽ οὐδὲν ὀπίζεο νόσφιν ἐόντα·
νήπιε, τοῖο δ᾽ ἄνευθεν ἀοσσητὴρ μέγ᾽ ἀμείνων
νηυσὶν ἔπι γλαφυρῇσιν ἐγὼ μετόπισθε λελείμμην,
ὅς τοι γούνατ᾽ ἔλυσα. σὲ μὲν κύνες ἠδ᾽ οἰωνοί
ἑλκήσουσ᾽ ἀικέως· τὸν δὲ κτεριοῦσιν Ἀχαιοί.

Hektor! da sagtest du wohl, als du dem Patroklos die Waffen abzogst,
Du würdest sicher sein; an mich aber dachtest du nicht, den Entfernten!
Kindischer! doch abseits von ihm als ein viel stärkerer Helfer
Bei den gewölbten Schiffen dahinten war *ich* geblieben,
Der ich dir die Knie löste. Dich werden die Hunde und die Vögel
Schmählich verschleppen, ihn aber werden die Achaier bestatten.[82]

---

[82] Stoevesandt 2004, 323 sieht hier ein *understatement*, da Hektor nicht nur glaubte, er werde sicher vor Achill sein, sondern davon ausging, er werde ihn besiegen.

Die Worte Achills gewinnen dadurch eine besondere Pointe, daß sie nicht nur inhaltlich der Rede Hektors gleichen, die dieser vor dem sterbenden Patroklos hielt, sondern eine ähnliche Struktur haben, 16, 830-842:[83]

> Πάτροκλ᾽, ἦ πού ἔφησθα πόλιν κεραϊξέμεν ἀμήν,
> Τρωιάδας δὲ γυναῖκας ἐλεύθερον ἦμαρ ἀπούρας
> ἄξειν ἐν νήεσσι φίλην ἐς πατρίδα γαῖαν,
> νήπιε· τάων δὲ πρόσθ᾽ Ἕκτορος ὠκέες ἵπποι
> ποσσὶν ὀρωρέχαται πολεμιζέμεν, ἔγχει δ᾽ αὐτός
> Τρωσὶ φιλοπτολέμοισι μεταπρέπω, ὅ σφιν ἀμύνω
> ἦμαρ ἀναγκαῖον· σὲ δέ τ᾽ ἐνθάδε γῦπες ἔδονται.
> ἆ δείλ᾽, οὐδέ τοι ἐσθλὸς ἐὼν χραίσμησεν Ἀχιλλεύς,
> ὅς πού τοι μάλα πολλὰ μένων ἐπετέλλετ᾽ ἰόντι·
> »μή μοι πρὶν ἰέναι, Πατρόκλεις ἱπποκέλευθε,
> νῆας ἔπι γλαφυράς, πρὶν Ἕκτορος ἀνδροφόνοιο
> αἱματόεντα χιτῶνα περὶ στήθεσσι δαΐξαι.«
> ὥς πού σε προσέφη, σοὶ δὲ φρένας ἄφρονι πεῖθεν.

Patroklos! ja, da sagtest du wohl, du würdest unsere Stadt vernichten,
Und den troischen Frauen den Tag der Freiheit rauben
Und sie mitführen in den Schiffen ins eigene väterliche Land!
Kindischer! Ihnen zum Schutz greifen des Hektor schnelle Pferde
Mit den Füßen aus zum Kampf, und ich rage selbst hervor mit der Lanze
Unter den kampfliebenden Troern, der ich ihnen abwehre
Den Tag des Zwangs. Dich aber fressen hier die Geier!
Ah, Elender! und nicht hat dir geholfen, so tapfer er ist, Achilleus,
Der, zurückbleibend, dir wohl gar vielfach auftrug, als du auszogst:
»Daß du mir nicht eher zurückkehrst, pferdetreibender Patroklos!
Zu den gewölbten Schiffen, ehe du nicht von Hektor, dem männermordenden,
Das blutige Panzerhemd hast um die Brust zerrissen!«
So sprach er doch wohl zu dir, und hat dir Sinnberaubtem den Sinn beredet.

---

[83] Die Ähnlichkeiten werden hier nicht im einzelnen vorgestellt, da sie in der Forschung bereits ausführlich behandelt sind. Cf. beispielsweise Richardson ad 22, 330-367; Lohmann 1970, 159-161. Taplin 1992, 243f. spricht von »one of the most elaborate and telling architectural correspondences in the whole poem.« Kirk 1976, 209-217 bezieht in den Vergleich auch den Tod von Sarpedon mit ein.

Der Vorwurf der Verblendung, den Hektor an Patroklos gerichtet hat,[84] ereilt ihn jetzt selbst. Bereits während er Patroklos Verblendung vorwirft, deutet sich seine eigene Verblendung an, wenn er behauptet, Patroklos sei Achills Auftrag, ihn zu töten, gefolgt. Dem Rezipienten dürfte noch in Erinnerung sein, daß Achill Patroklos ermahnte, die Trojaner nur von den Schiffen zu vertreiben, dann aber einzuhalten, um ihn nicht der Ehre zu berauben (16, 83-96). In 18, 13f. sagt Achill sogar:

> [...] ἦ τ᾿ ἐκέλευον ἀπωσάμενον δήιον πῦρ
> νῆας ἔπ᾿ ἂψ ἰέναι, μηδ᾿ Ἕκτορι ἶφι μάχεσθαι.

> [...] und ich befahl ihm doch, wenn er fortgestoßen das feindliche Feuer,
> Zurück zu den Schiffen zu kommen und nicht gegen Hektor mit Kraft zu
> kämpfen.[85]

Achills Gegenüberstellung von Hektors Erwartung und seiner Erfahrung ist um so markanter, als bereits der sterbende Patroklos Hektor den Tod vorhergesagt hat (16, 844-854), dieser aber folgendes geantwortet hat, 16, 859-861:

> Πατρόκλεις, τί νύ μοι μαντεύεαι αἰπὺν ὄλεθρον;
> τίς δ᾿ οἶδ᾿, εἴ κ᾿ Ἀχιλεύς, Θέτιδος πάις ἠυκόμοιο,
> φθήηι ἐμῶι ὑπὸ δουρὶ τυπεὶς ἀπὸ θυμὸν ὀλέσσαι;

> Patroklos! was weissagst du mir das jähe Verderben?
> Wer weiß, ob nicht Achilleus, der Sohn der schönhaarigen Thetis,
> Zuvor von meinem Speer geschlagen das Leben verliert!

Hektors Verblendung wird zudem unterstrichen durch den Kontrast der Antwort, die Achill Hektor auf dessen Todesweissagung gibt, 22, 365f.:

> τέθναθι· κῆρα δ᾿ ἐγὼ τότε δέξομαι, ὁππότε κεν δὴ
> Ζεὺς ἐθέληι τελέσαι ἠδ᾿ ἀθάνατοι θεοὶ ἄλλοι.

---

[84] Lohmann 1970, 116f. weist außerdem darauf hin, daß bereits Hektors Drohung, Patroklos' Leichnam werde von den Geiern gefressen werden (16, 836), sich nicht erfülle. Er geht allerdings zu weit, wenn er meint, 160: »Jene frühere Rede erwies sich Punkt für Punkt als Ausdruck verblendeten Irrtums, der sterbende Patroklos konnte den Anspruch des Siegers zurückweisen – Achill dagegen spricht mit vollem Recht.« Der Vorwurf der Verblendung, den Hektor an Patroklos richtet, ist durchaus berechtigt. Ebenso wie Hektor nennt der Erzähler Patroklos νήπιος (16, 686; 16, 833). Auch die Begründung, Patroklos habe Troja zerstören wollen (16, 830), trifft zu. Hektors Rede erinnert vielleicht sogar in einem Punkt wörtlich an Patroklos' Angriff. In 16, 830 sagt Hektor: Πάτροκλ᾿, ἦ που ἔφησθα πόλιν κεραϊξέμεν ἀμήν. In 16, 751-754 wird Patroklos' Ansturm auf Kebriones folgendermaßen beschrieben: ὣς εἰπὼν ἐπὶ Κεβριόνηι ἥρωι βεβήκει/ οἶμα λέοντος ἔχων, ὅς τε σταθμοὺς κεραΐζων/ ἔβλητο πρὸς στῆθος, ἑή τέ μιν ὤλεσεν ἀλκή·/ ὣς ἐπὶ Κεβριόνηι, Πατρόκλεις, ἄλσο μεμαώς. Dieser Anklang ist aber nur schwach, zumal κεραΐζειν in 16, 752 nur in einem Gleichnis gebraucht wird.

[85] Achills Worte in 16, 242-248 stehen dazu nicht, wie es auf den ersten Blick scheinen mag, im Widerspruch: Achill sagt nicht, daß Hektor von Patroklos getötet werden solle, sondern daß er merken solle, wie tapfer Patroklos auch ohne ihn zu kämpfen vermöge.

> Stirb! Den Tod aber werde ich dann hinnehmen, wann immer
> Zeus ihn vollenden will und die anderen unsterblichen Götter!

Als letztes Beispiel sei Agamemnon genannt. Sein reuevoller Rückblick auf den Streit mit Achill in 9, 115-120 und 19, 78-144 impliziert, daß seine Erwartungen falsch waren.[86]

Die diskutierten Stellen zeigen, daß den Rezipienten auch durch Analepsen die Bedeutung der Schicksalskontingenz auf der Handlungsebene vorgeführt wird. Dabei stellen die Charaktere ihren Erfahrungen im Rückblick ihre Erwartungen gegenüber. Während die Prolepsen durch die Diskrepanz zwischen dem Wissen der Charaktere und der Rezipienten Spannung erzeugen, so präsentieren die Analepsen, gerade die, in denen die Charaktere über ihre eigenen Erwartungen reflektieren, die Einsicht, geirrt zu haben.

1.3 Implizite Spannung zwischen Erfahrung und Erwartung

Die bisher vorgestellten Gegenüberstellungen von Erwartungen und Erfahrungen sind alle explizit. An vielen Stellen wird die Spannung zwischen Erwartung und Erfahrung implizit gesteigert.[87] Die geschieht durch Ambivalenzen und intratextuelle Relationen, also dadurch, daß verschiedene Teile der *Ilias* in Beziehung zueinander treten. Als erstes Beispiel wird die Andromacheszene im 22. Buch (1.3.1), als zweites Beispiel die Dolonie diskutiert (1.3.2).

1.3.1 Die Andromacheszene im 22. Buch

Die Ahnungslosigkeit von Andromache ist oben bereits als besonders drastisches Beispiel für die Diskrepanz zwischen Erwartung und Erfahrung vorgeführt worden:[88] Andromaches Befehl, ein Bad für Hektor anzurichten, ist von der Erwartung bestimmt, daß Hektor aus der Schlacht zurückkehren werde.[89] Diese Erwartung ist bereits widerlegt, da Hektors Leichnam von Achill vor den Mauern Trojas geschleift wird. Außerdem steht Andromaches Ahnungslosigkeit in Spannung zum Wissen der anderen Trojaner. Oben war nur gesagt worden, daß ihre Bezeichnung als νηπίη die Enttäu-

---

[86] Im 19. Buch gibt Agamemnon die Verantwortung dafür jedoch den Göttern. Die Frage nach der menschlichen Verantwortlichkeit und Freiheit im Epos soll hier nicht neu aufgerollt werden. Es sei verwiesen auf Schmitt 1990, 86f., der zeigt, daß Agamemnon, auch wenn er von den Göttern verblendet wurde, verantwortlich ist.

[87] Sternberg 1992, 495 betont, daß die Kategorie der Retrospektive nicht auf Analepsen beschränkt werden dürfe, und nennt die Analogie als eine andere Form der Retrospektive.

[88] Cf. S. 215f.

[89] Zur »ironic variation« des Heimkehrer-Motivs s. Maronitis 2004, 66f.

schung ihrer Erwartung ausdrückt, jetzt soll gezeigt werden, daß sie auch durch subtile sprachliche Anklänge markiert wird, 22, 442-444:

> κέκλετο δ᾿ ἀμφιπόλοισιν ἐυπλοκάμοις κατὰ δῶμα
> ἀμφὶ πυρὶ στῆσαι τρίποδα μέγαν, ὄφρα πέλοιτο
> Ἕκτορι θερμὰ λοετρὰ μάχης ἒκ νοστήσαντι.

> Und sie rief den flechtenschönen Mägden durchs Haus,
> Ans Feuer zu stellen den großen Dreifuß, damit für Hektor
> Heißes Badewasser da sei, wenn er aus der Schlacht heimkehrte.[90]

Die Formel μάχης ἒκ νοστήσαντι wird in der Regel auf Helden bezogen, die nicht zurückkehren; vielleicht erinnert die Formulierung sogar an eine bestimmte Stelle, die Prolepse des Zeus in 17, 206-208:

> […] ἀτάρ τοι νῦν γε μέγα κράτος ἐγγυαλίξω,
> τῶν ποινήν, ὅ τοι οὔ τι μάχης ἒκ νοστήσαντι
> δέξεται ᾿Ανδρομάχη κλυτὰ τεύχεα Πηλεΐωνος.

> […] Doch für jetzt will ich dir große Kraft verbürgen,
> Zum Entgelt dafür, daß dir nicht, aus der Schlacht heimkehrend,
> Andromache abnehmen wird die berühmten Waffen des Peleus-Sohnes.

Gerade da Zeus erwähnt, daß Andromache Hektors Beute nicht in Empfang nehmen werde, ist es möglich, daß die erneute Verwendung der Formel μάχης ἒκ νοστήσαντι, wenn Andromache auf Hektor wartet, seine Vorhersage evoziert. Diese Assoziation unterstreicht dann die Spannung zwischen Andromaches Erwartung und der Wirklichkeit.

Das Bad ist, wie an anderer Stelle ausgeführt wird, ambivalent.[91] In der *Ilias* findet sich das Bad in zwei Kontexten: Zum einen dient es der Erfrischung des aus der Schlacht heimkehrenden Helden, zum anderen ist es der erste Teil des Totenrituals. Mit dieser doppelten Semantik des Bades wird hier gespielt, um die Enttäuschung von Andromaches Erwartung zu unterstreichen: Das Bad, mit dem sie Hektor erfrischen möchte, wird zur Reinigung des Leichnams. Eine besondere Pointe liegt darin, daß Andromache – zumindest vorerst – nicht einmal den Leichnam wird waschen können.

---

[90] Das Feuer in 22, 443 bildet eine Ringkomposition mit 22, 510-514: […] ἀτάρ τοι εἵματ᾿ ἐνὶ μεγάροισι κέονται/ λεπτά τε καὶ χαρίεντα, τετυγμένα χερσὶ γυναικῶν./ ἀλλ᾿ ἤτοι τά γε πάντα καταφλέξω πυρὶ κηλέωι,/ οὐδὲν σοί γ᾿ ὄφελος, ἐπεὶ οὐκ ἐγκείσεαι αὐτοῖς,/ ἀλλὰ πρὸς Τρώων καὶ Τρωϊάδων κλέος εἶναι. Während das Feuer zuerst dazu dient, das Wasser für Hektors Bad zu erhitzen, soll es am Ende der Szene in Andromaches Worten Hektors Kleider verbrennen. Zudem korrespondieren die zu verbrennenden Kleider in signifikanter Weise mit Andromaches Weben zu Beginn der Szene: Die Tätigkeit, die bisher Andromaches Alltag ausgemacht hat, hat ihren Sinn verloren. Außerdem unterstreicht das Verbrennen der Kleider, daß Hektors Leichnam noch nicht verbrannt werden kann, da Achill ihn in seiner Gewalt hat, cf. Richardson ad 22, 510-514.

[91] Cf. Grethlein 2006b.

Segal hat außerdem folgende Interpretation für die blumenartigen Verzierungen gegeben, die Andromache auf einem Gewand anbringt: »The flowers suggest the season of new life and rebirth (cf. 6. 148, ἔαρος δ᾽ ἐπιγίγνεται ὥρη) just when Andromache sees before her death and blasted hopes.«[92] Er weist zu Recht auf die Signifikanz der Blumen angesichts des Todes von Hektor hin. Wahrscheinlicher aber als das Verhältnis des Kontrastes ist das der Ähnlichkeit: Viel verbreiteter als der Gedanke der Erneuerung des Lebens im Frühling ist in der *Ilias* der Vergleich des jungen Menschen, der vorzeitig stirbt, mit einer Pflanze.[93] Wie wir gesehen haben, liegt dieses Bild auch der komplexeren Vorstellung einer Erneuerung des Lebens zugrunde. Es wird auch auf Hektor angewandt, wenn Hekabe nach Priamos ihren Sohn anfleht, vor Achill zu weichen (22, 82-89), und sagt, 22, 86f.:

> [...] εἴ περ γάρ σε κατακτάνηι, οὔ σ᾽ ἔτ᾽ ἐγώ γε
> κλαύσομαι ἐν λεχέεσσι, φίλον θάλος, ὃν τέκον αὐτή.

> [...] Denn wenn er dich totschlägt, werde ich dich nicht mehr
> An der Bahre beweinen, lieber Sproß! den ich selbst geboren.

Das Motiv von Andromaches Weben ist zwar nicht der Sproß eines Baumes, aber vielleicht evozieren auch Blumen als Pflanzen in ähnlicher Weise die Semantik der *mors immatura*. In diesem Falle kontrastieren sie mit Andromaches Erwartung.

Auf dieser Ebene lassen sich noch zwei weitere Beobachtungen machen, die Aufschluß über das Verhältnis von Erwartung und Erfahrung geben. Der Erzähler stellt nicht nur eine Beziehung zwischen Andromaches gegenwärtiger Erwartung und der bevorstehenden Erfahrung her. Er verbindet die Situation mit vergangenen Erfahrungen und Erwartungen. Andromache fällt, wenn sie sieht, wie Hektor geschleift wird, in Ohnmacht. Dabei verliert sie ihren Kopfschmuck, 22, 468-472:

> τῆλε δ᾽ ἀπὸ κρατὸς βάλε δέσματα σιγαλόεντα,[94]
> ἄμπυκα κεκρύφαλόν τε ἰδὲ πλεκτὴν ἀναδέσμην
> κρήδεμνόν θ᾽, ὅ ῥά οἱ δῶκε χρυσῆ Ἀφροδίτη
> ἤματι τῶι, ὅτε μιν κορυθαίολος ἠγάγεθ᾽ Ἕκτωρ
> ἐκ δόμου Ἠετίωνος, ἐπεὶ πόρε μυρία ἕδνα.

> Und weit weg vom Kopf flogen ihr die schimmernden Binden:
> Stirnstück und Haube und das geflochtene Schläfenband

---

[92] Segal 1971a, 40.

[93] Cf. III 3.2.

[94] Segal 1971a, 49 vergleicht die Formulierung mit 16, 793: τοῦ δ᾽ ἀπὸ μὲν κρατὸς κυνέην βάλε Φοῖβος Ἀπόλλων (cf. 20, 482) und weist auf die Parallele im 6. Buch hin, wenn Hektor seinen Helm abnimmt (6, 472).

> Und auch das Kopftuch, das ihr gab die goldene Aphrodite
> An dem Tag, als sie mit sich führte der helmfunkelnde Hektor
> Aus dem Haus des Eëtion, nachdem er gebracht zehntausend Brautge-
> schenke.

Mit der Hochzeit evoziert der Erzähler einen starken Kontrast zur Gegenwart.[95] Auch wenn hier nicht eine spezifische Erwartung der Vergangenheit genannt wird, läßt sich doch sagen, daß der Erwartungshorizont der Hochzeit in einer Spannung zur gegenwärtigen Erfahrung steht. Als Kontrast zum Ende der Ehe von Hektor und Andromache wird ihr hoffnungsvoller Beginn eingeblendet. Der Erzähler stellt der Erfahrung nicht nur die Erwartung der unmittelbaren Vergangenheit gegenüber, sondern den Erwartungshorizont der ferneren Vergangenheit. Es wird deutlich, daß sich ein Netz von Erwartungen aus der Vergangenheit in die Gegenwart erstreckt.

Implizit wird auch eine Beziehung zum Treffen zwischen Andromache und Hektor im sechsten Buch hergestellt.[96] In beiden Szenen geht es um Andromaches Erwartung, ob Hektor aus dem Kampf zurückkehren werde. Sie sind zudem durch eine Reihe sprachlicher und inhaltlicher Parallelen verbunden. Während Andromache in 6, 389 als μαινομένηι εἰκυῖα beschrieben wird, nennt der Erzähler sie in 22, 460 μαινάδι ἴσῃ.[97] In 6, 476-481 macht sich Hektor in einem Gebet Gedanken über die Zukunft von Astyanax, jetzt malt sich Andromache die Zukunft ihres Sohnes aus (22, 484-506). Sie gibt die gleiche Erklärung für seinen Namen wie der Erzähler im sechsten Buch, 22, 506f.:

> Ἀστυάναξ, ὃν Τρῶες ἐπίκλησιν καλέουσιν·
> οἶος γάρ σφιν ἔρυσο πύλας καὶ τείχεα μακρά.

> Astyanax, »Stadtherr«, wie ihn die Troer mit Beinamen nennen,
> Denn du allein hast ihnen die Tore geschirmt und die langen Mauern.

6, 402f.:

> τόν ῥ᾽ Ἕκτωρ καλέεσκε Σκαμάνδριον, αὐτὰρ οἱ ἄλλοι
> Ἀστυάνακτ᾽· οἶος γὰρ ἐρύετο Ἴλιον Ἕκτωρ.

> Den nannte Hektor Skamandrios, aber die anderen
> Astyanax, denn allein beschirmte Ilios Hektor.

---

[95] S. bereits das Scholion bT ad 22, 468-472: εἰς μνήμην ἄγει τῆς παλαιᾶς εὐδαιμονίας, ὅπως τῆι μεταβολῆι αὐξήσηι τὸν οἶκτον. Cf. Morrison 1999, 142. Segal 1971a, 49 sieht außerdem in χρυσέη Ἀφροδίτη einen Kontrast: »The epithet of the goddess is practically standard, but in the context it can reasonably be said to contribute to this atmosphere of a distant radiance now placed out of reach.«

[96] S. bereits die Scholien A ad 22, 440; A ad 22, 447; bT ad 22, 455.

[97] Dies ist der einzige Beleg in der *Ilias* für μαινάς. Das Scholium T ad 22, 460 gibt fast genau die Wendung von 6, 389 als Erklärung: μαινομένηι ἐοικυῖα. S. mit weiterer Literatur Segal 1971a, 47 Anm. 31, der es mit δαίμονι ἴσος vergeicht.

Sowohl im 6. als auch im 22. Buch sprechen Andromache und der Erzähler über Andromaches Vergangenheit (22, 470-472; 479-481; 6, 395-398; 414-428). In beiden Szenen geht sie zum Turm, um das Kriegsgeschehen verfolgen zu können (22, 506f.; 6, 386f.).[98]

Aufgrund dieser Ähnlichkeiten kann die spätere Begegnung im Spiegel der ersten gesehen werden. Dabei tritt der Kontrast zwischen den beiden Szenen hervor: Im 6. Buch geht Andromache vom Turm ins Haus, jetzt geht sie umgekehrt vom Haus zum Turm. Während sie im 6. Buch Hektor begegnet, kann sie im 22. Buch nur noch sehen, wie Achill ihn von der Stadt wegschleift.

Die beiden Szenen stehen sich aber nicht nur im Modus der Ähnlichkeit und des Kontrastes gegenüber. Die Szene im 22. Buch erfüllt und enttäuscht Erwartungen, die im 6. Buch geäußert werden. Hektor hat es sich in 6, 446 zum Ziel gesetzt, Ruhm zu gewinnen:

> ἀρνύμενος πατρός τε μέγα κλέος ἠδ᾽ ἐμὸν αὐτοῦ.

> Zu wahren des Vaters großen Ruhm und meinen eigenen.

Jetzt kündigt Andromache an, er werde Ruhm haben, wenn sie seine Kleidung verbrenne, 22, 512-514:

> ἀλλ᾽ ἤτοι τά γε πάντα καταφλέξω πυρὶ κηλέωι,
> οὐδὲν σοί γ᾽ ὄφελος, ἐπεὶ οὐκ ἐγκείσεαι αὐτοῖς,
> ἀλλὰ πρὸς Τρώων καὶ Τρωιάδων κλέος εἶναι.

> Aber wahrhaftig! die alle will ich verbrennen im lodernden Feuer –
> Nicht dir zum Nutzen, denn du liegst ja nicht in ihnen,
> Sondern vor den Troern und Troerfrauen dir zum Ruhm!

Vor allem ist aber Hektors Wunsch in Erfüllung gegangen, er möge selbst tot sein, wenn Andromache in die Sklaverei verschleppt werde, 6, 464f.:

> ἀλλά με τεθνηῶτα χυτὴ κατὰ γαῖα καλύπτοι,
> πρίν γ᾽ ἔτι σῆς τε βοῆς σοῦ θ᾽ ἑλκηθμοῖο πυθέσθαι.

> Aber mag mich doch, gestorben, die aufgeschüttete Erde decken,
> Ehe ich deinen Schrei vernähme und deine Verschleppung.

Auch die Erwartungen von Andromache haben sich erfüllt. In 6, 408f. sagt sie:

> [...] ἦ τάχα χήρη
> σεῖ᾽ ἔσομαι [...]

> [...] die ich bald Witwe
> Von dir bin [...]

---

[98] Als weitere Ähnlichkeit führt Segal 1971a, 51 die Verse 22, 473 und 6, 378; 383 an.

Jetzt sagt sie im Präsenz, 22, 483f.:

> [...] αὐτὰρ ἐμὲ στυγερῶι ἐνὶ πένθεϊ λείπεις
> χήρην ἐν μεγάροισι [...]

> [...] und mich läßt du zurück in verhaßter Trauer
> Als Witwe in den Hallen [...]

Ihren Wunsch, tot zu sein, wenn Hektor sterbe, steigert sie jetzt zum Wunsch, nicht geboren zu sein, 6, 410f.:

> [...] ἐμοὶ δὲ κε κέρδιον εἴη
> σεῦ ἀφαμαρτούσηι χθόνα δύμεναι [...]

> [...] Mir aber wäre es besser,
> Wenn ich dich verloren habe, in die Erde zu tauchen [...]

22, 481:

> [...] ὡς μὴ ὤφελλε τεκέσθαι.

> [...] hätte er mich doch nicht gezeugt!

Hektors Tod erfüllt also Andromaches Erwartungen aus dem 6. Buch. Zu dem Zeitpunkt, da er stirbt, rechnet Andromache aber nicht damit; ihre Erwartungen gehen für sie völlig unerwartet in Erfüllung. Umgekehrt wurde ihre Erwartung, daß Hektor bald sterben werde, im 6. Buch erst einmal enttäuscht. In beiden Szenen erfüllen sich also Andromaches Erwartungen nicht.

Die Spiegelung der beiden Szenen unterstreicht die jeweilige Enttäuschung ihrer Erwartungen. Während Andromache im 6. Buch, obwohl Hektor unverletzt in der Stadt weilt, voller Angst um sein Leben ist, ist sie jetzt im Haus und läßt ihm, als er schon gestorben ist, ein Bad bereiten.[99] Der unbegründeten Angst im 6. Buch steht jetzt die bereits zur Enttäuschung verdammte Erwartung gegenüber, Hektor werde zurückkehren. Da die beiden Situationen parallel zueinander sind, aber einen entgegengesetzten Ausgang haben, entspricht die Erwartung der einen Szene der Erfahrung der jeweils anderen. In dieser Inversion wird deutlich, wie groß die Kluft zwischen Erwartungen und Erfahrungen sein kann.

Verstärkt wird diese überkreuzte Spiegelung dadurch, daß, wie bereits Aristarch gesehen hat, Andromaches Verhalten im 22. Buch auch eine Folge der Begegnung im 6. Buch ist.[100] Dort fordert Hektor Andromache auf, in das Haus zu gehen, sich der Arbeit am Webstuhl zu widmen und die Dienerinnen zur Arbeit anzuhalten, 6, 490-492:

---

[99] Cf. Hölscher 1955, 389; Segal 1971a, 39f.; Lohmann 1988, 64.
[100] Cf. Scholion A ad 22, 440 und A ad 22, 447. S. außerdem Lohmann 1988, 63f.

ἀλλ᾽ εἰς οἶκον ἰοῦσα τὰ σ᾽ αὐτῆς ἔργα κόμιζε,
ἱστόν τ᾽ ἠλακάτην τε, καὶ ἀμφιπόλοισι κέλευε
ἔργον ἐποίχεσθαι [...]

Doch du geh ins Haus und besorge deine eigenen Werke:
Webstuhl und Spindel, und befiehl den Dienerinnen,
An ihr Werk zu gehen [...]

In 22, 440-444 wird beschrieben, wie sie genau dieses tut:

ἀλλ᾽ ἥ γ᾽ ἱστὸν ὕφαινε μυχῶι δόμου ὑψηλοῖο
δίπλακα πορφυρέην, ἐν δὲ θρόνα ποικίλ᾽ ἔπασσεν.
κέκλετο δ᾽ ἀμφιπόλοισιν ἐυπλοκάμοις κατὰ δῶμα
ἀμφὶ πυρὶ στῆσαι τρίποδα μέγαν [...]

Sondern sie webte ein Tuch im Innern des hohen Hauses,
Ein doppeltes, purpurnes, und streute bunte Blumen hinein.
Und sie rief den flechtenschönen Mägden durchs Haus,
Ans Feuer zu stellen den großen Dreifuß [...]

Gerade weil Andromache den Ermutigungen und Anweisungen von Hektor folgt, wird ihre Erwartung wieder enttäuscht.

Die Gegenüberstellung der beiden Andromache-Szenen im 6. und im 22. Buch zeigt auch, daß vor dem Hintergrund von Erfahrungen Erwartungen über die Zukunft neu formuliert werden müssen. Sowohl Hektor als auch Andromache stellen Überlegungen an, wie es Astyanax ergehen werde.[101] Als Sohn und Vertreter der nächsten Generation verkörpert Astyanax gewissermaßen die Zukunft. Hektor bittet Zeus darum, daß Astyanax so wie er selbst und ein starker Herrscher von Troja werde (6, 476-481). Andromache dagegen erwartet, daß Astyanax vom sozialen Leben ausgeschlossen sein werde (22, 484-506).

Der Kontrast läßt sich noch schärfer fassen: In 6, 479-481 stellt sich Hektor die Freude der Mutter vor, wenn ihr Sohn siegreich aus dem Krieg zurückkommt:

καὶ ποτέ τις εἴποι »πατρός γ᾽ ὅδε πολλὸν ἀμείνων«
ἐκ πολέμου ἀνιόντα, φέροι δ᾽ ἔναρα βροτόεντα
κτείνας δήιον ἄνδρα, χαρείη δὲ φρένα μήτηρ.

Und einst mag einer sagen: »Der ist viel besser als der Vater!«
Wenn er vom Kampf kommt. Und er bringe ein blutiges Rüstzeug,
Wenn er erschlug einen feindlichen Mann. Dann freue sich in ihrem Sinn
die Mutter!

---

[101] Eine interessante Parallele aus der darstellenden Kunst findet sich auf einer Grabtafel des Exekias (Mommsen 1997, Tafel XV), auf der ein kleines Kind zwischen mehreren Frauen weitergereicht wird. Dies läßt sich als die Darstellung eines verwaisten Kindes interpretieren, cf. Mommsen 1997, 56-59.

Andromache entwickelt ein ganz anderes Bild von seiner Zukunft: Sie spricht nicht davon, daß er einen Gegner im Krieg umbringt, sondern stellt die Frage, ob er diesen Krieg überleben werde.[102] Außerdem verwendet sie das Verbum ἀνιέναι, mit dem Hektor die Rückkehr aus dem Krieg beschrieben hat, dafür, daß der kleine Astyanax weinend zu ihr kommen wird, wenn er von einem Essen vertrieben wurde, 22, 499f.:

> δακρυόεις δέ τ᾿ ἄνεισι πάις ἐς μητέρα χήρην
> Ἀστυάναξ [...]

> Dann kommt in Tränen zurück der Sohn zur Mutter, der Witwe –
> Astyanax [...]

Die Gegenüberstellung der beiden Stellen gewinnt dadurch an Signifikanz, daß in beiden Fällen das Verhältnis des Sohnes zu seiner Mutter angesprochen wird. Der glorreichen Rückkehr aus dem Krieg steht die soziale Deklassierung innerhalb der eigenen Gemeinschaft gegenüber.

Aber auch die Erwartungen über Astyanax als Hektors Sohn ändern sich. Der Grund dafür, daß Astyanax vom Mahl abgewiesen werden wird, kontrastiert mit Hektors Vorstellung, wie für Astyanax das Verhältnis zu ihm sein werde: Andromache malt sich in 22, 498 aus, wie man zu Astyanax sagen werde:

> »ἔρρ᾿ οὕτως· οὐ σός γε πατὴρ μεταδαίνυται ἥμιν.«

> »Weg da, du! dein Vater ist hier bei uns nicht Tischgenosse!«

In 6, 479 erhofft Hektor sich folgende Äußerung über Astyanax:

> [...] »πατρός γ᾿ ὅδε πολλὸν ἀμείνων.«

> [...] »Der ist viel besser als der Vater!«

Beide Stellen sind insofern parallel, als in ihnen Hektor und Andromache eine Stellungnahme der Öffentlichkeit zu Astyanax als Sohn von Hektor fingieren. Beide geben dafür die direkte Rede eines anonymen Sprechers wieder. Während Hektor aber eine ruhmvolle Tradition anvisiert, kann Astyanax in der Erwartung von Andromache auf eine solche nicht bauen. Die Erwartung von Ruhm ist der Schmach gewichen. Selbst diese düstere Erwartung wird von Andromache noch weiter korrigiert. In ihrer Klage im letzten Buch der *Ilias* nimmt sie an, ihr Sohn werde gar nicht in Troja aufwachsen, sondern entweder versklavt oder getötet werden (24, 725-727).

Die Spannung zwischen Hektors und Andromaches Erwartungen zeigt, wie Erwartungen aufgrund neuer Erfahrungen reformuliert werden. Durch den Tod von Hektor ist der Erfahrungsraum neu gefüllt; damit verschiebt

---

[102] 22, 487: ἤν περ γὰρ πόλεμόν γε φύγηι πολύδακρυν Ἀχαιῶν.

sich auch der Erwartungshorizont. Zum einen haben sich die Zukunftsaussichten für Astyanax mit dem Tod seines Vaters natürlich verändert, zum anderen lassen enttäuschende Erfahrungen Erwartungen grundsätzlich mit größerer Vorsicht bilden.

Die Zäsur, die Hektors Tod darstellt, wird darin deutlich, wie Andromache in ihrer Rede Vergangenheit, Gegenwart und Zukunft einander gegenüberstellt.[103] Sie leitet dreimal Sätze, in denen sie der Gegenwart die Vergangenheit gegenüberstellt, mit der Formel νῦν δέ ein (22, 482; 505; 508).[104] Zuerst stellt sie der gemeinsamen Vergangenheit die jetzige Trennung gegenüber (22, 477-481; 482-484). Einer Einleitung über Astyanax' Zukunft (22, 485-489) folgt eine zeitlose Darstellung des Loses von Waisenkindern (22, 490-498), die kurz in die Zukunft von Astyanax übergleitet (22, 499). Ihr wird sogleich seine Vergangenheit gegenübergestellt (22, 500-504). Der Kontrast ist um so stärker, als Andromache die Sorglosigkeit des Babys beschreibt. Dem Ausblick auf Astyanax' Aussichten (22, 505f.) folgt die Wendung zu Hektors Rolle in der Vergangenheit (22, 507), der sein jetziges Schicksal gegenübergestellt wird (22, 508-514).

1.3.2 Die Dolonie

Die Andromacheszene im 22. Buch zeigt, wie subtil die Gegenüberstellung von Erfahrungen und Erwartungen durch Ambivalenzen und Fernbeziehungen sein kann. In der *Dolonie*[105] wird das Verhältnis von Erwartung und Erfahrung durch die Parallelität von zwei Handlungssträngen beleuchtet.[106]

---

[103] Cf. Tsagalis 2004, 44f.

[104] Zu dieser Formel cf. S. 122f.

[105] Das Scholium T ad 10, 0 und Eusth. 785, 41 bemerken, daß die *Dolonie* ursprünglich nicht zur *Ilias* gehörte, sondern von Homer als Einzelgedicht komponiert und erst von Peisistratos in die *Ilias* integriert worden sei. Auch wenn es Versuche gibt, zu zeigen, daß die *Dolonie* zum Gesamtkonzept der *Ilias* gehört, tendiert die Forschung (besser: der Teil, der von einem Autoren ausgeht) doch zur Annahme, daß sie von einem anderen Autoren als die *Ilias* stammt und etwas später entstanden ist. Danek 1988 zeigt auf der Grundlage von statistischen und sprachlichen Untersuchungen sowie einer Analyse der Reden die große Ähnlichkeit zur *Ilias* und kommt zum Ergebnis, daß die *Dolonie* unmittelbar nach der *Ilias* wohl von einem anderen Autoren verfaßt wurde. Diese Überlegungen sind aber kein Grund, die *Dolonie* von der hier verfolgten Untersuchung auszuschließen. Es ist fraglich, inwiefern es angesichts der oralen Tradition überhaupt sinnvoll ist, von einem Autoren der *Ilias* zu sprechen. Zudem ist das Geschichtsbild, um das es hier geht, weniger ein individuelles Charakteristikum als eine soziale Plausibilitätsstruktur. Die genaue Ausprägung eines Geschichtsbildes mag von Person zu Person variieren, es bewegt sich innerhalb einer Kultur aber doch innerhalb bestimmter Parameter.

[106] Die Überraschungen und unerwarteten Umschläge in der *Dolonie* sind als gewichtiger Unterschied zur *Ilias* betrachtet worden, cf. Danek 1988, 232, etwas vorsichtiger Klingner 1940. Sicherlich treten sie in der *Dolonie* besonders hervor, da sie eine in sich geschlossene Handlung enthält, aber wie sie sind, wie die bisherige Untersuchung gezeigt haben mag, Kennzeichen der gesamten *Ilias*. Einen besonderen Hintergrund für die Täuschungen und Umschläge gibt die *Dolonie* mit der Nacht als Zeit des Geschehens. Cf. Klingner 1940, 360-362 zu Stellen, an denen die Unsicherheit in der Nacht hervorgehoben wird. Auch Buchan 2004, 115-128 geht von der Nacht

Sowohl die Griechen als auch die Trojaner entsenden nachts Späher, die das gegnerische Lager auskundschaften sollen.[107]

Bei den Trojanern erklärt sich Dolon[108] bereit, im Schutze der Nacht zum Lager der Griechen zu gehen, um herauszufinden, ob die Griechen nach ihrer Niederlage noch die Schiffe bewachen oder bereits die Flucht planen. Er äußert sich zuversichtlich über den Erfolg seiner Expedition, 10, 324:

> σοὶ δ᾽ ἐγὼ οὐχ ἅλιος σκοπὸς ἔσσομαι οὐδ᾽ ἀπὸ δόξης.

> Dir aber werde ich kein vergeblicher Späher sein noch wider die Erwartung.

Er fordert Hektor sogar dazu auf, sein Versprechen, er werde ihm die Pferde Achills geben, mit einem durch das Szepter verbürgten Eid zu bekräftigen (10, 321-323). Einen Ausblick auf das Scheitern seiner Unternehmung gibt der Erzähler bereits im Anschluß an diesen Eid, 10, 332:

> ὣς φάτο, καί ῥ᾽ ἐπίορκον ἐπώμοσε, τὸν δ᾽ ὀρόθυνεν.

> So sprach er und schwor einen nichtigen Eid, diesen aber reizte er.

Wenige Verse später sagt er sogar, 10, 336f.:

> βῆ δ᾽ ἰέναι ποτὶ νῆας ἀπὸ στρατοῦ· οὐδ᾽ ἄρ᾽ ἔμελλεν
> ἐλθὼν ἐκ νηῶν ἂψ Ἕκτορι μῦθον ἀποίσειν.

> Und er schritt hin und ging zu den Schiffen aus dem Lager. Und nicht mehr sollte
> Er zurückkommen von den Schiffen und Hektor das Wort berichten.

Der Erzähler eröffnet mit seinen Kommentaren den Rezipienten eine über das Wissen der Charaktere hinausgehende Perspektive.

Die Diskrepanz zwischen Dolons Erwartung und seiner anschließenden Erfahrung wird noch deutlicher vor dem Hintergrund des Spähergangs von Diomedes und Odysseus, dessen Vorbereitung davor erzählt worden ist. Die Vorbereitung beider Expeditionen weist über die gemeinsame Grundstruktur hinaus deutliche Parallelen mit signifikanten Unterschieden[109] auf, von

---

als Handlungsrahmen aus, betont den unheroischen Charakter von Diomedes' und Odysseus' Verrichtungen und interpretiert letzteren als »trickster«.

[107] Die Kontrastierung von Trojanern und Griechen steht im Zentrum der Interpretation von Klingner 1940, der in der Gegenüberstellung den Grund für die zahlreichen Unstimmigkeiten in der *Dolonie* sieht, 348. Fenik 1964, 43f. würdigt zwar, daß Klingner mit dem Gegensatz zwischen Trojanern und Griechen einen wichtigen Aspekt der Szene herausgearbeitet hat, bezweifelt aber, daß sich damit alle Ungereimtheiten erklären lassen. S. zur Gegenüberstellung der Spione Fenik 1964, 43 Anm. 3 mit weiterer Literatur.

[108] Zur Charakterisierung von Dolon cf. Stoevesandt 2004, 156-159.

[109] Neben den im Haupttext genannten Unterschieden fällt auf, daß Odysseus und Diomedes zu Athene beten, Dolon sich dagegen nicht an die Götter wendet. Bei den Griechen spielt die soziale Dimension eine größere Rolle als bei den Trojanern: Sie senden zwei Späher aus und als Beloh-

denen ein großer Teil bereits von den Scholien, besonders den T-Scholien, bemerkt worden ist.

Nestor und Hektor berufen in ähnlichen Reden nächtliche Ratsversammlungen ein (10, 204-217; 303-312) mit dem gleichen Ziel, einen Freiwilligen zu finden, der die Pläne der Feinde erkundet. Das Schweigen in der Reaktion der Versammelten wird in beiden Versammlungen mit dem gleichen Vers beschrieben (10, 218=313). Im Anschluß erklärt sich jeweils ein Freiwilliger bereit, die Aufgabe zu übernehmen (10, 220-226; 319-327). Seine Rede enthält neben der Einwilligung noch eine weitere Frage, bei Diomedes die Frage, ob er einen Begleiter mitnehmen dürfe, bei Dolon die Bitte, Hektor solle die Belohnung mit einem Eid verbürgen. In beiden Fällen wird die Rüstung beschrieben (10, 254-271; 333-335).

Zuerst steht Dolons Scheitern dem Erfolg der beiden Griechen in der gleichen Angelegenheit gegenüber. Dies wird bereits zu Beginn deutlich: Während der Erzähler Dolons Scheitern ankündigt, läßt er Athene die Gebete von Odysseus und Diomedes erhören, 10, 295:

$$\text{ὣς ἔφαν εὐχόμενοι, τῶν δ' ἔκλυε Παλλὰς Ἀθήνη.}$$

So sprachen sie bittend, und sie hörte Pallas Athene.[110]

Der negativen Prolepse steht die positive gegenüber. Die Enttäuschung von Dolons Erwartung wird durch das Gelingen der anderen Expedition unterstrichen.

Zweitens tritt Dolons Erwartung vor dem Hintergrund der Erwartungen der Griechen besonders hervor:[111] Ebenso wie Hektor bei den Trojanern fragt bei den Griechen Nestor, wer das gegnerische Lager ausspähen wolle. Die Reden von Nestor und Hektor enthalten die gleichen Elemente, aber in unterschiedlicher Anordnung und mit unterschiedlichem Gewicht. Nestor nennt zuerst die Aufgabe (10, 204-212), dann das κλέος, das es zu gewin-

---

nung wird die Teilnahme am Essen ausgesetzt (10, 217). Auch der Austausch der Rüstungen (10, 254-271) und die Herkunft des Meriones-Helmes (10, 260-270) bringen eine soziale Dimension ins Spiel. Die kürzere Beschreibung der Kleidung von Dolon hat aber auch einen technischen Grund: Hainsworth ad 10, 333-337 macht darauf aufmerksam, daß, wenn zwei Parteien sich rüsten, die zweite Rüstungsszene kürzer beschrieben wird.

[110] S. a. das Zeichen, das Athene Odysseus und Diomedes schickt (10, 274-276). Das Scholion T ad 10, 336 meint sogar, daß Dolon deswegen keinen Erfolg habe, da er anders als Diomedes und Odysseus nicht bete. Stoevesandt 2004, 283 stellt fest, daß in der *Ilias* Trojaner nur drei Mal in der Schlacht, Griechen dagegen sechs Mal beten.

[111] Dolon täuscht sich auch darin, daß er annimmt, die Griechen berieten bei Agamemnons Schiff (10, 325-327), während die Griechen doch zur Beratung in das freie Feld hinausgegangen sind. Auch die Einschätzung der gesamten Situation ist bei Griechen und Trojanern unterschiedlich. Während Hektor sich die Frage stellt, ob die Griechen überhaupt noch Wachen ausstellen oder bereits die Flucht vorbereiten (10, 308-312), rechnet Agamemnon mit der Möglichkeit eines nächtlichen Überfalls (10, 100f.). Die unterschiedlichen Erwartungen lassen sich aber auch dadurch erklären, daß die Griechen in der Schlacht davor in arge Bedrängnis geraten sind.

nen gibt (10, 212f.), und setzt schließlich ein δῶρον aus (10, 213-217).
Hektor dagegen schließt an seine Frage, wer sich melde, gleich die Belohnung an, die in feinem, aber signifikantem Unterschied zu Nestor μισθός
genannt wird (10, 304-306),[112] erwähnt dann κῦδος – nur in Parenthese –
und nennt als letztes die Aufgabe (10, 308-312).[113] Durch den Vergleich tritt
die Erwartung der Belohnung bei der trojanischen Expedition in den Vordergrund.

Auch die Preise selbst sind signifikant. Nestor setzt etwas aus, das bereits
zur Verfügung steht, Hektor mit den Pferden Achills etwas, das ungleich
wertvoller, aber noch nicht im Besitz der Trojaner ist.[114] Die Erwartung
wird dadurch nicht nur größer, sondern auch unrealistischer.

Dolons Erwartungshaltung erhält auch den Beiklang von Maßlosigkeit,
wenn in seiner Antwort die Forderung, Hektor solle die Geschenke durch
Eid verbürgen, die Stelle einnimmt, die in der parallel gebauten Rede des
Diomedes die Bitte um einen Begleiter hat. Während Dolon überhaupt
keinen Zweifel an seinem Erfolg aufkommen läßt, bedenkt Diomedes die
Gefahren und fordert deswegen Unterstützung.[115] Der Einsicht in die eigene
Beschränktheit stehen Selbstüberschätzung und Gier gegenüber.

Drittens wird die Enttäuschung von Dolons Erwartung dadurch hervorgehoben, daß sie sich auf der Seite der Griechen erfüllt. Während Dolon
davon ausging, er werde sich Achills Pferde verdienen, bemächtigen sich
Diomedes und Odysseus der Pferde von Rhesos: Sie erreichen also, ohne es
erwartet zu haben, was Dolon als Belohnung für seinen Einsatz bereits in
seinem Besitz wähnt.[116]

Ähnlich wie in der Andromache-Szene wird die Enttäuschung von Erwartungen implizit betont. Durch die Parallele der griechischen Expedition
gewinnt die vom Erzähler markierte Kluft zwischen Dolons Erwartung und
Erfahrung an Prägnanz.

---

[112] Cf. Scholion bT ad 10, 303-308. Das Scholion T ad 303-308 bemerkt außerdem, daß bei Hektor der μισθός zuerst komme.

[113] Das Scholion bT ad 10, 308-312 betont fernerhin, daß Nestor die Aufgabe für die Boten vorsichtiger formuliert als Hektor, der alles erfahren will.

[114] Cf. die Scholien T ad 10, 306 und bT ad 10, 303-308. Eine Steigerung liegt darin, daß Hektor am Anfang unbestimmt von den besten Pferden der Griechen spricht (10, 305f.) und erst Dolon von den Pferden Achills (10, 319-323).

[115] Den Unterschied bemerken die Scholien b und T ad 10, 223. Das Scholion T ad 10, 321c stellt fest, daß Diomedes sich seine Belohnung nicht durch einen Eid versichern lasse. Das Scho-lion T ad 10, 325f. macht darauf aufmerksam, daß Dolon von der Expedition spreche, als ob sie keine Gefahr darstelle, sondern ein einfacher Botengang sei. Die Gefahr, eine solche Expedition allein zu unternehmen, spricht Menelaos bereits in 10, 38-41 an.

[116] Eine gewisse, allerdings unspezifische Erwartung wird beim Rezipienten erzeugt, wenn Odysseus in seinem Gebet, das Athene hört (10, 295), folgendes erbittet, 10, 281f.: δὸς δὲ πάλιν ἐπὶ νῆας ἐυκλεῖας ἀφικέσθαι,/ ῥέξαντας μέγα ἔργον, ὅ κε Τρώεσσι μελήσει.

1.4 Zusammenfassung

Zusammenfassend läßt sich feststellen, daß durch die Gestaltung von Erzählperspektive und Zeit besonders deutlich wird, wie sehr die Helden dem Zufall ausgesetzt sind. Erwartungen und Erfahrungen werden einander betont gegenübergestellt. Zum einen werden die Erfahrungen durch Analepsen mit vergangenen Erwartungen verglichen. Zum anderen – dies ist der häufigere und auffälligere Fall – entsteht durch Prolepsen eine Spannung zwischen den Erwartungen auf der intradiegetischen und der Antizipation der Erfahrungen auf der extradiegetischen Ebene. Diese Spannung kann, wie am Beispiel der Andromacheszenen im 6. und 22. Buch und der *Dolonie* gezeigt wurde, auf sehr subtile Weise durch sprachliche Ambivalenzen und intratextuelle Beziehungen unterstrichen werden. Als Formel für das homerische Geschichtsbild hat sich die proleptische Verwendung von νήπιος, die einer Erwartung die negative Erfahrung gegenüberstellt, erwiesen. Die narrative Form der *Ilias*, so können wir festhalten, gibt den Rezipienten einen besonderen Einblick in die Bedeutung der Schicksalskontingenz auf der Handlungsebene.

2. Die narrative Struktur und die Rezeption als Erfahrung von Schicksalskontingenz

Wie wir in den theoretischen Überlegungen des Kapitels V gesehen haben, wird geschichtliche Zeit in Erzählungen durch die doppelte Spannung zwischen Erwartung und Erfahrung auf der Ebene der Handlung und der Ebene der Rezeption refiguriert. Nachdem analysiert worden ist, wie die Gestaltung von Zeit und Perspektive die Spannung zwischen Erwartung und Erfahrung in der Handlung hervortreten läßt, soll nun untersucht werden, inwiefern die Rezeption der *Ilias* eine Kontingenzerfahrung ist. Es stellt sich die Frage, ob die Rezipienten überhaupt in ihren Erwartungen enttäuscht werden können, wenn sie durch die epische Tradition mit der Handlung vertraut sind und zusätzlich durch Prolepsen auf ihre Entwicklung vorbereitet werden.

Gegen die sichere Führung der Rezipienten durch die Handlung betont Morrison in einem wichtigen Buch die Bedeutung der »misdirection« als poetischer Strategie in der *Ilias*.[117] Er stellt drei verschiedene Modi der

---

[117] Morrison 1992b. Recht verwirrend und idiosynkratisch ist Morrisons Verwendung der Begriffe »plot« und »narrative«, mit denen er die Spannung zwischen verwirklichter und möglicher Handlung erfassen will, 24: »The plot should be contrasted with the narrative, everything that is introduced [...] The narrator offers the audience alternative scenarios to the plot at four critical

»misdirection« vor: »False anticipation«, worunter er die Verzögerung der Erfüllung sicherer Prolepsen versteht;[118] »epic suspense«, das Fehlen von sicheren Vorhersagen, durch welches die Erwartungen der Rezipienten in Frage gestellt werden;[119] »thematic misdirection«, falsche, wiewohl von einer Autorität verbürgte Vorhersagen.[120] Seine Arbeit hat das Verdienst darauf aufmerksam zu machen, daß die Perspektive der Rezipienten komplexer ist, als oft angenommen wird; es ist aber doch zu fragen, ob er das Ausmaß der »misdirection« nicht zu hoch veranschlagt.[121]

Bereits die Bezeichnung der ersten Kategorie der »misdirection« ist irreführend. Es handelt sich weniger um falsche Antizipationen als um Verzögerungen. Nicht die Erfüllung einer Prolepse, wie die Bezeichnung »false anticipation« suggeriert, sondern ihr Zeitpunkt ist unsicher. Die Bezeichnung »Aufschub«, die Schadewaldt verwendet, der dieses Phänomen bereits in seiner Bedeutung für die Konstruktion der *Ilias* erörtert hat, oder »Retardation« (Reichel) sind angemessener.

Auch Morrisons zweite Kategorie, »epic suspense«, läßt sich nicht als »misdirection« im eigentlichen Sinne bezeichnen. Sie sollte vor allem nicht die Beobachtung in den Hintergrund drängen, daß der Rezipient über die Grundlinien der Handlung informiert ist – daß er nicht im voraus über jedes Detail der Handlung Bescheid weiß, ist selbstverständlich. Solches wird man auch für die *Ilias* nicht behaupten. Bereits die Scholien bemerken, daß die Prolepsen manchmal nur Andeutungen enthalten und damit Spannung erzeugen.[122] Beispielsweise beim Tod von Achill werden die Prolepsen mit dem Verlauf der Handlung genauer.[123] Wichtig ist allerdings die (nicht neue) Beobachtung von Morrison, daß die Handlung sich für eine bestimmte Zeit vom erwarteten Ende entfernen kann. Sein Schema ist hier jedoch nicht stringent, da die Umkehrung der Handlung zugleich die dritte Subkategorie von »false anticipation« ist.[124]

---

junctures, and in each case he introduces those alternatives with mortals' predictions. In comparing plot with narrative, we see how many of these possibilities raised in the narrative would – if realized – contradict the audience's knowledge of the tradition or its anticipations generated by the poem itself.« S. a. die Kritik von Goldhill 1994, 25, daß Morrisons Vorstellung von Rezeption zu schlicht und seine Interpretationen zu wenig offen für Ambiguitäten seien.

[118] Morrison 1992b, 35-49.

[119] Morrison 1992b, 51-71.

[120] Morrison 1992b, 73-93.

[121] Zu weit geht beispielsweise Richardson 1990, 157: »Ambiguity and conjecture have no place in the Homeric poems. The narrator knows the story and will tell it clearly.« Eine vorsichtigere Einschätzung findet sich bei Reichel 1994, 78.

[122] Cf. Anm. 12 dieses Kapitels.

[123] Cf. S. 120f.

[124] Während sein erstes Beispiel für »epic suspense«, das Duell im 3. Buch, voll einleuchtet, wird nicht deutlich, warum das zweite Beispiel, Hektors Gang nach Troja im 6. Buch, den Erwartungen der Rezipienten widersprechen soll. Cf. die Kritik von de Jong 1994.

»Misdirection« im strengen Sinne bezeichnet nur Morrisons dritte Kategorie, »thematic misdirection«. Als Beispiele gibt er die Erwartungen über das Ausmaß des trojanischen Sieges und über das Schicksal von Hektors Leichnam an. Er meint, daß die Rezipienten dazu geführt werden anzunehmen, daß Achill erst eingreifen werde, wenn der Kampf seine Schiffe, die am äußersten Ende des griechischen Lagers liegen, erreicht habe. Tatsächlich entsende Achill Patroklos aber bereits, wenn Hektor Feuer auf das erste Schiff, das Schiff des Protesilaos, werfe. Die Fehlleitung der Erwartungen hält sich hier aber in Grenzen. Schließlich greift Achill, wie erwartet, in den Kampf ein; lediglich der Zeitpunkt entspricht nicht den Vorhersagen. Es ist fraglich, ob diese Spannung mit dem »Ungenauigkeitsprinzip« von Schadewaldt[125] nicht angemessener erfaßt wird als mit der Kategorie »misdirection«.

Sehr überzeugend hingegen weist Morrison nach, daß die Rezipienten zur Annahme geführt werden, Achill werde Hektors Leichnam den Hunden und Vögeln zum Fraß vorwerfen. Sowohl nach den Ankündigungen Achills, den Befürchtungen von Hektors Angehörigen und dem klimaktischen Verlauf der Schändung von Leichnamen im letzten Drittel, nicht zuletzt aber nach der Ankündigung im Prooemium ist es überraschend, wenn Achill am Ende der *Ilias* Hektors Leichnam Priamos ausliefert. Wie noch zu zeigen ist, läßt sich die Enttäuschung dieser Erwartung in den Horizont einer größeren Überraschung stellen.

Morrison folgert aus seiner Analyse, daß durch die »misdirection« das Publikum die gleiche Perspektive wie die Helden einnehme. Er meint sogar:

While hearing a story is in many ways incongruous with fighting a battle, we might compare the pattern of Hector and Achilles with the audience's experience in hearing the Iliad's narrative. Just as heroes ponder the outcome of battle, the audience has expectations about the story. The movement from realistic expectation, to doubt, back to final recognition applies to the audience no less than to Achilles or Hector.[126]

Die Behauptung, daß die Rezipienten der *Ilias* ebenso wie die Helden Erwartungen über den Verlauf der Handlung anstellen, stimmt mit der hier vorgestellten These, daß in Narrationen die Spannung zwischen Erwartung und Erfahrung doppelt refiguriert wird, überein. Nicht zugestimmt werden kann aber der These, die Erfahrung des Publikums entspreche der Erfahrung der Helden. Das Publikum nimmt nicht, wie Morrison meint, an einigen Stellen die überlegene Position der Götter, an anderen hingegen die der

[125] Schadewaldt ³1966, 110 mit Anm. 3. Auch Schmitz 1995, 395 ist nicht davon überzeugt, daß hier eine »misdirection« vorliegt, und betont, daß die ursprünglichen Rezeptionsbedingungen, also der mündliche Vortrag, beachtet werden müssen.
[126] Morrison 1992b, 101f.

Menschen ein,[127] sondern sein Blickwinkel unterscheidet sich von dem der Helden fundamental durch den Einblick in die Grundzüge der Handlung. Die Erfahrung der Rezeption vollzieht sich weniger in der Unsicherheit über die Zukunft, welche die Perspektive der Charaktere auszeichnet, als vielmehr, wie gezeigt werden soll, in der Spannung zwischen Erwartungen und ihrer Erfüllung.

Inwieweit das Publikum dabei Kontingenz erfährt, soll im folgenden in drei Schritten untersucht werden, die nach der Stärke der Kontingenzerfahrung geordnet sind: Zuerst wird gezeigt, daß die Fehlleitung über das Schicksal von Hektors Leichnam in eine größere Spannung zwischen den durch den Text hervorgerufenen Erwartungen und dem Ende eingebettet ist (2.1). Zweitens wird die Wirkung von Retardationen und »Beinahe-Episoden« auf die Erwartungen der Rezipienten beschrieben (2.2). Drittens werden »Dann wäre, wenn nicht…«-Konstruktionen in den Blick genommen (2.3).

2.1 Erwartungen über das Ende

Wie bereits bemerkt, ist davon auszugehen, daß die Rezipienten unterschiedlich stark mit der epischen Tradition und der *Ilias* vertraut waren. Dies erschwert es, die Spannung zwischen Erwartungen und Erfahrungen in der Rezeption zu bestimmen, besonders aber die Enttäuschung von Erwartungen nachzuweisen, die voraussetzt, daß der Rezipient einen Teil der *Ilias* nicht kannte. Im folgenden wird zunächst von einem Rezipienten ausgegangen, der die *Ilias* nicht kennt und dessen Erwartungen sich auf der Grundlage des Handlungsverlaufs bilden. Am Ende der Analyse werden wir uns der Rezeption der Zuschauer zuwenden, welche mit der epischen Tradition vertraut sind.

Morrison demonstriert, daß die Erwartung erzeugt wird, Achill werde Hektors Leichnam den Tieren zum Fraß vorwerfen. Statt dessen liefert Achill im 24. Buch Priamos den Leichnam aus. Diese Enttäuschung einer Erwartung ist, so soll hier gezeigt werden, eingebettet in die Überraschung über den Zeitpunkt des Endes.[128] Die Gestaltung der Handlung und zahlreiche Vorverweise lassen einen anderen Zeitpunkt für das Ende erwarten.

Damit wird nicht bestritten, daß das 24. Buch eine würdige »closure« für die *Ilias* ist. Dies ist gegen analytische Versuche, das 24. Buch als späteren Zusatz zu erweisen, überzeugend gezeigt worden und soll in VI 3.2.1 weiter verdeutlicht werden. Das Ende wird aber nicht vorbereitet: Sowohl das

---

[127] Cf. Morrison 1992b, 95.
[128] S. a. Macleod 1982, 27f.; Edwards 1987, 301; Richardson 1993, 272.

Treffen von Achill und Priamos und die Freigabe des Leichnams als auch die mit ihnen verbundene »closure« kommen unerwartet; lediglich im Rückblick zeigen sich Beziehungen zwischen dem Ende und anderen Szenen.[129] Um zu untersuchen, welches Ende zu erwarten ist, soll zuerst ein Blick auf das Prooemium geworfen und dann die Direktion der Erwartungen im Laufe der Handlung betrachtet werden.

Das Prooemium verkündet als Sujet den Zorn des Achill (1, 1f.). Er wird dadurch genauer bestimmt, daß er den Griechen großes Leid und vielen den Tod brachte (1, 2-5). Bereits in der Antike war die Deutung von 1, 5b umstritten (Διὸς δ᾽ ἐτελείετο βουλή), wie das Scholium A ad 1, 5f. zeigt. Am überzeugendsten ist die von Aristarch gegebene Interpretation, nach welcher die Διὸς βουλή das Versprechen des Zeus gegenüber Thetis bezeichnet, ihrem Sohn Ehre bei den Griechen zu verschaffen.[130]

Das Prooemium blendet die Hintergrundshandlung, den Kampf um Troja, aus. Auch die Vordergrundshandlung erfaßt es nur auf den ersten Blick in seinem ganzen Verlauf. Mit μῆνις wird in der *Ilias* nur der Zorn der Götter und der Zorn Achills gegen Agamemnon, aber nicht seine Raserei nach Patroklos' Tod bezeichnet.[131] Auch die Qualifikation des Zorns als unheilbringend für die Griechen zeigt, daß nur Achills Auseinandersetzung

---

[129] Cf. Edwards 1987, 301. Weniger differenziert Thornton 1984, 67f. (cf. 138), die behauptet, die Rückgabe des Leichnams werde bereits davor angedeutet. Wie unwahrscheinlich das Ende ist, zeigt aber Achills kategorische Weigerung, Hektors Leichnam auszuliefern, noch in 22, 345-354. Den überraschenden Charakter des Endes beschreibt bereits Bowra 1930, 104-107. S. a. Rabel 1997, 198.

[130] Das Scholium A ad 1, 5f. sagt, daß Aristarch den Relativsatz in 1, 6 mit 1, 5b verbinde, damit deutlich werde, daß der Plan des Zeus sich auf den Streit zwischen Achill und Agamemnon beziehe und nicht auf die Erfindungen der »Jüngeren«. Damit ist offensichtlich der im Prooemium der *Kyprien* überlieferte Plan des Zeus gemeint, die Menschheit zu dezimieren. Auf diesen Plan des Zeus ist 1, 5b in der modernen Forschung wieder von Kullmann 1992a und f bezogen worden. Seine Interpretation hat sich jedoch nicht durchsetzen können, s. die Literaturangaben bei Latacz ad 1, 5. Selbst Scodel 1982, 47, die auch den Hintergrund der Kypriensage für die *Ilias* untersucht, bezieht 1, 5 auf das Zeus-Versprechen gegenüber Thetis. Kullmanns Interpretation wird jedoch aufgegriffen von Murnaghan 1997. Gegen die Deutung von Kullmann spricht vor allem, daß in den von ihm angebrachten Iliasbelegen der Plan des Zeus, die Menschheit zu dezimieren, nicht explizit angesprochen wird, sondern nur vor dem Hintergrund des Kyprienprooemiums zu erschließen ist. Zu weiteren Interpretationsmöglichkeiten s. Redfield 1979, 105-107, der selbst als Διὸς βουλή die Erfüllung des Orakels in Od. 8, 81f. versteht. Sehr überzeugend ist aber der von ihm selbst vorgebrachte Einwand, daß dieses Orakel kein einziges Mal in der *Ilias* erwähnt wird.

[131] Cf. Watkins 1977, 187-209 und Redfield 1979, 97 mit weiterer Literatur in Anm. 4. An einer Stelle wird die μῆνις allerdings auf einen anderen Helden bezogen; in 13, 460 sagt der Erzähler von Aineas: [...] αἰεὶ γὰρ Πριάμωι ἐπεμήνιε δίωι. Konstan 2003, 5-19 greift auf die aristotelische Definition von Emotionen zurück, um zu zeigen, daß Achill nur gegen Agamemnon, aber nicht gegen Hektor und die Trojaner Zorn empfinde. S. a. Cairns 2003; Most 2003 zum Zusamenhang von Zorn und Mitleid.

mit Agamemnon gemeint sein kann, da sein Rückzug aus dem Kampf, aber nicht seine Rückkehr den Griechen Leiden zufügt.[132]

Das Prooemium gibt also das Thema und den Grundtenor der Handlung an, ist aber, sowohl was ihren genauen Verlauf als auch was ihr Ende betrifft, unbestimmt.[133] Wenn man nur vom Prooemium aus ein Ende anvisieren müßte, läge es nahe, daß die *Ilias* mit der Rückkehr von Achill in den griechischen Heeresverband endet.

Annahmen über das Ende bilden sich aber nicht nur auf der Grundlage des Prooemiums, sondern auch durch den Verlauf der Handlung und besonders die Prolepsen.

Es gibt eine Stelle in der *Ilias*, die ihre zeitliche Erstreckung recht präzise bezeichnet. Zu Beginn des 12. Buches blickt der Erzähler bei der Beschreibung der Mauer weit über das Ende des Trojanischen Krieges hinaus. Ihre Dauer beschreibt er folgendermaßen, 12, 10-12: ὄφρα μὲν Ἕκτωρ ζωὸς ἔην καὶ μήνι᾿ Ἀχιλλεύς/ καὶ Πριάμοιο ἄνακτος ἀπόρθητος πόλις ἔπλεν,/ τόφρα δὲ καὶ μέγα τεῖχος Ἀχαιῶν ἔμπεδον ἦεν. Wie bereits bemerkt, wird mit der μῆνις an das Prooemium angespielt.[134] Zudem steht der Tod Hektors am Ende der *Ilias* und Troja bleibt in ihr unerobert. Damit wird ziemlich genau das Ende der *Ilias* umrissen, allerdings nicht explizit – nur wer ohnehin das Ende der *Ilias* kennt, wird diesen Zusammenhang sehen.

Zwei Ereignisse, die außerhalb der Handlung der *Ilias* liegen, werden immer wieder antizipiert: der Tod von Achill und der Fall von Troja. Ein kurzer Blick auf diese Prolepsen soll zeigen, daß sie die Erwartung über das Ende prägen.

2.1.1 Der Tod Achills

Wenn Achill in 1, 352 und Thetis in 1, 415-418 die Kürze seines Lebens beklagen, ist die Angabe nicht nur unbestimmt, sondern die Kürze seines Lebens kann auch im Kontrast zur Unsterblichkeit seiner Mutter gesehen werden.[135] In 9, 410-416 geht Achill davon aus, er könne zwischen zwei Schicksalen wählen, einem langen Leben auf Phthie und einem frühen, ruhmvollen Tod in Troja. Wenn Apollon in 16, 709 sagt, Troja werde nicht von Achill eingenommen werden, klingt dessen Tod an, ist aber noch nicht explizit. Aus 17, 404-411 geht hervor, daß Achill weiß, Troja werde ohne ihn fallen. Im folgenden verdichten sich die Prolepsen auf seinen Tod: In 18, 95f. sagt Thetis, er werde nach Hektor sterben. In 18, 329-331 bekräftigt

---

[132] Redfield 1979, 103 macht aber zu Recht darauf aufmerksam, daß, wenn die Schändung der Leichname genannt wird, ein wichtiges Thema des letzten Drittels der *Ilias* anklingt.

[133] Dazu, daß das Prooemium der *Ilias* keine detaillierte Inhaltsangabe ist, s. beispielsweise Lenz 1980, 43.

[134] Cf. S. 149.

[135] Cf. Pope 1985, 8 Anm. 14.

Achill, er werde in Troja begraben werden. Auch in 19, 328-330; 421f.; 21, 110-113; 277f. und 23, 150 spricht er von seinem Tod.

Die Angaben zu den Umständen seines Todes werden im Laufe der Handlung präziser: Nachdem Thetis bereits in 18, 95f. den Zeitpunkt genauer bestimmt hat, prophezeit in 19, 416f. das Pferd Xanthos, er werde von einem Gott und einem Menschen getötet werden. In 21, 110-113 sagt Achill, er werde entweder von einer Lanze oder einem Pfeil getötet werden, in 21, 277f. bemerkt er, er werde unter den Geschossen Apollons fallen. Die genaueste Vorhersage gibt schließlich der sterbende Hektor in 22, 358-360:

> φράζεο νῦν, μή τοί τι θεῶν μήνιμα γένωμαι
> ἤματι τῶι, ὅτε κέν σε Πάρις καὶ Φοῖβος Ἀπόλλων
> ἐσθλὸν ἐόντ᾽ ὀλέσωσιν ἐνὶ Σκαιῆισι πύληισιν.

> Bedenke jetzt, daß ich dir nicht ein Zorn der Götter werde
> An dem Tag, wenn Paris dich und Phoibos Apollon,
> So stark du bist, vernichten werden an den Skäischen Toren!

Auch im folgenden ist Achills Tod präsent, wenn in 23, 80f. der Schatten des Patroklos seinen Tod vorhersagt und Thetis ihn beklagt (24, 84-6; 91; 104f.; 131f.).

Dieser Überblick verdeutlicht, wie der Tod von Achill immer greifbarer wird, indem das Netz von Prolepsen dichter und die Angaben über die Umstände präziser werden. Die Erwartung, Achill werde sterben, wird noch stärker durch die strukturelle Verknüpfung der Tode von Sarpedon, Patroklos, Hektor und Achill. Wie u. a. Leinieks und Thalmann herausgearbeitet haben, bilden diese Tode sowohl motivisch als auch kausal einen Zusammenhang.[136] Der Tod des einen zieht das Ende desjenigen, der gerade noch getötet hat, nach sich, so daß, nachdem Achill Hektor umgebracht hat, sein Tod zu erwarten ist.

In besonderem Maße wird die Erwartung von Achills Tod durch die Parallele zwischen Patroklos' und Hektors Tod geweckt: Nachdem Hektor Patroklos die tödliche Wunde zugefügt hat, schmäht er ihn (16, 830-842). Daraufhin prophezeit ihm Patroklos den Tod (18, 844-854). Hektor weist die Vorhersage als Spekulation zurück (18, 859-861). In gleicher Weise schmäht Achill nach dem entscheidenden Stoß Hektor (22, 331-336). Jetzt sagt ihm Hektor den Tod an (22, 356-360). Sein Sterben wird mit den gleichen Worten beschrieben wie bei Patroklos (16, 855-857=22, 361-363). Auch Achill antwortet, aber anders als Hektor nimmt er seinen Tod an (22, 365f.). Nachdem Hektor Patroklos umgebracht hat und gemäß der Prophezeiung stirbt, die dieser im Sterben macht, wird Achills Tod in greifbare

---

[136] Leinieks 1973/1974, 102-107; Thalmann 1984, 45-51. S. a. Grethlein 2006b zur strukturellen Funktion des Bades.

Nähe gerückt, wenn der sterbende Hektor ihm den Tod vorhersagt und
Achill die Prophezeiung sogar annimmt.[137]

Thetis' Prophezeiung in 18, 95f. sanktioniert nicht nur die Abfolge von
Hektors und Achills Tod, sie kündigt an, daß Achill *sofort* nach Hektor
sterben werde:

> ὠκύμορος δή μοι, τέκος, ἔσσεαι, οἷ᾽ ἀγορεύεις·
> αὐτίκα γάρ τοι ἔπειτα μεθ᾽ Ἕκτορα πότμος ἑτοῖμος.

> Schnell bist du mir dann des Todes, Kind, wie du redest!
> Denn gleich nach Hektor ist dann dir der Tod bereit.

Aufgrund des immer dichter werdenden Netzes expliziter Prolepsen und der
strukturellen Vorbereitung ist es wahrscheinlich, daß ein Rezipient, der das
Ende der *Ilias* noch nicht kennt, erwartet, daß sie auch seinen Tod erzählt.[138]

Achills Tod ist sogar ein naheliegendes Ende. Der Tod ist das Ende
schlechthin und Achill der Held der Vordergrundhandlung. Auch wenn
man Wilamowitz' Theorie über die spätere Einfügung der letzten beiden
Gesänge in die *Ilias* nicht mehr zustimmen mag, zeigt seine Rekonstruktion, nach der Achill ursprünglich in der *Ilias* starb, doch, daß aufgrund der
Prolepsen ein Ende mit Achills Tod zu erwarten ist.[139]

2.1.2 Der Fall Trojas

Vielleicht gehen die Erwartungen über das Ende der *Ilias* noch weiter und
richten sich auf den Fall Trojas. Ähnlich wie beim Tod von Achill läßt sich
hier eine Dynamik der Prolepsen erkennen. Zwar wird der Untergang Trojas von Anfang an vorhergesagt,[140] die Vorverweise gewinnen aber nach der
Rückkehr Achills in den Kampf eine besondere Dringlichkeit; der Fall

---

[137] S. oben S. 238f.

[138] S. das Scholium bT ad 24, 85a: καὶ τὸ κέντρον ἐγκαταλιπεῖν, ὡς ὁ κωμικός φησι,
τοῖς ἀκροωμένοις ὥστε ποθῆσαί τι καὶ περὶ τῆς Ἀχιλλέως ἀναιρέσεως ἀκοῦσαι καὶ
ἐννοεῖν παρ᾽ ἑαυτοῖς, οἷος ἂν ἐγένετο ὁ ποιητὴς διατιθέμενος ταῦτα.

[139] V. Wilamowitz-Moellendorff 1916, 68-79. Zu weiteren Ansätzen, nach denen die Handlung
mit Achills Tod endet, s. Beck 1964, 23-30.

[140] Die Vorhersagen haben sehr unterschiedliche Grade von Geschehensgewißheit: In 2, 299-
330 und 2, 350-353 werden die Vorzeichen über die Eroberung Trojas vom Beginn der griechischen Expedition genannt. In 4, 164-168 bekräftigt Agamemnon nach dem Bruch des Vertrages
über den Zweikampf, daß die Griechen jetzt Troja erobern würden. In 5, 715f. erwähnt Hera ihr
Versprechen gegenüber Menelaos, daß Troja fallen werde. In 6, 448f. sagt Hektor, Troja werde
fallen. Die Prolepse am Beginn des 12. Buches enthält auch die trojanische Niederlage (12, 10-16).
Menelaos und Aias kündigen ihren Sieg in 13, 625 und 815f. an. In 15, 70f. erwähnt Zeus den
zukünftigen Sieg der Griechen. Er ist implizit in der Drohung von Poseidon in 15, 213-217. Wenn
Poseidon in 20, 302-308 sagt, daß Priamos' Linie untergehen und dafür Aineas' Familie die
Herrschaft übernehmen werde, ist die trojanische Niederlage impliziert. In 20, 313-317 erwähnt
Hera den von ihr und Athene geleisteten Eid, den Trojanern auch dann nicht zu helfen, wenn Troja
brennt.

Trojas scheint unmittelbar bevorzustehen.[141] In 20, 29f. befürchtet Zeus, Achill könne Troja vorzeitig (ὑπὲρ μόρον) nehmen; in 21, 309f. und 21, 517 haben Skamander und Apollon die gleiche Befürchtung. In 21, 544-546 sagt der Erzähler schließlich:

> ἔνθά κεν ὑψίπυλον Τροίην ἕλον υἷες Ἀχαιῶν,
> εἰ μὴ Ἀπόλλων Φοῖβος Ἀγήνορα δῖον ἀνῆκεν,
> φῶτ᾽ Ἀντήνορος υἱὸν ἀμύμονά τε κρατερόν τε.

> Da hätten die hochtorige Troja genommen die Söhne der Achaier,
> Hätte nicht Apollon Phoibos Agenor, den göttlichen, aufgereizt,
> Den Mann, des Antenor Sohn, den untadligen und starken.

In 22, 378-384 ruft Achill, nachdem er Hektor getötet hat, zum erneuten Sturm auf die Stadt auf, ordnet aber zuerst den Rückzug zu den Schiffen an. Der Fall Trojas wird in einem großen »Beinahe« vorbereitet, findet aber innerhalb der *Ilias* nicht statt.

Besonders interessant ist das Bild der brennenden Stadt in Gleichnissen, in dem sich die Zerstörung Trojas abzeichnet. In 17, 736-741 dient das Bild des Feuers in einer Stadt als Gleichnis für die Heftigkeit, mit welcher der Kampf entbrennt:

> [...] ἐπὶ δὲ πτόλεμος τέτατό σφιν
> ἄγριος ἠΰτε πῦρ, τό τ᾽ ἐπεσσύμενον πόλιν ἀνδρῶν
> ὄρμενον ἐξαίφνης φλεγέθει, μινύθουσι δὲ οἶκοι
> ἐν σέλαϊ μεγάλωι, τὸ δ᾽ ἐπιβρέμει ἲς ἀνέμοιο·
> ὣς μὲν τοῖς ἵππων τε καὶ ἀνδρῶν αἰχμητάων
> ἀζηχὴς ὀρυμαγδὸς ἐπήιεν ἐρχομένοισιν.

> [...] hinter ihnen war der Kampf ausgespannt,
> Wild wie ein Feuer, das anstürmend eine Stadt der Männer
> Entflammt, wenn es sich plötzlich erhob, und hinschwinden die Häuser
> In dem Glanz, dem großen, und hinein braust die Gewalt des Windes:
> So kam hinter denen von Pferden und Männern, Lanzenkämpfern,
> Unaufhörlicher Lärm, wie sie dahingingen.

Zwar werden im Gleichnis die Umstände, unter denen das Feuer entstanden ist, nicht näher ausgeführt, aber der Kontext, in dem das Gleichnis erzählt wird, die Belagerung einer Stadt, legt für sein Verständnis einen ähnlichen Hintergrund nahe. Das Bild ist aber von geringer Kraft, da Achill noch nicht in die Schlacht zurückgekehrt ist.

Im Zusammenhang mit Achill steht aber das Gleichnis in 18, 207-214. In ihm wird auch eine Stadt belagert; jedoch geht der Rauch, dessen Aufstei-

---

[141] Cf. Duckworth 1933, 30; Schadewaldt ³1966, 156 Anm. 4.

gen den von Achill ausgestrahlten Glanz beschreibt, von Feuerzeichen aus, welche die Belagerten aussenden:

> ὡς δ᾽ ὅτε καπνὸς ἰὼν ἐξ ἄστεος αἰθέρ᾽ ἵκηται
> τηλόθεν ἐκ νήσου, τὴν δήιοι ἀμφιμάχωνται,
> οἳ δὲ πανημέριοι στυγερῶι κρίνωνται ἄρηι
> ἄστεος ἐκ σφετέρου, ἅμα δ᾽ ἠελίωι καταδύντι
> πυρσοί τε φλεγέθουσιν ἐπήτριμοι, ὑψόσε δ᾽ αὐγή
> γίνεται ἀίσσουσα περικτιόνεσσιν ἰδέσθαι,
> αἵ κέν πως σὺν νηυσὶν ἀρῆς ἀλκτῆρες ἵκωνται,
> ὣς ἀπ᾽ Ἀχιλλῆος κεφαλῆς σέλας αἰθέρ᾽ ἵκανεν.

> Und wie wenn ein Rauch, aus einer Stadt aufsteigend, zum Äther gelangt,
> Fern von einer Insel her, die feindliche Männer umkämpfen;
> Und die messen sich den ganzen Tag in dem verhaßten Ares
> Von ihrer Stadt aus, jedoch mit untergehender Sonne
> Flammen Feuerzeichen auf, dicht nacheinander, und hoch aufschießend
> Entsteht ein Lichtschein, für die Umwohnenden zu sehen,
> Ob sie vielleicht mit Schiffen als Wehrer des Unheils kommen:
> So gelangte vom Haupt des Achilleus ein Glanz zum Äther.

Demgegenüber stellt das Gleichnis in 21, 520-525 eine Steigerung dar, da hier die Stadt selbst wie in 17, 736-741 brennt. Außerdem wird jetzt das Leiden, welches das Feuer verursacht, mit der Wirkung von Achills Wüten verglichen, das, wie die Befürchtungen der Götter zeigen, eine wirkliche Gefahr für Troja darstellt:

> [...] αὐτὰρ Ἀχιλλεύς
> Τρῶας ὁμῶς αὐτούς τ᾽ ὄλεκεν καὶ μώνυχας ἵππους·
> ὡς δ᾽ ὅτε καπνὸς ἰὼν εἰς οὐρανὸν εὐρὺν ἱκάνει
> ἄστεος αἰθομένοιο, θεῶν δέ ἑ μῆνις ἀνῆκεν,
> πᾶσι δ᾽ ἔθηκε πόνον, πολλοῖσι δὲ κήδε᾽ ἐφῆκεν,
> ὣς Ἀχιλεὺς Τρώεσσι πόνον καὶ κήδε᾽ ἔθηκεν.

> [...] Achilleus aber
> Vernichtete die Troer selbst zugleich wie auch die einhufigen Pferde.
> Und wie wenn ein Rauch aufsteigt und gelangt zum breiten Himmel
> Von einer brennenden Stadt; der Götter Zorn hat ihn emporgesandt,
> Und allen schafft er Mühsal, und über viele verhängt er Kümmernisse:
> So schaffte Achilleus den Troern Mühsal und Kümmernisse.

Die Serie von Gleichnissen findet ihren Höhepunkt in 22, 408-411, wenn in einem Vergleich nicht mehr irgendeine Stadt, sondern Troja selbst brennt:

> ὤιμωξεν δ᾽ ἐλεεινὰ πατὴρ φίλος· ἀμφὶ δὲ Λαοί
> κωκυτῶι τ᾽ εἴχοντο καὶ οἰμωγῆι κατὰ ἄστυ.
> τῶι δὲ μάλιστ᾽ ἄρ᾽ ἔην ἐναλίγκιον, ὡς εἰ ἅπασα
> Ἴλιος ὀφρυόεσσα πυρὶ σμύχοιτο κατ᾽ ἄκρης.

Und zum Erbarmen wehklagte sein Vater, und rings das Volk
Erhob schrilles Geschrei und Wehklage durch die Stadt.
Es war dem am meisten ähnlich, als ob die ganze
Hügelstadt von Ilios verschwelte herab vom Gipfel.

Das Gleichnis führt eindrucksvoll vor Augen, daß mit Hektors Tod Trojas Schicksal besiegelt ist. Die Wiederholung und Steigerung des Bildes von der brennenden Stadt erzeugt auf subtile Weise die Erwartung, daß die Zerstörung Trojas unmittelbar bevorstehe.

Der Fall Trojas wird außerdem antizipiert, wenn die Trojaner die Eroberung von Troja und ihre Folgen beschreiben. Priamos versucht Hektor zu überreden, in die Stadt zurückzukehren, indem er ausführt, wie es ihm und seiner Familie ergehen werde, wenn Troja falle (22, 59-76). In 24, 727-742 entwirft Andromache nach Hektors Tod ein düsteres Bild von dem, was ihr und Astyanax bevorsteht.[142]

Die Vorbereitung des Falles von Troja in einem großen »Beinahe«, die klimaktischen Gleichnisse von der brennenden Stadt und die plastische Beschreibung der Eroberung aus der Perspektive der Besiegten lassen die Rezipienten den Fall Trojas erwarten. Dieser liegt allerdings außerhalb der Vordergrundshandlung, die das Prooemium vorstellt. Wenn erwartet wird, daß das Ende der Vordergrundshandlung das Ende der *Ilias* markiert, dann überrascht es nicht, daß die *Ilias* vor der Eroberung Trojas schließt. Da jedoch, wie wir gesehen haben, in den Anfang der *Ilias* der Beginn der Hintergrundshandlung eingespiegelt ist und der Kampf um Troja über weite Strecken in den Vordergrund rückt, ist es zumindest möglich, daß durch die Prolepsen die Erwartung entsteht, die Handlung werde auch nach dem Abschluß der Achillgeschichte weitergeführt und ende erst mit dem Abschluß der Hintergrundshandlung, dem Fall Trojas.

Dieser kurze Blick auf die Erwartungen zeigt, daß das Ende mit der Versöhnung zwischen Achill und Priamos nicht nur inhaltlich überraschend ist. Es werden zwar keine verbürgten Hinweise darauf gegeben, wann die Handlung zu einem Ende kommt, aber sein Zeitpunkt widerspricht den Erwartungen, welche die immer dichter und präziser werdenden Prolepsen erzeugen. Die *Ilias* endet weder mit dem Abschluß der Vordergrundshandlung, also entweder Achills Rückkehr in das griechische Heer oder seinem Tod, noch mit dem Finale der Hintergrundshandlung, der Zerstörung Trojas.[143] Zwar weiß der Rezipient, wie sie ausgehen werden, aber sowohl die

---

[142] Cf. S. 252f.

[143] Deichgräber 1972, 104-111 meint, das letzte Buch sei Telos sowohl der »Iliaslinie« als auch der »Achilllinie«. Rabel 1997, 29 bemerkt: »The narrator's plot thus manages to find a peaceful resolution that cannot be achieved in the subplot, the Trojan War at large, which is fated to continue beyond the limits of the poem and to end finally in the destruction of Troy.« Der Feststellung, daß im 24. Buch eine »closure« für Achills Raserei erreicht wird, kann zugestimmt werden,

Vordergrunds- als auch die Hintergrundshandlung bleiben in der Schwebe.[144]

Diese Analyse ist von einem Rezipienten ausgegangen, der die epische Tradition nicht kennt. Nun ist aber anzunehmen, daß die meisten griechischen Zuhörer mit der epischen Tradition und vielleicht auch der *Ilias* vertraut waren. Inwieweit das Ende die Erwartungen enttäuschte, hängt davon ab, wie fest die Tradition und wie groß die Vertrautheit mit ihr waren. Es ist zu vermuten, daß neben dem Gedicht, das uns als die *Ilias* überliefert ist, eine Reihe anderer Traditionen den Trojanischen Krieg behandelt haben. Sowohl ihr Inhalt als auch ihre zeitlichen Parameter werden aber stark variiert haben. Insofern werden viele Zuhörer die Geschichte vom Trojazug, aber nicht unbedingt die *Ilias* gekannt haben. Sie wird die Auslieferung Hektors nicht, wohl aber der Zeitpunkt des Endes überrascht haben.

Dagegen konnte ein Rezipient, dem auch die *Ilias* wohlvertraut war, in seinen Erwartungen nicht überrascht werden. Aber auch wenn seine Erwartungen über das Ende der Vordergrunds- und Hintergrundshandlung abgesichert sind, werden sie doch nicht in Erfahrung überführt und bleiben angespannt.

---

aber die Handlung um Achill kommt ebensowenig wie der Kampf um Troja im 24. Buch zu einem Ende: Sowohl Achills Tod als auch der Untergang Trojas werden eingeblendet, liegen aber außerhalb des Rahmens der Handlung.

[144] Die Offenheit der »closure« betont Edwards 1987, 315. Er weist außerdem auf folgenden Hintergrund hin, 311: »Perhaps one should recall, as the two mourners face the trouble still to come, that soon another of Priam's sons (Paris) will kill Achilles, and Achilles' own young son Neoptolemus will kill Priam; the father-son relationship stressed so heavily here will link them even more closely.« Einen interessanten Ansatz zur Offenheit der »closure« der *Ilias* bietet Murnaghan 1997. Sie geht davon aus, daß die Διὸς βουλή im Prooemium sich sowohl auf Zeus' Versprechen gegenüber Thetis als auch Zeus' Plan, die Menschheit zu dezimieren (und darüber hinaus den dem gesamten Sagenzyklus zugrundeliegenden »plot of mortality«), bezieht. Diese beiden Referenten würden gegeneinander ausgespielt und die »closure« werde dadurch aufgehoben (23). Damit betont auch Murnaghan die Offenheit der »closure«. Besonders interessant ist ihre Deutung der offenen »closure« als Ausdruck der menschlichen Sterblichkeit. Ihre Interpretation ist aber sehr spekulativ, da nach ihr die Offenheit auf der doppelten Referenz des Prooemiums beruht. Wie oben bereits bemerkt, ist der Bezug des Prooemiums auf den Plan des Zeus, die Menschheit zu dezimieren, nicht belegbar. S. Anm. 130 dieses Kapitels. Nach der hier gegebenen Interpretation besteht die Offenheit der »closure« im Text darin, daß sowohl die Vordergrunds- als auch die Hintergrundshandlung gegen die Erwartungen in der Schwebe bleiben. Lynn-George 1988, 216 interpretiert die Offenheit der »closure« dadurch, daß Achills Tod nur angedeutet wird, als Ausdruck des elusiven Charakters des Todes: »An indefinite death, already past without having come to pass in the present, always at hand and yet never quite present, always not yet and still to come, haunts the structure of the epic narrative without ever happening. The narrative is shaped throughout by a constant certainty coupled with an essential indeterminacy – the ungraspable, ›fugitive evanescence of death's shape‹.«

2.2 Retardationen und »Beinahe-Episoden«

Die Anspannung der Erwartung, welche das Ende der *Ilias* für die Rezipienten mit sich bringt, wird auch durch Verzögerungen im Handlungsverlauf und »Beinahe-Episoden« erreicht. Im folgenden sollen beide Formen kurz vorgestellt werden (2.2.1). Ausführlich wird das dritte Buch interpretiert, in dem eine besonders lange Retardation die Form einer »Beinahe-Episode« hat (2.2.2).

2.2.1 Die Anspannung von Erwartungen

Während die Handlung am Ende der *Ilias* in der Schwebe bleibt, werden die Erwartungen der Rezipienten nur vorübergehend angespannt, wenn Prolepsen sich nicht sogleich, sondern mit Verspätung erfüllen. Die Retardationen heben die verbürgten Prolepsen nicht auf, sie verzögern lediglich ihre Verwirklichung. Die Rezipienten machen eine Erfahrung nicht dadurch, daß ihre Erwartung enttäuscht, sondern angespannt wird. Damit ist ihre Erfahrung »milder« als die der Helden, deren Erwartungen nicht verbürgt sind und oft tatsächlich enttäuscht werden. Die Stärke der Erfahrung hängt von der Länge der Verzögerung und dem Grad, zu dem die Rezipienten mit dem gesamten Handlungsverlauf vertraut sind, ab. Je länger die Retardation ist und je weniger der Zuhörer über Details der Handlung weiß, um so mehr werden seine Erwartungen angespannt.

Die retardierende Technik der *Ilias* ist Gegenstand vieler Untersuchungen und gut analysiert.[145] Schadewaldt führt in seiner Analyse der Vorbereitungstechnik in der *Ilias* die Verzögerung aus, mit der die Worte des Zeus in 11, 187-194 verwirklicht werden.[146] Zeus verheißt Hektor zwar den Sieg, nachdem Agamemnon verletzt die Schlacht verläßt,[147] aber wenn Hektor schließlich in Erscheinung tritt, wird er von Diomedes am Helm getroffen und scheidet aus der Schlacht aus. Später meidet er den Kampf gegen Aias. Die durch die Zeusverheißung geweckte Erwartung, ein gewaltiger Siegeszug von Hektor stehe bevor, wird erst einmal nicht erfüllt.

Als weiteres Beispiel führt Morrison den Kampf zwischen Achill und Hektor im 22. Buch an, der oft angekündigt wird, aber erst zustande kommt, nachdem Achill gegen Aineas gekämpft hat, nachdem Hektor sich

---

[145] Grundlegend ist die Behandlung der Retardation bei Schadewaldt ³1966 im Zusammenhang mit der Vorbereitungstechnik Homers. S. außerdem Reichel 1990, 125-127 für weitere Literatur; Morrison 1992b, 35-49.

[146] Schadewaldt ³1966, 9-14.

[147] Morrison 1992b, 2 macht darauf aufmerksam, daß 11, 299f. die Erwartungen der Zuschauer noch steigert: ἔνθα τίνα πρῶτον, τίνα δ᾽ ὕστατον ἐξενάριξεν/ Ἕκτωρ Πριαμίδης, ὅτε οἱ Ζεὺς κῦδος ἔδωκεν.

auf Geheiß von Apollon zurückgezogen hat, und nachdem Achill Lykaon getötet hat.[148]

Die Figur der Retardation hilft nicht nur, den Handlungsverlauf im kleinen zu analysieren, sondern läßt sich auch auf die Gesamtkomposition der *Ilias* beziehen. Wie Heubeck und Reichel bemerken, enthält die *Ilias* nicht nur zahlreiche Verzögerungen, sondern ihre Vordergrundshandlung, der Zorn des Achills, läßt sich als Retardation der Hintergrundshandlung, der Eroberung Trojas, deuten.[149] Dadurch daß Achill zürnt und sich aus der Schlacht zurückzieht, geraten die Griechen in Bedrängnis und der Fall Trojas rückt vorübergehend in die Ferne.

Ebenso wie bei den Retardationen werden die Erwartungen der Rezipienten durch »Beinahe-Episoden«[150], Entwicklungen, die sich vom traditionellen Verlauf der Handlung entfernen, angespannt. Oft beginnen Handlungsstränge gegen die Tradition oder sogar gegen Prolepsen und werden, kurz bevor sie enden, so abgebogen, daß die Handlung zu ihrem von der Tradition bestimmten Verlauf zurückkehrt.[151] Auch die gesamte *Ilias* läßt sich nicht nur als Retardation, sondern auch als »Beinahe« auf dem Weg zur Eroberung Trojas verstehen.[152] Beinahe wäre Troja nicht erobert worden und die Griechen ohne κλέος ἄφθιτον abgezogen…

Wie stark die Spannung zwischen der Erwartung und der Erfahrung einer »Beinahe-Episode« vom Rezipienten empfunden wird, hängt – ähnlich wie bei den Retardationen – davon ab, wie lange die Handlung den Weg des

---

[148] Morrison 1992b, 43-48. S. bereits Schadewaldt [3]1966, 150 und außerdem Bremer 1987, 33-37 zur retardierenden Funktion des Streites der Götter vor dem Kampf zwischen Hektor und Achill.

[149] Heubeck 1950, 25; Reichel 1990, 138.

[150] Der Begriff stammt von Nesselrath 1992. Nicolai 1983, 3 spricht von einem »cursus obliquus«. Für einen Überblick über die ältere Literatur s. Nesselrath 1992, 5-10.

[151] Morson 1994 untersucht ähnliche Pänomene im russischen Roman der Moderne unter dem Begriff des »sideshadowing«. Seine Arbeit setzt bei Bakhtins Analyse der Darstellung von Zeit in verschiedenen Genera und der Frage an, wie die Offenheit der Zeit, menschliche Freiheit und Zufall in der geschlossenen Narration dargestellt werden können. Dabei beschränkt sich Morson nicht auf Literatur, sondern wendet sich kritisch gegen die geschlossene Sicht von Zeit in politischen Utopien, besonders dem Sowjetmarxismus, und plädiert für eine plurale und offene Sicht von Zeit. Seine Definition von »sideshadowing« und seiner Wirkung erfaßt auch das »Beinahe« bei Homer, 118: »In sideshadowing, two or more alternative presents, the actual and the possible, are made simultaneously visible […] Sideshadowing therefore counters our tendency to view current events as the inevitable products of the past. Instead, it invites us to inquire into other possible presents that might have been and to imagine a quite different course of events.« Während Morson aber zeigt, wie bei Dostojevsky verschiedene mögliche Versionen eines Verlaufs gegeben werden und offen bleibt, welche wirklich war (132), weicht das homerische »Beinahe« die Wirklichkeit nicht auf, sondern deutet nur die Möglichkeit anderer Handlungsverläufe an.

[152] Wie Nesselrath 1992, 27 schreibt, läßt sich »vielleicht […] sogar die *Ilias* insgesamt als eine Art riesiges ›Beinahe‹ betrachten: als Darbietung eines Ausschnitts aus dem Trojanischen Krieg, der diesem Krieg fast ein völlig anderes Ende gegeben hätte.« S. a. Patzek 1990, 44f.

»Beinahe« verfolgt, und wie sehr diese Entwicklung den Erwartungen widerspricht. Je länger die Ausführungen und je größer die Diskrepanz zwischen der Entwicklung der Handlung und den Annahmen der Rezipienten
sind, um so mehr werden ihre Erwartungen angespannt. Wenn die »Beinahe-Episoden« eine gewisse Länge haben, retardieren sie zudem, wie am
Beispiel des 3. Buches ausgeführt wird, die Handlung. Aber auch hier – das
sei erneut betont – nehmen die Rezipienten nicht die Perspektive der Helden ein; ihre Erwartungen werden nicht enttäuscht, sondern dadurch, daß
sich für kurze Zeit die Handlung gegen ihre Annahmen entwickelt, angespannt.

Gleich am Anfang der *Ilias* findet sich in der Auseinandersetzung zwischen Agamemnon und Achill ein kleines »Beinahe«. Nachdem Agamemnon gesagt hat, Achill möge seine Drohung, nach Phthie zurückzukehren,
ruhig wahrmachen, und seinen Entschluß bekräftigt hat, sich Briseis als
Ersatz für Chryseis zu nehmen (1, 173-187), wird Achill zornig und wägt
ab, ob er auf der Stelle Agamemnon umbringen solle (1, 188-194). Da erscheint Athene und bewegt ihn dazu, von einem Angriff auf Agamemnon
abzusehen (1, 194-214). In Achills Überlegung, Agamemnon zu töten,
deutet sich eine mögliche Entwicklung der Handlung an, die im Widerspruch zur Tradition steht, nach der Agamemnon nicht in Troja, sondern in
Mykene stirbt.

Eine besonders drastische Form des »Beinahe« ist das vorzeitige Nahen
des Endes: Ein friedliches Ende des Krieges ist in Sicht, wenn Antenor in
einer Versammlung der Trojaner vorschlägt (7, 347-353), Helena und das
Raubgut auszuliefern und den Krieg damit zu beenden. In 9, 17-28 und in
14, 74-81 plädiert Agamemnon für die Flucht. Die Erwartung der Rezipienten wird hier aber nur einer sehr geringen Spannung unterworfen, da
die Vorschläge schnell abgelehnt werden.[153]

Zwei »Beinahe-Episoden« laufen auf ein vorzeitiges Ende der Handlung
hinaus, noch bevor die Schlacht begonnen hat. Im 2. Buch folgt auf die
Peira die Flucht der Griechen zu den Schiffen. Ihre Rückkehr nach Griechenland zu diesem Zeitpunkt stünde natürlich im Widerspruch zu den
Erwartungen der Rezipienten, die wissen, daß die Griechen Troja erobern
werden. Die Spannung zwischen der Erwartung und der Erfahrung dauert
aber nicht lange an. Nachdem der Erzähler in 13 Versen den Aufbruch der
Griechen beschrieben hat (2, 142-154), markiert er zwar die Spannung, löst
sie aber zugleich auf, 2, 155f.:

> ἔνθά κεν Ἀργείοισιν ὑπέρμορα νόστος ἐτύχθη,
> εἰ μὴ Ἀθηναίην Ἥρη πρὸς μῦθον ἔειπεν.

---

[153] Cf. Nesselrath 1992, 19.

> Da wäre den Argeiern gegen das Geschick die Heimkehr bereitet worden,
> Hätte nicht zu Athenaia Here das Wort gesprochen.

Auch wenn ausführlich beschrieben wird, wie Athene zu Odysseus geht und dieser die Griechen zurückhält (2, 166-210), ist durch den irrealen Konditionalsatz für die Rezipienten die Spannung zwischen der Entwicklung der Handlung und ihren Erwartungen aufgelöst.

2.2.2 Das Duell zwischen Menelaos und Paris im 3. Buch

Länger und drastischer ist die Entwicklung der Handlung gegen die Erwartungen im 3. Buch. Das scheinbare Ende entpuppt sich aber nur als eine weitere Verzögerung. Da sie besonders kunstvoll ist, sich vor ihrem Hintergrund die Teichoskopie neu verstehen (a) und das Verhältnis von »Beinahe-Episoden« zur Tradition thematisieren läßt (b), ist ihr eine ausführlichere Diskussion gewidmet.

Mit dem Duell zwischen Menelaos und Paris ist ein Ende des Krieges greifbar. Viermal werden die Bedingungen des Zweikampfes wiederholt: Gewinnt Menelaos, erhalten die Griechen Helena und die geraubten Schätze; gewinnt Paris, so müssen die Griechen ohne Helena und das Raubgut abziehen.[154] Sowohl die Trojaner als auch die Griechen erwarten, daß der Krieg mit dem Duell ein Ende findet, 3, 111f.:

> [...] οἳ δ᾽ ἐχάρησαν Ἀχαιοί τε Τρῶές τε
> ἐλπόμενοι παύσασθαι ὀιζυροῦ πολέμοιο.

> [...] Da freuten sich die Achaier und die Troer,
> Hoffend, ein Ende zu machen mit dem jammervollen Krieg.

Zwar werden die Rezipienten im ungewissen über den Ausgang des Duells gelassen, aber auch hier teilen sie nicht die Perspektive der Helden, wie Morrison meint. Schließlich wissen sie durch ihren Einblick in die Gesamthandlung, daß der Krieg nicht mit dem Duell zu Ende sein kann. Ihre Erwartungen werden durch die gegenläufige Entwicklung der Handlung lediglich auf die Probe gestellt.

Die Retardation geht auch nach dem Duell weiter. Agamemnon erklärt Menelaos zum Sieger und fordert die Herausgabe Helenas und der Güter

---

[154] Cf. Paris in 3, 71-75; Hektor in 3, 92-94; Idaios in 3, 255-258; Agamemnon in 3, 281-287. Die unterschiedliche Darstellung ist aufschlußreich: Hektor wiederholt vor den Griechen die drei ersten Verse von Paris, läßt aber die beiden Verse weg, in denen die Rückkehr der Griechen genannt wird. Idaios' Worte entsprechen wieder denen des Paris. Agamemnon schließlich fügt zu Helena und dem Raubgut noch folgendes hinzu, 3, 286f.: τιμὴν δ᾽ Ἀργείοις ἀποτινέμεν, ἥν τιν᾽ ἔοικεν,/ ἥ τε καὶ ἐσσομένοισι μετ᾽ ἀνθρώποισι πέληται. Interessant für die Frage, wie der Ausgang zu bewerten ist, ist außerdem, daß die Trojaner als Ziel den Sieg (3, 71; 92; 255), Agamemnon dagegen den Tod eines der Kombattanten bezeichnen (3, 284). S. a. Menelaos in 3, 101f., der den Tod eines der Duellanten als Ziel nennt. Cf. das Scholium AbT ad 3, 457.

sowie Buße.[155] Dann blickt der Erzähler auf die Götter, die, um Zeus versammelt, den Kampf verfolgt haben. Zeus spricht Menelaos den Sieg zu und stellt die Frage, ob der Krieg wieder beginnen solle (4, 7-19). Die Frage nach dem Ende wird also, nachdem sie auf der Ebene der Menschen offen geblieben ist, auf der göttlichen Ebene neu gestellt.[156] Erst nach der Entscheidung der Götter kann – endlich – der Kampf beginnen.

a) In die Verzögerung der Handlung durch das »Beinahe« des Duells ist eine weitere Retardation integriert, die Teichoskopie, die zwischen der Entscheidung von Paris und Menelaos, sich zu duellieren, und den Eiden steht, mit denen die kriegsentscheidende Funktion des Zweikampfes sanktioniert wird.[157] So wird die Retardation selbst verzögert, wenn Priamos Helena nach der Identität der griechischen Helden fragt, die er auf dem Schlachtfeld sieht, und Helenas Antworten fast die Form eines Katalogs haben, in dem die Griechen vorgestellt werden.[158]

Während die Kritik an der Stellung des Duells am Ende des Trojanischen Krieges nicht überzeugt, ist Priamos' Frage im 10. Kriegsjahr zweifelsohne auffällig.[159] Wie läßt sie sich über ihren retardierenden Effekt hinaus verstehen? In der Forschung ist darauf hingewiesen worden, daß durch die Teichoskopie sowohl Helena als auch die Griechen charakterisiert werden.[160] Es ist auch bemerkt worden, daß die Teichoskopie die Rahmenhandlung einblendet. Diese Beobachtung soll hier ausgeführt und mit der Stellung der Teichoskopie im retardierenden »Beinahe« verbunden werden. Die Teichoskopie, so wird sich zeigen, gibt dem »Beinahe« zusätzliche Dynamik.

---

[155] Interessant ist die vorsichtige Formulierung in 3, 457: νίκη μὲν δὴ φαίνετ᾽ ἀρηϊφίλου Μενελάου.

[156] S. bereits Priamos' Worte in 3, 308f.: Ζεὺς μέν που τό γε οἶδε καὶ ἀθάνατοι θεοὶ ἄλλοι,/ ὁπποτέρωι θανάτοιο τέλος πεπρωμένον ἐστίν. Es muß allerdings hinzugefügt werden, daß aufgrund des Versprechens, das Zeus Thetis gegeben hat, wahrscheinlich klar ist, daß Zeus' Rede nur ein strategisches Maneuver darstellt. Dies wird angedeutet in den Worten, mit denen der Erzähler Zeus' Rede einleitet, 4, 5f.: αὐτίκ᾽ ἐπειρᾶτο Κρονίδης ἐρεθιζέμεν Ἥρην/ κερτομίοις ἐπέεσσι, παραβλήδην ἀγορεύων. Dennoch verzögert die Beratung der Götter die Handlung weiter und setzt die Anspannung der Erwartung fort.

[157] Cf. Bergold 1977, 6.

[158] Cf. Clader 1976, 9. Zu Helenas Antwort s. a. Worman 2001, 23f.

[159] Kakridis 1949, 32 und Bergren 1979, 19 halten die Stellung sowohl des Duells als auch der Teichoskopie am Anfang der *Ilias* für auffällig. Dagegen bemüht sich Tsagarakis 1982 zu zeigen, daß sowohl der Zweikampf als auch die Teichoskopie am rechten Platz stehen. Überzeugend ist sein Argument, der Zweikampf könne erst dann stattfinden, wenn beide Heere erschöpft seien (61-68). Es darf aber bezweifelt werden, ob Priamos' Frage nach der Identität der Griechen als der Versuch erklärt werden kann, nett zu Helena zu sein. Zum Verhältnis des Duells mit dem des 7. Buches s. Kirk 1978.

[160] Parry 1966, 198 zur Charakterisierung Helenas; Postlethwaite 1985 zur Charakterisierung der Griechen.

Zudem – dies wird in einem zweiten Schritt dargelegt (b) – läßt sie das »Beinahe« als Spiel mit der Tradition verstehen.

Die Teichoskopie blendet den Anfang des Trojanischen Krieges auf doppelte Weise ein:[161] Die Frage des Priamos, wer die Helden seien, gehört an den Beginn der Belagerung von Troja; nach neun Jahren Krieg wäre eigentlich zu erwarten, daß er seine Gegner kennt. Fernerhin geht Helena in ihren Antworten zurück zum Beginn der Auseinandersetzungen. Der Blick auf die griechischen Helden wird zu einem Rückblick auf die Ereignisse vor dem Trojanischen Krieg. Dies wird bereits deutlich, wenn Priamos in 3, 162f. Helena dazu auffordert, Menelaos und ihre Verwandten zu sehen:

> δεῦρο πάροιϑ᾽ ἐλϑοῦσα, φίλον τέκος, ἵζε ἐμεῖο,
> ὄφρα ἴδηις πρότερόν τε πόσιν πηούς τε φίλους τε.

> Komm her, liebes Kind! und setze dich zu mir!
> Daß du den früheren Gatten siehst und die Schwäger und Freunde.[162]

Wenn er im folgenden sagt, er halte sie nicht für schuldig, rekurriert er auf den Beginn des Trojanischen Krieges (3, 164f.). Helena geht noch über den Komplex des Trojanischen Krieges hinaus, wenn sie erzählt, wie Menelaos Idomeneus bewirtete (3, 232f.).[163] Der ausführlichste Rückblick wird von Antenor gegeben. Nachdem Helena Odysseus identifiziert hat (3, 200-202), erzählt er von der Gesandtschaft des Odysseus und Menelaos, die nach Troja kamen, um Helena zurückzufordern (3, 204-224).[164]

Die Einblendung des Anfangs des Trojanischen Krieges geht nach dem Zweikampf weiter. Aus dem Rückblick wird sogar eine Rückkehr zum Anfang, wenn Helena Paris aufsucht. Ebenso wie bei der Verführung in

---

[161] Einen impliziten Verweis auf eine andere Geschichte meint Bergold 1977, 59f. und 90f. zu erkennen. Wenn als Dienerin von Helena Aithra genannt wird und sie sich nach dem Schicksal der Dioskuren erkundigt, werde der Raub der Helena durch Theseus als Folie evoziert. Zu den Quellen dieser Überlieferung s. beispielsweise Pfuhl 1912, 2828, der in der Teichoskopie auch eine solche Anspielung sieht (2831). Gegen diese Interpretation sind zwei Einwände vorzubringen: Es ist nicht sicher, daß diese mythische Tradition bereits existierte, als die *Ilias* entstand. Außerdem ist, selbst wenn der Mythos als bekannt vorausgesetzt wird, die Anspielung recht schwach. Es wird keine Parallele der Situation ausgeführt, nur die Namen von Aithra und den Dioskuren werden genannt.

[162] Die Wendung zur Vergangenheit setzt bereits mit Helenas Reaktion auf die Worte von Iris ein, 3, 139f.: ὣς εἰποῦσα θεὰ γλυκὺν ἵμερον ἔμβαλε θυμῷ/ ἀνδρός τε προτέροιο καὶ ἄστεος ἠδὲ τοκήων.

[163] Wie Kullmann 1992e, 225f. zeigt, besteht für Helena eine große Distanz zwischen Vergangenheit und Gegenwart. Er verweist erstens auf 3, 180: δαὴρ αὖτ᾽ ἐμὸς ἔσκε κυνώπιδος, εἴ ποτ᾽ ἔην γε. Zweitens werde der zeitliche Abstand auch dann deutlich, wenn Helena nicht weiß, daß ihre beiden Brüder bereits gestorben sind (3, 236-242). Zu der Wendung εἴ ποτ᾽ ἔην γε, die außerdem in 11, 762 und 24, 426 verwendet wird, s. die Diskussion mit weiterer Literatur bei Bergold 1977, 71 Anm. 1.

[164] Signifikant ist, daß Antenor und nicht Helena diese Geschichte erzählt. Antenor hebt Odysseus' Eloquenz hervor (3, 216-224). Dieser Fokus steht im Einklang mit der Beschreibung der alten Männer, zu denen auch Antenor gehört, in 3, 150-152.

Sparta gehört Helena nach dem Duell rechtmäßig Menelaos, geht aber trotzdem zu Paris.[165] Dieser Vergleich ist nicht spekulativ, sondern wird in Paris' Worten in 3, 441-446 evoziert:

ἀλλ᾽ ἄγε δὴ φιλότητι τραπείομεν εὐνηθέντε·
οὐ γάρ πώ ποτέ μ᾽ ὧδέ γ᾽ ἔρως φρένας ἀμφεκάλυψεν,
οὐδ᾽ ὅτε σε πρῶτον Λακεδαίμονος ἐξ ἐρατεινῆς
ἔπλεον ἁρπάξας ἐν ποντοπόροισι νέεσσιν,
νήσωι δ᾽ ἐν κραναῆι ἐμίγην φιλότητι καὶ εὐνῆι,
ὥς σεο νῦν ἔραμαι καί με γλυκὺς ἵμερος αἱρεῖ.

Aber komm! legen wir uns und erfreuen wir uns der Liebe!
Denn noch nie hat das Verlangen mir so umhüllt die Sinne,
Auch nicht, als ich dich zuerst aus dem lieblichen Lakedaimon
Raubte und davonfuhr in den meerdurchfahrenden Schiffen
Und wir uns auf der Kranae-Insel vermischten in Liebe und Lager,
So wie ich jetzt dich begehre und das süße Verlangen mich ergreift!

Die Einblendung des Beginns des Trojanischen Krieges gibt der Handlung der *Ilias*, die nur auf einen kurzen Zeitraum begrenzt ist, größere Tiefe, indem sie in den Beginn der Vordergrundshandlung den Beginn der Hintergrundshandlung einspiegelt. Sie gewinnt darüber hinaus dadurch Bedeutung, daß sie in das vermeintliche Ende des Krieges eingebettet ist. Die Verweise auf den Beginn des Trojanischen Krieges lassen sich sowohl als Bestätigung dieses Endes als auch als Zeichen verstehen, daß der Kampf weitergeht. Damit vertiefen sie die Ambiguität des »Beinahe«.

Auf der einen Seite kann der Rückblick auf den Anfang des Trojanischen Krieges im Zusammenhang mit dem mutmaßlichen Ende eine »closure«-Funktion haben. Wenn am Ende noch einmal auf den Beginn zurückgeschaut wird, ergibt sich ein abschließender Überblick über die gesamte zeitliche Erstreckung des Trojanischen Krieges und seine Vorgeschichte. Verstärkt wird der zusammenfassende Charakter der Teichoskopie durch die Bemerkung, mit der die alten Trojaner davor den Krieg und seine Ursache kommentieren, 3, 156-160:

---

[165] Cf. Lendle 1968, 70f. Er macht zurecht auf den Unterschied aufmerksam, daß Helena im 3. Buch von Aphrodite gezwungen wird, zu Paris zu gehen. Allerdings klingt, auch wenn Helena sich selbst für schuldig hält, in manchen Darstellungen der Verführung, welche die Helden geben, an, daß Helena von Paris mit Gewalt geraubt wurde. Cf. Kakridis 1949, 25-27. Der Unterschied wird auch geringer, wenn man bedenkt, daß Helena in beiden Situationen unter dem Einfluß von Aphrodite handelt. Interessant ist die These von Clader 1976, 10, daß das Duell im 3. Buch an das Freien um Helena erinnert. Sie stützt diese Vermutung auf die Beobachtung, daß hier ebenso wie bei der Freite um Helena bei Hesiod Menelaos und Achill unter den Helden fehlen. Schein 1984, 21 und Rabel 1997, 86 bemerken, daß auch der Bruch des Eides daran erinnere, wie Paris Menelaos' Gastfreundschaft verletzt habe.

οὐ νέμεσις Τρῶας καὶ ἐυκνήμιδας Ἀχαιούς
τοιῇδ᾽ ἀμφὶ γυναικὶ πολὺν χρόνον ἄλγεα πάσχειν·
αἰνῶς ἀθανάτηισι θεῆις εἰς ὦπα ἔοικεν.
ἀλλὰ καὶ ὧς, τοίη περ ἐοῦσ᾽, ἐν νηυσὶ νεέσθω,
μηδ᾽ ἡμῖν τεκέεσσί τ᾽ ὀπίσσω πῆμα λίποιτο.

Nicht zu verargen den Troern und den gutgeschienten Achaiern,
Um eine solche Zeit lange Zeit Schmerzen zu leiden!
Gewaltig gleicht sie unsterblichen Göttinnen vom Angesicht!
Aber auch so – eine solche Frau! – kehre sie heim in den Schiffen,
Daß sie nicht uns und den Kindern hernach zum Unheil zurückbleibt.

In diesem Rückblick scheint der Trojanische Krieg bereits zu Ende zu sein.

Zugleich unterminiert die Teichoskopie aber auch das vermeintliche Ende. Die inhaltliche Rückwendung erzeugt auch beim Rezipienten das Gefühl, am Anfang der Handlung zu stehen. Kataloge, an die Helenas Beschreibungen erinnern, haben ihren Platz, wie der Schiffskatalog zeigt, am Beginn von Erzählungen. Die Einblendung des Beginns der Hintergrundshandlung in den Beginn der Vordergrundshandlung steht dem vermeintlichen Ende entgegen.

Auch in Agamemnons Vergleich der griechischen Heerscharen mit dem phrygischen Aufgebot (3, 184-190) mag anklingen, daß der Krieg noch nicht vorbei ist, da in der Situation, mit der Priamos die Gegenwart vergleicht, der Kampf erst bevorsteht. Ähnlich läßt sich Antenors Erzählung von der Gesandtschaft des Odysseus und Menelaos interpretieren. Sie enthält einen anderen gescheiterten Versuch, die Auseinandersetzung zwischen Trojanern und Griechen friedlich zu lösen.

Nach der Teichoskopie verdichten sich die Anzeichen darauf, daß der Trojanische Krieg nicht mit dem Zweikampf zwischen Menelaos und Paris endet: Der Eid sanktioniert die Konditionen des Zweikampfes, Agamemnon schließt aber an seinen Eid folgende Bemerkung an, 3, 288-291:

εἰ δ᾽ ἂν ἐμοὶ τιμὴν Πρίαμος Πριάμοιό τε παῖδες
τίνειν οὐκ ἐθέλωσιν Ἀλεξάνδροιο πεσόντος,
αὐτὰρ ἐγὼ καὶ ἔπειτα μαχήσομαι εἴνεκα ποινῆς
αὖθι μένων, εἴως κε τέλος πολέμοιο κιχείω.

Wenn aber Priamos und des Priamos Söhne die Buße
Mir nicht leisten wollen, wenn Alexandros gefallen ist,
Dann werde ich auch hernach noch kämpfen wegen des Bußgelds,
Hier ausharrend, bis ich das Ziel des Krieges erreiche.[166]

---

[166] Ähnliche Gedanken haben bereits Menelaos dazu bewogen zu fordern, daß Priamos und nicht seine Söhne den Eid schwören (3, 105-110).

In seinem Mißtrauen ist der Bruch des Eides bereits antizipiert. Das Gebet der Griechen und Trojaner, wer den Eid verletze, möge zugrunde gehen, wird vom Erzähler folgendermaßen kommentiert, 3, 302:

ὣς ἔφαν· οὐδ᾽ ἄρα πώ σφιν ἐπεκράαινε Κρονίων.

So sprachen sie, doch durchaus nicht gewährte es ihnen Kronion.

Zusammenfassend können wir sagen, daß die Handlungsführung im 3. und 4. Buch die Erwartungen der Rezipienten durch die Teichoskopie, den Zweikampf und die Beratung der Götter über eine lange Zeit anspannt. Die Handlung droht sogar, gegen die Erwartungen zu einem Ende zu kommen. Diese Spannung wird verstärkt durch die Einblendung des Beginns des Trojanischen Krieges, die als Retrospektive den Effekt einer »closure« haben kann, aber zugleich – als Beginn – ein mögliches Ende unterminiert. Die Erwartungen werden aber nicht enttäuscht, sondern ihnen wird schließlich in besonderer Weise entsprochen, wenn die Handlung nicht nur zu ihrem Ausgangspunkt zurückkehrt, sondern in diesen den Beginn der Rahmenhandlung der *Ilias* einblendet und damit Vordergrunds- und Hintergrundshandlung miteinander verschränkt.

Für die Rezipienten wird Kontingenz dabei auf andere Weise als für die Protagonisten erfahrbar. Während für diese die Zukunft offen ist und wirklich ein Ende des Krieges bevorzustehen scheint, erfahren die Zuhörer Kontingenz in gemäßigter Weise. Sie befinden sich nicht wie die Helden in Ungewißheit über den Ausgang der Handlung, sondern wissen, daß der Trojanische Krieg nicht mit einem Zweikampf zwischen Paris und Menelaos beendet werden kann.[167] Ihre Erwartungen werden jedoch angespannt, wenn die Handlung sich gegen ihre Annahmen entwickelt.

b) Das »Beinahe« läßt sich auch als Reflexion auf die epische Tradition verstehen und beleuchtet den Raum, welchen Kontingenz in ihr hat. Mit dem Duell droht die Handlung aus der Tradition auszubrechen. Wenn in dieser Situation andere epische Traditionen, welche die Zeit vor der Belagerung Trojas behandeln, genannt werden, wird zum einen die Freiheit des

---

[167] Die Offenheit der Zukunft gegenüber der Irreversibilität der Vergangenheit auf der Ebene der Handlung zeigt sich in den Modi der Wünsche. Während die Helden erfüllbare Wünsche und Gebete über den Ausgang des Zweikampfes formulieren (3, 298-301; 320-323; 351-354), ist die Vergangenheit Gegenstand irrealer Wünsche. Helena wünscht sich die Vergangenheit ungeschehen, indem sie ihren eigenen Tod beschwört, 3, 173-175: ὡς ὄφελεν θάνατός μοι ἁδεῖν κακός, ὁππότε δεῦρο/ υἱέι σῷ ἑπόμην, θάλαμον γνωτούς τε λιποῦσα/ παῖδά τε τηλυγέτην καὶ ὁμηλικίην ἐρατεινήν. Bereits in 3, 40-42 hat Hektor zu Paris gesagt: αἴθ᾽ ὄφελες ἄγονός τ᾽ ἔμεναι ἄγαμός τ᾽ ἀπολέσθαι/ καί κε τὸ βουλοίμην, καί κεν πολὺ κέρδιον ἦεν/ ἢ οὕτω λώβην τ᾽ ἔμεναι καὶ ἐπόψιον ἄλλων. Der Zweikampf wird, nachdem er vorüber ist, auch zum Gegenstand eines irrealen Wunsches, wenn Helena in 3, 428f. sagt: [...] ὡς ὄφελες αὐτόθ᾽ ὀλέσθαι/ ἀνδρὶ δαμεὶς κρατερῷ, ὃς ἐμὸς πρότερος πόσις ἦεν.

Erzählers deutlich, zwischen verschiedenen mythischen Traditionen zu wählen. Zugleich aber wird die Begrenzung durch die Tradition bewußt. Wie die anderen Episoden zeigen, ist die *Ilias* nicht *ex nihilo* entstanden, sondern steht im Kontext einer umfassenden Tradition von Geschichten über den Trojanischen Krieg.

Besonders interessant ist, daß mit der Gegenläufigkeit der Handlung im 3. Buch nicht nur eine Einblendung anderer epischer Traditionen, sondern auch eine metapoetische Reflexion einhergeht. Sie läßt sich als Ausdruck der Spannung zur Tradition verstehen, die durch das lange »Beinahe« des Zweikampfes entsteht. Iris trifft Helena beim Weben, 3, 125-128:

> τὴν δ᾽ ηὗρ᾽ ἐν μεγάρωι· ἣ δὲ μέγαν ἱστὸν ὕφαινεν,
> δίπλακα μαρμαρέην, πολέας δ᾽ ἐνέπασσεν ἀέθλους
> Τρώων θ᾽ ἱπποδάμων καὶ Ἀχαιῶν χαλκοχιτώνων,
> οὓς ἔθεν εἵνεκ᾽ ἔπασχον ὑπ᾽ Ἄρηος παλαμάων.

> Die fand sie in der Halle: sie webte an einem großen Gewebe,
> Einem doppelten, purpurnen, und wirkte viele Kämpfe hinein
> Der Troer, der pferdebändigenden, und der erzgewandeten Achaier,
> Die sie um ihretwillen ertrugen unter des Ares Händen.

Bereits das Scholium bT ad 3, 126f. merkt an:

> ἀξιόχρεων ἀρχέτυπον ἀνέπλασεν ὁ ποιητὴς τῆς ἰδίας ποιήσεως.

Der Dichter gestaltete ein altbekanntes Modell neu, das seiner eigenen Dichtung würdig ist.

Eine metapoetische Bedeutung liegt aus folgenden Gründen nahe: Erstens stellt Helena mit den Kämpfen der Trojaner und Griechen den Inhalt des Trojanischen Krieges dar. Die Leiden der Trojaner und Griechen entsprechen der Ankündigung des Prooemiums.[168] Zweitens hat Helena eine besondere Stellung in der *Ilias*. Ob schuldig oder nicht, ist sie doch die Ursache

---

[168] Interessant ist die Wendung πολέας [...] ἀέθλους/ Τρώων θ᾽ ἱπποδάμων καὶ Ἀχαιῶν χαλκοχιτώνων für den Gegenstand ihrer Darstellung. Wie 3, 128 ἔπασχον zeigt, muß ἀέθλους »Mühsal« oder ähnliches bedeuten. Diese Bedeutung ist in der *Ilias* anders als in der *Odyssee* selten, ἄεθλος bezeichnet in ihr meistens den Wettkampf; nur in 8, 363 und 19, 133 hat es in der Formel von ὑπ᾽ Εὐρυσθῆος ἀέθλων die Bedeutung von »Mühsal« oder genauer »gefährliche und schwierige Aufgaben, die ein Mächtiger dem Untergebenen auferlegt, um sich seiner zu entledigen« (S. Laser, s.v., in: LfgrE 1γ). S. a. 15, 639f., wo ein Teil der Überlieferung Εὐρυσθῆος ἀέθλων hat. Auch wenn in 3, 131 zwei Parteien einander gegenübergestellt werden, ist es aber unwahrscheinlich, daß diese Bedeutung »Wettkampf« mitgehört wird, da die ἄεθλοι als πολλοί qualifiziert werden (s. a. Od. 3, 462 und 4, 170f., wo ἄεθλοι in der Bedeutung »Mühsale« mit πολλοί verbunden ist). Es ist aber ein anderer Anklang denkbar. So ist ἄεθλος verwandt mit ἄεθλον, das den »Kampfpreis« bezeichnen kann. Wenn von Helena vor dem Zweikampf, als dessen Preis sie selbst ausgesetzt ist, gesagt wird, sie stelle ἀέθλιοι dar, ist es denkbar, daß ihre eigene Funktion als ἄεθλον anklingt. In 22, 163f.; 23, 259-261; 262f.; 550f. und 700-704 werden Frauen als ἄεθλα ausgesetzt. S. a. Od. 21, 77 und 106.

und das Ziel des Krieges. Dies wird in 3, 128 explizit gesagt und auch an anderen Stellen des 3. Buches ausgeführt.[169] Drittens ist das Weben der Helena nicht nur ein mimetisches Medium wie das Schreiben. Es läßt sich zeigen, daß das Weben in indogermanischen Sprachen als Metapher für dichterisches Schreiben gebraucht wird.[170] Sowohl der Gegenstand als auch das Subjekt wie die Tätigkeit machen also eine metapoetische Deutung plausibel.[171]

Sie kann noch weiter ausgeführt werden: Die zeitliche Struktur des gewebten Teppichs läßt sich als Spiegel der Teichoskopie im kleinen und der *Ilias* im ganzen interpretieren.[172] Ebenso wie der Teppich die Kämpfe der Trojaner und Griechen in einem statischen Bild einfängt, ist auch die Teichoskopie ein statisches Bild des Krieges. Durch die Einblendung des Anfangs in das vermeintliche Ende gibt auch sie ein umfassendes Bild der Kämpfe. In gewisser Weise erfaßt auch die *Ilias* eine zeitliche Dynamik in einem statischen Bild. Sie erzählt den Trojanischen Krieg anhand eines Ausschnittes. Wie gerade die Einblendung des Anfangs des Trojanischen Krieges in der Teichoskopie deutlich macht, ist in der *Ilias* eine zeitliche Erstreckung zusammengefaßt und fokussiert, allerdings nicht auf einen Punkt, sondern auf eine kürzere Zeitspanne.

Ebenso wie die Teichoskopie läßt sich das Weben der Helena sowohl als Bestätigung als auch als Unterhöhlung des vermeintlichen Endes verstehen. Indem der Trojanische Krieg zum Gegenstand einer künstlerischen Darstellung wird, scheint er abgeschlossen. Zugleich kontrastieren die von ihr dargestellten Kämpfe aber auch mit dem Waffenstillstand und indizieren, daß er nicht das Ende des Krieges sein wird. Auf den ersten Blick stellt die Wiederholung des Verses 3, 127 in 3, 131 eine Parallele zwi-

---

[169] S. die Worte der Alten in 3, 156-160; Priamos in 3, 164f.; Helena in 3, 173-175. S. außerdem Clark 1976, 5-22, die zeigt, inwiefern Helena in der *Ilias* zum Symbol des Trojanischen Krieges wird.

[170] S. beispielsweise Pindar fr. 179 S.-M.: […] ὑφαίνω δ᾽ Ἀμυθαονίδαισιν ποικίλον ἄνδημα. Cf. Durante 1960, 238-244. S. außerdem mit weiterer Literatur Clader 1976, 7 Anm. 8 und Collins 1988, 43 Anm. 11.

[171] Auch 3, 286f. und 3, 459f. lassen sich metapoetisch deuten. Zuerst fordert Agamemnon in seinem Eid von den Trojanern, daß sie nicht nur Helena und die geraubten Güter zurückgeben, wenn Paris unterliegt, sondern auch folgendes tun: τιμὴν δ᾽ Ἀργείοις ἀποτινέμεν, ἥν τιν᾽ ἔοικεν,/ ἥ τε καὶ ἐσσομένοισι μετ᾽ ἀνθρώποισι πέληται. Diese Forderung wiederholt er in leichter Variation nach dem Zweikampf, 3, 459f.: […] καὶ τιμὴν ἀποτινέμεν, ἥν τιν᾽ ἔοικεν,/ ἥ τε καὶ ἐσσομένοισι μετ᾽ ἀνθρώποισι πέληται. τιμή bezeichnet hier natürlich zuerst die Buße, welche die Trojaner leisten müssen, also wohl eine Strafsumme, die sie entrichten müssen. Der zweite Relativsatz, der τιμή qualifiziert, erlaubt aber vielleicht eine weitergehende Interpretation: Die τιμή soll Bestand für die zukünftigen Menschen haben. Mit der τιμή wird also Ruhm bei der Nachwelt verbunden. Den Griechen werden aber von den Trojanern keine Güter ausgeliefert, die in der Zukunft Ruhm verkünden können. Wie oben ausgeführt (III 5.3), erhalten sie dafür aber Ruhm im Medium des Epos: Insofern kann in der τιμή, die in der Zukunft Bestand haben wird, der ewige Ruhm des Epos anklingen.

[172] S. ähnlich Bergren 1979, 23; s. außerdem Kennedy 1986.

schen Helenas Teppich und dem Kriegsgeschehen her. Ein genauerer Blick zeigt aber, daß die Parallele die Diskrepanz zwischen dem Teppich und dem Zustand während des Duells untermauert, 3, 126-128: [...] πολέας δ᾽ ἐνέπασσεν ἀέθλους/ Τρώων θ᾽ ἱπποδάμων καὶ Ἀχαιῶν χαλκοχιτώνων,/ οὓς ἔθεν εἵνεκ᾽ ἔπασχον ὑπ᾽ Ἄρηος παλαμάων. 3, 130-135: δεῦρ᾽ ἴθι, νύμφα φίλη, ἵνα θέσκελα ἔργα ἴδηαι/ Τρώων θ᾽ ἱπποδάμων καὶ Ἀχαιῶν χαλκοχιτώνων,/ οἳ πρὶν ἐπ᾽ ἀλλήλοισι φέρον πολύδακρυν ἄρηα/ ἐν πεδίωι, ὀλοοῖο λιλαιόμενοι πολέμοιο·/ οἳ δὴ νῦν ἕαται σιγῆι, πόλεμος δὲ πέπαυται,/ ἀσπίσι κεκλίμενοι, παρὰ δ᾽ ἔγχεα μακρὰ πέπηγεν. Die ἄεθλοι der Trojaner und Griechen im Teppich von Helena stehen in Spannung zum Stillstand des Kampfes. Sie weisen nicht nur auf den früheren Zustand zurück, der in 3, 132f. ausgeführt wird, sondern lassen sich auch als Prolepse auf die Kämpfe verstehen, die nach dem Zweikampf kommen.

Interessant ist, daß die metapoetische Reflexion nicht nur im 3. Buch, sondern auch im 9. Buch mit der Kontingenz eines »Beinahe« zusammentrifft. Das Weben von Helena läßt sich mit dem oben bereits metapoetisch gedeuteten Leierspiel Achills im 9. Buch vergleichen.[173] Auch dort droht die Handlung aus der Tradition auszubrechen, wenn Achill sagt, er werde nach Phthie zurückkehren. Die metapoetischen Reflexionen unterstreichen die Spannung, die zwischen den »Beinahe-Episoden« und der Tradition bestehen. In dem Moment, wo die Handlung die Tradition zu verlassen droht, reflektiert die Erzählung auf sich selbst.

Die Macht der Tradition, die sich in der Autoreflexion manifestiert, zeigt auch, welche Bedeutung »Beinahe-Episoden« haben: Dadurch, daß den Rezipienten der Verlauf der Handlung bekannt ist, entsteht leicht der Eindruck, die Handlung sei vorherbestimmt. Indem »Beinahe-Episoden« einen alternativen Handlungsverlauf vorstellen, aber zur Tradition zurückkehren, machen sie es möglich, daß die Tradition gewahrt bleibt, aber trotzdem die Offenheit der Zukunft auf der Ebene der Handlung deutlich wird. Durch sie wird in eine Tradition, die Überraschungen weitgehend ausschließt, Kontingenz eingeführt.

[173] Cf. S. 140-143.

2.3 »Dann wäre, wenn nicht…«-Sätze

»Dann wäre, wenn nicht…«-Sätze[174] sind, wie die oben zitierten Verse 2, 155f. zeigen, oft Teil von »Beinahe-Episoden«. Sie sind als Strukturelement der Narration,[175] ihrer Wirkung auf die Rezipienten[176] und als Auseinandersetzung des Dichters mit der Tradition gedeutet worden.[177] Sie sind zugleich Ausdruck des Geschichtsbildes, indem sie Kontingenz vor Augen führen. So zeigen sie, daß die Handlung hätte anders verlaufen kön-nen. In welchem Rahmen sie Kontingenz ausdrücken, macht ihr Vergleich mit ähnlichen Sätzen bei Thukydides durch Flory deutlich.[178]

Flory bemerkt, daß die homerischen Sätze weitgehend einer festen Form folgen, in der durch die Voranstellung der positiven Apodosis Spannung erzeugt wird. Thukydides folge dieser Formel nicht, sondern stelle meistens die Protasis voran.[179] Außerdem behandele Thukydides in der Protasis meist Ereignisse, die der menschlichen Kontrolle entzogen seien, oder Eigen-schaften von Handelnden. Homer dagegen konzentriere sich auf die Psy-chologie der Handelnden:

---

[174] Die Bezeichnung »Dann wäre, wenn nicht…«-Sätze ist angemessener als die Bezeichnung »if not-situations« (deJong 1987, 68) und die deutsche Übersetzung »»Wenn nicht‹-Situationen« (Nünlist / deJong 2000, 171). Die Bezeichnung »Situation« ist mißverständlich, da unter sie nicht nur die »Dann wäre, wenn nicht…«-Sätze fielen, sondern auch »Beinahe«-Situationen ohne »Dann wäre, wenn nicht…«-Sätze, die deJong aber ausblendet. Außerdem ist nicht unwichtig für die Aussage der Sätze, daß die positive Apodosis am Beginn steht. Cf. Lang 1989.

[175] DeJong 1987, 68-81 unterscheidet sinnvoller Weise »if not-situations«, die von Charakteren und vom Erzähler formuliert werden. Beide verwenden »if not-situations« für kritische Situatio-nen, Lob und Pathos, der Erzähler zusätzlich, um einen Protagonisten zu charakterisieren und eine Abweichung von der Erwartung des NeFe1 zu bezeichnen. Louden 1993, 184 sieht ihre Funktion darin, die Richtung der Handlung zu ändern, zusätzlichen Ausdruck zu verleihen und einen Kom-mentar zu einem Charakter einzuleiten. Lang, 1989, 23 betont, daß sie einen Wechsel der Hand-lung markieren.

[176] Nesselrath 1992, 3 sieht in den »Beinahe-Episoden«, zu denen er auch die »Dann wäre, wenn nicht…«-Sätze zählt, ein »erhebliches zusätzliches Maß an Farbigkeit und Spannung«. S. a. Richardson 1990, 189. Morrison 1992 betont, daß sie auf »critical junctures in the narrative« (67) aufmerksam machen. Lang 1989 sieht als Effekt »to increase the hearers' feeling of potentiality and even uncertainty« (7).

[177] Das Verhältnis zur Tradition ist unterschiedlich gedeutet worden. DeJong 1987, 81 sieht in den »if not-situations« kein Fiktionssignal, sondern den Versuch des Erzählers »to confirm his status as a reliable presentator, a presentator of what really happened«. Ähnlich Richardson 1990, 189 und Dickson 1995, 59. Dagegen meint Morrison 1992a, 67, der Erzähler reflektiere mit ihnen seine eigene Beschränkung durch die Tradition. Ebenso wie die »reversal passages« böten die »Dann wäre, wenn nicht…«-Sätze die Möglichkeit, zwar in der Tradition zu bleiben, sie aber trotzdem zu kritisieren. S. a. Lang 1989, 23. Zu älterer Literatur s. deJong 1987, 69 und Nesselrath 1992, 5-10.

[178] Flory 1988.

[179] Flory 1988, 49f.

Thus the contingencies upon which Homer's speculations depend, whether they involve gods or men, seem more literary conceits than serious attempts to identify the crucial contingency in an event or to consider alternative sequences of events in the Trojan war.[180]

Zudem stellt er fest, daß in der *Ilias* mit der Ausnahme von 2, 155f. »Dann wäre, wenn nicht…«-Sätze den Ausgang der Handlung nicht in Frage stellen. Dieser Vergleich läßt Flory die »Dann wäre, wenn nicht…«-Sätze bei Homer als rhetorisches Mittel zur Steigerung der Spannung verstehen.

Seine Analyse mahnt auf den ersten Blick zur Vorsicht, die »Dann wäre, wenn nicht…«-Sätze bei Homer allzu schnell als Ausdruck von Kontingenz zu interpretieren. Wenn man sich aber die Bedeutung der Tradition für die homerische Epik vor Augen hält, wird deutlich, daß eine solche Deutung doch berechtigt ist. Auch wenn die »Dann wäre, wenn nicht…«-Sätze keine natürlichen Zufälle bezeichnen, schwächen sie den durch die Tradition entstehenden Eindruck ab, die Handlung sei vorherbestimmt, indem sie zeigen, daß sie sich auch anders hätte entwickeln können. Damit stellen auch sie den Versuch dar, gegen die Vertrautheit der Rezipienten mit der Tradition die Offenheit der Zukunft auf der Ebene der Handlung zu unterstreichen.[181]

»Dann wäre, wenn nicht…«-Sätze rücken nicht nur die menschliche Freiheit in den Blickpunkt, sondern erfassen auch, wenn sie die Initiative von Göttern einleiten, das der menschlichen Kontrolle Entzogene. Obgleich sie nur einmal einen anderen Ausgang der Handlung der *Ilias* ausführen, richten sie sich, wenn, so die Statistik von deJong, bei einem Drittel der vom Erzähler gesprochenen Sätze der Tod eines Helden oder bei einem weiteren Drittel eine Entscheidung in der Schlacht betrachtet wird, auf die Erfahrung von Schicksalskontingenz.[182]

Vergleichen wir »Dann wäre, wenn nicht…«-Sätze mit Retardationen und »Beinahe-Episoden«, so können wir feststellen, daß sie Kontingenz zum Ausdruck bringen, ohne daß das Publikum ihr ausgesetzt wird. Sie spannen nicht einmal die Erwartungen der Rezipienten an, da das »Beinahe« bereits im Irrealis formuliert ist.

---

[180] Flory 1988, 52.

[181] Dies ist eine wichtige Funktion des »sideshadowing« bei Morson 1994 (s. Anm. 151 dieses Kapitels), 6f.: »By restoring the presentness of the past and cultivating a sense that something else might have happened, sideshadowing restores some of the presentness that has been lost.«

[182] DeJong 1987, 70.

2.4. Zusammenfassung

Bereits wenn wir bedenken, daß die Zuhörer mit der epischen Tradition in Grundzügen, vielleicht sogar mit der *Ilias* vertraut waren, wird deutlich, daß ihre Erwartungen kaum zu enttäuschen sind. Aber auch Rezipienten mit geringer oder gar keiner Kenntnis der epischen Tradition feit im allgemeinen die große Zahl geschehensgewisser Prolepsen gegen Überraschungen. Dadurch ist die Kluft zu den Helden groß, da, wie in VI 1 gezeigt worden ist, die Gestaltung von Zeit und Perspektive die Negativität ihrer Erwartungen unterstreicht. Dennoch machen auch die Rezipienten eine Kontingenzerfahrung. Während die Charaktere Kontingenz in der Enttäuschung ihrer Erwartungen erfahren, werden die Erwartungen der Rezipienten angespannt, vor allem durch Retardationen und »Beinahe-Episoden«. In den »Dann wäre, wenn nicht…«-Sätzen schließlich wird der Rezipient, da das »Beinahe« im Irrealis formuliert ist, der Kontingenz gar nicht ausgesetzt; ihm wird nur ihre Bedeutung auf der Handlungsebene vorgeführt.

Am stärksten ist die Kontingenzerfahrung der Rezipienten am Ende, dem, da von seiner Erfahrung aus alle Erwartungen beurteilt werden, eine besondere Bedeutung zukommt. Weder die Vordergrunds- noch die Hintergrundshandlung werden zu einem Abschluß geführt; die *Ilias* endet mit der Auslieferung und Bestattung von Hektors Leichnam. Für den Zuhörer, der die *Ilias* nicht kennt, ist dieses Ende sowohl inhaltlich als auch zeitlich überraschend. Aber auch die Erwartungen der Rezipienten, die mit der *Ilias* vertraut sind, werden in keiner Erfahrung aufgelöst. Sie bleiben, da die Handlung in der Schwebe bleibt, angespannt.

3. Die Rezeption als Bewältigung von Kontingenz

Am Ende des Kapitels III ist ausgeführt worden, daß die Helden, die sich der Schicksalskontingenz in ihrer schärfsten Form stellen, sie dadurch überwinden, daß sie im Epos ewigen Ruhm erlangen. Diese autoreferentielle Interpretation soll jetzt aufgegriffen und weitergedacht werden, indem wir die Funktion des Epos für die Helden als Spiegel seiner Funktion für die Rezipienten deuten. Ebenso wie die Helden Schicksalskontingenz auf sich nehmen und durch die epische Tradition aufheben, gewinnen die Rezipienten der *Ilias* nicht nur Einblick in die Macht des Zufalls auf der Handlungsebene und machen selbst eine Kontingenzerfahrung, sondern erhalten auch die Möglichkeit, Kontingenz wenn nicht aufzuheben, so doch zu bewältigen.

Die Götter sind in der *Ilias* nicht nur verantwortlich für die Entwicklung der Handlung, durch die Prolepsen geben sie auch den Rezipienten Einsicht in die Bedeutung der Schicksalskontingenz. Deswegen wird in einem ersten Schritt gefragt, inwieweit der Götterapparat Schicksalskontingenz aufhebt (3.1). Zweitens wird die Begegnung von Achill und Priamos im letzten Buch als Modell dafür interpretiert, wie sich die Auseinandersetzung mit Kontingenz in der Rezeption vollzieht (3.2).

3.1 Schicksalskontingenz und Götterapparat

In funktionalistischen Analysen wird die Bewältigung von Kontingenz als eine wichtige Funktion von Religion genannt.[183] Dieser Ansatz erlaubt einen neuen Blick auf den Götterapparat der *Ilias*,[184] dessen Verhältnis zur Religion umstritten ist. Von einem Extrem wird die *Ilias* als Spiegel der religiösen Vorstellungen ihrer Entstehungszeit interpretiert, von einem anderen wird betont, der Götterapparat sei lediglich ein narratives Mittel und erlaube deswegen keine Rückschlüsse auf die Ebene der realen Religion.[185]

Zuerst ist in Übereinstimmung mit vermittelnden Positionen zu bemerken, daß Literatur stets auf Strukturen und Elemente der Entstehungszeit zurückgreift, diese aber in neuer Form anordnet. Insofern haben sich auch

---

[183] Aus systemtheoretischer Perspektive spricht Luhmann 2000, der als Bezugsproblem der Religion die »Transformation des Unbestimmbaren ins Bestimmbare« bezeichnet (154), von der »Kontingenzformel Gott« (147-186). Lübbe 1986, 149 prägt den Begriff »Kontingenzbewältigungspraxis«. S. a. Mörth 1986. Marquard 1985, 43f. betont zu Recht, daß Kontingenzbewältigung aber zu unspezifisch ist, um als Definition von Religion zu dienen.

[184] Einen Überblick über die Forschungsgeschichte zur Religion im Epos gibt Graf 1991. S. a. die Bibliographie bei Graf 2000, 131f. sowie zuletzt Lefkowitz 2003, 53-84.

[185] In der jüngeren Forschungsgeschichte vertreten viele Gelehrten eine vermittelnde Position. Sie beschreiben in Abhängigkeit von ihrer Fragestellung und ihrem Fokus das Verhältnis zwischen Wirklichkeit und Fiktion aber unterschiedlich: Kullmann 1956 hebt die Diskrepanz zwischen dem homerischen Götterbild und der Religion der homerischen Zeit hervor und betont den Einfluß des Götterbildes vorangehender Dichtungen. Tsagarakis 1977, xvi beschreibt, wie im Epos reale Vorstellungen poetisch überformt sind. Griffin 1978 betont den religiösen Gehalt des Götterbildes der *Ilias* und sieht im Götterapparat eine Weiterentwicklung der in der griechischen Religion anzutreffenden Vorstellung, die Götter seien Zuschauer. Er weist darauf hin, daß das Bizarre und das Burleske weitgehend aus dem Epos verbannt seien und die Diskrepanz zwischen Menschen und Göttern durch die Sterblichkeit der Menschen betont werde (cf. 1980, 165-167). Erbse 1986, 297 rückt die poetische Prägung durch Homer in den Vordergrund. Gould 1985 hält es für nicht vertretbar, den Götterapparat nur als poetische Fiktion zu analysieren. Emlyn-Jones 1992 versucht narrative und religiöse Aspekte über den Begriff der Autorität miteinander zu verbinden. Graf 2000, 116 spricht von der »essentiell narrativen Definition der Götter in der *Ilias*«. Zuletzt hat Pucci 2002 versucht, den poetischen Aspekt der Götter herauszuarbeiten, ohne ihren religiösen Gehalt in Frage zu stellen. E. Kearns 2004 betont dagegen die metaphorische Seite der homerischen Götter.

im Götterapparat religiöse Vorstellungen der Wirklichkeit niedergeschlagen, ohne daß die *Ilias* ein einfacher Spiegel ist. Darüber hinaus prägt Literatur auch Wirklichkeit, was im Falle des Götterbildes der *Ilias* offensichtlich ist.[186]

Das Verhältnis von Narration und Religion in der *Ilias* läßt sich aber über solche allgemeinen Einsichten hinaus bestimmen. Zwischen religiöser und narrativer Bedeutung der Götter lassen sich nicht nur Spannungen feststellen, in einem wichtigen Aspekt konvergieren sie. Auf der extradiegetischen Ebene eröffnet der Götterapparat Einsicht in die Schicksalskontingenz, der das menschliche Leben auf der Ebene der Handlung unterliegt. Auf der intradiegetischen Ebene sind die Götter die Instanz, die über den Verlauf der Handlung entscheidet und damit für die Schicksalskontingenz verantwortlich ist.[187] Die narrative Funktion des Götterapparates, dem Publikum Einsicht in die Zukunft zu geben, beruht also auf der weltanschaulichen Bedeutung der Götter in der Handlung, das Geschehen zu kontrollieren. Da die Götter diese Funktion nicht nur in der *Ilias* haben, läßt sich sagen, daß die narrative Ebene Ausdruck einer weltanschaulichen Funktion der Götter ist und umgekehrt lebensweltliche Plausibilitätsstrukturen die Narration strukturieren. Darin, daß die narrative und die weltanschauliche Funktion konvergieren, zeigt sich die enge Verbindung von Narration und Erfahrung, die oben in Anschluß an Carr ausgeführt wurde (cf. V 1.2).

Inwiefern erklärt der Götterapparat aber Schicksalskontingenz oder hebt sie sogar auf? Zuerst ist festzustellen, daß Schicksalskontingenz in der *Ilias* durch die Götter nicht moralisch aufgelöst wird. Zwar gibt es Versuche zu zeigen, daß Zeus in der *Ilias* gerecht handle und Leid durch vorangehende Vergehen gerechtfertigt werde.[188] Das Leiden von Achill läßt sich auf seine Sturheit und der Tod von Hektor auf seine Verblendung zurückführen, aber beim Tod vieler »kleiner Kämpfer« versagt diese Interpretation. Wie wir gesehen haben, betont der Erzähler sowohl durch die Umstände des Todes

---

[186] Cf. Hdt. 2, 53.

[187] Cf. Kullmann 1956, 56; 1992b, 246.

[188] Nicolai 1987 versucht, die moralische Dimension des Leidens in der *Ilias* herauszuarbeiten. Dabei betont er die Zurückhaltung des Zeus, hinter der er »eine gleichsam naturgesetzmäßige Verkettung von Ursache und Wirkung« (156) erkennt. Damit mag er die Entwicklung der Haupthandlung beschreiben, er erfaßt aber nicht das der *Ilias* zugrundeliegende Geschichtsbild. Überzeugender ist die Analyse der epischen Götter durch Kullmann 1992b, der betont, daß in der tragischen Weltsicht der *Ilias* das Handeln der Götter nicht moralisch erklärt werden könne, während die Götter in der *Odyssee* gerecht seien. S. a. Lloyd-Jones 1971, 31f., der den Unterschied zwischen *Ilias* und *Odyssee* aber einschränkt: »The main theological difference between the epics lies in the *Odyssey's* rejection of the belief that a god may suggest wicked or foolish, as well as good or wise, actions to the minds of men. But since in the *Iliad* the human agent must always be held fully responsible for his action, even though a god has caused him to perform it, the Odyssean modification of the doctrine exemplified in the *Iliad* is of strictly limited significance.«

als auch durch die Einblendung des Lebens der Sterbenden die Macht des
Zufalls.[189]

Der Text der *Ilias* erlaubt auch nicht, ihren Tod primär als Folge der ver-
fehlten Politik der Eliten zu verstehen, wie etwa Nicolai meint. Zwar wird
betont, daß die Griechen durch Achills Rückzug aus der Schlacht leiden,
aber zugleich erscheint der Krieg als unausweichbares Schicksal, wie Odysseus' Worte in 14, 84-87 zeigen:

> οὐλόμεν᾽, αἴϑ᾽ ὤφελλες ἀεικελίου στρατοῦ ἄλλου
> σημαίνειν, μηδ᾽ ἄμμιν ἀνασσέμεν, οἷσιν ἄρα Ζεύς
> ἐκ νεότητος ἔδωκε καὶ ἐς γῆρας τολυπεύειν
> ἀργαλέους πολέμους, ὄφρα φϑιόμεσϑα ἕκαστος.

> Verderblicher! Wenn du doch einen anderen, elendigen Haufen
> Anführtest, statt über uns zu herrschen, denen Zeus
> Von der Jugend gegeben hat bis ins Alter, abzuwickeln
> Schmerzliche Kämpfe, bis wir hinschwinden ein jeder.[190]

Das Phänomen des unbegründeten Leidens wird auch von den Helden reflektiert, wie Glaukos' Erzählung von seinem Großvater Bellerophontes
zeigt.[191] Ebenso betont die Parabel von den zwei Fässern, mit denen Achill
gleichsam die Zusammenfassung der *Ilias* am Ende gibt,[192] die Abhängigkeit der Menschen von der Willkür der Götter.

Außerdem ist zu bemerken, daß der Götterapparat Schicksalskontingenz
nicht wirklich erklärt, sondern nur verlagert. Die Ereignisse, die sich der
menschlichen Verfügungsgewalt entziehen, werden in Strukturen erklärt,
die denen der menschlichen Wirklichkeit gleichen, nur auf einer höheren
Stufe angesiedelt sind. Die Götter, die über das Schicksal der Menschen
entscheiden, haben menschliche Eigenschaften und verfolgen wie die Menschen bestimmte Ziele. Vor allem spiegelt sich die Kontingenz in ihrer
Vielzahl wider, die zu Auseinandersetzungen über die Entwicklung der
Handlung führt. Aber ebenso wie die Götter über den Menschen stehen,
unterstehen sie Zeus. Auch dieser ist wiederum nicht frei in seinen Entscheidungen. Er ist an die Moira gebunden, wie sich zeigt, wenn er Sarpedon nicht vom Tod retten kann (16, 431-458), oder wenn über den Tod von
Hektor nicht beraten werden kann (22, 174-185).[193] Die Schicksalskontin-

---

[189] S. oben IV 1.1.
[190] Cf. S. 154f.
[191] Cf. III 2.2.
[192] S. unten S. 289.
[193] Cf. Erbse 1986, 286.

genz wird also von einer Ebene auf die nächste übertragen, ohne daß sie dadurch erklärt wird.[194]

Dies macht der Vergleich mit dem Geschichtsdenken in jüdisch-christlicher Tradition besonders deutlich. Dort entsteht durch den Plan Gottes eine Entwicklung, die Kontingenz aufhebt und der Geschichte Sinn verleiht. Zwar wird in der *Ilias* auch von der βουλὴ Διός gesprochen, aber in diesem Plan ist kein tieferer Sinn erkennbar. Luhmanns Bestimmung der »Kontingenzformel Gott« trifft auf den Götterapparat der *Ilias* nicht zu:

Die Vorstellung Gottes als perfekte Person transformiert unbestimmte in bestimmbare Kontingenz vor allem mit Hilfe des Schöpfungsgedankens und der Auffassung der Kontingenz als ›Abhängigkeit von…‹. Die Kontingenz und Selektiertheit der Welt selbst aus einer Vielzahl anderer Möglichkeiten wird akzeptierbar, weil in Gott zugleich die Garantie der Perfektion dieser Selektion liegt. Der Gottesbegriff erklärt und entschärft Kontingenz bis hin zur Umwertung der Kontingenz in einen modus positivus entis, und er kann umgekehrt mit Hilfe empirisch erfahrbarer Kontingenz als Existenzaussage bewiesen werden.[195]

Luhmanns Ausführungen sind, auch wenn sie einen systematischen Anspruch erheben, doch an der jüdisch-christlichen Tradition orientiert. Die homerischen Götter garantieren eben nicht, daß die Welt der Helden die beste aller möglichen Welten ist; Schicksalskontingenz wird nicht durch den Gedanken der Entwicklung entschärft.[196]

3.2 Das Ende der *Ilias* als Spiegel ihrer Rezeption

In den Abschnitten VI 1 und 2 ist die Bedeutung der Schicksalskontingenz für die *Ilias* analysiert und bereits gezeigt worden, daß ihre narrative Struktur die Rezipienten mit Kontingenz konfrontiert. Jetzt soll näher untersucht werden, wie sich die Rezeption als Auseinandersetzung mit Kontingenz vollzieht. Dafür wenden wir uns dem 24. Buch zu.

Dem Ende kommt, da von seiner Erfahrung aus alle Erwartungen beurteilt werden, eine besondere Bedeutung zu. Daß der Schluß der *Ilias* bereits

---

[194] In eine ähnliche Richtung gehen Lynn-Georges Überlegungen zum ambivalenten Verhältnis der Götter zur »care«, Lynn-George 1996, 8: »The *Iliad's* compound of caring and uncaring gods does justice to the problem of the meaning of an often contradictory existence, where contradiction itself is often the only satisfactory explanation […] As a source for, and hence explanation of, the unknown, the divine remains unknown. The attempt to render a rational account of the unaccountable world concludes with the unaccountable, a comprehensible god who escapes comprehension. The product of reason is ultimately that which escapes and marks its limits.«

[195] Luhmann 1977, 131f.

[196] Lefkowitz 2003 betont den Unterschied zwischen dem griechischen Götterbild und der jüdisch-christlichen Tradition. S. a. Lloyd-Jones 1971.

in der Antike einen tiefen Eindruck hinterlassen hat, läßt sich an den zahlreichen Darstellungen der Begegnung von Achill und Priamos in der Bild-
kunst erkennen.[197] Im folgenden wird sie mit Hilfe von Aristoteles als Spiegel der Rezeption interpretiert.[198]

In einem ersten Schritt wird kurz die »closure« der *Ilias* in den Blick genommen und gezeigt, daß sie vertieft wird, wenn Achill am Ende einen
radikalen Wandel unterläuft und die Einsicht in die *condicio humana* explizit formuliert (3.2.1). Zweitens wird als Grund für Achills Einsicht sein
Mitleid mit Priamos untersucht (3.2.2). Drittens werden die Folgen dieser
Einsicht auf der intra- und extradiegetischen Ebene vorgeführt (3.2.3).
Viertens werden mit dem aristotelischen Modell der Rezeption die Ähnlichkeiten zwischen Achill und den Rezipienten vorgeführt und, ausgehend
von den Folgen, die Achills Anerkennung der Schicksalskontingenz hat, die
Wirkung des Epos auf die Rezipienten betrachtet (3.2.4).

3.2.1 Die »closure« der Ilias

Auch wenn sowohl die Vordergrunds- als auch die Hintergrundshandlung
in der Schwebe bleiben,[199] zeichnet sich die *Ilias* durch eine tiefe »closure«
aus. Sie wird zum einen durch eine Ringkomposition mit dem Anfang gebildet. Bereits bei den Leichenfestspielen für Patroklos im 23. Buch werden
Motive des Anfangs aufgegriffen und umgekehrt: Während der Streit zwischen Achill und Agamemnon im 1. Buch eskaliert, wird jetzt die Auseinandersetzung zwischen Antilochos und Menelaos durch die gegenseitige
Anerkennung beigelegt. Achill, der zu Beginn einer der Kontrahenten war,
ist jetzt zum Schlichter geworden. Zudem leitet er zwar die Leichenfestspiele, erkennt aber anders als am Beginn der *Ilias* die Überlegenheit von
Agamemnon an.[200] Während sein Zorn sich daran entzündete, daß die
Ehrungen den Leistungen nicht entsprachen, sind die Preise bei den Leichenfestspielen wieder ein adäquater Ausdruck von Leistung.

Die Begegnung von Achill und Priamos im 24. Buch schließlich spiegelt
die Auseinandersetzung zwischen Agamemnon und Chryses im 1. Buch. In
beiden Fällen bittet ein Vater um sein Kind. Aber während Agamemnon das

---

[197] Giuliani 2003, 136 bemerkt, daß nach unserer Kenntnis keine andere Episode im 6. und 5.
Jh. so oft dargestellt worden ist wie die Begegnung von Priamos und Achill.

[198] An anderer Stelle hat der Verfasser bereits versucht, die aristotelische Rezeptionstheorie
und den aristotelischen Mitleidsbegriff für die Interpretation der politischen Funktion der Tragödie
fruchtbar zu machen: Grethlein 2003b.

[199] Cf. VI 2.1.

[200] Cf. Macleod 1982, 30f. S. a. Taplin 1992, 253; Wilson 2002, 124.

Lösegeld abgelehnt hat, nimmt Achill es an.[201] Damit kehrt er auch die Ablehnung der Geschenke im 9. Buch um.[202]

Aber nicht nur durch die strukturelle Spiegelung des Anfangs, sondern auch inhaltlich bewirkt das 24. Buch eine »closure«. Die *Ilias* endet mit dem Begräbnis von Hektor. Ein Begräbnis ist, da es nicht nur den Tod, sondern seine rituelle Bewältigung in einer Gemeinschaft bedeutet, ein passendes Ende, zumal für ein Gedicht, in dem Schicksalskontingenz und Tod eine so große Rolle spielen wie in der *Ilias*.[203]

Tod und Schicksalskontingenz werden aber nicht nur auf der rituellen Ebene reflektiert. Wenn Achill Priamos dazu auffordert, den Schmerz auszuhalten, erzählt er, Zeus teile den Menschen ihr Geschick aus zwei Fässern zu, von denen das eine gute, das andere schlechte Gaben enthalte. Die Menschen erhielten ihr Los entweder ungemischt aus dem Faß mit den schlechten Geschenken oder gemischt aus beiden Fässern (24, 525-533). Zu Recht ist diese Parabel als Resümee der *Ilias* gedeutet worden: Achill formuliert in einem prägnanten Bild die Abhängigkeit der Menschen von der Willkür der Götter, die in der *Ilias* eindrucksvoll vorgeführt worden ist.[204] Die »closure« wird dadurch vertieft, daß am Ende der *Ilias* auf der Ebene der Handlung über die Ordnung, die sich in ihrem Verlauf gezeigt hat, reflektiert wird, und zwar sowohl rituell als auch narrativ.

---

[201] Besonders eindringlich hat sich Whitman 1958, 249-284 mit der Ringstruktur der *Ilias* auseinandergesetzt, zur Spiegelung des 1. im 24. Buch s. id. 259f. S. außerdem den Überblick bei Macleod 1982, 31-35 sowie Reinhardt 1961, 63-68 und Held 1987, 246, der bemerkt, daß Achill jetzt die Rolle übernommen hat, die im 9. Buch Phoinix spielt: Jetzt erzählt er ein Exemplum und eine Parabel (252); Rabel 1990; Murnaghan 1997, 38; Wilson 2002, 128. Zur älteren Literatur s. Beck 1964, 53 Anm. 1. In weiteren Punkten sind Korrespondenzen zwischen dem Anfang und dem Ende der *Ilias* gesehen worden: Lang 1983, 143 macht darauf aufmerksam, daß die *Ilias* mit einem Exemplum beginnt, das in den Wind geschlagen wird (Nestor in 1, 260-274), und mit einem Exemplum endet, das befolgt wird (Achills Niobe-Exemplum in 24, 602-617). Murnaghan 1997, 36 sieht im Gespräch zwischen Zeus und Thetis in 24, 77-140 eine Inversion ihres Gesprächs im 1. Buch. Rabel 1990, 433f. betont, daß sowohl das 1. als auch das 24. Buch stark odysseisch sind, und daß die Versöhnung zwischen Achill und Priamos die Versöhnung zwischen Apollon und den Griechen im 1. Buch wiederspiegelt (436-439). Skeptisch gegenüber allzu subtilen Korrespondenzen zwischen Anfang und Ende der *Ilias* ist Kirk 1962, 261ff.

[202] Cf. Held 1987, 247; Wilson 2002, 127. Postlethwaite 1998, 93-104, 97f. macht darauf aufmerksam, daß Achill wie im 9. und 19. Buch kein großes Interesse an den Geschenken zeigt. Dennoch besteht ein Unterschied zwischen dem 9. und 24. Buch darin, daß Achill jetzt die Geschenke annimmt.

[203] Die Bedeutung der Bestattung als *closure* ist von Seaford 1994 betont worden. Er schreibt über Priamos' Supplikation, 173: »Its acceptance allows the narrative to be concluded in the simultaneous re-establishment of reciprocity, supplication, and death ritual.« S. a. Murnaghan 1997, 36.

[204] Cf. Dodds 1951, 29: »In *Iliad* 24 Achilles, moved at last by the spectacle of his broken enemy, Priam, pronounces the tragic moral of the whole poem.« S. a. Redfield 1975, 217; Macleod 1982, 10. Held 1987, 253 betont die Ähnlichkeit mit den Parabeln, die Phoinix und Agamemnon im 9. und 19. Buch vorbringen.

Achills Verhalten und seine Einsicht sind um so bemerkenswerter, als sie eine radikale Wandlung bedeuten.[205] Während er im 19. Buch alle Versuche des Odysseus, ihn zu überzeugen, doch etwas zu essen, zurückweist und erst Patroklos rächen will,[206] reagiert er sehr barsch auf Priamos' Weigerung, sich zu setzen, solange Hektor nicht gelöst ist (24, 552-570), und überredet ihn mit dem Exemplum von Niobe, gemeinsam zu essen (24, 599-620).

Außerdem steht seine Mahnung, Priamos solle das Leid ertragen, in Spannung zu seiner eigenen Reaktion auf Patroklos' Tod. Seine Schwierig-keiten, den Tod seines Freundes anzunehmen, zeigen sich nicht zuletzt darin, daß er dessen Leiche so lange unbestattet liegen läßt, bis dieser sich beschwert. Er schiebt den Abschluß, den das Begräbnis darstellt, hinaus. Auch nach den Leichenfestspielen kehrt Achill nicht in die Normalität zurück. Noch zu Beginn des 24. Buches hat er keine Ruhe gefunden: Er kann nicht schlafen, wälzt sich von einer Seite auf die andere, spannt schließlich die Pferde an und fährt damit fort, Hektors Leichnam zu schlei-fen (24, 3-18).

Apollon beschreibt Achills Raserei eindrücklich, indem er sie mit dem Verhalten eines Löwen vergleicht, 24, 40-49:

> ᾧ οὔτ᾽ ἄρ᾽ φρένες εἰσὶν ἐναίσιμοι οὔτε νόημα
> γναμπτὸν ἐνὶ στήθεσσι, λέων δ᾽ ὣς ἄγρια οἶδεν,
> ὅς τ᾽ ἐπεὶ ἄρ μεγάληι τε βίηι καὶ ἀγήνορι θυμῶι
> εἴξας εἶσ᾽ ἐπὶ μῆλα βροτῶν, ἵνα δαῖτα λάβησιν.
> ὣς Ἀχιλεὺς ἔλεον μὲν ἀπώλεσεν, οὐδέ οἱ αἰδώς
> γίνεται, ἥ τ᾽ ἄνδρας μέγα σίνεται ἠδ᾽ ὀνίνησιν.
> μέλλει μέν πού τις καὶ φίλτερον ἄλλον ὀλέσσαι,
> ἠὲ κασίγνητον ὁμογάστριον ἠὲ καὶ υἱόν,
> ἀλλ᾽ ἤτοι κλαύσας καὶ ὀδυράμενος μεθέηκεν·
> τλητὸν γὰρ Μοῖραι θυμὸν θέσαν ἀνθρώποισιν.

> Dem nicht die Sinne gebührlich sind, noch auch das Denken
> Biegsam ist in der Brust, und wie ein Löwe weiß er Wildes,
> Der, seiner großen Kraft und dem mannhaften Mute nachgebend,
> Ausgeht nach den Schafen der Sterblichen, sich ein Mahl zu holen:
> So hat Achilleus das Erbarmen verloren, und es fehlt ihm die Scheu,
> Die den Männern großen Schaden bringt wie auch Nutzen.
> Hat mancher doch wohl einen anderen, noch Näherstehenden, verloren,
> Den Bruder vom gleichen Mutterleib oder auch den Sohn;

---

[205] Zur Entwicklung von Achill, die im letzten Buch ihren Abschluß findet, s. vor allem Held 1987, der sich auch kritisch mit Redfields These auseinandersetzt, Achill wandle sich am Ende nicht. Aufgrund der Entwicklung von Achill ordnet Held die *Ilias* als πρᾶξις σπουδαία nach Aristoteles (poet. 1449b9-28) ein. S. a. Most 2003, 73.

[206] Cf. Grethlein 2005b.

> Aber wahrhaftig! hat er ihn beweint und bejammert, so läßt er ab,
> Denn einen duldsamen Sinn haben die Moiren den Menschen gegeben.

In der Begegnung mit Priamos ist Achill wie verwandelt. Jetzt ermahnt er einen anderen, sich mit dem Tod eines nahestehenden Menschen abzufinden und seinen Schmerz zu ertragen. Diese Rollenverteilung ist insofern bemerkenswert, als Priamos älter ist. Zudem war Achill davor derjenige, an den Ratschläge herangetragen wurden.[207] Seine Wandlung wird um so deutlicher, wenn er in 24, 560-570 aufbraust und Priamos bedroht. Dies erinnert an seine Raserei nach dem Verlust von Patroklos; sogar die Bestialität seines Verhaltens klingt an, wenn er mit einem Löwen verglichen wird (24, 572). Die schlaglichtartige Einblendung seiner früheren Raserei hebt die Entwicklung hervor, die er durchlaufen hat.

3.2.2 Achills Mitleid
Wie kommt es zu Achills Gesinnungswandel? Es ist behauptet worden, es sei gar nicht sein freier Entschluß, Hektors Leichnam auszuliefern, sondern er gehorche nur dem Befehl des Zeus.[208] Redfield meint sogar, das Ende der *Ilias* finde »outside the human world« statt.[209] Der Einfluß der Götter auf das Ende ist nicht zu leugnen: Das Treffen zwischen Achill und Priamos geht von der Initiative des Zeus aus, der Thetis und Iris aussendet. Thetis teilt Achill mit, Zeus befehle, daß er die Leiche ausliefere. Priamos wird von Hermes zu Achills Zelt geleitet. Das Wunderbare der Begegnung wird auch deutlich, wenn Priamos trotz seiner Größe nur von Achill bemerkt wird, als er in das Zelt eintritt, 24, 477:

> τοὺς δ᾽ ἔλαθ᾽ εἰσελθὼν Πρίαμος μέγας [...]

> Und ihnen unbemerkt kam Priamos herein, der große [...][210]

Eingriffe und Mahnungen der Götter sind in der Welt der *Ilias* aber nichts Besonderes und heben die menschliche Freiheit nicht auf. Achills Drohung, wenn Priamos ihn reize, könne es wohl geschehen, daß er ihn umbringe, zeigt, daß er sich selbst dazu entschieden hat, den Leichnam auszuliefern.[211]

---

[207] Finlay 1980, 270 sieht drei Vaterfiguren für Achill: Peleus, Phoenix und Patroklos.

[208] Howald 1946, 96 und Snell ⁴1975b, 150f. meinen, Achill folge lediglich dem Befehl des Zeus.

[209] Redfield 1975, 222.

[210] S. bereits das Scholium T ad loc.: οὐ πρὸς ἔπαινον τὸ μέγας, ἀλλ᾽ ὅτι καὶ μέγας ὢν ἔλαθεν.

[211] Cf. Zanker 1998, 89 und Postlethwaite 1998, 96. Auch Deichgräber 1972, 87; Held 1987, 252 Anm. 24 und Zanker 1994, 120f. betonen, daß das Ende nur durch die Entscheidung von Achill zustandekommt. Foley 1991, 160-163 meint, die Frage, ob Achill aus eigener Entscheidung oder nur im Gehorsam gegen die Götter Hektor herausgebe, stelle sich gar nicht, da der Götterbe-

Auch seine Bitte an den toten Patroklos, ihm wegen der Herausgabe des Leichnams von Hektor nicht zu grollen, da er viel Lösegeld erhalten habe, würde keinen Sinn machen, wenn es sich nicht um seine eigene Entscheidung handelte.[212] Aus dieser Bitte läßt sich aber auch nicht ableiten, Achill liefere Hektors Leichnam nur wegen der Geschenke aus. Er nimmt jetzt anders als im 9. Buch die Geschenke an, geht jedoch kaum auf sie ein.[213]

Worin ist aber Achills Entschluß, Hektors Leichnam auszuliefern, dann begründet? Zwar gesteht er Thetis, ohne weiter zu überlegen, zu, er werde den Leichnam freigeben, aber erst im Gespräch mit Priamos bildet sich ein tieferer Grund dafür, daß er seiner Bitte entspricht und zusammen mit ihm ißt: Mitleid.[214]

Bereits vor der Begegnung der beiden spielt Mitleid eine Rolle: In 24, 23 haben die Götter Mitleid mit Hektor, in 24, 44 wirft Apollon Achill vor, Mitleid verloren oder gar zerstört zu haben. Iris sagt in 24, 174 zu Priamos, Zeus habe Mitleid mit ihm. In 24, 207 prophezeit Hekabe, Achill werde kein Mitleid mit Priamos haben, wenn dieser zu ihm gehe. Priamos sagt, es sei gut, zu Zeus zu beten, ob er denn Mitleid haben werde (24, 301). In 24, 309 bittet er Zeus, daß er das Mitleid von Achill erregen werde. Zeus empfindet Mitleid mit Priamos, der seinen Weg zu Achill angetreten hat, und schickt ihm Hermes (24, 332). In 24, 357 schließlich schlägt Idomeneus, der Hermes erblickt hat, vor, sie sollten den Fremden bitten, sich ihrer zu erbarmen. Die Rolle des Mitleides in der Begegnung zwischen Achill und Priamos wird also vorbereitet.[215]

Die Definition des Mitleides, die Aristoteles in der *Rhetorik* gibt, hilft zu erkennen, warum Achill, der nach dem Tod von Patroklos so wenig Mitleid gezeigt hat, sich des Priamos erbarmt.

Im folgenden wird die Frage nach der psychologischen Aktualität des aristotelischen Mitleidbegriffs ausgeklammert.[216] Er wird nur als heuristisches Hilfsmittel verwandt, um zu zeigen, inwiefern die Begegnung von Achill und Priamos die Rezeption widerspiegelt. Dennoch ist es interessant, daß, wie Konstan bemerkt, Aristoteles' Betonung der kognitiven Komponente des Mitleids in der psychologischen Forschung der letzten Zeit wieder stärker in den Blickpunkt gerückt ist.[217] In der modernen Psychologie wird beispielsweise debattiert, ob Mitleid eine Emotion sei, wie die

---

fehl durch seine Form als »(im)mortal imperative« nichts Ungewöhnliches im Rahmen des Epos sei.
[212] Genau aus diesem Grund werden die Verse in den Scholien ATb ad 24, 594f. athetiert, die davon ausgehen, Achill gehorche nur Zeus' Befehl.
[213] Cf. Postlethwaite 1998, 96-98. S. a. Gill 1998, 312 und Zanker 1998.
[214] Cf. Deichgräber 1972, 65. Hier kann die Frage ausgeblendet werden, ob das Verhältnis von Achill zu Priamos besser als Reziprozität (Gill 1998; Postlethwaite 1998) oder Altruismus (Zanker 1998) verstanden wird.
[215] Cf. Deichgräber 1972, 88.
[216] Zu Emotionen in der Antike und Unterschieden zur Moderne s. Cairns 2003.
[217] Konstan 2001, 6-10; cf. Halliwell 2002, 221f.

kognitive und soziale Komponente zu veranschlagen seien, inwieweit Mitleid transkulturell sei.[218] Eine gewisse Plausibilität kann Aristoteles' Mitleidsdefinition für die griechische Antike in Anspruch nehmen, weil sich mit ihr sowohl die Verwendung von Mitleid in attischen Prozessen als auch die Gefühle und Reaktionen von fiktiven Charakteren erfassen lassen.[219] Es sei aber auch auf die Grenzen für die Analyse der *Ilias* hingewiesen: Im Epos haben auch die Götter Mitleid, obwohl nach Aristoteles das Mitleid nur den ergreifen könne, der ähnliches wie der Leidende erfahren könne.[220] Weiterhin wird zwischen Charakteren, die sich wie Hektor, Andromache und Priamos so sehr nahestehen, daß die aristotelische Bedingung der Distanz nicht mehr erfüllt ist, Mitleid eingefordert.[221] Trotz dieser Einschränkungen sind Aristoteles' Reflexionen für die Analyse der Begegnung von Achill und Priamos von hohem Wert.[222]

Als eine wichtige Voraussetzung für Mitleid nennt Aristoteles neben der Schuldlosigkeit des Leidenden die Balance von Nähe oder Ähnlichkeit und Distanz zum Leidenden:[223] Ohne Nähe oder Ähnlichkeit kann man sich nicht in die Lage des Leidenden hineinversetzen. Sind Nähe und Ähnlichkeit aber zu groß, dann ist man zu sehr betroffen, um mitleiden zu können; Mitleid schlägt dann in Furcht um.

Die Voraussetzung von Distanz und Ähnlichkeit ist bei Achill und Priamos in gesteigerter Form vorhanden. Die Distanz ist offensichtlich: Achill und Priamos sind Feinde und kämpfen seit über neun Jahren gegeneinander. Ihr persönliches Leid ist durch Priamos' Sohn Hektor kausal miteinander verknüpft: Achill trauert um Patroklos, den Priamos' Sohn Hektor umgebracht hat, Priamos um Hektor, der von Achill getötet wurde.

Priamos gelingt es aber trotz dieser tiefen Feindschaft, Achills Mitleid zu erregen, indem er sich mit dessen Vater Peleus vergleicht und damit Nähe erzeugt. Im folgenden soll gezeigt werden, wie Priamos' Ähnlichkeit zu Peleus Achill Mitleid mit ihm empfinden läßt. Dabei wird deutlich werden,

---

[218] S. den Überblick mit Literaturangaben bei Konstan 2001, 1-25.

[219] Cf. Konstan 2001, 27-74.

[220] Cf. Halliwell 2002, 212 Anm. 15; Most 2003, 57.

[221] Konstan 2001, 61f. sieht hier allerdings nur einen scheinbaren Widerspruch, da in diesen Fällen nicht wirklich Mitleid empfunden, sondern nur die Vorstellung eines unbeteiligten Beobachters auf Hektor projiziert werde.

[222] Konstan 2001, 78 erklärt auch Achills Mitleidslosigkeit nach Patroklos' Tod mit Aristoteles: »That Achilles, after the loss of Patroclus, is resigned to his own imminent death, however, puts him in the category of those who, as Aristotle says, have lost everything and thus have nothing more to fear.«

[223] Aristot. rhet. 1383a8-12: ὥστε δεῖ τοιούτους παρασκευάζειν, ὅταν ᾖ βέλτιον τὸ φοβεῖσθαι αὐτούς, ὅτι τοιοῦτοί εἰσιν οἷοι παθεῖν· καὶ γὰρ ἄλλοι μείζους ἔπαθον· καὶ τοὺς ὁμοίους δεικνύναι πάσχοντας ἢ πεπονθότας, καὶ ὑπὸ τούτων ὑφ' ὧν οὐκ ᾤοντο, καὶ ταῦτα καὶ τότε ὅτε οὐκ ᾤοντο, 1386a24-26: καὶ τοὺς ὁμοίους ἐλεοῦσι κατὰ ἡλικίαν, κατὰ ἤθη, κατὰ ἕξεις, κατὰ ἀξιώματα, κατὰ γένη· ἐν πᾶσι γὰρ τούτοις μᾶλλον φαίνεται καὶ αὐτῷ ἂν ὑπάρξαι. Zur Schuldlosigkeit s. 1385b13f.

daß bei Achill und Priamos die Bedingung der Ähnlichkeit zu einer gemeinsamen Situation gesteigert ist.

Wenn Hermes in 24, 466f. Priamos rät, Achill bei seinem Vater, seiner Mutter und seinem Sohn anzuflehen, ist dies noch eine allgemeine Formel, mit der bei einer Supplikation Mitleid erregt werden soll. Priamos erinnert Achill dann in einer Ringkomposition an seinen Vater. Am Anfang vergleicht er sich explizit mit ihm, 24, 486f.:

> μνῆσαι πατρὸς σοῖο, θεοῖς ἐπιείκελ᾽ Ἀχιλλεῦ,
> τηλίκου ὥς περ ἐγών, ὀλοῶι ἐπὶ γήραος οὐδῶι.

> Gedenke deines Vaters, den Göttern gleicher Achilleus!
> Der so alt ist wie ich, an der verderblichen Schwelle des Alters.

Am Ende verknüpft er den Appell an Achills Mitleid mit der Erinnerung an seinen Vater, 24, 503f.:

> ἀλλ᾽ αἰδεῖο θεούς, Ἀχιλεῦ, αὐτόν τ᾽ ἐλέησον,
> μνησάμενος σοῦ πατρός [...]

> Aber scheue die Götter, Achilleus! und erbarme dich meiner,
> Gedenkend deines Vaters [...]

Die Bereitschaft eines jungen Mannes, einem alten Mann zu helfen, da dieser dem Vater ähnlich ist, wird bereits in der Begegnung zwischen Hermes und Priamos vorgeführt.[224] Hermes nennt Priamos Vater (24, 362), dieser ihn Kind (24, 373; 425). Priamos gleicht dem fiktiven Vater von Hermes dadurch, daß er alt und reich ist (24, 381; 398). Hermes' Worte in 24, 370f. antizipieren den Grund, weswegen Achill Priamos' Bitte entspricht: ἀλλ᾽ ἐγὼ οὐδέν σε ῥέξω κακά, καὶ δέ κεν ἄλλον/ σεῖ᾽ ἀπαλεξήσαιμι· φίλωι δέ σε πατρὶ ἐΐσκω.

Die Erinnerung an seinen Vater und dessen Ähnlichkeit zu Priamos ermöglichen es, daß Achill seine eigene Perspektive übersteigt, in der Priamos der Vater des Mörders seines Freundes Patroklos ist, und die seines Feindes einnimmt.[225] Gleich zu Beginn seiner Rede versetzt er sich in Priamos' Situation, 24, 518-521:

---

[224] Cf. Taplin 1992, 266.

[225] Der Schritt, daß Achill vom Leid seines Vaters zum Mitleid mit Priamos übergeht, wird dadurch erleichtert, daß Priamos Peleus nicht mit seinem Eigennamen nennt, sondern von ihm als Vater spricht. Die Vaterschaft verbindet ihn mit Peleus. Cf. Deichgräber 1972, 66; Kim 2000, 150 Anm. 218. Auf dieser Abstraktionsebene findet sich Achill als Sohn von Peleus neben Hektor als Sohn von Priamos. Es klingt sogar eine gewisse Ähnlichkeit zwischen Achill und Hektor an: In 24, 516 sagt der Erzähler von Achill: οἰκτίρων πολιόν τε κάρη πολιόν τε γένειον. In 22, 74-76 sagt Priamos, wenn er Hektors Mitleid erregen möchte, damit er sich nicht dem Kampf mit Achill stellt: ἀλλ᾽ ὅτε δὴ πολιόν τε κάρη πολιόν τε γένειον/ αἰδῶ τ᾽ αἰσχύνωσι κύνες κταμένοιο γέροντος,/ τοῦτο δὴ οἴκτιστον πέλεται δειλοῖσι βροτοῖσιν. In 24, 479 beschreibt der Erzähler Achills Hände als ἀνδροφόνοι und in 24, 506 bezeichnet Priamos Achill als παιδοφόνος, in 24, 509 nennt der Erzähler Hektor ἀνδροφόνος. Ein Anklang ist wahr-

ἆ δείλ᾽, ἦ δὴ πολλὰ κάκ᾽ ἄνσχεο σὸν κατὰ θυμόν.
πῶς ἔτλης ἐπὶ νῆας Ἀχαιῶν ἐλθέμεν οἶος,
ἀνδρὸς ἐς ὀφθαλμούς, ὅς τοι πολέας τε καὶ ἐσθλοὺς
υἱέας ἐξενάριξα; σιδήρειόν νύ τοι ἦτορ.

Ah, Armer! ja, schon viel Schlimmes hast du ausgehalten in deinem
Mute!
Wie hast du es gewagt, zu den Schiffen der Achaier zu kommen, allein,
Unter die Augen des Mannes, der dir viele und edle
Söhne erschlug? Von Eisen muß dir das Herz sein!

Sein Perspektivenwechsel wird dadurch besonders deutlich, daß seine Rede
nicht nur die Struktur von Priamos' Rede hat, wie Lohmann zeigt,[226] sondern auch einzelne Elemente aufgreift. Die zitierten Verse korrespondieren
mit Priamos' Klage in 24, 505f.:

ἔτλην δ᾽ οἷ᾽ οὔ πώ τις ἐπιχθόνιος βροτὸς ἄλλος,
ἀνδρὸς παιδοφόνοιο ποτὶ στόμα χεῖρ᾽ ὀρέγεσθαι.

Und habe gewagt, was noch nicht ein anderer Sterblicher auf Erden:
Die Hand nach dem Mund des Mannes, des Sohnesmörderers, empor-
zustrecken![227]

Aber auch ein wichtiger inhaltlicher Unterschied zwischen Achills und
Priamos' Rede zeigt die Bedeutung der Ähnlichkeit und Nähe für das Mitleid. Priamos hält sein Leid nicht nur allgemein für das größte, sondern
bezeichnet Peleus als weniger unglücklich, 24, 490-492:

ἀλλ᾽ ἤτοι κεῖνός γε σέθεν ζώοντος ἀκούων
χαίρει τ᾽ ἐν θυμῶι ἐπί τ᾽ ἔλπεται ἤματα πάντα
ὄψεσθαι φίλον υἱὸν ἀπὸ Τροίηθεν ἰόντα.

Aber wahrhaftig! der, wenn er von dir hört, daß du lebst,
Freut sich im Mute und hofft darauf alle Tage,
Zu sehen den eigenen Sohn, wiederkehrend von Troja.

Er selbst sei noch mitleiderregender als Peleus, 24, 503f.:

ἀλλ᾽ αἰδεῖο θεούς, Ἀχιλεῦ, αὐτόν τ᾽ ἐλέησον,
μνησάμενος σοῦ πατρός· ἐγὼ δ᾽ ἐλεεινότερός περ.

Aber scheue die Götter, Achilleus! und erbarme dich meiner,
Gedenkend deines Vaters! Doch bin ich noch erbarmungswürdiger.

---

scheinlich, da die beiden Bezeichnungen dicht aufeinanderfolgen und im gleichen Kasus stehen.
Zum Verhältnis zwischen Achill und Priamos im 24. Buch der *Ilias* im allgemeinen s. Felson
2002, 46 Anm. 14.
[226] Lohmann 1970, 121-124.
[227] In 24, 493-498 beklagt Priamos den Tod einer großen Zahl seiner Söhne, den Achill in 24,
520f. als seine Tat bezeichnet.

Achill korrigiert Priamos' Sicht auf Peleus (24, 538-542): Während Priamos gesagt hat, daß Peleus sich noch auf die Rückkehr seines Sohnes
freuen könne, weiß Achill, daß er nicht zurückkehren wird. Gerade der
Punkt, den Priamos anführt, um die Einzigartigkeit seines Leidens zu beschreiben, vergrößert, von Achill berichtigt, die Ähnlichkeit zwischen ihm
und Peleus und vertieft damit die Grundlage für das Mitleid.[228] Ebenso wie
Priamos mit Hektor den liebsten Sohn verloren hat – er sagt in 24, 499: ὃς
δέ μοι οἶος ἔην, wird auch Peleus seinen Sohn verlieren, der in der Tat
sein einziger ist.

In Achills Darstellung sind die Schicksale von Priamos und Peleus auch
ansonsten parallel: Bei beiden beschreibt er zuerst in vier Versen das Glück
(24, 534-537; 543-546), dann das Unglück (24, 540-542; 547f.). Er schließt
an das Unglück des Peleus das des Priamos mit καὶ σέ an (24, 543). Auch
inhaltlich ist das Glück beider ähnlich; in 24, 535-537 sagt Achill über
seinen Vater:

> [...] πάντας γὰρ ἐπ᾽ ἀνθρώπους ἐκέκαστο
> ὄλβωι τε πλούτωι τε, ἄνασσε δὲ Μυρμιδόνεσσιν,
> καί οἱ θνητῶι ἐόντι θεὰν ποίησαν ἄκοιτιν.

> [...] denn vor allen Menschen war er ausgezeichnet
> An Fülle und Reichtum und herrschte über die Myrmidonen,
> Und sie machten ihm, dem Sterblichen, eine Göttin zur Lagergefährtin.

In seiner Beschreibung von Priamos hebt er ebenfalls ὄλβος und πλοῦτος
hervor und sagt, Priamos habe unter den Menschen herausgeragt (καίνυσ-
θαι). Der Auszeichnung des Peleus durch die Gattin entspricht bei Priamos
die große Zahl der Söhne, 24, 543-546:

> καὶ σέ, γέρον, τὸ πρὶν μὲν ἀκούομεν ὄλβιον εἶναι·
> ὅσσον Λέσβος ἄνω, Μάκαρος ἕδος, ἐντὸς ἐέργει
> καὶ Φρυγίη καθύπερθε καὶ Ἑλλήσποντος ἀπείρων,
> τῶν σε, γέρον, πλούτωι τε καὶ υἱάσι φασὶ κεκάσθαι.

> Auch du, Alter! bist ehedem, wie wir hören, glücklich gewesen.
> Alles, was Lesbos, des Makar Sitz, nach oben hin einschließt
> Und Phrygien darüber und der grenzenlose Hellespontos,
> Vor diesen warst du, sagen sie, Alter! an Reichtum und Söhnen ausge-
> zeichnet.

Die Parallele zwischen Priamos und Peleus wird dadurch unterstrichen, daß
es Achill ist, der beiden das Leid verursacht, 24, 540-542:

---

[228] Cf. Taplin 1992, 270: »The poignant irony is that, while he believes he is contrasting himself with the happy future of Peleus, he has in fact accentuated their shared lot: both old men will
have to live through the death of their greatest hope, their sons.«

[…] οὐδέ νυ τόν γε
γηράσκοντα κομίζω, ἐπεὶ μάλα τηλόϑι πάτρης
ἧμαι ἐνὶ Τροίηι, σέ τε κήδων ἠδὲ σὰ τέκνα.

[…] Und ich sorge
Nicht für ihn, den Alternden, denn weit entfernt von der Heimat
Sitze ich in Troja und mache dir Kummer und deinen Söhnen.

Die Ähnlichkeit zwischen Priamos und seinem eigenen Vater ermöglicht es Achill, sich trotz der Feindschaft in Priamos' Situation hineinzuversetzen.[229] Hinter ihr verbirgt sich eine Ähnlichkeit der Situation von Achill und Priamos.[230] Dies wird deutlich an der Klage beider nach Priamos' einleitender Rede, 24, 509-512:

τὼ δὲ μνησαμένω, ὃ μὲν Ἕκτορος ἀνδροφόνοιο
κλαῖ᾽ ἀδινὰ προπάροιϑε ποδῶν Ἀχιλῆος ἐλυσϑείς,
αὐτὰρ Ἀχιλλεὺς κλαῖεν ἑὸν πατέρ᾽, ἄλλοτε δ᾽ αὖτε
Πάτροκλον· τῶν δὲ στοναχὴ κατὰ δώματ᾽ ὀρώρει.

Und die beiden dachten: der eine an Hektor, den männermordenden,
Und weinte häufig, zusammengekauert vor den Füßen des Achilleus,
Aber Achilleus weinte um seinen Vater, und ein andermal wieder
Um Patroklos, und ein Stöhnen erhob sich von ihnen durch das Haus.

Auf der einen Seite zeigt sich die Distanz: Während Priamos Hektor beweint, klagt Achill um seinen Vater und Patroklos. Auf der anderen Seite markiert der Dual die Gemeinsamkeit ihrer Trauer: τὼ δὲ μνησαμένω.[231] Beide trauern mit ähnlicher Intensität um den Verlust eines nahestehenden Menschen und müssen anerkennen, daß, was geschehen ist, nicht mehr umgekehrt werden kann.[232] Achill hat über lange Zeit nicht gegessen, Priamos wird mit Achill zum ersten Mal seit Hektors Tod wieder essen (24, 642). Achill hat nach Patroklos' Tod nur wenig geschlafen, Priamos, seitdem Hektor gestorben ist, überhaupt nicht (24, 637f.). Bei beiden führt die

---

[229] Cf. Deichgräber 1972, 65. S. a. Burkert 1955, 104f.; Finlay 1980, 273; Held 1987, 247.

[230] West 1997, 346f. macht darauf aufmerksam, daß die Erkenntnis der Ähnlichkeit des anderen in seiner Sterblichkeit und Trauer auch im Gilgamesh-Epos in der Begegnung zwischen Gilgamesh und Ut-napishtim eine Rolle spielt.

[231] Die gemeinschaftsstiftende Funktion von Leiden zeigt sich bereits in Achills Worten in 24, 3-8: […] αὐτὰρ Ἀχιλλεύς/ κλαῖε φίλου ἑτάρου μεμνημένος οὐδέ μιν ὕπνος/ ἥιρει πανδαμάτωρ, ἀλλ᾽ ἐστρέφετ᾽ ἔνϑα καὶ ἔνϑα/ Πατρόκλου ποϑέων ἀνδροτῆτά τε καὶ μένος ἠύ,/ ἠδ᾽ ὁπόσα τολύπευσε σὺν αὐτῶι καὶ πάϑεν ἄλγεα,/ ἀνδρῶν τε πτολέμους ἀλεγεινά τε κύματα πείρων. Achill fühlt sich besonders durch die gemeinsam erfahrenen Leiden mit Patroklos verbunden.

[232] In 24, 551 sagt Achill zu Priamos über Hektor: οὐδέ μιν ἀνστήσεις […] In 24, 756 sagt Hekabe darüber, daß Achill nach Patroklos' Tod Hektors Leichnam malträtiert hat: […] ἀνέστησεν δέ μιν οὐδ᾽ ὥς.

Trauer zu einer Distanz im Umgang mit ihren Mitmenschen.[233] Achill lehnt
es ab, sich zu waschen (23, 38-47), Priamos wälzt sich im Schmutz (22,
414; 24, 162-165). Achill wünscht sich nach Patroklos' Tod, selbst tot zu
sein, und rächt Patroklos im Wissen, daß er damit seinen eigenen Tod besiegelt. Priamos hält den Einwänden seiner Frau, er dürfe nicht zu Achill
gehen, folgendes entgegen, 24, 224-227:

> [...] εἰ δέ μοι αἶσα
> τεθνάμεναι παρὰ νηυσὶν Ἀχαιῶν χαλκοχιτώνων,
> βούλομαι· αὐτίκα γάρ με κατακτείνειεν Ἀχιλλεύς
> ἀγκὰς ἑλόντ᾽ ἐμὸν υἱόν, ἐπὴν γόου ἐξ ἔρον εἵην.

> [...] Wenn aber
> Mein Teil ist, daß ich sterbe bei den Schiffen der erzgewandten Achaier:
> Ich will es! Mag mich denn auf der Stelle töten Achilleus,
> Meinen Sohn in den Armen haltend, wenn ich gestillt die Lust an der
> Klage.

Bei beiden führt der Schmerz also dazu, daß sie ihr eigenes Leben gering-
schätzen. Hekabe wirft Priamos vor, er habe ein Herz aus Eisen; Achill
stellt das gleiche fest (24, 205; 521). In 22, 357 sagt Hektor, Achill habe
einen eisernen θυμός.

Die hier sprachlich wie strukturell verfolgte Ähnlichkeit von Achills und
Priamos' Trauer wird auch durch ein Gleichnis unterstrichen. In 23, 222-
225 vergleicht der Erzähler Achills Trauer mit der eines Vaters um seinen
Sohn:

> ὡς δὲ πατὴρ οὗ παιδὸς ὀδύρεται ὀστέα καίων
> νυμφίου, ὅς τε θανὼν δειλοὺς ἀκάχησε τοκῆας,
> ὣς Ἀχιλεὺς ἑτάροιο ὀδύρετο ὀστέα καίων,
> ἑρπύζων παρὰ πυρκαιήν, ἁδινὰ στοναχίζων.

> Und wie ein Vater wehklagt um seinen Sohn, die Gebeine verbrennend,
> Den jung vermählten, der sterbend die armen Eltern bekümmerte:
> So wehklagte Achilleus um den Gefährten, die Gebeine verbrennend,
> Sich hinschleppend am Scheiterhaufen, mit dichtem Stöhnen.

Wenn Achills Mitleid nicht nur durch die Ähnlichkeit zwischen Priamos
und Peleus ausgelöst wird, sondern auch Priamos und Achill sich in ihrer
Trauer ähnlich sind,[234] ist die Bedingung der Ähnlichkeit oder Nähe bei

---

[233] Cf. Rabel 1997, 199.

[234] Murnaghan 1997, 41 meint, Achills Worte in 24, 560-564 vertrügen sich schlecht damit,
daß Achill die Gemeinsamkeit zwischen Priamos und sich selbst erkenne: »He continues to stress
what separates him from other mortals, his divine mother and his special connection to Zeus,
rather than the connection to other mortals he inherits from his mortal father Peleus, the connection to which Priam has alluded with results that Achilles will not acknowledge.« Dagegen sind
folgende Einwände vorzubringen: Achill betont, wenn er erwähnt, seine Mutter sei als Bote des

Aristoteles zu einer gemeinsamen Lage gesteigert. Obwohl nach Aristoteles sich Mitleid in Furcht umwandelt, wenn man selbst vom Leid betroffen ist, läßt sich Achills Mitleid noch mit der aristotelischen Definition erklären: Schließlich ist Achill nicht vom gleichen Leid wie Priamos betroffen, er befindet sich nur in einer vergleichbaren Situation. Dennoch ist es für den hier verfolgten aristotelischen Ansatz bemerkenswert, daß jemand, der selbst gerade unglücklich ist, Mitleid mit einem anderen empfinden kann.

Achill geht sogar noch einen Schritt weiter, wenn er die Parabel von den Fässern erzählt. Mit ihr formuliert er ein Modell für menschliches Leben im allgemeinen. Er erkennt die Gemeinschaft der Menschen in der *condicio humana*.[235]

Die Gemeinsamkeit der Situation ist bereits in der Inversion angelegt, die das Gleichnis in 24, 477-484 darstellt: τοὺς δ᾽ ἔλαθ᾽ εἰσελθὼν Πρίαμος μέγας, ἄγχι δ᾽ ἄρα στάς/ χερσὶν Ἀχιλλῆος λάβε γούνατα καὶ κύσε χεῖρας/ δεινὰς ἀνδροφόνους, αἵ οἱ πολέας κτάνον υἷας./ ὡς δ᾽ ὅτ᾽ ἂν ἄνδρ᾽ ἄτη πυκινὴ λάβηι, ὅς τ᾽ ἐνὶ πάτρηι/ φῶτα κατακτείνας ἄλλων ἐξίκετο δῆμον,/ ἀνδρὸς ἐς ἀφνειοῦ, θάμβος δ᾽ ἔχει εἰσορόωντας,/ ὡς Ἀχιλεὺς θάμβησεν ἰδὼν Πρίαμον θεοειδέα,/ θάμβησαν δὲ καὶ ἄλλοι, ἐς ἀλλήλους δὲ ἴδοντο.[236] Während im Gleichnis ein Mörder zu einem reichen Mann in der Fremde flieht, geht der reiche Priamos zum Mörder seiner Söhne in seinem eigenen Land.[237] Die Umkeh-

---

Zeus zu ihm gekommen, nicht seine göttliche Herkunft als Unterschied zu anderen Menschen. Vielmehr liegt gerade darin, daß sowohl er als auch Priamos göttliche Botschaften erhalten haben, eine weitere Gemeinsamkeit. Außerdem ist, wie die oben ausgeführte Interpretation seiner Rede in 24, 518-551 deutlich gemacht hat, die Gemeinsamkeit der Situation, die in der Parabel von den zwei Fässern ihren allgemeinen Ausdruck findet, der Grund für Achills Mitleid. Er geht in der Betonung der Gemeinsamkeit zwischen Peleus und Priamos sogar weiter als Priamos.

[235] Daß die gemeinsame Situation, auf der das Mitleid beruht, spezifisch menschlich ist, zeigt ein Blick auf Achills Niobe-Gleichnis. Als Grund für den Zorn von Apollon und Artemis wird folgendes genannt, 24, 607: οὕνεκ᾽ ἄρα Λητοῖ ἰσάσκετο καλλιπαρήωι. Der Vergleich der Situation, der zwischen Menschen Mitleid ermöglicht, führt zum Frevel, sofern ihn Menschen auf die Götter ausdehnen.

[236] Das Gleichnis tritt auf mehreren Ebenen in Beziehung zur Wirklichkeit. Das Erstaunen derjenigen, die den Flüchtling anschauen, entspricht dem Erstaunen der Griechen, als sie Priamos erblicken. Moulton 1977, 114f. macht darauf aufmerksam, daß die Unsicherheit des Exilanten an die gefährliche Reise des Priamos erinnere. Das Gleichnis bezieht seine Wirkung auch durch Kontrast: Neben der oben bereits erwähnten Rolleninversion ist zu bemerken, daß es im Frieden angesiedelt ist, während die Begegnung zwischen Achill und Priamos im Krieg stattfindet. Außerdem hat der Mörder im Gleichnis nur einen Menschen umgebracht, Achill dagegen, wie der Erzähler in 24, 479 ausdrücklich erwähnt, viele. Schließlich stehen der Flüchtling und die, an die er sich wendet, in keinem besonderen Verhältnis zueinander. Dagegen hat Achill nicht irgendjemanden umgebracht, sondern die Söhne von Priamos. Durch diesen Kontrast hebt das Gleichnis hervor, wie außerordentlich die Begegnung von Priamos und Achill ist. Arend 1933, 37-39 zeigt, in welcher Weise in der Begegnung von Achill und Priamos traditionelle Formelemente abgewandelt werden.

[237] Ähnlich wie Achill ins fremde Troja gezogen ist, muß Priamos jetzt in das feindliche Lager gehen. Hekabe sagt in 24, 287f.: τῆ, σπεῖσον Διὶ πατρί, καὶ εὔχεο οἴκαδ᾽ ἱκέσθαι/ ἂψ ἐκ

rung der wirklichen Situation im Gleichnis markiert nicht nur, wie ungewöhnlich es ist, daß Priamos zum Mörder seines Sohnes kommt,[238] sondern spiegelt zugleich die Ähnlichkeit der menschlichen Situation in verschiedenen Lagen. In welcher Situation ein Mensch sich auch befindet, ist unerheblich; die Rollen können ausgetauscht werden: Der Mensch ist immer dem Zufall ausgesetzt und erbärmlich. Dies wird noch deutlicher, wenn, wie Moulton meint, als Hintergrund des Gleichnisses Achills Klage gesehen werden kann, Agamemnon behandle ihn ὡς εἴ τιν' ἀτίμητον μετανάστην.[239] Dann erinnert der Vertriebene, der im Gleichnis Priamos repräsentiert, zugleich an Achill.

Die Erkenntnis der Gemeinsamkeit im Mitleid – und damit kommen wir zu der Frage, warum Achill sich des Priamos erbarmt und in seiner Raserei innehält – eröffnet eine neue Sicht sowohl auf den anderen als auch auf die eigene Situation. Nach dem Essen sehen Priamos und Achill sich mit neuen Augen, 24, 628-632:

αὐτὰρ ἐπεὶ πόσιος καὶ ἐδητύος ἐξ ἔρον ἕντο,
ἤτοι Δαρδανίδης Πρίαμος θαύμαζ' Ἀχιλῆα,
ὅσσος ἔην οἷός τε· θεοῖσι γὰρ ἄντα ἐῴκει·
αὐτὰρ ὃ Δαρδανίδην Πρίαμον θαύμαζεν Ἀχιλλεύς
εἰσορόων ὄψιν τ' ἀγαθὴν καὶ μῦθον ἀκούων.

Doch als sie das Verlangen nach Trank und Speise vertrieben hatten,
Ja, da staunte der Dardanide Priamos über Achilleus,
Wie groß und wie schön er war: den Göttern glich er von Angesicht.
Aber über den Dardaniden Priamos staunte Achilleus,
Als er sah sein edles Gesicht und seine Rede hörte.

Während in 24, 509-512 die Gemeinsamkeit in der Trauer um verschiedene Menschen lag, hat sich jetzt durch die Einsicht in die gemeinsame Situation ein reziproker Blick auf den anderen entwickelt. Die Szene kann auch mit dem Gleichnis verglichen werden, das Priamos' Ankunft im Zelt beschreibt (24, 480-484). In ihm klingt die Reziprozität bereits an, 24, 484:

[...] ἐς ἀλλήλους δὲ ἴδοντο.

[...] und sie blickten einander an.

Das neutrale θάμβος im Gleichnis ist jetzt aber zum positiven θαῦμα geworden, aus Erstaunen hat sich Bewunderung entwickelt. Diese Bewun-

---

δυσμενέων ἀνδρῶν [...] Die Wendung οἴκαδε ἱκέσθαι bezieht sich ansonsten in der *Ilias* auf die Griechen (1, 19) und Achill (9, 393; 414).

[238] Cf. Moulton 1977, 114-116. Außerdem bemerkt er, daß die Situation im Gleichnis der von Patroklos gleicht, der nach einem Totschlag emigrieren mußte und von Peleus aufgenommen wurde (116): »For just as he and his father endeavored to protect Patroklos, Achilles can now find the humanity to protect Priam.«

[239] Moulton 1977, 114-116.

derung für den anderen – Priamos vergleicht Achill sogar mit einem Gott –
ist bemerkenswert, da beide durch ihre Trauer in einer Extremsituation sind:
Sie haben kaum oder gar nicht geschlafen, sind ungewaschen und verweint.
In paradoxer Weise legt das Mitleid das Göttliche im Menschen selbst oder
vielmehr gerade in seiner erbärmlichsten Verfassung frei.

Wie die Verse zeigen, entsteht der neue Blick auf den anderen dadurch,
daß in ihm das eigene gesehen wird. Priamos wird im 24. Buch acht Mal
θεοειδής genannt. Jetzt sieht er, daß Achill einem Gott gleicht. Diese Umkehrung ist umso auffälliger, als in dem korrespondierenden Gleichnis zu
Beginn ihrer Begegnung gesagt wird, 24, 483:

> ὡς Ἀχιλεὺς θάμβησεν ἰδὼν Πρίαμον θεοειδέα.

> So staunte Achilleus, als er Priamos sah, den gottgleichen.

Ähnliches läßt sich für den Blick Achills auf Priamos feststellen. Macleod
macht darauf aufmerksam, daß die Schönheit, die Achill an Priamos feststellt, eigentlich ein Attribut seiner eigenen Person sei.[240]

Das Mitleid führt aber auch zu einem neuen Blick auf das eigene Leben.
Achills Mitleid mit Priamos bewirkt, daß er in seinem Rasen innehält. Indem er sich in die Lage eines anderen hineinversetzt, sich im anderen ent-
deckt und mit ihm leidet, erhält er Einsicht in das allgemeine Gesetz des
menschlichen Lebens.[241] Durch diese Erkenntnis, daß seine eigene Situation
die aller Menschen ist, kann er sein Leid annehmen.

Dies macht der Vergleich mit Priamos am Anfang der Begegnung deutlich. Während Priamos sich nicht mit Hektors Tod abfinden kann, da er sein
Leid für einzigartig hält, relativiert Achill sein eigenes Leid durch den Blick
auf das Leiden des anderen. Die am eigenen Leibe erfahrene Schicksalskontingenz wird durch das Bewußtsein, daß auch andere ihr ausgesetzt sind,
und durch Anteilnahme an ihrem Leid zwar nicht aufgehoben, aber doch
erträglich und annehmbar, so daß Achill folgendes fordern kann, 24, 522f.:

> [...] ἄλγεα δ᾿ ἔμπης
> ἐν θυμῶι κατακεῖσθαι ἐάσομεν ἀχνύμενοί περ.

---

[240] Cf. Macleod ad 24, 629-632.

[241] Achills in der Parabel von den Fässern formulierte Einsicht geht über seine Einsicht in die
allgemeine Sterblichkeit, wie er sie im 21. Buch Lykaon gegenüber formuliert, hinaus: So faßt er
jetzt nicht den Tod, sondern das Leben in den Blick. Außerdem gelingt es ihm, sich auf der
Grundlage der Ähnlichkeit in die Lage seines Gegenübers zu versetzen. Kim 2000, 156 (cf. 136)
bemerkt die Inversion des Verhältnisses zwischen φιλότης und ἔλεος, wenn Achill Lykaon
aufgrund der gemeinsamen Sterblichkeit φίλος nennt, sich seiner aber nicht erbarmt. S. a. Burkert
1955, 97.

[…] und die Schmerzen wollen wir gleichwohl
Ruhen lassen im Mut, so bekümmert wir sind.[242]

Die Begegnung mit Achill öffnet auch die Perspektive von Priamos. Während er zuerst in seinem eigenen Leid gefangen ist, bewundert er schließlich das Göttliche an Achill und erkennt damit, wie oben gezeigt, seine Ähnlichkeit. Daß diese Erkenntnis auch sein Leid mildert, zeigt sich, wenn er, der bislang in seiner Trauer keinen Schlaf fand, nach dem Essen selbst vorschlägt, schlafen zu gehen, und schließlich von Hermes daran erinnert werden muß, Achills Zelt vor dem Anbruch des Morgens zu verlassen.[243]

3.2.3 Achill als Erzähler des Endes der Ilias

In der Analyse des Verhältnisses der Helden zu ihrer Vergangenheit war festgestellt worden, daß die Schicksalskontingenz Handlungsfreiheit in Frage stellt. Ein Geschichtsbild, in dessen Zentrum ihre Erfahrung steht, ist darauf angewiesen, daß die exemplarische und traditionale Sinnbildung (die sie zugleich in Frage stellt) Handlungsperspektiven eröffnen. Die Begegnung zwischen Achill und Priamos ist dadurch außerordentlich, daß im Mitleid die Einsicht in die Schicksalskontingenz selbst handlungsorientierend wird.[244] Sie führt dazu, daß Achill sich aufgrund der gemeinsamen Situation des Priamos erbarmt und trotz der Feindschaft Hektors Leichnam ausliefert.

Welche Wirkung die Einsicht in und Anerkennung von Schicksalskontingenz hat, wird sowohl auf der extra- als auch der intradiegetischen Ebene deutlich. Die *Ilias* endet nicht nur mit der Begegnung von Priamos und Achill; wie ausgeführt, bringt Achills Reflexion über die *condicio humana* sie auch zu einer »closure«. Die Einsicht in die Schicksalskontingenz auf der Handlungsebene schafft es, die Handlung der *Ilias* zu einem Ende zu führen. Aber auch die Grenzen der Verarbeitung der Schicksalskontingenz werden deutlich. Weder die Handlung um Achill noch die Eroberung Trojas kommen zu einem Ende. Die Offenheit des Endes der *Ilias* zeigt, daß Schicksalskontingenz durch ihre Anerkennung nicht aufgehoben wird.[245]

---

[242] Bereits in 18, 112 und 19, 65 hat Achill über die Auseinandersetzung mit Agamemnon gesagt: ἀλλὰ τὰ μὲν προτετύχθαι ἐάσομεν ἀχνύμενοί περ.

[243] Es entsteht eine Spannung zu Achills Mahnung an Priamos, den Schmerz zu ertragen, wenn in 24, 708 der Erzähler sagt: […] πάντας γὰρ ἀάσχετον ἵκετο πένθος. Die Unterträglichkeit des Leids läßt sich aber als fokalisiert durch die Trojaner verstehen.

[244] Zum Zusammenhang zwischen Schicksalskontingenz und Mitleid s. Marquard 1986b, 132: »Das bisherige Fazit ist: zur Würde des Menschen gehört, daß er das Zufällige leiden kann; und zu seiner Freiheit gehört die Anerkennung des Zufälligen. Darin steckt positiv: die Respektierung menschlicher Würde ist vor allem das Mitleid; und die Respektierung menschlicher Freiheit ist vor allem die Toleranz.«

[245] Die weitere Entwicklung ist in einer wirkungsvollen Parenthese angedeutet, die in die Beschreibung eingeschoben ist, wie die Trojaner Hektors Grabhügel aufschütten, 24, 799-801:

Auch intradiegetisch läßt sich zeigen, inwiefern die Einsicht in Schicksalskontingenz zu einer Erweiterung der Handlungsmöglichkeiten führt. Achill nähert sich, so soll hier gezeigt werden, im 24. Buch durch das Mitleid der Perspektive der Götter und des Erzählers an und wird gleichsam zum Erzähler des Endes der *Ilias*.

Das Mitleid, das Achill Priamos entgegenbringt, ist präfiguriert im Mitleid, das Zeus mit Priamos hat. In 24, 173f. sagt Iris:

> [...] Διὸς δέ τοι ἄγγελός εἰμι,
> ὅς σε᾽ ἄνευϑεν ἐὼν μέγα κήδεται ἠδ᾽ ἐλεαίρει.

> [...] Von Zeus bin ich dir ein Bote,
> Der sich von fern her groß um dich sorgt und sich deiner erbarmt.

In 24, 300f. stimmt Priamos Hekabe zu, es sei gut, zu Zeus zu beten, ob er sich seiner erbarme (αἴ κ᾽ ἐλεήσηι). In 24, 331-333 sendet Zeus schließlich Hermes aus Mitleid mit Priamos als Hilfe.[246]

Außerdem erinnert Achills Mahnung, Priamos solle sein Leid ertragen (24, 518-551), an die Kritik, die Apollon an ihm selbst zu Beginn des 24. Buches äußert, 24, 46-49:

> μέλλει μέν πού τις καὶ φίλτερον ἄλλον ὀλέσσαι,
> ἠὲ κασίγνητον ὁμογάστριον ἠὲ καὶ υἱόν,
> ἀλλ᾽ ἤτοι κλαύσας καὶ ὀδυράμενος μεθέηκεν·
> τλητὸν γὰρ Μοῖραι θυμὸν θέσαν ἀνθρώποισιν.

> Hat mancher doch wohl einen anderen, noch Näherstehenden, verloren,
> Den Bruder vom gleichen Mutterleib oder auch den Sohn;
> Aber wahrhaftig! hat er ihn beweint und bejammert, so läßt er ab,
> Denn einen duldsamen Mut haben die Moiren den Menschen gegeben.[247]

In einer Ringkomposition appelliert Achill an Priamos, 24, 518:

> ἆ δείλ᾽, ἦ δὴ πολλὰ κάκ᾽ ἄνσχεο σὸν κατὰ θυμόν.

ῥίμφα δὲ σῆμ᾽ ἔχεαν – περὶ δὲ σκοποὶ εἴατο πάντηι,/ μὴ πρὶν ἐφορμηθεῖεν εὐκνήμιδες Ἀχαιοί –/ χεύαντες δὲ τὸ σῆμα πάλιν κίον [...]

[246] Nicht alle Götter haben mit Hektor und Priamos Mitleid. Davies 1981, 60 betont den Kontrast zwischen der Unerbittlichkeit von Hera, Athene und Poseidon und Achills Mitleid und sieht darin einen Verweis auf den weiteren Verlauf der Handlung, 60: »We are also reminded that in the resumed war Achilles will die, and Priam will perish with his city: the resentment felt by Apollon, the resentment felt by Hera, Athena, and Poseidon, will find their fulfillment.«

[247] Ein ähnliches Argument wird gegen Achill von Aias in 9, 632-638 vorgebracht: [...] καὶ μέν τίς τε κασιγνήτοιο φόνοιο/ ποινὴν ἢ οὗ παιδὸς ἐδέξατο τεθνηῶτος,/ καί ῥ᾽ ὃ μὲν ἐν δήμωι μένει αὐτοῦ πόλλ᾽ ἀποτείσας,/ τοῦ δέ τ᾽ ἐρητύεται κραδίη καὶ θυμὸς ἀγήνωρ/ ποινὴν δεξαμένωι. σοὶ δ᾽ ἄλληκτόν τε κακόν τε/ θυμὸν ἐνὶ στήθεσσι θεοὶ θέσαν εἵνεκα κούρης/ οἴης [...]

> Ah, Armer! ja, schon viel Schlimmes hast du ausgehalten in deinem Mute!

24, 549:

> ἄνσχεο, μηδ᾽ ἀλίαστον ὀδύρεο σὸν κατὰ θυμόν.

> Halte an dich und jammere nicht endlos in deinem Mute!

Ebenso wie Apollon gegen Achills maßlose Trauer einwendet, daß Menschen, auch wenn sie einen Bruder oder einen Sohn verloren haben, irgendwann aufhören zu klagen, unterstreicht Achill seine Mahnung damit, daß er Priamos' Leid mit dem seines Vaters Peleus vergleicht. Wenn Achill die Überlegungen, die gerade noch ein Gott über sein Verhalten angestellt hat, als Mahnung einem anderen Menschen mitteilt, nimmt er plötzlich die Perspektive ein, die davor der Gott hatte.

Sogar als Achills alter Zorn aufblitzt und er Priamos droht, er könne ihn umbringen, falls er ihn zu sehr reize, verrät er ein außerordentliches Wissen, wenn er sagt, Priamos sei von einem Gott zu seinem Zelt geleitet worden (24, 563-567). Zwar folgert er dies daraus, daß Priamos ohne göttliche Hilfe niemals zu ihm gelangt wäre, aber seine Einsicht kontrastiert damit, daß Priamos, dem Iris göttliches Geleit durch Hermes zugesichert hat (24, 182f.), diesen nicht als Gott erkannt hat.[248]

Am deutlichsten wird die neue Perspektive von Achill in seinem Verhältnis zur Zukunft. An Patroklos und Hektor ist festgestellt worden, daß Menschen im Sterben prophetische Qualitäten erlangen.[249] Achills Wissen, daß er selbst bald sterben muß, kann als Ausdruck davon gedeutet werden, daß er bereits im Schatten des Todes steht. Die prophetischen Fähigkeiten, die sich bei Patroklos und Hektor auf das Los desjenigen richten, der sie umbringt, läßt Achill seinen eigenen Tod vorhersagen.

Darüber hinaus bestimmt Achill aber auch über die Zukunft. Er fragt Priamos, wieviel Zeit er für die Bestattung von Hektor brauche (24, 656-658). Nachdem Priamos um elf Tage gebeten hat, antwortet Achill in 24, 669f.:

> ἔσται τοι καὶ ταῦτα, γέρον Πρίαμ᾽, ὡς σὺ κελεύεις·
> σχήσω γὰρ πόλεμον τόσσον χρόνον, ὅσσον ἄνωγας.

> Sein soll dir auch dieses, Greis Priamos! wie du es forderst.
> Aufhalten will ich den Kampf so lange Zeit, wie du es verlangt hast.

Die *Ilias* endet damit, daß, wie Achill angeordnet hat, der Krieg für elf Tage unterbrochen wird, damit Hektor begraben wird. Es ist außerordentlich, wenn am Ende des Gedichtes, in dem ausführlich dargestellt wurde, wie wenig die Helden Herren ihres Schicksals sind, in dem deutlich wurde, in wie kurzer Zeit sich Schicksale wenden können, und in dem die Erwartungen der Helden andauernd enttäuscht wurden, ein einzelner Held den Verlauf von elf Tagen nicht nur vorhersieht, sondern sogar selbst bestimmt![250] Achill erhebt sich, so können wir feststellen, über die menschliche Sphäre, die der Schicksalskontingenz unterliegt, und gestaltet selbst die Handlung.

Die elf Tage erinnern an die elf Tage, an denen die Handlung der *Ilias* am Beginn ruht, weil Zeus mit den Göttern zu einem Opfer der Aithioper aufgebrochen ist (1, 423-425; 493). Ebenso wie die Götter am Beginn ist Achill am Ende für eine elftägige Unterbrechung der Handlung verantwortlich.[251] Es läßt sich sogar sagen, daß seine Macht jetzt die der Götter übersteigt. Er hebt nämlich die Vorhersage auf, die Hermes in 24, 401-404 macht:

> νῦν δ᾽ ἦλθον πεδίονδ᾽ ἀπὸ νηῶν· ἠῶθεν γὰρ
> θήσονται περὶ ἄστυ μάχην ἑλίκωπες Ἀχαιοί.
> ἀσχαλόωσι γὰρ οἵδε καθήμενοι, οὐδὲ δύνανται
> ἴσχειν ἐσσυμένους πολέμου βασιλῆες Ἀχαιῶν.

> Jetzt aber kam ich von den Schiffen zur Ebene, denn in der Frühe
> Werden um die Stadt eine Schlacht bereiten die hellblickenden Achaier.
> Denn unwillig sind sie, dazusitzen, und nicht mehr können
> Die Drängenden vom Kampf zurückhalten die Könige der Achaier.

Achills Ankündigung evoziert die frühere Aussage von Hermes durch die gemeinsame Verwendung von ἔχειν, die bei ihm gesteigert ist, da er nicht nur die Griechen (cf. 24, 658), sondern den Krieg selbst aufhält (24, 670). Er schafft nicht nur das, was nach Hermes die griechischen Könige nicht

---

[250] Erheblich kürzer sind die Unterbrechungen im 7. Buch. Die Götter beschließen, den Krieg durch einen Zweikampf für den gegenwärtigen Tag zu beenden (7, 24-44). Im gleichen Buch unterbrechen die Trojaner und Griechen die Kämpfe für einen Tag, um die Toten zu bestatten (7, 354-441).

[251] Achills Bestimmung über den Verlauf der Handlung am Ende läßt sich auch vergleichen mit seinem Eid im 1. Buch, dem er folgendes hinzufügt, 1, 240-244: ἦ ποτ᾽ Ἀχιλλῆος ποθὴ ἵξεται υἷας Ἀχαιῶν/ σύμπαντας· τότε δ᾽ οὔ τι δυνήσεαι ἀχνύμενός περ/ χραισμεῖν, εὖτ᾽ ἂν πολλοὶ ὑφ᾽ Ἕκτορος ἀνδροφόνοιο/ θνήσκοντες πίπτωσι· σὺ δ᾽ ἔνδοθι θυμὸν ἀμύξεις/ χωόμενος, ὅ τ᾽ ἄριστον Ἀχαιῶν οὐδὲν ἔτισας. Hier sagt Achill den Verlauf der Handlung vorher: In der Tat werden viele Griechen fallen und Agamemnon wird Reue empfinden. Während Achill am Anfang die Handlung dadurch in negativer Weise prägt, daß er sich vom Geschehen zurückzieht – die Griechen erleiden ohne ihn schwere Verluste, bringt er am Ende die Schrecken des Krieges zu einem zeitweiligen Ende, indem er selbst in die Handlung eingreift. Insofern ist seine Bestimmung des Waffenstillstandes am Ende auch eine Inversion seiner Vorhersage am Anfang.

vermögen, sondern führt einen Handlungsverlauf herbei, welcher die Vorhersage des Gottes widerlegt.

Mit ein bißchen Kühnheit können wir sogar sagen, daß Achill zum Erzähler des Endes der *Ilias* wird. Dem Erzähler der *Ilias* ist er dadurch besonders ähnlich, daß er die Eroberung Trojas verzögert. Ebenso wie der Erzähler die *Ilias* als eine lange Kette von Retardationen auf dem Weg zur Eroberung Trojas gestaltet, bewirkt Achills Eingriff in die Handlung eine weitere Verzögerung. Er bringt den Krieg, in dem Schicksalskontingenz besonders scharf erfahren wird, zu einem Stillstand. Seine Einsicht in die Schicksalskontingenz hebt sie auf – allerdings nur vorläufig: Die Verzögerung, die Achill bewirkt, macht zugleich auf den eingeschränkten Charakter seiner Macht aufmerksam. Er beendet den Krieg nicht, sondern hält ihn nur für kurze Zeit auf. Die Einsicht in die Schicksalskontingenz löst diese nicht wirklich auf, sie schafft aber, wie deutlich wird, wenn Achill zum Erzähler des Endes wird, neue Handlungsräume.

3.2.4 Mitleid und Kontingenz in der Rezeption

Inwiefern spiegelt, wie oben behauptet, die Begegnung zwischen Achill und Priamos die Rezeption wider und beleuchtet dadurch die Auseinandersetzung mit Schicksalskontingenz, die in der Rezeption stattfindet? Der Schlüssel zu dieser Frage ist die aristotelische Rezeptionstheorie. In der *Poetik* führt Aristoteles aus, daß die Rezipienten von Tragödien eine Katharsis durch Mitleid und Furcht erfahren.[252] Diese Analyse soll auf die Rezeption der *Ilias* übertragen werden.[253]

Oben ist gezeigt worden, daß sich Achills Erbarmen mit dem Mitleidsbegriff erklären läßt, den Aristoteles in der *Rhetorik* entwickelt. Aufgrund der Balance zwischen Nähe und Distanz empfindet er mit Priamos Mitleid. Die gleiche Balance, die Mitleid in der *Rhetorik* kennzeichnet, charakterisiert die Formel von Mitleid und Furcht in der Rezeptionstheorie der *Poetik*:[254] Während in der *Rhetorik* Nähe und Distanz allein im Mitleid angelegt sind, steht in der *Poetik* dem durch Distanz ermöglichten Mitleid die selbst-

---

[252] Aristot. poet. 1449b24-28: ἔστιν οὖν τραγωιδία μίμησις πράξεως σπουδαίας καὶ τελείας μέγεθος ἐχούσης, ἡδυσμένωι λόγωι χωρὶς ἑκάστωι τῶν εἰδῶν ἐν τοῖς μορίοις, δρώντων καὶ οὐ δι᾽ ἀπαγγελίας, δι᾽ ἐλέου καὶ φόβου περαίνουσα τὴν τῶν τοιούτων παθημάτων κάθαρσιν. S. a. Aristot. poet. 1452b30-33; 1453b11-13. Zur Bedeutung von Mitleid und Furcht als Reaktion auf Tragödien s. bereits Gorgias fr. 11, 9 DK.

[253] Eine solche Übertragung läßt sich dadurch rechtfertigen, daß das Epos wie die Tragödie das Leid von Menschen darstellt. Bereits Aristoteles bezeichnet Homer als tragischen Dichter. Zur Ähnlichkeit von Epos und Tragödie s. beispielsweise Rutherford 1982.

[254] Dazu, daß es trotz der unterschiedlichen Verwendung der Begriffe Furcht und Mitleid in *Rhetorik* und *Poetik* zulässig und sinnvoll ist, die beiden Texte ergänzend zu lesen, s. Grethlein 2003b, 44f. mit Anm. 8. Konstan 2001, 133-136 meint, daß Mitleid erst durch die Komponente der Furcht zur Emotion werde.

bezogene Furcht gegenüber, die auf der Ähnlichkeit der Situation beruht. Der Aspekt der Furcht, die hier explizit genannt wird, ist in der *Rhetorik* bereits im Begriff des Mitleids durch die Nähe zum Leidenden stets präsent. In beiden Fällen hebt das Leid, wenn es zu nahe kommt, das Mitleid auf. Achills Verhältnis zu Priamos ist insofern ein Spiegel der Rezeption, als die Balance von Nähe und Distanz sowohl seine Reaktion auf Priamos als auch die Aufnahme des epischen Vortrages bestimmt.[255] Ebenso wie Achill Mitleid mit Priamos empfindet, ruft die *Ilias*, wenn wir Aristoteles' Modell von der Tragödie auf das Epos übertragen, Mitleid und Furcht bei ihren Rezipienten hervor.[256]

Die Voraussetzung für Mitleid und Furcht als Formen der Rezeption der *Ilias* sind offensichtlich: Im Zentrum der Handlung steht das Leiden der Helden. Auch die Bedingung, daß das Leid unverdient ist, ist zumindest weitgehend erfüllt.[257] Wie steht es mit der Balance von Nähe und Distanz der Rezipienten zu den Leidenden? In der Tat sind die Rezipienten den Helden des Epos zum einen ähnlich, zum anderen trennt sie eine Kluft von ihnen. Ebenso wie die Rezipienten stehen die Helden den Göttern gegenüber und sind von ihnen durch ihre Sterblichkeit getrennt. Auf der anderen Seite sind die Helden in einer vergangenen, von der Gegenwart weit entfernten Welt angesiedelt und haben, wie an einigen Stellen explizit gesagt wird, erheblich größere Kräfte.[258] Diese Balance von Nähe und Distanz zu den Charakteren ermöglicht es, daß die Rezipienten mit ihnen mitleiden können, ohne selber vom Leid erfaßt zu werden.

Aufgrund der Struktur des Mitleids läßt sich das Ende der *Ilias* als Spiegel ihrer eigenen Rezeption interpretieren. Als Markierung dieses metapoetischen Aspekts kann die mehrmalige Erwähnung von τέρψις im Rahmen der Begegnung von Priamos und Achill verstanden werden. Τέρψις bezeichnet bereits im homerischen Epos die Reaktion auf Gesang und epischen Vortrag.[259] Besonders signifikant ist die τέρψις, die Priamos und Achill empfinden, wenn sie sich gegenseitig ansehen, 24, 633-636:

---

[255] S. hierzu auch die interessante Bemerkung von Gadamer 2000, 48f.: »Warum fesseln uns die Geschichten? Darauf gibt es nur die ›hermeneutische‹ Antwort: Weil wir uns im Andern, im Andern der Menschen, im Andern des Geschehens wiedererkennen […] Wiedererkennung setzt Distanz voraus. Wiedererkennung hebt aber zugleich Distanz auf.«

[256] Mitleid als Reaktion des Publikums auf das 24. Buch wird bereits vom Scholium b ad 24, 18f.a² festgestellt, nach dem das Mitleid des Publikums geweckt wird, wenn Apollon Mitleid mit Hektor hat: προτρέπει δὲ ἡμᾶς διὰ τούτου πρὸς ἔλεον καὶ ἐπιμέλειαν τῶν νεκρῶν.

[257] Cf. S. 285f.

[258] Kearns 2004, 65 betont, daß die Heroen eine größere Nähe zu den Göttern hätten als die Menschen.

[259] An folgenden Stellen beschreibt τέρψις im homerischen Epos die Freude am Gesang oder epischen Vortrag, Il. 1, 472-474; 9, 189; 11, 642f.; Od. 1, 346f.; 421f.; 4, 239; 597f.; 8, 44f.; 91; 368; 429; 542; 12, 188; 17, 385; 605f.; 18, 304f. In 22, 330 wird Phemius Terpiades genannt. Besonders interessant ist die τέρψις, die Achill in 9, 189 hat, wenn er die κλέα ἀνδρῶν besingt,

αὐτὰρ ἐπεὶ τάρπησαν ἐς ἀλλήλους ὁρόωντες,
τὸν πρότερος προσέειπε γέρων Πρίαμος θεοειδής·
»λέξον νῦν με τάχιστα, διοτρεφές, ὄφρα καὶ ἤδη
ὕπνωι ὕπο γλυκερῶι ταρπώμεθα κοιμηθέντε.«

> Aber als sie sich ergötzt hatten, aufeinander blickend,
> Da sagte als erster zu ihm der greise Priamos, der gottgleiche:
> »Gib mir jetzt schnellstens ein Lager, Zeusgenährter! daß wir nun auch
> Uns zur Ruhe begeben und an dem Schlaf, dem süßen, ergötzen!«

Gemäß der oben gegebenen Interpretation führt hier das Mitleid durch die
Erkenntnis der Gemeinsamkeit zu einem neuen Blick auf den anderen.
Wenn diese Erfahrung mit dem Begriff bezeichnet wird, der auch die Reaktion auf Dichtung beschreibt, liegt es nahe, einen Spiegel für die Rezeption der *Ilias* zu sehen.[260]

3.3 Zusammenfassung

Anders als in der jüdisch-christlichen Tradition wird in der *Ilias* Kontingenz
nicht durch die Götter aufgehoben. Die Interpretation der Begegnung von
Achill und Priamos als Spiegel der Rezeption hat aber gezeigt, daß die *Ilias*
ihre Rezipienten Kontingenz distanzieren und bewältigen läßt.

Auf der Grundlage von Aristoteles wurde die Ähnlichkeit zwischen
Achills Mitleid mit Priamos und der Rezeption gezeigt. Wenn Achill mit
Priamos Mitleid empfindet, versetzt er sich in ihn und erkennt dadurch, daß
nicht nur er, sondern auch andere leiden. Er ist mit Priamos und den
anderen Menschen in seiner Situation verbunden. In ähnlicher Weise wird
den Zuhörern der *Ilias* das Leid anderer Menschen vorgeführt. Nicht nur sie

---

da diese Stelle als metapoetische Reflexion gedeutet werden kann (s. o. III 5.3.1). Außerdem wird
gesagt, die Götter empfänden τέρψις beim Anblick des menschlichen Treibens, was sich insofern,
als die Götter die Handlung ähnlich wie die Rezipienten verfolgen, auf das Publikum übertragen
läßt: 4, 7-10; 7, 58-61, s. a. 5, 759-761. Die metapoetische Bedeutung der wechselseitigen Bewunderung von Achill und Priamos klingt auch in 24, 632 an: εἰσορόων ὄψιν τ᾽ ἀγαθὴν καὶ
μῦθον ἀκούων. Auch das Publikum des epischen Vortrags hört einen Mythos.

[260] S. außerdem 24, 2-4: [...] τοὶ μὲν δόρποιο μέδοντο/ ὕπνου τε γλυκεροῦ ταρπήμε-
ναι· αὐτὰρ Ἀχιλλεύς/ κλαῖε φίλου ἑτάρου μεμνημένος [...], 24, 513: αὐτὰρ ἐπεί ῥα
γόοιο τετάρπετο δῖος Ἀχιλλεύς. In diesen Aussagen über die τέρψις läßt sich eine Entwicklung feststellen, sowohl was denjenigen betrifft, der die τέρψις empfindet, als auch das, worüber
er τέρψις empfindet. Zuerst ist Achill unfähig, sich wie die anderen am Essen und Schlaf zu
erfreuen. Dann labt er sich an der Klage, indem er zusammen mit Priamos weint. Schließlich
empfinden er und Priamos wechselseitig τέρψις, indem sie einander anschauen. Als Folge davon
kann Priamos Achill dazu auffordern, das zu tun, was er am Anfang nicht konnte: τέρψις im
Schlaf finden. Achill kann also wieder τέρψις an den elementaren Lebensvollzügen haben, nachdem er zusammen mit Priamos τέρψις in der Klage und im gegenseitigen Anschauen gefunden
hat.

allein sind der Schicksalskontingenz ausgeliefert, nein, alle Menschen sind ihrem Gesetz unterworfen. Auch das Publikum wird im Betrachten fremden Leids zur Einsicht in die *condicio humana* geführt und erhält das Gefühl einer Gemeinschaft.[261]

Außerdem wird Kontingenz im Rahmen des »Als-ob« von der lebensweltlichen Wirklichkeit distanziert. Dabei sind die Leiden der Charaktere im Epos besonders groß:[262] Im Lichte dieser Extremsituationen verblassen die eigenen Nöte. Deswegen kann in der Auseinandersetzung mit Schicksalskontingenz ein Schlüssel für das Paradoxon gesehen werden, daß die Rezeption von Leid τέρψις erzeugt.[263]

Zugleich machen die Zuhörer aber auch selbst in der Rezeption eine Kontingenzerfahrung. Auch dadurch, daß sie, losgelöst von den Zwängen lebensweltlicher Pragmatik, Kontingenz in zudem »milderer« Form erfahren können, setzen sie sich mit Kontingenz auseinander. Die Kontingenzerfahrung im Rahmen des »Als-ob« und der Blick auf das Leiden des anderen vermögen zwar nicht Kontingenz aufzuheben, sie können aber helfen, Kontingenz zu bewältigen.

4. Zusammenfassung

Dieses Kapitel ist von der Feststellung ausgegangen, daß die *Ilias* von großer narrativer Komplexität ist. Zeit, Perspektive und Handlungsebene sind höchst kunstvoll gestaltet. Dies fällt um so mehr auf, als die *Ilias*, auch wenn sie in einer langen oralen Tradition entstanden ist, zugleich auch der Beginn der griechischen Literatur ist. Ihre narrative Komplexität ist mit verschiedenen Ansätzen und Schwerpunkten analysiert worden. Man hat sich ihr außerdem medientheoretisch und kompositionstechnisch genähert. Dabei sind wichtige Aspekte ans Licht getreten. Aber es ist zu bezweifeln, daß die narrative Form durch das Medium ihrer Komposition oder die Analyse verschiedener Schichten erschöpfend erfaßt wird.

Der hier verfolgte erzähltheoretische Ansatz, der zeigt, wie in der narrativen Form geschichtliche Zeit refiguriert wird, eröffnet einen neuen Zu-

---

[261] Lübbe 1986, 166 stellt fest: »Bewältigte Kontingenz ist anerkannte Kontingenz.«

[262] Diese Wirkung der Beschäftigung mit fremden Leid wird bereits reflektiert bei Timokles, Dionysiazousai fr. 6 K.-A., einer Passage, die auch explizit macht, daß die relativierende Funktion besonders stark ist, wenn das dargestellte Leid größer als das eigene ist. Pol. 1, 1, 2 nennt es einen Topos, daß die Erinnerung durch die Geschichtsschreibung dazu befähigt, die eigenen Wechselfälle besser zu ertragen. S. zu dieser Theorie: Ziegler 1937, 2034 Anm. 43.

[263] S. a. Macleod 1983, 7 zu dieser Frage: »For Homeric poetry embodies a paradox and a mystery, in that it gives pleasure though its subject is always painful: the stuff of epic is in Odysseus' words ›all that the Achaeans did and endured and toiled‹.« Er sieht die τέρψις in »a warm response to a fellow man« (8).

gang zur narrativen Komplexität der *Ilias*. Er läßt die Form der Erzählung als Ausdruck des homerischen Geschichtsbildes verstehen. Die Spannung zwischen Erwartung und Erfahrung wird in ihr so refiguriert, daß auf der Handlungsebene hervortritt, wie sehr Menschen dem Zufall ausgesetzt sind. Schicksalskontingenz bestimmt also nicht nur das Geschichtsbild der Helden, sondern auch das der *Ilias*. Außerdem wird trotz der Vertrautheit des Publikums mit der epischen Tradition die Rezeption zu einer Kontingenzerfahrung. Man könnte sogar sagen, daß das Geschichtsbild, in dessen Zentrum die Schicksalskontingenz steht, die narrative Komplexität der *Ilias* hervorgebracht hat.

Schließlich zeigt die Deutung der Begegnung von Achill und Priamos als Spiegel der Rezeption auf der Grundlage des aristotelischen Mitleidbegriffes, daß die Erfahrung von Kontingenz im Rahmen des »Als-ob« und der Blick darauf, daß auch der andere dem Zufall ausgesetzt ist, Kontingenz zwar nicht aufheben, aber doch distanzieren und damit bewältigen läßt.

Die *Ilias* ermöglicht aber auf noch andere Weise die Bewältigung von Kontingenz. Den Weg kann uns Achill weisen: Es ist gezeigt worden, daß er – wenn auch nur vorläufig – Schicksalskontingenz aufhebt, indem er sich zum Erzähler des Endes der *Ilias* aufschwingt. Ebenso überwanden die Griechen Kontingenz, indem sie in der Rezeption der *Ilias* zu Erzählern wurden. Achills Entwicklung von der Einsicht in die Schicksalskontingenz durch die Begegnung mit Priamos zum Erzähler spiegelt den Weg von der Rezeption eines epischen Vortrags zur narrativen Bewältigung des eigenen Lebens. Die *Ilias* vermittelte nicht nur als Beginn der griechischen Literatur narrative Kompetenz; sie war auch die Grundlage für Erzählungen, in denen im Modus der traditionalen und exemplarischen Sinnbildung Kontingenz aufgehoben wurde. Dies soll im folgenden Kapitel ausgeführt werden, das zuerst den geschichtlichen Hintergrund der *Ilias* skizziert und dann einen Ausblick auf ihre Rezeptionsgeschichte gewährt.

VII. Ausblick: Die *Ilias* in der Geschichte

In der Einleitung haben wir das Geschichtsbild über den Begriff der Geschichtlichkeit definiert, in dem sich philosophisch die Erkenntnis niedergeschlagen hat, daß der Mensch nur als geschichtliches Wesen verstanden werden kann. Geschichtsbilder lassen sich zwar auf Kontingenz zurückführen; die Spannung zwischen Erwartung und Erfahrung, als die sich Kontingenz im menschlichen Bewußtsein niederschlägt, kann aber, wie der Vergleich des homerischen und modernen Geschichtsbildes gezeigt hat, unterschiedlich konstruiert werden. Geschichtsbilder sind geschichtlich: Wie die Spannung zwischen Erwartung und Erfahrung konstruiert wird, hängt von den jeweiligen geschichtlichen Erfahrungen ab.

Auch bei den Geschichtsbildern zeigt sich die für die menschliche Geschichtlichkeit grundlegende Spannung zwischen Geschichtsabhängigkeit und Geschichtsmächtigkeit: Geschichtsbilder sind nicht durch Geschichte determiniert, bilden sich aber in ihr und in Abhängigkeit von ihr. Diese Ambivalenz zeigt sich an der unterschiedlichen Natur von Erfahrungen und Erwartungen. Erfahrungen werden gemacht, Erwartungen werden konstruiert. Die beiden Aspekte lassen sich aber nicht klar voneinander trennen, sondern durchdringen sich wechselseitig: Erwartungen werden auf der Grundlage von gemachten Erfahrungen konstruiert, Erfahrungen korrespondieren wiederum den Erwartungen und wirken sich auf die Erinnerung an die Erwartungen aus.

Dadurch stehen Geschichte und Geschichtsbilder in einer wechselseitigen Dynamik: Geschichtsbilder entstehen nicht nur in der Geschichte, sondern prägen sie auch, insofern als Geschichte immer vor dem Hintergrund eines Geschichtsbildes wahrgenommen wird und ein Geschichtsbild Auswirkungen auf das Handeln hat. Als Beispiel dafür, wie Geschichtsbild und Geschichte zusammenhängen, läßt sich Kosellecks Analyse des modernen Geschichtsbildes nennen. So war die Erfahrung von Beschleunigung grundlegend für das Geschichtsdenken am Ende der frühen Neuzeit, das wiederum neue Handlungsräume eröffnete und damit Geschichte gestaltete.

Im folgenden soll das Verhältnis der *Ilias* zur Geschichte zumindest angerissen werden: Zuerst wird der geschichtliche Hintergrund ihrer Entstehung kurz erörtert (1), dann führt, wie bereits angekündigt, ein Blick auf die Rezeptionsgeschichte vor, inwiefern die *Ilias* den Griechen als Grundlage dafür diente, Kontingenz zu bewältigen (2).

1. Der geschichtliche Hintergrund des Geschichtsbildes der *Ilias*

Die hier angestellte allgemeine Reflexion legt die Vermutung nahe, daß die *Ilias*, wenn auch nicht ein mechanisches Produkt geschichtlicher Vorgänge, so doch durch spezifische geschichtliche Erfahrungen geprägt ist.

Drei einschränkende Bemerkungen müssen gemacht werden: Erstens sind der Modus, der Ort und die Zeit der Entstehung der *Ilias* umstritten. Obgleich die Oralität der epischen Tradition allgemein anerkannt sein dürfte, gibt es keine *opinio communis*, welche Rolle die schriftliche Fixierung für die *Ilias* hat.[1] Auch über den Ort der Entstehung hat sich in der Forschung kein Konsens etabliert. Aufgrund der äolischen und ionischen Formen in der *Ilias* wird oft Kleinasien genannt;[2] West versucht dagegen zu zeigen, daß die *Ilias* vor allem auf Euböa geformt wurde.[3] Angesichts der großen regionalen Unterschiede in der historischen Entwicklung erschwert es diese Unsicherheit, eine Beziehung zwischen Geschichte und Geschichtsbild herzustellen. Auch ist es schwer, die Entstehungszeit der *Ilias* festzustellen. Wir sind oben davon ausgegangen, daß die *Ilias* im wesentlichen zwischen der Mitte des 8. und des 7. Jhs. entstanden ist, eine Annahme, die der oralen Tradition Rechnung trägt und sich mit verschiedenen Entstehungstheorien verbinden läßt.[4]

Zweitens wird der Versuch, das Geschichtsbild der *Ilias* mit der Geschichte in Verbindung zu setzen, dadurch erschwert, daß die Zeugnisse aus dieser Zeit spärlich sind und dementsprechend die Rekonstruktion der Geschichte umstritten ist.[5]

Drittens haben wir keine schriftlichen Zeugnisse vor der *Ilias*, aus der sich ein früheres Geschichtsbild zum Vergleich rekonstruieren ließe. Die Aussagekraft archäologischer Quellen ist hier zu gering, um verläßliche und detaillierte Schlüsse zu erlauben. Trotz dieser Einschränkungen kann mit der gebotenen Vorsicht versucht werden zu sehen, ob es Korrespondenzen zwischen dem homerischen Geschichtsbild und der Geschichte Griechenlands in der frühen Archaik gibt.

Ein wichtiger Ausgangspunkt für die Vorstellung, welche die Griechen von der Vergangenheit hatten, waren die materiellen Relikte aus mykenischer Zeit.[6] Daß die Griechen in der zweiten Hälfte des 8. Jhs. an ihnen interes-

---

[1] Cf. S. 164f.
[2] S. beispielsweise Högemann 2000, 7.
[3] West 1988 mit weiterer Literatur.
[4] Cf. S. 165.
[5] Cf. S. 166.
[6] S. beispielsweise Snell 1952, 4; [4]1975b, 140; Heubeck 1974, 164; Scully 1990, 96f.; Scheer 1993, 57 mit weiterer Literatur in Anm. 250. Reduktionistisch und höchst problematisch ist aber die These von Hertel 2003, die Entstehung der *Ilias* lasse sich auf die Betrachtung der Ruinen von Troja zurückführen, 192f.: »Diese Problematik – das Sich-Vorfinden in einer Siedlung, von der man annahm, daß sie einst allein von Nicht-Griechen bewohnt worden war, und von der man glaubte, daß man sich in ihr gewaltsam niedergelassen hatte, UND der Umstand, daß schon die Vorgängersiedlung von derselben und als unerstürmbar geltenden Befestigungsmauer umgürtet gewesen war, die auch noch die zeitgenössische Niederlassung umgab – verlangte nach einer

siert waren und sie mit der heroischen Zeit verbanden, ist bereits dargelegt worden.[7] Es sei nur kurz erinnert an die damals entstehenden Kulte für Heroen, darunter auch Heroen aus der *Ilias*, an signifikanten Orten und die Funde von Gegenständen aus mykenischer Zeit in Gräbern des 8. und 7. Jhs. In der *Ilias* – so hat sich gezeigt – spiegelt sich das Interesse an der Vergangenheit in der zeitlichen Semantisierung von »landmarks« und der detaillierten Beschreibung einzelner antiquarischer Gegenstände.

Die Größe der Mauern und Steine hat die Griechen in der frühen Archaik sicherlich beeindruckt und mag zur Vorstellung beigetragen haben, die Vergangenheit sei größer gewesen.[8] Die mykenischen Relikte waren aber auch während der gesamten *dark ages* sichtbar. Warum haben sie gerade in der zweiten Hälfte des 8. Jhs. die Aufmerksamkeit auf sich gezogen?[9]

Der Grund ist, so sei vermutet, im starken Wandel, besonders in neuen Identifikationsprozessen, zu finden. Auch wenn die Archäologie neues Licht auf die *dark ages* geworfen hat, läßt sich nicht bestreiten, daß zwischen der Mitte des 8. und 7. Jhs. grundlegende Umbrüche in unterschiedlichen Bereichen stattfanden, wobei sich die Veränderungen von Region zu Region sowohl in ihrer Art als auch Stärke unterschieden:[10] Makropolitisch spürten die Griechen das Ausgreifen der Assyrer und der Stabilisierung ihrer Herrschaft im Westen in der zweiten Hälfte des 8. Jhs.[11]

Gravierender für das individuelle Leben dürften aber die erheblichen demographischen, kulturellen und sozialen Veränderungen gewesen sein. Aus der starken Zunahme von Gräbern ist auf eine rapide Zunahme der Bevölkerung im 8. Jh. geschlossen worden.[12] Auf sie deuten auch die Vergrößerung bestehender und Gründung neuer Siedlungen sowie die Erschließung vor allem des Westens und des Nordens des Ägäisraums durch

Erklärung. Sie bestand darin, daß eine Erzählung vom anfangs langwierigen und erfolglosen Belagerungsversuchen, letztlich aber erfolgreicher Einnahme der umkämpften Stadt nicht durch Erstürmung, sondern auf dem Wege des Eindringens durch ein offen gebliebenes Tor, aufgrund eines Täuschungsmanövers und endlich einer Kriegslist ersonnen wurde.«

[7] Cf. S. 172-175.
[8] Cf. Morris 1988, 750.
[9] Zum Neubeginn im 8. Jh. s. beispielsweise die Beiträge in Hägg (ed.) 1983.
[10] Zm Wandel im allgemeinen s. Snodgrass 1980, 13f.; Raaflaub 1997, 646f. sowie die Literatur bei Raaflaub 1998, 173 Anm. 22. Morris 1998, 10-13 teilt Griechenland in vier Gebiete ein und stellt fest, daß der Wandel in »Central Greece«, worunter er im wesentlichen die Ägäisküste versteht, am tiefgreifendsten war. Gegen »gradualistische« Positionen, welche die Kontinuität zum 10. und 9. Jh. betonen, s. Morris 1998, 72.
[11] Zu militärischen Kontakten s. Burkert 1984, 17f.
[12] Die These eines Bevölkerungswachstums ist vor allem von Snodgrass 1977 vertreten worden. Es ist aber zu bedenken, daß die Zahl der Gräber und Grabanlagen keinen sicheren Schluß auf die demographische Entwicklung zuläßt, da sie auch auf veränderte Bestattungsriten zurückgehen können. S. die Kritik an der Argumentation bei Morris 1987, 156-158, der aber ein Bevölkerungswachstum nicht bestreitet. S. a. Osborne 1996, 70-81 und die Literatur bei Stein-Hölkeskamp 1989, 60 Anm. 13-15 und Hammer 2002, 31 Anm. 51.

Kolonisten.[13] Die Mobilität war sehr hoch. Zudem sind die Änderungen der Bestattungsriten sowie die Relikte von Kultstätten, die wir nach der Mitte des 8. Jhs. zum ersten Mal in größerem Umfang finden, Anzeichen für einen grundlegenden Wandel.[14]

Besonders wichtig für das Geschichtsbild ist die Herausbildung neuer kollektiver Identitäten auf unterschiedlichen Ebenen. Im 8./7. Jh. können wir eine Reihe von Identifikationsprozessen erkennen. Auch wenn die panhellenische Identität ihre besondere Prägung durch die Barbaren-Antithese erst in den Perserkriegen erhielt, bildete sie sich bereits in archaischer Zeit heraus.[15] Im 8. Jh. gewinnen Heiligtümer wie Olympia mit den Spielen eine panhellenische Bedeutung.[16] Einer panhellenischen Identität dürfte auch der intensivierte Handel mit dem Osten und der Kontakt mit fremden Völkern in den neuen Apoikien Vorschub geleistet haben.

In der zweiten Hälfte des 8. Jhs. beginnt zudem eine stärkere Vergemeinschaftung auf der Ebene der Polis.[17] Der Bau von größeren Tempeln sowohl innerhalb und außerhalb von Siedlungen ist als Manifestation einer Polis-Identität interpretiert worden.[18] Nicht nur in den Apoikien an der Küste, sondern auch im griechischen Mutterland werden Stadtmauern angelegt, welche die Polis räumlich definieren.[19]

Innerhalb der Polis-Gemeinschaften deuten sich Verwerfungen an: Die Veränderungen der Bestattungsriten, insbesondere der Grabbeilagen, und die Zunahme an Votivgaben in Kultstätten sind als Indiz für soziale Auseinandersetzungen interpretiert worden.[20] Diese Konflikte sind unterschiedlich konstruiert worden: Während beispielsweise Snodgrass meint, daß nach dem Zusammenbruch der Hierarchien aus den *dark ages* sich eine neue Aristokratie herausbilde, meint Morris, bereits zu diesem Zeitpunkt entstehe eine »middling ideology«.[21]

---

[13] Zur Vergrößerung und Gründung neuer Siedlungen s. die Literatur bei Morris 1998, 16 Anm. 22. Zur Kolonisation s. die archäologische Literatur bei Morris 1998, 13 Anm. 16. Zu den literarischen Zeugnissen s. Miller 1997. Osborne 1998, 251-269 hält den Ausdruck »colonization« für unpassend, da er der allgemein hohen Mobilität und dem Charakter der Siedlungen nicht gerecht werde.

[14] Zu den Gräbern und Kultstätten s. den Überblick mit weiterer Literatur bei Morris 1998. Zu den verstärkten religiösen Aktivitäten s. a. Osborne 1996, 88-104.

[15] S. die Literatur bei Grethlein 2003a, 50 Anm. 26.

[16] Cf. Morgan 1993 sowie die Literatur bei Crielaard 1995b, 242 Anm. 151 und Raaflaub 1998, 186 Anm. 67.

[17] S. allgemein Sakellariou 1989.

[18] Cf. Crielaard 1995b, 240f.; Osborne 1996, 89-98. Zu den Heiligtümern außerhalb der Poleis und ihrer Bedeutung s. de Polignac 1995. S. a. die Literatur bei Morgan 1993, 19 Anm. 6.

[19] Cf. Snodgrass 1982a, 125-131 und die Literaturangaben bei Crielaard 1995b, 241 Anm. 150.

[20] Cf. Osborne 1996, 104.

[21] Snodgrass 1977; 1980; Morris 1998, 26.

Unabhängig von diesen Interpretationen ist aber die Beobachtung, daß die stärkere Vergemeinschaftung in den Poleis von Umbrüchen in der sozialen Hierarchie begleitet war. Die Gründung neuer Siedlungen und die Auswanderung waren sicherlich unterschiedlich motiviert, sind aber nicht zuletzt der Ausdruck wirtschaftlichen und sozialen Drucks. Im 7. Jh. gibt uns dann die Lyrik explizite Reflexionen über die hohe soziale Mobilität.[22]

In zwei weiteren politischen Entwicklungen, der Tyrannis und der Fixierung von Gesetzen, läßt sich die Unruhe der archaischen Zeit greifen. Die Herrschaft eines einzelnen Aristokraten war die Folge einer wenig stabilen, von einer starken Konkurrenz geprägten Ordnung, in der das Machstreben einzelner jederzeit zur Stasis führen konnte.[23] Auch der Beginn der Gesetzgebung ist im hohen Konfliktpotential zu verorten. Wie Hölkeskamp zeigt, rechtfertigt unsere Überlieferung nicht die Annahme einer umfaßenden Rechtskodifikation, sondern die »hohe Konkretheit der geregelten Gegenstände« und die »Akzentuierung von Sanktionen gegen Abweichungen und Verletzungen«[24] lassen eher auf Versuche schließen, konkrete Konflikte einzudämmen. Doch waren in der Archaik die Auseinandersetzungen nicht nur verschärft,[25] sondern es kam zu einer »Legitimitätskrise besonderer Art: Normen ohne bindende Kraft, die fließenden und weichen, nur relativ geltenden, aber nicht absolut verbindlichen Regeln des ›nomologischen Wissens‹ waren nicht mehr ausreichend – oder erschienen als zu schwach.«[26]

Es läßt sich zusammenfassen, daß die Zeit von der Mitte des 8. bis zur Mitte des 7. Jhs. außerordentlich bewegt war und der Wandel sowohl auf der Ebene Griechenlands, der Poleis und sozialer Gruppen innerhalb der Polis zur Herausbildung neuer Identitäten führte.

Wie kann das homerische Geschichtsbild im Horizont dieser Geschichte verankert werden? Erstens läßt der historische Hintergrund vermuten, warum man sich in der frühen Archaik der Vergangenheit verstärkt zuwandte. Zweitens können wir versuchen, das spezifische Geschichtsbild der *Ilias* in Verbindung mit der Geschichte zu setzen.

---

[22] S. die sozialhistorische Interpretation der frühgriechischen Lyrik von Stein-Hölkeskamp 1989. Sie betont den wirtschaftlichen Hintergrund der sozialen Auseinandersetzung (57-85) und spricht von einem Veränderungsprozeß (85), »in dessen Verlauf es in dem Zeitraum vom achten bis zum sechsten Jahrhundert auf Grund einer Vielzahl von neuen Chancen und neuen Risiken zu einer Differenzierung innerhalb der Elite und zu einer sukzessiven Modifikation ihrer Zusammensetzung durch den Aufstieg bzw. Abstieg einzelner Familien kam.«
[23] Cf. Stein-Hölkeskamp 1989, 73; Stahl 1987, 257f.; Raaflaub 1993, 73-75; de Libero 1996, 413.
[24] Hölkeskamp 1999, 267.
[25] Hölkeskamp 1999, 280.
[26] Hölkeskamp 1999, 281.

Es ist naheliegend, daß die Erfahrung tiefgreifender Umbrüche zu einer intensiven Beschäftigung mit der Vergangenheit führt.[27] Zum einen machen Veränderungen die Geschichtlichkeit des eigenen Lebens bewußt. Zum anderen bietet der Blick in die Vergangenheit Orientierung angesichts der aus Veränderungen resultierenden Relativierung von Maßstäben.

Fernerhin sei vermutet, daß die Beschäftigung mit der Vergangenheit durch die Identifikationsprozesse intensiviert wurde: Wie die Debatte über das kulturelle Gedächtnis zeigt, ist die Vergangenheit ein wichtiger Aspekt kollektiver Identität. In einer Zeit, in der so viele Identifikationsprozesse abliefen wie in der frühen Archaik, war die Vergangenheit von großem Interesse: Sowohl bei der Formierung einer panhellenischen Identität als auch bei der Stärkung der Polis-Gemeinschaft und der Auseinandersetzung um sozialen Status innerhalb der Polis war die Geschichte ein wichtiges Kapital zur Legitimation. Es ist zu vermuten, daß die Epen nicht nur Ausdruck, sondern auch Teil dieser sozialen Auseinandersetzungen waren.[28]

Können wir darüber hinaus das spezifische Geschichtsbild der *Ilias* im Horizont seiner Entstehungszeit einbetten? Interessant ist der Vergleich mit der Entstehung des modernen Geschichtsdenkens. Auch dieses ist, wie Koselleck zeigt, durch die Erfahrung von Wandel, ja sogar von sich beschleunigendem Wandel, geprägt. Wie kommt es dazu, daß diese Erfahrung in der Frühen Neuzeit dazu führte, daß die Wahrnehmung der Beliebigkeitskontingenz gestärkt wurde, während sie in der frühen Archaik die Schicksalskontingenz ins Zentrum rückte? Diese Frage ist angesichts unseres geringen Wissens über die genaue geschichtliche Entwicklung in der Frühen Archaik nur schwer zu beantworten.

Zwei Punkte lassen sich aber anführen: Das 8. Jh. ist als »Renaissance« bezeichnet worden, die Rekonstruktion der Geschichte macht aber eine hohe soziale Unsicherheit wahrscheinlich und die Auswanderungswelle läßt auf wirtschaftliche Not oder zumindest massive Verteilungskämpfe schließen. Insofern ist es verständlich, wenn die Umbrüche vor allem als bedrohlich empfunden wurden.[29]

---

[27] Carr 1986, 164f.: »Changing external circumstances or internal crises may be the occasion for a sort of collective *Besinnung* in which participants are reminded of their past, formulate or reformulate present problems and projects, and orient themselves toward the future.«

[28] Die *Ilias* wird als Antwort der Eliten auf den historischen Wandel interpretiert von Stein-Hölkeskamp 1989, 21; Morris 1986, 122-127; 2000, 267; Giovannini 1989, 37; Hellmann 2000, 178-195. S. dagegen Scodel 2002, 173-212, die betont, daß die homerischen Epen nicht nur an Aristokraten adressiert waren und eine Gemeinschaft von Zuhörern aus verschiedenen sozialen Gruppen schuf.

[29] Patzek 1992, 137 wird weder der Geschichte noch dem homerischen Geschichtsbild gerecht, wenn sie die Entwicklung eines geschichtlichen Bewußtseins analog zur Frühen Neuzeit beschreibt: »Eine Kulturphase wie das fortschrittliche 8. Jahrhundert – Schadewaldt nannte es das ›schnelle Jahrhundert‹ – kann ein geschichtliches Bewußtsein hervorbringen. Die Menschen

Zweitens ist ein grundlegender Unterschied zwischen dem Wandel am Beginn der Moderne und in der Zeit zwischen 750 und 650 v. Chr. von Bedeutung. Die Betonung der Beliebigkeitskontingenz im neuzeitlichen Geschichtsdenken muß im Zusammenhang mit der Entwicklung von Naturwissenschaften und Technik gesehen werden, die nicht nur das Gefühl gaben, die Natur besser zu verstehen, sondern auch erlaubten, »natürliche« Gefahren und Risiken zu minimieren, und den Radius menschlicher Handlungen erweiterten. Eine ähnliche Erfahrung war im politischen Bereich die Französische Revolution, die den Eindruck vermittelte, die politischen Verhältnisse könnten von Grund auf neu strukturiert werden. Eine solche Entwicklung ist trotz des Umbruchs in der frühen Archaik nicht zu sehen. Das Lebensgefühl der Griechen ist von der Abhängigkeit von der Natur geprägt.

Der schnelle Wandel, besonders die Identifikationsprozesse, so sei abschließend vermutet, führte zu einer intensiven Beschäftigung mit der Vergangenheit. Das starke Interesse an der Vergangenheit konnte sich an den Relikten aus mykenischer Zeit orientieren, die den Eindruck einer gewaltigen Zeit vermittelten. Die allgemeine Unsicherheit läßt sich schließlich gut als geschichtlicher Hintergrund der *Ilias* vorstellen, in deren Zentrum die Schicksalskontingenz und die Bemühung stehen, sie zu überwinden.[30]

2. Die Rezeption der *Ilias*

Es ist bekannt, welche Bedeutung den homerischen Epen in der griechischen Geschichte auf unterschiedlichen Ebenen zukommt:[31] Sie sind die Grundlage für die Entwicklung der griechischen Literatur – die meisten Genera bestimmen sich nicht unwesentlich durch ihr Verhältnis zum Epos. Seine Wirkung ist aber nicht auf die Literatur beschränkt, auch das griechische Wertesystem und die Erziehung basierten auf den homerischen Gedichten. Gerade den griechischen Aristokraten diente das Epos als Orientierung. Die Bedeutung von Homer zeigt sich nicht zuletzt in der philosophischen Kritik, die sich so intensiv mit ihm auseinandersetzte: Xenophanes

---

erlebten den Erfolg und die Folgen eines neuen zielgerichteten gesellschaftlichen Handelns. Sie begründeten Gesellschafts- und Gemeinschaftsformen, höhere Bewußtseinszusammenhänge, für die äußere Merkmale, Institutionen, geschaffen werden mußten.«

[30] In ähnlicher Weise deutet Stemmler 2000, 182 die Exempla in Rom als Versuch, angesichts großer Veränderungen Stabilität zu schaffen.

[31] S. beispielsweise Mehmel 1954; Jaeger [2]1936, I 63ff.; Howie 1995, 141-173; Lamberton 1997; Hunter 2004; Pallantza 2005. Zur Rezeption des Epos s. a. die Beiträge in Lamberton / Keaney (ed.) 1992. Einen neuen Ansatz wählt Graziosi 2002, welche die biographische Tradition über Homer sammelt und interpretiert.

sagt in einem Fragment, von Anfang an hätten alle von Homer gelernt.[32] In Platons *Politeia* erwähnt Sokrates – in kritischer Absicht – die Meinung, daß Homer Griechenland erzogen habe.[33] In Xenophons *Symposion* erzählt Nikeratos, daß sein Vater ihn zu einem guten Mann machen wollte und ihn Homers Werke auswendig lernen ließ.[34]

Hier kann und soll keine Rezeptionsgeschichte der *Ilias* gegeben werden, es wird nur an Beispielen vorgeführt, inwiefern sie Ausgangspunkt für Erzählungen war, die Schicksalskontingenz aufhoben. Die Analyse des Verhältnisses der Helden zu ihrer Vergangenheit hat gezeigt, daß Traditionen und Exempla der Versuch sind, zeitlichen Wandel und damit Schicksalskontingenz zu überwinden. Wie der gesamte Mythos war die *Ilias* die Grundlage, auf der die Griechen in traditionaler und exemplarischer Weise Sinn bildeten.[35]

2.1 Die *Ilias* und traditionale Sinnbildung

Die Epen selbst sind eine Tradition: »Tradition is not behind the poem; it is in the poem. For poet and audience the poem is the tradition.«[36] Unabhängig davon, wie die Entstehung des Epos konstruiert wird, wann und in welchem Rahmen seine Verschriftlichung angesetzt wird, dürfte allgemein anerkannt sein, daß es auf einer oralen Überlieferung beruht.[37] Mit einer Form, die sich durch eine dauernde Verstetigung der oralen Überlieferung und dann durch eine schriftliche Fixierung festigte, entstand die Kontinuität einer Tradition. Sie nimmt genealogische Züge in den Homeriden an[38] und schlägt sich institutionell im regelmäßigen Vortrag bei Rhapsodenwettbe-

---

[32] Xenophanes Fr. B 10 DK.

[33] Plat. resp. 606e 1-5. Hobbs 2000, 175-198 analysiert Platos Auseinandersetzung mit der exemplarischen Verwendung der homerischen Helden.

[34] Xen. Symp. 3, 5. S. a. 4, 6. S. a. Aristoph. Ran. 1034-1036, wo Homer neben Orpheus, Musaios und Hesiod als Lehrer der Griechen genannt wird. Zu weiteren Beispielen s. Howie 1995, 143-146.

[35] Zur exemplarischen Funktion cf. Fränkel 1927, 570. Zur autoritätsstiftenden Funktion der epischen Distanz s. a. Ulf 1990, 267; zum Bruch zwischen Vergangenheit und Gegenwart s. Kullmann 1995, 61.

[36] Andersen 1990, 44.

[37] Cf. Scodel 2002, 2: »Thus, whether our texts of Homer are the result of dictation, the memorization of a gradually ossified performance, or the work of a literate poet or poets, they are grounded in an oral tradition.«

[38] Wichtigstes Zeugnis für die Homeriden ist Pind. Nem. 2, 1 mit dem Scholium. Cf. Burkert 1972b, 78f., der weitere Belege und Sekundärliteratur nennt (79 Anm. 20). West 1999, 366-372 meint, daß es sich bei den Homeriden um eine »company of rhapsodes« in der zweiten Hälfte des 6. Jhs. handle, die keine kollektive Abstammung von Homer beansprucht habe. S. a. Graziosi 2002, 201-234.

werben nieder.[39] Indem die Fixierung der *Ilias* die Veränderungen der
Überlieferung einschränkt, hebt die epische Tradition selbst den Wandel
und Zufall auf.

Aber auch in der Rezeption der Epen wurden Traditionen entwickelt. Als
Ausdruck der traditionalen Sinnbildung in der *Ilias* sind die Genealogien
interpretiert worden. Sie heben den Wandel und die Unsicherheit des Zufalls durch die Kontinuität der Familie auf. Auch wenn sich nicht nachweisen läßt, daß die lange Genealogie von Aineas einem zur Zeit des Dichters
lebenden Geschlecht zuliebe eingefügt ist, das sich auf Aineas zurück-
führte,[40] ist in der folgenden Vorhersage von Poseidon über die Aineaden
zumindest angelegt, daß die Stammbäume einiger Helden sich über den
Rahmen des Trojanischen Krieges hinaus in die Zukunft fortsetzen, 20,
306-308:

> ἤδη γὰρ Πριάμου γενεὴν ἤχθηρε Κρονίων·
> νῦν δὲ δὴ Αἰνείαο βίη Τρώεσσιν ἀνάξει
> καὶ παίδων παῖδες, τοί κεν μετόπισθε γένωνται.

> Denn schon ist des Priamos Geschlecht verhaßt dem Kronion.
> Jetzt aber soll nun des Aineas Gewalt über die Troer herrschen
> Und seiner Söhne Söhne, die künftig geboren werden.

Die Beschäftigung der Griechen mit Genealogien konzentrierte sich zwar
auf die Stammbäume innerhalb der mythischen Zeit, aber diese wurde von
der Archaik bis zum Hellenismus auch mit der Gegenwart verbunden,[41] und
zwar auf unterschiedlichen Ebenen: Stammbäume wurden für Individuen,
soziale Gruppen, Poleis und die Griechen insgesamt konstruiert.

Einige Beispiele: Pherekydes gibt einen Stammbaum für Miltiades, der
auf Philaios, den Sohn des Aias zurückgeht.[42] Andokides führt sein Ge-

---

[39] Nach Hdt. 5, 67, 1 fanden in Sikyon im frühen 6. Jh. Rhapsodenwettbewerbe statt, bei denen
die homerischen Epen vorgetragen wurden; der wichtigste Beleg für die Homer-Rezitationen bei
den Großen Panathenäen ist Plat. Hipp. 228b 5-9; s. die weiteren Belege bei Merkelbach 1997, 1-
23.

[40] Cf. Anm. 69 in Kapitel III. Kullmann 1999, 100 bestreitet, daß im homerischen Epos die
Vergangenheit in irgendeiner Form mit der Gegenwart verbunden wird.

[41] Die bekannteste epische Genealogie von Menschen ist der Frauen-Katalog. Wenig wissen
wir über Asius von Samos, Kinaithion, Chinas von Orchomenos, Hegesinous sowie die folgenden
genealogischen Werke: *Phoronis, Nauptaktia, Korinthiaka*. Die wichtigsten Prosa-Genealogen aus
archaischer und klassischer Zeit sind Hekataios von Milet (1 FgrH), Akusilaos von Argos (2
FgrH), Pherekydes von Athen (3 FgrH), Hellanikos von Lesbos (4 FgrH). Es wird immer wieder
die These vertreten, die griechischen Historiker hätten einen Einschnitt zwischen der mythischen
Vorzeit und der geschichtlichen Vergangenheit gesehen, s. die Literatur bei Scheer 1993, 36 Anm.
121, die dagegen die Kontinuität aufzeigt (36-47) und zu Recht darauf hinweist, daß, wie die
Perserkriege zeigen, umgekehrt die eigene Geschichte schnell mythisiert wurde (47-53).

[42] Pherekydes 3 FgrH F2.

schlecht auf Odysseus und Hermes zurück.[43] Herodot gibt die Stammbäume
für Leonidas und Leutichidas, an deren Beginn Herakles steht, und erwähnt,
daß die Familie der Talthybiaden, die in Sparta als Herolde tätig sind, von
Talthybios abstamme.[44] Wie dieses Beispiel deutlich macht, dienten diese
Stammbäume ebenso wie die Genealogien der Helden in der *Ilias* der Legitimation.

Es ist aber unwahrscheinlich, daß jeder Grieche in archaischer und klas-
sischer Zeit seinen Stammbaum bis in die heroische Zeit zurückverfolgte:
Genealogien wie die hier genannten dürften vor allem die gesellschaftlichen
Eliten für sich in Anspruch genommen haben.[45] Thomas stellt zudem fest,
daß im demokratischen Athen die unmittelbare Vergangenheit eine größere
Bedeutung für Legitimationen als die heroische Zeit gewann.[46]

Grundsätzlich sind vollständige Genealogien wie die des Miltiades die
Ausnahme, die meisten Genealogien gehen ähnlich wie bei den Helden in
der *Ilias* nur wenige, selten mehr als drei Generationen zurück und nennen
dann den heroischen Ahnherren.[47] Die Zeit dazwischen war von geringem
Interesse und, wenn Angaben über sie gemacht werden, sind sie höchst
unzuverlässig, wie der Vergleich des Stammbaums der Philaiden mit den
Angaben bei Herodot zeigt.[48]

Thomas macht plausibel, daß das Interesse an vollständigen und systematischen Genealogien erst mit der zunehmenden Literalisierung aufkam.[49]
Die Beschränkung auf zumeist drei Generationen und den Ahnherren ist
aber nicht nur eine Frage des Mediums, sondern gibt auch Aufschluß über
das Geschichtsbild. Genealogische Traditionen werden nicht konstruiert,
um zeitliche Entwicklungen zu erfassen.[50] Sie dienen vielmehr als Aitiolo-

---

[43] Hellanikos 323a FgrH F24.

[44] Hdt. 7, 204; 8, 131, 2; 7, 134, 1.

[45] Cf. Morris 1988, 757; West ad Hes. erg. 106-201. S. zu den Königen der archaischen Zeit
auch Morris 1986, 129 und Mazarakis Ainian 1999, 34. Möller 1996, 20 betont, Genealogien
hätten im alltäglichen Leben keine Rolle gespielt.

[46] Thomas 1989, 157.

[47] Broadbent 1968, 1; Thomas 1989, 100-108, 157; Raaflaub 1989, 215; Möller 1996, 20f., die
es aufgrund von Nachrichten über eine Freundschaft zwischen Miltiades und Pherekydes für
möglich hält, daß die Philaiden-Genealogie eine Auftragsarbeit gewesen sei. In der *Ilias* ragen die
Genealogie des Glaukos und Aineas durch ihre Länge heraus (sechs und acht Generationen),
meistens wird nur der Vater und/oder der Ahnherr genannt, cf. Carriere 1998, 54-68.

[48] Bei Hdt. s. v. a. 6, 35, 1. Cf. Thomas 1989, 161-173 und Möller 1996, 21-25. S. a. Broadbent
1968, 1 und Raaflaub 1989, 215.

[49] Thomas 1989, 181, 183.

[50] Möller 1996 zeigt, daß die Genealogien erst sehr spät zu Zwecken der Chronologie verwandt
wurden. Sie weist darauf hin, daß man zur Zeit von Herodot annahm, der Trojanische Krieg liege
800 Jahre zurück, und daß auch nicht die wenigen überlieferten vollständigen Genealogien diesen
Zeitraum überbrücken könnten. S. dagegen Wade-Gery 1952, 88f.; Snodgrass 1971, 10ff.

gien dazu, die Gegenwart in der Vergangenheit zu verankern.[51] Deswegen spielen die einzelnen Schritte keine Rolle, wichtig ist der eminente Ursprung. Diese Funktion der Genealogien entspricht der hier vorgestellten Rekonstruktion des homerischen Geschichtsbildes: Indem die Genealogien die unmittelbare Vergangenheit und den heroischen Ursprung betonen, blenden sie Entwicklungen und Wandel aus und bannen die Gefahr des Zufalls durch Kontinuität.

Die fundierende Bedeutung der heroischen Zeit ist auf kollektiver Ebene noch deutlicher als für Individuen:[52] Als Beispiel seien die Phylen angeführt, die ursprünglich nach einem Heros oder Archegeten benannt wurden, der als Ursprung galt. Hier hatte die genealogische Ableitung eine integrierende Funktion. Eine solche Funktion zeigt sich auch in den Gründungssagen, in denen Städte sich ihren Ursprungs versicherten.[53]

Kollektive Traditionen dienten außerdem der Legitimation von Ansprüchen, wie Auseinandersetzungen zwischen Poleis deutlich machen. Einige Beispiele aus der athenischen Geschichte: Von Aristoteles und Plutarch wissen wir, daß die Athener ihren Anspruch auf Salamis mit der *Ilias* begründet haben; die Verse 2, 557f. im Schiffskatalog werden in diesem Zusammenhang als athenische Interpolation gedeutet.[54] Herodot berichtet, daß die Athener, als sie mit den Mytilenern um Sigeion stritten, auf die Bedeutung ihrer Beteiligung im Trojanischen Krieg verwiesen.[55] Das gleiche Argument verwandten sie laut Herodot vor Gelon, um ihr Kommando zur See zu verteidigen,[56] und im Streit mit den Tegeaten bei Platäa, wer auf dem linken Flügel kämpfen dürfe.[57] Auch wenn man die Zuverlässigkeit dieser Überlieferungen anzweifeln mag, zeigen sie doch, daß derartige Argumente grundsätzlich plausibel waren. Die Tradition mit der heroischen

---

[51] Cf. van Groningen 1953, 52. Besonders deutlich wird die Aitiologie bei der Genealogie des koischen Arztes Hippokrates, der sich von Asklepios und Herakles herleitet, Pherekydes 3 FgrH F59. Möller 1996, 19f. gibt folgende Funktionen der Genealogien an: Ausdruck eines konzeptuellen Verhältnisses (beispielsweise Dike als Tochter des Zeus); Ausdruck des Verhältnisses von Poleis oder sozialen Gruppen zueinander; Legitimation von Ansprüchen. Sie stellt fest, 20f.: »Jedoch ist ihr wesentlicher Inhalt gerade nicht zeitbezogen, sondern handlungs- und sinnorientiert, also zugleich auch Gegenwart. Obwohl mythische Handlungen ihren Platz ›technisch‹ in der Urzeit haben, begründen sie gegenwärtige Situationen, wodurch sie Zeit als ablaufende Zeit gleichsam aufheben.« S. a. Schuster 1988, 67f. zu vorschriftlichen Kulturen im allgemeinen.

[52] Cf. van Groningen 1953, 56f.

[53] Zu Gründungssagen s. Schmid 1947; Gierth 1971; Prinz 1979; Dougherty 1993.

[54] Aristot. rhet. 1375b 29f. und Plut. Sol. 10. Zu Il. 2, 557f. cf. den Apparat bei West und Heubeck 1974, 229-231.

[55] Hdt. 5, 94, 2.

[56] Hdt. 7, 161, 3; cf. Grethlein 2006a für eine Interpretation der Ambivalenz des epischen Bezuges in dieser Episode. S. unten Anm. 73.

[57] Hdt. 9, 27, 4. Im Streit mit den Tegeaten schränken die Athener allerdings die Bedeutung der mythischen Taten ein, da die, die früher gut waren, schlecht geworden sein könnten und umgekehrt. Diese Einschränkung kann aber auch als rhetorische Figur der Auxesis verstanden werden.

Zeit wurde als so stark empfunden, daß aus ihr Herrschafts- und Gebietsan-
sprüche abgeleitet wurden.[58]

In der Tradition der *Ilias* wurde – so können wir diesen Überblick zusammenfassen – auf traditionale Weise Sinn gebildet: Zum einen war die
Ilias selbst durch die Fixierung in ihrer Überlieferung eine Tradition; daß
sie damit Wandel und Zufall aufhob, deutet sie selbst mit dem κλέος ἄφθιτον an. Zum anderen war die *Ilias* Grundlage für Genealogien, die eine
Kontinuität von der Vergangenheit bis in die Gegenwart herstellten.

2.2 Die *Ilias* und exemplarische Sinnbildung

Die heroische Welt half auch dadurch, daß sie Grundlage für Exempel war,
Schicksalskontingenz einzuschränken. In der exemplarischen Sinnbildung
wird die Unsicherheit geschichtlichen Wandels dadurch überwunden, daß,
wenn Vergangenes und Gegenwärtiges einander gegenübergestellt werden,
eine Regularität angenommen und Handeln in einer konkreten Situation an
einem Präzedenzfall ausgerichtet wird. Das Epos bietet sich als Quelle für
Exempla an, da Schlüsse von der heroischen Zeit *a maiore ad minus* geschlossen werden.

Howie demonstriert, wie die exemplarische Funktion der *Ilias* für ihre
Rezipienten durch implizite Exempla in der Haupterzählung, explizite
Exempla in den Reden, Parallelen und Kontraste zwischen einzelnen Szenen und mit Autorität versehene Kommentare angelegt ist.[59] Darüber hinaus
läßt sich zeigen, daß die Funktion der *Ilias* als »Speicher« von Paradigmen
in ihr selbst angedeutet ist: Von einer exemplarischen Funktion des eigenen
Handelns für die Zukunft geht Hektor in 8, 512-516 aus:

> μὴ μὰν ἀσπουδεί γε νεῶν ἐπιβαῖεν ἔκηλοι,
> ἀλλ᾽ ὥς τις τούτων γε βέλος καὶ οἴκοθι πέσσηι,
> βλήμενος ἢ᾽ ἰῶι ἢ᾽ ἔγχει ὀξυόεντι
> νηὸς ἐπιθρώισκων, ἵνα τις στυγέησι καὶ ἄλλος
> Τρωσὶν ἐφ᾽ ἱπποδάμοισι φέρειν πολύδακρυν ἄρηα.

---

[58] Die Bedeutung der Tradition mit der heroischen Zeit ist dabei nicht auf die Legitimation
außenpolitischer Ansprüche beschränkt, sondern liegt tiefer und kann auch in anderen Bereichen
zum Tragen kommen. Boedeker 1998 zeigt, daß die Heimholung von Orestes' Gebeinen nach
Sparta (Hdt. 1, 67f.) keineswegs die symbolische Legitimierung des Peloponnesischen Bundes sei.
Zuerst sei die Annahme zu erkennen, daß die Gebeine eines eigenen Heroen in der Fremde die
Eroberung dieses Landes verhindern. Außerdem habe die Heimholung von Orestes' Gebeinen eine
innenpolitische Signifikanz gehabt: Angesichts der Auseinandersetzungen aristokratischer Fami-
lien in Sparta sei dem Pelopiden Orestes eine integrierende Funktion zugekommen. Gegen die
Reduktion von Mythen zu machtpolitischen Instrumenten s. Boedeker 1998, 166.

[59] Howie 1995, 154-166.

Wahrhaftig! nicht ohne Mühe sollen sie die Schiffe besteigen, in Ruhe,
Sondern so, daß mancher von ihnen noch zu Haus das Geschoß verdaut,
Getroffen von einem Pfeil oder einer spitzen Lanze,
Wenn er auf das Schiff springt; daß auch ein anderer sich hüte,
Gegen die pferdebändigenden Troer den tränenreichen Ares zu tragen!

Während die exemplarische Funktion hier sehr spezifisch ist – aus dem Trojanischen Krieg solle man lernen, die Trojaner besser nicht anzugreifen, ist sie allgemeiner, wenn Menelaos sagt, 3, 351-354:

Ζεῦ ἄνα, δὸς τείσασθαι, ὅ με πρότερος κάκ᾽ ἔοργεν,
δῖον Ἀλέξανδρον, καὶ ἐμῆις ὑπὸ χερσὶ δάμασσον,
ὄφρα τις ἐρρίγησι καὶ ὀψιγόνων ἀνθρώπων
ξεινοδόκον κακὰ ῥέξαι, ὅ κεν φιλότητα παράσχηι.

Zeus, Herr! gib, daß ich ihm vergelte, der mir als erster Schlimmes getan hat:
Dem göttlichen Alexandros, und bezwinge ihn unter meinen Händen!
Daß man zurückschaudere noch unter den spätgeborenen Menschen,
Einem Gastgeber Schlimmes zu tun, der einem Freundschaft erwies!

Paris' Niederlage soll als Exemplum Gastfreundschaft lehren; mit den »spätgeborenen Menschen« wird die Zukunft explizit angesprochen.

Noch allgemeiner ist der exemplarische Charakter der *Ilias*, wenn Patroklos in 16, 31f. zu Achill sagt:

[...] τί σε᾽ ἄλλος ὀνήσεται ὀψίγονός περ,
αἴ κε μὴ Ἀργείοισιν ἀεικέα λοιγὸν ἀμύνηις;

[...] Wie wird ein anderer, Spätgeborener, Nutzen von dir haben,
Wenn du den Argeiern nicht das schmähliche Verderben abwehrst![60]

Auch hier wird die Zukunft explizit erwähnt. Zudem läßt sich, wenn der Hauptheld der *Ilias*, Achill, zu einem allgemeinen Exemplum für die Zukunft wird, leicht auf eine exemplarische Funktion des Epos selbst schließen.[61]

Bereits in der oben angesprochenen Bedeutung der Epen für die Erziehung zeigt sich ihre exemplarische Funktion. Sie ist außerdem greifbar in der epinikischen Tradition, in der die Leistungen gegenwärtiger Menschen

---

[60] Janko ad 16, 28-31: »Patroklos means that posteriority (ὀψίγονοι) learns from ancestral examples [...]« S. a. Achill in 19, 63f.: [...] αὐτὰρ Ἀχαιούς/ δηρὸν ἐμῆς καὶ σῆς ἔριδος μνήσεσθαι ὀΐω.

[61] Die exemplarische Funktion der *Ilias* zeigt sich auch, wenn man die metapoetische Dimension von Achills Gesang annimmt, in Phoinix' Aufforderung im gleichen Buch, den κλέα ἀνδρῶν ἡρώων zu folgen und aus dem Beispiel Meleagers zu lernen, 9, 524f.: οὕτω καὶ τῶν πρόσθεν ἐπευθόμεθα κλέα ἀνδρῶν/ ἡρώων, ὅτε κέν τιν᾽ ἐπιζάφελος χόλος ἵκοι.

mit denen epischer Helden verglichen werden.[62] In Isthm. 7, 31-36 beispielsweise sieht Pindar Strepsiades im Licht von drei epischen Helden:

τὺ δέ, Διοδότοιο παῖ, μαχατάν
αἰνέων Μελέαγρον, αἰνέων δὲ καὶ Ἕκτορα
Ἀμφιάραόν τε,
εὐανθέ᾽ ἀπέπνευσας ἁλικίαν
προμάχων ἀν᾽ ὅμιλον, ἔνθ᾽ ἄριστοι
ἔσχον πολέμοιο νεῖκος ἐσχάταις (ἐπ᾽) ἐλπίσιν.

Und du, Sohn des Diodotos, priesest den Kämpfer Meleager, priesest aber Hektor und Amphiaraos, indem du deine blühende Manneskraft ausatmetest im Gedränge der Vorkämpfer, wo die besten den kriegerischen Streit mit der letzten Hoffnung ertrugen.

Wenn Pindar Strepsiades' Tapferkeit als Preis epischer Helden beschreibt, wird die heroische Zeit zum Vorbild für die Gegenwart. Die im Hoplitenkampf anachronistische Bezeichnung von Strepsiades als πρόμαχος zeigt, wie stark das vergangene Exemplum auf die Gegenwart einwirkt.

Daß vor allem der Ruhm der epischen Helden, also das, was sie die Schicksalskontingenz überwinden läßt, zum Exemplum für die Gegenwart wird, zeigt Nem. 9, 38-42, wo Pindar Chromios' Ruhm neben den von Hektor stellt:

λέγεται μὰν
Ἕκτορι μὲν κλέος ἀνθῆσαι Σκαμάνδρου χεύμασιν
ἀγχοῦ, βαθυκρήμνοισι δ᾽ ἀμφ᾽ ἀκταῖς Ἑλώρου
ἔνθα Ῥέας[63] πόρον ἄνθρωποι καλέοισι, δέδορκεν
παιδὶ τοῦθ᾽ Ἀγησιδάμου φέγγος ἐν ἁλικίαι πρώται [...]

Man sagt wahr, daß Hektor Ruhm dicht bei Skamanders Strömen blühte, und bei den steilbänkigen Gestaden des Heloros an dem Ort, den die Menschen Furt der Rhea nennen, leuchtete dieses Licht dem Sohn des Hagesidamos am Beginn seiner Mannbarkeit [...]

Chromios erscheint – ganz wörtlich – im Licht von Hektor. Dem Kampf am Skamander entspricht der am Heloros. Der Scholiast ad 93a bemerkt, Hektor biete sich als Beispiel an, da auch Chromios für sein Vaterland gekämpft habe. In diesem Beispiel vergleicht Pindar die Tapferkeit im Krieg und

---

[62] Es fällt auf, daß Pindar sich nur selten und wenn, dann nur sehr subtil auf die *Ilias* und die *Odyssee* bezieht. Nisetich 1989 weist einige feine Anspielungen auf Episoden in *Ilias* und *Odyssee* nach, betont aber, daß Pindar in der Regel anderen mythischen Traditionen den Vorzug gebe. Den Grund sieht er darin, daß Pindar, wenn er Bezug auf homerische Helden nähme, die Aufmerksamkeit auf diese, aber nicht auf die Leistung des Athleten lenkte. Burnett 1985, 79f. meint, daß der Mythos in der *Ilias* und *Odyssee* zu stark rationalisiert sei, um interessant für die Dichter von Epinikien zu sein.

[63] Zur Konjektur ἔνθα Ῥέας (Bothe) für ἔνθ᾽ ἀρείας s. Braswell ad loc.

ihren Ruhm. Aber in den Epinikien wird auch die athletische Leistung, wie Nagy zeigt, der Exzellenz der Heroen im Krieg gegenübergestellt.[64] Diese Übertragung ist bereits in der *Ilias* angelegt, wenn die Leichenfestspiele im 23. Buch zu einem Spiegel des heroischen Kampfes werden.

Die exemplarische Funktion der heroischen Zeit manifestiert sich nicht nur in der Erziehung und im Lobpreis von Individuen, sondern auch in der Betrachtung historischer Ereignisse. Besonders deutlich wird dies an den Perserkriegen, die vor dem Hintergrund des Kampfes um Troja gesehen wurden.[65] Ein früher Beleg dafür sind drei Hermen, die Kimon nach der Einnahme von Eion in der Hermen-Stoa aufstellen durfte. Auf einer Herme waren Verse, die an den Sieg über Eion erinnerten, auf einer anderen Verse, die Menestheus' Beteiligung am Trojazug rühmten.[66] Der Kampf gegen Troja und die Perserkriege wurden dadurch parallelisiert.

Es gibt zahlreiche archäologische Zeugnisse für die Gegenüberstellung von Perserkriegen und Trojanischem Krieg. Da sie bereits ausgehend interpretiert sind,[67] sei nur kurz ein Beispiel genannt: Nach der Beschreibung des Pausanias waren auf der Stoa Poikile, die wohl um 460 zu datieren ist, die Amazonomachie, eine Szene der Iliupersis, die Schlacht von Marathon und eine andere zeitgenössische Schlacht, vielleicht die Schlacht von Oinoe, dargestellt.[68] Mythische Vergangenheit und Zeitgeschichte beleuchten sich wechselseitig.

Ein besonders interessantes literarisches Zeugnis für diese Gegenüberstellung ist die Plataä-Elegie des Simonides. Zwar ist P. Oxy. 3965 an den Rändern unvollständig und die Rekonstruktion nicht unumstritten, aber der Gedankengang wird doch deutlich. In den ersten zwanzig Zeilen, die erhalten sind, werden der Tod Achills sowie vielleicht seine Bestattung, der

---

[64] Cf. Nagy 1990, 150f. Zu recht kritisiert allerdings Braswell ad Pind. Pyth. 9, 39, daß diese Stelle ein schlechter Beleg für Nagys Theorie sei, da Pindar in ihr die militärischen Leistungen von Chromios rühmt.

[65] Murray ²1988, 463 spricht von einem »conscious attempt to present the history of the Persian Wars as the history of a new Trojan War won by a new race of heroes.« Cf. Erskine 2001, 61-92, der vermutet, der Vergleich des Trojanischen Krieges und der Perserkriege habe seine Wurzel in Aigina (61-68). Er weist außerdem darauf hin, daß die Rezeption der Trojaner als Barbaren vor allem von Athen geprägt worden sei, und zeigt, daß es auch eine positive Troja-Rezeption in der griechischen Welt gegeben habe. Zum Vergleich von Troja-Krieg und Perserkriegen s. außerdem die Literatur bei Hertel 2003, 227 Anm. 64.

[66] Die Verse sind überliefert bei Aischin. In Ctes. 184f. und Plut. Cim. 7, 5. Erskine 2001, 69 mit Anm. 34 vermutet, daß die Hermen in den späten 470er Jahren aufgestellt wurden. Zu weiterer Lit. s. ibid.

[67] E. g. Francis 1990; Castriota 1992; Hölscher 1998, 163-169. Für eine interessante Deutung des plataäischen Weihgeschenkes in Delphi vor diesem Hintergrund s. Steinhart 1997.

[68] Cf. Kron 1997, 62 Anm. 3 und Hölkeskamp 2001, 342 Anm. 69 mit den Quellen und der Sekundärliteratur. Zur Frage, ob, wie Pausanias meint, auch die Schlacht von Oinoe abgebildet ist, s. Boedeker 1998, 189 Anm. 25. Zur Mythisierung von Marathon s. neben Hölkeskamp 2001 auch Loraux 1973; Flashar 1996; Gehrke 2003b.

Untergang Ilions und der Ruhm der Griechen ausgeführt. Offensichtlich wird in den stark episch gefärbten Versen 15-18 Homer als Quelle des Ruhms genannt:[69]

> οἷσιν ἐπ᾽ ἀθά]νατον κέχυται κλέος ἀν[δρὸς] ἕκητι
> ὃς παρ᾽ ἰοπ]λοκάμων δέξατο Πιερίδ[ων
> πᾶσαν ἀλη]θείην, καὶ ἐπώνυμον ὁπ[λοτέρ]οισιν
> ποίησ᾽ ἡμ]ιθέων ὠκύμορον γενεή[ν.

Auf diese ist unsterblicher Ruhm gegossen durch das Werk des Mannes, der von den dunkelgelockten Musen die ganze Wahrheit empfing und das früh sterbende Geschlecht der Halbgötter den Nachgeborenen bekannt machte.

Nach einer hymnischen »closure« (19f.) folgen ein Musenanruf und die Erzählung des Kampfes. Das Ziel des Anrufs an die Musen wird in einem Konsekutivsatz genannt, 24-28:

> [...] ἵνα τις [μνή]σεται ὕ[στερον αὖ
> ἀνδρῶ]ν, οἳ Σπάρτ[ηι τε καὶ Ἑλλάδι δούλιον ἦμ]αρ
> ἔσχον] ἀμυνόμ[ενοι μή τιν᾽ ἰδεῖν φανερ]ῶ[ς
> οὐδ᾽ ἀρε]τῆς ἐλάθ[οντο, φάτις δ᾽ ἔχε]ν οὐρανομ[ήκ]ης
> καὶ κλέος ἀ]νθρώπων [ἔσσετ]αι ἀθάνατο[ν.

[...] damit man sich später wieder der Männer erinnern wird, die standhielten und von Sparta und Griechenland den Tag der Sklaverei abwehrten, so daß ihn keiner erleben mußte, und ihre Tapferkeit nicht vergaßen. Die Kunde davon gelangte aber bis zum Himmel und der Ruhm unter den Menschen wird unsterblich sein.

Die ausdrückliche Erwähnung der epischen Tradition macht deutlich, daß nicht nur die Kämpfer bei Platäa den homerischen Helden gegenübergestellt werden,[70] sondern daß Simonides sich als Quelle des Ruhms mit Homer vergleicht. Das homerische Epos ist das Exemplum, dem Simonides in seiner Elegie folgt – der Vergleich der Sujets konvergiert mit der Parallele der Medien.[71]

---

[69] Zur epischen Färbung s. Rutherford 2001, 44. Der Text wird in der Rekonstruktion von West wiedergegeben.

[70] Pavese 1995, 22 vermutet, daß in einem früheren Teil des Gedichtes die Schlacht bei den Thermopylen behandelt worden sei, da Achill sich als Paradigma eher für Leonidas als Pausanias anbiete. Dem ist entgegenzuhalten, daß der Vergleich offensichtlich nicht zwischen Achill und einer historischen Person, sondern zwischen dem Ruhm der Griechen vor Troja und der Griechen bei Platäa angestellt wird. In beiden Fällen handelt es sich um ein panhellenisches Unternehmen. Cf. Rutherford 2001, 38 und Aloni 2001, 98. Zur paradigmatischen Funktion von Achill s. a. Stehle 2001, 112. Boedeker 2001 versucht zu zeigen, daß Achill nicht nur als epischer, sondern auch als kultischer Held Paradigma für die Gefallenen von Platäa sei.

[71] Cf. Aloni 2001, 98.

Wenn auch Herodot sehr zurückhaltend mit dem expliziten Vergleich der Perserkriege mit dem Trojanischen Krieg ist,[72] so wird in seinen *Historien* doch immer wieder die Folie des Epos evoziert.[73] Außerdem ist auch für ihn die *Ilias* mit der Verbreitung des Ruhms großer Taten ein Exemplum, wenn er in seinem Prooemium schreibt, er wolle verhindern, daß das von Menschen Vollbrachte in Vergessenheit gerate (τῶι χρόνωι ἐξίτηλα) und große Taten ruhmlos würden (ἀκλεᾶ!).[74] Ein Anklang dieser Tradition ist auch bei Thukydides festzustellen, wenn er für sein Werk in Anspruch nimmt, ein κτῆμα ἐς αἰεί zu sein. Er spricht zwar nicht von Ruhm, aber die Ewigkeit seiner Überlieferung erinnert an die Unvergänglichkeit der epischen Tradition.[75]

Die exemplarische Funktion der heroischen Welt zeigt sich noch in ganz anderer, für die soziale Konstruktion der Wirklichkeit vielleicht grundlegenderer Weise in einer anderen Gattung: Während in der epinikischen Tradition die Gegenwart explizit dem Epos gegenübergestellt wird, spielen die attischen Tragödien mit wenigen Ausnahmen in der heroischen Vergan-

---

[72] Es fällt auf, daß Herodot den Vergleich zwischen Trojanischem Krieg und den Perserkriegen vor allem den Persern in den Mund legt. In 1, 3f. referiert er die Darstellung der Perser, nach welcher der Trojanische Krieg der Beginn der Auseinandersetzungen zwischen Ost und West gewesen sei. Er selbst setzt aber bei Kroisos an (1, 6). Xerxes opfert bei seinem Marsch nach Griechenland in Ilion (Hdt. 7, 43). In 9, 116 bittet Artayktes Xerxes, ihm das Land zu geben, in dem Protesilaos begraben sei, damit gezeigt werde, wie es solchen ergehe, die das Land des Großkönigs angriffen. Nachdem er das Land erhalten hat, nutzt Artayktes den heiligen Grund landwirtschaftlich und entweiht das Heiligtum, cf. Boedeker 1988. In 7, 20 vergleicht Herodot selbst den Xerxeszug, aber nur als Teil einer Aufzählung von Kriegen, mit dem Trojanischen Krieg. Cf. Nesselrath 1996, 281-288, der meint, daß nicht Herodot selbst den Vergleich den Persern zuweist, sondern hier seinen Quellen folgt, und Erskine 2001, 83-87. Hornblower 2001, 138 hält es für möglich, daß Herodot den Vergleich zwischen Trojanischem Krieg und Perserkriegen von Simonides übernommen habe, weist aber zu Recht darauf hin, daß ein solcher Zusammenhang nicht sicher herzustellen ist, da die vermutlich reichhaltige epainetische Tradition nur in Bruchstücken auf uns gekommen ist. Zur Bedeutung des Trojanischen Krieges in Herodots *Historien* s. a. Palantza 2005, 124-174.

[73] Cf. die Diskussion der syrakusanischen Gesandtschaft bei Grethlein 2006a, nach der die epischen Bezüge in den Reden den Versuch darstellen, Legitimität durch die heroische Vergangenheit zu gewinnen, die Parallelen im Epos aber zugleich die Ansprüche unterminieren. Es wird versucht, durch die Analyse dieser Verwendung der so gebräuchlichen Gegenüberstellung von Perserkriegen und Trojazug das Verhältnis der herodoteischen Geschichtsschreibung zur nichthistoriographischen *Memoria* neu zu bestimmen.

[74] Krischer 1965 bemüht sich, in der syntaktischen Struktur des Prooemiums die Struktur epischer Prooemien herauszuarbeiten, lehnt aber die inhaltliche Verbindung ab (165). Überzeugender ist dagegen Bakker 2002, der die Tradition der κλέος-Idee erkennt, aber als Unterschied betont, daß im Epos der Ruhm als selbstverständliche Folge großer Taten angesehen werde, Herodot dagegen die Gefahr des Vergessens sehe und an die Stelle der Autorität der Musen die kritische Historie stelle (27f.). Strasburger 1972, 12 weist auf den Zusammenhang zwischen Klio und κλέος hin.

[75] Eine andere Interpretation gibt Lendle 1990, 231-242, der meint κτῆμα ἐς αἰεί beziehe sich nur auf die Lebenszeit der Leser.

genheit.[76] Die Gegenwart wird aber immer wieder eingeblendet. Einzelne Begriffe stammen aus zeitgenössischen Diskursen und oft werden Fragen behandelt, die in der Gegenwart eine hohe Relevanz haben. Dabei werden weniger Lösungen und Antworten gegeben als durch die Polyphonität und Pluriformität des Dramas Spannungsräume erzeugt, in denen zeitgenössische Probleme verhandelt und neu beleuchtet werden.[77]

Für die Auseinandersetzung mit aktuellen Fragen war der heroische Hintergrund von großer Bedeutung. Er gewährte die Distanz, in der Umstrittenes erörtert werden konnte.[78] Zugleich bot sich die heroische Vergangenheit als Paradigma an, da sie größer als die gegenwärtige Welt war. Auch wenn in der Tragödie weniger positive Exempla als gewaltige Probleme zur Schau gestellt wurden, konnte die Erörterung dieser Probleme dadurch eine besondere Aussagekraft in Anspruch nehmen.[79]

Aber auch eine positive Paradigmatik läßt sich in der Tragödie feststellen, allerdings in nicht-homerischen Mythen. Athen in der Tragödie ist, wie an anderer Stelle dargelegt, untragisch.[80] Das Idealbild des heroischen Athens hat vielmehr die Funktion eines Maßstabes, wenn Mißstände des zeitgenössischen Athens eingeblendet, auf andere Städte projiziert und ihm gegenübergestellt werden. Das Athen der heroischen Vergangenheit ist ein positives Exemplum für die Gegenwart.

Fassen wir zusammen: Die *Ilias* vermittelte in ihrer Rezeptionsgeschichte als ein Speicher von Exempla Orientierung. Der Gedanke der Regularität hebt wie die Kontinuität der Tradition die Gefahr des Wandels auf. Während Traditionen Identitäten konstituieren, orientieren Exempla Handlungen. Die *Ilias* führte ihre Rezipienten nicht nur zu einer intensiven Auseinandersetzung mit Schicksalskontingenz, sondern regte als Grundlage für traditionale und exemplarische Sinnbildung Erzählungen an, die Schicksalskontingenz überwanden. Insofern wurde die *Ilias*, in der die Schicksalskontingenz so deutlich zum Ausdruck kommt, in ihrer Rezeption zum Mittel, Schicksalskontingenz aufzuheben.

---

[76] S. beispielsweise Easterling 1997. Zum Trojanischen Krieg in der Tragödie s. Pallantza 2005, 201-310.

[77] Cf. Grethlein 2003a, 442.

[78] Cf. Grethlein 2003b.

[79] Die exemplarische Funktion muß keineswegs positiv sein. Effe 1988 greift auf die von Jauß entwickelten Kategorien der Identifikation zurück und demonstriert an Achill, wie ambivalent die Rezeption gewesen sein muß. Vergleichbar ist unter den Exempla in der *Ilias* das Meleager-Paradigma: Meleager ist ein großer Held, von dem die Rettung der Stadt abhängt, aber dadurch, daß er zu spät in den Kampf zurückkehrt, verwirkt er seine Geschenke und dient Phoinix als negatives Exemplum. Cf. S. 49.

[80] Grethlein 2003a.

Dieser Blick auf die Rezeption ist nur kurz und oberflächlich. Es mag aber trotzdem deutlich geworden sein, daß das theoretische Modell, mit dem die *Ilias* hier analysiert wurde, auch dazu geeignet ist, auf andere literarische Gattungen angewandt zu werden. Gerade aufgrund des Einflusses, den das Epos sowohl inhaltlich als auch formal auf die Entwicklung der griechischen Literatur hatte, wäre es höchst interessant, auf der hier verwendeten phänomenologischen und narratologischen Grundlage weitere nichthistoriographische Geschichtsbilder zu untersuchen. Dies würde nicht nur unser Verständnis der antiken Vergangenheitsvorstellungen vertiefen, sondern auch einen neuen Zugang zu den einzelnen Gattungen bahnen.[81]

---

[81] Seit dem 1. 8. 2005 ist an der Universität Freiburg eine von der DFG im Rahmen des Emmy-Noether-Programms geförderte Forschungsgruppe angesiedelt, die sich mit »Geschichtsbildern in literarischen Genera der griechischen Archaik und Klassik« beschäftigt. Ihr Ziel ist es, verschiedene Geschichtsbilder in Abhängigkeit vom soziopolitischen Kontext und der narrativen Form von Gattungen zu untersuchen.

VIII. Zusammenfassung

In der Einleitung war ein Erkenntnisgewinn für vier Felder, die literaturwissenschaftliche Interpretation der *Ilias*, die kulturgeschichtliche Analyse des Geschichtsbildes in der frühen Archaik, die Geschichtstheorie und die Narratologie, angestrebt worden. Da die theoretischen Überlegungen die Grundlage für die Lektüre der *Ilias* und die Untersuchung ihres Geschichtsbildes waren, seien sie zuerst vorgestellt.

1. Die (historisch junge) Verengung der Geschichte auf kritische Geschichtsschreibung ist aufgehoben und der funktionalistische Ansatz, der Geschichte als handlungsermöglichend definiert, zurückgewiesen worden; stattdessen ist das menschliche Verhältnis zur Geschichte phänomenologisch durch den Begriff der Geschichtlichkeit bestimmt worden (II). Die Definition des Geschichtsbildes als die Gestaltung der Spannung von Erwartung und Erfahrung wird der lebensweltlichen Verankerung von Geschichte gerecht und ermöglicht zugleich, die unterschiedlichen Formen des menschlichen Verhältnisses zur Geschichte zu erfassen.

Die Spannung zwischen Erwartung und Erfahrung wurzelt in der Kontingenz, dem Feld des Anders-Sein-Könnens. Auch wenn Kontingenz eine anthropologische Konstante ist, kann sie in zwei verschiedenen Formen erfahren werden: Die Beliebigkeitskontingenz bezeichnet die Handlungsfreiheit, die als Geschichtsmächtigkeit erfahren wird, die Schicksalskontingenz die Einschränkung des Handelns durch den Zufall, die sich in der Geschichtsabhängigkeit äußert.

Um darüber hinaus die Varianz an Geschichtsbildern erfassen zu können, sind vier Formen unterschieden worden, die Spannung zwischen Erwartung und Erfahrung zu konstruieren: Kontinuität und Regularität lösen die Spannung zwischen Erwartung und Erfahrung auf. Die Entwicklung läßt dieser Spannung ihre Dynamik, verstetigt sie aber zu einer Kontinuität zweiter Ordnung. Der Zufall stellt die Spannung fest, ohne sie zu beseitigen. Diese vier Modi erfüllen über ihren Umgang mit Kontingenz hinaus Funktionen: Die Kontinuität bringt Traditionen hervor, die Identität stiften; die Regularität läßt durch Exempla Handlungen orientieren; die Entwicklung dynamisiert Identität und Handungsorientierung; der Zufall stellt beides in Frage.

2. Eine zweite theoretische Reflexion hat versucht, das Verhältnis von Geschichte und Erzählung durch die Verbindung der historischen Erzähltheorie mit der Narratologie neu zu bestimmen (V). Die technische Analyse
hilft, die Bedeutung der Erzählung für die Darstellung von Geschichte zu
eruieren; umgekehrt erfahren ihre Ergebnisse eine kulturgeschichtliche
Deutung.

Wir sind der in Auseinandersetzung mit Ricoeurs »Zeit und Erzählung«
entwickelten Grundthese gefolgt, daß die narrative Struktur von Erzählungen die geschichtliche Zeit refiguriert. Die Spannung von Erwartung und
Erfahrung findet sich zum einen auf der Handlungsebene, zum anderen
machen die Rezipienten im Rahmen des »Als-ob« der Fiktion Erfahrungen.
Insofern als der Charakter der Rezeptionserfahrung in ihrem Verhältnis zur
Erfahrung auf der intradiegetischen Ebene durch die Gestaltung von Zeit
und Perspektive bestimmt wird, kann eine technische Analyse der narrativen Struktur zeigen, wie Erzählungen geschichtliche Zeit refigurieren.

Es ist – so sei behauptet – ein wichtiger anthropologischer Aspekt des
Erzählens, daß die doppelte Spannung zwischen Erwartung und Erfahrung
es Menschen möglich macht, frei von den Zwängen des lebensweltlichen
Alltags in der Form einer Erfahrung über Erfahrung zu reflektieren.

3. Die theoretischen Überlegungen zum Geschichtsbild waren die Grundlage dafür, daß das Geschichtsbild der *Ilias* neu untersucht und nicht nur auf
eine defiziente Vorstufe zur Geschichtsschreibung des 5. Jhs. reduziert
wurde. Zuerst ist das Geschichtsbild der Helden analysiert worden (III),
das, wie zweitens gezeigt wurde, dem Bild, das die *Ilias* von der Vergangenheit entwirft, entspricht (IV).

Als wichtige Vergleichsfolie diente das historistische Geschichtsbild.
Die Spannung zwischen Erfahrung und Erwartung wird in der *Ilias* anders
als in ihm konstruiert. Während – auf das ganze betrachtet und stark verall-
gemeinert – in der Moderne Erfahrungen Erwartungshorizonte übersteigen
und neue Handlungsräume eröffnen, steht in der *Ilias* die Enttäuschung von
Erwartungen im Vordergrund. Der Betonung der Beliebigkeitskontingenz
steht die Betonung der Schicksalskontingenz gegenüber.

Damit kann sowohl die Rüsensche These, nach der in Geschichtserzählungen Schicksalskontingenz immer aufgehoben wird, als auch die verbreitete Vorstellung, der Antike sei Kontingenz fremd gewesen, zurückgewiesen werden. Zumindest für die *Ilias* läßt sich feststellen, daß Kontingenz
sehr wohl, wenn auch anders als in der Moderne wahrgenommen wurde.

In der unterschiedlichen Konstruktion von Kontingenz wurzelt auch die
jeweilige Bedeutung der Sinnbildungen: In der Moderne werden nicht nur
Traditionen kritisiert, sondern auch historische Exempla verlieren ihre
Aussagekraft. Der Gedanke der Entwicklung, der sich bereits in der

Aufklärung als Fortschritt artikuliert und dann die Historische Schule prägt, betont die Individualität historischer Ereignisse sowie Zeiten und unterminiert damit sowohl die Vorstellung einer zeitenthobenen Regularität als auch einer überzeitlichen Kontinuität. Zugleich bannen Entwicklungen die Gefahr des Wandels und des Zufalls und bilden aus sich heraus Sinn.

Gegen Behauptungen, dem Epos sei Wandel fremd, ist zu betonen, wie stark der Wandel in ihm empfunden wird. Die Schicksalskontingenz wird so stark wahrgenommen, daß Entwicklungen kaum in den Blick kommen. Deswegen finden wir in der *Ilias* auch keine genetische Sinnbildung. Das starke Empfinden des Zufalls treibt dagegen die exemplarische und traditionale Sinnbildung hervor, die wir in den Paradigmen und Genealogien nachgewiesen haben. Sie heben die Unsicherheit des Wandels auf und ermöglichen Handeln; zugleich werden sie aber selbst durch den Zufall in Frage gestellt.

4. Auf der oben kurz zusammengefaßten theoretischen Grundlage ist auch ein neuer literaturwissenschaftlicher Zugang zur *Ilias* entwickelt worden (VI). Es hat sich eine neue Erklärung für ihre narrative Komplexität ergeben. Die aufwendige Gestaltung von Zeit, Perspektive und Handlungsebene ist bisher vor allem medientheoretisch als Indiz für die orale Natur oder die schriftliche Fixierung des Epos und kompositionstechnisch als Folge der Verbindung verschiedener Traditionen interpretiert worden. Hier ist die narrative Struktur der *Ilias* dagegen als Ausdruck ihres Geschichtsbildes gelesen worden. Sie gibt zum einen den Rezipienten Einblick in die Macht des Zufalls auf der Handlungsebene und macht zum anderen die Rezeption trotz der Bekanntheit der epischen Tradition zu einer Kontingenzerfahrung. Dadurch wird, wie eine Interpretation der Begegnung von Achill und Priamos im 24. Buch als Spiegel der Rezeption gezeigt hat, Kontingenz distanziert und bewältigt.

In einem Ausblick auf die Rezeption der *Ilias* wurde gezeigt, daß bei der *Ilias* zum einen Genealogien ansetzten und sie zum anderen als Speicher für Paradigmen diente. In seiner Rezeptionsgeschichte wurde der Text, der Schicksalskontingenz so betonte und auch erfahrbar machte, zur Grundlage dafür, daß sie durch Kontinuität und Regularität aufgehoben wurde.

Die Untersuchung, die hier an ihr Ende angelangt, ging aus von der Geschichtlichkeit des menschlichen Lebens. Wie alle Wissenschaft ist auch sie der Zeit und dem Raum nicht enthoben, sondern in einem geschichtlichen Horizont angesiedelt. Dieser zeigt sich bereits in der Frage, mit der wir an die *Ilias* herangetreten sind: Ihrem Geschichtsbild und dem Vergleich mit anderen Geschichtsbildern kommt erst im Horizont der Moderne ein Interesse zu. Erst der Gedanke der Entwicklung und der Individualität historischer Zeiten öffnet den Blick dafür, daß in unterschiedlichen Epochen Geschichte jeweils anders wahrgenommen wird. Im homerischen Geschichtsbild, in dem vergangene und gegenwärtige Ereignisse einander einfach gegenübergestellt werden, stellt sich die Frage nach einem für eine Zeit spezifischen Geschichtsbild nicht – wie wir gesehen haben, gleicht das Geschichtsbild der homerischen Helden dem der *Ilias*. Die Geschichtlichkeit der hier vorgestellten Überlegungen gewinnt dadurch eine besondere Pointe, daß ihr Gegenstand die Geschichtlichkeit ist. Die Reflexion auf Geschichtlichkeit enthebt nicht der Geschichtlichkeit, sondern in ihr vollzieht sich Geschichtlichkeit selbst. Ob dieser hermeneutische Zirkel fruchtbar ist, dies zu entscheiden ist den Lesern anheimgestellt.

IX. Appendix

1. Die Exempla in der *Ilias*

Im folgenden wird eine Liste aller Erzählungen gegeben, die in exemplarischer Weise Sinn bilden. Sie gewinnen aufgrund der Annahme einer Regularität aus der Gegenüberstellung eines vergangenen Ereignisses Orientierung für die Gegenwart. Dabei wird die Spannung zwischen Erwartung und Erfahrung aufgehoben.

(1) In 1, 260-273 erzählt Nestor von seinem Umgang mit den Helden der Vergangenheit. Ebenso wie diese seinem Rat gehorchten, sollen auch Achill und Agamemnon ihm jetzt folgen (1, 259; 274).[1]

(2) In 1, 590-594 begründet Hephaistos, warum er Hera im Streit mit Zeus nicht helfen könne, damit, daß er bei einem früheren Versuch von Zeus vom Olymp geschleudert worden sei.[2]

(3) In 4, 308f. bekräftigt Nestor seine strategischen Anweisungen an die Wagenkämpfer damit, daß bereits die früheren Helden mit dieser Taktik Erfolg gehabt hätten.[3]

(4) In 4, 372-400 hält Agamemnon Diomedes seinen Vater als Vorbild vor.[4]

(5) In 5, 115-120 fordert Diomedes Athene dazu auf, ihm zur Hilfe zu kommen wie ehedem seinem Vater.[5]

---

[1] Die Verknüpfung des Appells mit der vergangenen Situation ist explizit kausal, 1, 274: ἀλλὰ πίθεσθε καὶ ὕμμες, ἐπεὶ πείθεσθαι ἄμεινον. Der exemplarische Charakter des Gehorchens der früheren Helden wird gesteigert, wenn wir mit Alden 2000, 80-82 annehmen, daß Nestor in 1, 262-271 die Kämpfe bei der Hochzeitsfeier von Peirithoos und Hippodameia anspricht. Dort kämpften die Lapither gegen die Kentauren, um den Raub ihrer Frauen zu verhindern. Darin liegen zwei Parallelen zur gegenwärtigen Situation: Auch die Griechen führen gegen die Trojaner einen Krieg wegen Frauenraubs. Außerdem ist Achill zornig auf Agamemnon, weil dieser ihm Briseis weggenommen habe.

[2] 1, 590: ἤδη γάρ με καὶ ἄλλοτ᾽ [...]

[3] Er leitet dieses allgemeine Exemplum ein mit 4, 308: ὧδε καὶ [...]

[4] Die Verwendung des Vaters als Maßstab wird deutlich am Anfang und am Ende. 4, 372: οὐ μὲν Τυδέι γ᾽ ὧδε φίλον πτωσκαζέμεν ἦεν [...] 4, 399f.: τοῖος ἔην Τυδεὺς Αἰτώλιος· ἀλλὰ τὸν υἱόν/ γείνατο εἷο χέρεια μάχηι, ἀγορῆι δέ τ᾽ ἀμείνων. Der exemplarische Charakter der Erzählung von Tydeus wird durch den offensichtlich erfundenen Besuch in Mykene verstärkt (4, 376-381). Zur Struktur des Exemplums s. Gaisser 1969b, 9. Willcock 1964, 144f. geht davon aus, daß die Gesandtschaft des Tydeus nach Theben traditionell sei, die Einzelheiten aber vom Dichter erfunden.

(6) In 5, 382-402 appelliert Dione an Aphrodite, die ihr von Diomedes zugefügte Verletzung zu ertragen, da bereits Otos und Ephialtes Ares sowie Herakles Hera und Hades verletzt hätten.[6]

(7) In 5, 640-642 erzählt Tlepolemos im Streitgespräch mit Sarpedon, daß Herakles Troja zerstört habe. Er expliziert den exemplarischen Charakter dieses Ereignisses nicht, ein solcher liegt aber aus folgenden Gründen nahe:[7] Erstens strebt Tlepolemos das gleiche an, was Herakles in der Vergangenheit erreicht hat. Dies wird deutlich, wenn er in 5, 644-646 sagt, Sarpedon werde kein Schutz für Troja sein, sondern zugrundegehen. Zweitens liegt eine exemplarische Funktion von Herakles für Tlepolemos nahe, da er sein Vater ist (cf. das Verhältnis von Diomedes und Tydeus in 4 und 5). Drittens macht die Situation es wahrscheinlich, daß Herakles' Tat als Exemplum für die jetzige Eroberung Trojas dient. Die beiden Antagonisten versuchen im Streitgespräch ihre eigene Stärke zu unterstreichen und den anderen zu schmähen. Daß auch Sarpedon Tlepolemos' Rede so versteht, zeigen 5, 648-651, wo er versucht, den exemplarischen Charakter der Eroberung durch Herakles zu entkräften, indem er auf Laomedons Frevel hinweist.

(8) In 5, 800-813 mißt Athene Diomedes an seinem Vater Tydeus.[8]

(9) Das Lykurgos-Paradigma in 6, 130-140 wird ausführlich in III 1.1 diskutiert.

(10) Glaukos' Erzählung von Bellerophontes in 6, 155-205 läßt sich als Paradigma entweder allgemein für die Fragilität menschlichen Lebens oder für Diomedes interpretieren.[9]

(11) In 7, 113f. gibt Agamemnon als Grund dafür, daß Menelaos nicht gegen Hektor im Zweikampf antreten solle, an, auch (7, 113: καί) Achill habe Angst vor Hektor gehabt.

(12) In 7, 132-157 ruft Nestor seine vergangene Stärke und seinen Erfolg im Zweikampf gegen Ereuthalion in Erinnerung. Er expliziert keinen Bezug

---

[5] Die Hilfe für Tydeus ist in der Protasis eines Bedingungssatzes formuliert, die Parallelität von Vergangenheit und Gegenwart durch νῦν αὖτ᾽ ausgedrückt, 5, 116f.: εἴ ποτέ μοι καὶ πατρὶ φίλα φρονέουσα παρέστης/ δηίωι ἐν πολέμωι, νῦν αὖτ᾽ ἐμὲ φῖλαι, ᾿Αθήνη.

[6] Das frühere Erdulden der von Menschen zugefügten Verletzungen wird von Dione explizit als Begründung für ihre Aufforderung an Aphrodite genannt, ihre Schmerzen zu ertragen (5, 383: γάρ). Die Parallelität wird dadurch unterstrichen, daß jedes Exemplum Diones Aufforderung aufgreift: 5, 382: τέτλαθι~5, 385; 392; 395: τλῆ. Willcock 1964, 145f. vermutet wie Fränkel, daß alle drei Exempla erfunden sind. So zuletzt auch Alden 2000, 21f.

[7] Bereits das Scholion bT ad 5, 640 erkennt: εὖ τὸ παράδειγμα τῆς ῾Ηρακλέους ἀρετῆς, ὅτι οὐκ ἄλλοθεν αὐτὸ φέρει ἢ ἐκ τῆς νῦν πολεμουμένης πόλεως. S. in der modernen Forschung Alden 2000, 160.

[8] Die Erzählung von Tydeus ist eingebettet in den Vergleich, 5, 800: ἦ ὀλίγον οἷ παῖδα ἐοικότα γείνατο Τυδεύς. 5, 812f.: [...] οὐ σύ γ᾽ ἔπειτα/ Τυδέος ἔκγονός ἐσσι δαΐφρονος Οἰνεΐδαο.

[9] Cf. S. 111f.

zur Gegenwart, aber in der gegenwärtigen Situation, in der kein Grieche sich bereit erklärt, gegen Hektor anzutreten, ist der exemplarische Charakter des Mutes, Ereuthalion gegenüberzutreten, offensichtlich. Die Rede zeigt ihre paradigmatische Wirkung, wenn sich nach ihr sieben Freiwillige melden.[10]

(13) Im meistdiskutierten Paradigma der *Ilias* fordert Phoinix Achill mit der Geschichte Meleagers dazu auf, in den Kampf zurückzukehren, solange er noch Geschenke erhalte (9, 524-599).[11]

(14) In 9, 632f. stellt Aias Achills Weigerung, die Geschenke anzunehmen, nachdem ihm Briseis weggenommen wurde, die Bereitschaft anderer Menschen gegenüber, nach dem Tod eines Bruders oder eines Kindes eine Kompensation anzunehmen. Er gibt zwar keinen konkreten Fall, formuliert aber den Vergleich zur Gegenwart im Aorist.[12]

(15) In 10, 284-291 bittet Diomedes Athene ihm beizustehen, wie sie Tydeus bei seiner Gesandtschaft nach Theben geholfen habe.[13]

(16) In 11, 670-761 erzählt Nestor seine Aristie im Kampf gegen die Pylier. Wenn auch umstritten ist, ob diese Geschichte eine Exhortation Achills ist, läßt sich nicht bestreiten, daß Nestor Achills Rückzug aus der Schlacht seiner eigenen Tapferkeit gegenüberstellt.[14] Die vergangene Situation ge-

---

[10] Die Parallelität wird auch hier sprachlich unterstrichen, 7, 150: [...] προκαλίζετο πάντας ἀρίστους. 7, 285: [...] προκαλέσσατο πάντας ἀρίστους. S. a. 7, 50: [...] προκάλεσσαι Ἀχαιῶν ὅς τις ἄριστος. Das Wort προκαλεῖν findet sich außerdem in 7, 218, die »besten der Achaier« in 7, 73; 159; 227. Der Angst der Aufgeforderten im Exemplum (7, 151) entspricht die Furcht der Griechen vor Hektor (7, 93; cf. 114). Zur Analyse der Struktur s. Gaisser 1969b, 8. Zur Ähnlichkeit zum Kampf zwischen David und Goliath s. Mühlestein 1971 und West 1997, 369f. mit weiterer Literatur. Zu den chronologischen Problemen s. S. 57.

[11] Zu den sich bis in wörtliche Parallelen erstreckenden Ähnlichkeiten des Meleager-Exemplums und Achills Zorn s. Alden 2000, 229-248 mit der Forschungsliteratur.

[12] 9, 632f.: [..] καὶ μέν τίς τε κασιγνήτοιο φόνοιο/ ποινὴν ἢ οὗ παιδὸς ἐδέξατο τεθνηῶτος.

[13] Hier ist die Parallele zwischen Tydeus und Diomedes deutlicher als in 5, 115-120. Ebenso wie Tydeus unternimmt Diomedes eine Expedition in feindliches Gebiet. Cf. Hainsworth ad 10, 285-290 und Alden 2000, 143-149.

[14] Die Funktion der Nestorerzählung ist sehr unterschiedlich gedeutet worden. Während viele Gelehrte in ihr eine Aufforderung an Achill sehen (s. die Literatur bei Alden 2000, 95 Anm. 53), haben andere den exhortativen Charakter bestritten oder ihn anders verstanden. Cantieni 1942, 18-22 stellt sogar die Gegenüberstellung von Nestors Aristie mit Achills Verweigerung in Frage. Pedrick 1983, 57-61 bemerkt, daß die Rede von anderen Paradigmen dadurch abweiche, daß sie keine explizite Exhortation enthalte, nicht an den eigentlichen Adressaten gerichtet sei, sehr lang sei und nur wenige Parallelen zur Haupthandlung aufweise. Primäres Ziel der Rede sei, die Exzellenz von Nestor darzustellen (65). Trotzdem bestreitet er nicht, daß die Rede auch eine paradigmatische Bedeutung habe: Sie wirke aber auf die falsche Person, auf Patroklos, nicht auf Achill (68). Cf. Alden 2000, 97-111. Zur exemplarischen Wirkung auf Patroklos s. bereits das Scholion bT ad 11, 717-18a. Zur Struktur der Rede s. Schadewaldt ³1966, 84; Gaisser 1969b, 9-12; Lohmann 1970, 70-75 und gegen ihn Pedrick 1983, 57 mit Anm. 10.

winnt dadurch exemplarischen Charakter, daß sie die Defizienz der Gegenwart beleuchtet.[15]

(17) In 14, 247-262 erklärt Hypnos, warum er Hera gegen Zeus nicht unterstützen werde. Dieser habe ihn, da er ihn auf Wunsch der Hera eingeschläfert habe, fast vom Olymp geworfen.

(18) In 15, 18-33 erinnert Zeus Hera daran, wie er sie am Olymp an den Füßen aufhängte, da sie gegen seinen Willen Herakles nach Kos irren ließ.

(19) In 18, 115-120 sagt Achill, er werde den Tod annehmen, da auch Herakles sterben mußte.

(20) In 19, 95-136 rechtfertigt Agamemnon seinen Fehler, Achill Briseis weggenommen zu haben, damit, daß auch Zeus von Ate verblendet worden sei.

(21) In 20, 187-194 erinnert Achill Aineas daran, daß er bei einer Begegnung in der Vergangenheit auf dem Ida vor ihm geflohen sei. Diese Erzählung gewinnt dadurch exemplarischen Charakter, daß Achill Aineas im folgenden auffordert, sich zurückzuziehen (20, 196-198).

(22) In 24, 522-533 versucht Achill Priamos zu trösten, indem er die Parabel der zwei Fässer des Zeus erzählt. Er exemplifiziert sie durch das Los von Peleus (24, 534-542).

(23) In 24, 601-619 fordert Achill Priamos dazu auf, etwas zu sich zu nehmen, da auch Niobe trotz des Schmerzes über den Tod ihrer Kinder gegessen habe.[16]

Einige Stellen, die manchmal als Paradigmen aufgeführt werden, sind hier nicht aufgeführt, da sie keine Belege für exemplarische Sinnbildung sind: Die von Willcock genannten Stellen 1, 395-407 und 18, 394-405 sind keine Exempla.[17] In ihnen wird nicht ein vergangenes Ereignis als Parallele zur

---

[15] Der prekären Situation, in der sich die Pylier befanden, entspricht die Krise der Griechen. Während diese durch den Tod der Brüder Nestors geschwächt waren (11, 690-693), sind bei den Griechen, wie Nestor sagt, die besten verletzt aus dem Kampf ausgeschieden (11, 658-664). Während Achill sich freiwillig aus dem Kampf zurückzieht und auch auf die Bitten der Vaterfigur Phoinix nicht in die Schlacht zurückkehrt, kämpft Nestor sogar gegen das ausdrückliche Verbot seines Vaters (cf. Lohmann 1970, 75). In einem weiteren Punkt kann ein Kontrast zwischen Nestors Geschichte und der Situation der Griechen gesehen werden. In 11, 696-705 beschreibt Nestor, wie Neleus sich seinen Anteil an der Beute nimmt und den Rest verteilt. In der *Ilias* entzündet sich dagegen an der Verteilung der Beute die Auseinandersetzung zwischen Achill und Agamemnon. Achill kritisiert nicht nur, daß ihm Briseis weggenommen wird, sondern auch grundsätzlich den Anteil, den Agamemnon von der Beute für sich beansprucht.

[16] Zur mythischen Innovation, welche die Parallelität des Exemplums zur Handlung erzeugt, s. Willcock 1964, 141f. Petzold 1976, 153 weist darauf hin, daß Achill die Tendenz der Geschichte, indem er sie zum Exemplum macht, umkehrt. Das Leid der Niobe erscheint nicht mehr als Untergang, sondern dadurch, daß sie wieder ißt, als überwindbar. Zur Struktur des Exemplums s. Gaisser 1969b, 9.

[17] Cf. Braswell 1971; cf. Pedrick 1983, 57 Anm. 12.

Gegenwart genannt, sondern aus einem vergangenen Ereignis im Sinne von »dedi, ut des« ein Anspruch in der Gegenwart begründet. Das Verhältnis von Vergangenheit und Gegenwart ist nicht exemplarisch, sondern kausal.

Oehler analysiert den Katalog von Zeus' Geliebten in 14, 313-328 als mythologisches Exemplum.[18] Als Parallele lassen sich Paris' Worte in 3, 442-446 nennen. Ähnlich wie Zeus seine früheren Geliebten nennt, um der Einzigartigkeit seiner gegenwärtigen Empfindung für Hera Ausdruck zu verleihen, betont Paris die Größe seines Verlangens damit, daß es größer als bei ihrem ersten Zusammensein sei. Hier wird in der Tat ein gegenwärtiges Ereignis mit einem parallelen Ereignis der Vergangenheit verglichen, aber es liegt kein Exemplum vor: Zwar wollen sowohl Zeus als auch Paris Hera bzw. Helena zum sofortigen Geschlechtsverkehr bewegen, aber aus der Parallelität des vergangenen Ereignisses wird weder eine handlungsleitende Orientierung für die Gegenwart abgeleitet noch dient die Vergangenheit als Exemplifizierung einer allgemeinen Regel. Der Vergleich mit der Vergangenheit dient vielmehr dazu, die Größe des gegenwärtigen Gefühls auszudrücken.[19]

Nestor hält seine letzte Rede, in welcher er ein Ereignis aus seiner Jugend schildert, als Reaktion darauf, daß Achill ihm den übriggebliebenen fünften Preis des Wagenrennens zuspricht (23, 626-650).[20] Er erzählt von seinem Erfolg bei den Leichenfestspielen zu Ehren des Amarynkeus (23, 630-643). Im Faustkampf, Ringen, Laufen und Speerwerfen habe er gewonnen, lediglich im Wagenrennen sei er den Söhnen des Aktor unterlegen, die offensichtlich zusammen (23, 641f.) ein Gespann lenkten.

Sowohl Richardson als auch Alden sprechen dieser Erzählung paradigmatischen Charakter zu.[21] Richardson weist darauf hin, daß seine Niederlage im Wagenrennen Menelaos' Niederlage gegen seinen Sohn widerspiegle, da auch er durch unfaires Vorgehen verloren habe. Alden greift diese Interpretation auf und sieht in Nestors Rede außerdem eine Kritik an Menelaos' Verhalten. Während Menelaos wegen eines zweiten Platzes reklamiere, habe er sich in der gleichen Situation ruhig verhalten.

Gegen beide Interpretationen ist einzuwenden, daß das Verhalten der Aktor-Söhne in Nestors Erzählung nicht als unfair bezeichnet wird, wäh-

---

[18] Oehler 1925, 20-22.
[19] Ähnlich fragt Thetis Hephaistos in einer rhetorischen Frage, ob irgend ein anderer Gott größeres Leid als sie erlitten habe (18, 429-431). In nostalgischer Weise vergleicht Nestor Vergangenheit und Gegenwart, wenn er seine jetzige Schwäche seiner früheren Stärke gegenüberstellt (4, 318f.; 11, 668-672; 762; 23, 629-642), s. a. Phoinix (9, 445f.).
[20] Zur Struktur s. Gaisser 1969b, 13.
[21] Richardson ad 23, 499-652; Alden 2000, 32f. und ausführlicher 102-110. Austin 1966, 303 schreibt weniger bestimmt, Nestor führe seine Leistung auch hier als Maßstab für die Nachgeborenen an.

rend Antilochos' Einlenken ein offensichtliches Schuldgeständnis ist.[22] Damit ist dem direkten Vergleich die Grundlage entzogen. Gegen Aldens Deutung muß außerdem festgestellt werden, daß Nestors Reaktion auf das vermeintliche Unrecht keinen paradigmatischen Charakter haben kann, da sie gar nicht erwähnt wird. Die Exhortation eines Exemplums muß zwar nicht immer explizit sein, wenn aber zwei Ereignisse überhaupt nicht einander gegenübergestellt werden, kann die Vergangenheit keine paradigmatische Funktion erfüllen.

Nestors Erzählung gibt keine Orientierung für die Gegenwart, sondern hat eine andere Funktion: Die Erzählung der Leichenfestspiele für Amarynkeus dient nicht nur als Kontrast zu Nestors jetziger Gebrechlichkeit, sondern auch als Begründung dafür, daß er den Preis verdient hat, wie 23, 647-649 zeigt:

> τοῦτο δ᾽ ἐγὼ πρόφρων δέχομαι, χαίρει δέ μοι ἦτορ,
> ὥς μεʼ ἀεὶ μέμνηαι ἐνηέος, οὐδέ σε λήθω
> τιμῆς ἧς τέ μʼ ἔοικε τετιμῆσθαι μετʼ Ἀχαιοῖς.[23]

> Dies aber nehme ich gern an, und es freut sich mir das Herz,
> Daß du immer an mich denkst, den dir Freundlichen, und mich nicht mit der Ehre
> Vergißt, mit der ich geehrt werde nach Gebühr unter den Achaiern.

Die Vergangenheit wird von Nestor hier also nicht exemplarisch, sondern kausal gebraucht.

Die zu Recht festgestellte Ähnlichkeit des vergangenen Ereignisses zur Gegenwart[24] unterstreicht sowohl den Kontrast von Nestors jetziger Schwäche und seiner damaligen Stärke als auch die Begründung dafür, daß er mit einem Preis geehrt wird. Sie lädt den Rezipienten dazu ein, die beiden Ereignisse miteinander zu vergleichen, aber sie ist nicht Ausdruck einer exemplarischen Sinbildung Nestors.

Daß die Erzählung keinen adhortativen Charakter hat, wird besonders deutlich dadurch, daß sie ebenso wie Nestors Erzählungen im 7. und 11. Buch vom Wunsch nach Verjüngung eingeleitet bzw. umklammert wird (23, 629; 7, 132f.; 157; 11, 670f.). Dort ist Nestors Wunsch nach Verjüngung vom Verlangen geleitet, eine Aufgabe zu übernehmen, der die Griechen oder Achill sich gerade verweigern; hier dagegen tun die Griechen genau das, was er in der Vergangenheit getan hat. Jetzt formuliert Nestors Erzählung keinen Kontrast zur Gegenwart, sondern einen Spiegel. Vergangenheit und Gegenwart klaffen nicht mehr auseinander. Die Kluft zwischen

---

[22] Cf. de Vries 1981, 138f.; zur Frage, worin Antilochos' Regelverstoß besteht, s. Gagarin 1983, 39; zum Verhältnis von Antilochos und Menelaos s. Willcock 1983, 481.

[23] Cf. Oehler 1925, 24; Austin 1966, 303; Bannert 1988, 135.

[24] Cf. Bannert 1988, 135f.

diesem Gebrauch der Vergangenheit und dem früheren, die durch den parallelen Wunsch nach Verjüngung markiert ist, trägt zur *closure* bei.[25]

2. Καί in Il. 6, 200

Wie bereits das Scholion T ad 6, 200a[1] (cf. Porphyrios ad 6, 200 (95, 6-8) haben wir das καί in 6, 200 als Ausdruck dafür interpretiert, daß Bellerophontes das Schicksal aller Menschen ereilt habe,[26] 6, 200-202:

> ἀλλ᾽ ὅτε δὴ καὶ κεῖνος ἀπήχϑετο πᾶσι ϑεοῖσιν,
> ἤτοι ὃ κὰπ πέδιον τὸ Ἀλήιον οἶος ἀλᾶτο,
> ὃν ϑυμὸν κατέδων, πάτον ἀνϑρώπων ἀλεείνων.

> Doch als nun *auch* er verhaßt wurde allen Göttern,
> Da irrte er über die Aleische Ebene, einsam,
> Sein Leben verzehrend, den Pfad der Menschen vermeidend.

Eine Reihe moderner Gelehrter gibt eine andere Interpretation.[27] Sie sehen einen Rückverweis auf Lykurgos in 6, 140: [...] ἐπεὶ ἀϑανάτοισιν ἀπήχϑετο πᾶσι ϑεοῖσιν. Aufgrund der großen Entfernung und der Bedeutung, welche die Abhängigkeit der Menschen von den Göttern in Glaukos' Rede hat, ist es unwahrscheinlich, daß dies der primäre Sinn ist. Unbestreitbar ist aber, daß die parallele Formulierung die beiden Erzählungen miteinander verbindet, allerdings, um den Kontrast hervorzuheben zwischen Lykurgos, der von den Göttern aufgrund seiner Hybris bestraft wird, und Bellerophontes, der ohne Schuld ins Unglück gestürzt wird.

Aus diesem Grund ist auch die These von Gaisser nicht haltbar, hier sei erkennbar, daß die Geschichten von Lykurgos und Bellerophontes aus einem Katalog der Opfer von Schicksalsschlägen stammten.[28] Problematisch an dieser wie an vergleichbaren Thesen ist auch, daß sie voraussetzen, daß andere Gedichte bereits in einer fixierten Form vorlagen, als die *Ilias* entstand, eine aufgrund der oralen Entstehung der Epen fragwürdige Annahme.

---

[25] Cf. VI 3.2.1.

[26] Ähnlich Monro ad loc.: »›even he‹, whom they had formerly loved and protected«. S. außerdem deJong 1987, 166 mit Anm. 39 und Lohmann 1970, 91 Anm. 149, der aber auch eine Athetese von 6, 200-203 erwägt.

[27] Malten 1944, 5; Broccia 1963, 81; Avery 1994, 499 Anm. 8; Alden 2000, 137.

[28] Gaisser 1969a, 175f. Zu einem solchen Katalog s. Webster 1958, 186, der die These aufstellt, diese beiden Geschichten und die Peleus-Geschichte in 24, 534-542 kämen aus einem solchen Katalog; Murray ²1907, 197-199 hält die *Korinthiaka* für die Quelle. S. gegen das Zugrundeliegen eines solchen Kataloges Andersen 1978, 104.

Leaf hat es außerdem für nötig gehalten, die Verse 6, 200-203 hinter 6, 205 einzusetzen, da (a) die Darstellung der Kinder von Bellerophontes' Unglück unterbrochen werde und (b) τὴν δέ weit weg vom Bezug in 6, 198 sei. Kirk (ad 6, 200-202) folgt ihm und sieht die immer noch bestehenden Spannungen als Ausdruck dafür, daß Glaukos die Vergehen seines Großvaters nicht ganz übergehen könne und deswegen in die Geschichte seiner Kinder einreihe.

Die Argumentation von Leaf ist aus drei Gründen nicht stichhaltig: Ein Blick auf die Struktur des gesamten Abschnittes zeigt, daß die Darstellung der Kinder nicht unterbrochen wird, sondern sie vielmehr Bestandteil von Bellerophontes' Geschichte ist. Zuerst wird das Glück von Bellerophontes dargestellt: Hochzeit (6, 192), Landbesitz (6, 194f.), Kinder (6, 196f.). Die Gunst der Götter erreicht ihren Gipfel darin, daß Laodameia von Apollon schwanger wird und Sarpedon gebiert (6, 199). Diesem Glück ist die Wende in das Unglück scharf gegenübergestellt (6, 200-202). Die folgende Beschreibung des Schicksals der Kinder ist nicht eine Übertragung des Unglücks von ihrem Vater[29], sondern umgekehrt die Begründung von Bellerophontes' Unglück: Er ging allein (6, 201: οἶος) in die Wüste, nachdem Isander und Laodameia getötet worden waren (6, 203-205). Seine Einsamkeit und seine Traurigkeit sind die Folge ihres Todes. Der Tod der Kinder ist also weniger eine gleichberechtigte Darstellung ihres Lebens als eine in die Darstellung von Bellerophontes' Leben eingefügte Begründung für sein Leid.[30]

Der Bezug von τὴν δέ ist außerdem nicht so unklar, wie Leaf behauptet. Es kann sich nur auf Laodameia beziehen, da sie die einzige Frau ist, von der die Rede ist. Auch nach der von Leaf vorgeschlagenen Transposition liegen noch zwei Verse zwischen 6, 205 und dem Bezug in 6, 199.

Die Transposition verkennt nicht nur die Struktur des Textes, sie wirft sogar neue Probleme auf: 6, 203 οἱ bezeichnet Bellerophontes. Im überlieferten Text ist der Bezug eindeutig, da in den vorangegangenen Versen von ihm die Rede ist. Bei einer Transposition dieser Verse (6, 200-203) wird der Bezug unklar, da dann im vorangegangenen Vers von zwei Männern gesprochen wird. Außerdem bliebe die Feindschaft der Götter merkwürdig unbestimmt, da, wenn zuerst vom Tod der Kinder berichtet wird, er nicht mehr Grund für das Leid des Bellerophontes sein kann, das mit ἀλλ᾽ ὅτε δή eingeleitet wird, welches zeitlich eine Abfolge und inhaltlich eine

---

[29] So beispielsweise deJong 1987, 166.

[30] S. dazu bereits im Scholion bT ad 6, 200-205: ἵνα ἡ ἀπώλεια τῶν παίδων αἰτία αὐτῶι ἦι μονασμοῦ, ὡς καὶ τῶι Λαέρτηι (λ 187-96). S. a. das Scholion bT ad 6, 202a: οὐχ ὡς οἱ νεώτεροί φασι, μελαγχολάνας, ἀλλ᾽ ὀδυνώμενος ἐπὶ τῆι τῶν παίδων ἀπωλείαι ἐμόναζεν. S. a. Porphyrios ad 6, 200 (95, 19-21).

Gegenüberstellung bezeichnet. Beide Aspekte sind aber gegeben, wenn, wie
überliefert, das Unglück dem Gipfel des Glückes gegenübergestellt wird.

X. Bibliographie

1. Antike Texte

a) Autoren

Aischines:
M. R. Dilts, Aeschines. Orationes, Stuttgart 1997

Aristoteles:
R. Kassel, Aristotelis ars rhetorica, Berlin 1976
—, Aristotelis de arte poetica liber, Oxford 1965
W. D. Ross, Aristotelis fragmenta selecta, Oxford 1955

Euripides:
E. R. Dodds, Euripides, Bacchae, Oxford [2]1960
U. v. Wilamowitz-Moellendorff, Euripides. Herakles, I-III, Darmstadt 1959 (Nachdruck von Berlin 1889)

Herodot:
C. Hude, Herodoti historiae, I-II, Oxford [3]1927

Hesiod:
R. Merkelbach / M. L. West, Fragmenta Hesiodea, Oxford 1967
M. L. West, Hesiod. Theogony, Oxford 1966
—, Hesiod. Works & Days, Oxford 1978

Homer:
T. W. Allen, Homeri opera, V, Oxford 1912
K. F. Ameis / C. Hentze, Homers Ilias für den Schulgebrauch erklärt, I-II, Leipzig [3]1896/[5]1894
M. W. Edwards, The Iliad. A Commentary. Books 17-20, Cambridge 1991
H. Erbse, Scholia Graeca in Homeri Iliadem, I-VII, Berlin 1969-1988
Eustathius, Commentarii ad Homeri Iliadem pertinentes, I-IV, Leiden 1971-1987
J. Griffin, Iliad. Book IX, Oxford 1995
B. Hainsworth, The Iliad. A Commentary. Books 9-12, Cambridge 1993
R. Janko, The Iliad. A Commentary. Books 13-16, Cambridge 1992
G. S. Kirk, The Iliad. A Commentary. Books 1-4, Cambridge 1985
—, The Iliad. A Commentary. Books 5-8, Cambridge 1990
J. Latacz, Homers Ilias. Gesamtkommentar. I, 2: Erster Gesang (A), Kommentar, München 2000
W. Leaf, The Iliad, London [2]1971
C. W. Macleod, Homer. Iliad XXIV, Cambridge 1982
D. B. Monro, Homer Iliad, I-II, Oxford [5]1906
P. von der Mühll, Homeri Odyssea, Stuttgart [3]1993
N. Richardson, The Iliad. A Commentary. Books 21-24, Cambridge 1993

W. Schadewaldt, Homer. Ilias, Frankfurt 1975
M. L. West, Homeri Ilias, I-II, Stuttgart 1998/2000
C. H. Wilson, Homer. Iliad Books VIII and IX, Warminster 1996

Pausanias:
M. H. Rocha-Pereira, Pausanias. Graeciae descriptio, I-III, Leipzig 1989-1990

Pindar:
B. K. Braswell, Commentary on the Fourth Pythian Ode of Pindar, Berlin 1988
H. Maehler, Pindari carmina cum fragmentis, I: Stuttgart [8]1987, II: Leipzig [4]1975

Platon:
I. Burnet, Platonis opera, I-V, Oxford 1900-1907

Plutarch:
C. Lindskog / K. Ziegler, Plutarchus. Vitae Parallelae, I-III, Leipzig 1968-1973

Thukydides:
H. S. Jones / J. E. Powell, Thucydidis historiae, I-II, Oxford 1942

Xenophon
E. C. Marchant, Xenophontis opera omnia, I-V, Oxford [2]1921

b) Fragmentsammlungen

H. Diels / W. Kranz, Die Fragmente der Vorsokratiker, I-III, Dublin [6]1952(=D.-K.)
F. Jacoby, Die Fragmente der griechischen Historiker, Leiden 1923ff. (=FgrH)
R. Kannicht, Tragicorum Graecorum Fragmenta, V, Göttingen 2004
R. Kassel / C. Austin, Poetae Comici Graeci, Berlin 1983ff. (=K.-A.)
M. L. West, Iambi et elegi Graeci, I-II, Oxford [2]1998 (=W)

2. Moderne Lexika, Grammatiken und Wörterbücher

Chantraine: P. Chantraine, Dictionnaire étymologique de la langue grecque. Histoire des mots, Paris 1968-1980
Ebeling: H. Ebeling, Lexicon Homericum, I-II, Leipzig 1885/1880
Frisk: H. Frisk, Griechisches etymologisches Wörterbuch, I-III, Heidelberg 1960-1972
GG: O. Brunner / W. Conze / R. Koselleck (ed.), Geschichtliche Grundbegriffe. Historisches Lexikon zur politisch-sozialen Sprache in Deutschland, I-VIII, Stuttgart 1972-1977
Kühner / Gert: R. Kühner / B. Gerth, Ausführliche Grammatik der griechischen Sprache, II. Satzlehre, I-II, Hannover [3]1898
LfgrE: B. Snell / H. Erbse (ed.), Lexikon des frühgriechischen Epos, Iff., Göttingen 1955ff.
LSJ: H. G. Liddell / R. Scott, A Greek-English Lexicon (revised by H. S. Jones). New edition (9. Auflage) Oxford 1968 with a revised supplement 1996
NP: H. Cancik (ed.), Der Neue Pauly, Stuttgart 1996ff.
RAC: Reallexikon für Antike und Christentum, Stuttgart 1950ff.
RE: Paulys Realencyclopädie der classischen Altertumswissenschaften, Stuttgart 1893-1980
[3]RGG: K. Galling (ed.), Religion in Geschichte und Gegenwart, Tübingen [3]1957-1965
[4]RGG: H. D. Betz et al. (ed.), Religion in Geschichte und Gegenwart, Tübingen [4]1998ff.

Schwyzer / Debrunner: E. Schwyzer / A. Debrunner, Griechische Grammatik, II. Syntax und syntaktische Stilistik, München 1950

Seiler / Capelle: E. E. Seiler / C. Capelle, Vollständiges Griechisch-Deutsches Wörterbuch über die Gedichte des Homeros und der Homeriden, Leipzig ⁸1878

TRE: G. Krause / G. Müller (ed.), Theologische Realenzyklopädie, Iff., Berlin 1977ff.

Tebben: J. R. Tebben, Concordantia Homerica. Pars II. Ilias, I-III, Hildesheim 1998

3. Moderne Literatur

Accame 1961: S. Accame, La concezione del tempo nell'età omerica ed arcaica, in: RFIC 39, 1961, 359-394

Adkins 1975: A. W. H. Adkins, Art, Beliefs, and Values in the Later Books of the Iliad, in: CPh 70, 1975, 239-254

— 1969: A. W. H. Adkins, Threatening, Abusing, and Feeling Angry in the Homeric Poems, in: JHS 89, 1969, 7-21

Aélion 1984: R. Aélion, Les mythes de Bellérophon et de Persée. Essai d'analyse selon un schéma inspiré de V. PROPP, in: Lalies 4, 1984, 195-214

Alcock 2002: S. E. Alcock, Archaeologies of the Greek Past. Landscape, Monuments, and Memories, Cambridge 2002

Alden 1996: M. J. Alden, Genealogy as Paradigm. The Example of Bellerophon, in: Hermes 124, 1996, 257-263

— 2000: M. Alden, Homer Beside Himself. Para-narratives in the Iliad, Oxford 2000

Allen 1921: T. W. Allen, The Homeric Catalogue of Ships, Oxford 1921

Aloni 2001: A. Aloni, The Proem of Simonides' Plataea Elegy and the Circumstances of Its Performance, in: D. Boedeker / D. Sider (ed.), The New Simonides. Contexts of Praise and Desire, Oxford 2001, 86-105

Anchor 1991: R. Anchor, Rez. J. Rüsen, Lebendige Geschichte, in: H&T 30, 1991, 347-356

Andersen 1978: Ø. Andersen, Die Diomedesgestalt in der Ilias, Oslo 1978

— 1987: Ø. Andersen, Myth, Paradigm, and »Spatial Form« in the Iliad, in: J. M. Bremer et al. (ed.) 1987, 1-13

— 1990: Ø. Andersen, The Making of the Past in the Iliad, in: HSCPh 93, 1990, 25-45

Andersen / Dickie 1995: Ø. Andersen / M. W. Dickie (ed.), Homer's World. Fiction, Tradition, Reality, Bergen 1995

Ankersmit 1988: F. R. Ankersmit, Rez. J. Rüsen, Rekonstruktion der Vergangenheit, in: H&T 27, 1988, 81-94

— 1994: F. R. Ankersmit, History and Tropology. The Rise and Fall of Metaphor, Berkeley 1994

— 2001: F. R. Ankersmit, Historical Representation, Stanford 2001

Antonaccio 1995: C. M. Antonaccio, An Archaeology of Ancestors. Tomb Cult and Hero Cult in Early Greece, Lanham 1995

— 1993: C. M. Antonaccio, The Archaeology of Ancestors, in: C. Dougherty / L. Kurke (ed.) 1993, 46-70

Arend 1933: W. Arend, Die typischen Scenen bei Homer, Berlin 1933

Assmann 1997: J. Assmann, Das kulturelle Gedächtnis. Schrift, Erinnerung und politische Identität in frühen Hochkulturen, München 1997

— 2005: J. Assmann, Einführung. Zeit und Geschichte, in: J. Assmann / K. E. Müller (ed.), Der Ursprung der Geschichte. Archaische Kulturen, das Alte Ägypten und das Frühe Griechenland, Stuttgart 2005, 7-16

Assmann / Hölscher (ed.) 1988: J. Assmann / T. Hölscher (ed.), Kultur und Gedächtnis, Frankfurt 1988

Aumüller 2003: E. Aumüller, Zum Zeichen in Aulis. Ilias B 305-316, in: WJ 27, 2003, 5-13

Austin 1966: J. N. Austin, The Function of Digressions in the Iliad, in: GRBS 7, 1966, 295-312

Avery 1994: H. C. Avery, Glaucus, a God? Iliad Z 128-143, in: Hermes 122, 1994, 498-502

Bakhtin 1981: M. Bakhtin, The Dialogic Imagination, Austin 1981

Bakker 1997: E. J. Bakker, Storytelling in the Future. Truth, Time and Tense in Homeric Epic, in: Id. / A. Kahane (ed.), Written Voices, Spoken Signs. Tradition, Performance, and the Epic Text, Cambridge MA 1997, 11-36

— 2002: E. J. Bakker, Khrónos, Kléos, and Ideology from Herodotus to Homer, in: M. Reichel / A. Rengakos (ed.), Epea pteroenta. Beiträge zur Homerforschung. Festschrift für W. Kullmann zum 75. Geburtstag, Stuttgart 2002, 11-30

Bal 1977: M. Bal, Narratologie. Essais sur la signification narrative dans quatre romans modernes, Paris 1977

— 1978 : M. Bal, Mise en abyme et iconité, in: Littérature 29, 1978, 116-128

— 1999: M. Bal, Close Reading Today. From Narratology to Cultural Analysis, in: W. Grünzweig / A. Solbach (ed.), Grenzüberschreitungen. Narratologie im Kontext/ Transcending Boundaries. Narratology in Context, Tübingen 1999, 19-40

Bannert 1988: H. Bannert, Formen des Wiederholens bei Homer, Wien 1988

— 1981: H. Bannert, Phoinix' Jugend und der Zorn des Meleagros. Zur Komposition des neunten Buches der Ilias, in: WS 15, 1981, 69-94

Barthes 1967 : R. Barthes, Le discours de l'histoire, in: Social Science Information 6, 1967, 65-75

Bassett 1938: S. E. Bassett, The Poetry of Homer, Berkeley 1938

Baumgartner ²1997: H.-M. Baumgartner, Kontinuität und Geschichte. Zur Kritik und Metakritik der historischen Vernunft, Frankfurt ²1997

Bauer 1963: G. Bauer, Geschichtlichkeit. Wege und Irrwege eines Begriffs, Berlin 1963

Beck 1964: G. Beck, Die Stellung des 24. Buches der Ilias in der alten Epentradition, Tübingen 1964

van der Ben 1980: N. van der Ben, De Homerische Aphrodite-hymne 1: De Aeneas-passages in de Ilias, in: Lampas 13, 1980, 40-77

Bennet 1997: J. Bennet, Homer and the Bronze Age, in: I. Morris / B. Powell (ed.) 1997, 511-533

Bérard 1970: C. Bérard, L'Héroôn à la porte de l'ouest, Bern 1970

— 1972: C. Bérard, Le sceptre du prince, in: MH 29, 1972, 219-227

Bergold 1977: W. Bergold, Der Zweikampf des Paris und Menelaos (Zu Ilias Γ 1- Δ 222), Bonn 1977

Bergren 1979/1980: A. Bergren, Helen's Web. Time and Tableau in the Iliad, in: Helios 7, 1979/1980, 19-34

Bethe ²1929: E. Bethe, Homer. Dichtung und Sage, I-II, Leipzig ²1929

Bichler / Sieberer 1996: R. Bichler / W. Sieberer, Die Welt in Raum und Zeit im literarischen Reflex der episch-fr9harchaischen Ära, in: C. Ulf (ed.), Wege zur Genese griechischer Identität. Die Bedeutung der fr9harchaischen Zeit, Berlin 1996, 116-155

Blanke 1991: H. W. Blanke, Historiographiegeschichte als Historik, Stuttgart 1991.

Blanke / Fleischer (ed.) 1990: H. W. Blanke / D. Fleischer (ed.), Theoretiker der deutschen Aufklärungshistorie, I-II, Stuttgart 1990

Blumenberg 1959: H. Blumenberg, Art. Kontingenz, in: RGG³ III, 1959, 1793f.

— ²1986: H. Blumenberg, Lebenszeit und Weltzeit, Frankfurt ²1986

Boardman 1970: J. Boardman, Greek Gems and Finger Rings. Early Bronze Age to Late Classical, London 1970

— 2002: J. Boardman, The Archaeology of Nostalgia. How the Greeks Re-created Their Mythical Past, London 2002

Boedeker 1988: D. Boedeker, Protesilaos and the End of Herodotus' *Histories*, in: *CA* 7, 1988, 30-48

— 1998: D. Boedeker, Hero Cult and Politics in Herodotus. The Bones of Orestes, in: C. Dougherty / L. Kurke (ed.) 1998, 164-177

— 2002: D. Boedeker, Epic Heritage and Mythical Patterns in Herodotus, in: E. J. Bakker et al. (ed.), Brill's Companion to Herodotus, Leiden 2002, 97-116

Boedeker / Sider (ed.) 2001: D. Boedeker / D. Sider (ed.), The New Simonides. Contexts of Praise and Desire, Oxford 2001

Bödeker et al. (ed.) 1986: H. E. Bödeker et al. (ed.), Aufklärung und Geschichte. Studien zur deutschen Geschichtswissenschaft im 18. Jh., Göttingen 1986

Boehringer 2001: D. Boehringer, Heroenkulte in Griechenland von der geometrischen bis zur klassischen Zeit. Attika, Argolis, Messenien, Berlin 2001

Borchhardt 1972: J. Borchhardt, Homerische Helme. Helmformen der Ägäis in ihren Beziehungen zu orientalischen und europäischen Helmen in der Bronze- und frühen Eisenzeit, Mainz 1972

— 1977a: J. Borchhardt, I. Frühe griechische Schildformen, in: Archaeologia Homerica I E 1, Göttingen 1977, 1-56

— 1977b: J. Borchhardt, II. Helme, in: Archaeologia Homerica I E 1, Göttingen 1977, 57-74

Bourriot 1976: F. Bourriot, Recherches sur la nature du Genos. Étude d'histoire sociale athénienne – périodes archaïque et classique, I-II, Paris 1976

Bowie 1986: E. L. Bowie, Early Greek Elegy, Symposium and Public Festival, in: JHS 106, 1986, 13-35

— 2001: E. L. Bowie, Ancestors of Historiography in Early Greek Elegiac and Iambic Poetry?, in: N. Luraghi (ed.), The Historian's Craft in the Age of Herodotus, Oxford 2001, 45-66

Bowra 1930: C. M. Bowra, Tradition and Design in the Iliad, Oxford 1930

— 1961: C. M. Bowra, ΕΥΚΝΗΜΙΔΕΣ ΑΧΑΙΟΙ, in: Mnemosyne 14, 1961, 97-110

Bradley 1998: R. Bradley, The Significance of Monuments. On the Shaping of Human Experience in Neolithic and Bronze Age Europe, London 1998

Brandenburg 1977: H. Brandenburg, IV. Μίτρα, ζωστήρ und ζῶμα, in: Archaeologia Homerica I E 1, Göttingen 1977, 119-143

Braswell 1971: B. K. Braswell, Mythological Innovation in the Iliad, in: CQ 21, 1971, 16-26

Breisach 1983: E. Breisach, Historiography. Ancient, Medieval and Modern, Chicago 1983

Bremer 1987: J. M. Bremer, The So-Called »Götterapparat« in Iliad XX-XXII, in: Id. et al. (ed.) 1987, 31-46

— (ed.) 1987: J. M. Bremer et al. (ed.), Homer. Beyond Oral Poetry, Amsterdam 1987

Brémond / LeGoff (ed.) 1982: C. Brémond / J. LeGoff (ed.), L'»Exemplum«, Turnhout 1982

Brillante 1990: C. Brillante, History and the Historical Interpretation of Myth, in: L. Edmunds (ed.), Approaches to Greek Myth, Baltimore 1990, 93-138

Broadbent 1968: M. Broadbent, Studies in Greek Genealogy, Leiden 1968

Broccia 1963: G. Broccia, Struttura e spirito del libro VI dell' Iliade, Sapri 1963

Brockmeier / Carbaugh (ed.) 2001: J. Brockmeier / D. Carbaugh (ed.), Narrative and Identity. Studies in Autobiography, Self and Culture, Amsterdam 2001

Brodersen 1995: K. Brodersen, Terra cognita. Studien zur römischen Raumerfassung, Hildesheim 1995

Brommer ³1973: F. Brommer, Vasenlisten zur griechischen Heldensage, Marburg ³1973

Brown 1988: D. E. Brown, Hierarchy, History, and Human Nature. The Social Origins of Historical Consciousness, Tucson 1988

Bruns 1970: G. Bruns, Küchenwesen und Mahlzeiten, in: Archaeologia Homerica II Q, Göttingen 1970

Bubner 1984: R. Bubner, Geschichtsprozesse und Handlungsnormen. Untersuchungen zur praktischen Philosophie, Frankfurt 1984

Buchan 2004: M. Buchan, The Limits of Heroism. Homer and the Ethics of Reading, Ann Arbor 2004

Buchholz 1980: H. G. Buchholz, XI. Keule, in: Archaeologia Homerica I E 2, Göttingen 1980, 319-338

Burgess 2001: J. S. Burgess, The Tradition of the Trojan War in Homer and the Epic Cycle, Baltimore 2001

Burkert 1955: W. Burkert, Zum altgriechischen Mitleidsbegriff, Erlangen 1955

— 1972a: W. Burkert, Homo Necans. Interpretationen altgriechischer Opferriten und Mythen, Berlin 1972

— 1972b: W. Burkert, Die Leistung eines Kreophylos, in: MH 29, 1972, 74-85

— 1976: W. Burkert, Das hunderttorige Theben und die Datierung der Ilias, in: WS 89, 1976, 5-21

— 1977: W. Burkert, Griechische Religion der archaischen und klassischen Epoche, Stuttgart 1977

— 1984: W. Burkert, Die orientalisierende Epoche in der griechischen Religion und Literatur, Heidelberg 1984

— 1991: W. Burkert, Homerstudien und Orient, in: J. Latacz (ed.), Zweihundert Jahre Homer-Forschung. Rückblick und Ausblick, Stuttgart 1991, 155-181

Burnett 1985: A. P. Burnett, The Art of Bacchylides, Cambridge 1985

Burr 1944: V. Burr, ΝΕΩΝ ΚΑΤΑΛΟΓΟΣ. Untersuchungen zum homerischen Schiffskatalog, Aalen 1944

Butterfield 1981: H. Butterfield, The Origins of History, London 1981

Cairns 2001: D. L. Cairns, Introduction, in: Id. (ed.), Oxford Readings in Homer's Iliad, Oxford 2001, 1-56

— 2002: D. L. Cairns, Ethics, Ethology, Terminology. Iliadic Anger and the Cross-cultural Study of Emotions, in: S. Braund / G. W. Most (ed.), Ancient Anger. Perspectives from Homer to Galen, Cambridge 2003, 11-49

Calhound 1934: G. M. Calhoun, Classes and Masses in Homer, in: CPh 29, 1934, 192-208, 301-316

Callaghan 1978: P. J. Callaghan, Excavations at a Shrine of Glaukos, Knossos, in: BSA 73, 1978, 1-30

Cancik 1976: H. Cancik, Grundzüge der hethitischen und alttestamentlichen Geschichtsschreibung, Wiesbaden 1976

— 1983: H. Cancik, Die Rechtfertigung Gottes durch den »Fortschritt der Zeiten«. Zur Differenz jüdisch-christlicher und hellenisch-römischer Zeit- und Geschichtsvorstellungen, in: Die Zeit, München 1983, 257-288

Cantieni 1942: R. Cantieni, Die Nestorerzählung im XI. Gesang der Ilias (V. 670-762), Zürich 1942

Carr 1986: D. Carr, Time, Narrative, and History. Studies in Phenomenology and Existential Philosophy, Bloomington 1986

— 1987: D. Carr, Rez. R. Koselleck, Futures Past. On the Semantics of Historical Time, in: H&T 26, 1987, 197-204

— 1991: D. Carr, Épistémologie et ontologie du récit, in: J. Greisch / R. Kearney (ed.), Paul Ricoeur. Les Métamorphoses de la raison herméneutique, Paris 1991, 205-214

— 1997: D. Carr, Die narrative Erzählform und das Alltägliche, in: J. Stückrath / J. Zbinden (ed.) 1997, 169-179

Carriere 1998 : J.-C. Carriere, Du mythe à l'histoire. Généalogies héroïques, chronologies légendaires et historicisation du mythe, in: D. Auge / S. Saïd (ed.), Généalogies mythiques. Actes du VIIIe colloque du Centre de Recherches Mythologiques de l' Université de Paris X, Paris 1998, 47-85

Carroll 1988: N. Carroll, Rez. D. Carr, Time, Narrative, and History. Studies in Phenomenology and Existential Philosophy, in: H&T 27, 1988, 297-306

— 1990: N. Carroll, Interpretation, History and Narrative, in: The Monist 73, 1990, 134-166

— 2000: N. Carroll, Tropology and Narration. Review: H. White, Figural Realism. Studies in the Mimesis Effect, in: H&T 39, 2000, 396-404

Carter / Morris (ed.) 1995: J. B. Carter / S. Morris (ed.), The Ages of Homer. A Tribute to E. T. Vermeule, Austin 1995

Cassirer ³1973: E. Cassirer, Die Philosophie der Aufklärung, Tübingen ³1973

Castriota 1992: D. Castriota, Myth, Ethos, and Actuality. Official Art in Fifth-Century B.C. Athens, Madison 1992

Catling 1976/1977: H. W. Catling, Excavations at the Menelaion, Sparta, in: AR 23, 1976/7, 24-42

— 1977a: H. W. Catling, III. Panzer, in: Archaeologia Homerica I E 1, Göttingen 1977, 74-118

— 1977b: H. W. Catling, V. Beinschienen, in: Archaeologia Homerica I E 1, Göttingen 1977, 143-161

Chadwick 1976: J. Chadwick, The Mycenaean World, London 1976

Chatelet 1962: F. Chatelet, La naissance de l'histoire. La formation de la pensée historienne en Grèce, Paris 1962

Chatman 1978: S. Chatman, Story and Discourse. Narrative Structure in Fiction and Film, Ithaca 1978

Chladenius 1742: J. M. Chladenius, Einleitung zur richtigen Auslegung vernünftiger Reden und Schriften, Leipzig 1742 (Nachdruck Düsseldorf 1969)

Clader 1976: L. L. Clader, Helen. The Evolution from Divine to Heroic in Greek Epic Tradition, Leiden 1976

Clarke 1981: M. Clarke, Homer's Readers, Newark 1981

Clauss 1975: D. B. Clauss, Aidôs in the Language of Achilles, in: TAPhA 105, 1975, 3-28

Cobet 2003: J. Cobet, Zeitsinn: Am Anfang unserer Geschichtsschreibung, in: K.-J. Hölkeskamp et al. (ed.), Sinn (in) der Antike. Orientierungssysteme, Leitbilder und Wertkonzepte im Altertum, Mainz 2003, 117-134

Cobet / Gehrke 2002: J. Cobet / H.-J. Gehrke, Warum um Troia immer wieder streiten?, in: GWU 53, 2002, 290-325

Coffey 1957: M. Coffey, The Function of the Homeric Simile, in: AJPh 78, 1957, 113-132

Coldstream 1976: J. N. Coldstream, Hero Cults in the Age of Homer, in: JHS 96, 1976, 8-17

— 1977: J. N. Coldstream, Geometric Greece, London 1977

Collinge 1957: N. R. Collinge, Mycenaean DI-PA and ΔΕΠΑΣ, in: BICS 4, 1957, 55-59

Collins 1988: L. Collins, Studies in Characterization in the Iliad, Frankfurt 1988

Combellack 1947/1948: F. M. Combellack, Speakers and Scepters in Homer, in: CJ 43, 1947/1948, 209-217

Cook 1953: J. M. Cook, Mycenae 1939-1952. Part III. The Agamemnoneion, in: BSA 48, 1953, 30-68

— 1973: J. M. Cook, The Troad. An Archaeological and Topographical Study, Oxford 1973

Crane 1998: G. Crane, Thucydides and the Ancient Simplicity. The Limits of Political Realism, Berkeley 1998

Crouwel 1981: J. H. Crouwel, Chariots and Other Means of Land Transport in Bronze Age Greece, Amsterdam 1981

Crielaard (ed.) 1995a: J. P. Crielaard (ed.), Homeric Questions, Amsterdam 1995

— 1995b: J. P. Crielaard, Homer, History and Archaeology. Some Remarks on the Date of the Homeric World, in: Id. (ed.) 1995a, 201-288

— 2002: J. P. Crielaard, Past or Present? Epic Poetry, Aristocratic Self-Representation and the Concept of Time in the Eighth and Seventh Centuries BC, in: F. Montanari / P. Ascheri (ed.), Omero tremila anni dopo, Rom 2002, 239-295

Creuzer [2]1845: F. Creuzer, Die historische Kunst der Griechen in ihrer Entstehung und Fortbildung, Leipzig [2]1845

Culler 1980: J. Culler, Fabula and Sjuzhet in the Analysis of Narrative. Some American Discussion, in: Poetics Today 1, 1980, 27-37

Dällenbach 1977: L. Dällenbach, Le récit spéculaire. Essai sur la mise en abyme, Paris 1977

Danek 1988: G. Danek, Studien zur Dolonie, Wien 1988

Danto 1965: A. C. Danto, Analytical Philosophy of History, Cambridge 1965

Darbo-Peschanski (ed.) 2000: C. Darbo-Peschanski (ed.), Constructions du temps dans le monde grec ancien, Paris 2000

Davidson 1980: O. M. Davidson, Indo-European Dimensions of Herakles in Iliad 19, 95-133, in: Arethusa 13, 1980, 197-202

Davies 1981: M. Davies, The Judgement of Paris and Iliad Book 24, in: JHS 101, 1981, 56-62

Deger-Jalkotzy 1991a: S. Deger-Jalkotzy, Diskontinuität und Kontinuität. Aspekte politischer und sozialer Organisation in mykenischer Zeit und in der Welt der homerischen Epen, in: D. Musti (ed.), La transizione dal miceneo all'alto arcaismo. Dal Palazzo alla città, Rom 1991, 53-66

— 1991b: S. Deger-Jalkotzy, Die Erforschung des Zusammenbruchs der sogenannten mykeni-schen Kultur und der sogenannten dunklen Jahrhunderte, in: J. Latacz (ed.), Zweihundert Jahre Homer-Forschung. Rückblick und Ausblick, Stuttgart 1991, 127-154

Deichgräber 1952: K. Deichgräber, Das griechische Geschichtsbild in seiner Entwicklung zur wissenschaftlichen Historiographie, in: Id., Der listensinnende Trug des Gottes. Vier Themen des griechischen Denkens, Göttingen 1952, 7-56

— 1972: K. Deichgräber, Der letzte Gesang der Ilias, Mainz 1972

de Libero 1969: L. de Libero, Die archaische Tyrannis, Stuttgart 1996

Deuser 1990: H. Deuser, Art. Kontingenz. II. Theologisch, in: TRE 19, 1990, 551-559

Dickins 1906/1907: G. Dickins, Laconia. Excavations at Sparta, 1907. A Sanctuary on the Mega-lopolis Road, in: BSA 1906/7, 169-173

Dickinson 1986: O. Dickinson, Homer, the Poet of the Dark Age, in: G&R 33, 1986, 20-37

Dickson 1995: K. Dickson, Nestor. Poetic Memory in Greek Epic, New York 1995

Dilthey [2]1958: W. Dilthey, Plan der Fortsetzung zum Aufbau der geschichtlichen Welt in den Geisteswissenschaften, in: Gesammelte Schriften, VII, ed. B. Groethuysen, Leipzig [2]1958, 191-291

Dolezel 1998: L. Dolezel, Heterocosmica. Fiction and Possible Worlds, Toronto 1998

Dodds 1951: E. R. Dodds, The Greeks and the Irrational, Berkeley 1951

Donlan 1980: W. Donlan, The Aristocratic Ideal in Ancient Greece. Attitudes of Superiority from Homer to the End of the 5th century B.C., Lawrence 1980

— 1982: W. Donlan, The Politics of Generosity in Homer, in: Helios 9, 1982, 1-15

Dougherty 1993: C. Dougherty, The Poetics of Colonization. From City to Text in Archaic Greece, New York 1993

Dougherty / Kurke (ed.) 1993: C. Dougherty / L. Kurke (ed.), Cultural Poetics in Archaic Greece. Cult, Performance, Politics, New York 1993

Dowden 2004: K. Dowden, The Epic Tradition in Greece, in: R. Fowler (ed.), The Cambridge Companion to Homer, Cambridge 2004, 188-205

Dray 1989: W. H. Dray, On History and Philosophers of History, Leiden 1989

Droysen 1846: J. G. Droysen, Vorlesungen über die Freiheitskriege, I-II, Kiel 1846

— 1977: J. G. Droysen, Historik, ed. von P. Leyh, Stuttgart 1977

Duban 1981: J. M. Duban, Les duels majeurs de l'Iliade et le langage d'Hector, in: LEC 49, 1981, 97-124

Duckworth 1931: G. E. Duckworth, ΠΡΟΑΝΑΦΩΝΗΣΙΣ in the Scholia to Homer, in: AJPh 52, 1931, 320-338

— 1933: G. E. Duckworth, Foreshadowing and Suspense in the Epics of Homer, Apollonius, and Vergil, Princeton 1933

Dumas 1999: D. Dumas, Geschichtlichkeit und Transzendentalphilosophie. Zur Frage ihrer Ver-mittlung vor dem Hintergrund der Phänomenologie Edmund Husserls, Frankfurt 1999

Durante 1960: M. Durante, Ricerche sulla preistoria della lingua poetica greca. La terminologia relativa alla creazione poetica, in: Rendiconti 15, 1960, 231-249

Easterling 1989: P. E. Easterling, Agamemnon's skēptron in the Iliad, in: M. M. Mackenzie / C. Roueché (ed.), Images of Authority, Cambridge 1989, 104-121

— 1997: P. E. Easterling, Constructing the Heroic, in: C. Pelling (ed.), Greek Tragedy and the Historian, Oxford 1997, 21-37

Echterhoff 2002: G. Echterhoff, Geschichten in der Psychologie, in: V. Nünning / A. Nünning (ed.), Erzähltheorie transgenerisch, intermedial, interdisziplinär, Trier 2002, 265-290

B. Eder 2003: B. Eder, Noch einmal. Der homerische Schiffskatalog, in: C. Ulf (ed.), Der neue Streit um Troja. Eine Bilanz, München 2003, 287-308

J. Eder 2003: J. Eder, Narratology and Cognitive Reception Theories, in: T. Kindt / H.-H. Müller (ed.), What Is Narratology? Questions and Answers Regarding the Status of a Theory, Berlin 2003, 277-301

Edmonds 1999: M. Edmonds, Ancestral Geographies of the Neolithic. Landscapes, Monuments and Memory, London 1999

Edmunds 1990: S. T. Edmunds, Homeric Nepios, New York 1990

Edwards 1987: M. W. Edwards. Homer. Poet of the Iliad, Baltimore 1987

Effe 1988: B. Effe, Der Homerische Achilleus. Zur gesellschaftlichen Funktion eines literarischen Helden, in: Gymnasium 95, 1988, 1-16

Else 1957: G. F. Else, Aristotle's Poetics. The Argument, Cambridge MA 1957

Emlyn-Jones 1992: C. Emlyn-Jones, The Homeric Gods. Poetry, Belief and Authority, in: C. Emlyn-Jones et al. (ed.), Homer. Readings and Images, London 1992, 91-103

Erbse 1961: H. Erbse, Betrachtungen über das 5. Buch der Ilias, in: RhM 104, 1961, 156-189

— 1967: H. Erbse, Über die sogenannte Aeneis im 20. Buch der Ilias, in: RhM 110, 1967, 1-25

— 1978: H. Erbse, Hektor in der Ilias, in: H. G. Beck et al. (ed.), Kyklos. Griechisches und Byzantinisches. R. Keydell zum 90. Geburtstag, Berlin 1978, 1-19

— 1986: H. Erbse, Untersuchungen zur Funktion der Götter im homerischen Epos, Berlin 1986

Errl / Roggendorf 2002: A. Erll / S. Roggendorf, Kulturgeschichtliche Narratologie. Die Historisierung und Kontextualisierung kultureller Narrative, in: A. und V. Nünning (ed.), Neue Ansätze in der Erzähltheorie, Trier 2002, 73-113

Erskine 2001: A. Erskine, Troy between Greece and Rome. Local Tradition and Imperial Power, Oxford 2001

Falkner 1989: T. M. Falkner, Ἐπὶ γήραος οὐδῶι. Homeric Heroism, Old Age and the End of the Odyssey, in: Id. / J. de Luce (ed.), Old Age in Greek and Latin Literature, Albany 1989, 21-67

Farnell 1921: L. R. Farnell, Greek Hero Cults and Ideas of Immortality, Oxford 1921

Felson 2002: N. Felson, Threptra and Invincible Hands. The Father-Son-Relationship in Iliad 24, in: Arethusa 35, 2002, 35-50

Fenik 1964: B. Fenik, »Iliad X« and the »Rhesus«. The Myth, Brüssel 1964

— 1968, Typical Battle Scenes in the Iliad. Studies in the Narrative Techniques of Homeric Battle Description, Wiesbaden 1968

Fingerle 1939: A. Fingerle, Typik der homerischen Reden, München 1939

Finlay 1980: R. Finlay, Patroklos, Achilleus, and Peleus. Fathers and Sons in the Iliad, in: CW 73, 1980, 267-273

Finley 1957: M. I. Finley, Homer and Mycenae. Property and Tenure, in: Historia 6, 1957, 133-159

— 1965: M. I. Finley, Myth, Memory, and History, in: H&T 4, 1965, 281-302

— 1975: M. I. Finley, The Use and Abuse of History, London 1975

Fisher / v. Wees (ed.) 1998: N. Fisher / H. v. Wees (ed.), Archaic Greece. New Approaches and New Evidence, London 1998

Flaig 2005: E. Flaig, Der mythogene Vergangenheitsbezug bei den Griechen, in: J. Assmann / K. E. Müller (ed.), Der Ursprung der Geschichte. Archaische Kulturen, das Alte Ägypten und das Frühe Griechenland, Stuttgart 2005, 215-248

Flashar 1996: M. Flashar, Die Sieger von Marathon – Zwischen Mythisierung und Vorbildlichkeit, in: Id. et al. (ed.), Retrospektive. Konzepte von Vergangenheit in der griechisch-römischen Antike, München 1996, 63-85

Fleischer 1991: D. Fleischer, Geschichtswissenschaft und Sinnstiftung. Über die religiöse Funktion des historischen Denkens in der deutschen Spätaufklärung, in: H. W. Blanke / D. Fleischer, Aufklärung und Historik. Aufsätze zur Entwicklung der Geschichtswissenschaft, Kirchengeschichte und Geschichtstheorie in der deutschen Aufklärung, Waltrop 1991, 173-201

Flory 1988: S. F. Flory, Thucydides' Hypotheses About the Peloponnesian War, in: TAPhA 118, 1988, 43-56

Floyd 1980: E. D. Floyd, Kleos aphthiton. An Indo-European Perspective on Early Greek Poetry, in: Glotta 58, 1980, 133-157

Fluck 2000: W. Fluck, The Search for Distance. Negation and Negativity in Wolfgang Iser's Literary Theory, in: New Literary History 31, 2000, 175-210

Fludernik 1993: M. Fludernik, The Fictions of Language and the Languages of Fiction. The Linguistic Representation of Speech and Consciousness, London 1993

— 1996: M. Fludernik, Towards a »Natural« Narratology, London 1996

— 2000: M. Fludernik, Beyond Structuralism in Narratology. Recent Developments and New Horizons in Narrative Theory, in: Anglistik 11, 2000, 83-96

Foley (ed.) 1986: J. M. Foley (ed.), Oral Tradition in Literature. Interpretation in Context, Columbia 1986

Foley 1991: J. M. Foley, Immanent Art. From Structure to Meaning in Traditional Oral Epic, Bloomington 1991

Foltiny 1980: S. Foltiny, IX. Schwert, Dolch und Messer, in: Archaeologia Homerica I E 2, Göttingen 1980, 231-274

Forben 1967: R. J. Forben, Bergbau, Steinbruchtätigkeit und Hüttenwesen, in: Archaeologia Homerica II K, Göttingen 1967

Ford 1992: A. Ford, Homer. The Poetry of the Past, Ithaca 1992

Fornara 1983: C. W. Fornara, The Nature of History in Ancient Greece and Rome, Berkeley 1983

Fornaro 1992: S. Fornaro, Glauco e Diomede, Venosa 1992

Fränkel 1921: H. Fränkel, Die homerischen Gleichnisse, Göttingen 1921

— 1927: H. Fränkel, Rez. R. Oehler, Mythologische Exempla in der älteren griechischen Dichtung, in: Gnomon 3, 1927, 569-576

— [3]1968: H. Fränkel, Die Zeitauffassung in der frühgriechischen Literatur, in: Wege und Formen frühgriechischen Denkens. Literarische und philosophiegeschichtliche Studien, München [3]1968, 1-22

Francis 1990: E. D. Francis, Image and Idea in Fifth-Century Greece. Art and Literature After the Persian Wars, London 1990

Frank 1963: J. Frank, Spatial Form in Modern Literature, in: The Widening Gyre. Crisis and Mastery in Modern Literature, New Brunswick 1963, 3-62 (erweiterte Version von: Sewane Review 53, 1945, 221-240, 433-456, 643-653).

— 1981: J. Frank, Spatial Form. Thirty Years After, in: J. R. Smitten / A. Daghistany (ed.), Spatial Form in Narrative, Ithaca 1981, 202-243

Friedlander (ed.) 1992: S. Friedlander (ed.), Probing the Limits of Representation. Nazism and the »Final Solution«, Cambridge 1992

Friedrich / Redfield 1978: P. Friedrich / J. Redfield, Speech as a Personality Symbol. The Case of Achilles, in: Language 54, 1978, 263-288

Frontisi-Ducroux 1986: F. Frontisi-Ducroux, Le Cithare d'Achille, Rom 1986

Fulda 2000: D. Fulda, Historiographie-Geschichte! oder die Chancen der Komplexität. Foucault, Nietzsche und der aktuelle Geschichtsdiskurs, in: S. Jordan (ed.), Zukunft der Geschichte. Historisches Denken an der Schwelle zum 21. Jh., Berlin 2000, 105-122

Gadamer 1958: H.-G. Gadamer, Art. Geschichtlichkeit, in: RGG[3], II 2, 1958, 1496-1498

— 1986a: H.-G. Gadamer, Wahrheit und Methode. Grundzüge einer philosophischen Hermeneutik, in: Gesammelte Werke, Tübingen 1986

— 1986b: H.-G. Gadamer, Hermeneutik und Historismus, in: Gesammelte Werke, Tübingen 1986, II 387-424

— 1986c: H.-G. Gadamer, Die Kontinuität in der Geschichte und der Augenblick der Existenz, in: Gesammelte Werke, Tübingen 1986, II 133-145

— 2000: H.-G. Gadamer, Historik und Sprache – eine Antwort, in: R. Koselleck / H.-G. Gadamer, Historik, Sprache und Hermeneutik. Eine Rede und eine Antwort, Heidelberg 2000, 39-50

Gagarin 1983: M. Gagarin, Antilochus' Strategy. The Chariot Race in Iliad 23, in: CPh 78, 1983, 35-39

Gaisser 1969a: J. H. Gaisser, Adaptation of Traditional Material in the Glaucus-Diomedes Episode, in: TAPhA 100, 1969, 165-176

— 1969b: J. H. Gaisser, A Structural Analysis of the Digressions in the Iliad and the Odyssey, in: HSCPh 73, 1969, 1-43

Gallie 1964: W. B. Gallie, Philosophy and the Historical Understanding, New York 1964

Gander 2000: H.-H. Gander, Art. Geschichtlichkeit, in: RGG[4], III, 2000, 799f.

— 2001: H.-H. Gander, Selbstverständnis und Lebenswelt. Grundzüge einer phänomenologischen Hermeneutik im Ausgang von Husserl und Heidegger, Frankfurt 2001

Geddes 1984: A. J. Geddes, Who's Who in »Homeric« Society, in: CQ 34, 1984, 17-36

Gehrke 2003a: H.-J. Gehrke, Was ist Vergangenheit? oder: Die »Entstehung« von Vergangenheit, in: C. Ulf (ed.), Der neue Streit um Troja. Eine Bilanz, München 2003, 62-81

— 2003b: H.-J. Gehrke, Marathon als Mythos. Von Helden und Barbaren, in G. Krumeich / S. Brandt (ed.), Schlachtenmythen. Ereignis – Erzählung – Erinnerung, Köln 2003, 19-32

Gell 1992: A. Gell, The Anthropology of Time. Cultural Constructions of Temporal Maps and Images, Oxford 1992

Genette 1972: G. Genette, Figures III, Paris 1972

Gerlitz 1995: P. Gerlitz, Art. Opfer I. Religionsgeschichte, in: TRE 25, 1995, 253-258

Gerrig 1989: R. J. Gerrig, Suspense in the Absence of Uncertainty, in: Journal of Memory and Language 28, 1989, 633-648

Gierth 1971: L. Gierth, Griechische Gründungsgeschichten als Zeugnisse historischen Denkens vor dem Einsetzen der Geschichtsschreibung, Clausthal-Zellerfeld 1971

Gill 1998: C. Gill, Altruism or Reciprocity in Greek Ethical Philosophy?, in: C. Gill et al. (ed.), Reciprocity in Ancient Greece, Oxford 1998, 303-328

— (ed.) 1998: C. Gill et al. (ed.), Reciprocity in Ancient Greece, Oxford 1998

Giovannini 1969: A. Giovannini, Étude historique sur les origines du Catalogue des vaisseaux, Bern 1969

— 1989: A. Giovannini, Homer und seine Welt, in: Vom frühen Griechentum bis zur römischen Kaiserzeit. Gedenk- und Jubiläumsvorträge am Heidelberger Seminar für Alte Geschichte, Stuttgart 1989, 25-39

Giuliani 2003: L. Giuliani, Kriegers Tischsitten – oder: die Grenzen der Menschlichkeit. Achill als Problemfigur, in: K.-J. Hölkeskamp et al. (ed.), Sinn (in) der Antike. Orientierungssysteme, Leitbilder und Wertkonzepte im Altertum, Mainz 2003, 135-161

Gnoli / Vernant (ed.) 1982 : G. Gnoli / J. P. Vernant (ed.), La mort, les morts dans les sociétés anciennes, Cambridge 1982

Goethe ⁶1981: J. W. Goethe, Materialien zur Geschichte der Farbenlehre, in: Hamburger Ausgabe in 14 Bänden. Herausgegeben von E. Trunz, XIV, München ⁶1981

Goetz 1999: H.-W. Goetz, Geschichtsschreibung und Geschichtsbewußtsein im hohen Mittelalter, Berlin 1999

Goldhill 1991: S. Goldhill, The Poet's Voice. Essays on Poetics and Greek Literature, Cambridge 1991

— 1994: S. Goldhill, Rez. J. V. Morrison, Homeric Misdirection. False Predictions in the Iliad, in: TLS 4565, 1994, 25

Gomme 1954: A. W. Gomme, The Greek Attitude to Poetry and History, Berkeley 1954

Gordesiani 1986: R. Gordesiani, Kriterien der Schriftlichkeit und Mündlichkeit im homerischen Epos, Frankfurt 1986

Gould 1985: J. Gould, On Making Sense of Greek Religion, in: P. E. Easterling / J. V. Muir (ed.), Greek Religion and Society, Cambridge 1985, 1-33

v. Graevenitz / Marquard 1998a: G. v. Graevenitz / O. Marquard (ed.), Kontingenz, München 1998

— 1998b: G. v. Graevenitz / O. Marquard, Vorwort, in: Id. (ed.), Kontingenz, München 1998, XI-XVI

Graf 1991: F. Graf, Mythenforschung und Religionswissenschaft im Zusammenhang mit Homer, in: J. Latacz (ed.), Zweihundert Jahre Homer-Forschung. Rückblick und Ausblick, Stuttgart 1991, 331-362

— 1996: F. Graf, Art. Areithoos, in: NP 1, 1996, 1045

— 2000: F. Graf, Zum Figurenbestand der Ilias. Götter, in: J. Latacz (ed.), Homers Ilias. Gesamtkommentar. Prolegomena, München 2000, 115-132

Graziosi 2002: B. Graziosi, Inventing Homer. The Early Reception of Epic, Cambridge 2002

Gray 1954: D. H. F. Gray, Metal-Working in Homer, in: JHS 74, 1954. 1-15

Grethlein 2003a: J. Grethlein, Asyl und Athen. Die Konstitution kollektiver Identität in der Tragödie, Stuttgart 2003

— 2003b: J. Grethlein, Die poetologische Bedeutung des aristotelischen Mitleidbegriffes. Überlegungen zu Nähe und Distanz in der griechischen Tragödie, in: Poetica 35, 2003, 41-67

— 2004a: J. Grethlein, Logographos und Thuc. 1.21.1, in: Prometheus 30, 2004, 209-216

— 2004b: J. Grethlein, Narratologia, quo vadis? Rezension: T. Kindt / H.-H. Müller (ed.), What is Narratology? Questions and Answers Regarding the Status of a Theory, in: IASLonline [24.9.2004], URL: http://iasl.uni-muenchen.de/rezensio/liste/Grethlein3110178745_896.html

— 2005a: J. Grethlein, Gefahren des Logos. Thukydides' Historien und die Grabrede des Perikles, in: Klio 87, 2005, 41-71

— 2005b: J. Grethlein, Die anthropologische Dimension des Essensstreites im 19. Buch der Ilias. Odysseus' Erntemetapher (19, 221-224) und die Transgressivität Achills, in: Hermes 2005

— 2006a: J. Grethlein, The Manifolded Uses of the Epic Past. The Syracusean Embassy Scene in Hdt. 7.153-163, erscheint in: AJPh 127/3, 2006

— 2006b: J. Grethlein, The Poetics of the Bath in the Iliad, erscheint in: HSCPh 103, 2006

— 2006c: J. Grethlein, Individuelle Identität und condicio humana. Die Bedeutung und Funktion von Γενεή im Blättergleichnis in Il. 6, 146-149, erscheint in: Philologus 2006

Griffin 1976: J. Griffin, Homeric Pathos and Objectivity, in: CQ 26, 1976, 161-187

— 1977: J. Griffin, The Epic Cycle and the Uniqueness of Homer, in: JHS 97, 1977, 39-53

— 1978: J. Griffin, The Divine Audience and the Religion of the Iliad, in: CQ 28, 1978, 1-22

— 1980: J. Griffin, Homer on Life and Death, Oxford 1980

— 1986: J. Griffin, Homeric Words and Speakers, in: JHS 106, 1986, 36-57

Griffith 1975: M. Griffith, Man and the Leaves. A Study of Mimnermos fr. 2, in: CSCA 8, 1975, 73-88

van Groningen 1953: B. A. van Groningen, In the Grip of the Past. Essay on an Aspect of Greek Thought, Leiden 1953

Gross 1998: M. Gross, Von der Antike bis zur Postmoderne. Die zeitgenössische Geschichtsschreibung und ihre Wurzeln, Wien 1998

Grosse 1997/1998: J. Grosse, Metahistorie statt Geschichte. Über typologisches Geschichtsdenken bei Yorck von Wartenburg, in: Dilthey-Jahrbuch für Philosophie und Geschichte der Geisteswissenschaften 11, 1997/1998, 203-237

Gumbrecht 1982: H. U. Gumbrecht, »Das in vergangenen Zeiten Gewesene so erzählen, als ob es in der eigenen Welt wäre.« Versuch zur Anthropologie der Geschichtsschreibung, in: R. Koselleck et al. (ed.), Formen der Geschichtsschreibung, München 1982, 480-513

— 1986: H. U. Gumbrecht, Der Vorgriff: »Historiographie« – metahistorisch?, in: Id. et al. (ed.), La litterature historiographique des origines à 1500, Heidelberg 1986, 32-39

Gutenberg 2000: A. Gutenberg, Mögliche Welten. Plot und Sinnstiftung in englischen Frauenromanen, Heidelberg 2000

Hadzisteliou Price 1973: T. Hadzisteliou Price, Hero-Cult and Homer, in: Historia 22, 1973, 129-144

Hägg (ed.) 1983: R. Hägg (ed.), The Greek Renaissance of the Eighth Century B.C. Tradition and Innovation, Stockholm 1983

— (ed.) 1999: R. Hägg (ed.), Ancient Greek Hero Cult, Stockholm 1999

Halbwachs 1925: M. Halbwachs, Les cadres sociaux de la mémoire, Paris 1925

— 1941: M. Halbwachs, La topographie légendaire des évangiles en Terre Sainte. Étude de mémoire collective, Paris 1941

— 1950: M. Halbwachs, La mémoire collective, Paris 1950

Hall 1999: J. M. Hall, Beyond the Polis. The Multilocality of Heroes, in: R. Hägg (ed.), Ancient Greek Hero Cult, Stockholm 1999, 49-59

Halliwell 2002: S. F. Halliwell, The Aesthetics of Mimesis. Ancient Texts and Modern Problems, Princeton 2002

Halttunen 1999: K. Halttunen, Cultural History and the Challenge of Narrativity, in: V. E. Bonnell / L. Hunt (ed.), Beyond the Cultural Turn. New Directions in the Study of Society and Culture, Berkeley 1999, 165-181

Hammer 2002: D. Hammer, The Iliad as Politics. The Performance of Political Thought, Norman 2002

Hardtwig 1991: W. Hardtwig, Geschichtsreligion – Wissenschaft als Arbeit – Objektivität. Der Historismus in neuer Sicht, in: HZ 252, 1991, 1-32

Harrison 1960: F. E. Harrison, Homer and the Poetry of War, in: G&R 7, 1960, 9-19

Hartog 2003: F. Hartog, Régimes d'historicité. Présentisme et expérience du temps, Paris 2003

Häußler 1976: R. Häußler, Das historische Epos der Griechen und Römer bis Vergil. Studien zum historischen Epos der Antike, Heidelberg 1976

Haug 2002: D. Haug, Les phases de l'evolution de la langue épique. Trois études de linguistique homérique, Göttingen 2002

Haug 1998: W. Haug, Kontingenz als Spiel und das Spiel mit der Kontingenz. Zufall, literarisch, im Mittelalter und in der Frühen Neuzeit, in: G. v. Graevenitz / O. Marquard (ed.), Kontingenz, München 1998, 151-172

Havelock 1972: E. Havelock, War as a Way of Life in Classical Culture, in: E. Gareau (ed.), Valeurs antiques et temps modernes - Classical Values and the Modern World, Ottawa 1972, 19-78

Heath 1989: M. Heath, Unity in Greek Poetics, Oxford 1989

Hebel 1970: V. Hebel, Untersuchungen zur Form und Funktion der Wiedererzählungen in Ilias und Odyssee, Heidelberg 1970

Heck / Jahn (ed.) 2000: K. Heck / B. Jahn (ed.), Genealogie als Denkform in Mittelalter und früher Neuzeit, Tübingen 2000

Hegel [5]1971: G. F. Hegel, Vorlesungen über die Philosophie der Geschichte, in: Sämtliche Werke, ed. H. Glockner, XI, Stuttgart [5]1971

Heidegger 1916: M. Heidegger, Der Zeitbegriff in der Geschichtswissenschaft, in: Zeitschrift für Philosophie und philosophische Kritik 161, 1916, 173-188

— [15]1986: M. Heidegger, Sein und Zeit, Tübingen [15]1986

Heitsch 1965: E. Heitsch, Aphroditehymnos, Aeneas und Homer. Sprachliche Untersuchungen zum Homerproblem, Göttingen 1965

Held 1987: G. F. Held, Phoenix, Agamemnon and Achilleus. Parables and Paradeigmata, in: CQ 37, 1987, 245-261

Hellmann 2000: O. Hellmann, Die Schlachtszenen der Ilias. Das Bild des Dichters vom Kampf in der Heroenzeit, Stuttgart 2000

Hellwig 1964: B. Hellwig, Raum und Zeit im homerischen Epos, Hildesheim 1964

Herman 1999: D. Herman, Introduction. Narratologies, in: Id. (ed.), Narratologies. New Perspectives on Narrative Analysis, Columbus 1999, 1-30

— (ed.) 2003: D. Herman (ed.), Narrative Theory and the Cognitive Sciences, Stanford 2003

Hertel 2003: D. Hertel, Die Mauern von Troja. Mythos und Geschichte im antiken Ilion, München 2003

Herzfeld 1991: M. Herzfeld, A Place In History. Social and Monumental Time In a Cretan Town, Princeton 1991

Heubeck 1943: A. Heubeck, Das Meleagros-Paradeigma in der Ilias (I 529-599), in: Antike, Alte Sprachen und deutsche Bildung 1, 1943, 13-20

— 1950: A. Heubeck, Studien zur Struktur der Ilias (Retardation – Motivübertragung), in: Gymnasium Fridericianum. Festschrift zur Feier des 200-jährigen Bestehens des Humanistischen Gymnasiums Erlangen 1745-1945, Erlangen 1950, 17-36

— 1970: A. Heubeck, Rez. Archaeologia Homerica I F: J. Wiesner, Fahren und Reiten, in: Gymnasium 77, 1970, 63f.

— 1974: A. Heubeck, Die Homerische Frage. Ein Bericht über die Forschung der letzten Jahrzehnte, Darmstadt 1974

— 1979a: A. Heubeck, Geschichte bei Homer, in: Studi micenei ed egeo-anatolici 20, 1979, 227-250

— 1979b: A. Heubeck, Schrift, in: Archaeologia Homerica III X, Göttingen 1979

Heuß 1946: A. Heuß, Die archaische Zeit Griechenlands als geschichtliche Epoche, in: A&A 2, 1946, 26-62

Higbie 1995: C. Higbie, Heroes' Names, Homeric Identities, New York 1995

Hill 1988: J. D. Hill, Introduction. Myth and History, in: Id. (ed.), Rethinking History and Myth. Indigenous South American Perspectives on the Past, Urbana 1988, 1-17

Hiller von Gaertringen 1895: F. Hiller von Gaertringen, Art. Areithoos, in: RE 3, 1895, 633

Hobbs 2000: A. Hobbs, Plato and the Hero, Cambridge 2000

Höckmann 1980: O. Höckmann, X. Lanze und Speer, in: Archaeologia Homerica I E 2, Göttingen 1980, 275-319

Högemann 2000: P. Högemann, Der Iliasdichter, Anatolien und der griechische Adel, in: Klio 82, 2000, 7-39

Hölkeskamp 1997: K.-J. Hölkeskamp, Agorai bei Homer, in: W. Eder / K.-J. Hölkeskamp (ed.), Volk und Verfassung im vorhellenistischen Griechenland, Stuttgart 1997, 1-19

— 1999: K.-J. Hölkeskamp, Schiedsrichter, Gesetzgeber und Gesetzgebung im archaischen Griechenland, Stuttgart 1999

— 2001: K.-J. Hölkeskamp, Marathon – vom Monument zum Mythos, in: D. Papenfuß / V. M. Strocka (ed.), Gab es das Griechische Wunder? Griechenland zwischen dem Ende des 6. und der Mitte des 5. Jahrhunderts v. Chr., Mainz 2001, 329-353

— (ed.) 2003: K.-J. Hölkeskamp et al. (ed.), Sinn (in) der Antike. Orientierungssysteme, Leitbilder und Wertkonzepte im Altertum, Mainz 2003

Hölscher 1999: L. Hölscher, Die Entdeckung der Zukunft, Frankfurt 1999

— 2003: L. Hölscher, Neue Annalistik. Umrisse einer Theorie der Geschichte, Göttingen 2003

Hölscher 1998: T. Hölscher, Images and Political Identity. The Case of Athens, in: D. Boedeker / K. A. Raaflaub (ed.), Democracy, Empire, and the Arts in Fifth-Century Athens, Cambridge MA 1998, 153-183

Hölscher 1955: U. Hölscher, Rez. W. Schadewaldt, Von Homers Welt und Werk, in: Gnomon 27, 1955, 385-399

Holtorf 2001: C. Holtorf, Monumental Past. The Life-histories of Megalithic Monuments in Mecklenburg Vorpommern (Germany), Elektronische Monographie: http://hdl.handle.net/1807/245

— 2005: C. Holtorf, Geschichtskultur in ur- und frühgeschichtlichen Kulturen Europas, in: J. Assmann / K. E. Müller (ed.), Der Ursprung der Geschichte. Archaische Kulturen, das Alte Ägypten und das Frühe Griechenland, Stuttgart 2005, 87-111

Hoffmann 2000: A. Hoffmann, Über den temporalen Charakter von Zufall und Kontingenz in der Geschichtstheorie, in: S. Jordan (ed.), Zukunft der Geschichte. Historisches Denken an der Schwelle zum 21. Jh., Berlin 2000, 77-94

Hogan 1973: J. C. Hogan, Aristotle's Criticism of Homer in the Poetics, in: CP 68, 1973, 95-108

Hope Simpson / Lazenby 1970: R. Hope Simpson / J. F. Lazenby, The Catalogue of the Ships in Homer's Iliad, Oxford 1970

Hornblower 2001: S. Hornblower, Epic and Epiphanies. Herodotus and the »New Simonides«, in: D. Boedeker / D. Sider (ed.), The New Simonides. Contexts of Praise and Desire, Oxford 2001, 135-147

Howald 1924: E. Howald, Meleager und Achill, in: RhM 73, 1924, 402-425

— 1946: E. Howald, Der Dichter der Ilias, Erlenbach 1946

Howie 1995: J. G. Howie, The Iliad as Exemplum, in: Ø. Andersen / M. W. Dickie (ed.), Homer's World. Fiction, Tradition, Reality, Bergen 1995, 141-173

Huber 1965: L. Huber, Herodots Homerverständnis, in: Synusia. Festgabe für W. Schadewaldt, Pfullingen 1965, 29-52

Hunter 2004: R. Hunter, Homer and Greek Literature, in: R. Fowler (ed.), The Cambridge Companion to Homer, Cambridge 2004, 235-253

Huxley 1989: G. L. Huxley, Herodotus and the Epic, Athen 1989

Huyssen 1995: A. Huyssen, Twilight Memories. Marking Time in a Culture of Amnesia, New York 1995

Iggers 1968: G. G. Iggers, The German Conception of History. The National Tradition of Historical Thought from Herder to the Present, Middletown 1968

— [2]1996: G. G. Iggers, Geschichtswissenschaft im 20. Jh. Ein kritischer Überblick im internationalen Zusammenhang, Göttingen [2]1996

Iser 1989: W. Iser, Towards a Literary Anthropology, in: Prospecting. From Reader Response to Literary Anthropology, Baltimore 1989, 262-284

— 1991: W. Iser, Das Fiktive und das Imaginäre. Perspektiven literarischer Anthropologie, Frankfurt 1991

— 1994: W. Iser, Der Akt des Lesens, München 1994

— 1996: W. Iser, Die Präsenz des Endes. King Lear – Macbeth, in: K. Stierle / R. Warning (ed.), Das Ende. Figuren einer Denkform, München 1996 (Poetik und Hermeneutik XVI), 359-383

Jacoby 1933: F. Jacoby, Homerisches, in: Hermes 68, 1933, 1-50

— 1956: F. Jacoby, Über die Entwicklung der griechischen Historiographie und den Plan einer neuen Samlung der griechischen Historikerfragmente, in: Abhandlungen zur griechischen Geschichtsschreibung, ed. H. Bloch, Leiden 1956, 16-64 (zuerst in: Klio 9, 1909, 80-123)

Jaeger / Rüsen 1992: F. Jaeger / J. Rüsen, Geschichte des Historismus. Eine Einführung, München 1992

Jaeger [2]1936: W. Jaeger, Paideia. Die Formung des griechischen Menschen, I, Berlin [2]1936

Jahn 1997: M. Jahn, Frames, Preferences, and the Reading of Third-Person Narrative. Towards a Cognitive Narratology, in: Poetics Today 18, 1997, 441-468

Janko 1982: R. Janko, Homer, Hesiod, and the Hymns. Diachronic Development in Epic Diction, Cambridge 1982

Jaspers 1931: K. Jaspers, Die geistige Situation der Zeit, Berlin 1931

— 1932: K. Jaspers, Philosophie, II, Berlin 1932

Jauß 1982: H. R. Jauß, Ästhetische Erfahrung und literarische Hermeneutik, Frankfurt 1982

— Jauß (ed.) 1986: H. R. Jauß et al. (ed.), Grundriß der Romanischen Literaturen des Mittelalters, XI, 1, 1, Heidelberg 1986

deJong 1987: I. deJong, Narrators and Focalizers. The Presentation of the Story in the Iliad, Amsterdam 1987

— 1994: I. deJong, Rez. J. V. Morrison, Homeric Misdirection. False Predictions in the Iliad, in: Mnemosyne 47, 1994, 689-694

— 1999 (ed.): I. deJong, Homer. Critical Assessments, III: Literary Interpretation, London 1999

Jordan (ed.) 2000: S. Jordan (ed.), Zukunft der Geschichte. Historisches Denken an der Schwelle zum 21. Jh., Berlin 2000

Jung 1991: V. Jung, Thukydides und die Dichtung, Frankfurt 1991

Kakridis 1949: J. T. Kakridis, Homeric Researches, Lund 1949

Kansteiner 1993: W. Kansteiner, Hayden White's Critique of the Writing of History, in: H&T 32, 1993, 273-295

Kaufmann 1928: F. Kaufmann, Die Philosophie des Grafen Paul Yorck von Wartenburg, in: Jahrbuch für Philosophie und phänomenologische Forschung 9, 1928, 1-235

Kearns 2004: E. Kearns, The Gods in the Homeric Epics, in: R. Fowler (ed.), The Cambridge Companion to Homer, Cambridge 2004, 59-73

Kellner 1989: H. Kellner, Language and Historical Representation. Getting the Story Crooked, Madison 1989

Kemmer 1900: E. Kemmer, Die polare Ausdrucksweise in der griechischen Literatur, Würzburg 1900

Kennedy 1986: G. Kennedy, Helen's Web Unraveled, in: Arethusa 19, 1986, 5-14

Kermode 1967: F. Kermode, The Sense of an Ending. Studies in the Theory of Fiction, Oxford 1967

Kim 2000: J. Kim, The Pity of Achilles. Oral Style and the Unity of the Iliad, Lanham 2000

Kindt / Müller 2003: T. Kindt / H.-H. Müller, Narrative Theory and/or/as Theory of Interpretation, in: Id. (ed.), What Is Narratology? Questions and Answers Regarding the Status of a Theory, Berlin 2003, 205-219

Kirk 1960: G. S. Kirk, Objective Dating Criteria in Homer, in: MH 17, 1960, 189-205
— 1962: G. S. Kirk, The Songs of Homer, Cambridge 1962
— 1976: G. S. Kirk Homer and the Oral Tradition, Cambridge 1976
— 1978: G. S. Kirk, The Formal Duels in Books 3 and 7 of the Iliad, in: B. C. Fenik (ed.), Homer. Tradition and Invention, Leiden 1978, 18-40
Klingner 1940: F. Klingner, Über die Dolonie, in: Hermes 75, 1940, 337-368
Kohn 1956: S. Kohn, Untersuchungen des Phänomens der Geschichtlichkeit auf der Grundlage der Forschungen E. Husserls, Diss. Freiburg 1956
Konstan 2001: D. Konstan, Pity Transformed, London 2001
— 2003: D. Konstan, Translating Ancient Emotions, in: AC 46, 2003, 5-19
Koselleck 1975: R. Koselleck, Art. Geschichte, Historie. V. Die Herausbildung des modernen Geschichtsbegriffs, in: GG II, 1975, 647-691
— 1979: R. Koselleck, Vergangene Zukunft. Zur Semantik geschichtlicher Zeiten, Frankfurt 1979
— (ed.) 1982: R. Koselleck et al. (ed.), Formen der Geschichtsschreibung, München 1982
— 2000: R. Koselleck, Historik und Hermeneutik, in: Id. / H.-G. Gadamer, Historik, Sprache und Hermeneutik. Eine Rede und eine Antwort, Heidelberg 2000, 7-36
Krischer 1965: T. Krischer, Herodots Prooimion, in: Hermes 93, 1965, 159-167
Kron 1997: U. Kron, Patriotic Heroes, in: R. Hägg (ed.), Ancient Greek Hero Cult, Stockholm 1997, 61-83
Küttler (ed.) 1994: W. Küttler et al. (ed.), Geschichtsdiskurs. II: Anfänge modernen historischen Denkens, Frankfurt 1994
Kullmann 1956: W. Kullmann, Das Wirken der Götter in der Ilias. Untersuchungen zur Frage der Entstehung des homerischen »Götterapparates«, Berlin 1956
— 1960: W. Kullmann, Die Quellen der Ilias. Troischer Sagenkreis, Wiesbaden 1960
— 1992a: W. Kullmann, Ein vorhomerisches Motiv im Iliasprooemium, in: Homerische Motive, Stuttgart 1992, 11-35 (zuerst in: Philologus 99, 1955, 167-192)
— 1992b: W. Kullmann, Gods and Men in the Iliad and the Odyssey, in: Homerische Motive, Stuttgart 1992, 243-263 (zuerst in: HSCPh 89, 1985, 1-23)
— 1992c: W: Kullmann, »Oral Tradition / Oral History« und die frühgriechische Epik, in: Homerische Motive, Stuttgart 1992, 156-169 (zuerst in: J. v. Ungern-Sternberg / H. Reinau (ed.) 1988, 184-196)
— 1992d: W. Kullmann, Die Probe des Achaierheeres in der Ilias in: Homerische Motive, Stuttgart 1992, 38-63 (zuerst in: MH 12, 1955, 253-273)
— 1992e: W. Kullmann, Vergangenheit und Zukunft in der Ilias, in: Homerische Motive, Stuttgart 1992, 219-242 (zuerst in: Poetica 2, 1968, 15-37)
— 1992f.: W. Kullmann, Zur ΔΙΟΣ ΒΟΥΛΗ des Iliasproömiums, in: Homerische Motive, Stuttgart 1992, 36f. (zuerst in: Philologus 100, 1956, 132f., =1992f)
— 1992g: W. Kullmann, Zur Methode der Neoanalyse in der Homerforschung, in: Homerische Motive, Stuttgart 1992, 67-99 (zuerst in: WS 15, 1981, 5-42)
— 1993: W. Kullmann, Festgehaltene Kenntnisse im Schiffskatalog und im Troerkatalog der Ilias, in: Id. / J. Althoff (ed.), Vermittlung und Tradierung von Wissen in der griechischen Kultur, Tübingen 1993, 129-147
— 1995: W. Kullmann, Homers Zeit und das Bild des Dichters von den Menschen der Mykenischen Kultur, in: Ø. Andersen / M. Dickie (ed.) 1995, 57-75
— 1999: W. Kullmann, Homer and Historical Memory, in: E. A. Mackay (ed.), Signs of Orality. The Oral Tradition and its Influence in the Greek and Roman World, Leiden 1999, 95-113
Lacey 1968: W. K. Lacey, The Family in Classical Greece, London 1968
Lamberton 1997: R. Lamberton, Homer in Antiquity, in: I. Morris / B. Powell (ed.) 1997, 33-54
Lamberton / Keanye (ed.) 1992: R. Lamberton / J. J. Keanye (ed.), Homer's Ancient Readers. The Hermeneutics of Greek Epic's Earliest Exegetes, Princeton 1992
Lampart 2002: F. Lampart, Zeit und Geschichte. Die mehrfachen Anfänge des historischen Romans bei Scott, Arnim, Vigny und Manzoni, Würzburg 2002

Lang 1983: M. L. Lang, Reverberation and Mythology in the Iliad, in: C. A. Rubino / C. W. Shelmerdine (ed.), Approaches to Homer, Austin 1983, 140-164

— 1989: M. L. Lang, Unreal Conditions in Homeric Narrative, in: GRBS 30, 1989, 5-26

— 1994: M. L. Lang, Lineage-Boasting and the Road not Taken, in: CQ 44, 1994, 1-6

— 1995: M. L. Lang, War Story into Wrath Story, in: J. B. Carter / S. Morris (ed.) 1995, 149-162

Lassere 1976: F. Lasserre, L'historiographie grecque à l'époque archaïque, in: QS 4, 1976, 113-142

Latacz 1977: J. Latacz, Kampfparänese, Kampfdarstellung und Kampfwirklichkeit in der Ilias, bei Kallinos und Tyrtaios, München 1977

— 1985: J. Latacz, Homer, München 1985

— 2000: J. Latacz, Zur Struktur der Ilias, in: Id. (ed.), Homers Ilias. Gesamtkommentar. Prolegomena, München 2000, 145-157

— 2001: J. Latacz, Troia und Homer. Der Weg zur Lösung eines alten Rätsels, München 2001

Lefkowitz 2003: M. R. Lefkowitz, Greek Gods, Human Lives. What We Can Learn from Myths, New Haven 2003

Legendre 1985: P. Legendre, L'inestimable objet de la transmission. Essai sur le principe généalogique en Occident, Paris 1985

LeGoff 1986: J. LeGoff, Storia e memoria, Paris 1986

— 1992: J. LeGoff, History and Memory, New York 1992

Leimbach 1980: R. Leimbach, Rez. J. Latacz, Kampfparänese, Kampfdarstellung und Kampfwirklichkeit in der Ilias, bei Kallinos und Tyrtaios, in: Gnomon 52, 1980, 418-425

Leinieks 1973/1974: V. Leinieks, A Structural Pattern in the Iliad, in: CJ 69, 1973/1974, 102-107

Lemon / Reis (ed.) 1965: L. T. Lemon / M. J. Reis (ed.), Russian Formalist Criticism. Four Essays, Lincoln 1965

Lendle 1968: O. Lendle, Paris, Helena und Aphrodite. Zur Interpretation des 3. Gesanges der Ilias, in: A&A 14, 1968, 63-71

— 1990: O. Lendle, KTHMA ΕΣ AIEI. Thukydides und Herodot, in: RhM 133, 1990, 231-242

Lenz 1980: A. Lenz, Das Proöm des frühen griechischen Epos. Ein Beitrag zum poetischen Selbstverständnis, Bonn 1980

Lesky 1937: A. Lesky, Art. Peleus, in: RE 37, 1937, 271-308

— [3]1971: A. Lesky, Geschichte der griechischen Literatur, Bern [3]1971

Létoublon 1983: F. Létoublon, Le miroir et la boucle, in: Poétique 53, 1983, 19-36

Liebsch 1996: B. Liebisch, Geschichte im Zeichen des Abschieds, München 1996

Lloyd-Jones 1971: H. Lloyd-Jones, The Justice of Zeus, Berkeley 1971

Lohmann 1970: D. Lohmann, Die Komposition der Reden in der Ilias, Berlin 1970

— 1988: Die Andromache-Szenen der Ilias. Ansätze und Methoden der Homer-Interpretation, Hildesheim 1988

Long 1970: A. A. Long, Morals and Values in Homer, in: JHS 90, 1970, 121-139

Loraux 1973 : N. Loraux, »Marathon« ou l'histoire ideologique, in: REA 75, 1973, 13-42

Lord 1960: A. B. Lord, The Singer of Tales, Cambridge 1960

Lorenz 1998: C. Lorenz, Can Histories be True? Narrativism, Positivism and the »Metaphorical Turn«, in: H&T 37, 1998, 309-329

Lorimer 1950: H. L. Lorimer, Homer and the Monuments, London 1950

Lossau 1991: H. Lossau, Ersatztötungen – Bauelemente in der Ilias, in: WS 104, 1991, 5-21

Louden 1993: B. Louden, Pivotal Contrafactuals in Homeric Epic, in: CA 12, 1993, 181-198

Lowe 2000: N. Lowe, The Classical Plot and the Invention of Western Narrative, Cambridge 2000

Lowenthal 1985: D. Lowenthal, The Past is a Foreign Country, Cambridge 1985

— 1996: D. Lowenthal, Possessed by the Past. The Heritage Crusade and the Spoils of History, New York 1996

Lowry 1995: E. R. Lowry, Glaucus, the Leaves, and the Heroic Boast of Iliad 6.146-211, in: J. B. Carter / S. Morris (ed.), The Ages of Homer. A Tribute to E. T. Vermeule, Austin 1995, 193-203

Luce 1995: J. V. Luce, Archäologie auf den Spuren Homers, Bergisch Gladbach 1995

Luckmann 1986: T. Luckmann, Lebensweltliche Zeitkategorien, Zeitstrukturen des Alltags und der Ort des »historischen Bewusstsein«, in: H. U. Gumbrecht et al. (ed.), La litterature historiographique des origines à 1500, Heidelberg 1986, 117-126

Lübbe 1977: H. Lübbe, Geschichtsbegriff und Geschichtsinteresse. Analytik und Pragmatik der Historie, Basel 1977

— 1986: H. Lübbe, Religion nach der Aufklärung, Graz 1986

— 1991: H. Lübbe, Der Streit um die Kompensationsfunktion der Geisteswissenschaften, in: Einheit der Wissenschaften, Berlin 1991, 209-233

— 2000: H. Lübbe, Die Modernität der Vergangenheitszuwendung. Zur Geschichtsphilosophie zivilisatorischer Selbsthistorisierung, in: S. Jordan (ed.) 2000, 26-34

Luhmann 1977: N. Luhmann, Funktion der Religion, Frankfurt 1977

— 2000: N. Luhmann, Die Religion der Gesellschaft, ed. A. Kieserling, Frankfurt 2000

Lynn-George 1988: M. Lynn-George, Epos. Word, Narrative and the Iliad, Houndmills 1988

— 1996: Lynn-George, Structures of Care in the Iliad, in: CQ 46, 1996, 1-26

MacCary 1982: W. T. MacCary, Childlike Achilles. Ontogeny and Phylogeny in the Iliad, New York 1982

Mackie 1999: C. J. Mackie, Scamander and the Rivers of Hades in Homer, in: AJPh 120, 1999, 485-501

Macleod 1983: C. W. Macleod, Homer on Poetry and the Poetry of Homer, in: Collected Essays, Oxford 1983, 1-15

Maftei 1976: M. Maftei, Antike Diskussionen über die Episode von Glaukos und Diomedes im VI. Buch der Ilias, Meisenheim 1976

Maitland 1999: J. Maitland, Poseidon, Walls, and Narrative Complexity in the Homeric Iliad, in: CQ 49, 1999, 1-13

Makropoulos 1997: M. Makropoulos, Modernität und Kontingenz, München 1997

— 1998: M. Makropoulos, Modernität als Kontingenzkultur. Konturen eines Konzepts, in: G. v. Graevenitz / O. Marquard (ed.), Kontingenz, München 1998, 55-79

Malten 1944: L. Malten, Homer und die lykischen Fürste: in: Hermes 79, 1944, 1-12

Mann 1994: R. Mann, Pindar's Homer and Pindar's Myths, in: GRBS 35, 1994, 313-337

Marg 1976: W. Marg, Kampf und Tod in der Ilias, in: WJb 2, 1976, 7-19

Marinatos 1954: S. Marinatos, Der »Nestorbecher« aus dem IV. Schachtgrab von Mykenae, in: R. Lullies (ed.), Neue Beiträge zur Klassischen Altertumswissenschaft. Festschrift zum 60. Geburtstag von B. Schweitzer, Stuttgart 1954, 11-18

Maronitis 2004: D. N. Maronitis, Homeric Megathemes. War – Homilia – Homecoming, Lanham 2004

Marquard 1985: O. Marquard, Religion und Skepsis, in: P. Koslowski (ed.), Die religiöse Dimension der Gesellschaft. Religion und ihre Theorien, Tübingen 1985, 42-47

— 1986a: O. Marquard, Über die Unvermeidlichkeit der Geisteswissenschaften, in: Apologie des Zufälligen. Philosophische Studien, Stuttgart 1986, 98-116

— 1986b: O. Marquard, Apologie des Zufälligen. Philosophische Überlegungen zum Menschen, in: Apologie des Zufälligen. Philosophische Studien, Stuttgart 1986, 117-139

Martin 1989: R. P. Martin, The Language of Heroes. Speech and Performance in the Iliad, Ithaca 1989

Mazarakis Ainian: A. Mazarakis Ainian, Reflections on Hero Cults in Early Iron Age Greece, in: R. Hägg (ed.), Ancient Greek Hero Cult, Stockholm 1999, 9-36

Mazzarino 1966: S. Mazzarino, Il pensiero storico classico, I-II, Bari 1966

McFarland 1955/1956: T. McFarland, Lykaon and Achilles, in: Yale Review 45, 1955/1956, 191-213

McGlew 1989: J. F. McGlew, Royal Power and the Achaean Assembly at Iliad 2, 84-293, in: CA 8, 1989, 283-295

Megill 1994: A. Megill, Jörn Rüsen's Theory of Historiography between Modernism and Rhetoric of Inquiry, in: H&T 33, 1994, 39-60

Mehmel 1954: F. Mehmel, Homer und die Griechen, in: A&A 4, 1954, 16-40

Meier 1980: C. Meier, Die Entstehung des Politischen bei den Griechen, Frankfurt 1980

Meinecke 1959: F. Meinecke, Willensfreiheit und Geschichtswissenschaft, in: Zur Theorie und Philosophie der Geschichte, Stuttgart 1959

Meister 2003: J. C. Meister, Narratology as Discipline. A Case for Conceptual Fundamentalism, in: T. Kindt / H.-H. Müller (ed.), What Is Narratology? Questions and Answers Regarding the Status of a Theory, Berlin 2003, 55-71

Meister 1990: K. Meister, Die griechische Geschichtsschreibung. Von den Anfängen bis zum Ende des Hellenismus, Stuttgart 1990

Mellard 1987: J. M. Mellard, Doing Tropology. Analysis of Narrative Discourse, Urbana 1987

Merkelbach 1948: R. Merkelbach, Zum Y der Ilias, in: Philologus 97, 1948, 303-311

— 1997: R. Merkelbach, Die pisistratische Redaktion der homerischen Gedichte, in: Id., Philologica. Ausgewählte Kleine Schriften, ed. von W. Blümel et al., Stuttgart 1997, 1-23

Messing 1981: G. M. Messing, On Weighing Achilles' Winged Words, in: Language 57, 1981, 888-900

Meuli 1946: K. Meuli, Griechische Opferbräuche, in: Phyllobolia (Festschrift Peter Von der Mühll), Basel 1946, 185-288

Mickelsen 1981: D. Mickelsen, Types of Spatial Structure in Narrative, in: J. R. Smitten / A. Daghistany (ed.), Spatial Form in Narrative, Ithaca 1981, 63-78

Miller 1997: T. Miller, Die griechische Kolonisation im Spiegel literarischer Zeugnisse, Tübingen 1997

Minchin 2001: E. Minchin, Homer and the Resources of Memory. Some Applications of Cognitive Theory to the Iliad and the Odyssey, Oxford 2001

Mink 1966: L. O. Mink, The Autonomy of Historical Understanding, in: H&T 5, 1966, 24-47

— 1967/1968: L. O. Mink, Philosophical Analysis and Historical Understanding, in: Review of Metaphysics 21, 1967/1968, 667-698

Misch ²1957: G. Misch, Vorbericht, in: W. Dilthey, Gesammelte Schriften V, Stuttgart ²1957, vii-cxvii

Möller 1996: A. Möller, Der Stammbaum der Philaiden, in: M. Flashar et al. (ed.), Retrospektive. Konzepte von Vergangenheit in der griechisch-römischen Antike, München 1996, 17-35

Mörth 1986: I. Mörth, Lebenswelt und religiöse Sinnstiftung. Ein Beitrag zur Theorie des Alltagslebens, München 1986

Momigliano 1977: A. Momigliano, Time in Ancient Historiography, in: Essays in Ancient and Modern Historiography, Middletown 1977, 179-204

— 1981: A. Momigliano, The Rhetoric of History and the History of Rhetoric. On Hayden White's Tropes, in: Comparative Criticism. A Year Book 3, 1981, 259-268

Mommsen 1997: H. Mommsen, Exekias I. Die Grabtafeln, Mainz 1997

Mommsen 1971: W. J. Mommsen, Die Geschichtswissenschaft jenseits des Historismus, Düsseldorf 1971

Mondi 1980: R. Mondi, ΣΚΗΠΤΟΥΧΟΙ ΒΑΣΙΛΕΙΣ. An Argument for Divine Kingship in Early Greece, in: Arethusa 13, 1980, 203-216

Monsacré 1984: H. Monsacré, Les larmes d'Achille. Le héros, la femme et la souffrance dans la poésie d'Homère, Paris 1984

von Moos ²1996: P. von Moos, Geschichte als Topik. Das rhetorische Exemplum von der Antike zur Neuzeit und die historiae im »Policraticus« Johanns von Salisbury, Hildesheim ²1996

Morgan 1993: C. Morgan, The Origins of pan-Hellenism, in: N. Marinatos / R. Hägg (ed.), Greek Sanctuaries. New Approaches, London 1993, 18-44

Morris 1986: I. Morris, The Use and Abuse of Homer, in: CA 5, 1986, 81-138

— 1987: I. Morris, Burial and Ancient Society. The Rise of the Greek City-State, Cambridge 1987

— 1988: I. Morris, Tomb Cult and the »Greek Renaissance«. The Past in the Present in the 8th century BC, in: Antiquity 62, 1988, 750-761

— 1997: I. Morris, Homer and the Iron Age, in: I. Morris / B. Powell (ed.), A New Companion to Homer, Leiden 1997, 535-559

— 1998: I. Morris, Archaeology and Archaic Greek History, in: N. Fisher / H. v. Wees (ed.), Archaic Greece, London 1998, 1-91
— 2000: I. Morris, Archaeology as Cultural History. Words and Things in Iron Age Greece, Malden 2000
Morris / Powell (ed.) 1997: I. Morris / B. Powell (ed.), A New Companion to Homer, Leiden 1997
Morris 1992: S. P. Morris, Daidalos and the Origins of Greek Art, Princeton 1992
Morrison 1991: J. V. Morrison, The Function and Context of Homeric Prayers. A Narrative Perspective, in: Hermes 119, 1991, 145-157
— 1992a: J. V. Morrison, Alternatives to the Epic Tradition. Homer's Challenges in the Iliad, in: TAPhA 122, 1992, 61-71
— 1992b: J. V. Morrison, Homeric Misdirection. False Predictions in the Iliad, Ann Arbor 1992
— 1999: J. V. Morrison, Homeric Darkness. Patterns and Manipulation of Death Scenes in the Iliad, in: Hermes 127, 1999, 129-144
Morson 1994: G. S. Morson, Narrative and Freedom. The Shadows of Time, New Haven 1994
Most 1999: G. W. Most, The Structure and Function of Odysseus' Apologoi, in: I. de Jong (ed.), Homer. Critical Assessments. III: Literary Interpretation, London 1999, 486-503
— 2003: G. W. Most, Anger and Pity in Homer's Iliad, in: S. Braund / G. W. Most (ed.), Ancient Anger. Perspectives from Homer to Galen, Cambridge 2003, 50-75
Motto / Clark 1969: A. L. Motto / J. R. Clark, Isê Dais. Honor of Achilles, in: Arethusa 2, 1969, 109-125
Moulton 1977: C. Moulton, Similes in the Homeric Poems, Göttingen 1977
Mühlestein 1971: H. Mühlestein, Jung-Nestor Jung-David, in: A&A 17, 1971, 173-190
von der Mühll 1952: P. von der Mühll, Kritisches Hypomnema zur Ilias, Basel 1952
Müller 1968: G. Müller, Morphologische Poetik. Gesammelte Aufsätze, Tübingen 1968
Müller 1997: K. E. Müller, Zeitkonzepte in traditionellen Kulturen, in: Id. / J. Rüsen (ed.), Historische Sinnbildung. Problemstellungen, Zeitkonzepte, Wahrnehmungshorizonte, Darstellungsstrategien, Reinbek 1997, 221-239
— 1998: K. E. Müller, »Prähistorisches« Geschichtsbewußtsein. Versuch einer ethnologischen Strukturbestimmung, in: J. Rüsen et al. (ed.), Die Vielfalt der Kulturen (Erinnerung, Geschichte, Identität 4), Frankfurt 1998, 269-295
— 2005: K. E. Müller, Der Ursprung der Geschichte, in: J. Assmann / K. E. Müller (ed.), Der Ursprung der Geschichte. Archaische Kulturen, das Alte Ägypten und das Frühe Griechenland, Stuttgart 2005, 17-86
Mueller 1978: M. Mueller, Knowledge and Delusion in the Iliad, in: J. Wright (ed.), Essays on the Iliad. Selected Modern Criticism, Bloomington 1978, 105-123
— 1984: M. Mueller, The Iliad, London 1984
Muellner 1976: L. Muellner, The Meaning of Homeric EYXOMAI Through its Formulas, Innsbruck 1976
— 1996: L. Muellner, The Anger of Achilles. Mēnis in Greek Epic, Ithaca 1996
Muhlack 1985: U. Muhlack, Über Theorie und Theoriefähigkeit der Geschichte, in: HZ 241, 1985, 631-636
— 1991: U. Muhlack, Geschichtswissenschaft im Humanismus und in der Aufklärung. Die Vorgeschichte des Historismus, München 1991
Munn 1992: N. D. Munn, The Cultural Anthropology of Time. A Critical Essay, in: Annual Review of Anthropology 21, 1992, 93-123
Munz 1985: P. Munz, Rez. J. Rüsen, Historische Vernunft, in: H&T 24, 1985, 92-100
Murnaghan 1997: S. Murnaghan, Equal Honor and Future Glory. The Plan of Zeus in the Iliad, in: D. H. Roberts et al. (ed.), Classical Closure. Reading the End in Greek and Latin Literature, Princeton 1997, 23-42
Murray [2]1907: G. Murray, The Rise of the Greek Epic, Oxford [2]1907
Murray [2]1988: O. Murray, The Ionian Revolt, in: The Cambridge Ancient History, IV. Persia, Greece, and the Western Mediterranean from 525 to 479 B.C., Cambridge [2]1988, 461-490
Nagy 1974: G. Nagy, Comparative Studies in Greek and Indic Meter, Cambridge MA 1974

— 1979: G. Nagy, The Best of the Achaeans. Concepts of the Hero in Archaic Greek Poetry, Baltimore 1979

— 1981: G. Nagy, Another Look at kleos aphthiton, in: WJA 7, 1981, 113-116

— 1990: G. Nagy, Pindar's Homer. The Lyric Possession of an Epic Past, Baltimore 1990

— 1996a: G. Nagy, Homeric Questions, Austin 1996

— 1996b: G. Nagy, Poetry as Performance. Homer and Beyond, Cambridge 1996

— 2003a: G. Nagy, Rez.: M. L. West, Studies in the Text and Transmission of the Iliad, in: Gnomon 75, 2003, 481-501

— 2003b: G. Nagy, Homeric Responses, Austin 2003

— 2004: G. Nagy, Homer's Text and Language, Urbana 2004

Nesselrath 1992: G. Nesselrath, Ungeschehenes Geschehen. »Beinahe-Episoden« im Griechischen und Römischen Epos von Homer bis zur Spätantike, Stuttgart 1992

— 1996: G. Nesselrath, Herodot und der griechische Mythos, in: Poetica 28, 1996, 275-296

Neville 1977: J. W. Neville, Herodotus on the Trojan War, in: G&R 24, 1977, 3-12

Nicolai 1981: W. Nicolai, Wirkungsabsichten des Iliasdichters, in: G. Kurz et al. (ed.), Gnomosyne. Festschrift für W. Marg, München 1981, 81-101

— 1983: W. Nicolai, Rezeptionssteuerung in der Ilias, in: Philologus 127, 1983, 1-12

— 1987: W. Nicolai, Zum Welt-und Geschichtsbild der Ilias, in: J. M. Bremer et al. (ed.), Homer. Beyond Oral Poetry, Amsterdam 1987, 145-164

Niemeyer 1996: H. G. Niemeyer, Sēmata. Über den Sinn griechischer Standbilder, Hamburg 1996

Niese 1873: B. Niese, Der homerische Schiffskatalog als historische Quelle, Kiel 1873

— 1882: B. Niese, Die Entwickelung der homerischen Poesie, Berlin 1882

Nilsson 1951: M. P. Nilsson, Cults. Myths, Oracles, and Politics in Ancient Greece, Lund 1951

— ³1967: M. P. Nilsson, Geschichte der griechischen Religion, I-II, München ³1967

Nimis 1985/1986: S. Nimis, The Language of Achilles. Construction vs. Representation, in: CW 79, 1985/1986, 217-225

Nipperdey 1976: T. Nipperdey, Historismus und Historismuskritik heute, in: Gesellschaft, Kultur, Theorie. Gesammelte Aufsätze zur neueren Geschichte, Göttingen 1976, 59-73 (ursprünglich in: E. Jäckel / E. Weymar (ed.), Die Funktion der Geschichte in unserer Zeit. Festschrift für K. D. Erdmann, Stuttgart 1975, 82-95)

— 1983: T. Nipperdey, Deutsche Geschichte 1800-1866. Bürgerwelt und starker Staat, München 1983

Nisetich 1989: F. J. Nisetich, Pindar and Homer, Baltimore 1989

Nora 1984-1992: P. Nora, Les lieux de mémoire, I-III, Paris 1984-1992

Notopoulos 1951: J. A. Notopoulos, Continuity and Interconnexion in Homeric Oral Composition, in TAPhA 82, 1951, 81-101

Nünning 2000: A. Nünning, Towards a Cultural and Historical Narratology. A Survey of Diachronic Approaches, Concepts, and Research Projects, in: B. Reitz / S. Rieuwerts (ed.), Anglistentag 1999 Mainz. Proceedings, Trier 2000, 345-373

Nünning 2003: A. Nünning, Narratology or Narratologies? Taking Stock of Recent Developments, Critique and Modest Proposals for Future Usages of the Term, in: T. Kindt / H.-H. Müller (ed.), What Is Narratology? Questions and Answers Regarding the Status of a Theory, Berlin 2003, 239-275

Nünning / Nünning (ed.) 2002a: A. Nünning / V. Nünning (ed.): Neue Ansätze in der Erzähltheorie, Trier 2002

— (ed.) 2002b: V. Nünning / A. Nünning (ed.), Erzähltheorie transgenerisch, intermedial, interdisziplinär, Trier 2002

— 2002c: V. Nünning / A. Nünning, Produktive Grenzüberschreitungen. Transgenerische, intermediale und interdisziplinäre Ansätze in der Erzähltheorie, in: Id. (ed.), Erzähltheorie transgenerisch, intermedial, interdisziplinär, Trier 2002, 1-22

Nünlist / deJong 2000: R. Nünlist / I. deJong, Homerische Poetik in Stichwörtern, in: J. Latacz (ed.) Homers Ilias. Gesamtkommentar. Prolegomena, München 2000, 159-171

Obbink 2001: D. Obbink, The Genre of Plataea. Generic Unity in the New Simonides, in: D. Boedeker / D. Sider (ed.), The New Simonides. Contexts of Praise and Desire, Oxford 2001, 65-85

Oehler 1925: R. Oehler, Mythologische Exempla in der älteren griechischen Dichtung, Aarau 1925

Oexle 1984: O. G. Oexle, Die Geschichtswissenschaft im Zeichen des Historismus. Bemerkungen zum Standort der Geschichtsforschung, in: HZ 238, 1984, 17-55

— 1986: O. G. Oexle, »Historismus«. Überlegungen zur Geschichte des Phänomens und des Begriffs, in: Braunschweigische Wissenschaftliche Gesellschaft. Jahrbuch 1986, 119-155

— 1990: O. G. Oexle, Von Nietzsche zu Max Weber. Wertproblem und Objektivitätsforderung der Wissenschaft im Zeichen des Historismus, in: C. Petersohn (ed.), Rechtsgeschichte und Theoretische Dimension, Lund 1990, 96-121

— 1996: O. G. Oexle, Meineckes Historismus. Über Kontext und Folgen einer Definition, in: Id. / J. Rüsen (ed.), Historismus in den Kulturwissenschaften. Geschichtskonzepte, historische Einschätzungen, Grundlagenprobleme, Köln 1996, 139-199

Oexle / Rüsen 1996: O. G. Oexle / J. Rüsen (ed.), Historismus in den Kulturwissenschaften. Geschichtskonzepte, historische Einschätzungen, Grundlagenprobleme, Köln 1996

Onians 1951: R. B. Onians, The Origins of European Thought, Cambridge 1951

Osborne 1996: R. Osborne, Greece in the Making. 1200-479 BC, London 1996

— 1998: R. Osborne, Early Greek Colonization? The Nature of Greek Settlement in the West, in: N. Fisher / H. v. Wees 1998, 251-269

Overbeck 1980: J. C. Overbeck, Some Recycled Vases in the West Cemetery at Eleusis, in: AJA 84, 1980, 89f.

Page 1959: D. Page, History and the Homeric Iliad, Berkeley 1959

Pannenberg 1967: W. Pannenberg, Heilsgeschehen und Geschichte, in: Grundfragen systematischer Theologie. Gesammelte Aufsätze, I, Göttingen 1967, 22-78

Parks 1990: W. Parks, Verbal Dueling in Heroic Narrative. The Homeric and Old English Traditions, Princeton 1990

Parry 1956: A. Parry, The Language of Achilles, in: TAPhA 87, 1956, 1-7

— 1966: A. Parry, Have We Homer's Iliad?, in: YCS 20, 1966, 175-216

Parry 1971: M. Parry, The Making of Homeric Verse. The Collected Papers of Milman Parry, ed. A. Parry, Oxford 1971

Patzek 1990: B. Patzek, The Truth of Myth. Historical Thinking and Homeric Narration of Myth, in: History and Memory 2, 1990, 34-50

— 1992: B. Patzek, Homer und Mykene. Mündliche Dichtung und Geschichtsschreibung, München 1992

— 2003: B. Patzek, Homer und seine Zeit, München 2003

Pavel 1985: T. G. Pavel, The Poetics of Plot. The Case of English Renaissance Drama, Minneapolis 1985

— 1986: T. G. Pavel, Fictional Worlds, Cambridge MA 1986

Pavese 1995: C. O. Pavese, Elegia di Simonidei agli Spartiati per Platea, in: ZPE 107, 1995, 1-26

Pedrick 1983: V. Pedrick, The Paradigmatic Nature of Nestor's Speech in Iliad 11, in: TAPhA 113, 1983, 55-68

Peisl / Mohler (ed.) 1983: A. Peisl / A. Mohler (ed.), Die Zeit, München 1983

Peppermüller 1962: R. Peppermüller, Die Glaukos-Diomedesszene der Ilias. Spuren vorhomerischer Dichtung, in: WS 75, 1962, 5-21

Petzold 1976: K. E. Petzold, Die Meleagros-Geschichte der Ilias. Zur Entstehung geschichtlichen Denkens, in: Historia 25, 1976, 146-169

Pfuhl 1912: Pfuhl, Art. Helene, in: RE 14, 1912, 2823-2837

Piccaluga 1980: G. Piccaluga, Il dialogo tra Diomedes e Glaukos (Hom. Il. VI 119-236), in: SSR 4, 1980, 237-258

Picht 1958: G. Picht, Die Erfahrung der Geschichte, Frankfurt 1958

— 1993: G. Picht, Geschichte und Gegenwart. Vorlesungen zur Philosophie der Geschichte, Stuttgart 1993

Pöggeler 1995: O. Pöggeler, Ein Ende der Geschichte? Von Hegel zu Fukuyama, Opladen 1995

Pötscher 1961: W. Pötscher, Hera und Heros, in: RhM 104, 1961, 302-355

DePolignac 1994: F. de Polignac, Mediation, Competition, and Sovereignty. The Evolution of Rival Sanctuaries in Geometric Greece, in: S. E. Alcock / R. Osborne (ed.), Placing the Gods. Sanctuaries and Sacred Space in Ancient Greece, New York 1994, 3-18

— 1995: F. de Polignac, Cults, Territory, and the Origins of the Greek City-State, Chicago 1995

Polti 1997: A. Polti, Zur Rezeption und Kritik von »Zeit und Erzählung«, in: J. Stückrath / J. Zbinden (ed.), Metageschichte. Hayden White und Paul Ricoeur. Dargestellte Wirklichkeit in der europäischen Kultur im Kontext von Husserl, Weber, Auerbach und Gombrich, Baden-Baden 1997, 230-253

Pope 1985: M. Pope, A Nonce-Word in the Iliad, in: CQ 35, 1985, 1-8

Porter 1972/1973: D. H. Porter, Violent Juxtaposition in the Similes of the Iliad, in: CJ 68, 1972/1973, 11-21

Poser 1990: H. Poser, Art. Kontingenz. I. Philosophisch, in: TRE 19, 1990, 544-551

Postlethwaite 1985: N. Postlethwaite, The Duel of Paris and Menelaos and the Teichoskopia in Iliad 3, in: Antichthon 19, 1985, 1-6

— 1998: N. Postlethwaite, Akhilleus and Agamemnon, in: C. Gill et al. (ed.), Reciprocity in Ancient Greece, Oxford 1998, 93-104

Powell 1991: B. B. Powell, Homer and the Origin of the Greek Alphabet, Cambridge 1991

Preis (ed.) 1990: A. Preis et al. (ed.), Das Museum. Die Entwicklung in den 80er Jahren, München 1990

Press 1982: G. A. Press, The Development of the Idea of History in Antiquity, Kingston 1982

Prince 1982: G. Prince, Narratology. The Form and Functioning of Narrative, Berlin 1982

Prinz 1979: F. Prinz, Gründungsmythen und Sagenchronologie, München 1979

Primavesi 2000: O. Primavesi, Nestors Erzählungen. Die Variationen eines rhetorischen Überzeugungsmittels in der Ilias, in: C. Neumeister / W. Raeck (ed.), Rede und Redner. Bewertung und Darstellung in den antiken Kulturen, Möhnesee 2000, 45-64

Pucci 2000 : P. Pucci, Le cadre temporel de la volonté divine chez Homère, in : C. Darbo-Peschanski (ed.), Construction du temps dans le monde grec ancien, Paris 2000, 33-48

— 2002: Theology and Poetics in the Iliad, in: Arethusa 35, 2002, 17-34

Raaflaub 1989: K. A. Raaflaub, Athenische Geschichte und mündliche Überlieferung, in: J. v. Ungern-Sternberg / H. Reinau (ed.), Vergangenheit in mündlicher Überlieferung, Stuttgart 1988, 197-225

— 1991: K. A. Raaflaub, Homer und die Geschichte des 8. Jhs. v. Chr., in: J. Latacz (ed.), Zweihundert Jahre Homer-Forschung. Rückblick und Ausblick, Stuttgart 1991, 205-256

— 1993: K. A. Raaflaub, Homer to Solon: The Rise of the Polis. The Written Sources, in: M. H. Hansen (ed.), The Ancient Greek City-State, Kopenhagen 1993, 41-105

— 1997: K. A. Raaflaub, Homeric Society, in: I. Morris / B. Powell (ed.), A New Companion to Homer, Leiden 1997, 624-648

— 1998: K. A. Raaflaub, A Historian's Headache. How to Read ›Homeric Society‹? In: N. Fisher / H. van Wees (ed.), Archaic Greece. New Approaches and New Evidence, London 1998, 169-193

Rabel 1997: R. J. Rabel, Plot and Point of View in the Iliad, Ann Arbor 1997

— 1990: R. J. Rabel, Apollo as a Model for Achilles in the Iliad, in: AJPh 111, 1990, 429-440

Redfield 1975: J. M. Redfield, Nature and Culture in the Iliad. The Tragedy of Hector, Chicago 1975

— 1979: J. M. Redfield, The Proem of the Iliad. Homer's Art. in: CPh 74, 1979, 95-110

Reichel 1990: M. Reichel, Retardationstechniken in der Ilias, in: W. Kullmann / M. Reichel (ed.), Der Übergang von der Mündlichkeit zur Literatur bei den Griechen, Tübingen 1990, 125-151

— 1994: M. Reichel, Fernbeziehungen in der Ilias, Tübingen 1994

— 1998: M. Reichel, How Oral is Homer's Narrative?, in: PLLS 10, 1998, 1-22

Reeve 1973: M. D. Reeve, The Language of Achilles, in: CQ 23, 1973, 193-195

Reill 1975: P. H. Reill, The German Enlightenment and the Rise of Historicism, Berkeley 1975

— 1996: P. H. Reill, Aufklärung und Historismus. Bruch oder Kontinuität?, in: O. G. Oexle / J. Rüsen (ed.), Historismus in den Kulturwissenschaften. Geschichtskonzepte, historische Einschätzungen, Grundlagenprobleme, Köln 1996, 45-68

Reinhardt 1938: K. Reinhardt, Das Parisurteil, Frankfurt 1938

— 1961: K. Reinhardt, Die Ilias und ihr Dichter, ed. U. Hölscher, Göttingen 1961

Rengakos 1995: A. Rengakos, Zeit und Gleichzeitigkeit in den homerischen Epen, in: A&A 41, 1995, 1-33

— 2002: A. Rengakos, Rez. West, Studies in the Text and Transmission of the Iliad in: BMCR 2002, 11. 15

v. Renthe-Fink 1964: L. v. Renthe-Fink, Geschichtlichkeit. Ihr terminologischer und begrifflicher Ursprung bei Hegel, Haym, Dilthey und Yorck, Göttingen 1964

Richards 1936: I. A. Richards, The Philosophy of Rhetoric, New York 1936

Richardson 1990: S. Richardson, The Homeric Narrator, Nashville 1990

Ricoeur 1949: P. Ricoeur, Husserl et le sens de l'histoire, in: Revue de Métaphysique et de Morale 54, 1949, 280-316

— 1980: P. Ricoeur, Narrative Time, in: Critical Inquiry 7, 1980, 169-190

— 1986: P. Ricoeur, Die lebendige Metapher, München 1986

— 1988-1991: P. Ricoeur, Zeit und Erzählung, I-III, München 1988-1991

— 1991: P. Ricoeur, Life in Quest of Narrative, in: D. Wood (ed.), On Paul Ricoeur. Narrative and Interpretation, London 1991, 20-33

— 2004: P. Ricoeur, Gedächnis, Geschichte, Vergessen, München 2004

Riquelme 2000: J. P. Riquelme, The Way of the Chameleon in Iser, Beckett, and Yeats. Figuring Death and the Imaginary in »The Fictive and the Imaginary«, in: New Literary History 31, 2000, 57-71

Ritter 1974: J. Ritter, Subjektivität. Sechs Aufsätze, Frankfurt 1974

Rösler 1980: W. Rösler, Die Entdeckung der Fiktionalität in der Antike, in: Poetica 12, 1980, 283-319

Röttgers 1982: K. Röttgers, Der kommunikative Text und die Zeitstruktur von Geschichten, Freiburg 1982

— 1998: K. Röttgers, Die Lineatur der Geschichte, Amsterdam 1998

Ron 1987: M. Ron, The Restricted Abyss. Nine Problems in the Theory of Mise en Abyme, Poetics Today 8, 1987, 417-438

Rosner 1976: J. Rosner, The Speech of Phoenix. Iliad 9. 434-605, in: Phoenix 30, 1976, 314-327

Roussel 1976: D. Roussel, Tribu et cité. Études sur les groupes sociaux dans les cités grecques aux époques archaïque et classique, Paris 1976

Rubino 1979: C. Rubino, »A Thousand Shapes of Death«: Heroic Immortality in the Iliad, in: Arktouros. Hellenic Studies Presented to B. M. W. Knox, Berlin 1979, 12-18

Rüsen 1982: J. Rüsen, Die vier Typen des historischen Erzählens, in: R. Koselleck et al. (ed.), Formen der Geschichtsschreibung, München 1982, 514-605

— 1983: J. Rüsen, Grundzüge einer Historik. I: Historische Vernunft, Göttingen 1983

— 1989: J. Rüsen, Grundzüge einer Historik. III: Lebendige Geschichte. Formen und Funktionen des historischen Wissens, Göttingen 1989

— 1990: J. Rüsen, Zeit und Sinn, Frankfurt 1990

— 1994a: J. Rüsen, Historische Methode und religiöser Sinn – Vorüberlegungen zu einer Dialektik der Rationalisierung des historischen Denkens in der Moderne, in: W. Küttler et al. (ed.), Geschichtsdiskurs. II: Anfänge modernen historischen Denkens, Frankfurt 1994, 344-377

— 1994b: J. Rüsen, Historische Orientierung. Über die Arbeit des Geschichtsbewußtseins, sich in der Zeit zurechtzufinden, Köln 1994

— 2000a: J. Rüsen, Das Andere denken. Die Herausforderungen der modernen Kulturwissenschaften, Ulm 2000a

— 2000b: J. Rüsen, Was heißt und zu welchem Ende studiert man Kulturwissenschaften?, Essen 2000b

Rüsen / Hölkeskamp 2003: J. Rüsen / K.-J. Hölkeskamp: Einleitung: Warum es sich lohnt, mit der Sinnfrage die Antike zu interpretieren, in: K.-J. Hölkeskamp et al. (ed.), Sinn (in) der Antike. Orientierungssysteme, Leitbilder und Wertkonzepte im Altertum, Mainz 2003, 1-13

Ruijgh 1967: C. J. Ruijgh., Études sur la grammaire et la vocabulaire du grec mycénien, Amsterdam 1967

— 1995: C. J. Ruijgh, D'Homère aux origines protomycéniennes de la tradition épique, in: J. P. Crielaard (ed.) 1995, 1-96

Rutherford 2001: I. Rutherford, The New Simonides. Towards a Commentary, in: D. Boedeker / D. Sider (ed.), The New Simonides. Contexts of Praise and Desire, Oxford 2001, 33-54

Rutherford 1982: R. Rutherford, Tragic Form and Feeling in the Iliad, in: JHS 102, 1982, 145-160

Ryan 1991: M. L. Ryan, Possible Worlds, Artificial Intelligence and Narrative Theory, Bloomington 1991

Sahlins 1985: M. D. Sahlins, Islands of History, Chicago 1985

— 2004: M. D. Sahlins, Apologies to Thucydides. Understanding History as Culture and Vice Versa, Chicago 2004

Sakellariou 1989: M. B. Sakellariou, The Polis-State. Definition and Origin, Athen 1989

Sale 1963: W. Sale, Achilles and Heroic Values, in: Arion 2, 1963, 86-100

Sampath 1999: R. Sampath, Four-dimensional Time. Twentieth century Philosophie of History in Europe, San Francisco 1999

Sauge 1992 : A. Sauge, De l épopée à l'histoire. Fondement de la notion d'histoire, Frankfurt 1992

Schadewaldt 1934: W. Schadewaldt, Die Anfänge der Geschichtsschreibung bei den Griechen, in: Die Antike 10, 1934, 144-168

— [4]1965: W. Schadewaldt, Von Homers Welt und Werk. Aufsätze und Auslegungen zur Homerischen Frage, Stuttgart [4]1965

— [3]1966: W. Schadewaldt, Iliasstudien, Darmstadt [3]1966

— [2]1970: W. Schadewaldt, Hellas und Hesperien. Gesammelte Schriften zur Antike und zur neueren Literatur, Zürich [2]1970

Schapp [2]1976: W. Schapp, In Geschichten verstrickt. Zum Sein von Mensch und Ding, Wiesbaden [2]1976

Scheer 1993: T. S. Scheer, Mythische Vorväter. Zur Bedeutung griechischer Heroenmythen im Selbstverständnis kleinasiatischer Städte, München 1993

Scheibner 1939: G. Scheibner, Der Aufbau des 20. und 21. Buches der Ilias, Leipzig 1939

Schein 1984: S. L. Schein, The Mortal Hero. An Introduction to Homer's Iliad, Berkeley 1984

v. Scheliha 1943: R. v. Scheliha, Patroklos. Gedanken über Homers Dichtung und Gestalten, Basel 1943

Scherer 1976: A. Scherer, Nichtgriechische Personennamen der Ilias, in: H. Görgemanns / E. A. Schmidt (ed.), Studien zum antiken Epos, Meisenheim 1976, 32-45

Schinkel 2005: A. Schinkel, Imagination As a Category of History. An Essay Concerning Koselleck's Concepts of Erfahrungsraum and Erwartungshorizont, in: H&T 44, 2005, 42-54

Schmid 1947: B. Schmid, Studien zu griechischen Ktisissagen, Fribourg 1947

Schmid 1964: U. Schmid, Die Priamel der Werte im Griechischen von Homer bis Paulus, Wiesbaden 1964

Schmid / Stählin 1929: W. Schmid / O. Stählin, Geschichte der griechischen Literatur, I. 1., München 1929

Schmidt 2002: J. U. Schmidt, Die »Probe« des Achaierheeres als Spiegel der besonderen Intentionen des Iliasdichters, in: Philologus 146, 2002, 3-21

Schmitt 1990: A. Schmitt, Selbständigkeit und Abhängigkeit menschlichen Handelns bei Homer. Hermeneutische Untersuchungen zur Psychologie Homers, Stuttgart 1990

Schmitt 1966: M. L. Schmitt, Bellerophon and the Chimaera in Archaic Greek Art, in: AJA 70, 1966, 341-347

Schmitt 1967: R. Schmitt, Dichtung und Dichtersprache in indogermanischer Zeit, Wiesbaden 1967

Schmitz 1994: T. Schmitz, Ist die Odyssee »spannend«? Anmerkungen zur Erzähltechnik des homerischen Epos, in: Philologus 138, 1994, 3-23

— 1995: T. Schmitz, Rez. J. V. Morrison, Homeric Misdirection. False Predictions in the Iliad, in: Gnomon 67, 1995, 393-396

Schoeck 1961: G. Schoeck, Ilias und Aithiopis. Kyklische Motive in homerischer Brechung, Zürich 1961

Scholtz (ed.) 1997: G. Scholtz (ed.), Historismus am Ende des 20. Jh. Eine internationale Diskussion, Berlin 1997

Scholz 1970: G. Scholz, Ergänzungen zur Herkunft des Wortes »Geschichtlichkeit«, in: ABG 14, 1970, 112-118

Scholz-Wiliams 1989: G. Scholz-Williams, Geschichte und die literarische Dimension. Narrativik und Historiographie in der anglo-amerikanischen Forschung der letzten Jahrzehnte. Ein Bericht, in: Deutsche Vierteljahrsschrift für Literaturwissenschaft und Geistesgeschichte 63, 1989, 315-392

Schott 1968: R. Schott, Das Geschichtsbewußtsein schriftloser Völker, in: ABG 12, 1968, 166-205

Schröder 1956: F. R. Schröder, Hera, in: Gymnasium 63, 1956, 57-78

v. d. Schulenburg 1923: S. v. d. Schulenburg (ed.), Briefwechsel zwischen Wilhelm Dilthey und dem Grafen Paul Yorck von Wartenburg, 1877-1897, Halle 1923

Schulin 1994: E. Schulin, Der Zeitbegriff in der Geschichtsschreibung der Aufklärung und des deutschen Historismus, in: W. Küttler et al. (ed.), Geschichtsdiskurs. II: Anfänge modernen historischen Denkens, Frankfurt 1994, 333-343

Schuster 1988: M. Schuster, Zur Konstruktion von Geschichte in Kulturen ohne Schrift, in: J. v. Ungern-Sternberg / H. Reinau (ed.), Vergangenheit in mündlicher Überlieferung, Stuttgart 1988, 57-71

Schwab 2000: G. Schwab, If Only I Were Not Obliged to Manifest. Iser's Aesthetics of Negativity, in: New Literary History 31, 2000, 73-89

Schwabl 1992: H. Schwabl, Zum Phänomen der epischen Wiederholung unter dem Gesichtspunkt von Mündlichkeit und Schriftlichkeit, in: SIFC 10, 1992, 791-806

Scodel 1982: R. Scodel, The Achaean Wall and the Myth of Destruction, in: HSCPh 86, 1982, 33-53

— 1992: R. Scodel, The Wits of Glaucus, in: TAPhA 122, 1992, 73-84

— 1997: R. Scodel, Pseudo-Intimacy and the Prior Knowledge of the Homeric Audience, in: Arethusa 30, 1997, 201-219

— 2002: R. Scodel, Listening to Homer. Tradition, Narrative, and Audience, Ann Arbor 2002

— 2004: R. Scodel, The Story-Teller and His Audience, in: R. Fowler (ed.), The Cambridge Companion to Homer, Cambridge 2004, 45-55

Scully 1990: S. Scully, Homer and the Sacred City, Ithaca 1990

Seaford 1994: R. Seaford, Reciprocity and Ritual. Homer and Tragedy in the Developing City-State, Oxford 1994

Segal 1971a: C. Segal, Andromache's Anagnorisis. Formulaic Artistry in Iliad 22, 437-476, in: HSCPh 75, 1971, 33-57

— 1971b: C. Segal, The Theme of the Mutilation of the Corpse in the Iliad, Leiden 1971

— 1981: C. Segal, Tragedy and Civilization. An Interpretation of Sophocles, Cambridge MA 1981

— 1983: C. Segal, Kleos and its Irony in the Odyssey, in: AC 52, 1983, 22-47

van Seters 1983: J. van Seters, In Search of History. Historiography in the Ancient World and the Origins of Biblical History, New Haven 1983

Sherratt 1980: E. S. Sherratt, »Reading the Texts«. Archaeology and the Homeric Question, in: Antiquity 64, 1990, 807-824

Shrimpton 1997: G. S. Shrimpton, History and Memory in Ancient Greece, Montreal 1997

Sider 2001: D. Sider, »As Is the Generation of Leaves« in Homer, Simonides, Horace, and Sto-
baeus, in: D. Boedeker / D. Sider (ed.), The New Simonides. Contexts of Praise and Desire,
Oxford 2001, 272-288

Silk 1974: M. S. Silk, Interaction in Poetic Imagery. With Special Reference to Early Greek
Poetry, London 1974

Singor 1991: H. W. Singor, Nine Against Troy. On Epic ΦΑΛΑΓΓΕΣ, ΠΡΟΜΑΧΟΙ, and an Old
Structure in the Story of the Iliad, in: Mnemosyne 44, 1991, 17-62

— 1995: H. W. Singor, Eni Prôtoisi Machesthai. Some Remarks on the Iliadic Image of the
Battlefield, in: J. P. Crielaard (ed.), Homeric Questions, Amsterdam 1995, 183-200

Sinos 1980: D. S. Sinos, Achilles, Patroklos, and the Meaning of ΦΙΛΟΣ, Innsbruck 1980

Slatkin 1991: L. M. Slatkin, The Power of Thetis. Allusion and Interpretation in the Iliad, Berkeley
1991

B. H. Smith 1981: B. H. Smith, Narrative Versions, Narrative Theories, in: W. J. T. Mitchell (ed.),
On Narrative, Chicago 1981, 209-232

P. Smith 1981: P. Smith, Aineiadai as Patrons of Iliad XX and of the Homeric Hymn to Aphrodite,
in: HSCPh 85, 1981, 17-58

Smitten / Daghistany (ed.) 1981: J. R. Smitten / A. Daghistany (ed.), Spatial Form in Narrative,
Ithaca 1981

Snell 1952: B. Snell, Homer und die Entstehung des geschichtlichen Bewußtsein bei den Griechen,
in: Varia Variorum. Festgabe für Karl Reinhardt, Münster 1952, 2-12

— ⁴1975a: Snell, Die Entdeckung des Geistes. Studien zur Entstehung des europäischen Denkens
bei den Griechen, Göttingen ⁴1975

— ⁴1975b: B. Snell, Zur Entstehung des geschichtlichen Bewußtseins, in: Die Entdeckung des
Geistes. Studien zur Entstehung des europäischen Denkens bei den Griechen, Göttingen ⁴1975,
139-150

Snodgrass 1964: A. M. Snodgrass, Early Greek Armour and Weapons from the End of the Bronze
Age to 600 B. C., Edinburgh 1964

— 1971: A. M. Snodgrass, The Dark Age of Greece. An Archaeological Survey of the 11th to the
8th Centuries B. C., Edinburgh 1971

— 1974: A. M. Snodgrass, An Historical Homeric Society? In: JHS 94, 1974, 114-125

— 1977: A. M. Snodgrass, Archaeology and the Rise of the Greek State, Cambridge 1977

— 1982a: A. M. Snodgrass, The Historical Significance of Fortification in Archaic Greece, in: P.
Leriche / H. Tréziny (ed.), La fortification dans l'histoire de monde grec, Paris 1982, 125-131

— 1982b : A. M. Snodgrass, Les origines du culte des héros dans la Grèce antique, in: G. Gnoli /
J. P. Vernant (ed.) 1982, 107-119

Speyer 1976: W. Speyer, Art. Genealogie, in: RAC 9, 1976, 1145-1268

Stahl 1987: M. Stahl, Aristokraten und Tyrannen im archaischen Athen, Stuttgart 1987

Stampolidis 1995: N. C. Stampolidis, Homer and the Cremation Burials of Eleutherna, in: J. P.
Crielaard (ed.), Homeric Questions, Amsterdam 1995, 289-308

Stanzel 1979: F. K. Stanzel, Theorie des Erzählens, Göttingen 1979

Starr 1968: C. G. Starr, The Awakening of the Greek Historical Spirit, New York 1968

Steenblock 1991a: V. Steenblock, Transformationen des Historismus, München 1991

— 1991b: V. Steenblock, Zur Wiederkehr des Historismus in der Gegenwartsphilosophie, in:
Zeitschrift für Philosophische Forschung 45, 1991, 209-223

— 1992/1993: V. Steenblock, Historische Vernunft – Geschichte als Wissenschaft und als orien-
tierende Sinnbildung. Zum Abschluß von Jörn Rüsens dreibändiger »Historik«, in: Dilthey-
Jahrbuch für Philosophie und Geschichte der Geisteswissenschaften 8, 1992/1993, 367-380

— 1994: V. Steenblock, Das »Ende der Geschichte«. Zur Karriere von Begriff und Denkvorstel-
lung im 20. Jh., in: ABG 37, 1994, 333-351

Stehle 2001: E. Stehle, A Bard of the Iron Age and His Auxiliary Muse, in: D. Boedeker / D. Sider
(ed.), The New Simonides. Contexts of Praise and Desire, Oxford 2001, 106-119

Steiner 1989: G. Steiner, Real Presences, Chicago 1989

Steinhart 1992: M. Steinhart, Zu einem Kolonnettenkrater des KY-Malers, in: AA 1992, 486-521

— 1997: M. Steinhart, Bemerkungen zur Rekonstruktion, Ikonographie und Inschrift des platäischen Weihgeschenkes, in: BCH 121, 1997, 33-69

Stein-Hölkeskamp 1989: E. Stein-Hölkeskamp, Adelskultur und Polisgesellschaft. Studien zum griechischen Adel in archaischer und klassischer Zeit, Stuttgart 1989

Steinmetz 1969: P. Steinmetz, Das Erwachen des geschichtlichen Bewußtseins in der Polis, in: Id. (ed.), Politeia und Res Publica. Beiträge zum Verständnis von Politik, Recht und Staat in der Antike, Wiesbaden 1969, 52-78

Stemmler 2000: M. Stemmler, Auctoritas exempli. Zur Wechselwirkung von kanonisierten Vergangenheitsbildern und gesellschaftlicher Gegenwart in der spätrepublikanischen Rhetorik. In: B. Linke / M. Stemmler (ed.), Mos maiorum. Untersuchungen zu den Formen der Identitätsbildung und Stabilisierung in der römischen Republik, Stuttgart 2000, 141-205

Sternberg 1978: M. Sternberg, Expositional Modes and Temporal Ordering in Fiction, Baltimore 1978

— 1990: M. Sternberg, Telling in Time (I). Chronology and Narrative Time, in: Poetics Today 11, 1990, 901-948

— 1992: M. Sternberg, Telling in Time (II). Chronology, Teleology, Narrativity, in: Poetics Today 13, 1992, 463-541

Stibbe 2002: C. Stibbe, The »Achilleion« Near Sparta. Some Unknown Finds, in: R. Hägg (ed.), Peloponnesian Sanctuaries and Cults, Stockholm 2002, 207-219

Stierle 1979: K. Stierle, Erfahrung und narrative Form. Bemerkung zu ihrem Zusammenhang in Fiktion und Historiographie, in: J. Kocka / T. Nipperdey (ed.), Theorie und Erzählung in der Geschichte, München 1979, 85-118

— 1983: K. Stierle, Geschichte als Exemplum – Exemplum als Geschichte. Zur Pragmatik und Poetik narrativer Texte, in R. Koselleck / W.-D. Stempel (ed.), Geschichte – Ereignis und Erzählung, München 1983, 347-375

Stockinger 1959: H. Stockinger, Die Vorzeichen im homerischen Epos. Ihre Typik und ihre Bedeutung, St. Ottilien 1959

Stoevesandt 2000: M. Stoevesandt, Zum Figurenbestand der Ilias. Menschen, in: J. Latacz, Zur Struktur der Ilias, in: Id. (ed.), Homers Ilias. Gesamtkommentar. Prolegomena, München 2000, 133-143

— 2004: Feinde – Gegner – Opfer. Zur Darstellung der Trojaner in den Kampfszenen der Ilias, Basel 2004

Stone 1997: D. Stone, Paul Ricoeur, Hayden White, and Holocaust Historiography, in: J. Stückrath / J. Zbinden (ed.), Metageschichte. Hayden White und Paul Ricoeur. Dargestellte Wirklichkeit in der europäischen Kultur im Kontext von Husserl, Weber, Auerbach und Gombrich, Baden-Baden 1997

Strasburger 1954: G. Strasburger, Die kleinen Kämpfer der Ilias, Frankfurt 1954

Strasburger 1972: H. Strasburger, Homer und die Geschichtsschreibung, (Sitzungsberichte der Heidelberger Akademie der Wissenschaften, Philosophisch-historische Klasse) Heidelberg 1972

— ³1975: H. Strasburger, Die Wesensbestimmung der Geschichte durch die antike Geschichtsschreibung, Wiesbaden ³1975

Straub (ed.) 1998: J. Straub, Erzählung, Identität und Historisches Bewußtsein. Die Psychologische Konstruktion von Zeit und Geschichte, Frankfurt 1998

Strömberg 1961: R. Strömberg, Die Bellerophontes-Erzählung in der Ilias, in: CM 22, 1961, 1-15

Stückrath / Zbinden (ed.) 1997: J. Stückrath / J. Zbinden (ed.), Metageschichte. Hayden White und Paul Ricoeur. Dargestellte Wirklichkeit in der europäischen Kultur im Kontext von Husserl, Weber, Auerbach und Gombrich, Baden-Baden 1997

Süssmann 2000: J. Süssmann, Geschichtsschreibung oder Roman? Zur Konstitutionslogik von Geschichtserzählungen zwischen Schiller und Ranke (1780-1824), Stuttgart 2000

Susanetti 1999: D. Susanetti, Foglie caduche e fragili genealogie, in: Prometheus 25, 1999, 97-116

Sutton 1998: D. E. Sutton, Memories Cast in Stone. The Relevance of the Past in Everyday Life, Oxford 1998

Taplin 1992: O. Taplin, Homeric Soundings. The Shaping of the Iliad, Oxford 1992

Tatum 2003: J. Tatum, The Mourner's Song. War and Remembrance from the Iliad to Vietnam, Chicago 2003

Thalmann 1984: W. G. Thalmann, Conventions of Form and Thought in Early Greek Epic Poetry, Baltimore 1984

Theunissen 2000: M. Theunissen, Pindar. Menschenlos und Wende der Zeit, München 2000

Thomas 1989: R. Thomas, Oral Tradition and Written Record in Classical Athens, Cambridge 1989

Thornton 1984: A. Thornton, Homer's Iliad. Its Composition and the Motif of Supplication, Göttingen 1984

Todorov 1969: T. Todorov, Grammaire du Décaméron, Paris 1980

— 1980: T. Todorov, The Categories of Literary Narrative, in: PLL 16, 1980, 3-36

Treu 1955: M. Treu, Von Homer zur Lyrik. Wandlungen des griechischen Weltbildes im Spiegel der Sprache, München 1955

Troeltsch 1913: E. Troeltsch, Die Bedeutung des Begriffs der Kontingenz, in: Gesammelte Schriften II, Tübingen 1913, 769-778

Tsagarakis 1969: O. Tsagarakis, The Achaean Wall and the Homeric Question, in: Hermes 97, 1969, 129-135

— 1977: O. Tsagarakis, The Nature and Background of Major Concepts of Divine Power in Homer, Amsterdam 1977

— 1982: O. Tsagarakis, The Teichoskopia Cannot Belong in the Beginning of the Trojan War, in: QUUC 12, 1982, 61-72

— 1992: O. Tsagarakis, The Flashback Technique in Homer. A Transition from Oral to Literary Epic?, in: SIFC 10, 1992, 781-789

Ulf 1990: C. Ulf, Die homerische Gesellschaft. Materialien zur analytischen Beschreibung und historischen Lokalisierung, München 1990

— (ed.) 2003: C. Ulf (ed.), Der neue Streit um Troja. Eine Bilanz, München 2003

v. Ungern-Sternberg 1988: J. v. Ungern-Sternberg / H. Reinau (ed.), Vergangenheit in mündlicher Überlieferung, Stuttgart 1988

Vann 1998a: R. T. Vann, The Reception of Hayden White, in: H&T 37, 1998, 143-161

— (ed.) 1998b: R. T. Vann et al. (ed.), Forum: Hayden White. Twenty-Five Years on, in: H&T 37, 1998, 143-193

Vansina 1985: J. Vansina, Oral Tradition as History, Madison 1985

Ventris / Chadwick 1953: M. Ventris / J. Chadwick, Evidence for Greek Dialect in the Mycenaean Archives, in: JHS 73, 1953, 84-103

Vernant 1979 : J. P. Vernant, ΠΑΝΤΑ ΚΑΛΑ. D'Homère à Simonide, in: ASNSP 3/9, 1979, 1365-1374

— 1982: J. P. Vernant, La belle mort e le cadavre outragé, in: G. Gnoli / J. P. Vernant (ed.), La mort, les morts dans les sociétés anciennes, Cambridge 1982, 45-76

Veyne 1971: P. Veyne, Comment on écrit l'histoire. Suivi de Foucault révolutionne l'histoire, Paris 1971

Vidan 1981: I. Vidan, Time Sequence in Spatial Fiction, in: J. R. Smitten / A. Daghistany (ed.), Spatial Form in Narrative, Ithaca 1981, 131-157

Vivante 1970: P. Vivante, The Homeric Imagination. A Study of Homer's Poetic Perception of Reality, Bloomington 1970

Volk 2002: K. Volk, ΚΛΕΟΣ ΑΦΘΙΤΟΝ Reconsidered, in: CPh 97, 2002, 61-68

de Vries 1981: G. J. de Vries, Menelaus' Anger and Antilochus' Apology, in: Mnemosyne 34, 1981, 138f.

Wade-Gery 1952: H. T. Wade-Gery, The Poet of the Iliad, Cambridge 1952

Walter 2004 : U. Walter, Memoria und res publica. Zur Geschichtskultur im republikanischen Rom, Frankfurt 2004

Watkins 1975: C. Watkins, La famille indo-européenne de Grec ΟΡΧΙΣ: Linguistique, poétique et mythologie, in: BSL 70, 1975, 11-26

— 1977: C. Watkins, À propos de MHNIΣ, in: BSL 72, 1977, 187-209

Weber ⁵1967: M. Weber, Wissenschaft als Beruf, Berlin ⁵1967

Webster 1958: T. B. L. Webster, From Mycenae to Homer, London 1958

van Wees 1988: H. van Wees, Kings in Combat. Battles and Heroes in the Iliad, in: CQ 38, 1988, 1-24

— 1992: H. van Wees, Status Warriors. War, Violence and Society in Homer and History, Amsterdam 1992

Weil 1956: S. Weil, The Iliad, or, The Poem of Force, Wallingford 1956

Welcker 1835: F. G. Welcker, Der epische Cyclus. Oder die homerischen Dichter, I, Bonn 1835

West 1961: M. L. West, Hesiodea, in: CQ 11, 1961, 130-145

— 1969: M. L. West, The Achaean Wall, in: CR 19, 1969, 256-260

— 1971: M. L. West, Early Greek Philosophy and the Orient, Oxford 1971

— 1988: M. L. West, The Rise of the Greek Epic, in: JHS 108, 1988, 151-172

— 1995: M. L. West, The Date of the Iliad, in: MH 52, 1995, 203-219

— 1997: M. L. West, The East Face of Helicon. West Asiatic Elements in Greek Poetry and Myth, Oxford 1997

— 1999: M. L. West, The Invention of Homer, in: CQ 49, 1999, 364-382

— 2001: M. L. West, Some Homeric Words, in: Glotta 77, 2001, 118-135

— 2004: M. L. West, On Rengakos and Nagy, in: BMCR 2004, 04. 17

Wetz 1998: F. J. Wetz, Kontingenz der Welt – ein Anachronismus? In: G. v. Graevenitz / O. Marquard (ed.), Kontingenz, München 1998, 81-106

v. Wilamowitz-Moellendorf 1916: U. v. Wilamowitz-Moellendorff, Die Ilias und Homer, Berlin 1916

White 1973: H. White, Metahistory. The Historical Imagination in Nineteenth-Century Europe, Baltimore 1973

— 1978: H. White, Tropics of Discourse. Essays in Cultural Criticism, Baltimore 1978

— 1987: H. White, The Content of the Form. Narrative Discourse and Historical Representation, Baltimore 1987

— 1999: H. White, Figural Realism. Studies in the Mimesis Effect, Baltimore 1999

White 1982: J. A. White, Bellerophon in the »Land of Nod«. Some Notes on Iliad 6, 53-211, in: AJPh 103, 1982, 119-127

Whitley 1991: J. Whitley, Social Diversity in Dark Age Greece, in: ABSA 86, 1991, 341-365

Whitman 1958: C. H. Whitman, Homer and the Heroic Tradition, Cambridge 1958

Wieland 1975: W. Wieland, Art. Entwicklung, Evolution, in: GG II, 1975, 199-228

Wiesner 1968: J. Wiesner, Fahren und Reiten, in: Archaeologia Homerica I F, Göttingen 1968

Willcock 1964: M. Willcock, Mythological Paradeigma in the Iliad, in: CQ 14, 1964, 141-154

— 1978: M. Willcock, Homer, the Individual Poet, in: LCM 3, 1978, 11-18

— 1983: M. Willcock, Antilochus in the Iliad, in: Melanges Edouard Delebecque, Aix-en-Provence 1983, 477-485

Wilson 2002: D. F. Wilson, Ransom, Revenge, and Heroic Identity in the Iliad, Cambridge 2002

Wilson 1974: J. R. Wilson, The Wedding Gifts of Peleus, in: Phoenix 28, 1974, 385-389

van Windekus 1957: A. J. van Windekus, Ἥρα »(die) junge Kuh, (die) Färse«, in: Glotta 36, 1957, 309-311

Winkelmann 1984/1985: F. Winkelmann, Rez. G. A. Press, The Development of the Idea of History in Antiquity, in: JbAC 27/28, 1984/1985, 224-227

Wood (ed.) 1991: D. Wood (ed.), On Paul Ricoeur. Narrative and Interpretation, London 1991

Worman 2001: N. Worman, This Voice Which is Not One. Helen's Verbal Guises in Homeric Epic, in: A. Lardinois / L. McClure (ed.), Making Silence Speak. Women's Voices in Greek Literature and Society, Princeton 2001, 19-37

Wright 1982: J. C. Wright, The Old Temple Terrace at the Argive Heraeum and the Early Cult of Hera in the Argolid, in: JHS 102, 1982, 186-201

Yorck Graf von Wartenburg 1956: P. Graf Yorck von Wartenburg, Bewußtseinsstellung und Geschichte. Ein Fragment aus dem philosophischen Nachlaß, eingel. und hrsg. von I. Fetscher, Tübingen 1956

Young 1983: D. C. Young, Pindar, Aristotle, and Homer. A Study in Ancient Criticism, in: CA 2, 1983, 156-170

Zacharias (ed.) 1990: W. Zacharias (ed.), Zeitphänomen Musealiserung. Das Verschwinden der Gegenwart und die Konstruktion der Erinnerung, Essen 1990

Zanker 1994: G. Zanker, The Heart of Achilles. Characterization and Personal Ethics in the Iliad, Ann Arbor 1994

— 1998: G. Zanker, Beyond Reciprocity. The Akhilleus-Priam Scene in Iliad 24, in: C. Gill et al. (ed.), Reciprocity in Ancient Greece, Oxford 1998, 73-92

Zarker 1965/1966: J. W. Zarker, King Eëtion and Thebe as Symbols in the Iliad, in: CJ 61, 1965/1966, 110-114

Zbinden 1997: J. Zbinden, Krise und Mimesis. Zur Rekonstruktion und Kritik von Paul Ricoeurs Begrifflichkeit in »Zeit und Erzählung«, in: J. Stückrath / J. Zbinden (ed.), Metageschichte. Hayden White und Paul Ricoeur. Dargestellte Wirklichkeit in der europäischen Kultur im Kontext von Husserl, Weber, Auerbach und Gombrich, Baden-Baden 1997, 180-198

Zerubavel 2003: E. Zerubavel, Time Maps. Collective Memory and the Social Shape of the Past, Chicago 2003

Ziegler 1937: K. Ziegler, Art. Tragoedia, in: RE 2. Reihe 12, 1937, 1899-2075

XI. Register

Unter »1. Stellen« sind alle wörtlich zitierten Belege im Haupttext sowie die ausführlich besprochenen Passagen aufgeführt. Unter »4. Begriffe, Sachen, etc.« sind für grundlegende Begriffe wie »Erfahrung« nicht alle Belege, sondern nur die Stellen aufgelistet, welche definitorischen Charakter haben, sowie Passagen, in deren Zentrum der jeweilige Begriff steht. »Ilias«, »Homer«, »Troja«, »Trojaner« und »Griechen« haben keinen Eintrag.

1. Stellen

Ilias:

1, 1: 142
1, 5: 261
1, 8: 109
1, 233-241: 144
1, 259-274: 50f.
1, 352-354: 151

2, 35-40: 216
2, 119-122: 140
2, 155f.: 271f.
2, 299f.: 236
2, 324f.: 139, 143
2, 330-332: 236
2, 346-349: 237
2, 419f.: 216
2, 484-487: 140
2, 858-861: 238
2, 859-861: 158
2, 872-875: 157f., 218

3, 38-4, 73: 272-280
3, 111f.: 272
3, 125-128: 278
3, 126-128: 280
3, 130-135: 280
3, 156-160: 275f.
3, 162f.: 274
3, 288-291: 276f.
3, 302: 277
3, 441-446: 275

3, 351-354: 323
4, 372-375: 56f.
4, 404-410: 53f.
4, 473-479: 91f.
4, 482-487: 92
4, 488-494: 160

5, 49-57: 156f.
5, 148-151: 237f.
5, 341f.: 89
5, 405-409: 221f.
5, 531f.: 116f.
5, 635-637: 76f.
5, 638-642: 77
5, 648-651: 58

6, 12-17: 157
6, 15-17: 114
6, 37-65: 160
6, 123-143: 43-45
6, 127: 78
6, 141-143: 89
6, 142f.: 78
6, 145-149: 85-87, 94-96
6, 150f: 79
6, 150-211: 78-84
6, 200: 340f.
6, 200-202: 82f.
6, 206-210: 83f.
6, 212-236: 112-114
6, 357f.: 143f.
6, 402f.: 76, 248

6, 408f.:   249
6, 410f.:   250
6, 444-446:   75
6, 446:   249
6, 464f.:   249
6, 476-481:   75f.
6, 479:   252
6, 479f.:   53
6, 479-481:   251
6, 488f.:   117
6, 490-492:   250f.

7, 33-322:   226-232
7, 52f.:   226f.
7, 87-91:   139, 227
7, 124-131:   72f.
7, 191:   231
7, 191f.:   228
7, 216-218:   228
7, 299-302:   229f.
7, 311f.:   231
7, 451:   140
7, 451-453:   174

8, 141-144:   161
8, 161-163:   117
8, 192f.:   140
8, 277:   92
8, 285:   140
8, 427-430:   86
8, 470-477:   128f.
8, 473-476:   211
8, 512-516:   322f.

9, 182-655:   124-129
9, 185-191:   140f.
9, 190f.:   142f.
9, 348-355:   149f.
9, 386f.:   127
9, 412-416:   136f.
9, 438-443:   74
9, 524-526:   49
9, 524-599:   59f.
9, 527f.:   56
9, 607-610:   60, 127f.

10:   253-257
10, 212:   140
10, 261-271:   169, 176
10, 295:   255
10, 324:   254
10, 332:   254
10, 336f.:   254

10, 391-393:   241

11, 122-147:   161
11, 241-247:   155f.
11, 602-604:   211
11, 632-637:   169, 177
11, 636f.:   51

12, 10-12:   149, 262
12, 106f.:   218
12, 110-115:   225
12, 110-117:   218f.
12, 125-127:   219
12, 194:   92
12, 200:   234
12, 200-209:   232-235
12, 208f.:   233
12, 237-240:   234
12, 243:   234f.
12, 310-328:   117-120
12, 322-327:   118f.

13, 180:   92
13, 250-294:   115f.
13, 273:   116
13, 275:   116
13, 288-291:   116

14, 55-58:   241
14, 65-69:   241
14, 84-87:   154f., 285f.
14, 264-266:   59
14, 489-491:   158f.

15, 64-66:   212
15, 377f.:   235
15, 379f.:   235f.
15, 529-534:   177
15, 563f.:   116f.
15, 641-643:   53

16, 31f.:   323
16, 46f.:   212
16, 64-66:   212
16, 141-144:   52
16, 249-252:   213
16, 418:   92
16, 644-652:   213
16, 684-687:   212f.
16, 692f.:   213f.
16, 787:   214
16, 830-842:   243
16, 852-854:   238

16, 859-861:   121, 244

17, 32:   217
17, 53-60:   89f.
17, 201-203:   214
17, 206-208:   246
17, 233-236:   219f.
17, 401-407:   223f.
17, 494-498:   220
17, 575-577:   158
17, 736-741:   265

18, 13f.:   244
18, 54-60:   90f.
18, 81f.:   121
18, 95f..   264
18, 115-121:   137f.
18, 207-214:   265f.
18, 237f.:   122
18, 250:   226
18, 310-313:   215, 226

19, 388-391:   52
19, 420-422:   121

20, 144-148:   174
20, 176-258:   65-70
20, 198:   217
20, 213f.:   79
20, 240:   68
20, 242f.:   69
20, 252-255:   80
20, 259-268:   220f.
20, 293-296:   222
20, 306-308:   ,319
20, 347f.:   70
20, 463-468:   220

21, 100-105:   131
21, 106-113:   130
21, 130-132:   132f.
21, 151:   78
21, 153:   79
21, 184-199:   71f.
21, 264:   134
21, 281-283:   135
21, 379f.:   134
21, 405:   173
21, 462-466:   88f.
21, 520-525:   266
21, 544-546:   265

22, 86f.:   91, 247

22, 99-103:   242
22, 304f.:   139f.
22, 331-336:   242
22, 358-360:   239, 263
22, 365f.:   244
22, 408-411:   266f.
22, 437-515:   245-253
22, 440-444:   251
22, 442-444:   245
22, 445f.:   215f.
22, 468-472:   247f.
22, 481:   250
22, 483f.:   249f.
22, 498:   252
22, 499f.:   252
22, 506f.:   248
22, 512-514:   249

23, 222-225:   298
23, 238-242:   147f.
23, 326-333:   146f.
23, 647-649:   339

24, 40-49:   290
24, 46-49:   303
24, 77-804:   287-308
24, 85-88:   138
24, 224-227:   297f.
24, 273f.:   302f.
24, 370f.:   294
24, 401-404:   305
24, 477:   291
24, 477-484:   299
24, 483:   301
24, 484:   300
24, 486f.:   293f.
24, 490-492:   295
24, 503f.:   294f.
24, 505f.:   295
24, 509-512:   297
24, 518:   303
24, 518-521:   294f.
24, 522f.:   301
24, 535-537:   296
24, 540-542:   296
24, 543-546:   296
24, 549:   303
24, 628-632:   300
24, 633-636:   307f.
24, 669f.:   304

Scholia:
Scholium bT ad 3, 126f.:   278

Scholium bT ad 20, 202a: 66

Pindar:
Isthm. 7, 31-36:   324
Nem. 9, 38-42:   324

Simonides:
fr. 11W, 15-18:   326
fr. 11W, 24-28:   326

2. Griechische Wörter

ἀγορήτης   73
ἄναξ   167
ἀποδιδόναι   127
θαλερός   92
θάμβος-θαῦμα   300
θεοειδής   300f.
ἡμιθέων γένος ἀνδρῶν   163f.
ἥρως   93f.
ἱππότα   73
κλεός ἄφθιτον   135-145
λώβη   127
μάχης ἐκ νοστήσαντι   246
μῆνις   261f.
νήπιος   217-223
νῦν δέ   123, 253
οἱ πρότεροι   55
ποτέ   55
σῆμα   147
τέμενος   167
τέρψις   142, 307f.
φάσγανον ἀργυρόηλον   170f.
φθι-   93, 137f.
χόλος   80f.

3. Personen

Achill   48-52, 55, 59-62, 65-72, 74, 78-81,
   90f., 109, 115, 117-147, 149-151, 154,
   158, 161-164, 205f., 211-218, 220-223,
   225, 233, 235f., 238f., 242-245, 247,
   249, 254, 256, 258-267, 269, 271, 280,
   284-310, 323, 325, 334-339
Adrastos   160
Agamemnon   49, 51, 53-58, 72, 109, 116f.,
   124-127, 136f., 140, 144, 146, 149, 156,
   159-161, 173, 175, 211, 216f., 228, 231,
   236f., 241, 245, 261f., 269, 271f., 276,
   288, 300, 334f., 337
Aias   52, 59, 91f., 116f., 124, 129, 140,
   160, 164, 219f., 228-232, 269, 319, 336
Aineas   43, 45, 52, 65-70, 76, 79-81, 118,
   133, 164, 220-222, 269, 319, 337
Aipytes   146
Aischylos   104
Aisyetes   146
Aktor   338
Alden   338f.
Altdorfer   108
Amarynkeus   338
Amphimachos   157, 218
Andersen   15, 44f., 61, 108-111
Andokides   319f.
Andromache   75, 117, 215-217, 223, 245-
   253, 256f., 267
Anthemion   91f.
Antilochos   224, 288, 339
Antiphos   160
Aphrodite   43-45, 59, 81, 221f., 248
Apollon   44f., 54f., 66f., 88, 109, 118,
   120f., 148, 174, 222, 226, 239, 241,
   262f., 265, 270, 290, 292, 303f., 341
Areithoos   57, 171
Ares   43-45, 83, 130, 173, 278, 323, 335
Aretos   220
Aristophanes   81
Aristoteles   24, 29f., 104, 188, 206, 288,
   292f., 299, 306-308, 321
Artemis   83, 156f.
Asios   218f., 225
Asteropaios   71f., 78-81, 132f.
Astyanax   53, 76, 123, 248, 251-253, 267
Ate   49, 55, 337
Athene   43, 45, 47f., 59, 62, 133, 157,
   173f., 215, 221f., 226, 255, 271f., 334-
   336
Augustin   188
Automedon   220
Axios   71, 81
Axylos   114, 157
Bathykleis   158
Baumgartner   37f.
Bellerophontes   47, 80-84, 95f., 111-113,
   118, 286, 335, 340f.
Boardman   173, 177
Boreas   69
Briseis   124, 126, 271, 336f.
Bubner   29-31, 38, 103f.
Burkert   115, 132
Carr   18, 183, 186f., 194-196, 285

Carroll 187
Chladenius 101
Chromios 220, 238, 324
Chryseis 271
Chryses 288
Cicero 41
Dardanos 69
Deikoos 159
Deiphoboos 215
DeJong 231-235, 282
Dickson 147
Dilthey 21f.
Diomedes 42-48, 52-54, 56, 58f., 63, 78-
    80, 89, 95f., 105f., 111-114, 117, 157,
    161, 164, 221f., 238, 241, 254-256, 269,
    334-336
Dione 54, 221f., 335
Dioreas 161
Dolon 241, 253-257
Droysen 150
Duckworth 209
Ennomos 158
Ephialtes 335
Ereuthalion 48, 50, 57, 74f., 228, 335f.
Erichthonios 69
Euchenor 158
Euphorbos 90f.
Eurydamas 238
Finley 167
Flory 281
Frank 194f.
Fränkel 16
Freud 185
Frye 183
Gadamer 23-28, 31, 104, 223
Ganymedes 69
Gelon 321
Genette 196
Glaukos 42f., 63f., 78-85, 87f., 94-97,
    105f., 111-115, 117-119, 123, 131, 286,
    335, 340f.
v. Graevenitz 103
Gray 171
Griffin 156
Hades 162, 335
Hegel 25
Heidegger 22, 24, 27f., 41, 189
Hekabe 91, 215, 247, 292, 298, 303
Hektor 43, 48, 52f., 66, 68, 72f., 75f., 91,
    115, 117, 120-122, 129, 139-141, 144,
    146, 149-151, 158, 164, 173, 211-216,
    219f., 223, 225-234, 238-255, 259-265,

267, 269, 283, 285f., 289-293, 296-298,
    301-305, 322, 324, 335f.
Helena 143, 224, 271-276, 278-280, 338
Helenos 43, 225-229, 231f.
Hephaistos 47f., 54, 133f., 334, 338
Hera 43, 47, 54, 59, 86, 93f., 117, 133f.,
    212, 334f., 337f.
Herakles 58f., 77, 131, 137, 174, 320, 335,
    337
Herder 21, 100
Hermes 158f., 291f., 294, 302-305, 320
Herodot 14, 41, 320f., 327
Heubeck 169
Heyne 11
Hippolochos 161
Hippothoos 155
Husserl 22, 186f., 189
Hypnos 48, 54, 59, 216, 337
Idomeneus 79, 81, 115-117, 151, 219, 274,
    292
Ilion 158
Ilioneus 158
Ilos 146
Imbrios 159
Iphidamas 155f.
Iris 44, 274, 278, 291f., 302-304f.
Isander 83, 95f., 341
Iser 199-201
Jauß 193
Kaineus 50, 57
Kalchas 139, 143, 233, 236f.
Kastor und Pollux 224
Kermode 193f.
Kimon 325
Kindt 182
Kirk 341
Konstan 292
Kopreus 53
Koronos 57
Koselleck 25-28, 31, 41, 104, 106, 108,
    311, 316
Kreton 159
Kullmann 15, 110
Laodameia 83, 95f., 341
Laogonos 159
Laomedon 54f., 58, 77, 148, 174, 335
Latacz 205
Leaf 341
Leinieks 263
Leonidas 320
Lessing 100
Leukos 160
Leutichidas 320

Lowe   194, 196-199
Lowenthal   107f.
Luhmann   287
Lykaon   66, 118, 130-132, 134f., 161-163, 270
Lykurgos   42-46, 49, 57, 96, 111, 335, 340
Lynn-George   147
Makropoulos   31, 103f.
Mann   190
Marquard   30f., 87, 103f.
Meges   177
Meleager   49, 55f., 59-63, 118, 127, 324, 336
Menelaos   72, 117, 146, 160f., 173, 217, 228, 272-277, 288, 323, 335, 338
Menestheus   325
Menesthios   57
Meriones   159, 169
Miltiades   319
Moira   286
Morris   165, 314,
Morrison   257-260, 269, 272
Müller   182
Mulios   159
Myrine   146
Nagy   325
Nestor   48-52, 55-57, 62, 72-75, 77, 118, 140, 146-148, 159, 161, 164, 171,173, 177, 334-336, 339
Nicolai   16, 285
Nikeratos   318
Niobe   48, 289, 337
Odysseus   59, 117, 124, 139f., 154, 160f., 167, 169, 198
Oehler   338
Oineus   56, 112f.
Oresbios   158
Ortilochos   159
Otos   335
Paris   120, 143, 272-277, 323, 338
Parry   124
Patroklos   61f., 90, 120-124, 129-132, 135, 138, 141, 143, 147f., 211-214, 217, 219, 223f., 235f., 238f., 242-244, 259, 261, 263, 288, 290-294, 297f., 304, 323
Patzek   15
Pegasos   82
Peirithoos   57
Peiros   161
Peisander   161
Pelegon   71
Peleus   47, 52, 71-74, 91, 123, 129, 164, 293, 295f., 298

Periphetes   53, 159
Pherekydes   319
Philaios   319
Phoinix   49, 56, 59-62, 118, 124, 128f., 140, 336f.
Phyleus   177
Piaget   185
Picht   23, 31
Pindar   324f.
Platon   318
Plessner   200
Plutarch   321
Podes   158
Polydamas   215, 218, 224-226, 232-234
Polydoros   159, 161
Porphyrios   340
Poseidon   54f., 70, 81, 88, 133, 140, 148, 174, 222, 264, 319
Priamos   48, 65, 68f., 91, 123, 131, 149, 159, 215f., 236, 247, 259-262, 267, 273f., 276, 288-310, 319, 337
Protesilaos   259
Proust   190
Raaflaub   167
Redfield   291
Reichel   258
Rhesos   256
Richardson   338
Ricoeur   18, 183, 188-192, 202, 331
Rüsen   32-40, 97, 102, 152, 331
Sarpedon   58, 72, 76f., 115, 117-119, 125f., 128, 135, 139, 151, 213, 263, 286, 335, 341
Schadewaldt   14, 60f., 209, 258f., 269
Schapp   22
Schklowsky   195
Schleiermacher   21
Segal   246f.
Simoeisios   91f., 133, 160
Simonides   13, 325f.
Skamander   132-135, 150, 265, 324
Skamandrios   156f.
Snodgrass   314
Sternberg   199
Sthenelos   53f., 58
Strasburger   14
Strepsiades   324
Sutton   107
Talthybios   320
Teukros   159
Thalmann   263
Thamyris   141

Thetis   45, 55, 62, 90, 120f., 136-138, 244,
    261-264, 291f.
Thoas   161
Thomas   320
Thrasymedes   224
Thukydides   12, 14, 17, 41, 107, 281, 327
Tlepolemos   58, 72, 76f., 81, 335
Tomaschewsky   195
Tros   220
Tydeus   47f., 55-58, 80, 111, 113, 221f.,
    335f.
Weber   101
Welcker   60
West   11, 312
Wetz   103
White   183-186
Wilamowitz   264
Wolf   11
Xanthos   263
Xenophanes   317f.
Xenophon   318
Yorck von Wartenburg   21f.
Zeus   44, 47-49, 54f., 59f., 62, 67, 69-72,
    76f., 81, 86, 93, 123, 128, 132, 137f.,
    140, 143f., 148, 151, 155, 159,161, 211-
    214, 216f., 222, 225, 232-237, 242, 246.,
    251, 261, 265, 269, 273, 285f., 289,
    291f., 303, 305, 323, 334, 337f.

4. Sachen, Begriffe etc.

»Als-ob«   199-202, 204
Ambrosia und Nektar   89, 122
Anachronismus   108, 324
Analepsen   240-245
Archäologie   21, 165f.
Archaisierung   164, 178
Aufklärung   17, 35, 100f., 106, 331f.
»Aufschub«   258
Bad   246
»Beinahe-Episoden«   269-280
Beinschienen   170
Bevölkerungswachstum in Archaik   313
Bronzewaffen   171f., 176f.
»close reading«   13
closure   260f., 275, 288-291, 302
condicio heroica   154, 163
»Dann wäre, wenn nicht…«-Sätze   280-
    282
dark ages   165-179, 313
Dolonie   253-257

Eberzahnhelm   169, 176
Eion-Inschriften   325
Eisen   176
Elegie   13
Entwicklung   35-40, 97-110
Epinikion   323-325
epischer Zyklus   206
Erfahrung   23-25, 186-202
Erster Weltkrieg   107
Erwartung-Erfahrung   25-41
Erwartungshorizont-Erfahrungsraum   26-
    28
Ethnologie   21, 107
»fabula-sjuzet«   195f.
»Fehltreffer«   160
Fernbeziehungen   207
Feuergleichnisse   265-267
Fortschritt   26, 100, 332
Geistesgeschichte   11f., 105
Genealogie   42, 48, 64-85, 87, 94-97, 102,
    111, 115, 123, 130-132, 151f., 319-322,
    332
Gesang   141-143
Geschichte, als Singular   25, 100, 106
Geschichtlichkeit   21-32, 98, 182f., 202,
    311, 316, 332
Geschichtsbegriff, objektivistischer   17
—,   funktionalistischer   39
—,   phänomenologischer   18, 40
Geschichtsbewußtsein   20
Geschichtsbild   20-41
Geschichtsdenken   20
Geschichtsschreibung in Antike   14, 16, 23
Geschichtswissenschaft   17, 20, 23, 98-
    100, 108, 181f., 184-186
Gesetzgebung in Archaik   315
Götterapparat   284-287
Grabmäler   146, 173
Gürtel   170
Handeln   29f., 37f.
Heilsgeschichte   101
Heroenkult   15, 156, 174f., 313
Heroisches Ehrsystem   129
Hisarlik   11
Historische Erzähltheorie   17, 19, 180-192,
    206f., 331
Historismus, Historische Schule, histo-
    ristisch   17, 21, 26, 35, 85, 98-106, 108,
    152, 178, 331
Homeriden   318
Hoplitenphalanx   168
Idealistische Geschichtsphilosophie   21,
    99-101

Iliupersis 325
»Intellectual History« 12
intradiegetisch-extradiegetisch 210
jüdisch-christliche Tradition 101, 286f., 308f.
Kausalität im Epos 16, 109f.
Keule 171
kollektive Erinnerung 89
Kolonisation in Archaik 313f.
Kontingenz 28-36, 102-105
— Beliebigkeitskontingenz 30-32
— Schicksalskontingenz 30-32, 35-38
Kontinuität 36-40
Krieg 154f.
»landmark« 146, 173, 313
lexikalische Methode 16
Linear B 166f., 168
Marathon 325
Mauer der Griechen 148-150, 173f., 241f., 262
Memoria 13, 21, 41, 107f.
Metalle 171f.
Metapoetik 115, 142-150, 278-280, 307
»middling ideology» 314
Mimesis 202
»misdirection« 257-259
mise en abyme 163
Mitleid 291-302
mors immatura 91-93, 155, 247
Musealisierung 98
mykenische Zeit 165-179
Mythos 14, 318
narrative Komplexität der *Ilias* 205f., 309f., 332
Narrativität 199
Narratologie 18f., 181-183, 188-191, 202, 206, 330f.
Naturmetaphern 85-94, 246f.
Nestorbecher 51, 169, 172, 177
Oinoe 325
Oralität des Epos 15, 109, 143, 165-167, 173, 180, 203, 206f., 209, 309, 312, 318, 332
Panhellenische Identität 314
Patronymika 64
Peloponnesischer Krieg 107
Perserkriege 13, 314, 325, 327
Pessimismus 105
Plataä 325f.
Prähistorie 21
Prolepsen 208-240
Prooemium 142, 261f.
Recht und Geschichte 110

Regularität 34-40
Religion 284-287
»Renaissance« der Archaik 316
Retardation 269-280
Schilde 169
Schottische Moralphilosophie 100
Shoa 185
Sinnbildung
—, exemplarische 34-39, 42-64
—, genetische 35-39, 102, 105
—, kritische 34-39
—, traditionale 34-39, 63-84
»spatial form« 194f.
Speere 170
Spiel 197, 200f.
Steine 146f.
Stoa Poikile 325
Streitwägen 170
Szepter 144f., 175
Teichoskopie 273-277
Theorie 13
Tragödie 327f.
Tropologie 184-186
Tyrannis in Archaik 315
Vergemeinschaftung in Archaik 314
Vorzeichen 143, 232-237
Wandel 38f.
Weben 247, 279f.
Wendezeichen 146-148
Wirkungsgeschichtliches Bewußtsein 24
Zeit, zyklische-lineare 16
Zufall 29f., 85-106

Hypomnemata

Untersuchungen zur Antike und zu ihrem Nachleben

162: Rene Pfeilschifter
Titus Quinctius Flamininus
Untersuchungen zur römischen
Griechenlandpolitik
2005. 442 Seiten, gebunden
ISBN 3-525-25261-7

161: Tanja Itgenshorst
Tota illa pompa
Der Triumph in der römischen Republik
2005. 301 Seiten mit 1 CD-ROM, gebunden
ISBN 3-525-25260-9

160: Rosario La Sala
Die Züge des Skeptikers
Der dialektische Charakter von Sextus
Empiricus' Werk
2005. 204 Seiten mit zahlr. Tab., gebunden
ISBN 3-525-25259-5

159: Lothar Spahlinger
Tulliana simplicitas
Zu Form und Funktion des Zitats in den
philosophischen Dialogen Ciceros
2005. 360 Seiten, gebunden
ISBN 3-525-25258-7

158: Christopher B. Krebs
Negotiatio Germaniae
Tacitus' Germania und Enea Silvio
Piccolomini, Giannantonio Campano,
Conrad Celtis und Heinrich Bebel
2005. 284 Seiten, gebunden
ISBN 3-525-25257-9

157: Demetrios C. Beroutsos
**A Commentary on the "Aspis"
of Menander**
Part One: Lines 1-298
2005. 112 Seiten, gebunden
ISBN 3-525-25256-0

156: Katharina Luchner
Philiatroi
Studien zum Thema der Krankheit
in der griechischen Literatur der
Kaiserzeit
2004. 462 Seiten, gebunden
ISBN 3-525-25255-2

155: Martin Holtermann
Der deutsche Aristophanes
Die Rezeption eines politischen
Dichters im 19. Jahrhundert
2004. 352 Seiten, gebunden
ISBN 3-525-25254-4

154: Jens Leberl
Domitian und die Dichter
Poesie als Medium der Herrschafts-
darstellung
2004. 394 Seiten, gebunden
ISBN 3-525-25253-6

153: Anja Bettenworth
**Gastmahlszenen in der antiken
Epik von Homer bis Claudian**
Diachrone Untersuchungen
zur Szenentypik
2004. 543 Seiten, gebunden
ISBN 3-525-25252-8

Vandenhoeck
& Ruprecht

Hypomnemata

Untersuchungen zur Antike und zu ihrem Nachleben

152: Francesca Schironi
I frammenti di Aristarco di Samotracia negli etimologici bizantini
Etymologicum Genuinum, Magnum, Symeonis, Μεγαλη Γραμματικη, Zonarae Lexicon. Introduzione, edizione critica e commento
2004. 615 Seiten, gebunden
ISBN 3-535-25251-X

151: Immanuel Musäus
Der Pandoramythos bei Hesiod und seine Rezeption bis Erasmus von Rotterdam
2004. 234 Seiten, gebunden
ISBN 3-535-25250-1

150: Adam Nicholas Bartley
Stories from the Mountains, Stories from the Sea
The Digressions and Similes of Oppian's Halieutica and the Cynegetica
2003. XII, 342 Seiten, gebunden
ISBN 3-525-25249-8

149: Augustin Speyer
Kommunikationsstrukturen in Senecas Dramen
Eine pragmatisch-linguistische Analyse mit statistischer Auswertung als Grundlage neuer Ansätze zur Interpretation
2003. 320 Seiten mit 21 Figuren und 15 Tabellen, gebunden. ISBN 3-525-25248-X

148: Sabine Föllinger
Genosdependenzen
Studien zur Arbeit am Mythos bei Aischylos
2003. 372 Seiten, gebunden
ISBN 3-525-25247-1

147: Mischa Meier
Das andere Zeitalter Justinians
Kontingenzerfahrung und Kontingenzbewältigung im 6. Jahrhundert n. Chr.
2. Auflage 2004. 739 Seiten, gebunden
ISBN 3-525-25246-3

146: Christian Utzinger
Periphrades Aner
Untersuchungen zum ersten Stasimon der Sophokleischen „Antigone" und zu den antiken Kulturentstehungstheorien
2003. 324 Seiten, gebunden
ISBN 3-525-25245-5

145: Dana R. Miller
The Third Kind in Plato's Timaeus
2003. 248 Seiten, gebunden
ISBN 3-525-25244-7

144: Martin Schittko
Analogien als Argumentationstyp
Vom Paradeigma zur Similitudo
2003. 235 Seiten, gebunden
ISBN 3-525-25243-9

143: Eckhard Stephan
Honoratioren – Griechen – Polisbürger
Kollektive Identitäten innerhalb der Oberschichte des kaiserzeitlichen Kleinasien
2002. 368 Seiten, gebunden
ISBN 3-525-25242-0

Vandenhoeck & Ruprecht